高原夏菜

栽培技术创新与实践

王勤礼　等　编著

中国农业科学技术出版社

图书在版编目（CIP）数据

高原夏菜栽培技术创新与实践 / 王勤礼等编著 . —北京：中国农业科学技术出版社，2019.4

ISBN 978-7-5116-4257-8

Ⅰ.①高…　Ⅱ.①王…　Ⅲ.①夏菜-蔬菜园艺　Ⅳ.①S63

中国版本图书馆 CIP 数据核字（2019）第 120883 号

责任编辑　徐定娜
责任校对　贾海霞

出 版 者　中国农业科学技术出版社
　　　　　北京市中关村南大街 12 号　邮编：100081
电　　话　(010) 82105169 (编辑室)　(010) 82109702 (发行部)
　　　　　(010) 82109709 (读者服务部)
传　　真　(010) 82106650
网　　址　http://www. castp. cn
经 销 者　各地新华书店
印 刷 者　北京富泰印刷有限责任公司
开　　本　787 mm×1 092 mm　1/16
印　　张　35. 5　(含彩插 20 面)
字　　数　864 千字
版　　次　2019 年 4 月第 1 版　2019 年 4 月第 1 次印刷
定　　价　128. 00 元

《高原夏菜栽培技术创新与实践》

编 著 人 员

主 编 著： 王勤礼（河西学院，甘肃省瓜菜产业技术体系）

副主编著： 张文斌（张掖市经济作物技术推广站，甘肃省瓜菜产业技术体系）

闫　芳（河西学院）

华　军（张掖市经济作物技术推广站）

编著人员：（按姓氏笔画为序排列）

王勤礼（河西学院，甘肃省瓜菜产业技术体系）

毛　涛（张掖市耕地质量建设管理站）

华　军（张掖市经济作物技术推广站）

闫　芳（河西学院）

李文德（张掖市经济作物技术推广站）

张　荣（张掖市经济作物技术推广站）

张文斌（张掖市经济作物技术推广站，甘肃省瓜菜产业技术体系）

前 言

蔬菜是城乡居民生活必不可少的重要农产品，保障蔬菜供给是重大的民生问题。党中央、国务院历来高度重视蔬菜生产和市场供应工作，通过实施“菜篮子”工程等政策措施，促进了蔬菜生产和流通快速发展。中国蔬菜产业经过多年发展，已经成为全球最大的蔬菜市场，目前中国蔬菜的产销量占全球市场比重的50%以上。

张掖是一个典型的农业大市，自然条件优越，灌溉农业发达，是全国重要的商品粮、瓜果蔬菜和农畜产品生产加工基地，发展高原夏菜具有得天独厚的条件。根据全国蔬菜产业发展规划，张掖市位于黄土高原夏秋蔬菜优势区域，其中甘州区是全国蔬菜产业重点县，是我国著名的西菜东调基地。目前，张掖市已成为甘肃省高原夏菜栽培面积最大的地区。为了总结张掖市高原夏菜科研成果与先进的栽培技术，我们编写了这本《高原夏菜栽培技术创新与实践》，供专业技术干部与广大菜农选用。

本书是在长期教学、科研、推广的基础上，参考国内蔬菜科学领域最新研究进展和成果编著而成，全书立足于张掖市高原夏菜实际，突出高原夏菜栽培技术集成与创新，既有对传统技术的继承，又有技术研发与理论探讨，也有政策方面的论述，涵盖蔬菜栽培基础知识、高原夏菜栽培技术、病虫害防治技术等方面，内容新颖实用，具有不少独到的见解。

参加本书编著的人员及分工如下：第一章由王勤礼和张荣编著，第二章、第三章由张文斌和张荣编著，第四章由王勤礼和毛涛编著，第五章由闫芳编著，第六章、第七章、第八章由华军、张荣和张文斌编著，第九章、第十章、第十一章由王勤礼、闫芳和毛涛编著，第十二章由张文斌和王勤礼编著，第十三章由王勤礼、张文斌、闫芳、华军、毛涛、李文德、张荣编著。在个人编著的基础上，由王勤礼统一统稿。王勤礼完成字数15.2万，闫芳完成字数12.2万，华军完成字数12.2万，张文斌完成字数12.3万，毛涛完成字数12.3万，李文德完成字数11.1万，张荣完成字数11.1万。

本书在编著过程中，得到了河西学院、张掖市经济作物技术推广站、甘肃省瓜菜产业技术体系的大力支持，在此深表谢意。对本书所引用参考文献的作者，在此致以谢意，他们的研究结果丰富了本书的内容。

在编著过程中，由于水平有限、时间仓促，书中难免存在不足之处，敬请同行专家及读者批评指正，以便今后修改完善。

编著者

2019年4月16日

目　录

第一章
蔬菜栽培基础知识

第一节　蔬菜栽培概述

一、蔬菜的定义

蔬菜是指一切可供佐餐的植物总称，包括一、二年生草本植物，多年生草本植物，少数木本植物以及食用菌、藻类、蕨类和某些调味品等，其中栽培较多的是一、二年生草本植物。蔬菜的食用器官包括植物的根、茎、叶、花、果实、种子和子实体等。

蔬菜是人们日常饮食中必不可少的食物之一，蔬菜可提供人体所必需的多种维生素和矿物质等营养物质。据国际粮农组织1990年统计，人体必需的维生素C的90%、VA的60%来自蔬菜。此外，蔬菜中还有多种多样的植物化学物质，是人们公认的对健康有效的成分。

二、高原夏菜定义

高原夏菜又称夏秋冷凉蔬菜，是指利用高海拔地区夏季冷凉的优势，生产出南方高温季节无法生产的蔬菜品种。在地域上以高海拔地区（包括高山、高原）为主，海拔高度一般为600～2 800 m，另外，还有一些适合夏秋冷凉蔬菜生产的高纬度地区。

我国东南沿海地区夏秋季节气候炎热，不利于蔬菜生产，导致该地区6—9月蔬菜供需矛盾突出。另外，随着世界蔬菜贸易的发展，东南亚等国家和地区对中国夏季蔬菜的需求呈不断上升态势。而高原夏菜生产基地具有夏季凉爽、日照充足、昼夜温差大等气候特点，在该区域生产优质蔬菜，可满足东南沿海地区6—9月的蔬菜淡季需求。

三、我国高原夏菜发展现状

近年来，我国夏季冷凉地区蔬菜生产发展迅速，湖北省恩施等地区，内蒙古自治区（以下简称“内蒙古”，全书同）乌兰察布市，河北坝上地区、承德地区，宁夏回族自治区（以下简称宁夏，全书同）固原，甘肃兰州、河西走廊，贵州威宁、罗店等地，青海海东、门源，西藏自治区（以下简称西藏，全书同）昌都，黑龙江齐齐哈尔和牡丹江地区，云贵高原的部分高山地区等都在打造夏季冷凉蔬菜品牌，为解决我国夏秋淡季蔬菜供应发挥了重大作用。据不完全统计，2010年全国夏秋冷凉蔬菜主要产区生产面积约为2 290万亩（1亩≈666.7 m^2，1 hm^2=15亩，全书同），约占全国蔬菜种植总面积的10%，全国夏秋冷凉主要产区蔬菜总产量4 500万吨左右，约占全国蔬菜总产量的9%。

根据农业部规划《全国蔬菜重点区域发展规划（2009—2015年）》，我国夏秋冷凉蔬菜优势区域主要有以下3个区。

一是黄土高原区。包括 7 个省（区），分布在陕西、甘肃、宁夏、青海、西藏、山西及河北北部地区，54 个蔬菜产业重点县（市、区）。本区域适宜蔬菜生产地区多为海拔 800 m 以上的高原、平坝和丘陵山区，昼夜温差大，夏季凉爽，总面积约 950 万亩。主要产品为洋葱、萝卜、胡萝卜、花椰菜、大白菜、娃娃菜、芹菜、莴笋、结球甘蓝、生菜等喜凉蔬菜，以及茄果类、豆类、瓜类、西甜瓜等喜温瓜菜，集中在 7—9 月上市。

二是云贵高原区。包括 4 个省（市），分布在云南、贵州和鄂西、渝东南与渝东北地区，37 个蔬菜产业重点县（市、区）。本区域适宜蔬菜生产地区多为海拔高度 800～2 200 m 的高原、平坝和丘陵山区，夏季凉爽，有“南方天然凉棚”之称，总面积约 480 万亩。主要产品为结球甘蓝、萝卜、大白菜、娃娃菜、芹菜、胡萝卜、花椰菜、青花菜、生菜等喜凉蔬菜以及辣椒、番茄、菜豆、西甜瓜等喜温瓜菜，集中在 7—9 月上市。

三是高纬度地区。北部高纬度夏秋冷凉蔬菜优势区（包括 4 省区），分布在吉林、黑龙江、内蒙古、新疆维吾尔自治区（以下简称“新疆”，全书同）和新疆建设兵团，共有 41 个蔬菜产业重点县（市、区）。本区域纬度较高，夏季凉爽。总面积约 860 万亩。主要产品为番茄、辣椒、黄瓜、菜豆、大白菜、洋葱等蔬菜，集中在 6—10 月上市。

目前宁夏有供港蔬菜基地 20 多个，种植面积达 10 余万亩。在宁夏种植的菜心被精心采摘下装上冷链车，2 天左右即可到达香港。利拓农业开发公司供港蔬菜基地占宁夏永宁县供港蔬菜种植面积 2 万亩中的 3 000 亩，依托银川平原得天独厚的水土光热资源，全部执行港澳地区农残安全标准、标准化操作流程，施用农家肥和有机肥培育优质蔬菜，年可生产宁夏菜心、芥蓝、鹤斗白、白心、白菜仔、西兰花等鲜菜 1 万多吨，产值逾 6 000 万元。在宁夏永宁县望洪镇利拓农业开发公司供港蔬菜基地的标准化大田里，采菜工弯着腰，右手拇指上的指甲状锋利铁片划出一道优美的弧线，菜心应声而出，被整齐地排在臂膀上。每个采摘工人每天都要采摘 100～150 kg，300 多名采摘工每天采摘 10 多吨菜心发往穗港澳等。

四、甘肃省高原夏菜发展现状

甘肃地处国家规划的黄土高原夏秋蔬菜重点区域。目前已建立了河西走廊、沿黄灌区、泾河流域、渭河流域和徽成盆地五大优势产区，成为中国五大商品蔬菜基地之一。其中，以甘蓝、花椰菜、西兰花、娃娃菜、西葫芦、百合等优势蔬菜产品为主的“高原夏菜”已成为甘肃的亮点和“名片”。

每年 5 月到 10 月，甘肃高原夏菜能够持续供应 20 多个种类、200 多个品种的优质蔬菜，通过东南沿海 53 个大中型蔬菜批发市场走上南国 22 个城市的大众餐桌，有效填补了中国东部及南方蔬菜“伏缺”季节的市场供应，为保障全国蔬菜市场供应、促进蔬菜市场平稳运行做出了积极贡献。同时，还出口中国香港、澳门和新加坡、马来西亚、加拿大、日本等地。

2014 年，甘肃省蔬菜种植面积 800 万亩，产量 1 800 万吨，其中高原夏菜种植面积

550万亩，产量约1 200万吨，外销量700万吨。目前，全国已经形成了海南南菜北调、淮黄春淡蔬菜、甘肃高原夏菜西菜东调、冀鲁秋菜等五大蔬菜商品化生产调运基地。其中以甘肃为重心的高原夏菜基地以大自然赋予的气候、地理环境等特点，已经发展成为中国重要的高原夏菜基地和西菜东调基地。

五、张掖市高原夏菜发展现状

张掖是一个典型的农业大市，自然条件优越，灌溉农业发达，是全国重要的商品粮、瓜果蔬菜和农畜产品生产加工基地，发展高原夏菜具有得天独厚的条件。目前，张掖市已成为河西走廊高原夏菜栽培面积最大的地区，截至2016年，全市蔬菜播种面积79.63万亩，总产量297.63万吨。全市蔬菜冷库数量达到350间（每间250 m^2），静态储藏能力（每间储存35吨，预冷24～36 h）达到1.2万吨，动态储藏能力（平均每5天循环1次，共循环5个月）达到30万吨左右。高原夏菜种类主要有甘蓝、花椰菜（白菜花、绿菜花、松花菜）、娃娃菜、笋子、芹菜、辣椒、番茄、西葫芦、茄子、香菜、菠菜等，在销往南方市场的蔬菜中，甘蓝、菜花、娃娃菜数量较大，其次为笋子、辣椒、西芹、番茄、甜椒、西葫芦、茄子、菠菜、香菜等。具体情况如下。

马铃薯：种植面积46万亩，产量约135万吨，主栽有费乌瑞特、克新、大西洋、夏菠蒂、陇薯3号等菜用型、加工型、以及两者兼具型品种。具有薯块适中、薯形光洁、干物质含量高、食味上乘等特性，上市期集中在每年6月上旬至10月上旬。

大蒜：主栽品种紫皮大蒜，主产地民乐县。民乐县紫皮大蒜因蒜头大、蒜瓣肥、蒜汁浓、蒜素高、耐贮藏而驰名，曾注册了“雪域王”紫皮大蒜商标，通过了国家地理标志产品保护认证。种植面积5万亩，产量约6万吨，上市期为8月中旬至10月上旬。

洋葱：种植面积约8万亩，产量约43万吨，主栽品种有白比伦、白地球、福星、金色奥运、红玫瑰等，即白皮、黄皮、红皮洋葱均有种植，具有球体均匀、饱实坚硬、耐贮运等特性，上市期为7月上旬至10月上旬。

辣椒：种植面积约6万亩，产量约20万吨。主栽品种有陇椒和航椒系列，因果实鲜绿有光泽、果皮薄、果肉厚、辣味适中而受消费者青睐，产品可周年供应。

甘蓝：种植面积4万亩，产量17万吨。主栽品种有中甘21、绿宝石、绿美等，具有果形近圆球形、色泽鲜绿、紧实、耐热、耐贮运等特性，上市期为4月下旬至10月上旬。

大白菜：种植面积约2万亩，产量约10万吨。主栽品种有强瑞、春大强及本地品种等，具有合抱、菜棵均匀、叶肉薄、质细嫩、组纤维较少、耐贮运等特性，上市期为6月下旬至10月上旬。

莴笋：种植面积4万亩，产量约14万吨。主栽品种有格尔木2号、太原青笋、西宁莴笋、江山红、天地红等，具有嫩茎较长、不易空心等优良品质，上市期为6月上旬至10月上旬。

花椰菜：种植面积3万亩，产量约9万吨。主栽品种有太白、高雪、雪宝、南极雪、雪洁、绿美等，具有花球洁白、坚实、品质佳、耐贮运、不易变色等特性，上市期为5月下旬至10月上旬。

西葫芦：种植面积约3万亩，产量约13万吨。主栽品种有多特、翡翠2号、华玉、冬玉、春玉等，具有皮色浅绿、瓜条顺直、光滑鲜亮、肉质脆嫩、品质佳等特性，可周年上市供应。

番茄：种植面积8万亩，产量约32万吨。主栽品种有百利、劳斯特、玛瓦、保罗塔、齐达利等，具有色泽鲜亮、大小均匀、固形物含量高及番茄红素含量高、鲜食加工兼优等特性，可周年上市供应。

娃娃菜：种植面积约3万亩，产量约12万吨。主栽品种有春秋2号、春月黄、京秀2号、金贝贝等，具有叶球小、内叶嫩黄、纤维少、口感佳等特性，上市期为5月下旬至10月上旬。

茄子：种植面积2万亩，产量约8万吨。主栽品种有中华茄王、尼罗长茄、黑将军等长茄和天圆紫茄、天紫1号等圆茄，果实紫色富有光泽、外形美观、皮薄、肉质紧实、洁白细嫩、商品性好，可周年上市供应。

甜椒：种植面积3千亩，产量约1万吨。主栽品种有平圆椒1号、苏门甜椒、红苏珊、安琪、天使系列等，具有外皮紧实、表面有光泽、品质好等特性，可周年上市供应。

第二节　蔬菜分类

蔬菜常见的分类方法有3种，即植物学分类法，食用（产品）器官分类法，农业生物学分类法。

一、植物学分类

我国普遍栽培的蔬菜虽约有20多个科。但常见的一些种或变种主要集中在八大科。

十字花科：包括萝卜、芜菁、芜菁甘蓝、结球甘蓝、芥蓝、抱子甘蓝、羽衣甘蓝、花椰菜、青花菜、球茎甘蓝、大白菜、小白菜、荠菜等。

伞形科：包括芹菜、胡萝卜、小茴香、芫荽等。

茄　科：包括番茄、茄子、辣椒（含甜椒变种）。

葫芦科：包括黄瓜、西葫芦、南瓜、笋瓜、冬瓜、丝瓜、瓠瓜、苦瓜、佛手瓜以及西瓜、甜瓜等。

豆　科：包括菜豆（含矮生菜豆、蔓生菜豆变种）、豇豆、豌豆、蚕豆、毛豆（即大豆）、扁豆、刀豆等。

百合科：包括韭菜、大葱、洋葱、大蒜、韭葱、金针菜（即黄花菜）、石刁柏（芦笋）、百合等。

菊　科：包括莴苣（含结球莴苣、皱叶莴苣变种）、莴笋、茼蒿、牛蒡、菊芋、朝鲜蓟等。

藜　科：包括菠菜、甜菜（含根甜菜、叶甜菜变种）等。

二、食用（产品）器官分类法

（一）根菜类

以肥大的根部为产品器官的蔬菜。

肉质根：以种子胚根生长肥大的主根为产品，如萝卜、胡萝卜、根用芥菜、芜菁甘蓝、芜菁、辣根、美洲防风等。

块根类：以肥大的侧根或营养芽发生的根膨大为产品，如牛蒡、豆薯、甘薯、葛等。

（二）茎菜类

以肥大的茎部为产品的蔬菜。

肉质茎类：以肥大的地上茎为产品，如莴笋、茭白、茎用芥菜、球茎甘蓝（苤蓝）等。

嫩茎类：以萌发的嫩芽为产品，如石刁柏、竹笋、香椿等。

块茎类：以肥大的块茎为产品，如马铃薯、菊芋、草石蚕、银条菜等。

根茎类：以肥大的根茎为产品，如莲藕、姜等。

球茎类：以地下的球茎为产品，如慈姑、芋、荸荠等。

（三）叶菜类

以鲜嫩叶片及叶柄为产品的蔬菜。

普通叶菜类：小白菜、叶用芥菜、乌塌菜、薹菜、芥兰、荠菜、菠菜、苋菜、番杏、叶用甜菜、莴苣、茼蒿、芹菜等。

结球叶菜类：结球甘蓝、大白菜、结球莴苣、包心芥菜等。

辛香叶菜类：大葱、韭菜、分葱、茴香、芫荽等。

鳞茎类：由叶鞘基部膨大形成鳞茎，如洋葱、大蒜、胡葱、百合等。

（四）花菜类

以花器或肥嫩的花枝为产品，如金针菜、朝鲜蓟、花椰菜、紫菜薹、芥蓝等。

（五）果菜类

以果实及种子为产品的蔬菜。

瓠果类：南瓜、黄瓜、西瓜、甜瓜、冬瓜、丝瓜、苦瓜、蛇瓜、佛手瓜等。

浆果类：番茄、辣椒、茄子。

荚果类：菜豆、豇豆、刀豆、豌豆、蚕豆、毛豆等。

杂果类：甜玉米、草莓、菱角、秋葵等。

三、农业生物学分类法

农业生物学分类是以蔬菜的农业生物学特性作为依据的分类方法。这种分类比较适合于生产上的要求。可分为以下几类。

（一）根菜类

指以膨大的肉质直根为食用部分的蔬菜。包括萝卜、胡萝卜、大头菜、芜菁、根用甜菜等。喜温和、冷凉的气候。生长第一年形成肉质根，贮藏大量养分，第二年抽薹开花结实。种子繁殖，在低温下通过春化阶段，长日照下通过光照阶段。要求轻松深厚的土壤。

（二）白菜类

以柔嫩的叶丛、叶球、嫩茎、花球供食用。如白菜（大白菜、小白菜）、甘蓝类（结球甘蓝、球茎甘蓝、花椰菜、抱子甘蓝、青花菜）、芥菜类等。生长期间需湿润和凉爽气候及充足的水肥条件。温度过高、气候干燥则生长不良。除采收菜薹及花球外，一般第一年形成叶丛或叶球，第二年抽薹开花结实。栽培上要避免先期抽薹。均用种子繁殖，直播或育苗移栽。

（三）绿叶蔬菜

以幼嫩的叶或嫩茎供食用。如莴苣、芹菜、菠菜、茼蒿、芫荽、苋菜、蕹菜、落葵等。其中多数属于二年生，如莴苣、芹菜、菠菜。也有一年生的，如苋菜、蕹菜。共同特点是生长期短，适于密植和间套作，生长期间需充足的水分和氮肥。根据对温度的要求不同，又可分为二类：菠菜、芹菜、茼蒿、芫荽等喜冷凉不耐炎热，生长适温15～20℃，能耐短期霜冻，其中以菠菜耐寒力最强。苋菜、蕹菜、落葵等，喜温暖不耐寒，生长适温为25℃左右。

（四）葱蒜类

以鳞茎（叶鞘基部膨大）、假茎（叶鞘）、管状叶或带状叶供食用。如洋葱、大蒜、大葱、香葱、韭菜等。根系不发达，吸水吸肥能力差，要求肥沃湿润的土壤，一般耐寒性强。长日照下形成鳞茎，低温通过春化。可用种子繁殖（洋葱、大葱、韭菜），也可无性繁殖（大蒜、分葱、韭菜）。

（五）茄果类

指以果实为食用部分的茄科蔬菜。包括番茄、辣椒、茄子，生长期间要求肥沃的土壤及较高的温度，不耐寒冷。对日照长短要求不严格，但开花期要求充足的光照。种子繁殖。

（六）瓜类

指以果实为食用部分的葫芦科蔬菜。包括西瓜、南瓜、黄瓜、甜瓜、瓠瓜、冬瓜、丝瓜、苦瓜等。茎蔓性，雌雄同株异花，依开花结果习性，有以主蔓结果为主的西葫芦、黄瓜。有以侧蔓结果早、结果多的甜瓜、瓠瓜。还有主侧蔓几乎能同时结果的冬瓜、丝瓜、苦瓜、西瓜。瓜类要求较高的温度及充足的阳光。西瓜、甜瓜、南瓜根系发达，耐旱性强。其他瓜类根系较弱，要求湿润的土壤。种子繁殖。

（七）豆类

以嫩荚或豆粒供食用的豆科蔬菜。包括菜豆、豇豆、蚕豆、豌豆、扁豆、刀豆等。除了豌豆及蚕豆耐寒力较强，其他都不耐霜冻，须在温暖季节栽培。豆类根瘤具有生物固氮作用，对氮肥的需求量没有叶菜类及根菜类多。种子繁殖。

（八）薯芋类

以地下块茎或块根供食用，包括茄科的马铃薯、天南星科的芋头、薯蓣科的山药、豆科的豆薯等。这些蔬菜富含淀粉，耐贮藏，要求疏松肥沃的土壤。除马铃薯生长期短不耐高温外，其他生长期都较长，且耐热不耐冻。均用营养体繁殖。

（九）水生蔬菜类

需生长在沼泽地区的蔬菜。如藕、茭白、慈菇、荸荠、水芹、菱等。宜在池塘、湖泊或水田中栽培。生长期间喜炎热气候及肥沃土壤。除菱角、芡实以外、其他一般无性繁殖。

（十）多年生蔬菜类

指一次种植后，可采收多年的蔬菜。如金针菜、石刁柏、百合等多年生草本蔬菜及竹笋、香椿等多年生木本蔬菜。此类蔬菜根系发达、抗旱力强，对土壤要求不严格，一般采用无性繁殖，也可用种子繁殖。

（十一）食用菌类

指能食用、无毒的蘑菇、草菇、香菇、金针菇、竹荪、猴头、木耳、银耳等。它们不含叶绿素，不能制造有机物质供自身生长。必须从其他生物或遗体、排泄物中吸取现存的养分。培养食用菌需要温暖、湿润肥沃的培养基。常用的培养基有牲畜粪尿、棉子壳、植物秸秆等。

第三节　蔬菜生育周期

蔬菜的生育周期是指蔬菜由种子萌发到再形成新的种子的整个过程。根据蔬菜生育周期的长短可将蔬菜作物分为 4 类：一年生蔬菜（如番茄、葫芦等）、二年生蔬菜（如萝卜、大白菜、甘蓝等）、多年生蔬菜（如黄花菜、芦笋等）和无性繁殖蔬菜（如马铃薯等）。就某种蔬菜的一个生育周期而言，可以分为种子时期、营养生长时期和生殖生长时期三个时期，每个时期又可细分为不同的阶段。

一、种子时期

种子时期指从母体卵细胞受精形成合子开始到种子发芽为止，经历种子形成期和种子休眠期。

（一）种子形成期

种子形成期是从卵细胞受精形成合子开始到种子成熟为止。这一时期种子在母体上，有显著的营养物质合成和积累过程。所以栽培上要为种株提供良好的营养和光照等环境条件，以提高种子的质量和生活力。

（二）种子休眠期

种子成熟后大多都有不同程度的休眠期。处于休眠状态的种子，代谢水平很低，需低温干燥的环境条件，以减少养分消耗，维持更长的寿命。种子经一段休眠后，遇到适宜的环境便萌发。

二、营养生长时期

营养生长时期指从种子发芽开始至营养生长完成，开始花芽分化为止，又可划分为以下 4 个阶段。

（一）发芽期

发芽期从种子萌动开始到真叶出现为止。此期所需能量及物质均由种子本身提供，因此，在生产上要求选用发芽能力强而饱满的种子，创造适宜的发芽条件，保证种子迅速发芽，幼苗尽早出土。

（二）幼苗期

真叶出现即进入幼苗期，其结束的标志因蔬菜种类而异。幼苗期开始，植株进入自养阶段，靠自身光合作用制造的养分及根系吸收的水分和矿物质生长，幼苗生长代谢旺盛，光合作用所制造的营养物质大部分用于根、茎、叶的生长，很少有积累。果菜类蔬菜大多在此期开始花芽分化。此期绝对生长量很小，但生长迅速；对土壤水分和养分吸收的绝对量不多，但要求严格。此期对温度的适应性较强，具有一定的可塑性。这一时期环境条件的优劣，还影响到一年生蔬菜的花芽分化以及结果数量和质量，直接关系到早熟性、丰产性。所以生产上要创造良好的环境条件，培育壮苗，为丰产打好基础。

（三）营养生长盛期

幼苗期结束即进入营养生长盛期。此期主要是根、茎、叶的生长，植株形成强大的吸收和同化体系。对于一年生果菜类来说，通过旺盛的营养生长，形成健壮的枝叶和根系，积累一定养分，为下一步开花、结实奠定良好基础；对于二年生蔬菜来说，通过旺盛的营养生长，形成特定的营养器官，积累并贮藏大量养分。因此，营养生长盛期也是养分积累期。

（四）营养休眠期

二年生或多年生蔬菜在进行旺盛营养生长之后，随着贮藏器官的形成即开始进入休眠期。休眠包括生理休眠和被迫休眠两种。生理休眠是由本身遗传性决定的，即无论外界环境是否适宜生长，产品器官形成后必须经过一段休眠后才能继续生长，如马铃薯。被迫休眠是营养器官形成后，由于不良的季节或环境导致无法继续生长，是适应不良条件的一种被动反应，如大白菜、萝卜等。休眠中的植株个体内仍进行着缓慢的生理活动，同时消耗着贮存的营养，活动强度与环境密切相关。因此，应注意控制贮存环境条件，尽量减少营养物质消耗，使蔬菜安全度过不适季节，有充足的营养进行再次生长。

三、生殖生长时期

生殖生长肘期从植株开始花芽分化至形成新的种子为止。又分为以下 3 个阶段。

（一）花芽分化期

花芽分化期是从花芽开始分化至开花前的一段时间。花芽分化是植物由营养生长过渡到生殖生长的形态标志。果菜类蔬菜一般在苗期就开始花芽分化，二年生蔬菜一般在产品器官形成并通过春化阶段后，在生长点开始花芽分化，通过光周期后抽薹、开花。

（二）开花期

开花期指从开花至完成授粉受精过程为止。此期是生殖生长的一个重要时期，植株对外界环境条件的抗性较弱，特别是对温度、光照及水分的反应敏感。温度过高或过低，水分过多或过少，光照不足等都会影响授粉受精，引起落蕾、落花。

（三）结果期

结果期是果菜类形成产量的关键时期，经授粉受精作用，子房发育为果实，胚珠发育为种子。果实的膨大生长，依靠叶片制造的光合产物不断向果实中运输。一年生的果菜类，在开花结实的同时，仍要进行旺盛的营养生长，因此要供给充足的水分和养分，以利于果实和营养器官的正常生长发育。对于采收营养器官为产品的蔬菜种类，在非采种时期，应抑制其生殖生长，促进产品器官的形成。

以上所述是蔬菜的一般生长发育过程。对于以营养体为繁殖材料的蔬菜，如薯芋类、部分葱蒜类和水生蔬菜等，栽培上则不经过种子时期。

第四节　蔬菜栽培环境

蔬菜的生长发育及产品器官的形成，一方面取决于植物本身的遗传特性，另一方面取决于外界环境条件。各种蔬菜作物及其不同的生育期对外界环境条件的要求各不相同，因此，蔬菜种植者必须了解各种环境条件对蔬菜作物生长发育的影响，才能正确运用良好的栽培技术，创造最适宜的环境条件，控制蔬菜的生长发育，达到高产优质的目的。

主要环境条件包括温度、光照、水分、土壤和气体等，各环境因子不是孤立存在的，是相互联系的，对于蔬菜作物生长发育的影响往往是综合作用的结果。

一、温　度

影响蔬菜生长发育的环境条件中以温度最为敏感，各种蔬菜都有其生长发育的温度三基点：最低温度、最适温度和最高温度。栽培上宜将各种蔬菜产品器官形成期安排在当地气候最适宜的月份内，以达到高产优质的目的。

（一）不同蔬菜种类对温度的要求

根据各种蔬菜对温度条件的不同要求及能耐受的温度，可将蔬菜植物分为 5 类（表 1-1），这是安排蔬菜栽培季节的重要依据。

表 1-1　不同蔬菜种类对温度的要求　（单位：℃）

类别	主要蔬菜	最高温度	最适温度	最低温度	特点
多年生宿根蔬菜	韭菜、黄花菜、芦笋等	35	20～30	−10	地上部能耐高温，冬季地上部枯死，以地下部宿根（茎）越冬
耐寒蔬菜	芫荽、菠菜、大葱、洋葱、大蒜等	30	15～20	−5	较耐低温，大部分可露地越冬
半耐寒蔬菜	大白菜、甘蓝、萝卜、胡萝卜、豌豆、蚕豆、结球莴苣等	30	17～25	−2	耐寒力稍差，产品器官形成期温度超过 21℃生长不良
喜温蔬菜	黄瓜、番茄、辣椒、菜豆、茄子等	35	20～30	10	不耐低温，15℃以下开花结果不良
耐热蔬菜	冬瓜、苦瓜、西瓜、豇豆、苋菜、蕹菜等	40	30	15	喜高温，有较强的耐热能力

（二）不同生育期对温度的要求

蔬菜在不同的生育期对温度要求不同。大多数蔬菜在种子萌发期要求较高的温度，耐寒及半耐寒蔬菜在15～20℃，喜温及耐热蔬菜在20～30℃。进入幼苗期，由于幼苗对温度适应的可塑性较大，需求温度可稍高稍低。叶菜类的营养生长盛期要形成产品器官，是决定产量的关键时期，应尽可能安排在温度适宜的季节。营养休眠期要求低温。蔬菜生殖生长期间要求较高的温度。果菜类花芽分化期，日温应接近花芽分化的最适温度，夜温应略高于花芽分化的最低温度，如果夜温过高，花芽分化则质量差。对于瓜类蔬菜，在花芽分化期，将夜温控制在生长适温下限，可促进雌花的形成。开花期对温度要求严格，温度过高或过低都会影响授粉、受精。结果期要求较高的温度。

（三）温度对蔬菜生育的影响

蔬菜作物要求白天有较高温度以利于光合作用，制造更多的同化物质，夜间则需要较低温度，减少呼吸消耗。昼夜温差有一定的范围，因蔬菜作物在夜间仍进行生长，不断地吸收水分和营养，同时还进行着同化产物的运输与贮藏。因此，夜温也不能过低。

依据蔬菜作物具有温周期的特性，生产中在确定播种季节时把产品器官的形成期安排在昼夜温差较大的时期，以利于养分的积累，促进产品器官膨大。如育苗时的“大温差管理”，目的是促进和控制幼苗生长，培育壮苗；设施蔬菜栽培时，可把一天分几段进行调控，如四段变温管理；还可根据天气阴晴等状况进行调控，如晴天的昼温比阴天的高2～5℃，晴天的夜温比阴天的高1～4℃，午后的温度比午前温度低2～5℃，日落后3～4 h温度较高，以利于养分运转，其后温度继续下降，使养分消耗维持最低限度。一般进行设施温度管理时，晴天光照充足，昼夜温差要大些，阴天昼夜温差应小些。

（四）土壤温度对蔬菜生长发育的影响

土壤温度的高低直接影响蔬菜的根系发育及对土壤养分的吸收。一般蔬菜根系生长的适宜温度为24～28℃。土温过低，根系生长受抑制，蔬菜易感病；土温过高，根系生长细弱，吸收能力减弱，植株易早衰。蔬菜冬春生产土温较低时，宜控制浇水，通过中耕松土或覆盖地膜等措施提高土温和保墒。夏季土温偏高，宜采用小水勤浇、培土和畦面覆盖等办法降低地温，保护根系。此外，在生长旺盛的夏季中午不可突然浇水，否则会导致根际温度骤然下降而使植株萎蔫，甚至死亡。

（五）温度与春化现象

二年生蔬菜花芽分化需要一定时间的低温诱导，这种现象称为“春化现象”。蔬菜通过春化阶段后在长日照和较高的温度下抽薹开花。根据感受低温的时期不同，蔬菜作物可分为两种类型。

1. 种子春化型

从种子萌动开始即可感受低温通过春化阶段，如白菜、萝卜、芥菜、菠菜等。所需温度在 0～10℃，以 2～5℃为宜，低温持续时间为 10～30 d。栽培中如果提前遇到低温条件，容易在产品器官形成以前或形成过程中就抽薹开花，称为“先期抽薹”或“未熟抽薹”。

2. 绿体春化型

幼苗长到一定大小后才能感受低温而通过春化阶段，如洋葱、芹菜、甘蓝等。不同的品种通过春化阶段要求苗龄大小、低温程度和低温持续时间不完全相同。对低温条件要求不太严格，比较容易通过春化阶段的品种称冬性弱的品种；春化时要求条件比较严格，不太容易抽薹开花的品种称冬性强的品种。这类蔬菜春季作为商品蔬菜栽培时，宜选用冬性强的品种，安排好适宜的播种期，避免幼苗长到符合春化大小要求时，遭受长期低温而发生先期抽薹。

二、光　照

光照对蔬菜作物生长的影响是多方面的，其作用主要是通过光照强度、光质和光周期等来实现。

（一）光照强度对蔬菜生长的影响

不同蔬菜对光照强度要求不同，一般用光补偿点、光饱和点、光合强度（同化率）表示。大多数蔬菜的光饱和点为 50 klx 左右，光补偿点为 1.5 ～2.0 klx。生产中可以根据蔬菜对光照强度的不同要求，在早春或晚秋采取适宜惜施，增加光照，促进蔬菜生长。在夏季强光时节，选择不同规格的遮阳网覆盖措施降低光照强度，保证蔬菜正常生长。

根据蔬菜对光照强度要求的不同可将蔬菜分为 3 类。

1. 喜强光蔬菜

包括西瓜、甜瓜等大部分瓜类和番茄、茄子、芋头、豆薯等，此类蔬菜喜强光，遇阴雨天气则产量低、品质差。

2. 喜中等光强蔬菜

包括大部分白菜类、萝卜、胡萝卜和葱蒜类，此类蔬菜生长期间不要求很强光照，但光照太弱时生长不良。

3. 耐弱光蔬菜

包括生姜和莴苣、芹菜、菠菜等大部分绿叶菜类蔬菜。此类蔬菜在中等光照强度下生长良好，强光下生长不良，耐阴能力较强。

蔬菜设施栽培时，光照强弱必须与温度的高低相配合，才能有利于植株生长和产品器官的形成。光照增强，温度也要相应提高才有利于光合产物的积累；而弱光条件下，温度过高会引呼吸作用的增强以及能量的消耗。因此，大棚果菜类栽培过程中，如遇阴雪天气必须采取低温管理，才能有利于植株生长和结实。

（二）光质对蔬菜生长发育的影响

光质即不同波长的光谱组成。不同波长的光对作物的光合效率影响不同，如红橙光的光和作用效率相对较高，蓝紫光次之，绿光最差。一般长波光（如远红外线）对促进细胞的伸长生长有效，短波光（紫外线）则抑制细胞过分伸长生长。光质还会影响蔬菜的品质，紫外线有利于维生素 C 的合成和花青素的形成。设施栽培的蔬菜易发生徒长，生产的番茄、黄瓜等，其果实维生素 C 的含量往往没有露地栽培的高，栽培的紫茄子紫色较浅，就是因为玻璃、薄膜阻隔了紫外线的透过。

（三）光周期对蔬菜生长发育的影响

蔬菜作物生长和发育对昼夜相对长度的反应称为“光周期现象”。根据蔬菜作物花芽分化对日照长度的要求可将其分为 3 类。

1. 长日性蔬菜

日照长度长于一定时数（一般为 12～14 h）能促进植株开花，否则延迟开花或不开花。代表蔬菜有白菜、芥菜、萝卜、胡萝卜、芹菜、菠菜、豌豆和大葱等，这类蔬菜在春季开花，多为二年生蔬菜。

2. 短日性蔬菜

日照长度短于一定时数（一般为 12 h）能促进植株开花，否则不开花或延迟开花。代表蔬菜有豇豆、扁豆、苋菜、丝瓜、蕹菜、落葵等。

3. 中性蔬菜

开花对日照长短要求不严，在较长或较短的日照条件下都能开花。代表蔬菜有黄瓜、番茄、菜豆等。

了解蔬菜对光周期的反应对蔬菜栽培和新品种引进具有重要的指导意义。长日性蔬菜南种北引，夏季日照加长，会加快发育，但北种南引时，会延迟发育甚至不能开花结实。短日性蔬菜南种北引，夏季日照较长，延迟发育，营养生长旺盛；北种南引种则提前开花结实。生产上采用适于本地日照变化的品种，才能获得较高的产量。在选择适宜的播种期上，要考虑蔬菜对光周期的反应，将其生育期安排在温度和光周期最适宜的季节，则容易获得高产。如扁豆、刀豆等短日性蔬菜宜在春末夏初播种，如过早播种，营养生长期加长，易造成茎叶徒长，过晚播种则使营养生长期缩短，植株不能充分生长，同样影响产量。

此外，一些蔬菜的产品形成与日照长度有关。如马铃薯、菊芋、芋及许多水生蔬菜的产品器官在较短的日照条件下形成，而洋葱、大蒜等一些鳞茎类蔬菜，形成鳞茎则要求较长日照。

三、水　分

水是绿色植物进行光合作用的主要原料，也是植物细胞的主要成分，尤其是蔬菜作物，其产品大多数是柔嫩多汁的器官，含水量在90%以上，各种营养元素只有在水溶液的状态下才能被植物吸收。因此水分供应尤为重要。

（一）不同蔬菜种类对水分的要求

根据蔬菜作物需水特性，可将其分为5类，详见表1-2。

表1-2　不同蔬菜种类对水分的要求

类别	代表蔬菜	形态特征	需水特点	要求及管理
耐旱蔬菜	西瓜、甜瓜、胡萝卜等	叶片多缺刻，有茸毛或被蜡质；蒸腾量小；根系强大，入土深	消耗水分少，吸收力强大	对空气湿度要求较低，能吸收深层水分，不需多灌水
半耐旱蔬菜	茄果类、豆类、马铃薯	叶面积中等、组织较硬，多茸毛，水分蒸腾量较小；根系发达	消耗水分较多，吸收力较强	对土壤和空气湿度要求不太高，适度灌溉
半湿润蔬菜	葱蒜类、芦笋等	叶面积小，表面有蜡质；根系分布范围小，根毛少	消耗水分少，吸收力弱	耐较低空气湿度，对土壤湿度要求较高，应经常保持土壤湿润
湿润蔬菜	黄瓜、白菜、甘蓝、多数绿叶菜类	叶面积大，组织柔嫩；根系浅而弱	消耗水分多，吸收力弱	要求土壤和空气湿度均较高，应加强水分管理
水生蔬菜	藕、茭白等	叶面积大，组织柔嫩；根群不发达，根毛退化，吸收力弱	消耗水分最多，吸收力最弱	要求较高的空气湿度，须在水中栽培

（二）不同生育期的需水特点

种子发芽期，要求充足的水分，以供吸水膨胀。胡萝卜、葱等需吸收种子自身重100%的水分才能萌发，播种后尤其是播种浅的蔬菜容易缺水，所以播后保墒是关键。

幼苗期叶面积小，蒸腾量小，需水量不大，但由于根初生，分布浅，吸收力弱，因而要求加强水分管理，保持土壤湿润。

营养生长盛期要进行营养器官的形成和养分的大量积累，细胞、组织迅速增大，养分的制造、运转、积累、贮藏等，都需要大量的水分。栽培上这一时期应满足水分供应，但也要防止水分过多导致营养生长过旺。

生殖生长期对水分要求较严。开花期缺水影响花器生长，水分过多会引起茎叶徒长，所以此期不论是缺水还是水分过多，均易导致落花落果。进入结果期，特别是结果盛期，果实膨大需较多的水分，应充足供应。

四、土　壤

蔬菜作物种类、品种繁多，供食部位和生长特性各异，对土壤条件要求也各不相同。

（一）蔬菜生长与土壤条件

1. 土壤质地

不同蔬菜对土壤质地要求不同，沙壤土土质疏松，通气排水好，不易板结、开裂，耕作方便，地温上升快，适于栽培吸收力强的耐旱性蔬菜，如南瓜、西瓜、甜瓜等，壤土土质松细适中、结构好，保水保肥能力较强，含有效养分多，适合绝大部分蔬菜生长；黏壤土土质细密，保水保肥力强，养分含量高，有丰产的潜力，但排水不良，土表易板结开裂，耕作不方便，地温上升慢，适于晚熟栽培及水生蔬菜栽培。

2. 土壤溶液浓度和酸碱度

不同蔬菜对土壤溶液浓度的适应性不同。适应性强的有瓜类（除黄瓜）、菠菜、甘蓝类，在0.25%～0.3%的盐碱土中生长良好；适应性中等的有葱蒜类（除大葱）、小白菜、芹菜、芥菜等，能耐0.2%～0.25%的盐碱度；适应性弱的有茄果类、豆类（除蚕豆、菜豆）、大白菜、萝卜、黄瓜等，能耐0.1%～0.2%的盐碱度；适应性最弱的菜豆，只能在0.1%盐碱度以下的土壤中生长。蔬菜在不同生育时期耐盐能力也不同，随着植株生长，细胞浓度也在增加，耐盐力也随着增强，一般成株比幼苗的耐盐力大2～2.5倍。所以在苗期不能用浓度太高的肥料，配制营养土时，要注意选用富含有机质的土壤。

大多数蔬菜在中性至弱酸性条件下生长良好（pH值6～6.8）。不同蔬菜种类反应也有所不同，韭菜、菠菜、菜豆、黄瓜、花椰菜等要求中性土壤；番茄、南瓜、萝卜、胡萝卜等能在弱酸性土壤中生长；茄子、甘蓝、芹菜等能耐弱盐碱性土壤。

（二）蔬菜生长与土壤营养

与禾谷类作物相比，蔬菜作物需肥量较大。在三要素中，对钾的需求量最大，其次为氮，磷的需求量最小。蔬菜种类不同，对不同养分的需求量也不同。叶菜类对氮的需求量较大，根茎类和叶球类蔬菜对钾的需求量相对较大，而果菜类需磷较多。另外，蔬菜作物对钙和硼的需求量也大。

不同种类蔬菜对营养元素的吸收量不同。一般生长期长、产量高的需肥多，如大白菜、胡萝卜、马铃薯等；生长快、产量低的速生性蔬菜需肥量较小。同种蔬菜在不同生长期对养分的需求量也不同。发芽期主要是利用种子本身贮藏的养分，吸收外界养分极少；幼苗期个体小，吸收量也小，但在集中育苗条件下，秧苗密集、生长迅速，且根系较弱，因此对土壤养分需求也高；随着植株不断生长，所需各种营养不断增加；进入产品器官形成期，吸收营养最多，需肥量达到最大，且对氮、钾的需求量增加。

五、气　体

影响蔬菜生长发育的气体主要是O_2和CO_2。大气中O_2的浓度相对稳定，因此对地上部生长影响不大。根际往往会由于水涝或土壤板结而缺氧。生产中可通过中耕松土、覆盖地膜等方式来防止土壤板结。此外，设施蔬菜栽培是在封闭或半封闭条件下进行的，设施内外气体交换差，易出现 CO_2 不足和有害气体为害等现象，生产中需加以重视。

第五节　蔬菜商品质量

蔬菜的商品质量包括外在质量和内在品质。通常蔬菜外在质量较易判断，可通过人的视觉、触觉和嗅觉进行简单的器官鉴定。近年来，随着人们生活水平和保健意识的提高，蔬菜中有害物质残留量和营养成分含量等内在质量越来越受到人们的重视。特别近几年我国蔬菜出口量大幅度增加，对出口蔬菜内在质量的要求更为严格。

一、蔬菜外观商品质量

（一）外观商品质量

1. 合格质量

合格质量是指商品蔬菜在流通过程中消费者能接受的最低限度，低于这一限度就不能作为商品蔬菜上市。最低质量标准主要是根据是否明显地遭受病虫害、机械损伤和生理病害以及是否有严重的菜体污染等来确定。例如，菜豆豆荚上有明显的病斑，大白菜叶层内有较多的蚜虫、小菜蛾等幼虫，番茄果实破裂，蔬菜在贮运及销售中受到较严重燃油或粉尘等污染的，均应视为不合格商品。

2. 外观质量

外观质量主要指蔬菜的颜色、大小、形状、整齐度及结构等外观可见的质量属性。整齐度是体现蔬菜商品群体质量的重要指标，包括颜色、形状、大小的整齐。同一优良品种在颜色、形状的整齐度上容易达到较高标准，而个体大小可能差异较大，虽然可以将其分为若干等级，但优质蔬菜的商品率会大大降低。

3. 口感质量

口感质量不容易从外观上判断，主要是食用后才能鉴别。口感是一个较复杂的质量内容，涉及风味、质地等多方面因素，另外还与消费者的口感与味觉差异有关。

4. 洁净质量

洁净质量主要包括蔬菜的清洁程度和净菜百分率两项。前者主要指菜体表面是否受到明显的污染，后者则指通过采后处理将蔬菜不能食用的部分除去。

（二）蔬菜外观商品质量的鉴别和分级

感官鉴定是蔬菜外观商品质量简便、实用而有效的检验方法。制定相应的标准对蔬菜商品质量进行鉴定和分级，不仅可以保护消费者的利益，也可通过市场竞争促进与提高蔬菜商品性生产，包括技术的改进与管理水平的提高。目前世界上一些发达国家对主要蔬菜都有法定的商品标准。我国各省、自治区、直辖市从20世纪50年代开始，根据各地区的情况，陆续提出或制定了各自的蔬菜商品标准。需要指出的是，蔬菜种类及品种繁多，鉴别其商品质量的指标各不相同；另外，商品质量的严格程度在国家、地区，甚至在蔬菜市场淡旺季之间都会存在较大的差别。表1-3列出了日本黄瓜、番茄的上市标准。

表1-3　日本黄瓜、番茄的上市标准

蔬菜名称	品质标准	大小标准	包装标准
黄瓜	①应具有该品种特有的色泽及整体形状；②合适的成熟度；③果实无腐烂变质；④果实表面干净；⑤果实无病虫害。符合上述标准的果实进行等级划分： A级：要求弯曲程度在2 cm以内，尾部过粗或过细现象不明显，无损。 B级：果实弯曲程度在4 cm以内，尾部过粗或过细现象轻微，损伤程度轻微。 如果黄瓜达到品质标准，但不符合大小及质量标准，只能作为等外果。	根据单果的长度和重量而定，分为L、M两个标准： L标准：22 cm<单果长度≤25 cm，110 g<单果重≤140 g，每箱所装黄瓜42～47根。 M标准：19 cm<单果长度≤22 cm，80 g<单果重≤110 g，每箱所装黄瓜50～54根。 每箱总重量为5 kg，重量差别容许±5%。	A式纸箱：规格为420 mm×250 mm ×25 mm 组合式纸箱：规格为465 mm×370 mm ×70 mm 纸箱选用JISZ516规格的双面波纹厚纸 外包装应注明品种名称、产地、等级标准、大小标准、重量数以及生产单位或商标。 包装方法同番茄。
番茄	①应具有该品种特有的色泽及整体形状；②果实不过度成熟；③果实无腐烂变质；④果实表面干净；⑤果实无病虫害。符合上述标准的果实再进行等级划分： A级：果实变形程度轻微，花蒂不明显，裂果程度轻微，果实无损伤，无空洞现象。 B级：果实变形程度不明显，花蒂小，仅外皮裂而果肉完好，果实损伤程度轻微，空洞现象轻微。 如果番茄达到品质标准，但不符合等级分类或重量标准，只能作为等外果。	普通番茄：每箱装4 kg，单果重在114 g以上，每箱装一层。按每箱所装番茄的个数划分为5种规格： 2L规格：每箱15个以上，单果重266 g以上。 L规格：每箱18个或20个，单果重222 g或200 g。 M规格：每箱24个，单果重167 g左右。 S规格：每箱28个或30个，单果重143 g或133 g。 2S规格：每箱32个或35个，单果重125 g或114 g。	普通番茄用组合式纸箱，规格为430 mm × 290 mm × 75 mm。 包装方法：A式纸箱上口与下底用封口钉封口，封口钉长度为15 mm，宽为2 mm以上，分别固定在箱子的上口2点和下底2点。包装用胶带为JISZ1511型产品，但也可使用与此规格产品具有同等效力的胶带。 纸箱的材料要求、箱外应注明的内容与黄瓜相同。

二、蔬菜的营养品质

蔬菜的营养功能是供给人体所需的各种维生素、矿物质及纤维素，还可补充一些植物蛋白质、脂肪及热量，维持人体内酸碱平衡及帮助消化等功能。由于蔬菜的营养价值是由多种成分组成的，可通过计算平均营养价值（ANV）评价不同蔬菜的营养价值。

ANV（100 g 可食部分）= 蛋白质（g）/5 + 纤维素（g）+ 钙（mg）/100 + 铁（mg）/2+胡萝卜素（mg）+维生素 C（mg）/40。

由表 1-4 可看出，叶菜类的平均营养价值高于其他蔬菜，最高的是苋菜，其次是大白菜、蕹菜和结球莴苣等。果菜类中甜椒营养价值最高，根菜类蔬菜中胡萝卜最高。

表 1-4　几种类型蔬菜的平均营养价值

蔬菜种类		产量（t·hm^{-2}）		AVN	ANV（m^2）	定植至收获期（d）	ANV［（m^2·d）］
		收获部分	可食部分				
果菜类	番茄	45	42.3	2.39	101	160	0.63
	茄子	25	24.0	2.14	51	200	0.26
	甜椒	30	26.1	6.61	173	130	1.33
	黄瓜	50	40.0	1.69	68	150	0.45
	南瓜	20	16.6	2.08	44	150	0.29
	西瓜	40	25.2	0.90	23	120	0.19
叶菜类	豇豆	7	6.2	3.74	23	150	0.15
	苋菜	30	18.0	11.32	204	50	4.08
	蕹菜	80	57.6	7.57	436	270	1.61
	大白菜	30	25.8	6.99	180	90	2.00
根、茎菜类	结球莴苣	20	14.8	5.35	79	50	1.58
	甘蓝	40	34.0	3.52	120	90	1.33
	洋葱	40	38.4	2.05	79	150	0.52
	胡萝卜	20	16.6	6.48	108	90	1.19
	芋头	20	16.8	2.38	40	120	0.33

三、蔬菜安全卫生质量

蔬菜安全卫生质量指蔬菜产品内有害物质的含量被控制在某一规定范围内。蔬菜中各种有害物质限量详见第二章。

参考文献

陈杏禹 . 2010. 蔬菜栽培［M］. 北京：高等教育出版社 .

山东农业大学 . 2000. 蔬菜栽培学总论［M］. 北京：中国农业出版社 .

第二章
绿色食品和有机食品的生产与认证

第一节　绿色食品和有机食品的概念

一、绿色食品

（一）定义

绿色食品概念是我们国家提出的，指遵循可持续发展原则，按照特定生产方式生产，经专门机构认证，许可使用绿色食品标志的无污染的安全、优质、营养类食品。

（二）绿色食品标识及含义

绿色食品标志图形由三部分构成，即上方的太阳、下方的叶子和蓓蕾。标志图形为正圆形，意为保护、安全。整个图形表达明媚阳光下的和谐升级，提醒人们保护环境创造自然界新的和谐。见图 2-1。

图 2-1　绿色农产品标志

（三）绿色食品分级

为满足我国国内消费者的需求和适应当前我国农业生产发展水平与国际市场竞争，按照化学合成物质投入量将绿色食品区分 A 级和 AA 级。

1. A 级绿色食品

指产地的生态环境质量符合 NY/T 391—2000《绿色食品　产地环境质量标准》要求，生产过程中允许限量使用限定的化学合成物质，按特定的操作规程生产、加工，产品质量及包装经检测、检验符合特定标准，并经专门机构认定，许可使用 A 级绿色食品标志的产品。

2. AA 级绿色食品

指产地环境质量符合 NY/T 391—2000《绿色食品　产地环境质量标准》要求，生产过程中不使用任何有害化学合成物质，按特定的操作规程生产、加工，产品质量及包装经检测、检验符合特定标准，并经专门机构认定，许可使用 AA 级有绿色食品标志的产品。AA级绿色食品标准已经达到甚至超过国际有机农业运动联盟的有机食品的基本要求，并充分考虑吸纳欧盟、美国、日本等国家有机农业及其农产品管理条例或法案要求，可与国际有机食品接轨。

二、有机食品

（一）定义

有机食品是国际上普遍认同的叫法，这一名词是从英法 Organic Food 直译过来的，在其他语言中也有叫生态或生物食品的。这里所说的“有机”不是化学上的概念。

1. 国际有机农业运动联合会（IFOAM）的有机食品定义

根据有机食品种植标准和生产加工技术规范而生产的、经过有机食品颁证组织认证并颁发证书的一切食品和农产品。

2. 生态环境部有机食品发展中心（OFDC）的有机食品定义

来自有机农业生产体系，根据有机认证标准生产、加工、并经独立的有机食品认证机构认证的农产品及其加工品等。包括粮食、蔬菜、水果、奶制品、禽畜产品、蜂蜜、水产品、调料等。

（二）有机食品标识及含义

1. 由农业农村部中绿华夏有机食品中心（COFCC）设计并注册的有机食品标志

采用人手和叶片为创意元素。我们可以感觉到两种景象：其一是一只手向上持着一片绿叶，寓意人类对自然和生命的渴望；其二是两只手一上一下握在一起、将绿叶拟人化为自然的手，寓意人类的生存离不开大自然的呵护，人与自然需要和谐美好的生存关系。有机食品概念的提出正是这种理念和实际应用。人类的食物从自然中获取，人类的活动应尊重自然规律，这样才能创造一个良好的可持续的发展空间。见图 2-2。

图 2-2　农业农村部有机食品标志

2. 生态环境部有机食品发展中心（OFDC）公布的“有机论证”标志和注册的“有机（生态）产品”的质量认证标志

有机产品标志由两个同心圆、图案以及中英文文字组成。内圆表示太阳，其中的既像青菜又像绵羊头的图案泛指自然界的动植物；外圆表示地球。整个图案采用绿色，象征着有机产品是真正无污染、符合健康要求的产品以及有机农业给人类带来了优美、清洁的生态环境。见图 2-3。

图 2-3　生态环境部有机食品标志

3. 国家技术监督检验局发布的国家有机食品标志

国家技术监督检验局发布的有机产品标志分为两种，一般来说一个农场在申请有机产品认证后，要有 1～3 年的转换期才能正式获得有机产品认证。在这 1～3 年内农场要完全按照有机认证标准要求进行生产，但其产品不能叫有机产品，只能叫“有机转换产品”，只能使用相应的有机转换标志。图 2-4、图 2-5。

图 2-4　有机食品转换期标志

图 2-5　有机食品正式标志

三、绿色食品和有机食品认识上注意的问题

第一，绿色食品未必都是绿颜色的，绿色是指与环境保护有关的事物，如绿色和平组织、绿色壁垒、绿色冰箱等。

第二，无污染是一个相对的概念，食品中所含物质是否有害也是相对的，要有一个量的概念，只有某种物质达到一定的量才会有害，才会对食品造成污染，只要有害物含量控制在标准规定的范围之内就有可能成为绿色食品。

第三，并不是只有偏远的、无污染的地区才能从事绿色食品生产，在大城市郊区，只要环境中的污染物不超过标准规定的范围，也能够进行绿色食品生产，从减轻农用化学物质污染的作用分析，在发达地区更有重要的环保意义。

第四，并不是封闭、落后、偏远的山区及没受人类活动污染的地区等地方生产出来的食品就一定是绿色食品，有时候这些地区的大气、土壤或河流中含有天然的有害物。

第五，野生的、天然的食品，如野菜、野果等也不能算作真正的绿色食品，有时这些野生食品或者它们的生存环境中含有过量的污染物，是不是绿色食品还要经过专门机构认证。

四、绿色食品和有机食品的联系与区别

（一）绿色食品、有机食品的共同点

绿色食品、有机食品都是指符合一定标准的安全食品。他们存在着如下共同点与联系。

第一，绿色食品、有机食品都是经质量认证的安全农产品。

第二，绿色食品、有机食品都注重生产过程的管理，绿色食品侧重对影响产品质量因素的控制，有机食品侧重对影响环境质量因素的控制。

第三，绿色食品、有机食品都是以环保、安全、健康为目标的食品，代表着为中国未来食品发展的方向。

（二）绿色食品、有机食品的区别

绿色食品达到了发达国家的先进标准，满足人们对食品质量安全更高的需求；有机食品则又是一个更高的层次，是一种真正源于自然、高营养、高品质的环保型安全食品。这两类食品像一个金字塔，塔基是绿色食品，塔尖是有机食品，越往上要求越严格。它们之间存在的区别主要表现在以下几点。

1. 出发点不同

我国的有机食品最初是应国外贸易商的要求而生产的，有机食品的开发都是严格与国外有机食品接轨的，有的是与国外相关机构合作的。而绿色食品最初的发展动机是出口与内销兼顾；从标准上看，只有AA级绿色食品才相当于国外的有机食品。经过多年的发展与努力，中国的绿色食品逐步获得了国际社会的认可。尽管如此，中国的绿色食品不能以有机食品的名义出口，国外贸易商也不以有机食品的价格接受，而是往往以低于有机食品的价格收购。

2. 标准规范不同

绿色食品与有机食品的显著区别是：有机食品在其生产和加工过程中绝对禁止使用化肥、农药、生长调节剂、畜禽饲料添加剂等人工合成物质。而绿色食品（A级）则允许限量使用限定的化学合成物质。从这个意义上讲，有机食品比绿色食品的标准要求更高，生产难度更大。因此，有机食品被人们称为“纯而又纯”的食品。可持续农业产品按标准规范要求不同，由低到高梯级分布为：绿色食品和有机食品。有机食品为顶级可持续农业产品。但目前可持续农业产品的生产种类、生产面积、生产总量、农业和农户接受程度和市场占有率，绿色食品较高，有机食品最低。

3. 土壤肥力来源不同

在有机农业生产体系中，有机食品生产中土壤肥力的主要来源包括没有污染的绿肥及作物残体、泥炭、秸秆、海草和其他类似物质，以及经过堆积处理的食物和林业副产品等。经过高温堆肥等方法处理后，没有虫害、寄生虫和传染病的人粪尿和畜便可作为有机肥料使用。AA 级绿色食品生产中土壤肥力的主要来源包括堆肥、沤肥、厩肥、沼气肥、绿肥、作物秸秆肥、泥肥、饼肥等农家肥料，AA 级绿色食品生产资料肥料类产品，以及在上述肥料不能满足 AA 级绿色食品生产需要的情况下，允许使用商品有机肥料、腐殖酸类肥料、微生物肥料、有机复合肥、无机（矿质〉肥料、叶面肥料、有机无机肥（半有机肥）等商品肥料。A 级绿色食品生产中土壤肥力的主要来源包括 AA 级绿色食品生产允许使用的肥料种类，A 级绿色食品生产资料肥料类产品，以及在上述肥料不能满足 A 级绿色食品需要的情况下，允许使用掺合肥。这里的掺合肥是指在有机肥、微生物肥、无机（矿质）腐殖酸肥中按一定比例掺入化肥（硝态氮肥除外），并通过机械混合而成的肥料。禁止使用未经国家或省级农业部门登记的化肥或生物肥料。

4. 病虫草害防治手段不同

有机食品生产中病虫草害的主要防治手段包括作物轮作以及各种物理、生物和生态措施，如人工诱杀害虫、自然天敌平衡、田园清理、生物防治、促进生物多样性等。绿色食品生产中病虫草害的主要防治手段是在生产过程中不使用或限量使用限定的化学合成农药（强调安全间隔期），积极采用物理方法、生物防治技术及产品（如 Bt 及植物类农药）与栽培技术措施等。

5. 标识不同

有机食品标识在不同国家和不同认证机构是不同的。2001 年国际有机农业运动联盟（IFOAM）的成员就拥有有机食品标识 380 多个。在我国，国家环境保护总局有机食品发展中心（OFDC）在国家工商局注册了有机食品标识。农业系统的有机食品标志是农业农村部所属中绿华夏有机食品认证中心（COFCC）的产品及包装上的证明性标志。绿色食品标识在我国是统一的，也是唯一的，它是由中国绿色食品发展中心（GFDC）制定并在国家工商局注册的质量认证商标。

6. 认证机构不同

在我国，国家环境保护总局有机食品发展中心是目前国内有机食品综合认证的权威机构。另外也有一些国外有机食品认证机构在我国发展有机食品的认证工作。中国绿色食品发展中心是目前国内唯一的绿色食品认证机构。该中心负责全国绿色食品的统一认证和最终审批。

7. 认证方法不同

在我国，有机食品和 AA 级绿色食品的认证实行检查员制度，在认证方法上是以实地检查认证为主，检测认证为辅。有机食品的认证重点是农事操作的真实记录和生产资料购买及应用记录等。A 级绿色食品和无公害食品的认证是以检查认证和检测认证并重的原则，同时强调“从土地（农田）到餐桌”的全程质量控制，在环境技术条件的评价方法上，采用了调查评价与检测认证相结合的方式。

8. 消费对象不同

绿色食品主要供给少数高收入群体和部分出口，有机食品主要是为了出口。

9. 推动方式不同

绿色食品以市场运作为主，政府推动为辅；有机食品认证是一种完全市场化的运作方式，与国际通行做法接轨。

第二节　绿色食品和有机食品的认证

一、绿色食品认证

（一）绿色食品的认证标准

1. 绿色食品产地环境质量标准

制定产地环境质量标准的目的，一是强调绿色食品必须产自良好的生态环境地域，以保证绿色食品最终产品的无污染、安全性；二是促进对绿色食品产地环境的保护与改善。绿色食品产地环境质量标准规定了产地的农田灌溉水质、畜禽饮用水、渔业水质和土壤、大气等的各项指标以及浓度限值、监测和评价方法，提出了绿色食品产地土壤肥力分级和土壤质量综合评价方法。对于一个给定的污染物在全国范围内其标准是统一的，必要时可增设项目，适用于绿色食品（AA 级和 A 级）生产的农田、菜地、果园、牧场、养殖场和加工厂。如 NY/T 391—2000《绿色食品产地环境技术条件》以及《绿色食品产地环境质量现状评价技术导则》等。

2. 绿色食品生产技术标准

绿色食品生产过程的控制同样是绿色食品质量控制的关键环节。绿色食品生产技术标准包括绿色食品生产资料使用准则和绿色食品生产技术操作规程两部分。绿色食品生产资料使用准则是对生产绿色食品过程中物质投入的一个原则性规定，它包括生产绿色食品的肥料、农药、食品添加剂、饲料添加剂、兽药和水产养殖用药的使用准则，对允许、限制和禁止使用的生产资料及其使用方法、使用剂量、使用次数和休药期等做出明确规定。绿色食品生产技术操作规程是以上述准则为依据，按作物种类、畜牧种类和不同农业区域的生产特性分别制定的，用于指导绿色食品生产活动，规范绿色食品生产的技术规定，包括农作物种植、畜禽饲养、水产养殖和食品加工等技术操作规程。如 NY/T 392—2000《绿色食品食品　添加剂使用准则》、NY/T 393—2000《绿色食品　农药使用准则》、NY/T 394—2000《绿色食品　肥料使用准则》、NY/T 471—2001《绿色食品　饲料和饲料添加剂使用准则》、NY/T 472—2001《绿色食品　兽药使用准则》、NY/T 473—2001《绿色食品　动物卫生准则》等。

3. 绿色食品产品质量标准

绿色食品产品质量标准是衡量绿色食品最终产品质量的指标尺度，其规定了食品的外观品质、营养品质和卫生品质等内容，但其部分卫生品质要求严于普通食品标准和无公害食品标准，主要表现在对农药残留和重金属的检测项目种类更多、指标更严，而且使用的主要原料必须是来自绿色食品产地，按绿色食品生产技术操作规程生产出来的产品。绿色食品产品质量标准反映了绿色食品生产、管理和质量控制的先进水平，突出了绿色食品产品安全的卫生品质。

4. 绿色食品包装储运标准

该标准规定了进行绿色食品产品包装时应遵循的原则，包装材料选用的范围、种类，包装上的标识内容等。要求产品包装从原料、产品制造、使用、回收和废弃的整个过程都应有利于食品安全和环境保护，包括包装材料的安全、牢固性，节省资源、能源，减少或避免废弃物产生，易回收循环利用，可降解等具体要求的内容。绿色食品产品标签除要求符合国家《食品标签通用标准》外，还要求符合《中国绿色食品标志设计标准手册》规定。《中国绿色食品标志设计标准手册》对绿色食品的标准图形、标准字形、图形和字形的规范组合、标准色、广告用语以及在产品包装标签上的规范应用均作了具体规定。绿色食品储藏运输标准对绿色食品储藏运输的条件、方法、时间作出规定，以保证绿色食品在储藏运输过程中不遭受污染、不改变品质，并有利于环保、节能和物流合理化。

5. 绿色食品其他相关标准

绿色食品标准还包括绿色食品生产资料认证标准、绿色食品生产基地认定标准等，这些标准都是促进绿色食品质量控制管理的辅助标准。

以上各项标准对绿色食品的产前、产中和产后全程质量控制技术和指标作了全面规定，构成 了一个科学、完整的绿色食品标准体系。

（二）绿色食品申请认证程序

（1）申请人向中国绿色食品发展中心或省绿色食品办公室领取申请表及有关资料。

（2）申请人按要求填写“绿色食品标志使用申请书”“企业生产情况调查表”，并连同“产品注册商标文本复印件”及省级以上质量监测部门出具的当年产品质量检测报告一并报所在省绿色食品办公室。

（3）由各省绿色食品办公室派专人赴申报企业及原料产地调查核实其产品生产过程的质量控制情况，写出正式报告。

（4）绿色食品办公室确定省内一家较权威的环境监测单位，委托其对申请企业进行农业环境质量评价。

（5）以上材料一式两份，由各省绿色食品办公室初审后报送中国绿色食品发展中心审核。

（6）由中国绿色食品发展中心通知，对申请材料合格的企业接受指定的绿色食品监测中心对其产品进行质量、卫生检测，同时企业需按《中国绿色食品标志设计标准手册》要求，将带有绿色食品标志的包装方案报中国绿色食品发展中心审核。

（7）由中国绿色食品发展中心对申请企业及产品进行终审后，与符合绿色食品标准的产品生产企业签订《绿色食品标志使用协议书》，然后向企业颁发绿色食品标志使用证书，并向社会发布通知。

（8）绿色食品标志使用证书有效期为3年。

二、有机食品认证

（一）有机食品的认证机构

1. 国家环境保护总局有机食品发展中心（OFDC，www. ofdc. org. cn）

国家环境保护总局有机食品发展中心是我国专门从事有机食品检查、认证的机构。目前全球总共约有各类有机认证机构800多家，其中获得国际有机农业运动联盟（IF-OAM）认可的只有包括中国OFDC在内的28家。而获得IFOAM国际认可是中国有机认证事业实现国际接轨的关键之一。OFDC的主要职能是：受理有机食品的颁证申请；颁发有机食品证书；监督和管理有机食品标志的使用，包括从国外进口有机食品的管理；解释《有机产品认证标准》和有关的管理规定；开展有机食品认证的信息交流和国际合作。OFDC设有颁证管理部、质量控制部、国际合作部。其中颁证管理部受理有机食品认证申请，负责与颁证和标志使用有关的日常管理工作；根据国家环境保护总局的授权和有机食品颁证委员会的决定，办理有机食品证书的颁发和标志准用手续；协助质量控制部做好有机食品的监测和审查工作。

2. 中绿华夏有机食品认证中心（China Organic Food Certification Center，简称COFCC）

该认证中心是国家认证认可监督管理委员会批准设立的国内第一家有机食品认证机构。COFCC依据有机食品认证标准和有关法律、法规，坚持“公开、公正、公平”的原则，为申请者提供有机食品知识培训和认证服务。COFCC始终保持取证过程的简捷、准确和明晰，竭诚为广大用户提供高效优质服务。其主要职责包括：有机食（产）品的认证和培训服务；支持企业培育有机食品市场；开展与国际相关机构的各种合作，促进有机食品国际贸易；提供有机食品的信息服务；开展有机农业发展的理论研究；为中国政府提供有机食品标准和有机农业政策制定的依据。COFCC设有认证部、管理部、发展部等部门，职责明确。在运行机制上，COFCC既遵循国际通行的惯例，又充分考虑中国的国情，同时借鉴中国绿色食品的工作经验和工作体系的优势，独立开展各项工作。中绿华夏有机食品认证中心的组建，全面启动了农业系统的有机食品认证工作。它不仅开展有机食品认证与培训服务，而且支持企业培育有机食品市场，开展与国际相关机构的各项工作，促进有机食品的国际贸易，有利于形成以国际市场为目标、以初级农产品和初级加工产品为主的外向型有机食品发展格局。

（二）有机食品认证标准

1. 有机食品产地环境质量标准

大气：大气质量评价采用国家大气环境质量标准（GB 3095）所列的一级标准。

水：农田灌溉用水评价采用国家农田灌溉水质标准（GB 5084）；渔业用水评价采用国家渔业水质标准（GB 11607）；畜禽饮用水评价采用国家地面水质标准（GB 3833）；加工用水评价采用生活水标准（GB 5749）。

土壤：土壤质量评价采用国家土壤环境质量标准（GB 15618）。

2. 有机食品生产质量标准

有机产品生产基地在最近2年（一年生作物）或3年（多年生作物）内未使用过《OFDC有机认证标准》中的禁用物质。种子使用前没有用任何禁用物质处理。禁止使用转基因种子种苗；生产基地应建立长期土壤培肥、植物保护、作物轮作和畜禽养殖计划；生产基地无明显水土流失、风蚀及其他环境问题；作物在收获、清洁、干燥、贮存和运输过程中必须避免污染；从常规生产系统向有机生产转换通常需要2～3年的时间，新开荒地及撂荒多年的土地也需经至少12个月的转换期才有可能获得有机认证；在生产和流通过程中，必须有完善的质量控制和跟踪审查体系，并有完整的生产和销售记录。

3. 有机产品加工和贸易标准

原料必须是已获得认证的有机产品或野生（天然）产品；已获得有机认证的原料在终产品中所占的重量或体积不得少于95%；只允许使用天然的调料、色素和香料等辅助原料以及《OFDC有机认证标准》中允许使用的物质，禁止使用人工合成的色素、香科和添加剂等；禁止采用基因工程技术及其产物以及离子辐射处理技术；有机产品在加工、贮存和运输过程中必须避免受到污染；加工、贮藏、运输、贸易全过程必须有完整的档案记录，并保留相应的单据。

有机食品其他相关标准参照《OFDC有机认证标准》执行。

（三）有机食品申请认证程序

（1）申请者（单位或个人）向有机食品发展中心或所在省（自治区、直辖市）的分中心咨询有关申请有机食品认证事宜。

（2）中心为申请者邮寄或传真有机食品认证申请表及认证简介。

（3）申请者返回填好的申请表并缴纳申请费用。

（4）有机食品发展中心颁证管理部为申请者邮寄有关检查认证的全套材料。

（5）申请者反馈农场、蜂场、工厂、野生植物生长和采集、贸易基本情况调查表。

（6）有机食品发展中心颁证管理部对反馈的调查表进行初审。

（7）有机食品发展中心颁证管理部通知申请者初审结果，双方签订有机食品认证检查委托协议书。

（8）申请者向有机食品发展中心缴纳检查所需费用。

（9）有机食品发展中心收到费用后，尽快选派检查员进入农场、加工厂和贸易检查。

（10）检查员检查结束后立即将所采样品交给独立实验室进行分析。

（11）检查员检查结束后编写检查报告初稿，通常情况下2～3天内提交正式检查报告，邮寄或者传真给申请者进行检查情况核实，申请者认为检查员编写的检查报告真实和客观，签字认可后返回检查员，检查报告交有机食品发展中心颁证委员会。

（12）颁证委员会根据检查报告和主审人的评估意见决定是否需要进行第二次检查。

（13）召开颁证委员会会议，做出是否颁证的决定。

（14）有机食品发展中心颁证管理部通知申请者颁证结果和通知缴纳颁证费用，并向申请者邮寄或传真评估表。

（15）有机食品发展中心颁证管理部打印有关证书，并向申请者颁发证书。

（16）将所有认证材料进行装订和归档。申请者在销售有机食品时需向有机食品发展中心申请办理有机食品销售委托书，并提交相关的证明材料和说明。

（17）按有机食品发展中心的规定，通知申请者缴纳标志使用费。

（18）有机食品发展中心颁证管理部审核申请者的申请和证明材料后，颁发有机食品销售证。

参考文献

张洪程 . 2004. 农业标准化概论［M］. 北京：中国农业出版社 .

国家标准化管理委员会 . 2004. 农业标准化［M］. 北京：中国计量出版社 .

第三章

高原夏菜设施建造技术

第一节　塑料大棚建造技术

一、塑料大棚的类型

按棚顶形状分为：拱圆形和屋脊形（我国绝大多数为拱圆形）。
按骨架材料分为：竹木结构、钢架混凝土柱结构、钢架结构、钢竹混合结构等。
按连接方式分为：单栋大棚、双连栋大棚及多连栋大棚。
我国连栋大棚棚顶多为半拱形少量为屋脊形。

二、塑料大棚的结构

（一）塑料大棚的基本骨架

由立柱、拱杆（拱架）、拉杆（纵梁、横拉）、压杆（压膜线）等部件组成，俗称“三杆一柱”。这是塑料薄膜大棚最基本的骨架构成，另有吊柱（悬柱）、棚膜和地锚等附件。

（二）塑料大棚的结构

1. 竹木结构单栋大棚

跨度为 8～12 m，高 2.4～2.6 m，长 40～60 m，每栋生产面积 333～666 m^2。

（1）拱杆。拱杆是塑料薄膜大棚的骨架，决定大棚的形状和空间构成，还起支撑棚膜的作用。拱杆可用直径 3～4 cm 的竹竿或宽约 5 cm、厚约 1 cm 的毛竹片按照大棚跨度要求连接构成。拱杆两端插入地中，其余部分横向固定在立柱顶端，成为拱形，通常每隔 0.8～1.0 m 设一道拱杆。

（2）拉杆。纵向连接拱杆和立柱，固定压杆，使大棚骨架成为一个整体的作用。通常用直径 3～4 cm 的细竹竿作为拉杆，拉杆长度与棚体长度一致。

（3）立柱。立柱起支撑拱杆和棚面的作用，纵横成直线排列。其纵向每隔 3～4 根拱杆设一根立柱，与拱杆间距一致，横向每隔 2 m 左右一根立柱，立柱的粗度为 ϕ5～8 cm，中间一般高 2.4～2.6 m，向两侧逐渐变矮，形成自然拱形。

（4）压杆。压杆位于棚膜之上两根拱架中间，起压平、压实、绷紧棚膜的作用。压杆两端用铁丝与地锚相连，固定后埋入大棚两侧的土壤中；压杆可用光滑顺直的细竹竿为材料，也可以用 8#铅丝或尼龙绳（ϕ3～4 mm）代替，目前有专用的塑料压膜线，可取代压杆。压膜线为扁平状厚塑料带，宽约 1 cm，带边内镶有细金属丝或尼龙丝，既柔韧又坚固，且不损坏棚膜，易于压平绷紧。

（5）棚膜。棚膜可用 0.1～0.12 mm 厚的聚氯乙烯（PVC）或聚乙烯（PE）薄膜以及0.08～0.1 mm的醋酸乙烯（EVA）薄膜以及PO膜。薄膜幅宽不足时，可用电熨斗加热黏接。为了生产期间放风方便，也可将棚膜分成三大块，相互搭接在一起（重叠处宽要≥20 cm，每块棚膜边缘烙成筒状，内可穿绳），以后从接缝处扒开缝隙放风。接缝位置通常是在棚顶部及两侧距地面约1 m处。若大棚宽度小于10 m，顶部可不留通风口，若大棚宽度大于10 m，难以靠侧风口对流通风，就需在棚顶设通风口。

（6）门、窗。大棚两端各设供出入用的大门，门的大小要考虑作业方便，太小不利于进出，太大不利保温。

（7）铁丝。铁丝粗度为16#、18#或20#，用于捆绑连接固定压杆、拱杆和拉杆。

2. 钢架结构单栋大棚

（1）结构参数。一般宽10～12 m，高2.5～3.0 m，长度50～60 m，单栋面积多为666.7 m^2。

（2）拱架结构。①单梁拱架、双梁平面拱架、三角形（由三根钢筋组成）拱架。单梁拱架多用ϕ12～16圆钢或直径相当的金属管材为材料；双梁平面拱架由上弦、下弦及中间的腹杆连成桁架结构；三角形拱架则由三根钢筋及腹杆连成桁架结构。②双梁平面拱架上弦用ϕ14～16钢筋、下弦用ϕ12～14钢筋、其间用ϕ10或ϕ8钢筋作腹杆（拉花）连接。上弦与下弦之间的距离在最高点的脊部为25～30 cm，两个拱脚处逐渐缩小为15 cm左右，桁架底脚最好焊接一块带孔钢板，以便与基础上的预埋螺栓相互连接。拱架横向每隔2 m用一根纵向拉杆相连，拉杆为ϕ12～14钢筋，拉杆与平面桁架下弦焊接，将拱架连为一体。在拉杆与桁架的连接处，应自上弦向下弦上的拉梁处焊一根小斜撑，以防桁架扭曲变形。

钢架大棚的骨架需注意维修、保养，每隔2～3年应涂防锈漆，防止锈蚀。

3. 钢竹混合结构大棚

大棚每隔3 m左右设一平面钢筋拱架，用钢筋或钢管作为纵向拉杆，每隔约2 m一道，将拱架连接在一起。其他如棚膜、压杆（线）及门窗等均与竹木或钢筋结构大棚相同。

钢竹混合结构大棚用钢量少，棚内无柱，既可降低建造成本，又可改善作业条件，避免支柱的遮光，是一种较为实用的结构。

4. 镀锌钢管装配式大棚

自20世纪80年代以来，我国研制出了定型设计的装配式管架大棚，这类大棚多是采用热浸镀锌的薄壁钢管为骨架建造而成（图3-1）。其特点是：重量轻、强度好、耐锈蚀、易于安装拆卸；采光好；中间无柱、作业方便；结构规范标准，可大批量工厂化生产。

（1）GP系列镀锌钢管装配式大棚。该系列由中国农业工程研究设计院研制成功，并在全国各地推广应用。

特点：骨架采用内外壁热浸镀锌钢管制造，抗腐蚀能力强，使用寿命10～15年，抗风荷载31～35 kg/m^2，抗雪荷载20～24 kg/m^2。为适应不同地区气候条件、农艺条件等特点，使产品系列化、标准化、通用化，已设计出GP系列产品（骨架规格见表3-1）。

图 3-1　镀锌钢管装配式大棚

表 3-1　GP 系列塑料薄膜大棚骨架规格

型号	结构尺寸（m）					结构
	长度	宽度	高度	肩高	拱架间距	
GP-Y8-1	42	8.0	3.0	0	0.5	单拱，5 道纵梁，2 道纵卡槽
GP-Y825	42	8.0	3.0		0.5	单拱，5 道纵梁，2 道纵卡槽
GP-Y8.525	39	8.5	3.0	1.0	1.0	单拱，5 道纵梁，2 道纵卡槽
GP-C1025-S	66	10.0	3.0	1.0	1.0	双拱，上圆下方，7 道纵梁
GP-C1225-S	55	12.0	3.0	1.0	1.0	双拱，上圆下方，7 道纵梁，1 道加固立柱
GP-C625-Ⅱ	30	6.0	2.5	1.2	0.65	单拱，5 道纵梁，2 道纵卡槽
GP-C825-Ⅱ	42	8.0	3.0	1.0	0.5	单拱，5 道纵梁，2 道纵卡槽

代表型号（GP-Y8-1 型大棚）介绍：

A. 参数：跨度 8 m，高度 3～3.2 m，长度 50～60 m，面积 336 m^2。

B. 拱架和拉杆以 1.25 mm 薄壁镀锌钢管制成，用卡具与拱架连接。

C. 薄膜采用卡槽及蛇形钢丝弹簧固定。

D. 外加压膜线，作辅助固定薄膜之用。

E. 两侧还附有手摇式卷膜器，取代人工扒缝放风。

（2）PGP 系列镀锌钢管装配式大棚。该产品由中国科学院石家庄农业现代化研究所设计，其性能特点如下。

一是钢管骨架及全部金属零件均采用热浸镀锌处理，防锈性好，结构强度高，设计风荷载为 37.5～56 kg/m^2，拱管落地部分用热收缩聚氯乙烯薄膜套管保护，可避免土壤中酸、碱、盐对管架的腐蚀；棚面拱形，矢跨比为 1/4.6～1/5.5，棚面坡度大，不易积雪，该系列产品塑料大棚规格见表 3-2。

表 3-2　PGP 系列塑料大棚规格

型号	长度（m）	宽度（m）	高度（m）	肩高（m）	拱架间距（m）	拱架管径（mm）
PGP-5-1	30	5.0	2.1	1.2	0.5	20×1.2
PGP-5.5-1	30	5.5	2.6	1.5	0.5	20×1.2
PGP-7-1	50	7.0	2.7	1.4	0.5	25×1.2
PGP-8-1	42	8.0	2.8	1.3	0.5	25×1.2

二是 PGP 系列大棚用钢量少，每公顷 30～31.5 t。比一般钢筋大棚耗钢量少 1.5～2.5 t。

三是装拆省工方便，易于迁移，可避免连作为害。

四是附有侧部卷膜换气天窗和保温幕双层覆盖保温装置，便于进行通风、换气、去湿、降温和保温等环境调节管理。

5. 镀锌钢管装配式连栋大棚

目前生产上多采用四连栋大棚，脊高 3.5 m，跨度 8 m，立柱高 2 m。

三、塑料大棚的应用

（一）育　苗

1. 早春露地蔬菜育苗

在大棚内设多层覆盖，如加保温幕、小拱棚、小拱棚上再加防寒覆盖物如稻草苫、保温被等，或采用大棚内加温温床等办法，于早春进行果菜类蔬菜育苗。

2. 花卉和果树的育苗

可利用大棚进行各种草花及草莓、葡萄、樱桃等作物的育苗。

（二）蔬菜栽培

1. 春季早熟栽培

一般果菜类蔬菜可比露地提早上市 20～40 d。张掖市川区第一茬高原夏菜主要在塑料大棚内进行。

2. 秋季延后栽培

一般可使果菜类蔬菜采收期延后 20～30 d。主要茬口为前茬娃娃菜收获后再定植一茬果菜类。

3. 春到秋长季节栽培

在气候冷凉的地区应用，其早春定植及采收与春茬早熟栽培相同，采收期直到 9 月末，可在大棚内越夏。作物种类主要有茄子、青椒、番茄等茄果类蔬菜。

第二节　塑料薄膜中、小拱棚

一、小拱棚

（一）小拱棚结构

小拱棚（图 3-2）俗称地棚子，其结构为拱圆形。小拱棚主要采用毛竹片、竹竿或 φ6～8 mm的钢筋等材料，弯成宽1～3 m，高1.0～1.5 m 的弓形骨架，骨架用竹竿或 8#铅丝连成整体，上覆盖 0.05～0.10 mm 厚聚氯乙烯或聚乙烯薄膜，外用压杆或压膜线等固定薄膜而成。小拱棚的长度不限，多为 10～30 m。夜间可在膜外加盖草苫、草袋片等防寒物。为防止拱架弯曲，必要时可在拱架下设立柱。拱圆形小拱棚多用于多风、少雨、有积雪的北方。

图 3-2　小拱棚规模化生产

（二）小拱棚的应用

1. 春提早、秋延后或越冬栽培耐寒蔬菜

小拱棚主要用于蔬菜生产，主要栽培耐寒的叶菜类蔬菜，如芹菜、青蒜、小白菜、油菜、香菜、菠菜、甘蓝等。早春栽培的娃娃菜比大棚晚上市 15 d 左右，比露地早上市 15 d 左右。

2. 春提早定植果菜类蔬菜

主要栽培作物有：番茄、青椒、茄子、西葫芦、矮生菜豆、草莓等，但面积不大。

3. 早春育苗

可为露地栽培的春茬蔬菜、花卉、草莓及西瓜、甜瓜等育苗。

二、中拱棚

（一）中拱棚的结构

1. 参　数

拱圆形中拱棚一般跨度为 3～6 m。在跨度 6 m 时，以高度 2.0～2.3 m、肩高 1.1～

1.5 m为宜；在跨度4.5 m时，以高度1.7～1.8 m、肩高1.0 m为宜，在跨度3 m时，以高度1.5 m、肩高0.8 m为宜；长度可根据需要及地块长度确定。根据跨度的大小和拱架材料的强度，来确定是否设立柱。用竹木或钢筋作骨架时，需设立柱；而用钢管作拱架则不需设立柱。

2. 材　料

按材料的不同，拱架可分为竹片结构、钢架结构、竹片与钢架混合结构、管架装配式结构。

（1）竹片结构。按棚的宽度插入5 cm宽的竹片，将其用铅丝上下绑缚一起形成拱圆形骨架，竹片入土深度25～30 cm。拱架间距为1 m左右，中棚纵向设3道拉杆，主拉杆位置在拱架中间的下方，多用竹竿或木杆设置。2道副横拉杆各设在主拉杆两侧部分的1/2处，用ϕ12 mm钢筋做成，两端固定在立好的水泥柱上。拱架的两边每隔一定距离在近地面处设斜支撑，斜支撑上端与拱架绑住，下端插入土中。竹片结构拱架，每隔2道拱架设立柱1根，立柱上端顶在拉杆下，下端入土40 cm。立柱多用木柱或粗竹竿，跨度不宜太大，多在3～5 m，南方多用。

（2）钢架结构。钢骨架中拱棚跨度较大，拱架分主架与副架。跨度为6 m时，主架用4分钢管作上弦、ϕ12 mm钢筋作下弦制成桁架，副架用4分钢管做成。主架1根，副架2根，相间排列。拱架间距1.0～1.1 m。钢架结构也设3道拉杆。拉杆用ϕ12 mm钢筋做成，拉杆设在拱架中间及其两侧部分1/2处，在拱架主架下弦焊接，钢管副架焊短截钢筋连接。拉杆距主架上弦和副架均为20 cm，拱架两侧的2道横拉，距拱架18 cm。钢架结构不设立柱。

（3）混合结构。混合结构的拱架分成主架与副架。主架为钢架，其用料及制作与钢架结构的主架相同，副架用双层竹片绑紧做成。主架1根，副架2根，相间排列。拱架间距0.8～1.0 m，其他与钢架结构相同。

（二）中拱棚的性能与应用

中拱棚的性能介于小拱棚与塑料大棚之间，不再赘述。

第三节　设施覆盖透明材料

一、农用塑料薄膜的种类、特性及应用

我国设施栽培中使用的透明覆盖材料，以基础母料而言，主要是聚氯乙烯（PVC）和聚乙烯（PE）薄膜两大类，20世纪90年代初又研制开发出乙烯—醋酸乙烯（EVA）多功能复合膜。

（一）普通聚氯乙烯和聚乙烯薄膜

普通聚氯乙烯薄膜是由聚氯乙烯树脂添加增塑剂经高温压延而成，聚乙烯薄膜是由

低密度聚乙烯（LDPE）树脂或线型低密度聚乙烯（LLDPE）树脂吹制而成。下面就两种薄膜的性能做简要比较。

1. 透光性

由表 3-3 可看出，聚氯乙烯薄膜的初始透光性能优于聚乙烯薄膜。但聚氯乙烯薄膜使用一段时间以后，薄膜中的增塑剂会慢慢的析出，使其透明度降低，加上聚氯乙烯表面的静电性较强，容易吸附尘土，因此聚氯乙烯的透光率衰减得很快，而聚乙烯薄膜由于吸尘少，无增塑剂析出，透光率下降较慢。根据测定新聚氯乙烯薄膜使用半年后，透光率由 80%下降到 50%，使用一年后下降到 30%以下，失去使用价值；新的聚乙烯薄膜使用半年后，透光率由 75%下降到 65%，使用一年后仍在 50%以上。

表 3-3 两种塑料（新膜）大棚透光率比较

测试时间	09：00	10：00	11：00	12：00	13：00	14：00	15：00
PE 塑料大棚	52%	59%	59%	69%	71%	67%	61%
PVC 塑料大棚	64%	62%	63%	74%	74%	73%	73%

注：北京农业工程大学，1990。

2. 强度和耐候性

由表 3-4 可知，从总体上看聚氯乙烯薄膜的强度优于聚乙烯薄膜，又优于聚乙烯薄膜对紫外线的吸收率较高，容易引起聚合物的光氧化加速老化（自然破裂），普通聚乙烯薄膜的连续使用寿命仅 3～6 个月，普通聚氯乙烯薄膜则可连续使用 6 个月以上。所以聚氯乙烯的耐老化性能也优于聚乙烯。

表 3-4 3 种农膜的强度指标

强度	PVC	EVA	PE
拉伸强度（MPa）	19～23	18～19	<17
伸长率（%）	250～290	517～673	493～550
直角撕裂（$N\cdot cm^{-1}$）	810～877	301～432	312～615
冲击强度（$N\cdot cm^{-1}$）	14.5	10.5	7.0

3. 保温性

聚氯乙烯薄膜在长波热辐射区域的透过率比聚乙烯薄膜低得多，从而可以有效地抑制棚室内的热量以热辐射的方式向棚室外散逸，因此聚氯乙烯的保温性能优于聚乙烯。塑料大棚、温室内的保温性受多种条件的影响，如天气条件、棚室结构、管理措施等，但总的来说聚氯乙烯薄膜覆盖的棚室比聚乙烯薄膜覆盖的棚室内的气温，白天高 3.0℃左右，夜间高 1.0～2.0℃。

4. 其他性能

聚乙烯薄膜表面与水分子的亲和性较差，故表面易附着水滴，表面附着水滴多也是影响其透光性的原因之一。聚乙烯耐寒性强，其脆化温度为-70.0℃，聚氯乙烯薄膜脆化温度较高为-50.0℃，而在温度为20.0～30.0℃时则表现出明显的热胀性，所以往往表现昼松夜紧，在高温强光下薄膜容易松弛，因此容易受风害。聚氯乙烯的比重为1.30 g/cm，而聚乙烯的比重仅为0.92 g/cm^2。因此同样重量、同样厚度的两种薄膜，聚氯乙烯的面积要比聚乙烯少29%。此外聚氯乙烯可以黏合，铺张、修补都比较容易，但燃烧时有毒性气体放出，在使用时应注意。

（二）功能性聚氯乙烯薄膜

1. 聚氯乙烯长寿无滴膜

在聚氯乙烯树脂中，添加一定比例的增塑剂，受阻胺光稳定剂或紫外线吸收剂等防老化助剂和聚多元醇脂类或胺类等复合型防雾滴助剂压延而成。其有效使用期由普通聚氯乙烯的6个月提高到8～10个月。防雾滴剂能增加薄膜的临界湿润能力，使薄膜表面发生水分凝结时不形成露珠附着在薄膜表面，而是形成一层均匀的水膜，水膜顺倾斜膜面流入土中，因此可使透光率大幅度提高。另外，由于没有水滴落到植株上，可减少病害发生。由于聚氯乙烯分子具有极性，防雾滴剂也是具有极性的分子，因此分子间形成弱的结合键，使薄膜中的防雾滴剂不易迁移至表面乃至脱落，保持防雾滴性能。由于在成膜过程中加入大量的增塑剂，可使防雾滴剂分散均匀。所以聚氯乙烯长寿无滴膜流滴的均匀性好且持久，流滴持效期可达4～6个月。这种薄膜厚度0.12 mm左右，在日光温室果菜类越冬生产上应用比较广泛。

2. 聚氯乙烯长寿无滴防尘膜

在聚氯乙烯长寿无滴膜的基础上，增加一道表面涂敷防尘工艺，使薄膜外表面附着一层均匀的有机涂料，该层涂料的主要作用是阻止增塑剂、防雾滴剂向外表面析出。由于阻止了增塑剂向外表面析出，使薄膜表面的静电性减弱，从而起到防尘提高透光率的作用。由于阻止了防雾滴剂向外表面迁移流失，从而延长了薄膜的无滴持效期。另外在表面敷料中还加入了抗氧化剂，从而进一步提高了薄膜的防老化性能。

（三）功能性聚乙烯薄膜

1. 聚乙烯长寿无滴膜

在聚乙烯树脂中按一定比例添加防老化和防雾滴助剂，不仅延长使用寿命而且因薄膜具有流滴性提高了透光率。该薄膜的厚度0.12 mm，无滴持效期可达到150 d以上，使用寿命达12～18个月，透光率较普通聚乙烯膜提高10%～20%。

2. 聚乙烯多功能复合膜

采用三层共挤设备将具有不同功能的助剂（防老化剂、防雾滴剂、保温剂）分层加入制备而成。一般来说，将防老化剂相对集中于外层（指与外界空气接触的一层）使其具有防老化性能，延长薄膜寿命；防雾滴剂相对集中于内层（指与棚室内空气接触的一层）使其具有流滴性，提高薄膜的透光率；保温剂相对集中于中层，抑制棚室内热辐射流失，使其具有保温性。添加的保温剂是折光系数与聚乙烯相近的无机填料，具有阻隔红外线的能力。这种薄膜厚度为 0. 08～0. 12 mm，使用年限在 1～1. 5 年以上，夜间保温性能优于聚乙烯膜，接近于聚氯乙烯膜，流滴持效期 3～4 个月。该膜覆盖的棚室内散射光比例占棚室内总光量的 50%，使得棚室内光照均匀，减轻了骨架材料的遮阴影响。此外，该膜中还添加了特定的紫外线阻隔剂，可以抑制灰霉病、菌核病的发生和蔓延；在东北、华北和西北地区广泛应用于棚室覆盖。

3. 薄型多功能聚乙烯膜

薄型多功能聚乙烯膜的厚度仅 0. 05 mm。以聚乙烯树脂为基础母料，加入光氧化和热氧化稳定剂提高薄膜的耐老化性能，加入红外线阻隔剂提高薄膜的保温性，加入紫外线阻隔剂以抑制病害发生和蔓延。经测试这种薄型多功能聚乙烯膜透光率为 82%～85%，比普通的聚乙烯薄膜透光率 91%（实验室值）低，但棚室内散射光比例高达 54%，比普通聚乙烯膜高出 10%，使棚室内作物上、下层受光均匀，有利于提高整株作物的光合效率，促进生长和产量的形成。经测试普通聚乙烯膜（厚 0. 10 mm）在远红外线区域（7 000～11 000 nm）的透过率为 71 %～78%，而厚度仅 0. 05 mm 的薄型多功能聚乙烯膜透过率仅为 36 %，所以其保温性也相应提高了 1. 0～4. 5℃以上（表 3-5）。表 3-5 还给出了厚度为 0. 10 mm 的普通聚乙烯膜和两种功能性聚乙烯膜的机械性能，可见薄型多功能聚乙烯膜强度显著提高。经暴晒和实际扣棚实验，都说明耐老化性能也优于普通聚乙烯膜，暴晒和扣棚 10 个月后，其伸长保留率远高于 50%（表 3-6）。由于薄膜中添加了紫外线阻隔剂，使植株的病情指数下降了 37%（据 1985 年试验，普通 PE 膜棚内黄瓜霜霉病的病情指数为 72. 25%，薄型多功能 PE 膜棚内则仅为 35. 75%）。同时棚内植株生长良好，黄瓜茎粗、株高、叶片数、叶面积都有增长，平均每公顷产量比普通 PE 膜高 8%。几种薄膜的耐候性见表 3-7。

表 3-5　两种农膜保温性比较

（北京市农业科学院蔬菜中心，1985）　　（单位:℃）

日期	4 月 19 日		4 月 20 日		4 月 21 日		4 月 22 日		4 月 23 日	
	0 时	6 时	0 时	6 时	0 时	6 时	0 时	6 时	0 时	6 时
普通 PE 膜（厚度 0. 10 mm）	9. 0℃	6. 0	9. 0	7. 0	16. 0	11. 0	7. 0	6. 5	7. 5	5. 0
薄型多功能 PE 膜（厚度 0. 05 mm）	12. 0	19. 0**	13. 5	11. 7	16. 5	13. 2	11. 5	9. 0	9. 2	7. 8
差值	-3. 0	-13. 0	-4. 5	-4. 7	-0. 5	-1. 2	-4. 5	-2. 5	-1. 7	-2. 8

注：* 表中数值为空气温度（℃）；** 最低温度出现在 4 时，为 11. 0℃。

表 3-6　几种薄膜的机械性能比较

（北京塑料研究所，1985）

薄膜	厚度（mm）	拉伸强度（MPa）		相对伸长率（%）		直角撕裂（N · cm^{-1}）	
		纵	横	纵	横	纵	横
普通 PE	0. 10	14. 7	16. 7	500	588	818	828

（续表）

薄膜	厚度（mm）	拉伸强度（MPa）		相对伸长率（%）		直角撕裂（N·cm^{-1}）	
		纵	横	纵	横	纵	横
多功能 PE 膜	0.12	19.6	18.6	600	610	1 087	916
薄型多功有 PE 膜	0.05	29.4	27.6	690	210	960	1 027

表 3-7　几种薄膜的耐候性

（北京塑料研究所，1985）

项目	厚度（mm）	暴晒试验				连续扣棚试验			
		纵向伸长保留率（%）		横向伸长保留率（%）		纵向伸长保留率（%）		横向伸长保留率（%）	
		9个月后	10个月后	9个月后	10个月后	9个月后	10个月后	9个月后	10个月后
普通 PE	0.055	32.8	已破	3.5	—	已破	已破	—	—
薄型多功能 PE 膜	0.044	96.3	94.5	96.0	87.8	87	85.9	100	85.1
薄型耐老化膜	0.060	90.3	67.6	78.0	70.2	82.0	71.7	7.60	63.0

（四）调光薄膜

1. 漫反射膜

漫反射膜是由性状特殊的结晶材料混入聚氯乙烯或聚乙烯母料中制备而成。该薄膜可以使直射阳光透过薄膜后，在棚室内形成均匀散射光。漫反射膜有一定的光转换能力，能把部分紫外线吸收转变成能级较低的可见光，紫外线透过率减少，可见光透过率略有增加，有利于作物对光合有效辐射的利用，减少病害发生。漫反射膜覆盖的棚室内是比较均匀的散射光，作物群体受光较一致。阴天太阳光强较弱时，保温性能明显高于普通膜；晴天日照强烈的中午前后，由于漫反射膜对中红外区的阻隔，气温反而低于普通膜，而夜间因漫反射膜热辐射透过率低而使气温高于普通膜。根据测试资料统计：在棚内日平均气温 13～20℃较低的条件下，漫反射膜棚内气温比对照高 1.3℃，阴天高 0.6～2.0℃；在棚内日平均气温 15～32℃较高的条件下，早晚比对照高 0.6℃，中午低 1.7℃；当棚内气温高于 30℃时，棚内最高气温比对照低 0.7～2.0℃，有利于防止作物受高温为害。

2. 转光膜

在各种功能性聚乙烯薄膜中添加某种荧光化合物和介质助剂而成，这种薄膜具有光转换特性，该薄膜受到太阳光照射时可将吸收的紫外线（290～400nm）区能量的大部分转化成为有利于作物光合作用的橙红光（600～700nm）。转光膜比同质的功能性聚乙烯膜透光率高出8%左右。有的转光膜在橙红光区高9%～11%。转光膜的另一显著特点是保温性能较好，尤其在严寒的12月和翌年的1月更显著，最低气温可提高2.0～4.0℃，有的转光膜阴天时或晴天的早晚，棚室内气温高于同质的聚乙烯膜；而晴天中午反而低于聚乙烯膜。使用转光膜的棚室内番茄、黄瓜等品质和产量有所提高。

3. 紫色膜和蓝色膜

紫色膜和蓝色膜有两种，一种是无滴长寿聚乙烯膜基础上加入适当的紫色或蓝色颜料；另一种是在转光膜的基础上添加紫色或蓝色颜料，两种薄膜的蓝、紫光透光率均增加。紫光膜适用于韭菜、茴香、芹菜、莴苣和叶菜等；蓝色膜对防止水稻育秧时的烂秧效果显著。

（五）乙烯——醋酸乙烯多功能复合薄膜

是以乙烯——醋酸乙烯共聚物（EVA）树脂为主体的三层复合功能性薄膜。其厚度0.10～0.12 mm，幅宽2～12 m。由于醋酸乙烯（VA）的引入，使EVA树脂具有许多独特的性能：结晶性降低，使薄膜有良好的透明性；耐低温、耐冲击，不易开裂；具有弱极性，使其于防雾滴剂有良好的相容性，EVA膜的流滴持效期长；EVA膜红外阻隔率高于PE膜，故保温性好（但较PVC膜差）。EVA多功能复合膜由三层复合而成，外表层为LLDPE、LDPE或VA含量低的EVA树脂为主，添加耐候、防尘等助剂，使其机械性能良好，耐候性强，能防止防雾滴助剂析出；中层以VA含量高的EVA树脂为主，添加保温、防雾滴助剂，使其有良好的保温和防雾滴性能；内表层以VA含量低的EVA树脂为主，添加保温、防雾滴助剂，其机械性能、加工性能均好，又有较高的保温和流滴持效性能。也有的EVA多功能复合膜3层均为VA含量高的EVA树脂，保温性能更好，适于高寒地区。

1. 透光性

EVA膜在耐老化，防御病害发生、蔓延及保温性均应优于乙烯薄膜。市场上现有的EVA膜在制备过程中添加了结晶改良剂，从而使薄膜本身的雾度（即浑浊程度）不高于30%，使薄膜的透光率提高，其初始透光率甚至不低于PVC膜。此外，EVA膜流滴持效期长，又有很好的抗静电性能，表面具有良好的防尘效果，所以扣棚后透光率衰减较缓慢，如在北京连续使用18个月后，棚内测得的透光率仍高达77%（表3-8）。

表3-8 3种薄膜的初始透光率

薄膜种类	EVA多功能复合膜	PVC无滴膜	PE多功能膜
厚度（mm）	0.09	0.10	0.10
透光率（%）	92	91	89

2. 强度和耐侯性

EVA膜的强度优于PE膜，总体强度指标不如PVC，但实际生产的EVA多功能复合膜均超过表3-9中的数值。

由于 EVA 树脂本身阻隔紫外线的能力较强，加之在成膜过程中又在其外表面添加了防老化助剂，所以其耐侯性也较强。经自然暴晒 8 个月，纵、横向断裂伸长保留率仍可达 95%，自然暴晒 10 个月，伸长保留率仍在 80%以上。经实际扣棚 13 个月和 18 个月后均高于 50%。使用期一般可达 18～24 个月。

3. 保温性

EVA 树脂红外阻隔率高于 PE，低于 PVC，保温性能较好；EVA 多功能复合膜的中层和内层添加了保温剂，其红外阻隔率还要高，有的可超过 70%。在夜间低温时表现出良好的保温性，一般夜间比 PE 膜高 1.0～1.5℃；白天比 PE 膜高 2.0～3.0℃。

表 3-9　中国目前市场上 EVA 多功能复合膜机械性能（厚度 0.10～0.11 mm）

拉伸强度（MPa）		断裂伸长率（%）		直角撕裂（$N \cdot cm^{-1}$）	
纵向	横向	纵向	横向	纵向	横向
19～25	18.5～28	420～700	600～760	≥550	≥510

4. 防雾滴性

EVA 树脂有弱的极性，因而与添加的防雾滴剂有较好的相容性，有效地防止雾滴助剂向表面迁移析出，因而延长了无滴持效期，同时棚室内雾气相应减少（表 3-10）。

表 3-10　几种 EVA 多功能复合膜与 PE 无滴膜、PE 多功能膜防雾滴性比较

项目		EVA-1 号 多功能膜	EVA-3 号 多功能膜	EVA-4 号 多功能膜	EVA-5 号 多功能膜	PE 多 功能膜	PE 无 滴膜
厚度（mm）		0.10	0.10	0.10	0.10	0.10	0.15
测试日期 （年·月·日）	1995.1.6 （扣棚近 3 个月）	各膜流滴性、透光性均良好					
	1995.3.20 （扣棚近 5 个月）	无滴性好 雾小	无滴性好 雾小	个别有滴 雾小	无滴性好 雾小	多处水滴 雾小	已有多 处水滴
	1995.5.22 （扣棚近 6.5 个月）	无滴性好 雾小	很小水滴 无雾	无滴性好 雾小	无滴性好 雾小	水滴占 60%无雾	水滴占 40%
	1995.5.22 （扣棚近 7 个月）	无滴性好	很小水滴	无滴性好	无滴性好		水滴占 50%
（1995.5.22 揭膜，1995.10.3 重新扣棚）							
测试日期 （年·月·日）	1995.11.17 （扣棚近 9 个月）	无滴性好	水滴占 60%	水滴占 40%	水滴占 5%～10%		
	1996.3.15 （扣棚近 13 个月）	水滴占 10%		水滴≥ 50%	水滴占 30%		

注：* EVAl～5 号为不同无滴剂配方（扣棚日期；1994 年 10 月 15 日）。

资料来源：王国华，1996。

由表 3-10 可见 EVA 多功能复合膜防雾滴性能是优异的，无滴持效期在 8 个月以上。

综上可知 EVA 多功能复合膜在耐候、初始透光率、透光率衰减、无滴持效期、保温等方面有优势，既解决了 PE 膜无滴持效期短、初始透光率低、保温性差等问题；又解决了 PVC 膜比重大，同样重量薄膜覆盖面积小，幅宽窄，需要较多黏接，易吸尘，透光率下降快，耐候性差等问题，所以该薄膜是较理想的 PE 膜和 PVC 膜的更新换代材料。

（六）氟素膜

氟素膜（ETFE）以四氟乙烯为基础母料。该膜的特点是高透光和极强的耐候性，其可见光透过率在 90%以上，而且透光率衰减很慢，经使用 10～15 年，透光率仍在 90%，抗静电性强，尘染轻。可连续使用 10～15 年。目前中国尚不能制造，日本有应用，价格昂贵，且废膜要由厂家回收后用专门方法处理。

（七）PO 膜

PO 膜是最近由日本采用高级烯烃的原材料及其他助剂，采用外喷涂烘干工艺而产出的一种新型农膜。其优点比较突出，与市场上传统 PE 膜及 EVA 膜比较具有以下几方面的优势。

（1）卓越的透明性。采用高级烯烃原材料，雾度低，透明度高。早晨光线透过率高，散射率低，早晨升温迅速。

（2）超强的持续消雾、流滴能力。采用消雾流滴剂涂布干燥处理，可以抑制雾气产生，消雾流滴期可达到与农膜使用寿命同步。

（3）较好的保温性能。薄膜内部采用高科技特制有机保温剂，使棚内向外辐射的红外线大部分被反射回来。有效地控制了热量散失。保证了作物夜间的生长温度，可有效防止夜间温度骤降造成对作物的冻害。

（4）较长的使用寿命。采用高科技抗氧剂及光稳定剂，极大的延长了农膜的使用寿命，正常使用可达到 3 年以上。

（5）超强的拉伸强度。原材料具有超强的拉伸强度及抗撕裂强度。

（6）防静电、不粘尘。采用纳米技术，四层结构。表面防静电处理。无析出物，不易吸附灰尘，达到长久保持高透光的效果。

（7）减少病虫害，适合无公害蔬菜生产。PO 膜使棚内光线充足，提温快，放风早，相对湿度减小，病虫害就轻。紫外线透过多，杀菌性能好，可减少用药次数 30%以上。非常适合绿色环保蔬菜种植。

（8）作物色泽鲜艳，口感好，品质优越。普通薄膜的紫外线透过率很低，PO 膜适度的紫外线透过，使棚内近似大田种植环境。种植的作物果实着色鲜艳、均匀、口感好、品质优越。

二、地膜的种类、特性及应用

（一）普通地膜

1. 高压低密度聚乙烯（LDPE）地膜（简称高压膜）

用 LDPE 树脂经挤出吹塑成型制得。厚度 0.014 mm±0.003 mm，幅宽有 40～200 cm多种规格，每公顷用量 120～150 kg，主要用于蔬菜、瓜类、棉花及其他多种作物。该膜透光性好，地温高，容易与土壤黏着，适用于北方地区。

2. 低压高密度聚乙烯（tDPE）地膜（简称高密度膜）

用 HDPE 树脂经挤出吹塑成型制得。厚度 0.006～0.008 mm，每公顷用量 60～75 kg，用于蔬菜、棉花、瓜类、甜菜，也适用于经济价值较低的作物，如玉米、小麦、甘薯等。该膜强度高，光滑，但柔软性差，不易粘着土壤，故不适于沙土地覆盖，其增温保水效果与 LDPE 基本相同，但透明性及耐候性稍差。

3. 线型低密度聚乙烯（LLDPE）地膜（简称线型膜）

由 LLDPE 树脂经挤出吹塑成型制得。厚度 0.005～0.009 mm，适用于蔬菜、棉花等作物。其特点除了具有 LDPE 的特性外，机械性能良好，拉伸强度比 LDPE 提高 50%～75%，伸长率提高 50 %以上，耐冲击强度、穿刺强度、撕裂强度均较高。其耐候性、透明性均好，易粘连。

（二）有色地膜

1. 黑色地膜

厚度 0.01～0.03 mm，每公顷用量 105～180 kg，黑色地膜的透光率仅 10%，使膜下杂草无法进行光合生产而死亡，用于杂草多的地区，可节省除草成本。黑色地膜在阳光照射下，虽本身增温快，但因其热量不易下传而抑制土壤增温，一般仅使土壤上层温度提高 2.0℃左右。但因其较厚灭草和保湿效果稳定可靠。

2. 绿色地膜

厚 0.015 mm。绿色地膜可使光合有效辐射的透过量减少，特别是光合作用吸收高峰橙红色光的透过率低，因而对膜下的杂草有抑制和灭杀作用。绿色地膜对土壤的增温作用不如透明地膜，但优于黑色地膜，有利于茄子、甜椒等作物地上部分生长。由于绿色染料较昂贵，且会加速地膜老化，所以一般仅限于在蔬菜、草莓、瓜类等经济价值较高的作物上应用。

3. 银灰色地膜

又称防蚜地膜。厚度 0.015～0.02 mm。该地膜对紫外线的反射率较高，因而具有驱避蚜虫、黄条跳甲、象甲和黄守瓜等害虫和减轻作物病毒病的作用。银灰色地膜还具有抑制杂草生长，保持土壤湿度等作用，适用于春季或夏、秋季节防病抗热栽培。用以覆盖栽培黄瓜、番茄、西瓜、甜椒、芹菜、结球莴苣、菠菜、烟草均可获得良好效果。

为了节省成本，在透明或黑色地膜栽培部位，纵向均匀地印刷6～8条宽2 cm的银灰色条带，同样具有避蚜、防病毒病的作用。

表3-11列出了透明地膜和各种有色地膜对可见光的反射率和透射率。

表3-11　各种地膜对可见光的反射率和透射率

地膜种类	反射率（%）	透射率（%）
透明地膜	17	70～81
绿色地膜	—	43～62
银灰色地膜	45～52	26
乳白色地膜	54～70	19
黑色地膜	5.5	45
白黑双面地膜	53～82	—
银黑双面地膜	45.52	—

由表3-11可知：无色透明地膜透光率最高，因而土壤增温效果最好；而黑色地膜和白黑双面地膜透光率最低，因而土壤增温效果最差。由表3-11还可知银灰色地膜、乳白色地膜、白黑双面地膜和银黑双面地膜反光性能好，可改善作物株行间的光照条件，尤其是作物基部的光照条件，这些地膜较普通地膜有一定的降温作用，适用于夏季栽培。银黑双面地膜、银灰色地膜对紫外线反射较强，可用于避蚜防病。黑色和绿色地膜，透光率低，有利于灭草。

不同颜色的地膜保水效应不同，黑色、银灰色、黑白双面等地膜保持土壤水分的能力较无色透明地膜强。

（三）特殊功能性地膜

1. 耐老化长寿地膜

在聚乙烯树脂中加入适量的耐老化助剂，经挤出吹塑制成，厚度0.015 mm，每公顷用量120～150 kg。该膜强度高，使用寿命较普通地膜长45 d以上。适用于“一膜多用”的栽培方式，且便于旧地膜的回收加工利用，不致使残膜留在土壤中，但该膜价格稍高。

2. 除草地膜

在聚乙烯树脂中，加入适量的除草剂，经挤出吹塑制成。除草膜覆盖土壤后，其中的除草剂会迁移析出并溶于地膜内表面的水珠之中，含药的水珠增大后会落入土壤中杀死杂草。除草地膜不仅降低了除草的投入，而且因地膜保护，杀草效果好，药效持续期长。但不同药剂适用于不同的杂草，所以使用除草地膜时要注意各种除草地膜的适用范围，切莫弄错，以免除草不成反而造成作物药害。

3. 黑白双面地膜

是两层覆合地膜，一层呈乳白色，覆膜时朝上，另一层呈黑色，覆膜时朝下，厚度

0. 02 mm，每公顷用量 150 kg 左右。向上的乳白色膜能增强反射光，提高作物基部光照度，且能降低地温 1～2℃；向下的黑色膜有除草，保水功能。该膜主要适用于夏、秋季节蔬菜、瓜类的抗热栽培。除黑白双面地膜外，还有银黑双面地膜，覆膜时银灰色膜朝上，有反光、避蚜、防病毒病的作用，黑色朝下，有灭草、保墒作用。

4. 可控性降解地膜

到目前为止，可控性降解地膜有 3 种类型：一种是光降解地膜，该种地膜是在聚乙烯树脂中添加光敏剂，在自然光的照射下，加速降解，老化崩裂。这种地膜的不足之处是只有在光照条件下才有降解作用，土壤之中的地膜降解缓慢，甚至不降解，此外降解后的碎片也不易粉化。另一种是生物降解地膜，该种地膜是在聚乙烯树脂中添加高分子有机物，如淀粉、纤维素和甲壳素等或乳酸脂，借助于土壤中的微生物（细菌、真菌、放线菌）将塑料彻底分解重新进入生物圈。该种地膜的不足之处在于耐水性差，力学强度低，虽能成膜但不具备普通地膜的功能。有的甚至采用造纸工艺成膜，造成环境污染。再一种就是光生可控双降解地膜，该种地膜就是在聚乙烯树脂中既添加了光敏剂，又添加了高分子有机物，从而具备光降解和生物降解的双重功能。地膜覆盖后，经一定时间（如 60 d，80 d 等），由于自然光的照射，薄膜自然崩裂成为小碎片，这些残膜可为微生物吸收利用，对土壤、作物均无不良影响。

三、塑料薄膜维护

扣膜时要尽量避免棚膜的机械损伤，特别是竹架大棚，在扣膜前应先把架表面突出的部分削平，或用旧布包扎好。用弹簧固定时，在卡槽处应加垫一层旧报纸。另外要注意避免新旧薄膜长期接触，以免加速新膜老化。在通风换气时要小心操作。薄膜受冻或曝晒，会促进老化，钢管在夏天经太阳曝晒，温度可上升到 60～70℃，从而加速薄膜老化破碎。薄膜使用过程中，难免有破孔，要及时用粘合剂或胶带粘补。

四、环境特点与调控

（一）光照特点与调控

大棚光照取决于棚外太阳辐射强度、覆盖材料的光学特点和污染程度。新塑料膜的透光率为 80%～85%，被尘泥污染的旧膜透光率常低于 40%以下。膜面凝聚水滴，由于水滴的漫射作用，可使棚内光照减少 10%～20%。棚架和压膜线以及高秆蔬菜的架材都会遮光，在大棚管理上要尽可能避免和排除减弱棚内光照的因素。

（二）温度特点与调控

1. 温度变化规律

大棚内气温日变化趋势与露地相同，但昼夜温差变幅大。白天光照充足，如果薄膜密闭棚内温度升高很快，最高可达 40～50℃，夜间棚内最低气温一般比棚外高 1~3℃。棚内气温也因位置不同而异，大棚横向分布为中间高、两边低，因此大棚中部植株往往比两边植株高大。大棚纵向分布，白天有太阳照射时，温度为顶部高、下部低，夜间、阴天则相反。棚内地温比气温稳定，在生产季节，通常为 10～25℃。

2. 逆温现象

聚乙烯覆盖的大棚，早春有微风晴朗的夜晚，棚内温度有时会出现比棚外还低的现象。其原因是：夜间棚外气温是高处比低处高，由于风的扰动，棚外近地面处可从上层空气中获得热量补充。而大棚内由于覆盖物的阻挡，得不到这部分热量；早春白天阴凉，土壤贮藏热量少，加上聚乙烯膜对长波辐射率较高，保温性略差，地面有效热辐射大、散热多，从而造成棚内温度低于棚外的现象。

3. 温度调控

大棚的温度调控主要通过通风换气和加温进行。利用揭膜进行通风换气是降低和控制白天棚内气温最常用的方法，采用遮阳材料，减少大棚的受光量，也能防止棚内气温过高。早春和秋末为了减少热量损失，提高气温和土温，棚膜要尽量盖严。可在大棚四周设置风障，大棚内设小棚再采用草帘、无纺布、泡沫塑料等多层覆盖等措施。也可采用加温措施提高温度，如用电热线提高土温，有条件地区可以利用工厂余热、地热水或煤炉等提高棚内温度。大棚内置放水袋（充满水的塑料袋），利用水比热大的特点，白天水袋大量吸收太阳光能，并转化成热能贮藏起来，夜间逐渐释放出来，可提高棚温。

（三）空气湿度特点与调控

1. 空气湿度变化规律

塑料膜封闭性强，棚内空气与外界空气交换受到阻碍，土壤蒸发和叶面蒸腾的水气难以发散。因此棚内湿度大。白天大棚通风情况下，棚内空气相对湿度为 70%～80%。阴雨天或灌水后可达 90% 以上。棚内空气相对湿度随着温度升高而降低，夜间常为 100%。棚内湿空气遇冷后凝结成水膜或水滴附着于薄膜内表面或植株上。

2. 空气湿度的调控

大棚内空气湿度过大，不仅直接影响蔬菜的光合作用和对矿质营养的吸收，而且还有利于病菌孢子的发芽和浸染。因此，要进行通风换气，促进棚内高湿空气与外界低湿空气相交换，有效降低棚内相对湿度。棚内地热线加温，也可降低相对湿度。采用滴灌技术，并结合地膜覆盖栽培，可减少土壤水分蒸发，大幅度降低空气湿度（20% 左右）。

（四）气体特点与调控

1. 二氧化碳变化规律及调控

由于薄膜覆盖，棚内空气流动和交换受到限制，在蔬菜植株高大、枝叶茂盛的情况下，棚内空气中的二氧化碳浓度变化很剧烈。早上日出之前由于作物呼吸和土壤释放，棚内二氧化碳浓度比棚外浓度高 2～3 倍；8—9 时以后，随着叶片光合作用的增强，二氧化碳浓度逐渐降低。因此，日出后就要酌情进行通风换气，及时补充棚内二氧化碳。另外，可进行人工二氧化碳施肥，浓度为 800～1 000 mg/L，在日出后至通风换气前使用。

2. 有害气体变化规律及调控

在低温季节，大棚经常密闭保温，很容易积累有毒气体，如氨气、二氧化氮、一氧化碳、二氧化硫、乙烯等。当大棚内氨气达 5 mg/L 时，植株叶片先端会产生水浸状斑点，继而变黑枯死；当二氧化氮达 2. 5～3 mg/L 时，叶片发生不规则的绿白色斑点，严重时除叶脉外，全叶都被漂白。氨气和二氧化氮主要是由于氮肥使用不当所致。一氧化碳和二氧化硫主要是由于用煤火加温燃烧不完全，或煤的质量差造成的。由于薄膜老化（塑料管）可释放出乙烯，引起植株早衰，所以过量使用乙烯产品是乙烯产生的原因之一。为了防止棚内有害气体的积累，不能使用新鲜厩肥作基肥，也不能用尚未腐熟的粪肥作追肥；严禁使用碳酸氢铵作追肥，用尿素或硫酸铵作追肥时要掺水浇施或穴施后及时覆土；肥料用量要适当不能施用过量；低温季节也要适当通风，以便排除有害气体。另外，用煤质量要好，要充分燃烧。有条件的要用热风或热水管加温，把燃后的废气排出棚外。

（五）土壤湿度和盐分特点与调控

1. 变化规律及调控

大棚土壤湿度分布不均匀。靠近棚架两侧的土壤，在雨季，由于棚外水分渗透较多，加上棚膜上水滴的流淌湿度较大，棚中部则比较干燥。由于大棚长期覆盖，缺少雨水淋洗，盐分随地下水由下向上移动，容易引起耕作层土壤盐分过量积累，造成盐渍化。

2. 湿度和盐分

要注意适当深耕，施用有机肥，避免长期施用含氯离子或硫酸根离子的肥料。追肥宜淡，最好进行测土施肥。每年要有一定时间不盖膜，或在夏天只盖遮阳网进行遮阳栽培，使土壤得到雨水的溶淋。土壤盐渍化严重时，可采用淹水压盐，效果很好。另外，采用无土栽培技术是防止土壤盐渍化的一项根本措施。

参考文献

安志信 . 1989. 蔬菜的大棚建造和栽培技术［M］. 天津：天津科学技术出版社 .

王勤礼 . 2011. 设施蔬菜栽培技术［M］. 桂林：广西师范大学出版社 .

张福墁 . 2001. 设施园艺学［M］. 北京：中国农业出版社 .

张真和，李建伟 . 1997. 我国棚室覆盖材料的应用和发展［J］. 长江蔬菜（7）：1-4.

第四章

高原夏菜茬口安排及逆境障碍

第一节　茬口安排

一、茬口种类

（一）钢架大棚蔬菜茬口

根据市场、气候、农作等条件，可分为三种茬口：早春茬、一大茬、延秋茬。这三种茬口的主要区别在于播种、产品上市和拉秧时期。

1. 早春茬

适宜栽培的蔬菜主要有娃娃菜、甘蓝、花椰菜、芹菜等叶菜类。在川区 2 月上旬日光温室播种育苗，3 月中下旬定植，5 月中下旬收获。该茬生产最大的限制因子是定植期地温、气温过低和早春风害。

2. 一大茬

适宜栽培的蔬菜主要有番茄、辣椒、茄子、黄瓜、西葫芦等茄果类蔬菜。在川区 1 月底至 2 月初日光温室播种育苗，3 月底至 4 月上旬定植，7 月初始获，8 月下旬至 9 月下旬拉秧。一大茬生产技术难度大，风险系数也比较高，但效益相对比较好。因此，安排该茬生产要求大棚的采光和调温能力要好，品种要适应于一大茬生产，如能采取嫁接栽培则效果更好。

3. 延秋茬

延秋茬有两种栽培模式，一是早春茬叶菜类收获后定植茄果类蔬菜；二是延秋茬叶菜类。这一茬口最大限制因子是：定植期间强光、高温为害；中期蚜虫和病毒病为害；后期低温为害。

（二）露地蔬菜栽培茬口

1. 早春茬栽培

该茬有两种栽培形式。一是 3 月上旬播种，5 月中下旬收获，如早春油白菜、早春小萝卜等；二是 3 月上中旬育苗，4 月上中旬定植，6 月中下旬收获，如早春娃娃菜、早春甘蓝、早春花椰菜等。

2. 一大茬栽培

2 月上旬至 3 月上旬育苗或 4 月下旬直播，5 月上旬定植，8 月下旬至 9 月下旬拉秧。如一大茬洋葱、甜（辣）椒、番茄、茄子、西瓜、黄瓜等。

3. 秋延后栽培

6 月下旬育苗或 7 月上旬直播，9 月下旬至 10 月上旬收获。如秋延后大白菜、娃娃菜、甘蓝、萝卜、花椰菜、芹菜、胡萝卜等。

二、茬口安排原则

高原夏菜茬口安排原则是需要和可能的统一。所谓可能首先是所建大棚、大田的生态条件特别是温光条件能否满足某种作物在特定生产季节的生育要求；其次是生产者能否掌握某种作物的有关生产技术；最后是是否有利于轮作倒茬和病虫害防治。所谓需要，一是平稳需求，有稳定可靠的销售渠道；二是经济效益好，可使生产者获得比较满意的经济收入。

（一）根据设施生态条件特别是温光条件安排作物和茬口

不同构型设施具有不同的温光性能，同一构型的设施在不同地区其温光性能也不一样。连栋大棚温光性能最好，单栋大棚温光性能优于中棚，中棚温光性能好于小拱棚。同样构型的设施，低海拔地区温光性能高于高海拔地区。因此，在安排种植作物种类和茬口时，必须根据本地区设施生态条件特别是温光条件进行。凡是温光条件优越，具有较好灌溉条件的设施，在保证温度前提下，尽量早定植，也可安排喜温的茄果类蔬菜。对于海拔高、保温性能差的设施，只能安排耐寒性好的叶菜类蔬菜，但要注意播种期、定植期，以防受到低温为害。

（二）根据市场安排作物种类、品种类型和茬口

高原蔬菜生产是一项商品性极强的产业，其效益高低与市场变动有密切的关系。因此在安排茬口时，必须进行市场预测，降低市场风险，合理安排作物和茬口。如张掖市2015年娃娃菜只要管理好，每亩钢架大棚毛收入均在2万元以上。而到2016年，由于娃娃菜面积过大，效益急剧下降，好多大棚没收入。所以在市场预测时必须根据市场变化情况，准确预测出蔬菜行情。当然这个市场不仅仅是局部地区的小市场，还要看全国的大市场。

不同市场对品种类型的要求也是不一样的。如甘蓝，南方大部分市场要求甘蓝球径不超过15 cm，而张掖周边部分地区、南方极少数地区喜欢球径大的品种。

（三）要有利于轮作倒茬

部分地区钢架大棚3月至10月均在生产，连作障碍不可避免，在安排种植作物和换茬时，必须有利于轮作倒茬，尤其是对于那些忌连作且由于植物学特性等原因而不能采取嫁接措施的蔬菜，更应该注意轮作倒茬。不仅同一种蔬菜要倒茬，而且同一类、同一科的蔬菜之间也应注意轮作倒茬。葱蒜类蔬菜的茬口对于大多数蔬菜来说，都是有利的，所以用韭菜或青蒜作上茬，或在连年种植大棚中定期插入一茬蒜苗或青蒜对于生产是有利的，连续种植多年叶菜类的大棚，可安排一茬水果玉米。

（四）要从稳产保收提高效益上安排作物和茬口

高原夏菜在很大程度上受当地生态条件特别是温光条件的限制。所采取的种植制

度，要保证每一茬蔬菜都应得到较好的生态条件特别是温光条件。如延秋茬种植西芹、娃娃菜等叶菜类，一大茬种植果菜类，一大茬的前一茬生态条件比较适宜于芹菜等叶菜类的生长，而后一茬温光条件比较适合于喜温的果菜类蔬菜生产。

（五）根据自己的经济实力和技术水平安排作物和茬口

高原夏菜是一项技术、劳力和资金密集型产业，对生产者的素质、技术水平和资金都有较高的要求。对于初种高原夏菜的企业、合作社、菜农，应选择种植技术比较简单，投入比较少，成功率比较高的作物和茬口，待积累一定经验、资金和技术后，可安排效益较高的作物和茬口。

（六）茬口安排要兼顾区域化生产的要求

随着高原夏菜生产的飞速发展，高原夏菜的生产逐渐趋向于区域化生产，涌现出了许多专业化生产的村社。如娃娃菜村，番茄村，茄子村、辣椒村等。因此茬口和作物的安排要适应当地专业化生产的要求，服从大局安排。

第二节 张掖市高原夏菜自然灾害、生理障碍及克服

一、高原夏菜自然灾害及克服

张掖市常见的自然灾害有大风、夏季高温强日照、春季低温等。对大风的危害应采取如下措施：大棚四周要有防风林带；隔3～5个拱杆压一道压膜绳；大棚两侧放风口处用卡槽固定棚膜；采用强度大的拱杆；注意听天气预报，如有大风做好防范工作。春季低温的防止方法为：选用保温性能好的棚膜；适时定植；多层覆盖；临时加温。夏季高温强日照的危害要采取如下措施：覆盖遮阴网；尽量避免在夏季安排叶菜类生产；采用喷灌等。

二、生理障碍及克服

高原夏菜设施生产，周年都要进行，经常处于一个密闭的系统，这就形成了对蔬菜生长发育不利的一些生理障碍。如光照、温度、水分、二氧化碳、盐害、污染等，前面四项在第三章的内容中已讨论，下面重点介绍克服盐害、污染及连作等。

（一）连作障碍

高原夏菜设施栽培连年都要进行生产，特别是叶菜类蔬菜，部分企业每年栽培同一种蔬菜，尤其是娃娃菜，一年内种三茬，造成了土传性病虫害逐年上升，土壤理化性质及根际微生物发生改变，形成了连作障碍，严重影响着蔬菜的产量和品质。为此，克服

连作障碍是实现高原夏菜可持续生产的关键所在。目前克服连作的主要方法有以下几种：

1. 土壤消毒

5月下旬前茬作物收获后，保留旧棚膜并修补破损处，清除植物残体，平垄并浇透水。土壤稍干后深翻25～30 cm，地面覆盖普通聚乙烯薄膜，长宽与大棚栽培区相同。覆膜后将四周压严压实。检查薄膜无破损后，利用夏季高温，密闭大棚，闷棚30～40 d以上可起到杀菌作用。另外也可参照苗床消毒方法，首先将土刨松，然后用福尔马林300～400倍液喷洒后盖上塑料薄膜闷蒸，一周后可揭去薄膜，两周后再定植作物。具体方法参见育苗部分的苗床消毒。根据以色列经验，前茬作物收获后，再种一茬芥菜，1个月后翻入土中，可预防土传性病害，但仅适合非十字花科蔬菜。

2. 采用客土消除连作障碍

采用药剂消毒，成本高，效益差，所以大多数农户多采用客土消除障碍。一般4～5年换土一次。首先将大棚的表土掘起30～40 cm运出室外，再将5年内未种过蔬菜的土或葱、蒜、韭菜茬等肥沃的菜园表土运进大棚。虽然换土用工很大，但农民在农闲时期没有多少事可作，通过客土以达到克服连作障碍的目的，可节约一部分农药款，同时也可达到生产无公害蔬菜的目的。

（二）盐分聚积障碍

露地施肥后一部分被作物吸收，其余多被雨水或灌溉水冲淋掉，很少残留在土壤中。但大棚栽培处于一个密闭系统，灌水多采用滴管，因此，剩余的肥料不能被冲淋掉而全部聚积在土壤中，尤其是一些可容性肥料如硝酸钾等溶于土壤中，浓度过高会使根系周围渗透压增高，严重防碍水分吸收，造成植株生长停止，萎蔫或死亡。另外土壤浓度过高，磷酸肥料被土壤吸收，不易溶解，可造成缺磷。

克肥的方法：大棚施肥应适量，要勤施、少施，特别是无机化肥要避免过量，一旦出现肥害、盐害，应反复进行2～3次大水漫灌。增施生物菌肥。

（三）有害气体障碍

大棚有害气体主要来源于有毒薄膜、施肥不当、农药污染等，危害较大的有氨气、二氧化硫、氯气、乙烯、二氧化氮等。防治的方法是不用有毒的塑料薄膜；不施用未腐熟的有机肥；追肥最好为溶于水的液体肥料，要分次少施。据叶秋林等报道，大棚内碳酸氢铵每亩用量达20 kg，在不盖土或不浇水的情况下，1～2 h则能使植株死亡。氨气如达5 mg/L就能造成危害，所以氨水和碳酸氢铵最好不要在大棚内施用。未腐熟的鸡粪等人畜粪也会产生大量的氨气，使人和蔬菜中毒。所以施用的有机肥必须是腐熟的。施用硝酸铵过多，硝化困难，容易发生二氧化氮气中毒。

有害气体对蔬菜的危害多在叶片上出现白色斑点、褐色斑点、干边、干枯、落叶等症状，一旦发现则应通风换气。具体有害气体对蔬菜的危害及预防见各论部分和表4-1、附图4-1。

表 4-1　有害气体对蔬菜为害及预防

气体	气味和颜色	为害起始浓度（mg/L）	受害症状	敏感蔬菜种类	预防方法
氨气	无色，有强烈的刺激性气味	5	叶片先为水浸状，逐步变黄或淡褐色，重时全株死亡。	黄瓜、番茄、辣椒	控制施过多易分解出氨的有机肥，不施碳铵和氨水。
乙烯	无色	1	叶缘或叶脉发黄，严重时全株死亡。	黄瓜、番茄、豌豆	不用有毒塑料。
二氧化硫	无色辛辣，窒息性臭味	1～5	叶片出现灰白斑或黄白斑；叶片出现黄、浅土黄或黄绿斑；叶片出现褐斑。	萝卜、白菜、番茄、黄瓜、茄子、菜豆等	不用含硫高的燃料在温室内加温，注意排烟。
氟化氢	无色，臭味	0.3	叶尖或叶缘出现黄褐或黑褐色坏色，严重全叶全株死亡。	韭菜、大葱	远离工厂排污地种植。
氯气	黄绿色有刺激性气味	0.5～0.8	叶缘和叶脉间出现褐白色、浅黄色不规则斑，严重时全株漂白枯干。	大白菜、萝卜	慎用氯化苦，远离工厂排污地块种植。
亚硝酸气		2～5	叶子气孔成为斑点状，严重时叶肉漂白致死，叶脉也变成白色。	黄瓜、茄子	改善土壤通气条件或施石灰。
烟			叶子褐绿变白，严重时干枯。	黄瓜	明火防冻时宜选烟小的燃料或在施用烟雾剂时要掌握好浓度。

（四）高温障碍

河西走廊昼夜温差大，太阳辐射强，进入 6 月后，白天气温逐渐升高，如果放风不及时或通风不畅的情况下，棚内温度有时可高达 40～50℃，有时午后可高达 50℃以上，对蔬菜生长发育造成为害，轻者植株小叶萎蔫停止生长，重者整个植株叶片萎蔫，对蔬菜产量及质量产生很大影响，参见附图 4-2、附图 4-3、附图 4-4、附图 4-5、附图 4-6、附图 4-7、附图 4-8。

高温障碍最好的防治办法是通风换气。进入 6 月中旬后，大棚四周均要大通风，在 7 月高温季节，如有条件可覆盖一层遮阳网。适当增加灌水量与灌水次数。

（五）低温障碍

1. 症　状

河西走廊早春或晚秋大棚蔬菜常常遭受低温为害，影响蔬菜的生长和发育。蔬菜遭受低温为害后，可表现出多种症状，轻微者叶片组织虽未坏死但呈黄白色，叶片边缘干枯；低温持续时间较长，多不表现局部症状，往往不发根或花芽不分化，有的可导致弱寄生物浸染，较重的致外叶枯死，生长点干枯，严重的植株呈水浸状，后干枯死亡。果菜类蔬菜出现落花落果、畸形果，瓜类蔬菜叶片小而厚，植株矮小不长，常常出现花打顶现象，化瓜严重。有时也会引起缺素症。参见附图 4-9、附图 4-10、附图 4-11、附图 4-12、附图 4-13、附图 4-14、附图 4-15、附图 4-16、附图 4-17。

2. 防治方法

（1）预防为主。对于低温为害的防治，应以预防为主。幼苗定植前进行低温炼苗，提高蔬菜对低温的忍耐力。在寒流来临前，要增加大棚的覆盖物，采取临时加温措施。

（2）缓慢升温。蔬菜受冻后要缓慢升温，如有条件可采取弱光恢复 1～2 d，使蔬菜生理机能慢慢恢复，千万不可操之过急，以免迅速升温使蔬菜水分吸收不上，造成急性枯萎。

（3）剪除枯枝枯叶。对于遭受低温为害较重的黄瓜等蔬菜，应及时剪除枯枝枯叶，减少遮阴，并根据情况加强肥水管理，促进秧苗逐步恢复。

（4）叶面喷肥。可用 1%葡萄糖溶液或其他叶面肥喷施 1～2 次，以解决蔬菜体内营养不足的问题。

（六）药　害

近年来，随着蔬菜面积的逐年增加，病虫害为害也呈逐年上升趋势，农药的使用量也是不断增加。但随着农药的不合理应用，也给生产带来了一系列问题，较常见的就是蔬菜药害问题频繁发生，为害植株生长，影响产品的质量和品质，给种植户带来巨大的经济损失。

药害是指农药或激素使用不当而引起的植株各种病态反应，包括组织损伤、生长受阻、植株变态、减产等一系列非正常生理变化。按农药使用到药害的表现时间的长短，药害分为急性、慢性两种。急性中毒表现为喷药后几小时至 3～4 d 出现明显症状，发展迅速。症状主要表现为烧根、凋萎、落花落果等。

慢性药害是指在喷药后，较长时间才引起明显反应，一般生理活动受到抑制，恢复时间比急性药害所需时间长，其危害性往往比急性药害大。

1. 蔬菜常见的药害症状

（1）斑点、干边。主要发生在叶片上，有时也在茎秆或果实表皮上。常见的有褐斑、黄斑、枯斑、网斑、叶缘焦枯等。药斑与生理性病害的斑点不同，药斑在植株上分布没有规律性，整个地块发生有轻有重。而与浸染性病害引发的病斑相比，药害引发的斑点大小、形状变化大，一般不受叶脉限制，没有发病中心。参见附图 4-18、附图 4-19、附图4-20。

（2）黄化。一般发生在植株茎叶部位，以叶片黄化发生较多。引起黄化的主要原因是农药的使用阻碍了叶绿素的正常形成，药害引起的叶片发黄常常由黄叶变成枯叶。

（3）畸形。由药害引起的畸形可发生于作物茎叶和根部，常见的有卷叶、丛生、肿根、畸形果等。药害引起的畸形与病毒病引起的畸形不同，前者发生较为普遍，植株上表现为局部症状，后者往往表现为系统性症状，常伴有花叶、皱叶等症状。参见附图 4-21、附图 4-22、附图 4-23、附图 4-24。

（4）蕨叶。由药害造成的蕨叶，一般可造成叶片深绿发暗、茸毛发白，叶片厚而硬，植株间蕨叶发生程度差异不明显，没有发病中心，通常是激素使用过量或激素积累造成。参见附图4-25、附图4-26、附图4-27、附图4-28、附图4-29、附图4-30。

（5）叶片发脆。中下部叶片由于喷施代森锰锌、霜霉威次数过多，叶片发硬、发脆，农事操作特别容易引起折叶。参见附图4-31。

（6）根系受损。药害引起的根系受损往往整株都有症状，生长发育缓慢，常造成死棵，植株根系被破坏，但输导组织无褐变，没有发病中心，一般是冲施药剂浓度过大造成。而植株染病引起根系受损，根茎输导组织堵塞，当阳光照射时，植株水分蒸发量大，植株萎蔫后失绿、死苗，根茎维管束常发生褐变。

（7）生长停滞。药害引起的植株生长缓慢症状，往往植株比较矮小，有时会出现生长点消失的现象，主要是由于在温度过高时，喷施控旺药剂导致，或者喷施唑类农药浓度过大、次数过多引起生长点停滞生长。参见附图4-32、附图4-33。

2. 发生原因

（1）施药浓度及施药方法。药剂使用浓度或施用量过大，药剂使用次数过多或重复喷药，前、后两次施药的间隔时间短，致使前面残留药剂与后面施用的药剂发生反应，不按使用说明进行施药等因素，均容易产生药害。

（2）不合理混配。不同理化性质的药物之间的混配、农药与助剂不合理的混配、同药异名的农药混配等均易造成药害，如嘧菌酯与助剂复配容易产生药害。参见附图4-34。药剂混合后产生分层、絮状或沉淀，这样的药剂施用后更容易出现药害。这也是多种蔬菜药害产生的原因。

（3）药剂的混用器皿使用不正确，或混用后清洗不干净。使用过除草剂的喷雾器也易造成药害，喷施除草剂时由于除草剂漂移也会造成药害。

（4）施药温度及时间。温度过高或过低时，施用药剂，容易产生药害；而阴天施药或炎热的中午进行施药，也容易产生药害。

（5）蔬菜自身生长发育状况。同一种药剂在不同的发育阶段对药剂的敏感性不同，在蔬菜敏感的生育时期施药，或施用了对蔬菜敏感的药剂，就容易产生药害。如唑类农药，苗期易产生药害。

（6）使用劣质、不合格农药。使用一些劣质农药，或具有隐形添加成分的农药，也是药害容易产生的重要原因。

3. 预防措施

（1）按照使用说明施药。要严格按照药剂使用说明，进行施药，禁止随意加大药剂用量，缩短安全间隔期等。

（2）科学合理搭配。要根据不同药剂的理化性质，合理搭配，最好是在大规模应用之前，进行预试验，确认使用情况，大部分药剂复配种类不要超过5种。此外，药剂混用应选用塑料器皿，并在药剂混用后清洗干净，防止下次使用产生药害。

（3）掌握好施药时间。中午高温或田间温度较低时，尽量不施用药剂。就喷雾法施药而言，露地蔬菜一般以下午施药为宜，有利于发挥药效，防治效果比较好。但在日光温室蔬菜病虫害防治中，由于温室的特殊的生态系统，下午施药容易造成较长时间的饱和湿度，更易造成病害的流行，所以温室施药，一般选择在11点之前进行。

（4）根据植株自身情况。不同蔬菜对不同类型药剂的敏感性不同，而同一种蔬菜不同发育时期对药剂的敏感性也不同，所以要根据蔬菜的类型和长势增减药的倍数，如瓜类苗期对三唑类药剂比较敏感，要注意使用浓度。

4. 解救措施

当田间发生药害时，及时分析产生药害的原因，采取相应补救措施。必须针对农药性质及药害轻重程度，采取有效措施进行抢救。

（1）喷水。若是叶片和植株喷洒药液引起的药害，且发现得早，药液未完全渗透或吸收到植株体内时，迅速用大量清水喷洒受害植株，反复喷洒3～4次洗药，并配合追肥松土，促使根系发育，可迅速恢复作物正常生长。

（2）及时通风。对有害气体积累以及使用烟雾形成的药害，要加强通风，增加通风时间，及时通风，保证空气流通。

（3）追肥促苗。如叶面已产生药斑、叶缘焦枯或植株焦化等症状的药害，喷水灌水洗药根本无效，可随水冲施速效肥料及复合甲壳素有机水溶肥料，强化植株根系，促进植株快速恢复生长，还可以叶面喷施磷酸二氢钾及中微量元素等，减轻药害程度。

（4）灌水排毒。对一些土壤施药过量和一些除草剂引起的药害，可适当灌排水或灌水洗药降毒，可减轻药害程度。

（5）摘除受害处。及时摘除蔬菜受害的果实、枝条、叶片，防止植株体内药剂继续传导和渗透。

（6）使用植物生长调节剂。根据引发药害的农药性质，采用不同的处理方法减轻药害。如喷施多效唑过量后，可通过喷施赤霉素缓解。一般情况下，可通过使用复合甲壳素、芸苔素、海藻素等进行叶面喷施，来缓解药害。

（七）肥　害

为了提高蔬菜产量，越来越多菜农无序的加大了施肥量。随着施肥量的增加和不合理的施肥方法，棚室蔬菜肥害发生频率逐年上升，给蔬菜产量与品质造成了极大的影响。

1. 蔬菜肥害的类型与症状

（1）氨气浓度过高引起的肥害。过量施用氨水、碳铵、尿素等化学氮肥，会使浅土层和菜田小气候中的氨气浓度增加，尤其保护地内更为明显。当周围空间氨气达到5 mg/L时，叶片便出现肥害，开始出现水浸状斑点，继而失水成为枯死斑。当氨气达40 mg/L时，叶绿体分解，叶脉间出现黑色斑。

（2）土壤溶液浓度过高引起的肥害。肥料一次用量过多，造成土壤溶液中盐类离子浓度过高，使根系吸水困难，严重时根系中水分会倒渗到土壤中，轻则叶缘失绿，叶片呈现“泡状”，重者根系变色，植株成片死亡。参见附图4-35、附图4-36、附图4-37。

（3）叶面肥浓度过高引起的肥害。一般情况下，蔬菜幼苗茎叶幼嫩，抗性差，幼苗能适应的尿素水溶液浓度不超过0.3%～0.4%，生长盛期也不得超过0.7%～0.8%。

叶面肥料浓度过大，喷施时会烧坏叶片。参见附图 4-38。

（4）不合理的施肥方法引起的肥害或缺素症。某种元素的化肥施用量过高，会造成蔬菜生长异常或由于拮抗作用引起缺素症。如氮肥施用过多，会造成植株徒长，也会由于拮抗作用造成缺钙。增加钾和钙不利锌的吸收，钾多也会引起缺镁等。参见附图 4-39、附图 4-40。

2. 棚室蔬菜肥害发生原因

（1）肥料产生有害气体。一是施用未腐熟的有机肥，尤其是施用未腐熟或腐熟程度不高的鸡粪，极易发生氨气毒害；二是大量施用碳酸氢铵和尿素，尤其是在冬季及早春的低温季节施用的碳酸氢铵和尿素，极易分解产生氨气。因此，蔬菜棚室需要经常通风换气，不能在棚室内存放有机肥。

（2）肥料浓度过高。由于化肥或人粪尿一次施用量过大，很容易造成土壤溶液浓度过高，渗透阻力增大，导致蔬菜根系吸水困难，甚至发生细胞中的水势低于土壤中，使得水分倒流到土壤中，出现反常的外渗透现象，使植物根和根毛细胞原生质失水死亡。

（3）施肥部位不合理。首先是许多菜农误以为施肥部位离植株越近，就越易于被根系吸收。其实，根系吸收能力最强的部位是根系的外围，即幼根及根毛部。另外是新鲜的人、畜、禽粪未经充分腐熟就直接施用，由于在分解过程中产生有机酸和热量，易使根部受害。再者就是将能直接或间接产生氨气的肥料直接撒施在地面上，产生大量氨气对蔬菜产生毒害。这些不合理的施肥方法常常会造成一定程度的肥害。

（4）各元素配比不合理。最突出的表现就是氮肥施用过多，不但易引起亚硝酸毒害，还易引起钙的流失，使蔬菜产生缺钙症状，最常见的有番茄脐腐病、大白菜干烧心病等。另外以施用氮肥为主，少施或不施用其他营养元素，生产出的蔬菜品质也比较差，如在瓜类、茄果类蔬菜生长过程中，除了氮元素是植株形成的关键外，磷元素、钾元素则是果实形成的主要元素，因此，在施肥过程中，要合理施肥，一定要注意多施钾肥，合理配施氮肥、磷肥，这在坐果之后尤为重要，避免偏施磷酸二铵。

（5）营养土配比不当。一般蔬菜育苗时常发生的肥害，主要是由于在配制营养土时，添加的化肥（多用尿素）过量，因而在苗期发生土壤肥料浓度过高，发生烧根现象，严重时甚至死苗。一般菜园土 5～6 份，腐熟厩肥 2～3 份配制成培养土中的有效氮即可满足育苗所需，不必再添加氮素化肥。或采用无土育苗，出苗后浇灌一定量的营养液即可，具体施用方法可参见育苗部分。

（6）有机肥和化肥的施用主次颠倒。现在大多数棚室蔬菜生产是以施用化肥为主，不施或少施有机肥，而有机肥和化肥的施用原则应是以有机肥为主、化肥为辅，不能颠倒，只有这样才能使蔬菜优质高产无公害。

3. 棚室蔬菜肥害预防措施

（1）推广配方施肥。根据棚室内土壤养分含量情况，蔬菜产量水平及需肥规律，以控氮、减磷、稳钾，针对性施用微肥为施肥原则，既可协调土壤养分平衡，又可减缓土壤盐渍化和酸性化。

（2）提倡根外追肥。根外追肥不但不增加土壤盐渍化和酸碱化，又能为蔬菜生长提供养分，而且速效性好，尤其在发生缺素症时效果优于土壤施肥。

（3）增施生物有机肥。种植多年的棚室要增施一些生物有机肥，土传病害严重的棚室，还可增施一些芽孢杆菌类生物有机肥。在冬春地温低的季节，追施肥时要混施一定量的优质腐殖酸。

（4）加强棚室管理。注意通风排气，合理调控棚室内的温湿度，不在棚室内存放有机肥和易分解产生氨气的化肥。

（5）合理施肥。根据不同蔬菜、不同生育期采取不同的施肥方法及施肥品种。如叶菜类施肥应以追肥为主，主要施速效氮肥，叶菜类蔬菜不要施用硝酸铵或喷高浓度氮肥，以防亚硝酸盐对人体的危害；茄果类、瓜类蔬菜施肥应以基肥和全程追肥为主，要实现基肥足、追肥早的原则，并在收获一茬果实后立即追一茬速效氮肥，可使下茬果实迅速形成、膨大，配合喷施防落素、保果灵等生长调节剂以保花促果。

（6）增施有机肥料。厩肥、堆肥、土杂肥等含腐殖质胶体，这些胶体吸附离子能力强，增加了土壤缓冲性能，即一次施肥过多不会使土壤溶液浓度急剧上升。因而会减弱施肥过多造成的肥害。

（7）基肥施后要混匀肥土。施用基肥后要浅翻一遍，然后整平做垄（畦）播种。使肥料与耕层土壤混匀，避免肥料没有散开而造成局部肥害。

（8）追肥要深施。追肥要深施减少挥发，碳酸氢铵、尿素等要开沟，穴施肥，然后覆土，减少挥发。

（9）一次施肥不要过量。尤其对黄瓜这类喜肥但又不耐肥的蔬菜作物，追肥时坚持少量多次的原则。

（10）严格控制叶面喷施肥料浓度。苗期浓度要低，生长盛期可稍高。

参考文献

王勤礼 . 2011. 设施蔬菜栽培技术［M］. 桂林：广西师范大学出版社 .

殷涛，殷宪亮，许静 . 冬季蔬菜大棚主要有害气体的危害肪预防措施［J］. 农业与技术，38（22）：17.

第五章

蔬菜无土育苗技术

第一节　无土育苗的含义及特点

一、无土育苗的含义

不用土壤，而用营养液和基质或单纯用营养液进行育苗的方法，称为无土育苗。根据是否利用基质材料，无土育苗可分为基质育苗和营养液育苗两类，前者是利用草炭、蛭石、珍珠岩、岩棉等代替土壤并浇灌营养液进行育苗，后者不用任何材料作基质，而是利用一定装置和营养液进行育苗。

无土育苗不仅适用于无土栽培生产，而且适用于常规土壤栽培。无土育苗是无土栽培中不可缺少的首要环节，并且随着无土栽培的发展而发展。目前，发达国家的无土育苗已发展到较高水平，实现了多种蔬菜和花卉的工厂化、商品化、专业化生产。其中，美国的工厂化穴盘苗量已占商品苗总量的70%以上。我国台湾地区的蔬菜穴盘育苗也走向快速发展阶段。我国于1980年开始在温、光、水、肥、气等环境因素与育苗设施方面开展了广泛研究，“九五”期间，北京、上海、沈阳、杭州、广州等地建成一批现代化、机械化育苗场所，有力地促进了无土育苗技术的推广应用。甘肃省河西地区自2006年开珆，也开展了穴盘育苗技术的研究与推广，截至目前为止，武威市、张掖市、酒泉市都有多家工厂化育苗中心。

有机生态型无土育苗技术指不用营养液而用复合基质进行的无土育苗方法，整个育苗阶段只浇清水和补充大量营养元素即可。

二、无土育苗的特点

(一) 优　点

(1) 降低劳动强度，节水省肥，减轻土传病虫害。无土育苗按需供应营养和水分，省去了大量的床土和底肥，既隔绝了苗期土传病虫害的发生，又降低了劳动强度。

(2) 便于运输、销售。无土育苗所用的基质一般容重轻，体积小，保水保肥性好；所用容器为穴盘，便于秧苗长距离运输和流通。

(3) 提高空间利用率。无土育苗所用的设施设备规范化、标准化，可进行多层立体培育，大大提高了空间利用率，增加了单位面积育苗数量，节省了土地面积。

(4) 幼苗素质高，苗齐、苗全、苗壮。由于设施形式、环境条件及技术条件的改善，无土育苗所培育的秧苗素质优于常规土壤育苗，表现为幼苗整齐一致，生长速度快，育苗周期缩短，病虫害减少，壮苗指数提高。由于幼苗素质好，抗逆性强，根系发达、健壮，定植之后缓苗期短或无缓苗期，为后期生长奠定了良好的基础；便于集约化、科学化、规范化管理和实现育苗工厂化、机械化与专业化。

（二）缺　点

无土育苗较有土育苗要求更高的育苗设备和技术条件，成本相对较高。而且无土育苗根毛发生数量少，基质的缓冲能力差，病害一旦发生容易蔓延。

第二节　蔬菜的苗龄及壮苗标准

一、苗　龄

所谓苗龄，指从播种开始到定植大田（大棚）为止所需的日数。这种以日数表示苗龄的方法称为日历苗龄。日历苗龄的表示方法因环境条件和管理水平不同而有较大差异。所以，只有在一定地区范围内，育苗条件大致相同的情况下，才能采用日历苗龄来表示苗子大小。除了日历苗龄以外还有从生理年龄来表示蔬菜苗子大小。例如子叶伸展时称“子叶苗”，真叶生出之后可用叶片数量的多少、形状的大小和现蕾或花蕾的大小等方法来表示，这种表示方法所受环境条件影响小，因此是一种科学的表示方法。

二、壮苗标准

对苗子个体而言壮苗是指苗子的健壮程度；对苗子群体而言，应包括无病虫害、生长整齐、植株健壮三个方面。一般来说，壮苗就是指苗子的健壮程度，与苗龄大小无关，不论苗龄大小都有健壮与不健壮的问题。但是对于蔬菜生产，苗子素质对生产效果的影响又与苗龄的因素密切相关，所以我们可以简单地将壮苗分解为：“一大二壮”。所谓“大”，就是达到一定生理年龄，定植后能获得早熟。如果过大，幼苗定植时机体受伤，引起落花落果；如果过小，定植后易成活，但栽后在同一时期发育晚，不能早熟。所谓壮，就是茎粗壮，根多、叶肥厚。大而不壮，或壮而不大，都不是壮苗的标准。壮苗参见附图 5-1。

表 5-1　张掖市高原夏菜苗龄及育苗期

蔬菜名称	栽培方式	苗龄	日历苗龄（d）	育苗期
番茄	一大茬	8～9 叶，现蕾	50～60	1 月底至 2 月初
辣椒	一大茬	8～9 叶，现蕾	90～100	12 月上旬
茄子	一大茬	9～10 叶，现蕾	90～100	12 月上旬
西葫芦	一大茬	2 叶 1 心	15～20	3 月上旬
娃娃菜	早春茬	5 叶 1 心	30～40	2 月上旬

（续表）

蔬菜名称	栽培方式	苗龄	日历苗龄（d）	育苗期
甘蓝	早春茬	5叶1心	30～40	2月上旬
花椰菜	早春茬	5叶1心	35～45	2月上旬
莴笋	早春茬	5叶1心	30～40	2月上旬

不同的蔬菜种类，其壮苗标准是不同的，具体内容见各论部分。

三、育苗时期和苗龄的确定

育苗时期的早晚取决于蔬菜种类、品种特性、栽培方式、育苗设施的性能、育苗方法和要求达到的苗龄等诸多因素。如早春茬茄子，育苗时期正处在冬季最严寒时期，苗龄长达90 d，因此，向前推算约90 d就是播种育苗时期，但秋冬茬或一大茬茄子，育苗时期温度相对比较高，苗龄只有60～70 d，播种期就要向前推算70 d。

播种期的计算公式如下：育苗需要天数=苗龄天数+幼苗锻炼天数（7～10 d）+机动天数（3～5 d）。具体蔬菜的苗龄及育苗期见表5-1。

四、播前种子的选择

品种选择好以后，就要选择该品种的好种子。一般购买种子时最好到种子公司和科研部门购买，也可向外地科研、种子部门邮购。但现在种子市场已开放，也可到信誉度好、有实力的私营公司去购买，最好不要到小商贩处买种。买种后要索要发票。种子买回来后最好进行种子质量检验，主要检验种子的纯度、发芽势、发芽率、净度等。种子处理完后要保留种子袋，将来种子一旦出问题好向经销商索赔。

五、播种量和播种面积的确定

（一）播种量的确定

播种前要根据每亩地（大棚）用苗数、单位重量种子的粒数、种子用价和安全系数计算每亩实际需要的播种量。

实际播种量（g/亩）＝每亩需苗数/（每克种子粒数×种子用价）×安全系数（2～4）。

种子用价（%）＝净度（%）×种子发芽率（%）。

主要蔬菜每亩定值面积用种量见表5-2。

表 5-2 蔬菜育苗每亩用种量

蔬菜种类	用种量（g）
番茄	30～60
辣椒	120～220
茄子	40～70
黄瓜	150～250
芹菜	150～250
娃娃菜	50
大白菜	50
甘蓝	50
花椰菜	50
莴笋	50

（二）苗床面积

苗床面积包括播种床面积和分苗床面积。其计算公式如下。

1. 播种面积

播种床面积（m^2）=［播种量（g）×每克种子粒数×（3～4）］/10 000

说明：3～4 为每粒种子平均占 3～4 个平方厘米面积，辣椒、早甘蓝、花椰菜等可取 3，番茄可取 3.5，茄子可取 4。瓜类作物一般不分苗，可按苗床面积计算。

2. 分苗床面积

分苗床面积（m^2）=［分苗总株数×每株营养面积（cm^2）］/10 000

说明：每株营养面积一般是：辣椒（双株）、黄瓜、西瓜、西葫芦、茄子、番茄为 10×10 cm^2，花椰菜为 8×6 cm^2。

表 5-3 是几种蔬菜育苗单位面积播种量、播种床面积、分苗床面积，可供参考。如采用穴盘或营养钵育苗，一般苗床宽 1.2 m 左右，长度根据育苗的数量确定。

表 5-3 几种蔬菜育苗播种量和需要苗床面积表（每亩）

蔬菜种类	用种量（g）	需播种面积（m^2）	需分苗床面积（m^2）	备注
番茄	40～50	6～8	40～50	—
辣椒	100～150	6～8	40～50	—
茄子	50～80	3～4	20～25	—
黄瓜	150～200	—	40～50	一般不分苗
西葫芦	200～250	—	25～30	一般不分苗

（续表）

蔬菜种类	用种量（g）	需播种面积（m^2）	需分苗床面积（m^2）	备注
早甘蓝	20～30	4～5	40～50	—
花椰菜	20～30	3～4	20～25	—
芹菜	50	25	—	不分苗
莴笋	20	2.5～3	24～28	—

第三节　无土育苗操作技术

无土育苗有播种育苗、扦插育苗和组织培养育苗三种形式，蔬菜生产一般以播种育苗为主。播种育苗根据育苗的规模和技术水平，又分为普通无土育苗和工厂化无土育苗两种。普通无土育苗一般规模小，育苗成本较低，但育苗条件差，主要靠人工操作管理，影响秧苗的质量和整齐度；工厂化穴盘育苗是在完全或基本上人工控制的环境条件下，按照一定的工艺流程和标准化技术进行育苗的规模化生产，具有效率高、规模大，育苗条件好，秧苗质量和规格化程度高等特点，但育苗成本较高。下面以播种育苗为例介绍无土育苗的操作技术。

一、播前准备

（一）选择育苗设备

育苗设备可根据育苗要求、目的以及自身条件综合加以考虑。对于大规模专业化育苗工厂来说，无土育苗的设备应当是先进的、完整配套的。如工厂化穴盘育苗要求具有完善的育苗设施、设备和仪器以及现代化的测控技术，一般在连栋温室内进行。而局部小面积普通无土育苗，可因地制宜地选择育苗设备，主要在日光温室、塑料大棚等设施内进行。主要育苗设备包括以下几方面。

1. 催芽室

大规模无土育苗应设立催芽室。催芽室是专供蔬菜种子催芽、出苗所使用的设备，要具备自动调温、调湿的作用。催芽室一般用砖和水泥砌成 30 cm 厚砖墙，高 190 cm，宽 74 cm，长 224 cm。催芽室的体积根据育苗量确定，至少可容纳1～2 辆育苗车；或设多层育苗架，上下间距 15 cm。室内设置增温设备，多采用地下增温式，在距地面 5 cm 处，安装 500W 电热丝两根，均匀固定分布在地面，上面盖上带孔铁板，以便热气上升。一般室内增温、增湿应设有控温、湿仪表，加以自控。室内设有自动喷雾调湿装置，在室内上部安装 1.5W 小型排风扇一台，使空气对流。

将种子催芽后再播种的，无须催芽室。催芽可用普通恒温箱、或在温室内搭盖塑料小拱棚、市售电热毯催芽即可。小面积普通无土育苗也无须催芽室。

2. 绿化室

种子萌芽出土后，要立即置于绿化室内见光绿化，否则会影响幼苗的生长和质量。绿化室一般是指用于育苗的温室或塑料大棚。作为绿化室使用的温室应当具有良好的透光性及保温性，以使幼苗出土后能按预定要求的指标管理。用塑料大棚作绿化室时，冬春季往往会出现地温不足问题。因此，在大棚内要增设电热温床，在温床内播种育苗，以保证育苗床内有足够的温度条件。

3. 电热温床

电热温床是无土育苗的辅助加温设施，冬季日光温室普通无土育苗时应用较多。在电源充分的地区，不论土壤育苗或无土育苗，电热温床是一种十分适用而方便的育苗形式。其组成主要包括床体、电热线、控温仪、控温继电器等。

4. 自动精播生产线

穴盘自动精播生产线，是工厂化育苗的核心设备，它是由穴盘摆放机、送料及基质装盘机、压穴及精播机、覆土机和喷淋机五大部分组成，主要完成从基质装盘、压孔、播种、覆盖、镇压到喷水等一系列作业。这五大部分连在一起是自动生产线，拆开后每一部分又可独立作业（图 5-1）。

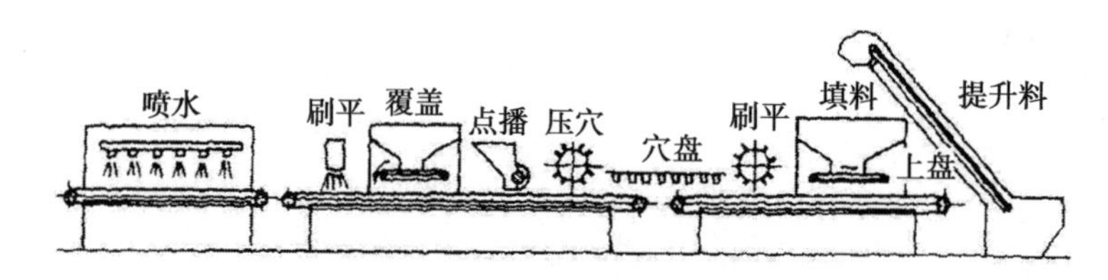

图 5-1　穴盘育苗精播生产线示意图

5. 基质消毒机、基质搅拌机、行走式喷水系统、CO_2发生机等

这些设备也是工厂化育苗的关键设备，生产中可根据规模大小灵活选用。

除上述基本设备之外，还要有育苗车、育苗钵、育苗盘等。

普通无土育苗只需穴盘或育苗钵、自动喷水设备、苗床，冬季育苗还需电热线，如有普通恒温箱用作催芽效果更好。

（二）基质配方的选择

1. 基质要求

选用适宜的育苗基质是无土育苗的重要环节和培育壮苗的基础。无土育苗基质要求具有较大的孔隙度，适宜的气水比，稳定的化学性质，且对秧苗无毒害。为了降低育苗成本，选择基质还应注重就地取材、基质不带病菌虫卵及有毒物质、比重小且便于运输、经济实用的原则。育苗基质理化指标应符合表 5-4 和表 5-5。

表 5-4　蔬菜育苗基质物理性状指标

项目	指标
容重（g/cm^3）	0.2～0.6
总孔隙度（%）	>60.0
通气孔隙度（%）	>15.0
持水孔隙度（%）	>45.0
气水比	1：（2～4）
相对含水量（%）	<35.0
阳离子交换量（以 NH_4^+ 计）（cmol/kg）	>15.0
粒径大小（mm）	<20

注：引自 NY/T 2118—2012 蔬菜育苗基质。

表 5-5　蔬菜育苗基质化学性状指标

项目	指标
pH 值	5.5～7.5
电导率（ms/cm^3）	0.1～0.2
有机质（%）	≥35.0
水解性氮（mg/kg）	50～500
速效磷（mg/kg）	10～100
速效钾（mg/kg）	50～600

注：引自 NY/T 2118—2012 蔬菜育苗基质。

2. 基质种类

无土育苗常用的基质种类很多，主要有草炭、蛭石、岩棉、珍珠岩、炭化稻壳、炉渣、木屑、沙子、食用菌栽培废料等，但最常用的为草炭、蛭石、岩棉、珍珠岩。

（1）草炭。根据草炭形成的地理条件、植物种类和分解程度可以分为高位草炭、低位草炭和中位草炭。低位草炭分解程度高，肥分有效性高，可直接用做肥料，但因容重大，吸水透气性差，不宜做育苗基质。高位草炭分解程度低，容重小，吸水透气性好，是较好育苗基质，pH 值 4～5。中位草炭性质介于高位和低位草炭之间，可作为育苗基质。

（2）蛭石。蛭石由云母片在 850℃以上的炉内燃烧膨胀而成，偏碱，容重轻，透气性好，持水量较大，作为育苗基质的粒径最好在 3～5 mm。

（3）珍珠岩。珍珠岩为火山硅酸岩在 760℃下燃烧膨胀而成，中性偏碱，作为育苗基质粒径以 1.5～6 mm 为宜，但用量不宜太大，因含氧化钠和浇水时易浮起。

这些基质可以单独使用，也可以按比例混合使用，一般混合基质育苗的效果更好。有些基质如草炭和蛭石本身含有一定量的大量及微量元素，可被幼苗吸收利用，但对苗期较长的作物，基质中的营养并不能完全满足幼苗生长需要。因此，除了浇灌营养液之外，常常在配制基质时添加不同的肥料（如无机化肥、沼渣、沼液、消毒鸡粪等），并在生长后期酌情适当追肥，平时只浇清水，操作方便。由表 5-6 看出，配制基质时加入一定量的有机肥和化肥，不但对出苗有促进作用，而且幼苗的各项生理指标都优于基质中单施化肥或有机肥的幼苗。

表 5-6　复合基质的育苗效果

处理	株高（cm）	茎粗（mm）	叶片数（片）	叶面积（cm^2）	全株干重（g）	壮苗指数
氮、磷、钾复合肥	14.2	3.1	4.5	27.96	0.124	0.121
尿素+磷酸二氢钾+脱味鸡粪	17.6	3.6	4.9	39.58	0.180	0.181
脱味鸡粪	12.5	2.9	4.1	19.12	0.110	0.104

注：引自司亚平《蔬菜穴盘育苗技术》，中国农业出版社，1999。

普通无土育苗多采用草炭、珍珠岩或蛭石混配，有机质和无机物比例约为（2：1）～（3：1）；也可采用食用菌废料、沼渣与珍珠岩、草炭等按体积比混合制成育苗基质。河西学院以菌糠、草炭、蛭石、珍珠岩等配制而成的基质，在育苗前期只浇清水就可满足幼苗的生长需求。目前国内有许多育苗基质专业生产厂家，可直接购买成品育苗基质效果更好，如宁夏天缘公司、山东寿光等地生产的育苗基质经过我们多年的实践，效果比较好。河西学院以张掖市菌糠等农业废弃为主生产的育苗基质，价格低廉，幼苗长势状，散坨率低，在育苗期基本不施用营养液即可完成幼苗生长发育，产品现已远销甘肃、青海等地区。

（三）营养液配制

无土育苗过程中养分的供应，除加入育苗基质中的肥料外，主要通过定期浇灌营养液的方法解决。对营养液的总体要求是养分齐全、均衡，使用安全，配制方便。因此，在实际配制过程中应合理选择肥料种类，尽量降低成本，并将营养液的酸碱度调整到 5.5～6.8。营养液中铵态氮浓度过高容易对秧苗产生危害，抑制秧苗生长，严重时导致幼根腐烂，幼苗萎蔫死亡。因此，在氮源的选择上应以硝态氮为主，铵态氮占总氮比例最高不宜超过 30%。

如果在配制基质时加入了消毒鸡粪等有机肥和 N、P、K 复合肥，生长期间浇灌的营养液主要由尿素和多微磷酸二氢钾配制而成。浓度为 0.1%～0.3%。前期浓度要低，后期浓度要高。

二、种子处理和催芽

（一）种子消毒

蔬菜种子带菌比较严重，要进行种子处理，消除种子表面和内部的病原，对防病效果非常好。常用方法有以下几种：

1. 温汤浸种

用55～60℃温水浸泡种子15 min，边浸边搅拌。一般用水量为种子的5倍。在浸泡过程中最好插一个温度计，当水温不够时，可注入热水，15 min后，使水温自然降至37℃时停止搅拌，继续浸种。一般番茄、辣椒种子浸种8～12 h，瓜类6～8 h，叶菜类6～8 h，对一些吸水困难的种子如茄子砧木托鲁巴姆等可浸种24～36 h。捞出后搓掉种皮上的黏液，再用清水冲净，然后催芽。该方法简单方便，易于掌握，但应用时一定要保持水温55～60℃，持续15 min，否则达不到灭菌的效果。

浸种的水量以水层浸过种子层2～3 cm为宜，种子厚度不超过15 cm，水层和种子层不能太厚，以利种子呼吸作用，防止胚芽窒息死亡。

2. 药剂处理

浸种的药液必须是溶液或乳浊液，不能用悬浊液。种子浸入药水前，一般要用水预浸2～3 h以上。药液浓度和浸泡时间必须严格掌握，以免产生药害。药液要浸过种子5～10 cm。用于种子消毒的药物很多，需要用什么药剂，应根据不同病原菌对症下药。例如，防治茄果类、叶菜类蔬菜苗期细菌性病害，可用0.1%的高锰酸钾溶液浸泡20 min；防治立枯病，可用70%敌克松药剂拌种（用种量的0.3%），也可用适乐时、克菌丹、多菌灵，药量是种子干重的0.2%～0.3%，充分拌匀，使药粉充分均匀地沾到种子上；防治茄果类早疫病，可用1%福尔马林溶液浸泡15～20 min，然后取出用湿布覆盖，闷12 h，可收到良好的效果；用10%～20%的磷酸三钠或20%的氢氧化钠水溶液，浸种15 min后捞出，用清水冲洗，有钝化番茄花叶病毒的效果。不论是何种药剂，浸种后要反复用清水冲洗后方能进行催芽。

（二）催　芽

将浸种后的种子，置于适宜的温度条件下，促使种子迅速整齐发芽。种子催芽方法比较多，目前有以下几种方法适于家庭应用。

1. 瓦盆火坑催芽法

找一瓦盆，底部和四周置放一厚层细疏湿润的稻草，将消毒的种子用纱布包好，放于盆内稻草凹上，再盖一层湿毛巾或湿麻袋片，然后将瓦盆放入热炕，可借火炕温度进行催芽。

2. 温室催芽法

将以上瓦盆放入温室内进行催芽，效果也好。

3. 灯泡催芽法

适于较大量种子催芽。方法是找一个大缸，再找一木桶或铁桶，将桶放入缸内，桶与缸之间垫稻草，将桶底部盛温水6～7 cm，水上7～10 cm处吊一个40 W灯泡，再在灯泡上7～10 cm处放一个竹篾，铺上湿布，将催芽的种子摊放在湿布上，上再盖一层布，把桶口用湿麻袋盖严，将电灯拉开，为使温度均匀可在灯口上套一块木板，灯开后，因桶底水分蒸发可使种子保持湿润。另外，灯泡将空气暖热，可以维持桶内的温度。在冬季催芽时，最好将大缸放入温室内或保温性能好的房间内。

4. 恒温箱催芽法

将消毒后的种子，用湿布包好，盛于盘内，放入恒温箱中，保持25～30℃温度。该法催芽效果最好。

如果催芽的种子少时，可将种子包好后放入内衣口袋中，借人体体温可催芽，也可放在电褥子内催芽。工厂化育苗时可将处理后的种子播于育苗车上的穴盘后，将育苗车直接推进催芽室进行催芽。

如在夏天育苗，在室内催芽即可。

5. 变温处理

茄子、茄砧等发芽比较困难，催芽时需要变温。其方法是30℃温度条件下8 h，20℃温度条件下16 h，交替进行。

此外还有低温催芽、激素处理催芽等方法。几种蔬菜种子催芽的温度和需要的时间参见表5-7。

表5-7　几种蔬菜种子催芽温度和时间表

蔬菜种类	最适温度（℃）	前期温度（℃）	后期温度（℃）	需要天数（d）	控芽温度（℃）
番茄	24～25	25～30	22～24	2～3	5
辣椒	25～28	30～35	25～30	3～5	5
茄子	25～30	30～32	25～28	4～6	5
西葫芦	25～36	26～27	20～25	2～3	5
黄瓜	25～28	27～28	20～25	2～3	8
甘蓝	20～22	20～22	15～20	2～3	3
芹菜	18～20	15～20	13～18	5～8	3
莴笋	20	20～25	18～20	2～3	3
花椰菜	20	20～25	18～20	2	3
韭菜	20	20～25	18～20	3～4	4
洋葱	20	20～25	18～20	3	4

不论是何种催芽方法，芽子不能太长，否则夏天点种时容易晒伤芽子，且种子不易顶土。一般刚露白就可点种子。在催芽时容器底部不能积水，否则影响容器底部种子的呼吸，不能发芽。

三、育苗容器

（一）塑料钵

塑料钵在家庭育苗中应用广泛，钵的种类也多。外形有圆形和方形，组成有单个钵和联体钵；塑料种类有聚乙烯和聚氯乙烯。目前主要用聚乙烯制成的单个软质圆形钵，上口直径和钵高均为 8～14 cm，下口直径为 6～12 cm，底部有一个或多个渗水孔利于排水。育苗时根据作物种类、苗期长短和苗子大小选用不同规格的钵，蔬菜育苗多使用上口直径 8～10 cm 的，花卉和林木育苗可选用较大口径的，便于填装基质后播种或移苗。一次成苗的作物可直接播种；需要分苗的作物则先在播种床上播种，待幼苗长至一定大小后再分苗至钵中。单一基质或混合基质均可。营养液从上部浇灌或从底部渗灌。硬质塑料联体钵一般由 50～100 个钵联成一套，每钵的上口直径 2.5～4.5 cm，高 5～8 cm，可供分苗或育成苗。

现在有些厂家设计出了秸秆、纸质育苗钵，在使用时可直接将苗子与育苗钵定植在栽培基质内，不缓苗，省去了倒苗的工序，效果较好。

（二）穴　盘

育苗穴盘是按照一定的规格制成的带有很多小型钵状穴的塑料盘，分为聚乙烯薄板吸塑而成的穴盘和聚苯乙烯或聚氨酯泡沫塑料模塑制成的穴盘。普通无土育苗和工厂化育苗均可使用。用于机械化、工厂化播种的穴盘规格一般是按自动精播生产线的规格要求制作，国际上使用的穴盘外形大小多为 27.8 cm×54.9 cm，小穴深度视规孔大小而异 3～10 cm 不等。根据穴盘穴孔数目和孔径大小，穴盘分为 50 孔、72 孔、105 孔、128 孔、200 孔、288 孔、392 孔、512 孔、648 孔等不同规格（图 5-2），其中 50 孔、72 孔、105 孔、128 孔、288 孔穴盘较常用。穴盘的规格及制作材料不同，如在形状上可制成方锥穴盘、圆锥穴盘、可分离式穴盘等；在制作材料上有纸格穴盘、聚乙烯穴盘、聚苯乙烯穴盘等。依据育苗的用途和作物种类，可选择不同规格的穴盘，一次成苗或培育小苗供移苗用。

图 5-2　育苗穴盘

四、基质、育苗容器消毒

（一）基质消毒

1. 福尔马林消毒

用 40%福尔马林 200～300 ml 加水 25～30 kg，喷洒 1 000 kg 育苗基质，然后充分拌匀堆成堆，用塑料薄膜密封 5～7 d，然后揭开薄膜，待药味挥发后再使用，可有效的预防猝倒病。

2. 药液消毒

每立方米育苗基质用稀释后的65%代森锌粉剂药液2～4 kg喷洒，然后拌匀堆置，用塑料膜密封2～3 d，撤膜后，待药味挥发后使用；用50%多菌灵800～1 000倍液，或双效灵Ⅱ400倍液、加瑞毒锰锌8 000～10 000倍混合液，用作苗床水、移植水、定植水。

（二）育苗容器消毒

育苗容器不论新旧，使用前一定要消毒。如是旧育苗容器，可先用清水冲洗干净后再消毒。消毒时先将高锰酸钾稀释成1 000倍液，盛放在盆中，把育苗容器放在盆中浸泡24 h，然后清水冲洗后直接育苗。

五、装盘（钵）与播种

（一）装盘（钵）

装盘前先将基质拌潮湿，用手攥成团松开不散为好，然后将基质装入穴盘后用刮板从穴盘一边刮向另一边。装盘后每个格室清晰可见，不要用力压基质。穴盘装好后每8～12个摞在一起，上放一块小木板，用手轻轻压一遍，使深度达到播种要求。如采用营养钵育苗，装钵时基质不能太满，离钵口约1 cm。

工厂化穴盘育苗时，采用自动精量播种生产线，实现自动装盘、播种。

（二）播　种

一般有两种方法，一种是采用二级育苗法，将种子播入平底盘中，待子叶完全平展后移入苗盘（育苗钵），该法适宜茄果类蔬菜育苗；另一种是将种子催芽后点播在穴盘（育苗钵）中。工厂化育苗最好采用后者。

播种之前要浇透底水。底水过少易“吊干芽子”，底水过大易发生猝倒病，以湿透床土或育苗容器为宜。冬春低温季节苗床播种最好浇温水，防止地温下降。育苗盘播种前先把育苗盘排成一个方块，然后用洒水容器或喷雾器浇水。塑料钵、纸筒等播种前，一般用洒壶喷洒多次水，一次水可能浇不透。

对于瓜类种子，多采用点播，点播时种子宜在芽长不超过1 cm时播种，同时还要防止胚芽不要被太阳晒坏。对于茄果类种子，如采用二级育苗法可多采用撒播，但目前大多数农户仍采用一级育苗法。

（三）盖　籽

播种后多采用基质覆盖种子，而且要立即覆盖，防止晒干芽子和底水过多蒸发。覆盖厚度依不同蔬菜种子大小而不同，覆盖0. 5～1. 5 cm厚。如果覆盖过薄，种皮易粘连，易出现苗“戴帽”。覆盖过厚，出苗延迟。穴盘育苗覆盖较为简单，直接将基质撒到点有种子的穴盘上，然后用刮板刮平即可。

（四）覆盖塑料薄膜

盖籽后要立即用地膜覆盖育苗盘、育苗钵，保温保湿，当膜下水滴多时取下薄膜，抖落水滴后再盖上，直至30%的苗子拱土时撤掉薄膜。在夏季高温季节育苗时，先要盖一层旧报纸，然后再覆盖地膜，可防治温度过高而造成烧苗现象。为了防治土传病害，还要在穴盘（育苗钵）底部铺一层地膜，将育苗容器与土壤隔开，但每天要检查一次穴盘含水量，以防含水过多，发生无氧呼吸。撤地膜时一定要选在下午光照弱时或早晨进行，防治幼苗突然见光而被晒死。

六、苗期管理

（一）营养液管理

无土育苗基质中如果加入了消毒有机肥和无机化肥，在育苗前期只浇清水而不补充营养液。待真叶吐心后，开始每周浇灌一次营养液，营养液主要由N、P、K组成。

不同作物秧苗对营养液浓度要求不同，不同育苗基质及同一作物在不同生育时期也不一样。总体来说，幼龄苗的营养液浓度应稍低一些，随着秧苗生长，浓度逐渐提高。张掖市高原夏菜课题组在育辣椒苗时，3片真叶前浇灌尿素6 g/15 kg+磷酸二氢钾6 g/15 kg混合液，4片真叶后浇灌尿素15 g/15 kg+磷酸二氢钾15 g/15 kg混合液。每周一次，效果很好。

工厂化育苗，面积大的可采用双臂悬挂式行走喷水喷肥车，每个喷水管道臂长5 m，悬挂在温室顶架上，来回移动和喷液。也可采用轨道式行走喷水喷肥车。

夏天高温季节，每天喷水1～2次，每隔5～7 d施肥1次；冬季气温低，2～3天喷1次，喷水和施肥交替进行。

育苗灌溉设施见图5-3。

图5-3 育苗灌溉设施

（二）温度管理

温度是影响幼苗素质的最重要因素。温度高低以及适宜与否，不仅直接影响到种子发芽和幼苗生长速度，而且也左右着秧苗发育进程。温度太低，秧苗生长发育延迟，生长势弱，容易产生弱苗或僵化苗，极端条件下还会造成冷害或冻害；夜间温度太高，易形成徒长苗。

基质温度影响根系生长和根毛发生，从而影响幼苗对水分、养分的吸收。在适宜温度范围内，根的生长速度随温度升高而增加，但超过该范围后，尽管其生长速度加快，但根系细弱，寿命缩短。早春或深冬育苗中经常遇到的问题是基质温度偏低，导致根系生长缓慢或产生生理障碍。夏秋季节则会产生高温伤害和徒长苗。

保持一定的昼夜温差对于培育壮苗至关重要，低夜温是控制徒长苗的有效措施。白天维持秧苗生长适温，增加光合作用和物质生产，夜间温度则应比白天降低 8～10℃，以促进光合产物运转，减少呼吸消耗。在自动化调控水平较高的设施内育苗可以实行“变温管理”。阴雨天白天气温较低，夜间气温也应相应降低。不同作物种类、不同生育阶段对温度要求不同。总体上整个育苗期在播种后、出苗前，移植后、缓苗前温度应高；出苗后、缓苗后和炼苗阶段温度应低。前期气温高，中期以后温度渐低，定植前 7～10 d，进行低温锻炼，以增强对定植以后环境条件的适应性。如采用嫁接育苗，嫁接以后、成活之前也应维持较高温度，但不能超过 35℃。

一般情况下，喜温性的茄果类、豆类和瓜类蔬菜最适宜发芽温度为 25～30℃；较耐寒的白菜类、根菜类蔬菜，最适宜发芽温度为 15～25℃。出苗至子叶展平前后，胚轴对温度反应敏感，尤其是夜温过高时极易徒长，因此需要降低温度，茄果类、瓜类蔬菜白天控制在 20～25℃，夜间 12～16℃，喜冷凉蔬菜稍低。真叶展开以后，保持喜温果菜类白天气温 25～28℃，夜间 13～18℃；耐寒半耐寒蔬菜白天 18～22℃，夜间 8～12℃。需分苗的蔬菜，分苗之前 2～3 d 适当降低苗床温度，保持在适温的下限，分苗后尽量提高温度。成苗期间，喜温果菜类白天 23～30℃，夜间 12～18℃；喜冷凉蔬菜温度管理比喜温类降低 3～5℃。几种蔬菜育苗的适宜温度见表 5-8。

表 5-8　几种蔬菜育苗的适宜温度

蔬菜种类	适宜气温（℃）		适宜土温（℃）
	昼温	夜温	
番茄	20～25	12～16	20～23
茄子	23～28	16～20	23～25
辣椒	23～28	17～20	23～25
黄瓜	22～28	15～18	20～25
南瓜	23～30	18～20	20～25
西瓜	25～30	20	23～25
甜瓜	25～30	20	23～25

（续表）

蔬菜种类	适宜气温（℃）		适宜土温（℃）
	昼温	夜温	
菜豆	18～26	13～18	18～23
白菜	15～22	8～15	15～18
甘蓝	15～22	8～15	15～18
草莓	15～22	8～15	15～18
莴苣	15～22	8～15	15～18
芹菜	15～22	8～15	15～18

注：引自王化《蔬菜现代育苗技术》，1985。

严冬季节育苗，温度明显偏低，应采取各种措施提高温度。电热温床最能有效地提高和控制基质温度。当充分利用了太阳能和保温措施仍不能将气温升高到秧苗生育的适宜温度时，应该利用加温设备提高气温。燃煤火炉加温成本虽低，管理也简单，但热效率低，污染严重。供暖锅炉清洁干净，容易控制，主要有煤炉和油炉两种，采暖分热水循环和蒸气循环两种形式。热风炉也是常用的加温设备，以煤、煤油或液化石油气为燃料，首先将空气加热，然后通过鼓风机送入温室内部。此外，还可利用地热、太阳能和工厂余热加温、电加热炉等。

夏季育苗温度高，育苗设施需要降温，当外界气温较高时，主要降温措施是自然通风。另外还有强制通风降温、遮阳网、无纺布、竹帘外遮阳降温、湿帘风机降温、透明覆盖物表面喷淋和涂白降温、室内喷水喷雾降温等。试验证明，湿帘风机降温系统可降低室温 5～6℃。喷雾降温只适用于耐高空气湿度的蔬菜。遮阴降温时要注意早晨、下午温度低时，撤去覆盖物见光，中午温度高时再遮阴。

高温季节育苗时，幼芽拱土期间，晴天中午前后应当遮花阴，防止烤坏幼芽。同时还要在幼芽大量拱土时，及时撤掉地膜，最好是每天上午检查一遍，发现幼芽大量拱土，应当遮花阴并在当天早晨或下午撤膜，能防止当天被烤伤，盖小拱棚者四周防底风，防止出苗过快。撤掉地膜后，如果基质逐渐干燥，轻轻喷水，使基质保持湿润，使种皮保持湿润，防止胚根、幼茎受害和出土“戴帽”。

（三）光照管理

所有蔬菜种子在黑暗条件下均能发芽，但不同的种子在发芽时对光照反应是不同的。如莴苣、芹菜、胡萝卜、结球白菜、花椰菜等，在有光条件下发芽比黑暗条件下好些，说明光能促进其发芽，称需光种子。但是种子对光的反应也与其他条件有关。如芹菜种子发芽虽然是需光的，但在变温条件下无光也能正常发芽。另外种子年限对光照作用也有影响。当年新种子在黑暗条件下发芽较好，三年种子在黑暗里很少发芽。一些试验指出，有些化学药品可以替代光的作用。如硝酸钾（0.2%）、赤霉素（100 mg/L）。有些种子在有光条件下发芽不良，在黑暗条件下易发芽。如茄果类、瓜类、葱蒜类种子，称嫌光种子。还有些蔬菜种子在有光和黑暗条件下发芽的差异不显著。如豆类部分及萝卜等，称不敏感种子。

光照强度与光照长度、光质等对秧苗生长发育都有影响。一般强光照有利于花发育；对于长日照蔬菜，长日照有利于花芽分化，而对于短日照蔬菜作物来说，短日照则有利于花芽分化。对于蔬菜育苗，目前还不能向温度那样人为控制光照条件，但在甘肃省河西地区，夏季育苗时光照基本能满足秧苗需求，而冬春育苗，由于在日光温室内进行，光照强度、时间都不能满足蔬菜幼苗正常发育，所以最好在育苗阶段进行人工补光。目前适应于育苗人工补光的电光源有白炽灯、日光灯和生物效应灯三种，可根据补光目的，选择或搭配使用。从降低育苗成本角度考虑，一般选用荧光灯。补充照明的功率因光源种类而异，一般为 50～150 W/m^2。

在夏季高温、强光季节育苗时还要注意降低光照强度，以防强光诱发病毒病。一般采用遮阳的方法降低光照强度。

（四）水分管理

水分是幼苗生长发育不可缺少的条件。育苗期间，控制适宜的水分是增加幼苗物质积累、培育壮苗的有效途径。

适于各种秧苗生长的基质相对含水量一般为 60%～80%。播种之后出苗之前应保持较高的基质湿度，以 80%～90%为宜。定植之前 7～10 d，适当控制水分。作物苗期适宜的空气湿度一般为白天 60%～80%，夜间 90%左右。出苗之前和分苗初期的空气湿度适当提高。蔬菜不同生育阶段基质水分含量见表 5-9。

表 5-9　不同生育阶段基质水分含量（相当于最大持水量的%）

蔬菜种类	播种至出苗	子叶展开至 2 叶 1 心	3 叶 1 心至成苗
茄子	85～90	70～75	65～70
甜椒	85～90	70～75	65～70
番茄	75～85	65～70	60～65
黄瓜	85～90	75～80	75
芹菜	85～90	75～80	70～75
生菜	85～90	75～80	70～75
甘蓝	75～85	70～75	55～60

注：引自司亚平等《蔬菜穴盘育苗技术》，1999。

苗床水分管理总体要求是保证适宜的基质含水量，适当降低空气湿度，要根据作物种类、育苗阶段、育苗方式、苗床设施条件等灵活掌握。工厂化育苗应设置喷雾装置，实现浇水机械化、自动化。冬季或早春育苗时，由于气温低，幼苗密度大，灌水时要防止床内空气湿度过高，水要浇到含有根系较多的基质中，切忌表层湿，内层干，一般基质以浇到不汪水为止。另外浇水时还要看天、看地、看苗情决定浇水量。看天，即天冷、天阴少浇，天热、天晴相对多浇；冬季少浇，春季多浇。看地，即缺水多浇，基质潮则少浇。看苗情，如番茄茎上茸毛多，子叶平展，表示水分充足，或早上叶缘有水滴，可少浇；若茸毛少，子叶向上翘起，尖端卷曲，表示缺水，可多浇。浇水时间在冬天以上午10～12时为好，浇水工具用细孔壶缓浇，不可用勺猛泼，防止秧苗受伤。浇水后在中午前后气温较高时通风换气，散发植株及土表多余的水分。

采用穴盘夏季育苗时，还要根据基质的保水性能决定浇水次数，含有草炭较多的基质一般1 d浇1次水，如宁夏天缘公司、山东寿光等地生产的基质，保水性能较好，子叶平展前基本不浇水，真叶吐出后视天气情况2 d一次水，3叶期后每天浇一次水。但含炉渣较多的基质一般1 d浇2次水。总之在子叶出土至真叶展开时要尽量控制浇水，以防苗子徒长。苗子出土后至真叶吐出之前不旱不浇水，当基质表层发灰白后再浇水。

（五）气　体

在育苗过程中，对秧苗生长发育影响较大的气体主要是CO_2和O_2，此外还包括有毒气体。

CO_2是植物光合作用的原料，外界大气中CO_2浓度约为330μL/L，日变化幅度较小；但在相对密闭的温室、大棚等育苗设施内，CO_2浓度变化远比外界要强烈得多。室内CO_2浓度在早晨日出之前最高，日出后随光温条件的改善，植物光合作用不断增强，CO_2浓度迅速降低，甚至低于外界水平呈现亏缺。冬春季节育苗，由于外界气温低，通风少或不通风，内部CO_2含量更显不足，限制幼苗光合作用和正常生育。苗期CO_2施肥是现代育苗技术的特点之一，无土育苗更为重要。试验表明：冬季每天上午CO_2施肥3 h可显著促进幼苗的生长，增加株高、茎粗、叶面积、鲜重和干重，降低植株体内水分含量，有利于壮苗形成。另外，苗期CO_2施肥可提高前期产量和总产量。黄瓜、番茄苗期CO_2施肥壮苗效果比较见表5-10。

表5-10　黄瓜、番茄苗期CO_2施肥壮苗效果比较

蔬菜	施肥浓度	株高（cm）	茎粗（cm）	叶面积（cm^2）	全株干重（g/株）	净同化率［g/（m^2·d）］	壮苗指数
黄瓜	1 100±100 μL/L	22.15	0.494	284.68	1.194 5	3.292	0.197 8
	700±100 μL/L	21.30	0.473	247.66	0.917 1	2.867	0.127 2
	不施肥	17.04	0.433	186.82	0.681 2	2.754	0.090 2
番茄	1 100±100 μL/L	40.25	0.556	296.33	1.561 5	2.895	0.183 6
	700±100 μL/L	37.25	0.531	249.99	1.265 6	2.775	0.132 7
	不施肥	29.55	0.511	197.55	0.872 3	2.410	0.104 5

注：引自魏珉等，2000。

基质中O_2含量对幼苗生长同样重要。O_2充足，根系才能发生大量根毛，形成强大的根系；O_2不足则会引起根系缺氧窒息，地上部萎蔫，停止生长。基质总孔限度以60%左右为宜。

夏季育苗由于育苗场地处在一个开放系统，一般不进行CO_2施肥，很少出现有害气体，但要注意基质中O_2的含量，浇水过多，往往会引起基质水分含量过高，引起缺O_2，尤其是苗子出土前，由于浇水过多，再加上穴盘上铺盖有地膜，很容易出现上述现象。

第四节　无土嫁接育苗

将植物体的芽或枝接到另一植物体的适当部位，使两者结合成一个新植物体的技术称嫁接。采用嫁接技术培育秧苗称嫁接育苗。嫁接的原理是接穗与砧木的切口处细胞受刀伤刺激，形成层和薄壁细胞旺盛分裂，在接口处形成愈伤组织，使接穗和砧木结合生长。同时，两者接口处的输导组织的相邻细胞也分化形成同型组织，使输导组织相连，形成新体。砧木吸收的养分及水分输送给接穗，接穗又将同化后的物质输送到砧木，形成共生关系。

一、嫁接育苗的优点及影响成活率的因素

（一）嫁接育苗的优点

嫁接育苗和常规育苗相比，有如下几方面的优点。

第一，在重茬地块栽培嫁接苗，可有效地防止枯萎病、黄萎病、青枯病、根结线虫等土传性病虫害，对生产无公害蔬菜有十分重要的应用价值。

第二，根系发达，生长旺盛，根系抗低温能力和其他抗逆力增强，有利于日光温室越冬茬蔬菜生产。

第三，植株长势强，延长生育期，可大幅度地提高产量和产值。

（二）影响嫁接成活率的因素

嫁接育苗有一定难度，但影响嫁接苗成活的因素主要有以下几个方面。

第一，接穗与砧木的亲和能力。即接穗与砧木嫁接以后，正常愈合及生长发育的能力，这是嫁接育苗成活最基本的条件。嫁接亲和力的强弱与接穗与砧木的亲缘关系的相近有关，亲缘相近，亲和力较强；亲缘较远，亲和力较弱。

第二，接穗与砧木的生活力。幼苗健壮，发育良好，其生活力强，嫁接容易成活；弱苗、徒长苗生活力弱，嫁接不易成活。

第三，环境条件的影响。温度、湿度、光照等对嫁接成活率也有较大影响。比如温度过低或过高、遮阴过重等都会影响愈伤组织的形成，降低成活率。

第四，嫁接技术的高低和嫁接后管理水平也会影响成活率。

二、砧木选择

砧木选择是嫁接成功与否的关键，优良的砧木应具备下列四个条件：第一，必须与

接穗有较高的亲和力；第二，对土传性病害具有免疫性或较高抗性；第三，对某些不良条件有较强的抗逆性，或能明显增产和改善产品品质、提早成熟；第四，嫁接后不能降低蔬菜原有的品质。不同蔬菜嫁接所选的砧木不同，如茄子嫁接所用砧木为托鲁巴姆，黄瓜嫁接的砧木为黑籽南瓜或白籽南瓜，西瓜嫁接砧木多采用圣砧1号。

三、黄瓜嫁接无土育苗

（一）接穗和砧木的选择

1. 接穗选择

接穗的正确与否在很大程度上决定了熟性和产量的高低。因为嫁接栽培，黄瓜本生的生长习性没有明显变化，其结瓜性、抗逆性以及生活习性、原特性都会表现出来，故应根据不同栽培季节、不同种植方式、不同砧木品种，选用与其配合力强、亲和力高、适应该品种生长环境的优良品种。冬春茬栽培品种，最好选用博耐系列、津优系列等；秋冬茬栽培的品种可选用秋棚系列、津杂系列等前期耐热，后期耐低温、抗霜霉等叶部病害的品种。但目前新品种育成速度很快，各地应根据当地生态条件，不断引进并选择适应于当地生态条件的新品种。

2. 砧木选择

砧木品种应为嫁接亲和力、共生亲和力、耐低温能力、抗枯萎病性能都比较强，生产出的黄瓜品质好，无异味的品种。当前符合上述条件的砧木品种有美国黑籽南瓜、云南黑籽南瓜、白籽南瓜、黄籽南瓜等。另外，原农业部全国农业技术推广总站已筛选出了嫁接效果与云南黑籽南瓜接近的砧木品种3个，其中90-3部分性状超过了云南黑籽南瓜。

（二）浸种催芽

1. 黄瓜浸种催芽

每亩温室需黄瓜种子150 g左右，先在清洁的小盆中到入种子体积4～5倍的55℃温水（一般两份开水，一份凉水）后把种子投入，用木条搅拌，并保持55℃恒温15 min，然后加冷水至30℃停止搅拌，继续浸泡4～6 h，当切开种子不见干心时说明种子已经充分吸胀，即可出水。出水后要搓掉种皮上的黏液，多次用清水冲洗，然后用湿纱布包起来放在大碗或小盆里，上口盖上湿毛巾，即可保持发芽所需水分。然后放在28～30℃条件下催芽，每天要用30℃的清水冲洗1～2遍，还要注意碗底不要积水。

黄瓜种子发芽对氧要求严格，必须注意透气，不能用塑料薄膜包种子。另外，黄瓜种子发芽属嫌光性，应放在背光处进行催芽。

2. 黑籽南瓜浸种催芽

云南黑籽南瓜当年种子发芽率极低，最好用上一年的旧种子，其发芽率可达80%以上，如有条件最好用双氧水处理，可提高种子的发芽率。其浸种方法同黄瓜，但每亩需黑籽南瓜 1.5 kg 左右，种子浸种后黏液较多，要反复搓洗。

（三）播　种

黄瓜播种以沙床效果较好，首先在床内铺 8 cm 厚细沙，刮平，浇透温水，把催出芽的种子均匀点播在沙子上，株行距为 3 cm×5 cm，再覆盖 2 cm 厚细沙，浇水后上面覆盖地膜。30%以上子叶露土时撤去地膜。播种后白天保持 25～30℃，夜间保持 15～20℃，可保证出苗整齐，生长正常。黑籽南瓜也可采用同样的方法播种，但错期播种的时间依不同的嫁接方法而定。

（四）嫁　接

1. 靠　接

这种嫁接方法成活率高，可靠性大，但较费工。靠接又分单子叶靠接和双子叶靠接。两种靠接法，都是先播种接穗，3～5 d 后再播种砧木。

（1）单子叶靠接法。这种嫁接法，是目前应用最普遍的方法，操作方便，成活率高，愈合速度快。具体操作程序如下。

起苗：当接穗胚轴达 6～7 cm 高，第一真叶 4/5 露出约有一分硬币大小，砧木胚轴高 5～6 cm，第一真叶刚露心时，即可起苗嫁接。这时的幼苗，生活力强，体内营养物质易交换，胚轴皮层易切削，嫁接后愈合快，成活率高，是嫁接的最佳时期。起苗前一天，应先浇水，使沙盘或育苗基质疏松，以减少根系的损伤。起苗时，轻轻从沙床中用铲子将苗起出，每次 10～20 株。如一人嫁接，可随起一株，嫁接一株；如两人嫁接，一人切削砧木，一人切削接穗并嫁接。起苗时，还应注意尽量照顾砧木与接穗苗的高矮不能相差太大，如果砧木过高，可以适当降低切削位置，以保证根平齐。

砧木苗的切削：将起出的苗，先用嫁接刀片切去一片子叶，切削时，双子叶茎部与下胚轴的结合部为切点，并将心叶用嫁接刀剜去，随之切削结合口，结合口的位置离子叶基部 1 cm 左右最合适。下刀时，从上往下约 40°角切入胚轴的 1/2 多一点，稍过腰胫为易。

接穗的切削：嫁接黄瓜苗的胚轴比南瓜苗的细且软，切削时要准，不能回刀或者错刀。其切削部位根据南瓜苗的高低在下胚轴离子叶基部约 0.8～1 cm 处下刀，切入胚轴 3/4。

当砧木、接穗都切削好之后，一手拿着南瓜苗，一手拿着黄瓜苗，用大拇指和食指将切口稍分开，把黄瓜苗的上切位插入南瓜苗的下切位，使之吻合。在插接时，不得来回移动，一次插牢，否则易造成错位而影响成活率，另外，最好使两者的真叶形成一个十字形。插接好后，用嫁接夹将其夹住即可，钳夹时嫁接夹的内口应放在嫁接苗的一侧。为了不影响幼苗体内营养物质的输导与交换，嫁接夹的松紧度根据胚轴的粗细进行适当调整，同时嫁接夹的下沿应与结合口的下位取平，以利愈合后的黄瓜苗根茎的切割。

（2）双子叶靠接法。该接法与单子叶靠接法基本相同，所不同的是不去掉砧木的子叶，起苗后用嫁接刀挖去心叶就可以进行嫁接，见图 5-4。

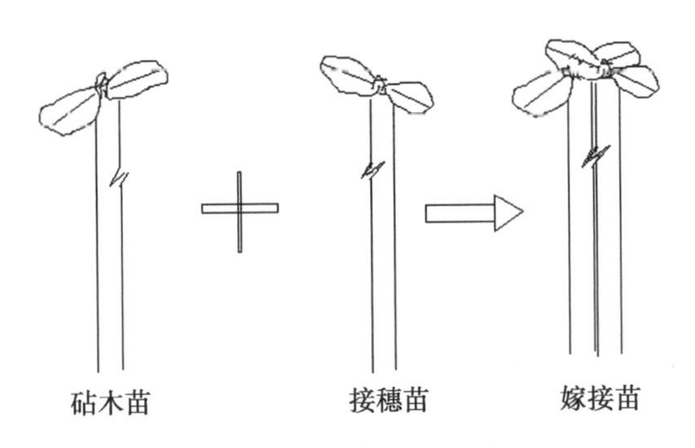

图 5-4　双子叶靠接法示意图

2. 插接法

这种方法包括水平插接和斜插接两种方法。

（1）水平插接法。砧木比接穗早播 3 d 左右。其操作程序是首先将砧木苗起出后栽入营养钵或穴盘，当砧木苗成活后再进行嫁接，也可将砧木种子直接播在营养钵或穴盘。其次是去心与穿孔，用嫁接刀或者用手指甲将砧木苗的心叶去掉，注意不要挖得过深，如果触及中腔，易进入水，通过中心腔造成假接和死亡。心叶去掉后，随及用专用竹签顺子叶茎节处，由内向外水平插孔，让竹签头稍穿过胚轴表皮，穿孔时要一次完成，不得重作，并且要准，深浅适度。其三，接穗的切削是一项极为重要的工作，切削质量的好坏直接关系到插接质量的高低和成活率的多少，接穗的要求是两楔面的角度适中对等，一刀削准，不得复刀。切削时，捏住黄瓜苗的茎基部将其轻轻支起，从子叶下约 0.5～0.8 cm 处下刀，向下斜切，约 40°角，插尖长 1～1.5 cm。其四，插接时将砧木苗上的竹签取掉，迅速将接穗插入，使楔面与扎孔闭合。

（2）斜插接法。与水平插接法基本相同，只是插孔角度稍倾斜，呈 45°角左右。通过子叶茎部和下胚轴的结合向下斜插，不能插破胚轴外表皮，也不能插在中心腔内。

除上述两种方法外，生产中有时还采用芽接法、劈接法、直角切断嫁接法，由于生产中不常用，因此不作详细介绍。但嫁接所用工具基本一样，见图 5-5。

图 5-5　嫁接用具

（五）嫁接苗的移栽与管理

1. 移　栽

嫁接苗一般都要移到营养钵或穴盘内。在嫁接前一天，将育苗基质装入钵（盘）内，并排放在苗床内，摆放前先铺一层塑料薄膜，以防渗水和根系下扎，摆好后先用喷壶或喷雾器等将基质浇透水。在栽苗时用小型工具在钵（盘）的中间挖一穴，3～5 cm深，将嫁接苗移入，移入时将接穗和砧木的下胚轴自然分开，不能将两苗的下胚轴挤栽在一起。为了不影响根系的发育，南瓜苗的根系应全部入土并伸展，如果须根过长，可剪去一部分。黄瓜根系的入土深度以南瓜入土深度而定，一般不做任何处理。在移入营养钵（育苗盘）时应特别注意不要让基质沾污嫁接苗的结合部位，结合口距钵（盘）基质表面要有 1 cm 以上的高度，否则会导致染病或不愈合而影响成活。

2. 移栽苗的管理

从嫁接到切口完全愈合，需 7～10 d。这一期间内，需要一定的温度，见表 5-11。由表 5-11 可看出，白天温度在 28℃左右，夜间在 20℃左右最为适宜。嫁接苗移栽后前一周内的温度，前三天上午可以短时间达到 30℃，四天后可降到 25℃左右，夜间温度降到 17℃左右，有利于提高愈合质量。一周后，温度可在原来的基础上降低 3～5℃，10 天后白天温度最高保持 23℃，夜间 10～12℃。但较高的昼夜温度同样影响成活率，王勤礼等研究了不同温度对嫁接成活率的影响，结果表明，在白天高温 37℃，夜间 25℃下嫁接，成活率只有 30%。但在甘肃省河西地区 9 月上中旬以后，昼夜温度均有下降，成活率可达 98%以上。

表 5-11　嫁接后一周内温度管理

嫁接后天数（d）		1	2	3	4	5	8
设施内温度（℃）	最高	28	28	27	26	26	23
	最低	22	22	21	20	19	15
钵(盘）土温度(℃）	最高	27	27	26	25	25	25
	最低	24	34	23	22	21	20

嫁接移栽后，湿度要求较高。刚嫁接的幼苗，由于切口部位流液损失，体内营养出现暂时性的供应紧张，根系吸收水肥能力还未能恢复，光合器官的光合性能也尚未恢复正常，而嫁接苗体内营养需要交换融合，所以，这时需要创造一个适宜的环境，减少养分损失。水分是损失物质中的重要成分，因此，应该注意补充足够的水分，但洒水易造成切口感染，只有采用保持一定的高湿度措施比较妥善。在嫁接后前三天，育苗设施内相对湿度应保持在 90%以上，插接和劈接苗应保证 95%左右，3 d 后的相对湿度降低到 85%左右，但要注意，湿度并非越高越好，过湿也不利愈合，还会引起病害。保持湿度的方法是：苗床内洒适量的水，然后将地膜小拱棚四周封严，外面再放一层棚膜，即可

保持一定的湿度。

另外，由于嫁接苗的幼苗呼吸强度大、养分制造少、消耗多，往往影响愈合质量。为了减少不必要的消耗，除适当降温外，还必须采用遮光措施。一般嫁接后前三天全天遮光，3 d 后可逐渐增加光照时间，早晨和下午逐渐揭掉遮光物，其余时间遮光，9 d 后可逐步揭去遮光物。遮光可用遮阴网、床单等材料。

3. 愈合后的管理

嫁接苗的管理与一般苗不同，愈合后 7～10 d，既嫁接 14～17 d 后，植株基本处于正常生长状态，而这时的嫁接因没有断根而同时吸收养分，并有可能被病菌传染，因此当接口愈合后应及时断根。具体做法是应用平头剪刀从嫁接夹下沿的接口下位剪一刀，再从育苗盘（营养钵）基质表面剪一刀，使黄瓜苗的根茎完全断开，以免重新愈合。采用刀片断根也可以，方法同剪刀。断根后，黄瓜会经常从接合口下侧重新生长出不定根，如果不定根重新入土，就会被病菌感染，失去了嫁接防病的目的。因此要经常检查，如果发现不定根应及时剪去。

愈合后的管理除了断根外，还要细心检查砧木心叶是否彻底切除，有时会重新长出来，与黄瓜苗争夺养分而影响嫁接苗的正常生长。为此，如发现砧木心叶长出应及时除去，但注意不要因掐心方法不当把愈合口分开。

温度、水分、肥料的管理这时和一般育苗方法相同，只是在断根、切心后的 2～3 d 内不要在植株上洒水。

四、茄子嫁接育苗

（一）砧木和接穗选择

1. 砧木选择

目前甘肃省河西地区引进砧木主要有 3 种：赤茄、CRP、托鲁巴姆。

（1）赤茄。该砧木属于野生茄，又名红茄、平茄。其优点是根系发达，茎粗壮，节间较短，茎及叶面有刺。种子易发芽，幼苗生长速度同正常茄子，播种时比接穗早 7 d 即可；它与茄子的嫁接亲合性好，对茄子的生长势影响不明显，不会引起嫁接茄子徒长；对茄子的立枯病、根腐病和根结线虫的抗性中等，一般稍强于栽培茄子；而耐寒能力也一般。因此，土传性病害严重度的地块和越冬茬栽培时不易使用此品种作砧木。

（2）CRP。该品种为野生茄科植物，茎叶刺较多，所以也叫刺茄，是从我国野生资源中选出来的新的优良砧木品种。CRP 千粒重 2 g，种子黑红色，较托鲁巴姆易发芽。该砧木高抗黄萎病，中抗枯萎病，苗期不发生猝倒病，而易发生立枯病。CRP 较耐低温，苗期如遇高温高湿易徒长，需控水蹲苗，同时苗期如遇日照少、多湿条件易发生绿霉病。

（3）托鲁巴姆。该砧木属野生茄果类型，来自波多黎各，在日本注册名称为茄砧 1 号。该砧木嫁接亲和性较强，根系发达，植株生长势较强，节间较长，茎及叶上有少量刺。该品种对茄子的黄萎病、青枯病、根腐病和根节线虫可达到高抗或免疫程度，被国外专家称为“四抗”砧木。耐热和耐寒力较强。但该砧木种子极小，千粒重约 1 g，一般情况下不易发芽或发芽期较长，嫁接苗初期生长也较缓慢，结果较晚，早期产量较低。但到后期，植株生长势较强，总产量很高。另外，该砧木嫁接茄子后较易发生叶枯病。

2. 接穗选择

目前生产中推广的接穗品种与砧木的亲和性没有明显的差异，因此，选择接穗时主要考虑当地消费者食用习惯和产量、品质、早熟性等其他性状。目前甘肃省河西地区多采用兰杂 2 号长茄、紫阳长茄、日本长茄、尼罗长茄、702 等长茄品种和二苠茄、天津快圆茄等圆茄品种。

（二）育　苗

1. 播　期

如采用 CRP 和赤茄为砧木，先播砧木种子，待砧木种子出苗时，再播接穗种子。二者错期时间：托鲁巴姆 30～40 d、CRP7～10 d。

2. 催　芽

CRP 种子较易催芽（同接穗），托鲁巴姆催芽较为困难。下面介绍托鲁巴姆几种常用的催芽方法，同时也适应茄子和其他砧木的催芽。

（1）变温处理。催芽时将 5～10 g 种子装入透水性较好的小布袋（如纱布袋）），扎好口，用清水浸泡 48 h 后放入恒温箱内，温度开始调到 20℃处理 16 h，30℃处理 8 h，每天如此反复调温两次，清水淘洗一次，约 8 d 后开始发芽，10 d 后芽基本出齐就可播种。如没有恒温箱，只要不在恒温条件下，在常温下也可出芽，但时间较长，需 15～20 d。

（2）“四个一”药剂催芽法。用一两水、一袋砧木种子（10 g）、一包催芽剂，浸泡 1 昼夜，然后把砧木种子装入小布袋内，在 25～30℃条件下催芽，约 7～10 d 后就可出芽，芽长 2 mm 左右就可播种。

3. 播　种

砧木直接播至穴盘中，也可以撒播在苗床中，然后分苗到穴盘或营养钵中。接穗可播在苗床中。播种前要对穴盘、基质进行消毒，然后装好苗盘。消毒和播种方法参见育苗部分。将已播种的育苗盘铺放在苗床中，及时用清水将苗盘浇透，浇水时喷洒要轻而匀，防止将孔穴内的基质和种子冲出，然后在穴盘上平铺一层废报纸后再覆盖一层地膜，以防止育苗盘内水分散失。在覆盖地膜时，需在育苗盘上安放一些小竹条，使薄膜与育苗盘之间留有空隙而不粘结，也可在基质装盘后播种前将盘浸放到水槽中，水从穴盘底部慢慢往上渗，吸水较均匀，然后再放入苗床内。播后还要经常检查水分，如果水分过多，则要撤掉地膜，水分不足还要补水。

4. 播后管理

（1）温度管理。播种至出苗前苗床应保持较高的温度。此期苗床白天的温度保持

28～30℃，夜间温度保持20℃。出苗后要降低温度，并及时撤去地膜和小拱棚，延缓幼茎生长速度，使其变的粗壮。此期苗床白天的温度应保持在20～30℃，夜间温度下降到12℃左右，使昼夜温差保持在10℃以上。砧木苗分苗到穴盘或育苗钵内后，要适当提高温度，促苗生根。通常栽苗后一周内，昼温为28～32℃，夜温不低于20℃。缓苗后把夜温降到15℃左右。托鲁巴姆出苗后前期生长缓慢，应保持苗床适当高的温度。一般要将苗床的昼夜温度分别提高2～3℃。

（2）湿度管理。在保持苗床或穴盘有一定含水量的前提下，尽量降低空气湿度。其浇水方法参见育苗部分。

（3）间苗和分苗。苗出齐后要及时间苗。间苗时把紧靠在一起的双株苗、多株苗间去，间去其中的小苗、黄叶苗、畸形苗。当育苗量不足时，可把间出的好苗分栽到另一个苗床中或穴盘（育苗钵）中。

如果砧木播种时采用撒播，则长出真叶后就可分苗。如采用点播，则在3～4片真叶时进行分苗。低温期分苗要在晴天进行，高温期要注意遮阴。分苗的前一天要根据苗床的干湿情况将苗床适度浇水，使床土保持湿润，便于分苗时带土起苗。起苗时苗根要尽量多带基质（营养土），把苗栽入穴盘（育苗钵）内，每穴（钵）栽一株苗，栽后浇透水。分苗后，要将苗按大小分级摆苗。

（4）光照管理。苗床要保持充足的光照。低温期育苗时要尽量增加光照，高温期育苗要适度遮阴。

（三）嫁　接

当砧木苗长到7～8片叶，接穗苗长到5～6片叶，茎粗3～5 mm，砧木、接穗木质化时，即可嫁接。嫁接方法大约有三种，但一般采用劈接法。具体操作方法如下。

1. 起　苗

茄子苗应带基质（营养土）从苗床中起出，以减少从起苗到嫁接过程中的失水。为便于起苗，苗床干旱时应于起苗前一天将苗床浇透水。为使嫁接苗保证整齐和方便管理，起苗时要按茄苗的大小分别起苗，砧木苗也要按苗子的大小分类取苗，使茄子苗与砧木苗在大小上搭配恰当。

2. 茄苗切削

左手拿茄苗，右手持刀片在第三片真叶（由上向下数）下，把苗茎削成单斜面形，翻过苗茎再削一刀，将苗茎削成楔形。两切面的长度要尽量一致，切面长1 cm左右。削切时一定要一气呵成，保持削切面光滑干净。

3. 砧木苗平茬和劈接口

取砧木苗，用刀片把苗茎从距地面5～6 mm的高处水平切断，苗茎上保留1片生长良好的叶片，其余的叶片及腋芽要全部抹掉，保留叶片的腋芽也要抹掉。然后用刀片在苗茎断面的中央向下劈一刀，切口贯穿全茎，深度稍大于茄苗的切面长。

4. 插接和固定

把茄苗的苗茎切面与砧木苗的切口对齐、对正后插入，如果接穗和砧木相差过大，则要将一边对齐，然后用嫁接夹把接口固定牢固。

5. 接口愈合期的管理

茄子嫁接苗成活率高低与嫁接后管理有密切关系，嫁接后9～10 d是愈合期，这一时期要创造有利于接口愈合的温度、湿度及光照条件，促进接口快速愈合。

（1）温度。茄子嫁接苗愈合的适宜温度，白天为20～25℃，夜间为15～20℃，高于或低于这个温度，都不利于接口愈合，影响成活，尤其是前三天，对温度要求特别敏感，要想方设法使其保持最佳温度，否则会影响成活率。

（2）湿度。茄子嫁接苗愈合以前，需要较高的空气湿度，如果环境内空气湿度低，易引起接穗凋萎，严重影响成活率。通常愈合期的空气湿度要保持在95%以上。具体方法是：将嫁接苗放在苗床内，穴盘或营养钵靠紧，苗床四边起高垄并做小拱棚，在嫁接苗底下浇足水，不要在嫁接苗上浇水，防治嫁接口错位或病菌感染，然后用塑料棚膜密封，前6～7 d不进行通风，密封期过后，应选择温度、空气湿度较适宜的清晨或傍晚通小风，每天通1～2次，以后逐渐揭开塑料膜，增加通风量和通风时间，但仍要保持较高空气湿度，每天中午喷雾1～2次，直至完全成活，才能转入正常湿度管理。

（3）光照。嫁接后需要短时期遮光，实际上是为了防止高温和保持环境内湿度稳定，避免阳光直接照射秧苗，引起接穗萎蔫。避光的方法是在小拱棚外面覆盖废纸或报纸或其他覆盖材料，嫁接后前三天要全部遮光，以后逐渐在早晚放进阳光，如果中午有高温强光还要适当遮一下。随着伤口渐渐愈合，逐渐撤掉覆盖物，成活后转入正常管理。在遮光时还要注意遮光时间不能太长，否则会影响嫁接苗的生长。

6. 接口愈合后的管理

首先摘除砧木萌芽。接口愈合时，经过一段高温、高湿、遮光管理，砧木侧芽生长极其迅速，如果不及时摘除，将很快成新枝条，直接影响嫁接苗的生长发育，所以嫁接苗成活后应及时摘除砧木萌芽，而且摘除要彻底干净。

嫁接苗受嫁接技术等方面因素的影响，会出现成活率不一致的现象，一般有4种情况：完全成活、不完全成活、假成活、未成活。所以，伤口愈合后，首先将未成活的嫁接苗挑出来，对一些生长缓慢的不完全成活苗、假成活苗，一时不易区别，可放在条件好且稳定的位置，这样生长慢的苗会逐渐赶上大苗，而假成活苗则被剔除。

总之，茄子嫁接的关键技术是：温度控制在20～25℃，不能低于15℃或高于30℃；湿度要保持95%以上，否则马上浇水；遮阴3 d，半遮阴2 d，逐渐放风。

第五节　育苗中常见的问题和解决办法

一、播种至出苗阶段易出现的问题和解决办法

（一）催芽不发芽

催芽后种子不发芽有以下四个方面的原因：一是催芽前未经发芽试验，由于种子存

放年限太长或种子未熟先采收等原因，种子丧失或没有发芽能力；二是催芽方法不对，催芽时烫种温度过高将种子烫死，或种子未经揉搓，再加之催芽时水分过大，种子处于水浸状态，如再不经常淘洗，种子外表黏液多使种子缺氧而影响发芽，如黑籽南瓜，特别容易发生上述现象；三是催芽时温度太低，长期浸泡使种子腐烂为“浆包”；四是催芽时间不够，种子吸水不足，不易发芽，如茄子砧木托鲁巴姆很容易发上此现象，一般要浸种 36 h 以上。如遇种子催芽不出芽现象，应立即找出原因克服，或立即换种重新催芽。

（二）不出苗

蔬菜种子经过发芽试验播后都能发芽。但有时播种后地温较低或过高如超过 38℃或低于 15℃、播种时苗床较干、基质肥料太多、底水没浇透、药土或药水浓度过大、床土持水量太高等原因，都会造成种子不出苗。解决不出苗的办法是：在规定时间内如不出苗，应先检查种子和基质，如种子已腐烂或已烂芽，应重新播种；基质过干，应补浇水；基质过湿，撤去穴盘或育苗钵上面覆盖的地膜，蒸发掉一部分水分；控温仪失灵，则要进行调修；气温太低，要想方设法增加覆盖物；夏季育苗气温太高，增加遮阳网。

（三）出苗不齐

见附图 5-2。育苗中出苗不齐的情况有两种：一是出苗时间不一致，早出的苗或迟出的苗相隔时间太长；另一种是在同一苗床内，有的穴盘内出苗多而齐，有的穴盘出苗过少。这两种情况都会给管理带来困难。造成出苗不齐的原因，主要有以下几种。

第一，种子发芽势强弱不一，造成出苗时间不一致。发芽势强的出苗快，发芽势弱的出苗慢。

第二，覆盖厚度不一致。覆盖厚的出苗迟，覆盖薄的出苗快。

第三，浇水不匀。浇水适宜的出苗快，浇水少或过多的出苗慢。

防止出苗不齐的方法有：采用发芽率高、发芽势强的种子；进行催芽播种；播种、覆盖、浇水尽量做到均匀一致。

（四）幼苗“戴帽”

见附图 5-3。产生幼苗“戴帽”的原因有：基质表面过干，使种皮发硬不易脱落；覆盖太薄，种皮受压太轻，使子叶带壳出苗；瓜菜类蔬菜种子播种时，种子没有平放，种皮吸水不均匀难以脱落最易造成“带帽”现象。

及时解决幼苗“戴帽”，对加快子叶平展，迅速进行光合作用极为重要。主要解决办法是：播种时覆盖的基质必须在 1 cm 左右，不能太薄。覆盖后要用喷壶浇一次水，使基质表层湿润。刚出土的小苗，如有“戴帽”现象，可用喷壶洒些温水，或洒些湿润细土，以增加湿度，帮助幼苗脱壳。少量顶壳的可用人工挑开。瓜类种子播种时，应将种子放平，使种皮吸水均匀，便于脱壳。

二、成苗阶段易出现的问题和解决的办法

（一）闪　苗

“闪苗”是由于环境条件突然改变而造成叶片凋萎、干枯现象，附图 5-4。这种现象在整个苗期都可发生，而尤以定植前最为严重。闪苗与苗质、温度、空气湿度都有关系，如果幼苗在苗床内长期不进行通风，苗床内温度较高，湿度较大，幼苗生长幼嫩，这时突然通风，外界温度较低，空气干燥，幼苗会因突然失水出现凋萎现象，进而由于叶细胞突然失水，很难恢复，重者整个叶片干枯，轻者使叶片边缘或叶脉之间叶肉组织干枯，叶片像火燎一般。

避免“闪苗”首先要培养壮苗，幼苗经常通风，叶片厚实、浓绿，一般不会出现“闪苗”现象。另外即便幼苗幼嫩或稍有徒长，只要坚持由小到大逐渐通风锻炼，幼苗逐渐壮实，也可避免“闪苗”现象。万一揭开覆盖物后发现苗子有凋萎现象，要立即把覆盖物盖好，短时凋萎还能恢复，这样反复揭盖几次，再大揭或撤掉覆盖物。冬季如在日光温室中育苗，“闪苗”现象不多发生，但在春季温室育苗或早春小拱棚育苗很容易发生此现象。

（二）倒　苗

秧苗生长瘦弱，茎叶柔嫩，体内干物质少，表面角质层不发达，秧苗发生软化；感染病害，根茎处收缩，引起秧苗折倒。这些现象都称为倒苗。造成倒苗的原因有两方面：一方面是因管理不当引起的倒苗，如播种过密、出苗后不及时揭膜，致使幼苗软化；高温高湿、阳光不足，幼苗生长瘦弱，或长期阴雨后突然强光照射，引起倒苗。另一方面是病菌感染，在温湿度适宜条件下，诱发猝倒病、立枯苗、瓜类枯萎病发生而引起倒苗。

从蔬菜种类来看，茄子、辣椒苗娇嫩，含水量多，抗性弱，如温湿度过高，倒苗尤为严重。瓜类秧苗的倒苗多发生在成苗阶段。番茄抗性强，对温湿度要求不严，倒苗则少。

防止倒苗的措施：掌握好出苗标准，有 30%种子出苗时，应撤去覆盖的地膜，防止幼苗徒长。气温不能过高，白天不超过 20～28℃，夜间不超过 15～20℃；床的持水量控制在 60%～70%；多照阳光，加强光合作用；及时通风，降低温度尤其是夜间温度；阴雨雪天不浇水施肥。阴天白天照常揭去草帘，保持床内适度干燥，剔出病苗，喷药保护。

（三）徒长苗

秧苗徒长是育苗中常见的现象，附图 5-5。徒长苗的茎长、节疏、叶薄、色淡绿、组织柔嫩、须根少。由于根系少，吸收能力差，而茎叶柔嫩，表面角质层不发达，故水分蒸腾量大，这是徒长苗定植后容易萎蔫的主要原因。徒长苗的干物质含量少，故新根

发生慢，定植后不易活棵。徒长苗抗性差，易受冻和病菌浸染。由于营养不良，花芽形成和发育都比较慢，因此用徒长苗定植不易达到早熟丰产。

造成徒长苗的原因，主要是由于密度过大，不及时间苗、分苗、拉大钵距，致使秧苗发生拥挤，相邻植株的枝叶互相遮阴，光照不足，不能很好的进行光合作用，体内干物质含量少；高温、高湿，尤其是高夜温，使呼吸作用加强，消耗的养料更多，体内干物质含量减少，苗子更易徒长；育苗基质中氮肥与水分过多；夏季育苗时为了降低光照强度与白天温度，过度遮阴，造成高夜温、弱光照，就更易造成徒长。

防止徒长的措施有以下几点。

第一，防止秧苗拥挤，增加光照，齐苗后要及时间苗，做到早间苗、稀间苗、匀间苗。秧苗迅速生长时要拉大钵距。

第二，加强通风，降低床温和基质湿度，尤其要降低夜温。

第三，夏季育苗遮阴时，早、晚不遮阴，中午适度遮阴。

第四，辣椒等易徒长的蔬菜，在子叶出土至真叶吐心时，适当控制水分。

第五，基质中 N 肥用量要适宜。

第六，定植前要做好炼苗工作。

在控制秧苗徒长时，主要措施是适当降低温度，而不应过于控制营养液和水分的供给。如果很长时间不给营养液和水分，虽然秧苗徒长得到控制，但由于营养与水分不足降低了秧苗质量。如果在气温较高的时期育苗，温度难以控制，对辣椒、番茄等容易徒长的秧苗可在营养液中适当加点生长抑制剂进行控制。应该注意，浓度不能太大，且不能连续使用，以免过分抑制而降低秧苗质量。

（四）分苗不易成活

分苗不易成活的原因很多，但最主要的原因是：基质肥料过多、底水没浇足、温度过高或过低、分苗苗龄过大等原因。因此如果发现分苗不易成活，应该将幼苗拔出来观察根系，如果根系发黄褐色，迟迟不发新根，说明是肥料或药土浓度过大，应该重新配基质；如果温度过高或过低，应该想法降温或增温；基质过干应该加大浇水量；如果苗龄偏大而不易成活，则最好重新育苗。

（五）叶子边缘上卷发白即“镶白边”或带斑点

这种现象是由于通风过猛，降温太快，温度太低造成的。在温度较低的情况下进行通风换气时要注意以下四点：一是通风口要向暖风的面，避免冷风直接吹进苗床；二是通风换气时间选在中午温度高时进行；三是给苗床适当加温；四是最初通风时最好在通风口设置挡风帘，避免冷风直接吹到苗子上，过几天后再撤去挡风帘。

浇灌营养液或喷施农药、叶面肥时，浓度过大或施用量较大，也会产生“镶白边”或带斑点，基质缺水严重、强光照、蚜虫或螨类为害时也会产生叶子边缘上卷的现象。参见附图 5-6。

（六）出苗后幼苗不长或生长缓慢

幼苗在正常生长情况下子叶 8 d 完全展开，30～45 d 四叶一心。如黄瓜出苗后达到子叶平展时，子叶很小或 30～45 d 达到四叶一心时真叶又很小，属不正常现象。其主要原因是根系发育不好，根尖发黄，有的甚至烂掉，很少发侧根，附图 5-7、5-8。造成上述现象的主要原因如下。

第一，种子在催芽后，遇到短暂 40℃的高温，播种后主根停止伸长，侧根生长受到抑制且生长晚，速度也慢，一旦侧根生出后，生长就恢复正常。

第二，基质湿度过大或湿度过小，都会影响根系发育。

第三，地温特别低，较长时间在 15℃以下徘徊。

第五，基质中有机肥少，无机质过多，营养不良。

第六，施入了未腐熟的有机肥。

第七，营养液浓度过大。

出现幼苗生长受阻，就要及时查清原因，采取相应措施，然后喷施一定量的赤霉素溶液。如仍不能很快恢复生长，要及时倒坨。

（七）鼠　害

蔬菜种子在出土前易被田鼠咬食，使种子出苗不齐或不出苗，危害很大，预防方法是：

第一，播种的种子要进行催芽，种子催芽后，如温度适宜，几天幼苗就会出齐，在基质内停留时间短，可相对减轻田鼠为害。

第二，苗床用地膜封严，防止鼠类潜入。

第三，在播种前，用磷化锌或其他鼠药配制成毒饵，放在老鼠经常出入的地方或放在苗床上，田鼠吃后便被毒死；另外一种有效的方法是把玉米面炒成熟面，与等量的 500 号水泥搅拌在一起，毫不影响炒面香味，将它放在苗床或田鼠经常出入的地方，田鼠吃后，水泥在胃肠里凝结成块，慢慢地就会死去。

第四，在育苗温室内养猫。

（八）烂根或根系发育不良（沤根）

根系发育不好甚至有烂根现象是由于基质通气不良造成的，参见附图 5-9。如果基质选择与使用上没有什么问题，就可能是供液量过大造成的，即多数是在盘（床）底长期出现积液时，根系泡在营养液中时间较长就容易烂根或根系发锈而发育不良。这种现象尤其在应用吸湿性强的基质育苗时更易发生，如岩棉块育苗、炭化稻壳育苗等。因此，采用这些基质育苗时更应注意营养液的控制。

在正常营养液管理情况下，如果发现秧苗生长停滞，生长点小，叶片色泽发暗，甚至有的苗萎缩死亡，首先应该想到营养液本身的问题。

其原因可能是营养液中铵态氮的比例过大而产生铵离子为害，如果是这个原因，应尽快将其比例降低，铵离子的浓度不能超过总氮的 30%。另外，也可能是连续喷浇营养液后，由于基质水分蒸发较快，盐分在基质中积累，逐渐出现盐害症状。如果是因为这个原因，就应停液浇水，稀释后症状即可得到缓解。这种情况尤其在高温强光时容易发生，应引起注意。

（九）营养不良

育苗时由于营养土中有机肥比例偏少、育苗基质中没加营养物质、或出苗后没及时浇灌营养液，均会造成幼苗发黄，生长不良。参见附图 5-10。采用穴盘育苗时幼苗真叶出现后要浇灌营养液，具体参见育苗部分。

参考文献

葛晓光 . 1995. 蔬菜育苗大全［M］. 北京：中国农业出版社 .

刘宜生 . 1996. 蔬菜育苗技术［M］. 北京：金盾出版社 .

司亚平 . 1999. 蔬菜穴盘育苗技术［M］. 北京：中国农业出版社 .

宋元林 . 1998. 现代蔬菜育苗［M］. 北京：中国农业科技出版社 .

王化 . 蔬菜现代育苗技术［M］. 上海：上海科学技术出版社 .

王勤礼，许耀照，闫芳，等 . 2014. 以牛粪、食用菌废料为主的辣椒育苗基质配方研究［J］. 中国农学通报，30（4）：179-184.

王勤礼 . 2011. 设施蔬菜栽培技术［M］. 桂林：广西师范大学出版社 .

张福墁 . 2001. 设施园艺学［M］. 北京：中国农业出版社 .

第六章

白菜类蔬菜栽培技术

第一节　大白菜栽培技术

一、生物学特性

（一）植物学特征

1. 根

大白菜成株根系发达，胚根可形成肥大的肉质直根。主根长达 60 cm，侧根发达，长度达 60 cm，形成了发达的网状根系。根系主要分布在表土下面 30 cm 的土层内。

2. 茎

营养生长期茎部短缩肥大，直径 4～7 cm，心髓部发达。生殖生长期，短缩茎的顶端抽生花茎。

3. 叶

大白菜的叶可分为子叶、基生叶、中生叶、顶生叶、茎生叶。

（1）子叶。子叶两枚，对生，肾脏形至倒心脏形，有叶柄，叶面光滑。

（2）基生叶。两枚对生于茎基部子叶节以上，与子叶垂直排列成十字形。叶片长椭圆形，有明显的叶柄，无叶翅，长 8～15 cm。

（3）中生叶。着生于短缩茎中部，互生，第一个叶环的叶片较小，构成幼苗叶，第二至三叶环的叶片较大，构成莲座叶，是叶球形成期的主要同化器官。每个叶环的叶数依品种而异，常见的有 2/5 叶环、3/8 叶环。叶片倒披针形至阔倒圆形，无明显叶柄，有明显叶翅。叶片边缘波状，叶翅边缘锯齿状。

（4）项生叶。着生于短缩茎的顶端，互生，构成叶球外层叶较大，内层叶较小。结球白菜的顶芽形成巨大的叶球。不同品种球叶数不同，一般在 40～80 片。叶球抱合方式分褶抱、叠抱、拧抱 3 种方式。

（5）茎生叶。着生于花茎与花枝上，互生，叶腋间发生分枝。

4. 花

总状花序，完全花。虫媒花，雄蕊 6 枚，为四强雄蕊。雌蕊 1 牧，子房上位，两心室，花柱短，柱头为头状。

5. 果　实

长角果，授粉受精后 30～40 d 种子成熟，种子着生于两侧膜胎座上，果实顶端陡缩成“果喙”无种子。

（二）生育周期

大白菜一生可分为营养生长期和生殖生长期。

1. 营养生长期

（1）发芽期。在条件适宜的情况下，播种后2～3 d可出苗，子叶完全展开。

（2）幼苗期。播种7～8 d后，基生叶和子叶互相垂直排列，进入“拉十字”期。随后出现中生叶的第一个叶序。第一叶序的叶数依品种不同而不同，多为2/5或3/8排列而成圆盘状，称“团棵”期，这是幼苗期结束的临界特征。

（3）莲作期。这一时期长成中生叶第二至每三叶环的叶子。早熟品种18～20 d，晚熟品种25～20 d。莲座后期心叶按褶抱、叠抱或拧抱的方式出现卷心，标志着莲座期结束。

（4）结球期。结球期分为前期、中期和后期。叶球外层叶子先迅速生长而构成叶球的轮廓，叶球外貌形成，为前期。中期为叶球内的叶子迅速生长而充实内部。后期为叶球的体积不再增大，新叶继续充实内部，外叶逐渐衰老，叶缘出现黄色。

（5）休眠期。大白菜遇到低温时被迫进入休眠状态，此期大白菜依靠叶球贮存的养分和水分生活。休眠期内继续形成幼小花蕾。

2. 生殖生长阶段

这一阶段生长花茎、花枝、花、果实和种子，繁殖后代。又可分为抽薹期、开花期、结荚期。

（三）对环境条件的要求

1. 温　度

大白菜属半耐寒性蔬菜，生长的适宜日均温度为12～22℃，10℃以下生长缓慢，5℃以下停止生长，短期-2～0℃受冻后尚能恢复，-5～-2℃时会发生冻害。能耐轻霜而不耐严霜。大白菜有一定的耐热性，耐热能力因品种而异。结球大白菜对温度的要求较其他变种相对严格，不同类型也有差异，直筒型对温度有较强的适应性，平头类型次之，卵圆型适应性较弱。同一类型不同品种对温度的适应性也有不同。

大白菜在各生育时期对温度要求不同。

发芽期：该期要求相对较高的温度，种子在8～10℃下发芽势较弱；20～25℃为发芽适温；26～30℃发芽迅速但幼芽较弱。

幼苗期：生长最适温度为22～25℃，26～30℃的高温也可生长发育，但温度过高时生长不良，易诱发病毒病。

莲座期：对温度要求较为严格，日均温度以17～25℃为适宜。温度过高莲座叶徒长，易发生病害；温度过低生长缓慢而延迟结球。

结球期：适宜的温度为12～22℃。在一定的范围内，较高的昼温和较低的夜温有利于光合作用和养分积累。

休眠期：最适温度以0～2℃为适宜。温度低于-2℃发生冻害，5℃以上容易腐烂。

大白菜属萌动种子春化型，一般萌动的种子在3℃条件下15～20 d就可通过春化阶段。因此，在早春钢架大棚栽培大白菜时不易过早，以免造成抽薹现象。

2. 光　照

白菜属中光性蔬菜，长日照作物，低温通过春化阶段后，需要在较长的日照条件下通过光照阶段才能抽薹、开花、结实，完成世代交替。

3. 矿质营养

大白菜以叶球为产品，对氮的要求量大，但氮素过多、磷钾不足时易引起植株徒长，叶大而薄，结球不紧，含水多，品质抗病力下降。磷可促进叶原基分化，能影响叶和球叶数，从而影响产量。钾是促进光合产物向叶球运输的重要元素，充足的钾肥可使大白菜叶球充实，提高产量。对微量元素需铁最多，缺钙会引起“干烧心”，对硼的需要随生长而增长，在生长盛期缺硼常在叶柄内侧出现木栓化组织，由褐色变为黑褐色，叶片周边枯死，结球不良。大白菜生长发育不同时期对各种营养元素的需求量是不同的，生长前期需氮较多，后期则需钾、磷相对较多。

4. 水　分

大白菜叶面积大，叶面角质层薄，因此蒸腾量很大。大白菜生长期间如果供水不足会严重影响产量和品质。大白菜不同生育期对土壤水分要求不同，幼苗期需水量较高，莲座期次之，结球期土壤水分以60%～80%为宜。

5. 土　壤

栽培大白菜以肥沃、疏松、保水、保肥、透气的沙壤、壤土及轻黏土较为适宜。疏松的沙土及沙壤土虽然根系发育快，但保肥力和保水力弱，到结球需要大量养分和水分，否则生长不良，结球不紧实，产量低。在黏重的土壤中根系发育缓慢，幼苗及莲座生长慢，但到结球期，由于土壤保水肥力强，容易获得高产，但由于产品含水量大，品质较差，软腐病发病严重。

二、栽培技术

张掖市普通大白菜和娃娃菜栽培方式主要有早春大棚栽培和秋季露地栽培。

（一）早春大白菜（娃娃菜）栽培技术

1. 播种育苗

2月上中旬育苗，3月上中旬定植，5月中旬左右收获。采用穴盘育苗，温度一般控制在20～25℃，出苗后白天温度20～22℃，夜温应在13～16℃。其他方法参见育苗部分。

2. 品种选择

选择冬性强、耐抽薹、生育期短、前期耐低温、后期耐热且要适合目标市场消费习惯的品种，大白菜可选择春极品等，娃娃菜可选择如春玉黄、宝娃等。

3. 整地施肥

前作秋季作物收获后要深耕，早春结合平整土地，每亩施优质腐熟有机肥3 000 kg，施氮肥（N）12～14 kg，磷肥（P_2O_5）10～12 kg，钾肥（K_2O）6 kg。

4. 起垄覆膜

大白菜按80～90 cm划线起垄，娃娃菜按75～80 cm划线起垄，垄宽40 cm，垄高

15 cm，覆 70 cm 宽的地膜。

5. 定　植

定植前提前 10 d 扣棚烤地。每垄双行，品字形定植，大白菜株行距为（40～45）cm×（45～40）cm，娃娃菜为（35～40）cm×20 cm。定植后及时浇足定植水。

6. 田间管理

（1）水肥管理。定植后及时浇水，莲座初期浇水见干见湿，促进发根；包心前中期要浇透水，以土壤不见干为原则；后期控制浇水，促进包心紧实，提高商品性。追肥以速效氮肥为主，在莲座期和包心中期共追施化肥 2 次，莲座末期每亩追施尿素 15～20 kg、钾肥 5 kg，包心中期尿素 10～15 kg、钾肥 10 kg（硫酸钾）。

（2）温度管理。缓苗期适宜的温度白天 20～22℃，夜间 10～12℃，如遇强降温可通过加盖草苫，内设小拱棚等措施保温。莲座期棚室温度白天 12～22℃、夜间 8～10℃为宜。结球期室温不宜超过 25℃，当外界气温稳定在 15℃时可撤膜。

（3）中耕除草。生长期间中耕 2～3 次，结合中耕除去田间杂草。

7. 采　收

当叶球包紧实后，便可采收。采收时应全株拔掉，去除多余外叶，削平基部，用保鲜膜打包后即可上市。

（二）秋季大白菜（娃娃菜）栽培技术

秋季大白菜、娃娃菜栽培方式有钢架大棚栽培和麦后复种两种形式，除播期外，前中期管理技术相同，后期钢架大棚同早春茬。本部分重点论述麦后复种大白菜栽培技术。

1. 播种育苗

钢架大棚于 7 月中下旬至 8 月上旬育苗，8 月中下旬至 9 月上旬定植，10 月上中旬收获。采用穴盘育苗，温度一般控制在 20～25℃，出苗后白天温度 20～22℃，夜温应在 13～16℃。其他方法参见育苗部分。也可直播，如麦后复种大白菜一般都采用直播。

2. 品种选择

选择耐热、抗病、丰产、抗逆性强、商品性好的大白菜品种，如秋优白、冬储王、世纪之星等。

3. 整地施肥

小麦收获后，结合整地穴施生物菌肥 150 kg/667m^2、普通过磷酸钙 50～80 kg/667m^2、硫酸钾 10 kg/667m^2。

4. 播　种

7 月 20 日左右采用挖穴点播，每穴 5 粒种子，播种株行距为 45 cm×50 cm，亩用种量 0.15 kg 左右，播后覆细沙土 1 cm。

5. 田间管理

（1）间苗定苗。结合中耕在 3～4 叶期间苗，6～7 叶时性定苗，每穴留苗 1 株。

（2）中耕除草。生长期中耕 2～3 次，结合中耕除去田间杂草。第 1 次中耕在 3 叶期，浅锄 3 cm 左右；第 2 次中耕在 6～7 叶时，深锄 5～6 cm；植株封垄前进行最后 1 次中耕。

（3）水肥管理。播种后及时浇足水，确保苗齐。补苗后要及时补水，促进缓苗；莲座期见干见湿时要浇水；包心前中期增加浇水量，以土壤不见干为原则，后期控制浇水，促进包心紧实，提高商品性。

莲座期追施一次速效氮肥，亩追施尿素 15～20 kg，结球初期至结球中期亩追施尿素 10～15 kg、硫酸钾 5～10 kg。

6. 采　收

9 月底至 10 月初早霜降后，大白菜叶球包紧实后即可采收。

第二节　白菜栽培中常见的问题及解决方法

一、大白菜干烧心

（一）发病症状

也称夹皮烂，多于莲座期和包心期开始发病，受害叶片多在叶球中部，往往隔几层健壮叶片出现 1 片病叶，严重影响大白菜的品质。其典型症状是：外叶生长正常，剖开球叶后可看到部分叶片从叶缘处变白、变黄、变干，叶肉呈干纸状，病健组织区分明显，严重者变为失去食用价值的病菜。发病部位多在第 26～39 叶位，特殊情况下，在未结球前也表现出上述症状。贮藏期间仍有一定的发展趋势，并易与其他腐生菌并发浸染，造成水渍状腐烂。见附图 6-1、附图 6-2、附图 6-3、附图 6-4。

（二）发生原因

发生干烧心的直接原因是缺钙引起的，但造成缺钙的原因比较多，常见的原因如下：

1. 土壤理化性质

地块土壤盐碱化程度高则发病重，是因为土壤含盐量高对植株吸收钙有抑制作用。

2. 气候条件

大白菜生育期的降水，尤其是莲座期的降水量对干烧心发病程度影响极为显著。降水既影响空气湿度，又可影响土壤的含水量及土壤溶液浓度的变化，在大白菜苗期及莲座期，干旱少雨的年份干烧心发病比较重。

3. 施　肥

过多施用氮素肥料和钾肥，一方面会增加土壤溶液浓度，另一方面也可引起土壤中微生物活动受到抑制，部分铵态氮被根系直接吸收，因而影响植株对钙的吸收，引起干烧心，特别是在土壤干燥时，发病程度更加严重。

4. 品　种

有关研究表明，大白菜干烧心病是受多基因控制的数量性状，品种间抗病性有一定差异。所以在生产中要选择抗病性好、综合性状优良的品种。

5. 储藏条件

大白菜储藏期间，生理活动仍在进行，但钙源供应已停止，所以有继续发病的趋势。储藏室温度高而通风条件又不好的情况下发病重。

（三）防治措施

1. 茬口选择

在易发生干烧心病的病区种植大白菜时，应避免与吸钙量大的甘蓝、番茄等作物连作。如果在番茄结果期发现脐腐病严重时，说明该地区缺钙严重，下一茬最好不要种植大白菜。

2. 合理施肥

底肥以有机肥为主、化肥为辅。每亩施农家肥 5 000 kg、过磷酸钙 50 kg、硫酸钾 15 kg 及少量的尿素，如有条件也可增施生物菌肥，以改善土壤结构，促使植株健壮生长。同时要求土壤平整，浇水均匀，土壤含盐量低于 0.2%，水质无污染，氯化物含量应低于 500 mg/L 以下。酸性土壤应增施石灰，调整土壤酸碱度。

3. 加强田间管理

苗期及时中耕，促进根系发育，适期晚播的不再蹲苗，应肥水猛攻，一促到底，田间始终保持湿润状态，防止干旱，及时防治病虫害。

4. 直接补钙

莲座初期及包心前期分别喷洒 0.7%氯化钙或 1%过磷酸钙溶液再加 0.7% 硫酸锰溶液，7～10 d 后再喷洒 1 次，连喷 3～5 次。喷洒时集中向心叶，避免踩伤植株。

5. 降温处理

气温高时，包心期开始折外叶覆盖叶球，减少白天过量蒸腾作用；夜间沟灌“跑马水”提供足够水分，保证根系正常吸收养分及体内养分的正常运转。

6. 改善储存条件

白菜应储存在低温、通风良好的地方。

二、春白菜抽薹

（一）发病症状

在白菜叶球还没成熟时先期抽薹开花，会严重影响产量与品质，参见附图 6-5。

（二）发生原因

主要是由于白菜通过阶段发育而造成的。白菜属萌动种子春化型，一般萌动种子在3℃条件下15～20 d就可通过春化阶段，后期在较长的日照条件下通过光照阶段而抽薹、开花、结实。

（三）防治措施

1. 选用适宜品种

一般选择早熟品种，以生育期在60天左右、冬性强的品种最佳。冬性强的品种耐抽薹能力强，如春极早二号、鲁春白一号、阳春、春冠、郑研春白一号等，均可春播。一些秋播的中早熟品种，只要叶球生长速度快，有较强的冬性，也可作为春大白菜品种进行栽培。同一品种要选用良种，可使幼苗生长健壮整齐、结球实、生长期短、抽薹少或没有抽薹现象。

2. 适期播种育苗

春大白菜的适宜播种期因育苗、栽培方式的不同而不同。大棚栽培的育苗时间为2月上旬，小拱棚育苗露地地膜覆盖栽培的育苗时间在3月上中旬，露地地膜直播栽培的适宜播期为3月下旬至4月上旬。在育苗及栽培过程中，应根据温度变化适当增减拱棚的覆盖物，同时注意棚内最高温度不能高于25℃。

3. 栽培设施保温

在温室、温床或防寒设备良好的阳畦育苗，要尽可能保持温度不低于10℃，在天气转暖夜间温度不低于7℃时移栽于田间。

4. 提前采收

白菜营养生长时期的叶子都没有明显的蜡粉，而生殖生长时期叶子（茎叶）则有明显蜡粉，如植株中心叶子有明显的蜡粉，表明它已进入生殖生长，根据这一点可提前拔除早抽薹株。如已大量抽薹，尽量提前采收。

5. 药物控制

大白菜4～5片真叶时使用邻氯苯氧丙酸可抑制抽薹。

参考文献

陈杏禹 . 2010. 蔬菜栽培［M］. 北京：高等教育出版社 .
蒋名川 . 1981. 大白菜［M］. 北京：中国农业出版社 .
李家文 . 1984. 中国的白菜［M］. 北京：中国农业出版社 .
山东农业大学 . 2000. 蔬菜栽培学各论（北方本）［M］. 第3版 . 北京：中国农业出版社 .

第七章

甘蓝类蔬菜栽培技术

第一节　结球甘蓝栽培技术

一、生物学特性

（一）植物学特征

1. 根

结球甘蓝为圆锥根系，主根基部肥大，能产生许多侧根，在主、侧根上常发生须根，形成较密集的吸收根群，根群主要分布在 30 cm 耕层中。断根后再生能力很强，适宜育苗移栽。

2. 茎

茎分为营养生长期的短缩茎和生殖生长期的花茎。短缩茎有分为外短缩茎和内短缩茎（叶球中心柱）。内短缩茎短，叶球抱合紧密，冬性也较强。

3. 叶

结球甘蓝基生叶和幼苗叶具有明显叶柄，莲座期开始，叶柄逐渐变短，直至无叶柄并开始结球。叶色由黄绿、深绿至蓝绿。叶面光滑，叶肉厚，有灰白色蜡粉，抗旱和耐热力较强。初生叶较小，倒卵圆形，叶缘有缺刻。随着植株生长发育，以后逐渐长出较大的中生叶。叶序为 2/5 或 3/8。

4. 花

结球甘蓝为复总状花序，每株花数 800～2 000 朵。甘蓝为异花授粉作物，常会发生自交不亲和性。

5. 果实和种子

果实为长角果，种子着生在隔膜两侧，授粉后 60 d 种子成熟。成熟种子为红褐色或黑褐色，圆球形，无光泽，千粒重 3. 3～4. 5 g，种子使用年限 2～3 年。

（二）生育周期

结球甘蓝为二年生植物，分营养生长和生殖生长两个阶段，在此重点介绍营养生长阶段。

1. 发芽期

从播种到第一对基生叶展开形成十字形为发芽期。发芽期的长短因季节而异，夏、秋季 15～20 d，冬、春季 20～30 d。

2. 幼苗期

从基生叶展开到第一叶环形成并达到团棵，早熟品种 5 片叶，中晚熟品种 8 片叶。夏、秋季高温季节育苗需 25～30 d，冬、春低温季节育苗 40～60 d。

3. 莲座期

形成第二叶和第三个叶环，直至开始结球。品种不同，经历的天数也不同，多为25～40 d。

4. 结球期

从心叶开始抱合到叶球形成，需 25～40 d。

（三）对环境条件的要求

1. 温　度

结球甘蓝喜温和冷凉气候。种子在 2～3℃下便可萌动发芽，地温达到 8℃时幼苗才能出土，18～25℃时 2～3 d 即可出苗。刚出土的幼苗耐寒力弱，具有 6～8 片叶时能耐较长时间-2～-1℃及较短期的-5～-3℃的低温，经低温锻炼的幼苗可耐极短期-10～-8℃的严寒；幼苗也能适应 25～30℃的高温。莲座叶可在 7～25℃条件下正常生长，结球期的适温为 15～20℃。

2. 水　分

结球甘蓝的根系分布较浅，要求比较湿润的栽培环境，在 80%～90%的空气相对湿度和 70%～80%的田间最大持水量时生长良好，对土壤湿度的要求比较严格。

3. 光　照

结球甘蓝为长日照植物，在通过春化阶段前，长日照有利植株生长。对光强的适应范围广，光饱和点较低。

4. 土壤营养

结球甘蓝对土壤适应性较强，从沙壤土到黏壤土都能种植；在中性到微酸性（pH5.5～6.5）的土壤上生长良好。结球甘蓝对土壤营养元素的吸收量比一般蔬菜高。幼苗期和莲座期需氮较多，磷、钾次之；结球期需要磷、钾相对增多。钙、镁、硫也是结球甘蓝生长和叶球发育的必需营养元素。

（四）发育条件和叶球形成

1. 发育特性

结球甘蓝属低温长日照作物和绿体春化型蔬菜，植株长到一定大小后才能感应低温，一般早熟品种 3 叶、茎粗 0.6 cm 以上；中、晚熟品种 6 叶、茎粗 0.8 cm 以上方可接受低温，通过春化阶段。

结球甘蓝通过春化的适宜温度为 10℃以下，在 2～5℃条件下完成春化更快，长期在 16.6 以上时不能通过春化阶段。

结球甘蓝春化期间要求足够的连续性低温，春化过程中如遇高温或夜间高温均能打破低温感应，停止春化。

长日照可促进抽薹开花，但品种间对光照条件的反应存在差异。尖球型及扁圆型品种对光照要求不严格，而圆球型品种则须经过较长的感光期才抽薹开花。

2. 叶球形成

当结球甘蓝的外叶增长到一定数量，早熟品种 15～20 片，中熟品种 20～30 片，晚熟品种 30 片以上时即开始结球。叶球的球叶数，品种间差异较大，早熟品种 30～50 片，中熟品种 50～70 片，晚熟品种 70 片以上。

二、栽培技术

（一）结球甘蓝钢架大棚早春栽培

1. 播种育苗

2 月上旬育苗，3 月上中旬定植，5 月中旬左右收获。采用穴盘育苗，温度一般控制在 20～25℃，出苗后白天温度 20～22℃，夜温不低于 10℃。其他方法参见育苗部分。壮苗标准为：具有 6～8 片叶，下胚轴和节间短，叶片厚，色泽深，茎粗壮，根系发达。

2. 品种选择

选择冬性强、耐抽薹、生育期短、前期耐低温、后期耐热且要适合目标市场消费习惯的品种，如中甘 21 号等。

3. 整地、施肥、起垄

结合整地亩施优质农家肥 5 000 kg，磷二铵 30 kg，硫酸钾 10 kg，浅耕入土 30 cm。按 75～80 cm 开沟起垄覆膜，垄上行距 35 cm，垄高 15 cm，覆 70 cm 宽的地膜。

4. 定　植

当苗龄达到 5～6 叶时定植。定植前 10 d 扣棚烤地。每垄双行，品字形定植，株距 22 cm，每垄双行，亩保苗 6 500～7 000 株。

5. 田间管理

（1）缓苗期。定植后及时灌足定植水，随后结合中耕培土 1～2 次。以后根据天气情况，适当灌水，以保持土壤湿润。适宜的温度为白天保持 20～22℃，夜间 10～12℃，通过加盖草苫，内设小拱棚等措施增加大棚的保温性。

（2）莲座期。莲座初期应通过控制灌水而适度蹲苗，促进根系发育，增强抗逆性。一般蹲苗 5～9 d，结束蹲苗后要灌一次透水，结合灌水每亩追施尿素 10～15kg，以后要加强水分管理，防止土壤干旱。棚室温度控制在白天 15～20℃，夜间 8～10℃，25℃以上时通风降温。

（3）结球期。要保持土壤湿润，适时灌水，结球初期结合灌水亩施尿素 15～20 kg，硫酸钾 10 kg。还可叶面喷施 0. 2%的磷酸二氢钾溶液 1～2 次。结球后期控制浇水次数和水量，浇水后要放风排湿，室温不宜超过 25℃ ，当外界气温稳定在 15℃时可撤膜或昼夜放大风。

6. 采　收

春甘蓝要早收，叶球基本包实，外层球叶发亮时采收，分 2～4 次采收。采收时剥去外层叶片后装筐。采收过程中所用工具要清洁、卫生、无污染。在运输和销售过程中避免受损伤和污染，尽快运输到冷库预冷保鲜、加工、包装、外销。上市时间控制在农药安全间隔期后。

（二）秋甘蓝露地栽培

秋甘蓝在张掖市主要以露地栽培为主。

张掖市川区秋甘蓝多采用早、中熟品种。6 月中下旬至 7 月上中旬播种育苗，采用穴盘育苗，苗床最好采取遮阳措施。秋甘蓝的管理与秋大白菜相似，但收获期比秋白菜稍晚。

沿山地区露地一年栽培一茬。4 月上中旬育苗，5 月中旬至 6 月上旬定植。生长前期主要实行中耕、除草、保墒等措施，促进根系发育，生长中期高温多雨季节，要注意防涝防虫。进入结球期，需加强肥水管理，促进叶球生长。施肥浇水原则参见早春甘蓝栽培。

（三）温室甘蓝栽培

冬季温室可生产甘蓝的时间较长，品种选用耐低温弱光的早中熟品种。从 10 月初到翌年 2 月初均可根据茬口安排和市场需求分期栽种甘蓝，其中以 9 至 10 月播种，元旦和春节时收获的甘蓝栽培效益较高。采用穴盘育苗，10 月下旬至 11 月上旬定植，苗龄 6～8 叶。温室甘蓝管理同早春钢架大棚栽培。

第二节　花椰菜、青花菜及松花菜栽培技术

一、花椰菜

（一）生物学特性

1. 植物学特征

花椰菜根系强大，须根发达，多分布于土壤表层。茎较结球甘蓝长而粗，叶狭长，有蜡粉，出现花球时，心叶自然向中心卷曲或扭转。花球由花薹（轴）、花枝和许多花序原基聚合而成。花球为营养贮藏器官，当温度等条件适宜时，花器进一步发育，花球逐渐松散，花薹、花枝快速伸长，继而开花结实。种子千粒重 2.5～4 g。

2. 生长发育

花椰菜的生育周期基本同结球甘蓝。但花椰菜要求的发育条件较宽。萌动后的种子可在 5～20℃较宽的范围内通过春化阶段，以 10～17℃和较大的幼苗通过春化最快，在 18℃下能正常形成花球。不同品种通过春化阶段时对温度的感应要求不同，晚熟品种要求较低的温度，早熟品种在较低和较高的温度下都能引起花芽分化，中熟品种所要求的

温度介于早、晚熟品种之间。

花椰菜花序分化后期，如遇高温，侧花茎分化发育受影响而萼片迅速生长，花枝上长出小叶而使花球成夹叶花球或羽毛球。花椰菜通过光周期所需日照长短不太严格。

花椰菜苗期生长较为缓慢，进入莲座期后叶面积迅速扩大，到莲座后期，花球开始缓慢生长，并在较短时间内长成花球。

3. 环境条件要求

（1）温度。花椰菜喜温和气候，属半耐寒性蔬菜，耐寒性和抗热能力均比结球甘蓝差。种子在2～3℃下即可发芽，但发芽速度非常缓慢；15～18℃下发芽较快，25℃时发芽最快，播后2～3 d便可出土。幼苗能耐0℃和25℃左右的温度。营养生长适温为8～24℃，花球的生育适温为15～18℃，8℃以下时花球生长缓慢，0℃以下低温，花球易受冻，24℃亡以上高温下，则花球松散，产量和品质下降。开花结荚期的适宜温度与花球形成期相同。

花椰菜的花球既是生殖器官，又是贮藏器官，当气温低时，不易形成花球，气温过高时，花薹、花枝迅速发育而伸长，使花球松散，产量和品质下降。栽培上要把花球生长期安排在适温季节，才能达到优质丰产的目的。

（2）光照。花椰菜喜充足和较强的光照，也耐稍荫的环境。花球在阳光直射下，易使花球变黄，降低产品品质。

（3）水分。花椰菜喜湿润环境。在叶簇旺盛生长和花球形成时期要求有充足的水分，若缺水加之高温，则叶片短缩，叶柄及节间伸长，植株生长不良，影响花球产量及品质。花球生长期水分过大又易引起花球松散，花枝霉烂，甚至沤根。

（4）土壤营养。花椰菜适于在有机质丰富、疏松肥沃、土层深厚、保水保肥能力较好的的壤土或轻沙壤土上栽培。最适 pH 值为6～6.7，轻盐碱地上栽种花椰菜也可获得较好收成。

花椰菜为喜肥耐肥性作物，氮、磷、钾及微量元素硼和钼对提高花椰菜的产量和品质都具有重要作用。吸收氮、磷、钾的适宜比例为 3.28∶1∶2.8。对硼、钼等微量元素特别敏感，缺硼时生长点受害萎缩，叶缘卷曲，叶柄产生小裂纹，花茎中心出现空洞，花球变锈褐色，味苦。缺钼时叶易出现畸形，呈酒杯状叶和鞭形叶。缺镁时，基部叶片变黄色。

（二）栽培技术

1. 花椰菜钢架大棚早春栽培

（1）品种选择。选择抗病虫、抗逆性强、适应性广、商品性好、产量高、不易抽薹的冬性较强的中、晚熟品种，如珍宝、太白、赛雪等。早熟品种的冬性弱，早春栽培时易在幼苗尚未分化出足够的叶片数和形成强大的同化器官之前，就形成很小的花球，严重的影响产量和品质。

（2）育苗。2月上旬在日光温室内育苗，苗龄30～40 d。采用穴盘育苗，育苗技术参见育苗部分。但要注意苗床的温度和水分管理，干旱和较长时间的低温，会使幼苗生长受到抑制或通过春化而形成“小老苗”，引起“早期现球”现象。

（3）定植。幼苗6～8片叶，5 cm地温稳定在5℃以上时即可定植。若定植过晚，成熟期推迟，形成花球时正处高温期，花枝易伸长而使花球松散，品质下降；定植过早易造成先期显球，影响产量。张掖市川区定植时间一般在3月中旬左右。

定植前每亩施腐熟优质农家肥5 000 kg以上，过磷酸钙60～80 kg，尿素10 kg，硫酸钾10 kg，生物菌肥2～4 kg，硼砂1.4 kg作基肥。起垄前用旋耕机进行25 cm的旋耕处理，采用起垄覆膜栽培。在钢架大棚内东西方向按垄距90 cm开沟起垄，垄高15～20 cm，垄宽50 cm，沟宽40 cm，覆地膜。定植采用三角形栽苗，株距45～50 cm。

定植前要闭棚烤地7～10 d。

（4）定植后管理。

温度管理：定植后白天室温保持25～28℃，超过28℃时通风降温；夜间保持10～15℃。缓苗后（7 d左右），早晨最高温度25℃，夜间气温10℃左右。莲座期白天15～20℃，夜间10℃左右。花球期白天以14～18℃为宜，夜间5℃左右。

水肥管理：定植后浇透水，定植后7 d左右根据幼苗生长状况、土壤湿度及天气情况，浇1次缓苗水，并及时中耕松土，尽可能提高地温，促进发根。缓苗水后蹲苗10～15 d，以后根据天气和生长情况10～15 d灌一次水。莲座期结合浇水每亩追施尿素10 kg，防止因缺肥而使营养生长不良和出现“早期现球”现象。对叶片生长过旺的植株，要及时控水蹲苗。待部分植株显蕾时再追肥1次，亩追施尿素10 kg，硫酸钾5 kg。花球膨大中后期可用0.1%～0.5%硼砂液叶面追肥，3～5 d 1次，连喷3次。营养不足时可喷施0.5%尿素和0.5%磷酸二氢钾混合液，连喷3次。花球出现后每4～6 d浇1次水，收获前5～7 d停止浇水。

保护花球：花椰菜的花球在阳光直射下容易由白色变成淡黄色，甚至绿色或成毛球，致使品质下降，在花球露出新叶时，可折倒花球外不同方向的3个叶片盖住花球，以保持花球洁白。如遇霜冻天气，也可束叶保护花球。

（5）收获。花球充分长大，基部花枝略有疏松，边缘花枝开始向下反卷而尚未散开时采收。采收过晚，花球易松散变黄，品质变劣。采收时花球外面留5～6片小叶，保护花球免受损伤和污染。

2. 秋花椰菜露地栽培

（1）育苗。秋花椰菜栽培宜选用中早熟品种，如雪山、白峰、荷兰雪球等。6月中旬育苗，采用穴盘育苗，育苗前期要适度遮荫，育苗技术参见育苗部分。苗龄30 d左右。

（2）定植和管理。7月中下旬定植。选择下午或阴天定植，定植方法同钢架大棚早春栽培。

秋花椰菜要加强肥水管理，提早追肥，促其早发，使叶片充分生长以利形成大花球。对外叶少的早熟品种，缓苗后不蹲苗，要小水勤浇，保持土壤湿润；对现花蕾较晚的荷兰雪球等品种，可蹲苗7 d左右，进入莲座期后浇水追肥，促进外叶生长。花球膨大期 5～7 d 浇 1 次水。花球膨大初期和中期各追肥 1 次，叶面喷施 0.2%硼酸溶液，防止茎轴空心。现花球后折叶盖花球。

(3) 收获。秋季花椰菜从 9 月中下旬开始收获，直至气温降至 0～1℃ 时全部收完。花球临近成熟前若遇骤然降温，会使花球出现紫色。强降温时，对少数花球尚未充分膨大的植株，可连根拔起后短期贮藏。

二、青花菜

青花菜又名木立花椰菜、绿菜花、茎椰菜和西蓝花等，因其产品为绿色花球而得名。青花菜含有丰富的维生素 A、维生素 C 和蛋白质等，其营养价值居甘蓝类蔬菜之首。

(一) 生物学特性

1. 植物学特征

青花菜根系分布较浅，须根发达，主要根群分布在 30 cm 耕层内。营养生长期的茎比花椰菜的茎长而粗，植株较高大，节间距离大。叶多卵圆形，叶色蓝绿，并渐转为深蓝绿，叶面蜡粉多，叶柄明显，有叶翼，叶片先端较圆。叶腋间的侧芽比花椰菜活跃，部分品种主茎顶花球采收后，腋芽能长出侧枝形成小的侧花球，可多次采收。有些品种的侧芽不易萌发，不能形成侧花球，只收主花球。青花菜为复总状花序，绿色品种花的萼片为绿色，紫色品种花的萼片为紫色，花冠黄色，四强雄蕊，长角果，种子较饱满，千粒重 3.5～4 g。

2. 生长发育

青花菜的生长发育周期与花椰菜大体相同，包括发芽期、幼苗期、莲座期、花球形成期及开花结籽期。发芽期从种子萌动至真叶显露需 7～9 d。幼苗期是从真叶显露至第一叶环的叶片展开，需 20～25 d。莲座期是从第一叶环叶子展开至莲座叶全部展开，需 30～40 d。花球形成期是从现蕾至花球适收，需 15～35 d。

3. 环境条件要求

青花菜生长发育特点及对环境的要求，与花椰菜相似，但其耐寒力和耐热性比花椰菜强，植株遇轻霜冻一般不会受害；在夏季也能形成花球，但质量差。发芽适温为 25℃，幼苗期生长适温为 20～25℃，花球形成适温为 15～18℃，25℃以上发育不良，5℃以下生长缓慢。

青花菜从叶片生长转变为形成花球，需要有相当大小的植株和一定的低温。一般早熟品种直径达到 3.5 mm，温度 10～17℃，20 d 完成春化；中熟品种直径达到 10 mm，温度 5～10℃，20 d 完成春化；晚熟品种直径达到 15 mm，温度 2～5℃，30 d 完成春化。花球的品质和产量依赖于植株的营养状况，当植株过早通过春化阶段，营养生长不足时，将显著降低花球产量。25～30℃以上高温时叶变细小，成柳叶状，植株徒长，花蕾大小不一，花球易松散。10℃以下花球生长缓慢，5℃以下植株发育受到抑制，能耐短期轻霜，致死温度为-7.0℃左右。早、中熟品种不须经过低温就可分化花芽，容易形成花球；中晚熟品种经4～8周2～8℃的低温春化期后分化花芽，故不宜在高温季节栽培。

青花菜植株高大，生长旺盛，需水较多。营养生长期缺水会使叶片变小，叶柄及节间伸长或出现先期现蕾，影响产量。花球发育期供水不足，则花球易老化，品质下降，土壤过湿又易引起花球或根腐烂。

青花菜对矿质营养的需求为氮、磷、钾配合。生长早期缺氮，易造成早花现象。生长期内缺硼，可引起花蕾表面生长黄化和基部洞裂，缺锰和镁会使绿色失去光泽。

（二）栽培技术

在张掖市栽培方式主要有早春钢架大棚栽培和秋延后露地栽培。

1. 品种选择

早春应选择抗病虫、抗逆性强、适应性广、商品性好、产量高、抽薹迟的中晚熟品种，秋延后露地栽培选用中早熟品种。一般按其栽培目的和上市时间的不同而定，多选择生育期80～100 d的品种，如领秀、丹纽布、耐寒青秀、耐寒优秀等。

2. 育　苗

2月上旬播种育苗，采用72孔穴盘育苗。夏秋季育苗温室应配有避雨、防虫、遮阳设施。育苗技术参见育苗部分。

3. 定植和田间管理

（1）起垄覆膜。每亩施腐熟优质农家肥5 000 kg以上，磷酸二铵20～25 kg，硫酸钾10 kg，生物有机肥150 kg作基肥。起垄前用旋耕机进行25 cm的旋耕处理，采用起垄覆膜栽培。在钢架大棚内东西方向按垄距80 cm开沟起垄，垄高15～20 cm，垄宽45 cm，沟宽35 cm，覆地膜。

（2）定植。苗龄25～35 d，真叶5～6片时定植。早春钢架大棚于3月上旬左右定植，秋延后栽培于7月中旬定植。垄上双行定植，按35～45 cm的株距“品”字形栽苗，每亩保苗3 500～4 500株。定植后要及时浇透水。

（3）定植后的管理。

肥水管理：缓苗后中耕一次，以后每次浇水后要及时中耕，以利于根系生长。缓苗后，可根据天气情况进行浇水，保持田间适墒（黑茎病多发地快注意控制土壤湿度，禁止大水漫灌）；发棵期需保持土壤中等含水量促进发棵，而又不致于营养生长过盛，采用沟灌，水不上畦面；结球期要保证水分均匀、充足促进花球膨大，采收前可适当控制水分增强花球品质。青花菜生育期内要防止田间积水，沟灌及降雨后及时排干积水。

青花菜喜肥水，生长发育期内及时追肥是丰产关键。莲座期每亩追施尿素10 kg，磷酸二氢钾5 kg；茎叶大量生长期每亩追施尿素15 kg，硫酸钾10 kg；花蕾1 cm左右时根据植株长势每追施尿素15 kg。发棵期至现蕾期每7～10 d叶面交替喷施0.2%硼砂和0.15%钼肥。

温度管理：钢架大棚早春栽培时，定植前闭棚升温烤地7～10 d，至定植后也要闭棚以提高地温和促进缓苗。缓苗后至发棵期保持棚温 13～25℃，适时通风和保温。缓苗后（7 d 左右），早晨最高温度 25℃，夜间气温 10℃左右。莲座期白天 15～20℃，夜间 10℃左右。花球期白天以 15～20℃为宜，夜间 10℃左右。

去侧枝：只收顶花球的品种，要及时去除所有侧枝。有些品种还要收侧花球，则可根据实际情况选留 2～4 个侧枝，其余侧枝及早摘除。

（4）收获。花球充分长大，整个蓓蕾保持坚实完好，鲜绿色，边缘花蕾略有松动时采收，带 10 cm 左右长茎割下，高温提前 1～2 d 收获。

收获的青花菜花球耐贮藏，在高温下呼吸旺盛，失水多，萼片的叶绿素容易分解，花蕾在 1～3 d 内就可黄衰，失去商品价值。为了保持花球鲜嫩品质，收获后的花球应先在冷库中 0～1℃下贮藏。

三、松花菜

松花菜又称散花菜，是十字花科甘蓝属花椰菜中的一个类型，因其蕾枝较长，花层较薄，花球充分膨大时形态不紧实，相对于普通花菜呈松散状，故此得名。

（一）生物学特性

松花菜植株形态与甘蓝相似，叶面被蜡粉，蓝绿色或浅灰绿色。叶面平滑或稍皱缩，全缘或有锯齿。与甘蓝主要区别在叶片较狭长，顶芽形成花球。在现花时，心叶向中心自然卷曲或扭转，可保护花球免受阳光照射变色或受霜冻。花球成熟后，气候适宜，花球即开始疏散，花薹、花枝迅速伸长，花蕾膨大，继而开花结实。花黄色，为头状花序。果实长圆筒形，角果，内有种子 10～20 粒。种子近圆形，褐色，千粒重3～4 g。发芽年限 3～4 年。

松花菜喜温暖湿润的气候，属于半耐寒性蔬菜，既不耐炎热又不耐霜冻。叶丛生长与抽薹开花，要求温暖，适宜 20～25℃。25℃以上花粉丧失发芽力，种子发育不良。花球形成期要求凉爽的气候条件，适温为 17～18℃。温度过高，花球松散且容易发生苞片，形成“毛花”，品质下降。气温低至 8℃以下，花球发育缓慢，至 0℃时花球有冻害危险。通过花芽分化的植株，顶芽遇到冻害，不能形成花球，而成所谓“瞎株”。植株从茎叶生长到花球发育，需要经过低温春化阶段。不同品种对花球发育的温度要求差异很大，早熟种要求不严格，22～23℃的温暖条件下即可发育花球；中熟种要求较低，约 13～14℃；晚熟种要求更低，约 10℃以下；四季种要求温度约 15～17℃。

松花菜适宜较强光照，属长日照植物，但对光照的要求不如温度敏感，所以早熟品种年内易开花。

松花菜对大量元素和水分的要求不同于结球甘蓝。在生产过程中，对钙、硼、钼、镁等营养元素有特殊的要求，如果缺钙常导致花椰菜焦叶、顶芽枯死、不能正常结球；缺硼常引起花茎中心开裂，花球变锈褐色、叶色发黄且有斑纹。

（二）栽培技术

1. 品种选择

松花菜定植后的生育期一般在60～100 d，属中熟类型。目前推广的品种主要是来自台湾、东南沿海地区的品种。

2. 育　苗

钢架大棚早春栽培，2月上旬播种育苗，露地春茬栽培4月播种育苗，延秋栽培6月下旬播种育苗。

壮苗标准：苗龄30～40 d，株高15 cm，有5～6片真叶，叶片大而肥厚，稍有蜡粉，节间短，叶柄短，根系发达，无病虫害，无机械损伤。

3. 定植及栽后管理

定植前的准备工作同花椰菜，定植密度因品种差异每亩1 800～2 400株。定植后的管理基本同花椰菜。

第三节　芥蓝栽培技术

芥蓝又名白花芥蓝。十字花科芸薹属一、二年生草本植物。以肥嫩的花薹和嫩叶为食用器官，营养丰富，风味别致，质地脆嫩。芥蓝主要在广东、广西及福建栽培。近年来在甘肃及宁夏也开始引种。

一、生物学特性

（一）植物学特征

芥蓝一般株高40～50 cm，开展度35～45 cm，茎直立，初生花茎肉质，节间较疏，称菜薹。主薹采收后侧芽又可萌发成侧薹。根入土浅，再生能力强，根群主要分布在15～20 cm表土中。叶互生，卵圆形或椭圆形，叶面光滑或皱缩，具蜡粉，绿色。花多为白色，少数品种为黄色。花茎叶的叶柄很短或无叶柄。

芥蓝生长发育的适温范围15～25℃，种子发芽和幼苗生长适温20～30℃，20℃以下发芽缓慢。幼苗在28℃的较高温度或10℃以下的较低温度下，仍可生长；叶丛生长和抽薹形成适温为15～25℃，较大的昼夜温差有利于其生长，30℃以上菜薹发育不良，15℃以下发育缓慢，但有些耐热品种，在30℃以上的高温下仍能正常生长发育。芥蓝的早熟和中熟品种在27～28℃的较高温度下能迅速分化花芽，降低温度对花芽分发化没有明显的促进作用。晚熟品种对温度要求比较严格，在较高温度下虽能分化花芽，但分化迟缓；较低温度和延长低温时间能促进花芽分化。

芥蓝为长日照植物，多数品种对日照长短要求不严。要求较强光照，有利于植株的营养生长和提高花薹产量及商品性。低温阴雨易引起徒长、茎节细长，品质下降。

芥蓝为浅根性作物，喜湿，怕旱，耐肥，忌涝耐肥，生长期内需要较多水分，干旱及水分不足会导致生长缓慢，组织纤维增加、品质降低。田间长时间积水会影响根对养分的吸收，严重时会导致沤根。

芥蓝对土壤要求不严格，一般要求保水保肥能力强，有机质丰富的壤土较好，pH值中性或偏酸性均可。

（二）栽培技术要点

1. 播种育苗

芥蓝可春、秋两季栽培，大棚或露地均可栽培。芥蓝可直播或育苗，但以育苗为多。夏季育苗宜用遮阳网，冬春季则在温室或大棚中育苗。每亩苗床需种量500～750 g，可供1亩大田定植。苗期注意间苗、肥水管理和病虫防治等工作。待幼苗长至5～6片真叶，苗龄30 d左右时，即可定植。

直播时可采用撒播或条播，条播时按行距20～30 cm播种，最终按20～25 cm株距定苗。

2. 定植和定植后管理

（1）地块选择。选择排灌方便、富含有机质的地块，亩施腐熟有机肥2 000～3 000 kg，耕翻耙平后起垄覆膜。栽植密度为：早熟品种（20～25）cm×（30～35）cm，中晚熟品种30～33 cm见方。

（2）水肥管理。芥蓝生育前期主要是促进叶片生长。由于芥蓝栽植密度大，叶片多，且根系吸收力较弱，故对肥水要求严格。定植后第7天开始，每隔7 d左右追肥1次，每次追尿素5～7. 5 kg，使其在短期内形成庞大的叶面积，提高主薹产量。植株现蕾时增加追肥量，亩施尿素10 kg，复合肥10～15 kg，主薹采收后，再追肥1次。

芥蓝的耐旱和耐涝能力较差，水分供应极为重要。在叶片生长期土壤要见干见湿，花薹形成期保持土壤相对湿度80%～85%为宜。雨天注意排水，以防涝渍。

3. 采　收

芥蓝以薹茎粗大，节间较长，薹叶较少而细嫩为优质产品。花序充分发育，花蕾尚未开放，花薹顶端与基部叶尖处同一高度时，为采收适期，此时的菜薹产量最高、品质最佳。采收主薹时，植株基部须保留4～5片绿叶，其中要有2～3片健壮老叶，有利于侧芽萌发和生长。主薹采收后20 d左右，侧薹长至17～20 cm时，又可采收。保留2～3片基叶，以便形成第二次侧薹。每次采薹后要施肥浇水，侧薹的产量和质量可超过主薹。花薹产量可达1 500～2 500 kg。

第四节　甘蓝类蔬菜栽培中常见的问题及解决方法

一、结球甘蓝

（一）干烧心

发生症状类似白菜，参见附图7-1。发生规律、防治方法同白菜。

（二）春甘蓝抽薹

参见附图 7-2，发生规律、防治方法同白菜。

（三）裂　球

1. 发生症状

裂球是叶球开裂的简称，在甘蓝栽培中多发生在叶球生长后期。最常见的是叶球顶部呈“一条线”状开裂，参见附图 7-3。也有在侧面开或呈“交叉”状开裂，从而露出里面的组织，参见附图 7-4。开裂程度从叶球外面的几层叶片，至可深达短缩茎处等。甘蓝裂球不仅影响外观品质和降低商品性状，而且因伤口的存在增加了病菌浸染机会，易引起腐烂。

2. 发病原因

主要原因是由于甘蓝叶球组织脆嫩，细胞柔韧性小，一旦土壤水分过多，细胞吸水过多胀裂所致。

3. 影响因素

（1）灌水。甘蓝结球后遇大雨或大水漫灌，造成田间积水的田块易发生裂球。特别是干旱时突降大雨或大水漫灌，更易造成叶球开裂。

（2）品种。品种之间存在差异。尖头品种较圆头、平头品种裂球少。目前生产上推广的铁头甘蓝几乎不开裂。

（3）采收期过晚。凡延迟收获的，裂球增多。

4. 防治方法

（1）选用适宜品种。选择不易发生裂球的品种。

（2）采用高畦栽培。高畦栽培以利雨后和大水漫灌后及时排水。

（3）合理灌水。根据天气预报和土壤墒情适时适量灌水，需要时进行浸灌，避免大水漫灌，切忌久旱后大水漫灌。叶球生长紧实后，应停止灌水。

（4）适时收获。品种特性及植株生长发育情况适时收获，避免因过熟引致裂球。

二、花椰菜

（一）花球散花

1. 发生症状

花椰菜花球散花，也叫散球，在花椰菜生产中常有发生。花球散花即组成花球的肉质花柄伸长，离散，造成花球松散的现象。轻者尚能保持花球形状，严重的花球小，离散，失去花球正常形状和应有的商品价值。参见附图 7-5。

2. 发病原因

多种因素均能导致花球散花。如高温、强光直射；灌水过早、过晚、过多及干旱等水分管理不当；蹲苗过重、时间过长及采收过迟等都能引起散花发生。

3. 防治方法

（1）选用适宜品种。选用不易散花的品种种植，依品种特性适期播种，适时定植。

（2）合理灌水。科学进行水分的管理，做到适时并避免过多及干旱。

（3）及时折叶覆盖花球。在花球直径长到 6～7 cm 时，及时捆叶或折叶遮光，可防止花球松散。

（4）适时采收。在花球充分肥嫩时适期采收。

（二）花球毛花

1. 发生症状

花椰菜花球毛花又称毛花球，在田间亦常见。构成花球的花枝顶端，因气候的影响无规则的伸展，致使花球表面出现无规则的背毛和针状小叶片，不光洁的现象，参见附图 7-6。这类花球的商品性明显降低。

2. 发原病因

（1）花球形成期温度过高，使花球的花枝顶端无规则的伸长。

（2）早熟品种播期过早，花球形成期又遇高温、干燥天气。

（3）品种原因，即受遗传因子影响。

（4）结球期喷施了刺激性农药。

3. 防治方法

（1）早熟品种适时播种，不宜过早或过晚播种，适时定植。

（2）加强田间管理，及时施肥、浇水。

（3）及时折叶盖住花球。

（4）结球期禁用喷施刺激性化肥农药。

（三）茎部中空

1. 发生症状

茎部或花梗内部空洞、开裂，导致花球生长不良，参见附图 7-7。

2. 发病病因

主要是缺硼元素引起的。

3. 防治方法

（1）注意调节土壤 pH 值，不可过多偏施碱性肥料。

（2）适时适期播种，尽量避开长期低温时节。

（3）结合整地每亩施 1 kg 硼肥作基肥。

（4）多施农家肥与有机肥。

（5）对于茎部中空的缺素症以预防为主。

（四）叶尖干枯，叶梗开裂，花球褐色腐败

1. 发生症状

新生叶叶尖和叶缘干枯，叶梗开裂，植株矮化，叶片色浅，花球出现水晶状慢慢变为褐色腐败，参见附图 7-8。一般露地发生比大棚重，大棚两边和门头比中间重。

2. 发病原因

主要是由于低温和干旱引起的缺钙和缺硼造成的。

3. 防治方法

花椰菜在现蕾前或出现上述症状的田块，每周用 0.2%氯化钙+0.2%硼沙+4 000倍农用链霉素叶面追施，一般 2～3 次。

（五）花球异样

1. 发病症状

花球发育期间，花球表面出现部分或全部花球生长异常的现象。参见附图 7-9。

2. 发生病因

多为药害，过量施农药或误施、飘移除草剂等因素造成的生长异常等现象。

3. 防治方法

（1）正确选择和使用除草剂是预防的关键。

（2）调节好用药量，正确掌握使用时期。对于花球异样的现象应以预防为主。

（六）先期抽薹

1. 发病症状

早春栽培的花椰菜出现未结球而直接开花或花球未完全长成就开始抽薹开花的现象。参见附图 7-10。

2. 发生原因

（1）不同品种间存在较大的差异；同一品种播种期越早，抽薹的几率越大。

（2）早春早熟栽培时，定植过早，定植后遇倒春寒。

（3）育苗期间遇连续低温天气，易造成幼苗先期抽薹。

3. 防治方法

（1）选择冬性较强的品种进行栽培。

（2）适期播种，早春早熟栽培的应在温度能够人为控制的棚室内进行育苗，遇低温时期应注意保暖，避免温度过低。

（七）早　花

1. 发病症状

植株较小，仅有几片叶片时长出花球，且花球特别小。参见附图 7-11。

2. 发生原因

（1）播种过晚，尤其是早熟品种播种期过晚。

（2）天气干旱，土壤严重缺水，肥水不足，营养生长不良。

（3）营养生长缓慢，遇低温刺激，易出现早花。

3. 防治方法

（1）适期播种，及时移栽。

（2）加强肥水管理，增施磷肥，满足植株生长对肥水的需求。

（八）紫花、红花

1. 发病症状

花球发育期间，花球表面变为紫色或紫黄色的现象。参见附图 7-12。

2. 发生病因

（1）花球迅速发育期温度突然降低。

（2）秋季定植较晚结球期温度较低也容易出现紫球。

（3）有些品种在结球后期容易出现紫花球现象。

3. 防治方法

（1）适期播种，早春栽培注意预防倒春寒，晚秋栽培不可播种过晚以免晚秋低温影响花球正常发育。

（2）折叶盖花，防冻保温。

（3）因地制宜的调整播种期。

（九）无花（无生长点）

1. 发病症状

植株徒长，只长叶不显花球或植株苗期及定植期无心单叶上冲生长。参见附图 7-13。

2. 发生病因

（1）除虫、治病、施肥不慎，尤其是把刺激性强的化肥、农药施在花球生长点。

（2）小菜蛾、棉铃虫、菜青虫等害虫吃掉生长点。

（3）花球形成期遇上下雪，出现严重冻害。

（4）春播苗期及生长期遇到极端低温及缺微量元素硼，植株变无规则单叶上冲无心的伸长。

3. 防治方法

（1）花球形成期避免使用刺激性极强的化肥、农药。

（2）喷药、施肥时先折叶盖住花球。

（3）遇下雪结冰天气需保温防冻。

（4）春播苗期保持适当温度，盖地膜定植及增施硼肥。

（十）黄花球

1. 症状表现及发生原因

花椰菜生产中，常常会出现花球变黄的现象，严重影响了花椰菜的商品价值。主要是由于花球受到强烈日光照射而形成的，尤以秋栽早熟品种发生较重。参见附图 7-14。

2. 防治对策

（1）花球长至直径 3 cm 时可将靠近花球的 1～2 片外叶轻轻折弯，使之覆盖在花球上。

（2）束叶。将植株中心的几片叶上端用稻草等捆扎起来。

三、青花菜

（一）空　心

1. 发病症状

空茎主要在花球成熟期形成。最初在茎组织内形成几个小的椭圆形的缺口，随着植株的生长，小缺口逐渐扩大，连接成一个大缺口，使茎形成一个空洞，严重时空洞扩展到花茎上。空洞表面木质化，变成褐色，但不腐烂，从变色组织中检测不到病原物。将花球和茎纵切或在花球顶部往下 15～17 cm 处的茎横切均可观察到空茎的存在。参见附图 7-15。

2. 发生病因

（1）密度过大。种植密度过大，植株叶片生长速率加快，空茎发生率高。

（2）偏施氮肥。氮肥施用过量，特别是在花球生长期，使植株生长过快，空茎发生率高。

（3）缺水。青花菜是一种多汁液作物，需要一定的土壤水分，营养生长期和花球生长期缺水或浇水不当，易引起空茎的发生。

（4）温度过高。青花菜是一种喜凉作物，适宜的生长温度为 15～22℃，如种植季节安排不当，在花球生长期遇高温（25℃以上），使花球生长过快，易造成空茎。

（5）缺硼。有试验证明，青花菜空茎与缺硼有关，在缺硼的条件下，可诱导茎内组织细胞壁结构改变，使茎内组织退化，并伴随木质化过程，引起空茎形成。

（6）品种。青花菜不同品种对空茎的易感性有一定的差异，有的品种适应性广，不易空茎，有的品种易空茎，而空茎是可遗传的，空茎相对不空茎为部分显性。

3. 防治方法

（1）选择适宜的品种。选用不易空茎的品种是防治空茎最有效的方法之一，可选择耐寒优秀、美好西兰花，冠军西兰花，绿美二号西兰花等品种。

（2）安排适宜的种植季节。在安排种植青花菜时，要避免花球生长期遇上高温，不同品种要选择适宜的播期。

（3）合理密植。根据所用品种特性，合理密植。一般适宜的株距为 30～45 cm，行距为 60～70 cm。

（4）肥水管理。种植青花菜宜选择排灌良好的地块。管理上始终保持土壤见干见湿，在干旱地区和北方春季种植期，一般要求每隔 5～7 d 浇 1 次水。合理施用氮肥，避免在花球生长期单一施用过量的氮肥。在施足腐熟有机肥作底肥的情况下，追肥要遵循少量多次的原则，前期少量追一次氮肥，在花球生长期也应掌握少施氮肥，增加有机活化营养、磷、钾、微等套餐肥的原则。对缺硼的土壤，每亩施金硼 300～500 g 作底肥，再用优质硼肥喷施或灌根。具体施用方案参见青花菜栽培技术。

（5）适时采收。青花菜的产品器官是已经形成花蕾的花球，采收过早花球未充分长大，产量低，过晚易形成空茎，而且花球易松散、枯蕾，失去其商品价值，因此必须适时采收。一般从现花球到收获需 10～15 d，收获标准为花球横径 12～15 cm，花球紧密，花蕾无黄化或坏死。

（二）先期抽薹

1. 发病症状

在植株没有长到足够大时先期发生抽薹，小花球伴有粗大的花粒。参见附图 7-16。

2. 发生病因

主要原因是幼苗期遭遇到低温伤害，过早的通过了春化阶段，后期遇到长日照条件。如果伴有苗期根系弱，缺肥等压力因素，更容易发生先期抽薹。

3. 防治方法

（1）选择适宜的播种时间。

（2）选择不宜抽薹的品种。

（3）选择根系好的幼苗定植。

（4）覆盖地膜以保持土壤温度。

（5）加强水肥管理，底肥充足的前提下，注意施用磷、钾、钙、硼肥。

（三）异常花球

1. 发病症状

主要有黄色花球和小叶两种症状。黄色花球：小花粒不生长发育，看起来像花椰菜，参见附图 7-17；小叶：花球中间长出小叶参见附图 7-18。

2. 发生病因

主要原因是高温影响。开始结球后，温度过高或者变化较剧烈，会出现黄色花球、小叶等一些异常的花球。在结球期，肥料浓度过大或者湿度过大也会出现类似的症状。

3. 防治方法

合理安排生产季节和种植地区，避免生长季节出现高温现象。合理施肥与灌水，具体施肥方法参见青花菜栽培技术。

（四）花球散花

1. 发病症状

花球还没长大，花枝便提早伸长、散开，致使花球疏松；有的花球顶部呈现紫绿色绒花状，过一段时间，抽出的花枝可见到明显花蕾，整个花球呈鸡爪状。这两种现象均称“散球”，导致产品质量严重降低，几乎失去食用价值，减产减收。

2. 发生病因

（1）品种原因。有些品种冬性弱，易低温春化。

（2）幼苗生长受到抑制。青花菜花球形成必须有足够的叶面积，如果苗期受干旱或较长时间的低温影响，生长受到抑制，形成老化苗，定植后易出现散球。

（3）定植期不合理。青花菜叶片生长适温为 8～24℃，定植过早受低温、霜冻影响而延长缓苗期，甚至被冻坏，叶片长不起来，花球很小，导致散球。花球生长的适温为 15～18℃，定植过晚，到花球生长期温度偏高，花枝会迅速伸长而散球。

（4）肥水不足。青花菜喜肥喜湿，如肥水不足，叶片生长瘦小，导致花球小而散球。现花后，如果土壤干旱，也会散球。

3. 防治方法

（1）选用适宜的品种。早春栽培选用冬性强的品种。从外地引入新的品种，应遵循试验、示范、推广的原则，一定要避免不经试验而大面积推广。

（2）培育壮苗。采用营养钵或穴盘无土育苗，营养钵直径不小于 8 cm。苗期温度白天保持 13～15℃、夜间 10～12℃；防止干旱缺水；苗龄达到 7～8 片叶，叶面较大较厚，茎粗节短，根系发达，株高 15～18 cm 时可定植。

（3）加强肥水管理。定植前亩底施充分腐熟的优质农家肥 2 000～3 000 kg，定植时每亩施磷二铵 15 kg、硫酸钾 10 kg。浇足定根水，缓苗后浇 1 次缓苗水，随即中耕蹲苗。在花球直径 2～3 cm 大小时结束蹲苗，经过 10 天再浇一次小水，保持土面湿润。现花后，结合灌水追两次肥，每次每亩追 10～12 kg 尿素。

（4）适时采收。在花球充分长成，表面圆整，边缘尚未散开时，应及时采收。

（五）猫　眼

1. 发病症状

花球的花粒大小不均匀，参见附图 7-19。

2. 发生病因

昼夜温差大时发生猫眼的主要原因。在干旱和水分变化剧烈的条件下也易发生。

3. 防治方法

（1）适时播种。育苗根据品种特性，选择适宜的播期。

（2）合理施肥。现蕾后至花球膨大期，施用肥料要注意浓度不要过大，最好随水冲施或滴灌，少量多次；

（3）科学灌水。整个生育期要保持土壤良好的水分条件，始终保持土壤见干见湿。

（六）花粒发紫

1. 发病症状

花球发紫，参见附图 7-20。

2. 发生病因

在低温环境下易发生，其他因素如缺肥、干旱和浇水过多也可能会发生。

3. 防治方法

（1）适时播种。育苗根据品种特性，选择适宜的播期，不同品种要选择适宜的播期。

（2）合理施肥。在生育后期施用适量的肥料，不宜浓度过大。

（3）选择合理的地块。选择土壤肥沃、通透性好的地块栽培。

（七）棕黄色花粒

1. 发病症状与原因

植株没有足够的营养促使所有的花粒保持绿色，从而导致花球顶端的花粒死掉变黄，参见附图 7-21。高温、根系损伤以及缺肥都会导致花粒变成棕黄色。

2. 防治方法

（1）避免高温灼伤。

（2）保持根系健康，增强吸水吸肥能力。

（3）保持适当的肥料供应，建议施用腐殖酸类肥料及生物菌肥，活化土壤，增强土壤通透性。

（4）在相对凉爽的条件下采收，采收后最好先在冷库中预冷后再外运。

（八）缺硼引起的疮痂

1. 发病症状

花茎有损伤，形成疮痂。参见附图 7-22。

2. 发病原因和防治措施

（1）土壤缺硼。可采用土壤施硼的方法，增加土壤含硼量，同时叶面喷施 2～3 次硼肥。

（2）施肥不合理。氮肥过量，或偏施氮肥。建议采用配方施肥。

（3）根系活力差。由于干旱、水分太多、气温过低造成根系受损，吸收障碍。栽培中要增强根系活力，保持根系健康，增强吸水吸肥能力。

（九）缺镁

1. 发病症状

中下层叶片发黄，叶脉仍为绿色。参见附图 7-23。

2. 发病原因和防治措施

（1）镁元素不足。叶面喷施硫酸镁等镁肥。

（2）土壤 pH 值太高。合理选择种植地块，避免在盐碱地块种植青花菜。

（3）过量施用磷肥或者锰、铜等，造成离子间拮抗作用而影响镁元素的吸收。

（4）土壤干旱或连续高温。合理安排种植时间，避开高温季节栽培青花菜。

（5）根系老化。在中后期要注意护根和养根。

（十）白色的花茎

花茎发白，参见附图 7-24。主由于是由于白粉虱为害而引起，在温暖的条件很容易发生，要尽早防治白粉虱。

（十一）黑心病

1. 发病症状

青花菜花茎主秆的上端及其小梗的内部和外表变褐色，有的花茎小梗表面长出白色霉层；花茎主秆中下部空心，外表正常；严重的花茎小梗变褐坏死、花球顶端变褐腐烂；严重田块，植株叶片变小、变厚、变脆，植株增生侧枝。参见附图 7-25。

2. 发病原因

（1）缺硼。土壤中缺乏可吸收利用的有效硼；pH 值在 7.0 以上，使土壤中有效硼固定，不能被植物吸收；过量施用氮肥等。

（2）霜霉病。是由寄生霜霉芸苔属变种浸染引起的真菌性病害，靠吸器伸入细胞吸收水分和营养，经风雨传播蔓延浸染。可浸染叶片和花梗，病斑初为淡绿色，逐渐变为暗黑色至紫褐色，湿度大时病部常生稀疏白色霉状物，发病重的，病斑连成片。

（3）缺硼和霜霉病混发。在连阴雨条件下，常会二者混发。

3. 防治方法

（1）生理性缺硼：①改良土壤降低土壤 pH 值，使土壤 pH 值在 7.0 以下，增施有机肥，增加土壤中的有机质含量；②轮作避免与需硼作物连作；③增施硼肥在有机肥中加入 0.5%的硼砂作基肥，每亩 1.5～2.0 kg。再在莲座期后喷施硼肥 2～3 次。

（2）霜霉病：①选用抗霜霉病的品种；②适当稀植，降低田间湿度；③化学防治，在发病初期，可选用用 69%安克锰锌可湿性粉剂 1 000 倍液，或 64%杀毒矾 600 倍，或 58%雷米多尔 600 倍喷雾。每隔 7～10 d 一次，连续防治 2～3 次并注意安全间隔期。

参考文献

陈杏禹 . 2010. 蔬菜栽培［M］. 北京：高等教育出版社 .

山东农业大学 . 2000. 蔬菜栽培学各论（北方本）［M］. 第 3 版 . 北京：中国农业出版社 .

司力珊 . 2002. 白菜类、甘蓝类无公害生产技术［M］. 北京：中国农业出版社 .

第八章

绿叶菜类蔬菜栽培技术

第一节　莴苣栽培技术

莴苣为菊科莴苣属一、二年生植物，原产地中海沿岸。莴苣有叶用和茎用两种，前者宜生食，又名生菜。后者又名莴笋，笋肉翠绿，质脆，清凉爽口。张掖市主要栽培茎用莴苣（L. *saliva var. Angus* Irish.），又称莴笋，按叶片形状可分为圆叶莴笋和尖叶莴笋，按叶片颜色可分为白叶莴笋、绿叶莴笋和紫叶莴笋；按茎的颜色又可分为白笋、青笋等。

一、生物学特性

（一）植物学特征

莴苣根系浅而密集，多分布在 20～30 cm 土层内。苗期叶互生于短缩茎上。莴笋的茎随植株旺盛生长而逐渐伸长，苗端分化花芽后花茎也随之伸长。莴笋的食用肥茎包括营养茎和花茎。花茎在整个笋长中所占的比例，早熟品种较中、晚熟品种大，同一品种秋莴笋较越冬春莴笋占的比例大。莴苣的花序为圆锥头状花序，花托扁平，花浅黄色，每一花序有花 20 朵左右。子房单室，果实为瘦果，黑褐色或银白色，附有冠毛，千粒重 1.1～1.5 g。自花授粉，有时也可借昆虫进行少量的异花授粉。

（二）生长发育过程与产量形成

1. 营养生长期

包括发芽期、幼苗期、发棵期及产品器官形成期，各时期长短因品种及栽培季节不同而有差异。

（1）发芽期。播种至真叶露心，需 8～10 d。在 20℃下 4～6 d 即可发芽；30℃以上时，种子进入休眠状态，发芽受阻。

（2）幼苗期。真叶露心至第一个叶环的叶片全部平展（团棵），一般需 40 d 左右。

（3）发棵期。团棵至茎开始肥大，需 15～30 d。这一时期叶面积扩大是结球莴苣和莴笋产品器官生长的基础。管理上既要防止营养器官旺长，又要保证形成强大的同化叶面积。

（4）产品器官形成期。从短缩茎开始肥大、伸长到采收，一般需 20～30 d，栽培上要保证水肥供应，促进产品器官形成。

2. 生殖生长期

莴苣经过 22～23℃高温后很快花芽分化，秋莴笋进入发棵期后花芽开始分化，越冬莴笋在茎肥大期开始花芽分化。花芽分化后迅速抽薹开花。开花后 10～15 d 种子成熟。

3. 产量形成期

莴苣单位面积经济产量=株数×单株重×净菜率。莴笋单株重由茎长、茎粗及茎的比重构成，茎长、茎粗又取决于同化叶面积的大小和叶数的多少。防止莴苣发生先期抽薹，保证生长点分化足够叶原基，形成较多叶数，是莴苣高产的前提。

（三）环境条件要求

1. 温度与光照

莴苣属于耐寒性蔬菜，耐热性差。发芽期适温15～20℃，最低温为4℃，25℃以上时种子发芽受阻，故夏播时种子要低温处理。茎、叶生长适温为11～18℃，在9～15℃低夜温及较大温差下，有利于肉质茎肥大。莴笋幼苗可耐-6～-5℃的低温，但成株耐寒力弱，肉质茎膨大期在0℃以下就会受冻。

莴苣开花结实要求较高温度，在22～29℃温度范围内，温度越高，从开花至种子成熟所需天数愈少。在19～22℃的温度下，开花后10～15 d种子即可成熟，15℃下可正常开花，但不能结实。

有关莴苣花芽分化对温度的要求，目前结论不尽一致。有人认为莴苣春化需要低温，有些则认为并不一定需要低温，而主要受积温影响。越来越多的研究结论认为，莴苣通过阶段发育属高温感应型。莴笋在日平均温度22～23.5℃，茎粗在1 cm以上时，花芽分化最快，早熟品种30 d左右，晚熟品种45 d左右。花芽分化后温度高时抽薹快，25℃以上10 d抽薹；20℃下20～30 d抽薹；15℃以下30 d以上抽薹。

莴苣在长日照条件下发育速度随着温度升高而加快，早熟品种最为敏感，中熟品种次之，晚熟品种反应迟钝。莴苣喜中等强度光照，光补偿点为1.5～2.0 klx，光饱和点为25 klx，强光下生长不良。

2. 土壤营养

莴苣根群密集，吸收能力差，对氧的要求高，以表土层肥沃、富含有机质、保水力强的黏壤土或壤土为宜；土壤粘重，通气不良，土质过于瘠薄，干旱，都会使根部发育不良，叶面积扩展受阻，莴笋茎部瘦小而呈木质化。莴苣需肥量大，尤以氮素营养需求更为突出。莴苣在生长前期需氮肥量较大，以促进分化较多叶数及扩大叶面积，随着生育期的推进，除满足氮肥需求外，还应增施磷肥；茎开始肥大时，要增施钾肥，使生产的干物质输送到茎中。莴苣喜微酸性土壤，适宜的土壤pH值为6。

3. 水　分

莴苣根浅，吸收能力弱，叶面积大、耗水量较多，故喜潮湿忌干燥。幼苗期不宜干旱和太湿，以免幼苗老化或徒长；产品形成前，为使莲座叶发育充实，要适当控制水分，进行蹲苗；结球期或茎部肥大期水分要充足，缺水则产品小，叶苦；产品形成后期水分不宜过多，以免发生裂球或裂茎，导致软腐病发生。

二、栽培技术

（一）春莴笋栽培技术

1. 品种选择

栽培品种应根据企业销售市场需求而定。目前栽培品种有太原莴笋、西宁白皮笋、三清香等品种。

2. 播种期

栽培方式不同，播种期不同。张掖市钢架大棚栽培 2 月上旬育苗，3 月下旬左右定植。露地栽培于 3 月下旬至 4 月上旬育苗，5 月上旬至中旬定植。育苗采用穴盘育苗。生产上也可直播，5 月上旬，先起垄后播种，每穴 2～3 粒种子，播种后及时覆土、浇水，亩用种量 80～100 g。

3. 整地、施肥、定植

定植前深翻整平土地后起垄覆膜，沟深 15 cm，垄宽 40 cm，垄沟宽 30 cm。结合整地每亩施优质有机肥 3 000 kg 以上，尿素 10 kg、过磷酸钙 50 kg、硫酸钾 10 kg，也可在化学施肥量减少 10% 的基础上，增施生物菌肥。每垄双行定植或直播，株距 35～40 cm，一般每亩栽 4 000～5 000 株。

4. 田间管理

莴笋定植后要及时灌水，以促进缓苗。定苗后应促进发棵，少浇水，多中耕，进行蹲苗，使叶子充分生长，为茎部肥大积累养分；茎形成一个叶环后进入发棵期，莲座叶旺盛生长，视墒情、长势可结合浇水每亩追施 1 次尿素 5 kg。心叶与莲座叶平头时茎部开始肥大，要加大肥水供应，水分管理见干见湿，均匀供水，防止干旱后浇大水而使茎部开裂，随水施 2 次速效化肥。长出 2 个叶环时结合浇水每亩施尿素 10 kg、硫酸钾 5 kg，促使茎部尽快肥大，此次浇水是由“控”转为“促”的关键期，浇早了易使叶子徒长，茎部容易窜杆；肉质茎膨大期每亩第二次追施尿素 10 kg、硫酸钾 5 kg。

春莴笋定植后如蹲苗不足，过早供水或追肥，使莲座叶徒长，同化产物向产品器官运输减少；栽后土壤通气不良，土温低，根系生长不良，叶片得不到充足的养分和水分，根系和叶片生长不良，茎部伸长生长远远超过加粗生长；选用抽薹易而早的品种等，均可使莴笋的肥茎变成细长茎，群众称这种现象为“窜”或“窜杆”。并概括出“早了窜，涝了窜，饿了窜”的经验。另外灌水量、灌水次数还要视天气干燥度、降雨量而定。

（二）秋茬莴笋

1. 育苗

选择耐热、对高温长日照反应迟钝的中、晚熟品种或尖叶品种，如南京紫皮、上海大圆叶晚种、武汉竹杆青、重庆万年椿、成都二青皮、二白皮密结巴等。秋莴笋播种过早，高温长日照时间长，生殖生长速度超过营养生长速度，茎部来不及膨大就抽生花薹。播种太晚，虽然不容易抽薹，但生长期短，产量低。夏播温度高，种子发芽困难，要提高播种质量。育苗时，种子用凉水浸种 5～6 h，在 15～18℃温度下催芽 2～3 d，胚根露出后播种。播后温度高时应遮荫，创造凉爽湿润的环境条件以利幼苗生长。出苗后及时间苗，防止幼苗徒长。苗期进行短日照处理有利防止未熟抽薹。

张掖市多在 7 月下旬至 8 月初直播，播种密度同春莴笋。播种前底肥用量为每亩磷酸二铵 50 kg，尿素 5 kg，硫酸钾 10 kg，优质腐熟的有机肥 5 000 kg。

2. 定植和管理

秋莴笋苗期温度高，苗龄短，一般 25 d 左右，最长不超过 30 d。苗龄太长容易“窜”。定植后及时浇定植水和缓苗水，此后控水控肥，加强中耕，促进根系扩展。到团棵时再浇水第一次追肥（根据底肥施用情况可不施肥），加速叶片发生与叶面积的扩大。以后见干见湿，到即将封垄，茎部开始肥大时，第二次追肥，除选用氮素肥料外，还应配合施用钾肥，以促进茎部肥大。第三次，根据墒情浇水施肥，主要以氮、钾肥为主。此外，为了周年供应还可栽培夏莴笋、春覆盖莴笋、阳畦促成莴笋等。

（三）紫叶莴笋栽培技术

紫叶莴笋也称为红叶莴笋，河西走廊主要在高海拔地区栽培，早春大棚也有少量栽培。

紫叶莴笋对环境条件要求及栽培技术与普通莴笋有一定的区别。

1. 对环境条件的要求

（1）温度。紫叶莴笋耐寒、忌高温、喜凉爽。种子在 4℃时便可发芽，发芽适温为 15～20℃，超过 30℃发芽困难。幼苗能忍耐-6℃的低温，但叶片会冻伤。茎叶生长期适温 12～18℃，22℃以上会导致花芽提早分化，先期抽薹。不同的品种引起抽薹的温度也是不同的。

（2）光照。紫叶莴笋属长日照作物，在长日照条件下发育速度随温度升高而加快，迅速抽薹开花，从而影响茎叶生长，降低品质。在长日照地区适当低温可促进茎叶生长，提高产量和品质。

（3）水分。紫叶莴笋根系吸收能力较弱，叶面积大，耗水量大，对土壤水分要求较为严格，不耐旱也不耐涝。水分过多，茎叶徒长，茎细长而叶球松散；水分过少，幼苗生长缓慢、老化、僵化，品质下降。

（4）土壤。紫叶莴笋根系分布浅，需氧量高，以疏松、肥沃、富含有机质的壤土或沙壤土栽培为宜，在缺乏有机质的土壤中根系发育不良。

（5）肥料。紫叶莴笋需肥量较大，以氮肥为主，需要适量的磷、钾肥。肉质茎开始增粗时，在充分吸收氮、磷的同时，必须保持氮、钾的平衡，促使光合产物向肉质茎中输送。

2. 栽培技术

紫叶莴笋在河西走廊栽培方式有露地栽培和大棚栽培。本书主要论述露地栽培。

（1）品种选择。选用肉质脆嫩，不易抽薹，纤维少，商品性好，产量高，抗病性强，叶片披针形，尖叶，叶面皱缩，叶片绿带紫红色，生长整齐，成熟一致的品种。目前主栽的品种有紫龙莴笋、碧红丰、锄头牌、金铭 1 号、大绿洲、湘株、金农挂丝红等。

（2）选地施肥。选择海拔 2 500 m 左右、地势平坦、土层深厚、土壤肥力较好，有一定灌溉条件的地块，前作未种过同科作物的地块。前茬作物收获后及时深耕灭茬、晒垡熟土，封冻前灌足冬水，翌年春季土壤解冻后覆膜前根据土壤墒情确定是否灌春水。墒情较好可不灌春水直接覆膜播种；墒情不好，可在覆膜前灌水，灌水后待地表稍干再整地。整地时要精耕细作，覆膜前耙平，然后进行耕、耙、耱、施肥、覆膜、播种，以减少水分散失。结合整地每 667 m^2 基施农家肥 5 000 kg，磷酸二铵 15～20 kg、尿素 5 kg、硫酸钾 10 kg。

（3）露地栽培方式。

①全膜平作小畦速灌栽培。按宽 100 cm 开浅沟、覆膜，选用幅宽 120 cm、厚 0.01 mm 的地膜覆盖，膜与膜之间留 20～30 cm 宽的空行作为操作行兼渗水沟。在膜上每隔 3～5 m 打土腰带，高、宽均为 15 cm，形成宽 1 m、长 3～5 m 的小畦，灌水时将水放入小畦，让水从种植孔和预留的渗水沟渗入。

②垄膜沟灌栽培。整地起垄，垄宽 40 cm、高 15 cm 左右，沟宽 30 cm；用幅宽 60 cm、厚 0.01 mm 的地膜覆盖垄面，利用垄沟灌水。

（4）播种方法。根据市场错期播种。适当错开上市时期。4 月下旬至 6 月上旬分批直播，每隔7～10 d 播种 1 批。全膜平作的每幅膜播种 4 行，垄作每垄种 2 行，三角形播种，株距20 cm、行距 25 cm，每亩保苗 8 株左右。打孔点播，孔深 0.5～1.0 cm，每穴播种子3～4 粒，每亩用种量 30g 左右。

有条件的地方也可采用穴盘育苗，苗龄 30 d 左右。

（5）田间管理。

①放苗补苗。播种后 7 d 左右即可出苗，出苗后及时查苗、放苗、补苗，确保全苗。

②间苗定苗。苗高 4～5 cm 时间苗、定苗，间去弱苗，每穴保留 1 株健壮的幼苗。间苗时要用小剪刀剪去淘汰苗，避免损伤其他幼苗的根系。

③肥水管理。播种后至莲座叶形成前不灌水、不施肥，进行蹲苗，促进根系下扎。植株封垄、嫩茎开始肥大时结束蹲苗，及时浇水追肥。嫩茎膨大期，需水需肥量增加，此时要加强水肥管理，保证水分均匀供给，地面稍干略发白时就要浇水，避免久旱以后大水漫灌，土壤忽干忽湿，防止茎部开裂或过早抽薹。一般 10 d 左右浇水 1 次，结合浇水追肥 2～3 次，每次每亩追施尿素 10 kg，如有条件也可增施生物菌肥，可明显提高品质。另外，叶面喷施 0.3%的磷酸二氢钾加 0.3%的硼砂 2 次左右。

④适时采收。紫叶莴笋最适收获时期是“平口”期，即红笋主茎顶端与最高叶片的叶尖相平，刚现蕾，嫩茎高 40～50 cm，直径 6～8 cm 时采收。早收产量低，晚收花薹易伸长，纤维增加，肉质变老发硬，甚至空心，商品性及食用品质下降，销售困难。商品菜应进行整理，使外表美观洁净，不带黄老叶、病叶。

三、莴笋栽培中常见的问题及解决的方法

（一）叶片发黄、焦边及黄环叶现象

1. 发生的原因

莴苣叶片发黄、焦边及黄环叶现象发生的主要原因是缺素。缺素的原因除了土壤缺素外，主要有以下两方面：

（1）气温低、偏施氮肥。温度低时，土壤中的喜温微生物活动受抑制，耐寒微生物继续活动，造成土壤中积累铵态氮，硝态氮减少，再加上氮肥过量施用，加剧了铵态氮的积累。铵态氮过量积累，抑制了根系对钾、钙、镁、硼的吸收，造成了缺素现象。

（2）光照少、湿度高。早春设施栽培时，气温低，棚内空气湿度一直处于饱和状态，植株的蒸腾作用受到抑制，严重降低了根系的吸水作用。根系吸收水量的减少，造成通过水分运输到叶片的钾、钙、镁、铁、锌、硼等营养元素贫乏，导致植株缺乏上述元素，从而引起缺素症状。

2. 缺素症状

缺素后莴苣表现的症状为：缺钙，植株上部、顶部的叶呈环状，叶缘卷曲枯死；缺钾，中上部叶片周围发黄，呈黄环叶；缺镁、锌，叶片中部有黄斑；缺硼，生长点附近的节间缩短，上部叶片外卷，叶缘呈褐色。

3. 防治措施

采用多层覆盖提高棚内温度；注意通风排湿；每 7～10 d 叶面喷施磷酸二氢钾、钙肥、硼肥及含镁、锌等微量元素的微肥，补充植株缺少的肥料元素。

（二）莴笋裂茎

在莴笋膨大后期，肉质茎纵向裂开，深达茎的中部，裂开部位呈黄褐色，易腐烂，降低食用价值。参见附图 8-1。

1. 裂茎产生的原因

莴笋裂茎是一种生理性病害，其发病因素主要有以下几方面。

（1）品种因素。不同品种对裂茎的抗性不同，一般紫叶莴笋比绿叶莴笋易出现裂茎现象。

（2）水肥供应不均。在栽培过程中，如果水肥供应不均，忽旱忽涝，特别是在莴笋肉质茎膨大初期遭遇长时间的干旱，茎的表皮木质化变硬。此时，如果再大量浇水施肥，肉质茎迅速膨大，而表皮生长缓慢不能相应膨大，结果出现裂茎现象。

（3）温度变化过大。莴笋喜冷凉气候，在早春莴笋栽培过程中，如果茎膨大初期长时间处于较低的温度条件下，茎的生长受到抵制。之后，如果气温突然回升，达到莴笋肉质茎正常生长所要求的适温时，肉质茎会迅速生长而膨大，但表皮生长较慢，结果导致裂茎现象的发生。

（4）土壤严重缺硼。缺乏硼元素，莴笋体内维生素 C 含量减少，植株抗逆性下降，肉质茎易出现裂茎现象。

（5）采收过晚。莴笋采收过晚，也易出现裂茎。

2. 预防莴笋裂茎的措施

（1）选择适宜品种。根据当地生态条件，选择适宜的品种。对于排灌条件差的地块，在气温变化大的季节里，应尽量选择含水量较低，抗裂茎能力较强的绿叶莴笋。

（2）加强肥水管理。在肉质茎膨大期，要求有充足的水肥供应才能满足肉质茎膨大所要求的营养物质。这一时期一般地面稍干就要浇水，浇水要均匀，水量要适中，做到“小水勤浇、薄肥勤施、以水带肥”，严防大水漫灌，更不要等到严重干旱后再大水大肥，以免发生裂茎。莴笋在生长过程中，最少要随水施肥 2～3 次，冲施尿素时，一般每亩用 5～8 kg。浇水后要注意适时浅松土破板结。

（3）控制好温度。对于早春露地栽培的莴笋，如果生长前期突遇低温天气，可临时搭盖一层塑料薄膜保温，等气温回升后，再撤去薄膜，使肉质茎形成前期和后期温差变化不太大，并尽可能处在生长适宜温度范围内。对于大棚莴笋，可通过通风措施调节室内温度，在莴笋肉质茎形成期，一般上午温度升到 24℃左右时要及时通风降温。下午温度降到 18℃左右时，要及时盖膜。尽量把棚内温度控制在白天 18～22℃，夜间 12～15℃内。

（4）增施硼肥。对缺棚的土壤，底肥中要增施硼肥；莴笋团棵期可结合叶面追肥，喷施 1～2 次硼肥，每次间隔 5～7 d。

（5）适时收获。当莴笋主茎顶端与最高叶片的叶尖相平时为收获适期，此时肉质茎已充分膨大，品质脆嫩，不易出现茎裂。

（三）窜

莴笋生长中期，肉质茎细长，叶片节间拉长，叶片薄而小，外皮厚而肉少，食用价值不高，易抽薹开花，这种现象俗称“窜”。

1. 发生原因

（1）肥料供应不足，抑制了肉质茎的膨大，促进了抽薹开花，这称为“瘦窜”。

（2）水分供应不足，影响了肉质茎的膨大，这称为“旱窜”。

（3）温度过高，呼吸强度大，消耗养分多，干物质向食用部分的分配率低。

（4）浇水过多。

2. 防止措施

水肥管理要适当，播期宜适当推迟，生长期间温度不易过高。

（四）未熟抽薹

莴笋初冬早春栽培中易出现先期抽薹现象。先期抽薹植株肉质茎尚未膨大，而花薹已伸长，会降低产量和食用品质。参见附图 8-2、8-3。

1. 发生原因

春莴笋定植太晚，受高温长日照影响，迅速分化花芽而抽薹开花。另外，定植苗子过大或徒长也容易发生未熟抽薹现象。

2. 防治措施

（1）苗期加强水肥管理，促进幼苗生长发育。

（2）莲座期喷施矮壮素 1～2 次，促进营养生长，抑制生殖生长。

（五）球叶中肋突起

在结球中期，由于高温影响，莲座叶生长不充分，或其他原因造成莲座叶生长受阻，致使球中叶片中肋突起，影响食用品质。防治措施是秋季适时晚播种，加强田间管理，莲座期喷施芸薹素一次，促进营养生长，增加同化产物积累。

（六）顶烧病

发病初期叶球内部叶边缘枯焦变褐色，在潮湿、温度高时腐烂。一般叶球接近成熟时发病。通常外叶尚好，切开叶球后方见症状。发病叶球严重降低食用价值。该病为生理病害，土壤高温、缺水是发病的主要原因。防治措施是生长后期供水要均匀，氮、磷、钾肥应配合施用，防止地温过高等。

第二节　芹菜栽培技术

一、生物学特性

芹菜属伞形科二年生耐寒性蔬菜。播种当年可形成 30～100 cm 高的由根、茎、叶组成的直立叶族，第二年抽薹开花，形成果实和种子。

（一）植物学特征

1. 根

直根系，直播的深达 60 cm，但移植后因主根被切断，从肉质主根上可发生许多侧根，一级侧根上又发生大量二级侧根，适于育苗移栽。吸收根主要分布在深 15～30 cm 的土层内，尤以 7～10 cm 土层内根群最为密集，横向伸展范围 30 cm 左右。所以，育苗移栽的芹菜根系入土浅，既不耐旱，也不耐涝。

2. 茎

营养生长期为短缩茎，当茎端分化花芽后抽生花薹，花薹可发生多次分枝，高60～90 cm，每个分枝顶端形成花序。

3. 叶

为二回奇数羽状复叶，以2/5叶序轮生在短缩茎上。每片叶有2～3对小叶及1个顶端小叶，小叶3裂。叶柄发达，尤其是西芹。叶柄上有由维管束构成的纵向棱线，各维管束间充满着贮藏营养物质的薄壁细胞。包围在维管束外部的是厚壁组织，叶柄表皮下还有发达的厚角组织，它们构成了对叶柄起支持作用的主要机械组织。

优良品种在适宜的环境和良好的栽培条件下，叶柄的维管束、厚壁组织及厚角组织不发达，而内部的薄壁组织发达，并充满水分和养分，叶柄挺立，质地脆嫩，味道鲜浓。除品种因素外，在高温干燥，肥水不足或生长时间过长，叶片老化情况下，常因薄壁细胞破裂，造成叶柄中空，维管束和厚角组织发达，纤维增多，品质下降。叶柄维管束附近的薄壁细胞中分布着油腺，分泌出挥发油，使芹菜有香味。

4. 花

复伞形花序，花小，花瓣白色，5枚，离瓣。萼片和雄蕊各5枚，雌蕊两个结合在一起。虫媒花，属异花授粉。

5. 果　实

双悬果，成熟时沿中缝裂开两半，半果近似扁圆球形，各含1粒种子。种子暗褐色，椭圆形，表面有纵纹。生产上播种用的“种子”实际是果实。果实内有挥发油，外表有革质，透水性差，发芽慢。

（二）生育周期

芹菜的营养生长期经历发芽期、幼苗期、外叶生长期和心叶肥大期；生殖生长期经历花芽分化期、抽薹开花期和种子形成期。西芹各个时期较中国芹菜长。

1. 发芽期

从播种到两片子叶出土展平，真叶顶心，需10～15 d。

2. 幼苗期

从子叶展平真叶顶心至形成第一叶序环（5片真叶），需45～60 d。幼苗期生长缓慢，根系浅，苗细弱，叶分化速度慢，在初期的15 d内仅分化2～3片叶，以后分化速度稍有增加。

3. 外叶生长期

从定植至心叶开始直立生长（立心），需20～40 d。这一时期主要是根系恢复生长。初期处于营养消耗状态，基部1～3片老叶因营养消耗而衰老黄化，在其叶腋间可能长出侧芽，即分蘖，特别是西芹。分蘖会妨碍植株生长，应及时摘去。随着根系恢复生长和新根的发生，幼苗恢复生长，陆续长出3～4片新叶。由于移植后营养面积扩大，受光状况改变，新叶呈倾斜状态生长，这是外叶生长期的最显著特征。随着外叶生长，植株的受光状态发生改变，继续发生的新叶则开始直立生长。

4. 心叶肥大期

从心叶开始直立生长至产品器官形成收获，需30～60 d。立心以后，生长速度加快，约2 d可分化一片叶，每天可生长2～3 cm。此期陆续生长心叶，叶柄积累营养而肥大。同时根系旺盛生长，发生大量的侧根，须根布满耕层，主根也贮藏营养而肥大。

5. 花芽分化期

从花芽开始分化至开始抽薹，约 60 d。芹菜为绿体春化型蔬菜，当苗龄达 30 d 以上，幼苗分化约 15 片叶、苗粗达 0.5 cm 以后就可以感应低温。植株越大，感应低温的能力越强，完成春化需要的时间越短。据陆帼一、王小素（1985）研究，芹菜花芽（序）分化经历分化初期、花序分化期、小伞花分化期及小花分化期。

6. 抽薹开花期

从开始抽薹至全株开花结束，约 60 d。花芽分化完成后，遇到适宜的长日照条件即抽生花薹，长出花枝。花序开花的顺序是，顶端花伞的花先开，其次是一级侧枝的花伞开花，以后顺序是二级侧枝到五级侧枝的顶伞开花。小（单）花开放的顺序是从周围以同心圆状向中心开放，每天开 3～5 朵。一个大花伞的花开完需 7 d。每株的花伞数以三级和四级侧枝上最多，其次按二级、五级和一级侧枝的顺序逐渐减少。

7. 种子形成期

从开始开花至种子全部成熟收获，约 60 d。大部分时间与开花期重叠。就一朵花而言，开花后雄蕊先熟，花药开裂 2～3 d 后雌蕊成熟，柱头分裂为二。靠蜜蜂等昆虫传粉进行异花授粉，授粉后 30 d 左右果实成熟，50 d 枯熟脱落。

（三）对环境条件的要求

1. 温度和日照

芹菜属耐寒性蔬菜，适宜温和的气候；种子在 4℃ 时开始萌发，发芽适温为 15～20℃，在适温条件下 7～10 d 出苗。25℃ 以上发芽力迅速降低，30℃ 以上几乎不发芽。幼苗适应能力较强，可耐-5～-4℃ 低温。品种间耐寒力也有差异，低温季节栽培应选择耐寒品种。营养生长的适宜温度为 15～20℃，20℃ 以上生长不良，易发生病害，品质下降。生育过程中对昼温、夜温及地温的要求也有不同。适宜的昼温和地温及凉爽的夜温有利于生育。

芹菜种子在光下比在暗处容易发芽。营养生长期对光照要求不高，但光照强度和日照长度对生长习性及生育均有不同程度的影响。据松原等（1969）试验，弱光下芹菜呈直立性生长，而强光抑制伸长生长，使叶丛横向扩展。所以，芹菜适应在保护地内栽培，但应适当密植。长日照（16 h）有抑制发根的倾向，叶数、叶重等有减少趋势；较短的日照（8～13 h）有利于生育。

低温和长日照是促使苗端分化花芽的环境条件。芹菜在 3～4 片真叶后，经历 10～20 d 10℃ 以下的低温即可通过春化阶段。感应低温的临界上限温度为 15℃，对 5～10℃ 最敏感，5℃ 以下反应迟缓，在 15.6～21.1℃ 条件下栽培不易发生抽薹现象。苗龄大，感应低温的能力强，日历苗龄比植株大小（生理苗龄）的影响更重要。经过春化的植株，在长日照条件下即可抽薹开花。所以，春季播种过早容易发生未熟抽薹，而秋芹菜须经过一个冬季，第二年才抽薹开花。9 h 日照下芹菜抽薹迟缓，10 h 日照条件稍有促进，12 h 以上的日照能促进抽薹，高温和长日照条件加速抽薹，而短日照和较低的温度则抑制抽薹。

2. 水　分

芹菜的叶面积不大，但因密植，蒸腾总面积大，加之根系浅、吸收力弱，所以需要湿润的土壤和空气。适宜的土壤相对含水量为60%～80%，空气相对湿度为60%～70%。土壤含水量为9%时种子不发芽。充足的土壤水分可以促进植株生长，叶数多、叶面积大，生长旺盛。特别是营养生长盛期，地表布满白色须根，更需要充足的湿度，水分不足则生长滞缓，叶柄机械组织发达，品质和产量降低。

3. 土壤和营养

芹菜生长适宜富含有机质，保水、保肥力强的壤土或黏壤土。砂土、沙壤土易缺水、缺肥，叶柄易发生空心现象。适宜的土壤pH值为6～8。芹菜任何生育时期缺乏氮、磷、钾都对生长发育有不良影响，以初期缺氮和后期缺氮的影响最大；初期缺磷比其他时期缺磷的影响大；初期缺钾的影响稍小，后期缺钾的影响较大（加藤彻，1975）。缺氮生长发育受阻，植株矮小，叶柄易老化空心。缺磷妨碍叶柄的伸长生长，而磷过多时使叶柄纤维增多。缺钾影响养分的运输，使叶柄薄壁细胞中贮藏养分减少，抑制叶柄的增粗生长。每生产100 kg产品，从土壤中吸收氮40g，磷（P_2O_5）14g，钾（K_2O）60g。

钙不足易发生心腐病而停止发育。有时，即使土壤有充足的钙，但如过多地施用氮和钾，高温、干旱或低温等阻碍根系活动，也会影响钙的吸收。微量元素的适量供应可使植株生育正常。芹菜对硼特别敏感，硼不足不仅会发生叶柄劈裂、横裂等，还会并发心腐病。土壤干旱、高温或低温都影响硼的吸收。氮肥和钾肥过多，引起土壤偏碱，或钙不足时也会影响硼的吸收。

二、栽培技术

（一）大棚早春茬栽培

1. 品种选择

芹菜按叶柄颜色分为绿芹、白芹及黄芹，绿芹植株高大，生长健壮，但不易软化；白芹和黄芹植株矮小，叶片小，叶柄白色或黄白色，易软化，品质好。依叶柄充实与否又可分为实心芹和空心芹。栽培上常按叶柄形态将其分为本芹和西芹两种类型。

早春栽培主要限制因子为未熟抽薹，因此，栽培上应选用抽薹晚的品种，同时还要考虑耐寒性要强，叶柄充实，不易老化，生长速度快，优质、丰产、抗病的品种。如北京棒儿春芹菜、天津白庙芹菜等本芹，意大利冬芹、美国西芹等西芹品种。

2. 育　苗

温室内育苗。12月下旬播种育苗，苗龄80～90 d。也可提前播种，但要求温室保温性能要好，否则易发生未熟抽薹现象。

（1）浸种催芽。在播种前5～7 d浸种催芽。一般选用上年的陈种子，首先将精选后的种子用15～20℃的清水浸泡24 h，然后轻轻揉搓种子并不断地换水，投洗几次，拌上种子体积5倍的细湿沙放在清洁的瓦盆中，或投洗后直接用布或沙布包好，放在15～20℃见光的地方催芽，每天翻动1～2次。用沙子催芽时发现沙子见干时要补充少量水分。有条件的可进行变温催芽。方法是芹菜种子浸泡后，取出放在15～18℃的温箱内，12 h后将温度升至22～25℃，再经12 h后将温度降至15～18℃，出芽即可播种。如果采用新种子，则需用5 mg/L的赤霉素浸泡10～12 h，以打破休眠和提高发芽率；陈种了采用药剂处理也可以缩短催芽时间。

（2）作苗床。在温室内做成宽1～1.2 m，长6～10 m的畦。苗床按亩施优质腐熟农家肥6 000 kg的水平施入，施入后深翻20 cm左右，打碎土块，整平苗床。苗床的大小按苗本田比1：10的比例准备。也可采用穴盘育苗。

（3）播种。把床面拍实耧平后灌足底水，水渗下后用细土将低凹处填平，然后把催出芽的种子均匀地撒播在畦面上，再盖1 cm厚的细沙或营养土，上面再覆盖一层地膜以利于保水。每亩大棚需播种畦面积50 m^2，播种量250～300 g。

（4）播后管理。冬季育苗时保证一定的温度是育苗成功的关键。出苗前保持较高的温度，白天20～25℃，夜间13～15℃，及时除草和间苗。定植前10 d左右加大放风，强化幼苗锻炼。

播后要经常检查湿度，过湿要揭开薄膜排湿，过干要补充水分。整个苗期应小水勤浇为原则，以保持湿润的土壤条件。出苗后至幼苗长出2～3片真叶前，根系很小，要保持畦面或穴盘见干见湿状态。浇水时间以早上为宜。当芹菜长到5～6片叶时，根系比较发达，应适当控制水分，防止徒长，并要适时防治蚜虫。

芹菜苗期一般不追肥，如长势弱发现缺肥时，在3～4片真叶时追施一次氮肥，亩施尿素5～10 kg，施肥后要立即浇水。穴盘育苗时，真叶吐出来后每周浇灌一次营养液，具体方法参见育苗部分。

在幼苗1～2片真叶时，要间苗，苗距3 cm。结合间苗要进行除草，除草时要用铲子挑断草根，而不能用手拔，否则土壤松动，易拔出幼苗。当株高10～20 cm，叶片4～5片真叶，苗龄70～80 d时即可定植。有条件的也可育成株高20～23 cm，5～6片叶，日历苗龄90天的大龄苗定植。

3. 定　植

（1）定植期。当苗龄70～90 d，4～6片真叶时均能定植。川区一般在3月上旬定植。

（2）定植前的准备工作。定植前15 d扣棚烤地增温。结合整地施足底肥，亩施腐熟优质有机肥5 000～7 000 kg，磷二铵50 kg，硫酸钾10 kg，然后深翻20～30 cm，耙平耕细，使粪土充分混合，然后做成2～3 m的畦，准备定植。

（3）定植密度。不同的品种其种植密度不同，本芹密植，西芹稀植。西芹株行距多为（16～20）cm×（15～20）cm。

（4）定植。定植前一天苗畦浇水。起苗时连根挖起，抖去泥土，淘汰病虫苗、弱苗。苗子要按大小苗分级，把大小相同的苗栽在一起。栽苗时用尖铲挖深穴，把幼苗的根系舒展插入穴中，栽苗深度以幼苗在育苗畦的入土深度为标准，栽完苗后立即灌大水。

4. 管　理

（1）外叶生长期。定植初期，外界气温较低，浇小水，尽量提高温度，促进缓苗，并注意及时松土，以提高地温，促进生根发苗。缓苗后，最适宜温度为 15～20℃，25℃以上生长不良，易发生病害，品质下降。

（2）心叶肥大期。心叶生长后开始发生大量侧根，要加大肥水量。根据天气情况，每 5～10 d 浇 1 次水，保持土壤湿润，并隔水施肥，每次每亩施尿素 15 kg 左右，生长后期再配施硫酸钾 15 kg 左右。缺硼地区可每亩施硼砂 1 kg，以防茎裂症。

生长期间，棚温白天控制在 20～25℃，超过 25℃要放风，随着外界气温逐渐升高，加大通风量，降低棚内温湿度。在收获前 10～15 d 降低温度，夜间 10～15℃，以利营养物质积累。采收前半个月左右喷 30～50 mg/L 的赤霉素 1～2 次，增产效果更佳。

5. 收　获

大棚春芹菜定植后 60～70 d，植株充分长大即将抽薹前一次割收或拔收。也可从定植后 40 d 左右开始擗收，每次擗叶 2～3 片，注意保护心叶，每 15～20 d 擗收 1 次，最后在抽薹前连株拔收或割收。

（二）小麦套种芹菜

1. 整地施肥

选择土层深厚、土质良好、灌溉便利的地块，前茬作物收获后进行深耕、耙耱和镇压，以利保墒。翌年早春结合整地，每亩施优质有机肥 5 000 kg 左右，磷二铵 25 kg 左右，耙平后待种小麦。

2. 播　种

小麦在 3 月 10 日左右开始播种，在适播期内力争早播。小麦选择矮秆早熟品种，行距 8～12 cm，播种量 250 kg/667 m^2。4 月下旬待小麦 2 叶 1 心灌头水时套播芹菜。芹菜应选择抗病、高产、适合当地食用习惯、生长期较短的品种玻璃脆、张掖本芹、美国西芹等。播种前将芹菜种子用浓度 5 mg/kg 的赤霉素浸种 12 h，捞出后将芹菜种子同适量细沙掺匀，均匀地撒到麦田中，然后用钉齿耙背面将种子扒入土中，浇透水。播种量一般为 0. 6 kg/667 m^2。

3. 小麦管理

小麦灌二水后芹菜开始出苗，芹菜幼苗不耐旱，要适时浇水，至小麦收获前至少要浇 3 次水，并注意防治病虫害。小麦收割前 5 天浇 1 次“麦黄水”，以防芹菜遇高温伤苗。麦收后的第 1 次水干后，要及时灭茬、锄草、间苗、补苗，以保证芹菜全苗。一般按 10 cm 的株行距定苗，每亩保苗 4 万～6 万株苗。

4. 芹菜管理

芹菜喜水、喜肥，根系分布浅，吸水力较弱，且种植密度大、产量高，生长过程中需要充足的水分，特别是心叶快速生长时期，要及时灌水，田间持水量以保持 60%～70%为宜。水分不足则易引起植株生长缓慢、纤维增多、叶柄空心，导致产量下降。一般每隔 15 d 浇 1 次水为宜。

芹菜的整个生长期都要有充足的氮肥，但由于苗期与小麦共生，补充氮肥过多会引起小麦徒长倒伏而影响小麦产量，故应采取前控后促的施肥方法。一般在芹菜苗期适量施氮肥，小麦收割后要及时浇水，结合浇水每亩追施尿素 15 kg、磷二铵 25 kg。

5. 适时收获

芹菜在 10 月 20 日至 25 日开始采收。芹菜生长期一般为 150～170 d，要及时收获，晚收叶柄发生空心，商品量下降。收获后立即上市销售的，可整株铲下，除去黄叶、老叶，洗净后打捆销售；若要冬贮，可在采收前灌 1 次水，在“霜冻”前连根带泥一起挖下，清除掉黄叶、老叶，每 10 kg 捆成一捆，直立放入贮藏窖内陆续上市供应。

三、芹菜生产中存在的问题及对策

（一）干烧心

干烧心俗称心腐病，表现为生长点的嫩叶变黑枯死。主要原因是缺钙所致，当然缺硼会引起缺钙。当施肥过多，高温或低温干旱、氮、钾过多时会造成钙、硼吸收困难，引起干烧心。参见附图 8-4。

预防的对策是保持正常温度管理，防止土壤干燥缺水；合理施肥，不要偏氮、钾肥。如果已发现心叶有变褐现象，可喷 0.5%氯化钙或 0.1%～0.3%的硼砂溶液。

（二）空　心

芹菜空心多发生在砂壤地，一般发生在植株生长中后期，尤其是干旱时芹菜易发生空心现象。

防治方法：应选择非砂性土壤种植，种植前施足腐熟的有机肥，适时追肥，发现芹菜叶色浅、脱肥时，可喷洒 0.1%的尿素溶液 2～3 次。

（三）叶柄开裂

主要是由于土壤缺硼或在低温、干旱条件下植株生长受阻所致。此外，植株吸水过多时，若突遇高温、高湿天气，会使组织快速充水，造成叶柄开裂。

防治方法：施足充分腐熟的有机肥，每亩施硼砂 1 kg，与有机肥充分混匀；叶面喷施 0.1%～0.3%的硼砂溶液，并在管理时注意均匀浇水。

参考文献

陈杏禹 . 2010. 蔬菜栽培［M］. 北京：高等教育出版社 .
何玉兰，杨发兰 . 2001. 张掖地区小麦套种芹菜丰产栽培技术［J］. 甘肃农业科技（10）：16.
山东农业大学 . 2000. 蔬菜栽培学各论（北方本）［M］. 第 3 版 . 北京：中国农业出版社 .

第九章

葱蒜类蔬菜栽培技术

第一节　洋葱栽培技术

一、生物学特性

（一）植物学特征

洋葱的成龄植株，包括管状的叶身、由多层叶鞘相互抱合而成的“假茎”、由多层鳞片、鳞芽及短缩的茎盘共同组成的肥大鳞茎，茎盘基部则为须根。

1. 根

洋葱为弦状须根，着生于茎盘下部，无主根，分根性弱，无根毛，吸收能力和耐旱力较弱。洋葱根系入土深度和横展直径为30～40 cm，主要根群集中在20 cm的表土层，属浅根性蔬菜。洋葱根系生长温度较地上为低，地下10 cm旬平均地温达5℃时根系开始生长，10～15℃时生长加快，24～25℃生长减缓。洋葱根系生长与地上部生长具有密切的相关性，根系强弱直接影响茎叶生长和鳞茎膨大。在叶部进入旺盛生长期之前，首先出现的是发根盛期。

2. 茎

洋葱在营养生长时期，茎短缩形成扁圆形的圆锥体，故称“茎盘”。茎盘下部为茎踵，鳞茎成熟后茎踵衰亡、硬化，可阻碍水分进入鳞茎，延长贮期，防止过早萌芽。在生殖生长时期，生长锥分化花芽，抽生花薹。花薹筒状中空，中部膨大，顶端形成伞形花序，能开花结实，形成种子。

3. 叶

洋葱的叶由叶身和叶鞘两部分组成。叶身暗绿色，圆筒状，中空，腹部凹陷，叶身稍弯曲。叶身直立生长，表面覆有蜡粉，属于耐旱叶型。叶身是洋葱的同化器官，叶数的多少和叶面积大小，直接影响洋葱的产量和品质。而叶数和叶面积主要取决抽薹与否、幼苗生长期的长短和栽培技术。先期抽薹或播种过晚，势必缩短幼苗生长期，而使叶数减少，叶面积缩小，产量降低。叶鞘是洋葱营养物质的贮藏器官，生育初期，叶鞘基部不膨大，假茎上下粗度相仿。生长后期叶鞘基部积累营养而逐渐肥厚，形成开放性肉质鳞片。所以，提高洋葱产量的前提是创造适于叶部生长的条件。

（二）生长发育

洋葱为二年生蔬菜，生长发育过程分营养生长和生殖生长两个时期。生育周期长短因品种和播期不同而异。

1. 营养生长时期

洋葱从播种到花芽分化为营养生长时期，可划分为发芽期、幼苗期、叶部生长期、鳞茎膨大期和休眠期。

（1）发芽期。从种子萌动到第一真叶显出为发芽期。需 15 d 左右，在 5℃以下发芽缓慢，12℃以上发芽较快。在适宜条件下播后 7～8 d 出土。根据洋葱弓形出土特点，覆土不宜过厚，并保持土壤湿润，防止表土板结。

（2）幼苗期。从第一片真叶显露到长出 4～5 片真叶为幼苗期。幼苗期的长短因播期 4 定植季节不同而异。冬播春栽，幼苗期约 60 d。洋葱定植的适宜苗龄是单株重 5～6 g，径粗 0.5～0.6 cm，株高 12～15 cm，具有 3～4 片真叶。过大易先期抽薹，过小降低植株越冬抗寒能力。洋葱在幼苗期生长缓慢，生长量小，对水分和肥力消耗量不大，应适当控制浇水，一般不进行追肥，以防止秧苗徒长或幼苗过大。

（3）叶部生长期。春栽洋葱定植后长出 4～5 片真叶至 8～9 片功能叶，叶鞘基部开始增厚为叶部生长期。历时 40～60 d。此期根长、根重迅速增加，植株也进入发叶盛期。随着叶片旺盛生长，叶鞘基部逐渐增厚，鳞茎缓慢膨大，并以纵向生长为主形成小鳞茎。此时的管理重点是促进叶部旺盛生长，为鳞茎膨大奠定物质基础。防止地上部长势过旺。

（4）鳞茎膨大期。从叶鞘基部开始增厚到鳞茎成熟为鳞茎膨大期。生长适温 20～26℃，需 30～40 d。随着气温升高，日照时间加长，叶部生长受到抑制，叶身和叶鞘上端的营养物质向叶鞘基部和鳞芽中输送，并贮于叶鞘基部和鳞芽之中，鳞茎迅速膨大。叶身和根系由缓慢生长而趋于停滞。叶身开始枯黄，假茎松软，鳞茎外层（1～3 层）叶鞘因养分内移而呈膜状，洋葱进入收获期。

（5）休眠期。洋葱收获后进入生理休眠期。休眠是洋葱对高温、强光、干旱等不良环境的一种适应。生理休眠解除后，进入被迫休眠期。只要条件适宜，随时都可萌芽发根。

洋葱耐贮性的强弱，主要取决洋葱的休眠深度和休眠期的持续性，同时也受气温高低的影响。芽原基进入休眠愈早，贮藏期间萌芽愈迟；洋葱休眠期愈长，耐贮性就越强。洋葱的休眠期约 90 d。

2. 生殖生长时期

洋葱从开始花芽分化到形成种子为生殖生长时期。包括抽薹开花期和种子形成期。洋葱的鳞茎在贮藏期间或定植以后，逐步满足春化阶段（2～5℃低温下，60～70 d），翌春在长日照和较高温度下，分化花芽，抽薹开花，形成种子，历时 240～300 d。洋葱每个鳞茎可抽生花薹 2～5 个，在花薹顶端形成伞形花序，外有总苞包被，内有小花数百朵。花两性，异花授粉。种子盾形，黑色，横断面三角形，种粒小，寿命短，使用年限 1～2 年。

（三）对环境条件的要求

1. 温　度

洋葱为耐寒性蔬菜，种子和鳞茎在 3～5℃低温下可缓慢萌发，但在 12℃以上发芽迅速；幼苗生长适温为 12～20℃，鳞茎膨大期适温为 20～26℃，超过 26℃生长受到抑制而进入休眠。洋葱具有较强的耐寒性和适应性，外叶可忍受-7～-6℃的低温，植株在土壤保护下可忍耐严寒。洋葱诱导花芽分化要求低温，所需低温时间因品种不同而异。多数品种在2～5℃低温下，需60～70 d。但南方生态型品种，在相同低温条件下只需40～60 d；而北方生态型品种在相同温度下，需100～130 d。洋葱属绿体春化作物，诱导花芽分化时，要求植株必须达到一定生理苗龄，具有一定的物质积累，才能感应低温通过春化。

2. 水　分

洋葱根系浅，吸水力弱，要求较高的土壤湿度，特别是叶部生长期和鳞茎膨大期，植株的生长量和水分的蒸腾量较高，保持土壤湿润是获得丰产的重要环节。但在鳞茎收获前1～2周，逐渐减少浇水，提高产品品质和耐贮性。鳞茎为耐旱性器官，具较强耐旱能力。土壤干旱可促进鳞茎提早形成。在高寒地区夏季气温较低，洋葱易贪青不能按时收获，可采取控制浇水的措施，迫使洋葱进入收获期。洋葱叶部耐旱，适于60%～70%的空气相对湿度，空气湿度大易诱发病害。同时鳞茎贮藏要求低温、干燥的环境条件。

3. 光　照

洋葱生育期间，适于中等光照强度，适宜光照强度为2万～4万lux。长日照是诱导洋葱花芽分化和鳞茎形成的必要条件。延长日照时数，可加速鳞茎的发育和成熟，促进叶片的营养物质下移，贮存于叶鞘基部和鳞芽之中，使鳞茎迅速膨大。鳞茎形成对日照时数的要求因品种而异。短日性品种和早生型（早熟种），在13 h以下的较短日照下形成鳞茎；而长日性品种和晚生型（晚熟种），必须在15 h左右的长日照条件下形成鳞茎；中间型品种鳞茎形成对日照时间要求迟钝。所以，引种时应考虑品种特性是否符合当地的日照条件。

4. 土壤营养

洋葱要求肥沃、疏松、保水力强的中性土壤。土壤粘重不利发根和鳞茎膨大，砂土保水、保肥力弱，不适合栽培洋葱。洋葱可适应轻度盐碱，但幼苗期对盐碱反应敏感，在盐碱地育苗易黄叶或死苗。

洋葱喜肥，对土壤营养要求较高。每生产1 000 kg鳞茎，吸收氮2.0～2.4 kg，磷0.7～0.9 kg，钾3.7～4.1 kg，吸收氮、磷、钾的比例为1.6：1：2.4。据姚乃华（1992）试验：N、P、K、Ca、Mg、Mn、Fe等营养元素与洋葱株高、茎高、茎粗、叶数、全株重、鳞茎直径和产量有直接关系，均达显著和极显著水平。洋葱一生有两个吸肥高峰期：一为茎叶生长和鳞茎初步形成期，二为鳞茎膨大期。

据测定，幼苗期根和茎叶中含氮量较多；叶生长期根中的氮、磷、钾显著增加，茎叶中氮稍有减少，磷、钾增加；鳞茎膨大期，氮、磷、钾在鳞茎中含量高，每株吸收量也多。所以，幼苗期以氮肥为主，鳞茎膨大期增施钾肥，促进鳞茎膨大。磷肥宜在幼苗期施用，可促进氮肥吸收，提高产品品质。

（四）鳞茎的形成

洋葱鳞茎是的营养贮藏器官和产品器官。在植物学中属于叶的变态器官。鳞茎的形成是以养分的输入和积累为物质基础，并以高温和长日照为必要的环境条件。

洋葱的鳞茎形成与叶部生长密切相关，茎叶茁壮生长是鳞茎肥大的前提，功能叶与鳞茎是源与库的关系，鳞茎的膨大程度取决功能叶片提供营养物质的多少。因为鳞茎是由肥厚的叶鞘（开放性肉质鳞片）和鳞芽构成的；叶鞘的数量、薄厚及鳞芽的多少，直接影响鳞茎的大小。叶鞘层数和鳞芽数目越多，鳞片越肥厚，则鳞茎就越大。所以，洋葱栽培应适当延长幼苗期和叶部生长期，控制先期抽薹，才能增加叶数，为鳞茎膨大奠定物质基础。氮肥过量，植株贪青徒长，会推迟鳞茎形成；栽植过密、肥水不足，势必提早鳞茎形成，造成减产。

洋葱鳞茎形成要求长日照条件。日照长度不仅影响鳞茎开始形成，而且影响其成熟过程。延长日照时间，在不同程度上缩短了各品种鳞茎开始形成至成熟的日期。人为进行短日照处理，洋葱地上部生长继续进行，不能形成鳞茎。鳞茎形成对日照时长的要求因品种而异，短的只有 11.5 h，长的可达 16 h。不同品种鳞茎形成期的早晚，主要取决对日照时长感应性的差异。短日照性品种和早生型，在较短的日照条件下鳞茎开始肥大；而长日照性品种和晚生型，鳞茎肥大要求长的日照时数。所以，在河西走廊高纬度地区，以栽培长日照性的中、晚熟品种为宜。

洋葱只有满足长日照和高温条件，鳞茎才能形成。温度过高，鳞茎肥大生长衰退，进入休眠期。在同一地区，洋葱栽培不论春播或秋播、早栽或晚栽，高温长日照季节来临都要进入鳞茎形成期，不因晚播或晚栽而推迟鳞茎的形成，这是洋葱晚播或晚栽减产的主要原因。

二、栽培技术

（一）育苗移栽栽培技术

1. 日光温室育苗

张掖市日光温室育苗时间一般为 1 月下旬—2 月中旬。

（1）苗床制备。选择前茬为非葱蒜类作物的日光温室育苗。按 667 m^2 生产田需要苗床 15 m^2 规划，每亩苗床播种量 4～5 kg，苗床与生产田的比例为 1：（8～10）。结合整地，每亩施优质腐熟农家肥 4 000 kg 左右，生物有机肥 300 kg 左右，磷酸二铵 10 kg，充分耙耱，做 16～20 m^2 的小畦，每畦约撒播种子 200g，可供667 m^2大田用苗。播前灌透水，待水渗下后即可播种。

（2）播种。将种子掺少量细沙，均匀撒在苗床上，再均匀盖厚 0.5～1.0 cm 的细沙，随即浇透水。土壤表面初见干后 2～3 d 浇 1 次水，促使出齐苗。

（3）苗期管理。苗期管理的中心是培育适龄壮苗，防止秧苗过大导致先期抽薹，避免幼苗过小或徒长降低越冬能力。

发芽和幼苗期适宜温度为 13～20℃。出苗前温室要密闭保温、保湿，促进早发芽，出齐苗。齐苗后温度控制在 22℃左右，以防幼苗徒长。幼苗出土后，适当控制浇水，若基肥充足苗期不宜追肥。及时防治苗期病虫害，待苗高 15 cm 左右时开始控水，开大风口进行炼苗，定植前3～7 d揭去棚膜炼苗。苗期除草2～3次。

壮苗标准：株高15～20 cm，假茎粗5～6 mm，具3～4片叶，苗龄50～70 d。

2. 定　植

（1）定植田的准备。选择土质肥沃、疏松，2～3 a未种过葱蒜类蔬菜的中性土壤，且地势平坦，浇灌方便，符合无公害标准的地块为宜。定植前10 d精耕细耙，清除枯枝残叶，每亩施腐熟农家肥4～5 m^3、磷酸二铵30～40 kg或过磷酸钙80～100 kg。然后覆膜，膜带面宽1.20～1.25 m，膜带间距0.30～0.35 m，拉紧并压紧。定植前若土壤墒情差，可提前3～4 d浅浇水1次。

（2）定植。4月中旬定植。定植密度与产量有密切关系，单位面积产量是由单位面积株数和单株鳞茎平均重量所构成。在一定的密度范围内，洋葱产量随着密度的增大而增加，但密度增加到一定限度，总产量不再增加，单株产量降低，小鳞茎所占比例明显增多。确定洋葱栽植密度应考虑品种熟性、生育期长短、土壤肥力和水肥条件，正确处理总产量与单株产量，才能达到高产优质之目的。一般大球型品种行距15 cm，株距16 cm，每膜栽种种9行，每亩保苗2.3万～2.5万株。中球型品种行距14 cm，株距15 cm，每膜栽种10行，每亩保苗3万株左右。定植前1 d打孔或随打孔随定植。

温室起苗时剔除病苗、矮化苗、徒长苗、分蘖苗和有抽薹危险的大苗，按苗大小分级，捆成1 kg左右的小捆，随后用适乐时加噁霉灵混合液蘸根。定植时如果幼苗叶太长，可剪去上半部叶片，留下半部10～15 cm长的叶，以防定植后幼叶倒伏在地膜表面被烫伤或浇水时被冲走。洋葱适于浅栽，最适栽植深度2～3 cm。栽植过深，地上部生长过旺，鳞茎不易膨大，且易呈畸形；栽植过浅，根系生长不良，植株易倒伏。沙质土壤可稍深，黏重土壤应稍浅；定植后浇1次移苗水。若定植前已浇透水，且定植质量好，可延后10 d左右再浇水，有利于缓苗。定植3～4 d后及时补苗，补苗后及时用细土封定植孔。

3. 浇　水

洋葱在植株生长旺期、鳞茎膨大期要求有充足的水分供应，不耐旱、也不耐涝，需要勤浇水、浅浇水，全生长期浇水6～8次。头水至2水的间隔时间一般控制在20～30 d，此时苗小，需水量少，地温低，蒸发量也少，延长浇水间隔天数有利于提高地温和促进缓苗。第2至第3水根据天气情况间隔10～15 d，此时地温回升，幼苗进入生长旺期，需水量增大，要求土壤保持见干见湿，有利于生长。鳞茎开始膨大前7～10 d浇水后蹲苗，此时是洋葱从叶部生长向鳞茎肥大为中心的转折期，通过短期（7～10 d）蹲苗，可抑制叶部生长，促进营养物质向叶鞘基部和鳞芽转移，加速鳞茎膨大。从鳞茎开始膨大到临近收获，植株生长量增大，气温升高，是肥水管理的关键时期，浇水宜勤，保持土壤湿润。鳞茎临近成熟时，叶部和根系生理机能减退，应逐步减少浇水，收获前5～7 d停止浇水，减少鳞茎水分含量，提高耐贮性。

4. 追　肥

洋葱较喜肥，但根系对肥的吸收能力较弱，需要适量多次追肥。结合浇第2水每亩追施尿素10 kg，第3水时每亩追施尿素15 kg，第4水每亩追施尿素10 kg。鳞茎膨大期间每亩可追施尿素25～30 kg、硫酸钾15～20 kg，叶面喷磷酸二氢钾或叶面肥2～3次。

5. 除　草

黑色地膜除草效果较好，但对多年生杂草和定植孔中的杂草无法防除。可以在覆膜前每亩用48%氟乐灵乳油150 mL均匀喷施地表，有很好的除草效果。洋葱从缓苗到鳞茎开始膨大以前，中耕除草2～3次，深3～4 cm，保持土壤墒情，增加土壤透性，提高土壤温度，促进根系发育。

6. 收　获

洋葱鳞茎成熟的标志是，约2/3的植株假茎松软，地上部倒伏，下部的第一至二片叶枯黄，第三至四叶尚带绿色。鳞茎外层鳞片变干为收获适期。收获过早，鳞茎尚未充分成熟，含水量高，易腐烂；收获过晚，叶片全部枯死，容易裂球、茎盘腐烂。收获前10 d不要浇水，收后就地晾晒1～2 d，只晒叶不晒头，促进后熟，使表皮干燥，而后贮藏。收获宜在晴天进行，拔出整株，抖落泥土，原地晾晒1 d，待鳞茎表皮干燥，在假茎2 cm处剪掉上部茎叶，分级、装袋、码垛待售或贮藏。河西走廊洋葱成熟期一般在8—9月。

（二）直播栽培技术

河西走廊洋葱直播面积不大，主要是白洋葱多采用直播栽培。

1. 播期选择

当土壤解冻达10 cm时即可播种，在河西走廊一般在4月底5月初开始播种。

2. 播种技术

选择2～3 a未种过葱蒜类蔬菜的地块。土质肥沃，沙壤土或壤土，有灌溉条件的地块较为适宜栽培洋葱。播种前可采用药剂处理。多采用条播，播前覆盖黑膜，采用“滚葫芦”播种。行距20 cm，株距13～15 cm。也可采用撒播，将处理后的种子以1：10的比例与沙均匀混合，分直、横、斜三次均匀的撒播在平整好的大田内，并用土耙耙一次后覆盖1～1. 5 cm厚的细沙。不论何种播种方式，播完后要灌足水。

3. 播种量

不同品种播量不同，一般每亩播种量0. 8～1 kg，保苗2万～2. 5万株。

4. 田间管理

（1）中耕除草洋葱齐苗后，中耕2～3次，进行蹲苗，第一次浅耕2～4 cm，以后深耕3～5 cm。结合中耕清除杂草。

（2）三叶一心时按株行距要求进行间苗定苗，拔除弱苗、病苗。

（3）追肥植株长到5～6叶时，结合灌水，每亩追施纯N8 kg、$P_2O_5$4. 2 kg。

（4）灌水播后及时用小水灌溉，以防大水冲走种子，保持土壤湿润至出苗。苗期控制灌水，促进鳞茎形成，鳞茎膨大期要求土壤有充足的水分。以后灌水以不旱为原则。

5. 采　收

同育苗移栽栽培技术。

三、洋葱栽培中常见的问题

洋葱栽培中最为常见的问题是先期抽薹。

（一）先期抽薹症状

洋葱在产品器官形成前，过早满足春化条件，诱导花芽分化，抽生花薹，这一现象称为先期抽薹。参见附图 9-1。

（二）原　因

洋葱属于绿体春化作物，通过春化除要求低温外，植株必须达到一定生理苗龄，具有一定的营养积累。低温是洋葱诱导花芽分化的主导因子，一般认为 10℃ 比 0～5℃ 的低温效果更为显著。不同品种对低温的感应程度不同，春化所需低温日数也有差异。同时洋葱对低温的感应程度，还受肥料、土壤水分、日照条件、生长点的营养水平的影响。随着洋葱秧苗增大，花芽形成所需低温日数缩短；在低温下，幼苗假茎基部径粗小于 5 mm，则不形成花芽。花芽分化所需低温时间，大苗约需 1 个月，小苗约需 3 个月。洋葱花芽分化期间，若处于弱光下，所需低温时间将要延长。

（三）防治方法

（1）严格选择品种，控制花芽分化条件。洋葱不同品种对低温的反应存在明显差异。应选择对低温要求严格的冬性品种，可免受先期抽薹的损失。

（2）适时播种，控制苗龄。幼苗过大，植株营养积累多，是造成先期抽薹的主要原因。为防止洋葱先期抽薹，应根据品种对低温和日长的反应选择品种，正确决定播种期和定植期，定植时选苗分级，淘汰幼苗径粗 0.5 cm 以下的小苗和径粗超过 0.8 cm 的大苗，选用径粗 0.5～0.8 cm 的秧苗定植，虽有极少数抽薹，但鳞茎个体大，总产量高。

第二节　大蒜栽培技术

大蒜为百合科、葱属植物，别名蒜、胡蒜。大蒜按蒜瓣大小分为大瓣种和小瓣种；按皮色分为紫皮蒜和白皮蒜；按叶形及质地分为宽叶蒜、狭叶蒜、硬叶蒜和软叶蒜。

一、生物学特性

（一）植物学特征

大蒜的成龄植株，由叶身、假茎、鳞茎、花薹、茎盘、须根组成。鳞茎表层是多层干缩的叶鞘，内部是肥大的鳞芽（蒜瓣）。

1. 根

大蒜根系弦线状，根毛极少，吸收力弱，分布在5～25 cm的耕层120内，横展直径30 cm左右，表现喜湿、喜肥的特性。播种前，蒜瓣基部已形成根的突起，发根部位以种瓣的背面茎盘边缘为主，腹面根量极少。大蒜种瓣大小和种植密度直接影响根系的发生发展，种瓣和营养面积大，则根量多。

2. 茎

大蒜在营养生长期茎短缩呈盘状，节间极短，生长点披叶鞘覆盖。花芽分化后从茎盘顶端抽生花薹（蒜薹），花薹顶端为总苞，在总苞内分化花的原始体和气生鳞茎，花与气生鳞茎相间排列，花的分化晚于气生鳞茎，花器退化一般不能形成种子。部分植株形成气生鳞茎，其结构与蒜瓣无本质区别，可作为播种材料。由于个体小，播种当年一般长成独头蒜，用独头蒜再播种，可形成分瓣的蒜头。也可通过育苗移栽生产蒜苗。

3. 叶

大蒜的叶扁平而狭长，带状，暗绿色，叶形直立，表面有蜡质。高纬度生态型品种叶较窄、短而挺直；中、低纬度生态型品种叶较宽长、柔软而下垂。播种前，种瓣已分化幼叶5片，播后陆续分化新叶；花芽分化后新叶分化终止，叶数不再增加。大蒜叶互生，对称排列，叶的着生方向与蒜瓣背腹连线相垂直，播种时如将种背腹连线与行向平行，可使叶片更多接受阳光。叶鞘筒状，相互抱合故称“假茎”，是营养物质的临时贮藏器官。分化越晚的叶，其叶鞘越长；植株叶数越多，则假茎越粗壮。幼苗期假茎粗度上下差异不大，随着鳞芽膨大叶鞘基部增粗。鳞茎膨大盛期，叶鞘基部所积存的营养物质运输到鳞芽，致使外层叶鞘逐渐干缩呈膜状，包裹鳞芽，使蒜头得以长期保存。

大蒜一生的叶片数因品种和播期不同而异，叶数多，叶面积大，叶的功能期持续时间则越长，对蒜薹的伸长和鳞茎膨大越有利。所以，在鳞茎形成前应促进叶面积扩大，在鳞茎形成期应防止叶片早衰。

（二）生长发育

大蒜的生育周期长短因品种、播期不同而异。大蒜的生长发育过程可分为萌芽期、幼苗期、鳞芽及花芽分化期、蒜薹伸长期、鳞芽膨大盛期和休眠期。

1. 萌芽期

从播种到芽鞘出土初生叶展开为萌芽期。春播需15～16 d。此期的生长特点是，须根由茎盘基部呈束状纵向生长，芽鞘破土长出幼叶，生长点继续分化新叶。大蒜萌芽期主要消耗种瓣中贮存的营养物质，种瓣大小直接影响出土能力和幼苗长势强弱。

2. 幼苗期

从初生叶展开到花芽鳞芽分化为幼苗期。春播大蒜约需25 d。幼苗期根系由纵向生长转向横向生长，新叶不断分化生长，进行光合作用，合成营养物质，植株由依靠种蒜营养物质逐渐过渡到独立生长。种蒜因养分消耗逐渐萎缩，并干瘪成膜状，这一过程称为“退母”或“烂母”。

3. 鳞芽及花芽分化期

从生长点出现花原始体开始到分化结束，春播大蒜约需 10 d 左右，是生长发育的关键时期。此时地上部和地下部生长加快，仍以叶部为生长中心，叶面积约占总叶面积的 50%，苗端形成花原基，在内层叶腋处形成鳞芽（侧芽）。大瓣种多在最内 1～2 层叶鞘基部形成鳞芽，小瓣种可在最内 1～6 层叶鞘基部形成鳞芽，故瓣数较多。鳞芽及花芽分化期植株的绝对生长量为 3.996～4.067 g，日均增重 0.36～0.60 g/株。

4. 蒜薹伸长期

从花芽分化结束到采收蒜薹为大蒜的蒜薹伸长期，也是鳞芽膨大前期。春播大蒜约需 30 d 左右。此时营养生长与生殖生长并进，贮藏器官鳞芽的缓慢生长，蒜薹的生长先慢后快，叶片已全部展出并旺盛生长，株高和叶面积均达到最大值。此期植株的生长量最大，是大蒜肥水管理的关键时期。

5. 鳞芽膨大盛期

从鳞芽分化结束到蒜头收获为鳞芽膨大盛期。春播大蒜约需 50 d 左右。前 30～35 d 与蒜薹伸长期重叠，蒜薹采收前鳞芽生长较为缓慢，采薹以后，顶端生长优势被解除，养分大量向鳞芽转移，促使鳞芽迅速膨大，鳞茎的纵径和横径急剧增长。此时叶片不再增长，但前期叶片仍保持旺盛长势，后期叶片和叶鞘中的营养物质陆续向鳞芽转移，地上部逐渐枯黄、发软、重量减轻。在管理上要保持土壤湿润，避免叶片损伤，延长功能叶片寿命，以提高大蒜产量和品质。

6. 生理休眠期

从采收蒜头到蒜瓣萌芽为止。此期，即使给予适宜的温度和水分，蒜瓣也不能萌芽发根。生理休眠期的长短因品种而异，一般为 20～70 d。大蒜生理休眠是对外界不良条件，特别是高温、干旱的一种适应。生理休眠结束之后，为大蒜被迫休眠期。为了长期贮存，应人为控制发芽条件，才能延长贮藏期。

（三）对环境条件的要求

1. 温　度

大蒜生长要求凉爽的环境条件，生长适宜温度为 12～26℃。种蒜虽在 3～5℃低温下开始萌芽，但萌芽的最适温度在 12℃以上。幼苗期的最适温度为 12～16℃，此期如温度过高，叶片易老化，纤维多，品质降低。鳞茎形成期的适宜温度为 15～20℃，温度超过 26℃，鳞茎进入休眠状态。

大蒜植株耐寒性较强，能忍受短期-10℃低温。大蒜不同品种对低温忍受能力不同，白皮蒜耐寒力较强。同一品种不同生育时期对低温的反应也有差异。幼株以 4～5 叶期耐寒力最强。大蒜属于绿体春化作物，必须达到一定苗龄才能感受低温影响通过春化。在 0～4℃低温下，约经 30 d 就可通过春化，诱导花芽，抽生蒜薹。

2. 光　照

大蒜要求中等光照度，不耐高温和强光。通过春化阶段后，要求在长日照及 15～19℃的条件下才能通过光照阶段而抽薹。长日照是大蒜鳞茎膨大的必备条件，不论春播或秋播，都必须经过夏季日照时间逐渐延长、温度逐渐升高的外界环境条件下，才能形成鳞茎。尤其是低温反应迟钝型品种，如果不能满足鳞茎形成对日照时长的要求，一般不能形成鳞茎，继续进行叶部生长。

3. 水　分

大蒜叶片带状，叶面积小，叶面覆盖蜡质，可减少水分蒸腾，属于耐旱叶型。须根弦细，分根和根毛少，表现喜湿的特点，对水分反应敏感。播种后保持土壤湿润，才能出苗整齐，防止“跳瓣”或根际缺水干旱死亡。幼苗期适量浇水，以中耕保墒为主，以免引起种瓣过早腐烂。叶片旺盛生长期需水量较多，应及时浇水，促进叶面积扩大。抽薹前控制浇水，采薹后及时浇水，促进植株和鳞茎生长。鳞茎膨大盛期满足水分供应，蒜头临近成熟要适度控水，促进蒜头老熟，以提高大蒜品质和贮藏性。

4. 土壤营养

大蒜吸收肥水能力弱，对土壤肥力要求较高。宜选择土质疏松、富含有机质的沙壤土，不耐瘠薄和碱性土壤。施肥以氮肥为主，氮磷钾齐全。播种前增施腐熟优质农家肥料，忌施生粪，否则容易“烧”坏种蒜并诱发种蝇危害。大蒜需肥的关键时期是叶片旺盛生长期和鳞茎膨大期，应保证肥水充足供应，方能提高产量。根据大蒜根系弱而需肥量较多的特点，施肥应以基肥为主，追肥应量少而次数多。

（四）花芽分化与蒜薹形成

蒜薹是大蒜的产品器官之一，抽薹必须满足对低温和长日照的要求。大蒜植株在0～4℃低温下，经过30～40 d后在13 h以上的日照和较高温度下，生长点开始花芽分化形成花原基。花薹的发育过程经历花芽分化期、花器孕育期和抽薹期。

大蒜的花薹包括花轴和总苞两部分。总苞中有花和气生鳞茎，多数品种只抽薹不开花，或可开花但花器退化不能结实。大蒜花芽分化后14～21 d，花粉母细胞开始减数分裂，绝大多数性细胞在发育过程中死亡，细胞质解体，可溶物消失，变成透明的空腔。大蒜性细胞死亡原因与营养条件有关。在鳞茎膨大期，同化物质99%输送到鳞茎，只有1%输送到花薹，使花器官处于饥饿状态而发育中断，故不能形成种子。

低温是花薹形成的主要因素，低温条件不满足，大蒜不能抽薹，而形成无薹多瓣蒜或独头蒜。相反，花芽分化过早，势必减少植株叶数，鳞茎膨大也将受到影响。春播播大蒜若播种过晚，不能满足春化条件，会降低抽薹率和蒜薹产量。

大蒜从花芽分化到采薹，需40～45 d，蒜薹的伸长和增重前期较为缓慢，中后期伸长加快，从露尾到露苞只需5 d，日增长量达4 cm。蒜薹的生长过程是：花芽分化后，生长锥伸长发育成蒜薹的雏形，薹高1 cm左右时叫“座脐”。当总苞顶端露出顶生叶的出叶口时叫“露帽”或“甩缨”，当总苞的膨大部分露出出叶口时叫“外苞”或“出口”，当蒜薹的花轴向一旁弯曲时叫“打钩”，此时为蒜薹采收适期。

（五）温度、光照与鳞茎的形成

大蒜的鳞茎（蒜头）是由多个侧芽发育肥大而成，鳞芽（蒜瓣）在植物形成学上是茎盘上的侧芽，是大蒜的营养贮藏器官，也是无性繁殖器官。

1. 鳞芽的分化与膨大

首先在靠近蒜薹的最终叶和倒二叶的叶鞘基部，形成月牙形的丘状突起，继而发育成波状突起，各个突起逐渐膨大而形成鳞芽原基。

鳞芽原基形成后，先分化第一叶原基，发育成蒜瓣的保护叶，然后分化出第二叶（贮藏叶）和第三叶（萌芽叶）的原基，收获时蒜瓣的内侧形成3～4片普通叶原基。鳞芽发育初期，各层鳞片（叶）薄厚相近，横断面为圆形。发育后期，外层鳞片中的营养逐渐向内层鳞片转移，使内层鳞片格外肥厚，而外层鳞片却干缩成膜状的蒜皮。鳞芽体积的增长，前期比较缓慢，采薹后鳞芽膨大速度最快，蒜头收获前1周生长减慢，蒜头直径的增长则平稳上升。

2. 影响鳞茎形成的因素

大蒜鳞芽的分化与肥大，均以同化物质的输入贮存为基础，并以较高的温度（15～20℃）和较长日照时数为必要的环境条件。在一定的日照时数下，提高温度可促进鳞茎的形成。陆帼一等（1966）将大蒜分为三个生态型，即低温反应敏感型、低温反应中间型及低温反应迟钝型。低温反应敏感型品种对日照长度的适应性较强，在12～16 h日照长度下鳞茎均发育良好，在8 h短日照条件下鳞茎仍可正常发育。低温反应中间型品种，在中纬度地区自然日照长度下，鳞茎发育良好。低温反应迟钝型品种在12 h的日照长度下，一般不能形成鳞茎，只有满足16 h的长日照才可形成鳞茎，对日照时数要求极为严格。所以，大蒜引种时首先必须了解被引品种的光周期特性和引种地的光照情况。

大蒜播种过晚，不能满足诱导花芽分化所需要的低温和低温持续时间，在温暖和长日照条件下，只能分瓣而不能抽生蒜薹，形成无薹多瓣蒜。如果植株既没有满足低温条件，又缺乏足够的同化物质，其结果不仅不能形成花薹，也不能形成鳞芽。在长日照和温暖气候条件下，外层叶鞘中的营养物质内移，贮于顶芽的最内层鳞片之中，使顶芽内层鳞片特别肥厚，而形成独头蒜。“种蒜不出九，出九长独头”这句农谚，说明春播大蒜播种晚是形成独头蒜的主要原因。此外，种瓣太小，土壤贫瘠，肥水不足，密度过大，叶数少，叶面积小等原因均会导致独头蒜的形成。综上所述，独头蒜的产生主要由于植株营养物质不足，影响鳞芽分化膨大所致。独头蒜与多瓣蒜结构相似，无本质差异，并可相互转化，用独头蒜播种可获得分瓣蒜头。

二、栽培技术

（一）大蒜栽培技术

1. 播前准备

（1）选地与施肥。选择富含有机质、质地疏松、保水保肥的沙质壤土。前茬为豆类、麦类、马铃薯等作物茬口较理想，避免连作或与葱蒜类蔬菜重茬。前茬作物收获后结合耕翻每亩施腐熟有机肥 4 000 kg 左右，饼肥 100～150 kg，草木灰 150～ 200 kg。封冻前灌饱冬水。第二年早春整平地面，做成 66.67 m^2 大小的畦块。播前施 20～40 kg 钾肥和 50 kg 过磷酸钙做基肥。达到地平肥匀、上虚下实的土壤环境。

（2）种蒜的选择和处理。蒜种大小对产量影响极大，种瓣越大，单株蒜头和蒜苔产量越高。因此，第一年秋收后选留头大且均匀的蒜头做蒜种，翌年播前选择色泽洁白，顶芽肥大，无病无伤、无病虫害、不脱皮的蒜瓣做为种蒜。剔除腐烂、断芽、小瓣蒜种。

在播前将种瓣在晴天阳光下晒 2～3 d，以提高发芽率，种瓣经晒种后发芽率可达 98%。

2. 种蒜的选择与播种

一般当地表土化冻，日均温稳定上升至 3～5℃，土壤化冻时即可播种。民乐大蒜主产区播期在 4 月 1 至 5 日，一般采用湿播法。株行距 15 cm×17 cm，把蒜瓣插入土中，微露尖端，太深出苗迟，幼苗弱，抽薹晚；太浅则发根时易把蒜种顶出地面，影响成苗。或用“蒜踏”扎孔播种，每亩用种量约 150～200 kg，适宜密度为每亩 2.5 万～3 万株。

3. 田间管理

（1）查苗补苗。出苗后，及时查苗，如发现有漏插或缺苗应即时补种。或在大田播种时，在其行间或田间种一些预备苗，可带土移苗补栽。查苗过程中若发现病苗，应及时拔除并补齐。

（2）肥水管理。在施足基肥的情况下，根据植株长势和地力适时追肥灌水。当第一片叶长出后，幼苗高 5～10 cm 时浇第一水，结合浇水每亩追施尿素 8～10 kg。浇水后要及时松土保墒、锄草 2～3 次。到抽薹期，要经常保持土壤湿润，退母后每隔 5～7 d 浇一次水，结合浇水每亩追施尿素 15～20 kg，采薹前 3～4 d 停止浇水，以防收获时折断蒜薹。蒜薹收获后，追施尿素 20 kg 和 3～5 kg 磷酸二氢钾，并及时灌水，加速鳞茎的膨大。

4. 收获

大蒜以蒜头和蒜薹为主要产品器官。

（1）采收蒜薹。蒜薹从花芽分化到采收需 40～45 d，前期生长缓慢，甩缨后迅速伸长，从出口到采收约需 15 d，当蒜薹顶部打弯时，即可采收。早收降低蒜薹产量，晚收质地粗硬。采薹一般在晴天下午进行，抽薹时不能用力过猛。

（2）收获蒜头。采薹后 30～40 d 左右，大蒜基部叶片干枯、假茎松软、上部叶片退绿时为蒜头收获期，张掖市民乐大蒜收获期在白露前 10 d 左右。在收获前 1～2 d 轻浇一次水，使土壤湿润，便于起蒜。起蒜时用手拉假茎，直接将蒜头拔起。大蒜收获后按大小编成 15～50 头的蒜辫，然后在通风处将蒜头向地面晾晒，但注意不能让雨淋，也不能让烈日暴晒蒜头。越冬大蒜贮存要挂在通风室内，气温以 0℃左右为宜。

5. 提纯复壮

大蒜为无性繁殖作物，在栽培过程中易出现退化现象，同时由于栽培措施不当，易感染病毒，使大蒜表现粗株变矮、鳞茎变小或粗脖无头。以上两种现象均称为退化现象。常采用如下措施复壮。

（1）兑换蒜种。大蒜种植区内户与户之间、栽培上下限地区之间换种。

（2）严格选种。收前田间选棵，收获时选头，播种前选瓣。

（3）改善栽培条件。选择疏松肥沃的土壤，适当稀植，重施农家肥，及时灌水，适时采薹。

（4）用气生鳞茎繁殖。采用地膜覆盖及小拱棚栽植，促使大蒜生长发育，形成气生鳞茎。用气生鳞茎播种，当年形成独头蒜，第二年用独头蒜播种，可获得分瓣大蒜。

（二）蒜苗栽培技术

蒜苗是以鲜嫩翠绿的叶片和白嫩透红的假茎作为食用器官的重要调味品蔬菜，以露地生产为主，早春钢架大棚栽培面积近年来逐年上升。蒜苗栽培生长期较短，效益可观。

1. 选地整地

选择土层深厚、肥沃、疏松、排水良好，以粮食作物或非葱蒜类蔬菜为前茬的沙壤土或壤土地。播种前进行深耕疏松土壤，碎土耙平，耕深达 25～30 cm ，做到地平土松。青蒜苗在生长期需肥较多，结合整地每亩施腐熟优质农家肥 4～5 m^3，磷二铵 15 kg，尿素 5kg，施肥后深耕并精细整地。整地施肥后，一般做成宽 1.5～2 m 的平畦，做到土细、畦平、畦垄直。

2. 选种及种子处理

选用蒜头大、蒜瓣多、不易抽芽、耐贮藏、生长迅速且品质好的白皮品种，如张掖大蒜、新疆白蒜等，白皮蒜种分瓣多，发芽快，产量高，抽苔率底。选择整齐饱满、无病斑、无霉烂、无虫蛀、无机械伤、顶芽未受伤的蒜种。

蒜种要去掉底部种脐、去掉牙瓣。种子处理种前进行消毒处理，在蒜种上均匀喷洒杀菌剂如噁霉灵+咯菌腈等。蒜种铺在潮湿的地面上，厚 7～10 cm，每隔 3～5 d 翻种 1 次，使蒜种受潮均匀，发根整齐，经 15～20 d 后蒜瓣发出白根，即可播种。

3. 播种

（1）播种时间。气温稳定在 17～19℃时即可播种，露地于 4 月下旬至 5 月初播种，为了均衡上市，也可在 5 月下旬至 6 月初播种。

（2）种植密度。根据播期、生长期长短、蒜瓣大小、品种特性以及生产季节等而定，一般行距为 10～12 cm，株距 3～5 cm，每亩保苗 4.5 万～5 万株。

（3）播种方法。因大蒜叶互生，对称排列，其着生方向与蒜瓣背腹边线互相垂直，播种时要求蒜瓣背腹方向顺沟而播。蒜种摆放时应保持直立，不要上齐下不齐，以使覆土厚度一致，保持出苗整齐，种植深度 4～5 cm ，覆土厚度一般以埋没蒜瓣顶尖为宜。

4. 田间管理

（1）水分管理。播种后浇 1 次透水，以促进蒜瓣发芽。出苗后再浇 1 次提苗水，地面干后，为防止土壤板结，应中耕培土保墒。以后视天气、土壤墒情适时浇水。浇水时忌大水漫灌，避免造成土壤板结而引起烂种、蒜苗发黄。

（2）肥料管理。在施足基肥的基础上，根据苗情长势，应量少次多。施肥前期以氮肥为主，促进幼苗生长。结合松土除草，每亩追施尿素 5 kg，每隔 15 d 追肥一次，共追 3 次。每隔 7 d 叶面喷施 0.3%磷酸二氢钾，共 3 次，以防植株早衰。

5. 适时收获

根据市场需求一般播种后 60～80 d 即可陆续收获上市。当地上部分达到 40～50 cm 时，7～8 叶时可分批采收。早蒜于 7 月下旬至 8 月初采收，迟蒜于 9 月中下旬采收。采收前 20 d 不施用任何肥料、农药。收获时连根挖起。采收时去除根部泥土和下部黄叶，扎成小捆上市。一般每亩收获 3 000～4 000 kg。

三、大蒜栽培中常见的问题

（一）品种退化

品种退化其表现是植株矮化，茎叶细弱，叶色变淡，鳞茎变小，小瓣蒜和独头蒜的比例增加，致使产量逐年降低。

1. 退化原因

大蒜为无性繁殖作物，蒜瓣是侧芽的变态器官，是大蒜母体的组成部分。生物界都是通过有性繁殖产生生活力强的后代，而大蒜的生育周期不经过有性世代，而是从鳞芽到鳞芽，这是引起大蒜品种退化的内在因素。不良气候条件和栽培技术，是引起大蒜品种退化的外因。大蒜生育期间高温、干旱和强光诱发病毒病发生，导致品种退化；土壤贫瘠、肥料不足，尤其是有机肥料不足；密度过大，个体发育不良；采薹过晚，假茎损伤，营养消耗过多，鳞芽不能充分发育；选种不严格等均可导致品种退化。此外，因有性世代退化，大蒜育种进展甚微，主栽品种严重老化，亟待改良更新。

2. 复　壮

选择气候条件或栽培条件差异大的地区进行换种［须注意气候（纬度）差异大时换种有时难以成功］。如山区与平原、粮区与菜区，有利于恢复大蒜的生活力，有一定复壮增产效果。用气生鳞茎繁殖也有复壮效果。大蒜脱毒快繁技术，对缓解品种退化，提高大蒜产量和品质具有一定作用。严格选种，收前选棵，收时选头，播前选瓣；改善栽培条件，适当稀植，加强肥水管理等综合栽培技术措施，可使退化的品种逐步得到复壮。

（二）二次生长

1. 概　念

大蒜二次生长是指大蒜初级植株上内层或外层叶叶腋中分化的鳞芽或气生鳞芽因延迟进入休眠而继续分化和生长叶片，形成次生植株，甚至产生次级蒜薹和次级鳞茎的现象。

2. 二次生长的类型

大蒜二次生长主要有外层型、内层型和气生鳞茎型三种类型。

（1）外层型。二次生长发生在初生植株外层叶叶腋，每个叶位可产生1～3个次级植株。次生植株进一步生长分化，形成独头蒜、无薹多瓣蒜、或有薹蒜，使初生鳞茎外围着生一些次生鳞茎，并使鳞茎畸形，蒜瓣排列杂乱，商品性严重降低。

（2）内层型。二次生长该类型发生在初级鳞茎的鳞芽上，发生晚，发育程度较低，次级植株上多则可形成5～6片展叶，次级鳞茎可能是独头蒜或无薹多瓣蒜，很少形成次级蒜薹。严重时使蒜瓣排列松散，容易开裂，在蒜瓣上拖着细长的次级植株。

（3）气生鳞茎型。二次生长该类型发生在初级植株气生鳞茎的鳞芽上。是气生鳞茎中气生鳞芽的保护叶发育成普通叶，形成次级植株，使初级蒜薹短缩，丧失商品价值。一般发生率很低，对生产影响较小。

3. 二次生长的发生原因

大蒜二次生长产生原因，其内因有品种的遗传性、蒜种大小、植株长势和植株体内生长调节物质种类及数量对比等。外因包括生态条件和栽培措施。内因和外因之间、内因或外因内部各个因素之间往往存在交互作用。陆帼一、程智慧认为，品种遗传性是影响大蒜二次生长的主要因素，但不同品种的二次生长类型有一定差异。不同品种对蒜种贮藏温度的反应不同，但播前30 d蒜种在14～16℃或0～5℃中贮藏，与室温（24～27℃）相比，均有促进二次生长的作用，低温加上高湿（空气相对湿度75%～100%）二次生长发生更加严重。播期与二次生长的关系因品种、蒜种休眠程度、播后出苗快慢、蒜种贮藏条件及土壤湿度而异。以内层型二次生长为主的品种，种蒜经冷凉处理，会促进内层型和外层型二次生长。无论播期早晚，土壤湿度高，内层型二次生长将显著提高。蒜瓣经冷凉处理或在室温下贮藏，大瓣蒜种均较小瓣蒜种容易发生外层型二次生长，蒜种经冷凉处理及稀植更是如此。提高土壤湿度（相对对含水量80%～90%），较低土壤湿度（相对含水量50%～65%），外层型和内层型株率提高。

4. 防止二次生长的途径

选择不易发生二次生长的品种，根据种植品种二次生长类型特点制定相应的栽培技术。蒜种贮藏条件应保持20℃以上的温度和75%以下的空气相对湿度。适时播种，严禁低温处理蒜种后提早播种。不宜用过大的蒜瓣播种，合理密植与水肥管理。

参考文献

柴武高. 2012. 民乐县紫皮大蒜无公害栽培技术［J］. 现代农业科技（6）：141.

陈杏禹 . 2010. 蔬菜栽培［M］. 北京：高等教育出版社 .
山东农业大学 . 2000. 蔬菜栽培学各论（北方本）［M］. 第 3 版 . 北京：中国农业出版社 .
赵强，常国军，韩文韬，等 . 2007. 酒泉市洋葱栽培技术的改进［J］. 中国蔬菜（10）：49-50.
种付平 . 2005. 酒泉市洋葱育苗及覆黑膜栽培技术研究［J］. 兰州：甘肃农业大学农学院 .

第十章

根菜类栽培技术

第一节　萝卜栽培技术

一、生物学特性

（一）植物学特性

1. 根

萝卜根系不发达，主根虽可入土深达1 m左右，但细根大多分布在20～40 cm的耕作层内，所以根系生长受土壤深耕程度影响很大。直根的形状有圆、扁圆、圆锥、园柱等。直根的颜色有乳白、青绿、紫红、粉红、橘红、黄色等。不同类型和品种，肉质根露出地面部分与埋入土中比例也不一致。如浙大长，地上、地下部各占1/2，露八分、钩白等萝卜有8/10露出地面，而觅桥红萝卜肉质根全部埋入土中。直根的根型和入土深度与品种特性和栽培条件有关，凡根部比较大的，入土较深。凡根颈部比较大的，肉质根露出地面比例大、入土浅。

2. 茎

萝卜的营养茎是短缩茎，进入生殖生长期后抽生花茎，花茎上可产生分枝。

3. 叶

萝卜的叶片为根出叶，按其形态可分为板叶和花叶两种类型。叶片的颜色有深绿、浅绿等多种。叶片生长方向有直立、平展、下垂等各种方式，据此可以确定适宜的栽培密度。

4. 花、果实、种子

白萝卜的花为白色，青萝卜的花多为紫色，红萝卜则为浅粉色或白色，花序为总状花序，主枝花先开。全株开花期为30 d。虫媒花，天然异花授粉。留种时必须注意隔离。

萝卜的果实为长角果，但成熟时不开裂，种子成熟一般比白菜晚半月左右。萝卜种子为褐色，一般千粒重为10～15 g，种子使用年限1～2 a。

（二）生长发育

1. 营养生长期

萝卜的营养生长时期是从种子萌动、出苗到肉质根肥大的整个过程。由于生长特点的变化，又可分为以下几个时期。

（1）发芽期。播种至第一片真叶展开，需5～7 d。此期主要是种子吸水和发芽以及吸收根的生长，要求较高的温度（20～25℃）和湿润的土镶。栽培上应防止土壤干旱，保证出苗和全苗。

（2）幼苗期。真叶展开至“破肚”，需 15～20 d。植株由“异养生长”逐步转入“自养生长”。地上部叶分化加速，叶面积不断扩大，肉质根的生长以垂直生长为主，同时逐渐开始加粗生长。由于肉质根不断加粗，向外增加压力，而肉质根外部的初生皮层不能相应地生长和膨大，造成初生皮层的破裂，即“破肚”。“破肚”是先由下胚轴的皮层在近地面处开裂，这时称小“破肚”，此后皮层继续向上开裂，数日后皮层完全开裂，这时称“大破肚”。“破肚”标志着肉质根膨大的开始，此时萝卜幼苗一般具4～6 片真叶，对水分需要不多，但高温干燥时易引起幼苗死亡和诱发病毒病，栽培上应注意浇水降温，防止干旱，并进行间苗、中耕和培土。

（3）叶片生长盛期。“破肚”至“定橛”，该期又称莲座期，或肉质根生长前期，需 15～20 d，小型萝卜 5～10 d。这个时期的生长特点是叶子迅速生长，叶数不断增加，叶面积迅速扩大，同化产物逐渐增多，同时肉质根进行延长生长与加粗生长。当萝卜肉质根的根头部膨大和变宽，径粗 1～2 cm 时如人肩露出地面，称为“露肩”。到此期末，地上部与地下部鲜重比接近 1：1，这时植株比较稳定，不易动摇或拔出，故称“定橛”。此后肉质根急剧加粗生长，所以，此期要加强水分和营养供应，促进莲座叶生长，同时还要防止灌水过多，偏施氮肥引起地上部徒长。

（4）肉质根生长盛期。“定橛”至收获，需 40～60 d，小型萝卜 10～15 d。此期叶片生长趋于缓慢，而肉质根生长迅速，同化产物大量贮藏于肉质根内，从而肉质根的生长速度超过地上部，到了肉质根生长末期，叶片重量仅为肉质根重量的 1/5～1/2。因此，该期对肥水的需求量最高，生产上要加强水肥供应。

2. 生殖生长期

河西走廊早春播种的萝卜，种子或植株若能经受一定的低温感应，在当年春、夏也可抽薹、开花和结实。萝卜从现蕾到开花，一般需 20～30 d，花期变化很大，一般为 30 d，长时可达 60 d，开花到种子成熟还需 30 d 左右。此期生殖器官成为养分输送中心，同化营养和贮藏营养都向花薹输送，供开花结实之用。该期还需适当供给肥水，促进花茎产生分枝，以利于座荚和籽粒饱满。

（三）对环境条件的要求

1. 温　度

萝卜种子在 2～3℃下开始发芽。生长的温度范围为 5～25℃，地上部分生长的最适温度为 15～20℃，地下部生长的最适温度为 13～18℃。25℃以上时，有机物质累积减少，呼吸消耗增多，植株生长衰弱，遇干旱时又容易引起病虫害，尤其是蚜虫和病毒病；反之 5℃以下生长缓慢，也容易引起抽薹、开花。当温度低于-1℃时，肉质根易遭冻害。四季萝卜和夏秋萝卜适应的温度范围较广。

2. 光　照

萝卜要求中等光照度。不过在萝卜叶生长盛期和肉质根生长盛期，充足的光照有利于光合作用进行，加速叶片的分化和叶面积的扩大，从而使同化产物增加。光照不足叶柄伸长，叶色变淡，同化作用减弱，下部叶片因营养不良而提早死亡，因而同化作用减弱，影响肉质根的肥大。萝卜属于长日照作物，因此，长日照条件下容易引起抽薹，而在短日照条件下则营养生长期延长，有利于有机物质的积累和贮藏。

3. 水　分

萝卜的根系入土浅，故耐旱能力较弱，土壤含水量以最大持水量的 65%～80% 为宜。如果缺水，不仅产量降低，而且肉质根容易糠心，味苦，味辣，品质粗糙。水分过多时，土壤透气性差，影响肉质根膨大，并易烂根。水分供应不均又会导致根部开裂。萝卜生长期适宜的空气相对湿度为 80%～90%。

4. 土壤和营养

萝卜肉质根肥大对土壤的要求较为严格，一般土层深旱、疏松肥沃、保水排水良好时，肉质根能够充分肥大，而且肉质根条形好，表面光滑，完整，如土层过浅、土壤过于粘重或排水不良，则易使肉根分叉或弯曲，影响萝卜的品质。

萝卜吸肥力较强，施肥应以有机肥为王，并注意氮、磷、钾的配合。据西村（1959）的研究，萝卜各生育期吸收的氮、磷、钾总量，叶片中氮比根部高，而根部的磷、钾含量比叶片高。特别是在根部膨大期，根部含钾量显著增高并大大超过叶部，因此磷、钾肥，尤其是钾肥对肉质根膨大影响较大。所以后期增施钾肥能显著提高产量和品质。另据池田英男（1981）的研究，硝态氮比铵态氮对萝卜的地上部生长更为有利，而萝卜肉质根肥大又以硝态氮与铵态氮配合施用效果最好，硝态氮：铵态氮为 1：（1～3）为好。据侯建伟等（1993）研究，翘头青萝卜合理施肥方案为：1 hm^2 施硝酸铵 1 042. 5 kg，重过磷酸钙 460. 5 kg，硫酸钾 723 kg。

二、栽培技术

（一）秋冬茬萝卜栽培技术

1. 整地、起垄、覆膜、施基肥

在前一年冬耕时深翻 20～30 cm，第二年前茬作物收获后，还可以再深耕。萝卜施肥应以有机基肥为主，追肥为辅，每亩施用基肥的量为 3 000～5 000 kg。有机肥必须充分腐熟，否则易造成叉根。河西走廊栽培大型品种多采用高垄栽培，高垄栽培能相对增加耕作层厚度，利于肉质根的生长。垄起好后即可覆膜。中、小型品种多采用平畦栽培。

2. 播　种

萝卜主根损伤或受阻很易产生分叉，导致后期肉质根畸形，因此萝卜均采用直播法。播前应进行种子质量检验，选用纯度高的新种子，高温高湿条件下贮藏的陈种子出苗差，苗株生长势弱，易抽薹，肉质根也易分叉。播期多在小麦收获后播种，大约在 7 月底至 8 月初。播种时应选用籽粒饱满的种子，大型品种穴播，每亩用种0. 3～0. 5 kg，每穴点 6～7 粒，小型品种撒播的需 1. 8～2 kg。如果土壤墒情好，种子发芽率高，每穴可点播 3～4 粒种子。播种深度 1. 5～2 cm，大型品种行距 35～40 cm，株距 20～30 cm；

小型品种间距 10～15 cm。

3. 田间管理

（1）间苗、定苗。幼苗出土后要及时间苗，否则会引起徒长。一般间苗 2～3 次，子叶充分展开时第一次间苗，3 片真叶时第二次间苗，第三次间苗即定苗在 4 片真叶期，最晚不超过 5 片真叶，间苗的原则是去劣存优。

（2）合理浇水。秋萝卜从播种到收获需要 80～110 d，生长期较长。萝卜耐旱力弱，而肉质根肥大需水较多，如果在生长期缺水，尤期在肉质根生长盛期缺水，不仅影响产量，而且肉质根生长细瘦，皮厚，肉硬，辣味大。反之水分过多，土壤中缺乏氧气，根系吸收能力下降，由于地上部与地下部的生长失去平衡会形成大的叶丛和小的肉质根。一般土壤含水量以田间最大持水量的 65%～80%为宜。供水要均匀，防止忽干忽湿，造成裂根。

萝卜播种后要及时灌水，保持土壤湿润，保证发芽迅速，出苗整齐。幼苗期生长量不大，需水不多，但因正值高温季节，适量浇水可促使幼苗生长，并可降温，防止发生病毒病。在叶片生长盛期需要水分比苗期多，但须适当控制，防止水分过多，叶部徒长，影响肉质根生长。一般地不干不浇，地发白才浇。进入“定橛期”后，萝卜肉质根开始迅速肥大，对水分需求量增加，应及时均匀地供应足够的水分。为提高萝卜的品质，便于收获，以利长期贮藏，减少糠心，一般采收前灌 1 次水。在多雨季节，萝卜还应注意及时排水。

（3）分期追肥。对于生长期短的萝卜，若基肥量足，可少追肥。大型种生长期长，须分期追肥。一般在定苗后、莲座期、肉质根生长期各追肥 1 次，每次每亩用 8～15 kg 硫酸铵或硝酸铵，铵态氮与硝态氮为 1：1 时有利于直根发育。施用完全肥料时增产效果最明显。另据刘光文、杨长华等（1991）研究，在萝卜开始膨大期和膨大盛期叶面喷 0. 3%硼砂或 0. 4%$CaCl_2$与 0. 3%硼砂混合液，有利于促进肉质根肥大。

（4）中耕、除草。大、中型萝卜于幼苗期特别容易滋生杂草，应及时中耕除草 2～3 次，使土壤保持疏松状态。

4. 收　获

萝卜应及时收获，为了抢早上市，萝卜未充分肥大时也可提前收获。秋播的多为中、晚熟品种，需要贮藏时应稍迟收获，但须防糠心、防冻害，应在霜冻前收完。冬贮萝卜须将根头切去，以免在贮藏过程中发芽，消耗养分而降低品质。萝卜的产量品种间差异很大，大型品种 667 m^2 产量可达 5 000 kg 左右，高产者可达 10 000 kg 左右，中型品种 667 m^2 产量为 3 000 kg 左右。

（二）春夏萝卜栽培技术

河西走廊春夏萝卜一般在春季播种，春末或初夏收获。这茬萝卜在早春淡季蔬菜供应中发挥着重要作用。春夏萝卜以露地栽培为主，也有大棚、中小棚等栽培类型。由于早春温度低，后期温度升高，日照逐渐加长，萝卜容易抽薹，影响产量。生产上应针对这一问题采取措施。

露地春萝卜栽培时，冬前对土地深耕 20～30 cm，封冻前浇冻水。第二年春天 5～10 cm 地温达 5～7℃时播种。要特别注意选择冬性较强、不易抽薹的品种，如招福、五缨、六缨、小娃娃脸等。此外要确定适宜的播期，播种过早，萌动的萝卜种子受早春低温的影响通过春化而抽薹开花，给生产带来损失。播种过晚，后期温度升高不利于萝卜肉质根发育，形成的肉质根品质粗糙，产量下降。

播前施足基肥、起垄、覆膜，播后覆土镇平。条件适宜时，萝卜播后 2～3 d 即可出苗。出苗后间苗，在幼苗长出 2～3 片真叶时定苗，苗距 20～25 cm。因为早春气温较低，苗期应多中耕，浇水不宜太早、太多，以免影响幼苗生长。

萝卜“破肚”以后浇“破肚”水，以促进肉质根生长。此后控水蹲苗 10 d 左右，以控制叶片生长。当肉质根生长到“定橛”期，或“露肩”前后，肉质根开始急剧生长，应及时浇水、追肥，每亩施用硫酸铵 25 kg。以后每隔 5～7 d 浇 1 次水，直到收获为止。如果浇水不及时或停水过早易造成肉质根糠心，影响产品质量。其他管理同秋冬茬萝卜。

三、萝卜栽培中存在的主要问题

（一）未熟抽薹

1. 发生原因

萝卜在早春栽培或高寒地区秋冬栽培中，种子萌动后遇低温或使用陈种子，播种过早，又遇高温干旱以及品种选用不当，管理粗放等，就会发生未熟抽薹，从而直接影响或抑制了肉质直根的肥大和发育。参见附图 10-1。

2. 防治措施

严格选择优良品种，使用新种子，适期播种，加强肥水管理。

（二）弯曲根、叉根、裂根

1. 发生原因

弯曲根一般是由于土质过硬，主根伸长受阻而引起。叉根又叫岐根，主要是主根生长点受到破坏或主根生长受阻而造成侧根膨大所致，参见附图 10-2。在正常情况下，侧根的功能是吸收养分和水分，一般不膨大，如果土壤耕层太浅，坚硬或石砾块阻碍肉质根的生长就会发生叉根。其次施用未腐熟有机肥或浓度过大的肥料也容易使主根损伤，引起肉质根分叉。另外采用贮藏四五年的陈种子或移植后主根受损也会使肉质根分叉。裂根就是肉质根开裂，主要是肥水供应不均造成的。如秋冬萝卜生长初期，遇到高温干旱而供水不足时，肉质根周皮层组织硬化，到生长中后期，湿度适宜，水分充足时，木质部薄壁细胞再度膨大，而周皮层及韧皮部的细胞不能相应生长，就会发生开裂现象。

2. 防治措施

选择土层深厚的沙壤土或壤土栽培，高垄栽培，选用优良品种，加强管理，适时、适量浇水。

（三）糠　心

1. 发生原因

又叫空心，是指肉质根木质部中心发生空洞的现象。萝卜糠心后重量轻，品质差，水分失调是萝卜糠心最直接的原因。在肉质根生长盛期，正值植株吸收作用和蒸腾作用旺盛之时，水分耗量大，如果温度过高，湿度过低，而供水又不足，造成肉质根中木质部一些远离输导组织的薄壁细胞由于缺乏营养物质和水分的供应，细胞中糖分消失，可溶性固形物含量减少，同时产生细胞间隙，最后造成萝卜糠心。萝卜糠心的原因主要有以下几个方面。

（1）品种因素：凡肉质根致密的小型品种，都不易糠心；而生长速度快、肉质松软的大型品种均易糠心。

（2）栽培因素：栽培过程中由于播种过早，生长季节温度高，湿度小，水肥供应不充足，采收不及时均容易糠心。

（3）生殖生长因素：春夏萝卜播种过早，发生未熟抽薹进而开花时，萝卜肉质根由于得不到充足的营养和水分则容易糠心。

（4）贮藏因素：萝卜贮藏时覆土过干过厚，坑内湿度过低，贮藏时间过长时也容易糠心。

2. 防治措施

在选择品种、生产管理、贮藏等过程中应针对以上原因采取必要的措施，防卜糠心的发生，提高萝卜的商品性。

（四）苦味与辣味

1. 发生原因

肉质根辣味是由于肉质根中辣芥油含量过高而产生。主要是由于干旱、炎热，肥水不足，病虫为害等造成。苦味是肉质根中含一种含氮的碱性化合物——苦瓜素，主要是由于单纯使用氮素化肥而造成氮肥过多磷肥不足引起。

2. 防治措施

消除辣味和苦味须注意栽培管理和合理施肥。

第二节　胡萝卜栽培技术

一、生物学特性

（一）植物学特征

1. 根

胡萝卜为深根性植物，根系分布深度可达 2～2.5 m，宽度达 1～1.5 m。胡萝卜的真根占肉质根的绝大部分，肉质根表面相对 4 个方向有纵列 4 排侧根，因此，更易产生叉根。根表面有凹沟或小突起状的气孔，以便根内部与土壤进行气体交换。胡萝卜肉质根的次生韧皮部特别发达，为主要食用部分。

2. 茎

在营养生长时期，有出苗后的幼茎和肉质根膨大后的短缩茎，短缩茎上着生叶片。通过阶段发育后，顶芽抽生花茎，主花茎高达 1.5 m 以上。花茎的分枝能力很强，主茎各节都可抽生侧枝，侧枝上又生次侧枝。

3. 叶

胡萝卜出苗后的第一对真叶很小，很快即枯萎。叶为根出叶，叶柄较长，叶色浓绿，为三回羽状复叶，叶面积小，叶面密生茸毛。这种具有抗旱特性的叶片结构，再结合发达的根系，使胡萝卜抗旱能力较萝卜和其他根菜类都强。

4. 花

复伞形花序，花多为白色，着生于花枝顶端，每个小伞形花序，有小花 10～160 朵，两性花，异花授粉。虫媒花，易自然杂交。开花顺序先主枝后侧枝，全株花期 1 个月，每个小伞形花序的花由外围向内逐渐开放，花期持续 5 d 左右。

5. 果实与种子

胡萝卜为双悬果，可以分成两个独立的半果实，栽培上以此果实作为种子。其形扁平，呈长椭圆形，长约 3 mm，宽 1.5 mm，厚 0.4～1 mm。两半果相对一面较平，各果实的背面呈弧形，并有 4～5 条小棱着生刺毛。刺毛常使种子连在一起，若不除去会致播种不匀，影响种子同土壤接触，不利吸水、发芽。果皮含有精油，有一种特殊香气，不利种子吸水，播种后出苗缓慢。种子无胚乳，千粒重 1.1～1.5 g。

（二）生长和发育

胡萝卜为绿体春化型蔬菜，一般幼苗要达到一定叶龄时（10 片叶左右），在 1～3℃低温条件下经历 60～80 d 才能通过春化阶段。南方的少数品种，也可在种子萌动遇较高温度下通过春化阶段。胡萝卜一般为两年生。第一年为营养生长时期，形成肥大的肉质直根，并通过低温春化，第二年在高温长日照条件下抽薹、开花、结实。因此，胡萝卜生长发育分两个大的时期。

1. 营养生长期

该期又分为发芽期、幼苗期、叶片生长盛期和肉质根生长时期，历时 90～140 d。

（1）发芽期。由播种到真叶露心，需 10～15 d。胡萝卜种子发芽慢，发芽率低，而且发芽不整齐。因此，胡萝卜发芽过程一般对条件要求较为严格。保持土壤细碎、疏松、透气，并创造良好的温、湿条件是保证苗齐、苗全的必要条件。在良好条件下胡萝卜发芽率为 70%，条件差时发芽率仅为 20%左右。

（2）幼苗期。由真叶露心到 5～6 叶，需 25 d 左右。这个时期的光合作用和根系吸收能力还不强，生长较缓慢。适宜的生长温度为 23～25℃。胡萝卜苗期对于生长条件反应比较敏感，应随时保证足够的营养面积和肥沃、湿润的土壤条件，此外，由于幼苗生长缓慢，抗杂草能力差，容易发生草荒，因此苗期要清除杂草，以利幼苗健壮生长。

（3）叶生长盛期。从5～6片真叶到“定橛期”，又称莲座期，叶面积不断扩大，同化产物增多，肉质根开始缓慢生长，约需30 d。此期，同化产物的分配以地上部为主，肥水供应不宜过大，对地上部叶片管理要保持“促而不过旺”。要改善通风透光条件和营养状况，防止叶片过早枯黄。

（4）肉质根生长盛期。从“定橛期”到收获，需50～60 d，占整个营养生长期2/5左右时间，叶片继续生长，下部老叶不断死亡，所以该期要维持一定叶数，保持最大叶面积，以加强光合作用，使大量光合产物向肉质根运输贮藏。该期要加强肥水管理，增施钾肥，创造良好的温、湿条件，促进肉质根的发育和肥大。

2. 生殖生长期

胡萝卜为绿体春化型，收获后经贮藏越冬，通过春化阶段，翌年春夏抽薹、开花、结实。

（三）对环境条件的要求

1. 温　度

胡萝卜性喜冷凉，对温度要求与萝卜相似，但耐热性及耐寒性均比萝卜稍强，可以比萝卜提早播种和延后收获。种子在4～6℃就可萌动，但发芽较慢，发芽最适温度为20～25℃，幼苗期及叶片生长盛期的适温为23～25℃，幼苗能耐短时间-4～-3℃的低温和27～30℃的高温干燥气候。肉质根肥大期的适温是13～20℃，3℃以下停止生长，较大的昼夜温差有利于叶片同化产物向肉质根的积累。昼温18～23℃，夜温13～18℃对肉质根肥大最为有利。胡萝卜开花结实期的适温是25℃左右。生长期间适宜地温为18℃。

2. 光　照

胡萝卜属于长日照作物，生长期间要求中等光强。光照不足，会引起叶柄伸长，叶片变小，下部叶片提早枯黄，植株生长势弱，同化量减少，肉质根膨大受抑制。

3. 水　分

胡萝卜根系发达，能利用深层土壤水分。侧根多，叶面积小，为根菜类中耐旱性最强的蔬菜，但过于干燥对肉质根的发育也不利，同时容易产生糠心等。此外，前期水分过多时，地上部生长过旺，会影响以后直根生长，后期多湿会造成肉质根表皮粗糙，次生根的发根部突出，因此，胡萝卜栽培中遇干旱时仍须灌溉，同时又不能供水过多，防止徒长，保持田间最大持水量的60%～80%为宜。

4. 土壤和养分

胡萝卜在土层深厚、富含腐殖质、排水良好的砂质壤土中生长良好。土壤坚硬、肥力不匀时易产生裂根和叉根等。在营养生长期间，播种后的2个月生长缓慢，仅能吸取很少养分，但后半期肉质根急剧膨大，同时养分吸收急剧增加。据测定，每5 000 kg胡萝卜中含氮16 kg、磷6.5 kg、钾25 kg，因此施肥时除了满足氮肥的需要外，还应注意磷、钾肥的配合施用，尤其是钾肥，对胡萝卜肉质根肥大作用明显。胡萝卜对于土壤溶液浓度敏感，在幼苗期土壤溶液浓度不宜高于 0.5%，成长的植株适应的溶液浓皮最高为 1%，施肥时切忌浓度过高。

二、栽培技术

河西走廊胡萝卜栽培面积最大、品质最好的为永昌的胡萝卜，下面主要介绍永昌县胡萝卜栽培技术。

（一）露地栽培技术

1. 选地整地

（1）选地。应选择地势平坦，水源充足，灌排水方便，土层深厚疏松，富含有机质的沙质壤土或壤土。在这样的土壤中，形成的肉质根颜色鲜嫩，侧根少，皮光滑，质脆。否则，产量低，外皮粗糙，色淡，根小。前茬作物以小麦、马铃薯、豆类等为宜，避免与蔬菜或其他伞形花科作物连作，以减少病害的发生。

（2）整地。

深翻晒土：胡萝卜与萝卜相比肉质根入土比例较大，幼苗生长比较缓慢，杂草容易滋生，除草不及时易发生草荒，因此土壤须深翻 30 cm 以上，既有利于肉质根正常肥大，又可消灭杂草。同时，结合深翻进行晒土。

整地与施肥：3 月下旬镇压碎土，耙耱保墒。4 月初结合浅耕每亩基施腐熟有机肥 3 000～5 000 kg、过磷酸钙 50 kg、硫酸钾 10 kg、尿素 5 kg。浅耕后耙耱前将氟乐灵或地乐胺按一定稀释倍数稀释后均匀喷施于地表，并耙耱整平土地，待 5～7 d 后起垄。垄宽 50～60 cm，垄高 15～20 cm，垄距（沟宽）30 cm，垄面呈梯形，要求整平。

2. 选种及播种

（1）选种。胡萝卜因其品种不同，其色泽、抗开裂、歧根、抗病以及产量和品质差异较大。宜选择早熟、丰产、长势强、肉质根圆拄形、表皮光滑、肉色橙红、心柱细小、色泽鲜亮、肉质细嫩而脆甜的品种，这样的品种商品率高，种植效益好。如大阪六寸、新秀三红、金冠五寸、红笋等品种。使用新种子时，必须经过充分后熟而且休眠已过，使用陈种子时，种子必须是在良好的条件下贮存的。

（2）播种。播种时间为 4 月上中旬。按播种量，根据所起垄数与单垄面积将种子分成若干等份，按 1∶2 的比例将种子与湿润过筛细土相混合均匀撒播于垄面上，上覆厚 1.5 cm 左右的细土。也可以地膜覆盖栽培，开穴点播，每穴点 2～3 粒种子，达到早熟丰产，提高种植效益。

3. 田间管理

（1）灌水。播种后立即灌水，水深不超过垄沟深度的 1 /2，要求所灌水渗透垄面，待垄面发白时再灌 1 次水。出苗后 7～10 d（3 叶期）灌苗水，以后根据生长情况及土壤墒情灌水 5～7 次，以经常保持垄面湿润为宜，特别是在肉质根膨大期需水量较大，要求勤浇水，禁止大水漫灌，大雨后及时排水防涝，以减少根部的开裂和歧根。

（2）除草与定苗。在4叶期及时人工拔除田间杂草，并结合除草进行间苗、定苗，人工除掉小苗、弱苗，防止过密（以株距6～7 cm为宜）。间苗后要浅中耕培土，疏松表土，使根部没入土中，减少胡萝卜的青头率，提高商品率。发现抽薹苗应及时拔除。

（3）肥料管理。在胡萝卜根部长到1 cm粗时，按每亩施1.5～2 kg纯氮追施第一次肥料，适当追施钾肥，喷施微肥。胡萝卜对镁、硼需求量较大，喷施微肥对提高胡萝卜糖分和胡萝卜素含量有促进作用，可改善品质。相隔15～20 d用同样的量追第二次肥料，所施肥料应均匀撒在垄面上，或先用水稀释后随浇水施入。在肉质根膨大后期严禁追肥，以防降低品质。

4. 收　获

在肉质根充分肥大时，分期挑选达到商品标准的胡萝卜分批上市，抢占市场，同时可为所留弱小根提供营养空间。待大部分肉质根充分肥大时，全部拔除销售。收获前一周停止浇水，收获时要轻拿轻放，防止收获时水分过大而造成根部开裂。

（二）拱棚胡萝卜复种娃娃菜栽培技术

1. 前茬胡萝卜栽培技术

（1）品种选择。选用优质、高产、耐抽薹、抗逆性强、适应性广、商品性好的杂交胡萝卜品种，如幕田佳参、金美、牛顿1070等。

（2）选地施肥。选择地势平坦、土地肥沃、土质疏松、排灌方便、中性或微酸性的沙壤土或壤土，前茬以非伞形花科蔬菜为好。结合整地一次性每亩施入优质农家肥3 000～4 000 kg、普通过磷酸钙50 kg、硫酸钾10 kg，均匀撒施后深耕细耙，做到表土细碎平整、无草根石块等杂物。

（3）扣棚烤地、起垄、覆膜。施肥后于2月底扣棚，采用侧放风，早晚封闭风口，中午放风排湿，确保土壤快速解冻。3月中上旬采用机械起垄，垄面宽50 cm，垄高20～25 cm，沟宽30 cm。用宽幅1.0 m、厚度0.008 mm的黑色地膜覆盖垄面，每亩用量5 kg。

（4）适时播种。3月中旬破膜穴播，每垄播4行，行距9.0 cm，株距7.5 cm，播深2.0 cm，每穴播种子2～3粒，每亩用种量250 g，播后用河沙与土按2∶1混匀后覆于垄面，厚度约1 cm。

（5）田间管理如下。

间苗定苗：出苗时要及时放苗，幼苗长出2～3片真叶时间苗，5～6片真叶时定苗，除去小苗、弱苗，留壮苗，每穴留1株。

温度调节：播后密闭拱棚，迅速升温，确保播种前地温稳定在8℃左右。播种灌水后土壤处于饱和湿度，升温后适当排湿，白天棚温保持在25℃左右。出苗后茎叶生长适宜温度为23～25℃，肉质根膨大期白天保持在18～23℃，夜间13～18℃，地温18℃，温度过高或过低都不利于胡萝卜肉质根的生长。超过30℃时要放风，温度降到13℃时应及时关闭通风口，低于10℃时会造成生长缓慢、抽薹率增加。在高温下形成的肉质根品质差、产量低，根形短且尾端尖细、色淡。

灌水：播种至幼苗2～3叶期可结合中耕灌水2次，保持土壤相对含水量达65%～75%；幼苗4～5叶期灌水1次，保持土壤相对含水量为45%～55%；根茎膨大期灌水3次，保持土壤相对含水量为65%～75%；成熟期灌水1次，保持土壤相对含水量为55%～65%。

追肥：追肥数量、种类应根据土壤肥力和胡萝卜本身的生长状况及发育时期而定，在中等肥力条件下，根茎膨大期应追肥2～3次，每次每亩追施尿素10 kg。

（6）适时收获。6月下旬，当60%以上的胡萝卜长到单根鲜重150 g以上时可分批采收。采收后应及时分级包装，并在0～5℃、相对湿度为95%的冷库中贮藏。

2. 复种娃娃菜栽培技术

（1）选用良种。选用优质、高产、抗逆性强、菜型美观、适宜夏季种植，单球重1.5 kg左右的品种，如春玉黄、韩国金娃娃、大绿黄迷你、佳鸣等。

（2）整地施肥。7月上旬胡萝卜全部收获后深耕细耙，耕作深度不少于20 cm。结合耕翻每亩施入优质农家肥3 000～4 000 kg、普通过磷酸钙100 kg、尿素10 kg做底肥。

（3）起垄覆膜。地整平后采用起垄机械起垄，垄面宽50 cm，垄高15 cm，沟宽30 cm。垄面用幅宽80 cm、厚度0.008 mm的黑色地膜覆盖。

（4）适时播种。起垄覆膜后穴播，每垄2行，行距40 cm，株距25 cm，每穴点播种子2～3粒，播深2 cm，每亩保苗8 000株左右，播后覆湿沙土厚约2 cm。

（5）田间管理如下。

补苗、间苗和定苗：出苗后发现缺苗要及时补苗。4～5片真叶时间苗，8～9片叶时定苗，定苗时除弱留壮苗，每穴留苗1株。

水肥管理：幼苗期一般不追肥。莲座后期需肥较多，可每亩追施尿素15 kg，结球中期每亩追施尿素15 kg、硫酸钾10 kg，结球后期不再追肥。

（6）采收。当株高30～35 cm、叶球紧实后（整棵娃娃菜重量约800 g左右）应及时采收。叶球过大或过于紧实易降低商品价值。采收时应全株拔掉，去除多余外叶，削平基部，用保鲜膜打包后即可上市。

三、胡萝卜栽培中存在的主要问题

（一）歧根、裂根、烂根、弯曲

1. 形成原因

（1）土壤黏重、耕层较浅或排水不良。

（2）施肥时用了未腐熟的粪肥，并且粪肥中混有大的植物残体或塑料布，也可出现叉根和弯曲。

（3）第一次间苗后直接定苗，由于空间突然增大会造成过量生育容易形成心部粗大、表皮粗糙、裂根增多。

（4）播后胡萝卜长至4～7片真叶（30～50 d）时，土壤过干、根系下扎困难造成裂根。

（5）化肥用量过大或施用未充分腐熟的有机肥造成烧根。

（6）生长后期浇水过多。

（7）土壤干湿变化过大。

2. 预防

（1）选择壤土和沙壤土，对于黏性大的土质必须加深耕层，一般要深耕 25 cm 以上，并且要旋耕 2～3 遍，使得耕作层深、透、细、碎、平。

（2）采用垄作。

（3）施用腐熟粪肥，粪肥要细碎，不可混有大的残物，并在深耕和旋耕前施入。

（4）避免 4～5 叶时一次定苗。

（5）合理浇水施肥。

（二）根瘤和须根

1. 形成原因

土壤黏重、板结，土壤不透气，很容易使得胡萝卜肉质根在膨大时，出现阻碍，进而发生根部细胞畸形分裂，出现根部瘤状突起。土壤黏重板结，使得根系呼吸不利，须根增多。苗期水分过大空气湿度过湿易形成须根。

2. 预　防

避免黏土地上种植胡萝卜，黏重土壤种胡萝卜，一定要重施有机肥，同时要在精细整地基础上，采用垄作，加强水分管理，避免板结。

（三）胡萝卜开裂

1. 形成原因

水分管理不当是胡萝卜开裂的主要原因。在胡萝卜肉质根膨大期，土壤忽干忽湿，造成细胞分裂生长异常，进而出现开裂。

2. 预　防

肉质根膨大期及时浇水，并要求轻、匀、适量，切忌大水漫灌和忽干忽湿。特别在干旱时，不要大水漫灌，可以隔沟浇，浇地时间选择在早晨或傍晚。

（四）胡萝卜变色、黑色斑和“青头”萝卜

1. 形成原因

肉质根在膨大期温度太高，肉质根露出地面，很容易出现“青头”和黑色斑块，其原因是由于胡萝卜素和茄红素形成受阻，出现花青素等其他色素增多所致。

2. 预　防

加深耕层，适期追肥浇水，注意培土，加强田间管理等。

（五）短　根

间苗过晚，密度太大造成短根。

（六）着色不良

秋播胡萝卜播期如果过晚，生长后期温度低生育停止造成产量低、颜色淡。

（七）紫　色

如果胡萝卜大部分裸露于地表经太阳长时间照射会变为紫色。

参考文献

陈杏禹 . 2010. 蔬菜栽培［M］. 北京：高等教育出版社 .
董吉德 . 2012. 永昌县拱棚胡萝卜复种娃娃菜栽培技术［J］. 甘肃农业科技（11）：58-59.
李永芳，段军 . 2014. 永昌县冷凉灌区塑料拱棚春胡萝卜栽培技术［J］. 甘肃农业科技（8）：70-71.
罗真 . 2001. 永昌县胡萝卜丰产栽培技术规程［J］. 甘肃农业科技（5）：30-31.
山东农业大学 . 2000. 蔬菜栽培学各论（北方本）［M］. 第 3 版 . 北京：中国农业出版社 .
张晓华 . 2009. 永昌县麦后复种胡萝卜栽培技术［J］. 中国园艺文摘（5）：151，155.

第十一章

茄果类蔬菜栽培技术

第一节　辣椒栽培技术

一、生物学特性

（一）植物学特性

1. 根

辣椒的根系没有番茄和茄子发达，根量少，入土浅，根群一般分布于30 cm的土层中。采用育苗移栽时，主要根群多集中在10～15 cm的耕层内。特别是在不良育苗及栽培条件下，根系更易遭到破坏。辣椒根系的再生能力弱于番茄、茄子，茎基部不易发生不定根，不耐旱也不耐涝。培育强壮根系及注意保护根系对辣椒的丰产具有重要意义。

2. 茎

辣椒植株在整枝条件下茎的高度可达2 m左右，因品种、气候、土壤及栽培条件的不同而异。一般早熟品种植株矮小，枝条开展，中、晚熟品种植株高大，有直立型和开展型。主茎直立，木质化程度较高，黄绿色，具有深绿色或紫色纵条纹。主茎每一个叶腋都有腋芽，并可萌发枝条，这些枝条称“抱脚枝”。矮生的早熟品种生长势弱，腋芽萌发的时间早而多，“抱脚枝”所接的第一果实与“四门椒”同期，有利于增加早期产量，一般予以保留；晚熟品种“抱脚枝”萌发迟，一般予以摘除。

辣椒当茎端顶芽分化出花芽后，以双杈或三杈分枝形式继续生长。分枝形式因品种不同而异，但在昼夜温差较大、夜温低、营养状况良好、生育进展较缓慢时，以三杈分枝为主，反之则多二杈分枝。培育长势均匀而强壮的分枝是辣椒丰产的前提，前期的分枝主要在苗期形成，后期分枝则决定于定植后结果期的栽培条件。

辣椒的分枝结果习性一般分为无限分枝和有限分枝两种类型。无限分枝类型茎长到7～15片叶时，顶芽分化为花芽，由其下2～3叶节的腋芽抽生出生长势大致相当的2～3个侧枝，花（果实）则着生在分枝处。各个侧枝又不断依次分枝、开花，绝大多数品种均属此类。有限分枝型，当主茎生长到一定叶数后，顶芽分化出簇生的多个花芽，由花簇下面的腋芽抽生出分枝，分枝的叶腋还可抽生副侧枝，在侧枝和副侧枝的顶部形成花簇，然后封顶，此后枝株不再分枝。

不同类型、不同品种，在分枝结果习性上还有其各自的特点。甜椒类：株型呈直立型，节间长，分枝角度小，通常一级分枝以后，不能每节形成两个分枝，仅其中一个腋芽得到发育，向上延伸，使植株直立向上。由于分枝少，果数相应大为减少。根据株型直立、分枝数少的特点，甜椒多行密植栽培，有利于增产。长椒类：如牛角椒、羊角椒，株型半直立，节间较短，分枝角度较大，通常第一、二级分枝能形成两个分枝（叉状），或隔节形成两个分枝，故株型逐渐开展，分枝数、结果数也多。但两级以上分枝，一般只一个分枝发育，或一枝特强、一枝特弱，因此，后期产量渐少，以前期产量为高。该类型以早熟品种占多数。小椒类：如多数干椒品种，植株矮生，节间短密，分枝角度大，分枝数多，一至三级分枝大多能形成两杈分枝，三级以后多数变成单轴延伸。由于节间密，外观上结果成串，果重使枝条逐渐成为水平状，甚至下垂。这些品种果实小，但单株果数多，产量仍然较高，属果数型。此外，辣椒主茎基部各叶节的叶腋均可生出侧枝，但开花结果较晚，并易影响田间通风透光，生产上一般都予以摘除。

3. 叶

叶分为子叶和真叶。子叶是辣椒初期的同化器官，它的生长与幼苗生长是否健状有密切关系。子叶以后生长的叶称真叶，张掖的菜农俗称“毛叶子”。真叶为单叶、互生，卵圆形、长卵圆形或披针形。通常甜椒较辣椒叶片稍宽。叶先端渐尖、全缘，叶面光滑，稍有光泽，也有少数品种叶面密生茸毛。叶片的生长状况与栽培条件有很大关系，氮素充足，叶形长，而钾素充足，叶幅较宽；氮肥过多或夜温过高时叶柄长，先端嫩叶凹凸不平，低夜温时叶柄较短；土壤干燥时叶柄稍弯曲，叶身下垂，而土壤湿度过大则整个叶片下垂。一般叶片硕大、深绿色时，果形较大，果面绿色较深。

4. 花

完全花，单生、丛生（1～3 朵）或簇生。辣椒 4～20 片真叶时形成第一花芽（早熟品种分化出 4～8 片叶，中、晚熟品种分化出 11～20 片叶）。花芽分化大约在 3～4 片真叶时开始。一般早熟品种始花节位低于晚熟品种；环境条件适宜，有利于花芽的分化。辣椒花小，甜椒则较大。花冠白色、绿白色或紫白色，基部合生，并有蜜腺，花萼 5～7 裂，基部联合，呈钟状萼筒，为宿存萼。雄蕊 5～7 枚，基部联合，花药长圆形、浅紫色，成熟散粉时纵裂，雌蕊 1 枚，子房 3～6 室或 2 室。一般品种花药与雌蕊柱头等长成柱头稍长，营养不良时易出现短柱花。如主枝及靠近主枝的侧枝，营养条件较好，花器多正常；远离主枝的则有时出现较高比例的短柱花，短柱花常因授粉不良导致落花落果。因此，改善栽培条件，培育植株具有健壮的侧枝群，是提高坐果率、获得高产的关键措施。属常异交作物，甜椒的自然杂交率约为 10%，辣椒较高为 25%～300%。不同品种留种时，应注意适当隔离。

5. 果实及种子

果实为浆果，下垂或朝天生长。因品种不同其果形和大小有很大差异，通常有扁圆、圆球、灯笼、近四方、圆三棱（或多纵沟）、线形、长圆锥、短圆锥、长羊角、短羊角、指形、樱桃等多种形状。一般甜椒品种果肩多凹陷，鲜食辣椒品种多平肩，制干辣椒品种多抱肩。果表面光滑，常具有纵沟、凹陷和横向皱褶。青熟果（嫩果、商品成熟果）浅绿色至深绿色，少数为白色、黄色或绛紫色；生理成熟果转为红色、橙黄色或紫红色。红果果皮中含有茄红素、花青素，黄果果皮中则主要含胡萝卜素、叶黄素。果皮、肉质厚薄因品种而异，一般为 0.1～0.8 cm，甜椒较厚，辣椒较薄，果皮多与胎座组织分离。胎座不很发达，形成较大的空腔，辣椒种子腔多 2 室，甜椒为 3～6 室或更多。一般大果形甜椒品种不含或微含辣椒素，小果形辣椒则辣椒素含量高，辛辣味浓。

辣椒进入结果期，营养生长与生殖生长间矛盾较大，处于发育盛期的果实对植株营养生长及生殖器官的发育影响比较显著。当植株上结果增加时，新开的花质量降低，结实率下降。如将果实摘除，减少植株上的果实数或果实生长时间，花质提高，开花数及结实率恢复正常。因此，在辣椒结果期以前，应创造良好的条件，促进营养生长旺盛，开始结果后则应根据植株营养生长的状态决定果实采收时期。结果初期，由于植株营养体较小，应适当早采果，以保证整株具有较多的开花数和较高的坐果率。

种子大小因品种而异，一般甜椒种子大，辣椒种子小，千粒重 4.8～8.0 g，种子寿命 3～7 年。

（二）生长发育

1. 发芽期

从种子发芽到第一片真叶出现为发芽期，一般为 10 d 左右。发芽期的养分主要靠种子供给，幼根吸收能力很弱。

2. 幼苗期

从第一片真叶出现到第一个花蕾出现为幼苗期。需 50～60 d 时间。幼苗期分为两个阶段：2～3 片真叶以前为基本营养生长阶段，4 片真叶以后，营养生长与生殖生长同时进行。

3. 开花坐果期

从第一朵花现蕾到第一朵花坐果为开花坐果期，一般 10～15 d。此期营养生长与生殖生长矛盾特别突出，主要通过水肥等措施调节生长与发育、营养生长与生殖生长、地上部与地下部生长的关系，达到生长与发育均衡。

4. 结果期

从第一个辣椒坐果到收获末期属结果期，此期经历时间较长，一般 50～120 d 左右，甚至更长。结果期以生殖生长为主，并继续进行营养生长，需水需肥量很大。此期要加强水肥管理，创造良好的栽培条件，促进秧果并旺，连续结果，以达到丰收的目的。

（三）对环境条件的要求

1. 温　度

辣椒喜温，不耐霜冻，对温度的要求类似于茄子，高于番茄。种子发芽适宜温度为 25～32℃，在此温度下约 4 d 出芽，低于 15℃不易发芽，超过 35℃或低于 5℃不能发芽。幼苗要求较高的温度，生长适温白天为 25～30℃，夜间 20～25℃，地温为 17～22℃。但生产上为避免幼苗徒长和节约能源，可采用低限温度管理，白天 23～26℃，夜间 18～22℃。随着幼苗生长，对温度的适应性逐渐增强，定植前经过低温锻炼的幼苗，能在低温下（0℃以上）不受冷害。开花结果初期适宜的温度白天为 20～25℃，夜间为 16～20℃，低于 15℃会影响正常开花着果，导致落花落果。盛果期适宜温度为 25～28℃，35℃以上的高温和 15℃以下的低温均不利于果实的生长发育，适当降低夜温有利于结果。果实转色期要求温度25～30℃。土温过高，尤其是强光直晒地面，对根系发育不利，严重时能使暴露的根系褐变死亡，且易诱发病毒病。一般辣椒（小果型品种）要比甜椒（大果型品种）具有较强的耐热性。

2. 光　照

辣椒属短日照植物，但对光照要求不严。不同生育期对光照要求不同。种子在黑暗条件下易发芽，而幼苗生长需要良好的环境条件。辣椒的光饱和点为30 klx，比番茄、茄子低，较耐弱光，但幼苗期间，光照强度弱时易徒长。过强的光照对辣椒生长发育不利，特别是在高温、干旱、强光条件下，根系发育不良易发生病毒病。过强的光照还易引起果实日烧病。根据这一特点，辣椒密植的效果好，更适于在保护地内栽培。但如果光照过弱（低于补偿点），则植株生长衰弱，导致落花落果和果实畸形。

3. 水　分

辣椒既不耐旱，也不耐涝。其植株本身需水量不大，但因根系不发达，故需经常浇水才能获得丰产。特别是大果型品种的甜椒对水分要求比小果型品种的辣椒更为严格，尤其是开花坐果期和盛果期，如土壤干旱、水分不足，极易引起落花落果，并影响果实膨大，使果面多皱缩、少光泽，果形弯曲。适宜的土壤湿度以15%为好。如果土壤湿度长期高于18%，会影响根系发育和植株生长。若田间24 h淹水，植株会被淹死。栽培时应选择排水良好的肥沃土壤。此外，对空气湿度要求也较严格，空气相对湿度以60%～80%为宜，过湿易造成病害，过干燥则对授粉受精和坐果不利。

辣椒各个生育期的需水量不同。种子发芽需要吸收一定量的水分，但种子的种皮较厚，吸水慢，所以催芽前先要浸泡种子，使其充分吸水，促进发芽。幼苗期植株小，需水不多；移栽后，植株生长量大，需水量随之增加，但仍要适当的控制水分，以防茎叶徒长。初花期后需水量增加，尤其果实膨大期，需要充足的水分，如果水分供应不足，果实膨大慢，果面皱缩，弯曲，色泽暗淡，甚至降低产量和质量。所以，此期供给充足水分是获得优质、高产的重要措施。

4. 土壤及营养

辣椒对土壤要求不严格，沙壤土和壤土都可以种植，但以土层肥沃的壤土为最好。辣椒要求土壤的酸碱度（pH值）为6.5左右。辣椒对土壤条件的要求依品种而异，小辣椒品种适应性较强，大辣椒品种要求较高。甜椒栽培以肥沃、富含有机质、保水保肥力强、排水良好、土层深厚的沙壤土为宜。辣椒对营养条件要求较高。氮素不足或过多都会影响营养体的生长及营养分配，容易导致落花。充足的磷、钾肥有利于提早花芽分化，促进开花及果实膨大，并能使茎秆健壮，增强抗病力。幼苗期，由于生长量小，要求肥料的绝对量不大，但正值花芽分化期，要求氮、磷、钾肥配合作用。初花期，植株营养生长还很旺盛，若氮素肥料过多，则易引起植株徒长，进而造成落花落果。进入盛花、坐果期后，果实迅速膨大，需要大量的氮、磷、钾三要素肥料。一般大果形、甜椒类型比小果形、辣椒类型所需氮肥较多。

二、栽培技术

（一）甜（辣）椒露地栽培技术

甜（辣）椒喜温、不耐霜冻，张掖市露地栽培一般多于冬春季播种育苗，晚霜过后定植，深秋拉秧。

1. 品种选择

要选用抗病性强、商品性好、产量高、适应性好的品种。目前张掖市表现较好的辣椒品种有陇椒3号、5号，航椒5号、8号，37-94等。甜椒仍然以茄门甜椒及改良型茄门甜椒为主。

2. 育　苗

播种期和播种量：2月底至3月上旬育苗，5月上旬定植，苗龄60～70 d，7—10月采收上市。

甜（辣）椒种子千粒重为5～7 g，用种量因品种、栽植密度、种子发芽率及预备苗数量的不同而有很大差异。以甜（辣）椒双株定植、亩保苗4 400株、预留30%预备苗计，甜（辣）椒亩需种子100～200 g。

培育适龄壮苗，是甜（辣）椒丰产稳产的基础，不仅有利于早熟，还能促进早发棵，减轻病毒病的危害。在一般育苗条件下，欲使幼苗定植时达到现大蕾的程度，必须适当早播，日历苗龄一般为60～80 d。如在环境条件较好的设施中育苗，可用较短育苗期（60～70 d）培育出活力更加旺盛的壮苗。

甜（辣）椒育苗时，如不机播，可进行浸种。浸种时对种子进行水选，将不充实的种子除去，然后温水浸种7～8 h。浸种后在25～30℃温度条件下催芽，或以每天8 h、20℃和16 h、30℃的变温下催芽，出芽快且较整齐。最好采用穴盘育苗，出苗期间土温不应低于17～18℃，以24～25℃为宜。甜（辣）幼苗生长较缓慢，须维持比番茄育苗更高的温度。在育苗前期及中期以促为主，到定植前10 d左右逐渐锻炼幼苗。锻炼应以降温通风为主，适当控制水分，单纯依靠干旱蹲苗的措施会损伤根系。

单株和双株分苗各有优缺点，可根据具体条件选用。定植前，秧苗茎高18～25 cm，有完好子叶和真叶9～14片，平均节间长1.5 cm左右，叶片大而厚，呈深绿色，现花蕾，根系发达，全株干重0.5克以上，为早熟栽培的适龄壮苗。若秧苗细高，叶薄且淡绿色，平均节间2 cm以上，茎下细上粗，缺少弹性，根系不发达，为徒长苗，是弱光、高夜温、高湿环境所致。秧苗茎细、硬化，少弹性，叶小且无光泽，节间很短，根系不发达，为老化苗，是育苗期过长，低温、干旱育苗的结果，老化苗定植后发秧很慢，产量低，必须注意防止。

3. 整地施肥

甜（辣）椒对轮作要求与茄子、番茄相同，不易于茄科蔬菜连作，较好的前作有瓜类、葱蒜类，其次是根菜类和绿叶菜类。由于甜（辣）椒生长期长，根系较弱，为促进枝叶生长及不断开花结果，必须创造根系发育及吸收的良好土壤条件及营养条件。

应选择肥沃的、排灌方便的壤土或砂质壤土。

定植前结合翻地，每亩施腐熟有机肥 5 000～7 500 kg 或商品生物有机肥 200～300 kg，过磷酸钙 50 kg，磷二铵 25 kg，硫酸钾 10 kg，撒施与沟施相结合。2/3 的基肥全田均匀撒施，翻耕整平，剩余的 1/3 按定植行距开沟施入。增施有机肥，在早春可提高地温和改善土壤理化性状；沟施基肥利于刚定植的幼苗根系能吸收到养分，以促进植株早期迅速生长。基肥增施过磷酸钙可促进根系发育及开花结果。整地结束后，按 0. 95～1. 0 m 沟距开沟起垄，垄高 25 cm 左右。如采用滴管，沟距同滴管带间距。采用地膜覆盖栽培，起垄后立即铺膜，铺膜时要绷紧，紧贴土面，四周用土封严，隔 3 m 左右压一个土腰带。

4. 定植及定植密度

根据天气预报，4 月底至 5 月初定植。定植过早，地温过低，影响根系发育及植株生长，还有可能遭遇霜冻。定植后如能进行短期小棚覆盖，对促进早发棵，乃至以后的增产都有明显效果。

甜椒密植增产潜力较大，单位面积结果数是决定产量的主要因素，且甜椒株型比较紧凑，适于密植。尤其是生长至秋季的甜椒，适当密植有利于早封垄。甜椒不易徒长，一般多采用双株一穴定植，对防止病毒病及提高早期产量有利。如单株育苗，双株定植生产效果更好。栽植密度应视品种、土壤肥力和施肥水平而定。一般生产密度为每亩定植 3 000～4 000 穴（双株），每亩定植 6 000～8 000 株，行距 50～60 cm，株距 25～33 cm。双行密植栽培，每亩定植 5 000～6 000 穴，每穴双株或三株，共保苗 10 000～16 000 株，比普通密度增加 1 倍，实行三角形栽苗。由于双行密植，使垄行间植株配置合理，既有利于保墒，又便于排水。前期幼苗生长快，提早封垄，保温防晒，能减轻日灼和病毒病危害，中后期植株生长过旺时，可在收 3 层果后，隔行剪枝（第三次分枝以上的枝全部要剪除），再抽生新枝。

辣椒密度不易过大，每穴双株，穴距 30～35 cm，每亩 3 800～4 500 穴。如采用国外品种，无论是甜辣椒，由于长势壮，种子价格高，采用单株定植效果更好。

5. 田间管理

根据甜（辣）椒喜温、喜水、喜肥以及高温易得病、水涝易死秧、肥多易烧根的特点，在整个生长期内按不同的生长阶段进行管理。

（1）定植后至采收前。该期主要抓好促根、促秧。前期地温低，甜（辣）椒根系弱，应大促小控，即轻浇水，早追肥，勤中耕，小蹲苗。缓苗水轻浇，可结合浇水追施点粪水，浇后及时中耕，增温保墒，促进迅速发根，中耕 1～2 次后，视土壤墒情可适当浇两遍水后开始蹲苗。这些作业必须及时，连续进行，争取缓苗、早发根。蹲苗程度应视当年气候条件及土质情况而定，不宜过长，约 10 d 左右，如当年春旱或土壤砂性大，可采取小浇小蹲的措旋，调节根秧关系。蹲苗结束后，及时浇水、追肥，促进生长，提高早期产量。门椒座住后，要加大浇水和追肥量，追肥以氮肥为主，配合磷、钾肥，使秧棵健壮，防止落花。一般每亩追施尿素 15 kg，或高氮型的复合肥。主茎上第一朵花以下的侧芽应及时摘除。

（2）开始采收至盛果期。主要抓好促秧、攻果。这个阶段气温逐渐升高，病虫害陆续发生，是决定产量高低的关键时期。如果前期生长基础不良，中期又管理不善，植株生长停滞，病毒病症状很快出现，果实不肥大，产量迅速下降，严重时植株发黄、萎缩，造成严重减产。为防止早衰，应及时采收门椒，及时浇水，经常保持土壤湿润，促秧攻果，争取在高温季节前封垄，进入盛果期。在封垄前应培土保根，培土时取土深度不要超过定植沟下 10 cm，培土高度以 12～13 cm 为宜，避免伤根过重。门椒采收后，要及时追肥，一般每隔一次水后再追施一次肥，肥料结果前期还是以氮肥为主，结果中后期以钾肥为主。另外，进入 7 月份，还要注意防病灭虫，尤其要注意防治蚜虫、白粉虱、潜叶蝇、病毒病、白粉病等。

进入高温季节后的管理，应着重保根、保秧，防止败秧与死秧。高温的直接危害是诱发病毒病的发生与蔓延，尤以高温干旱更为严重。在病毒病流行期间，落花落果严重，有时大量落叶。因此，在高温干旱年份浇水必须灌在干旱发生初期，而不能灌在干旱晚期，始终保持土壤湿润，抑制病毒病的发生与发展；高温季节应在早、晚灌溉，根据气象预报，掌握灌水适宜时期，避免灌后遇雨，造成落叶。采用萘乙酸（使用浓度见说明）溶液喷花，可有效地防止甜（辣）椒落花，显著地提高产量。

（二）甜（辣）椒钢架大棚栽培技术

张掖市甜（辣）椒钢架大棚栽培有两种模式：一是娃娃菜（甘蓝、花椰菜、莴笋等）复种甜（辣）椒，二是一大茬甜（辣）椒栽培。

1. 品种选择

（1）一大茬栽培。一般选择生长期长、抗病性强、适应性好、适应市场需求的品种，辣椒多采用 37-94、航椒 8 号等，甜椒可选择进口的杂交种。

（2）娃娃菜复种甜（辣）椒。品种选择同露地栽培。

2. 育　苗

一大茬栽培于 1 月中下旬日光温室育苗，4 月中下旬定植，苗龄 90 d 左右。复种栽培于 3 月上中旬育苗，5 月底至 6 月上旬定植，苗龄 60～70 d。育苗方法同露地育苗。

3. 整地施肥

每亩施腐熟有机肥 5 000～7 500 kg 或商品生物有机肥 200～300 kg，磷二铵 50 kg，硫酸钾 10 kg，尿素 10 kg，高垄栽培，垄宽 70 cm，沟宽 50 cm，垄高 25～30 cm。

4. 定植及定植密度

为了提高棚内地温，一大茬栽培应在定植前 20 d 把棚膜盖好，进行晒地、烤畦、提温。定植时期的确定，应考虑大、中棚的保温性能。一般单层塑料覆盖的大棚，以棚内 10 cm 深的土温稳定通过 10～12℃，气温稳定在 5～7℃ 方可定植。如果有双层覆盖或棚内设保温幕、小拱棚等多层覆盖的，可以提前 10 d 左右定植。有外保温的中棚可提早定植。

大棚甜（辣）椒栽培，比露地栽培生长势旺，植株高大，所以定植密度要适当小些，密度过大容易引起落花落果。以大垄双行的栽植形式为好，垄距可为 1.2 m 左右，垄上行距为 40 cm。为了延长收获期，使植株能够均衡生长，宜采用单株定植，株距可根据品种、栽培需要等情况来定，一般为 35～45 cm。定植深度以子叶和畦面相平为宜。定植水要浇透。甜（辣）椒的须根与子叶平行，定植时要把须根与垄垂直，这样根系向垄的两侧伸展，有利根系发育。

5. 定植后的管理

（1）温度管理。定植后的温度管理，一般要掌握白天温度 25～30℃，夜间 18～20℃，开花期不能低于 15℃，温度超过 30℃要放风降温，放风时间最好在 9—15 时进行。定植后至 7 月上旬，随着外界气温的上升，要逐渐加大放风量，把温度调节在适宜的范围内。6 月中旬至 8 月下旬，把四周薄膜全部揭开，棚顶薄膜可不撤，起遮阴、降温和防热、防雨的作用。8 月下旬以后，随着外界气温的下降，逐渐减少放风量。9 月下旬以后，要加强防寒保温，延迟采收期。

（2）水肥管理。定植时浇透后，缓苗后如果土壤干旱，7 d 后可浇 1 次缓苗水，然后控水蹲苗。门椒座住后，可追肥、浇水，一般结合浇水每亩追施尿素 15 kg；待门椒采收后，要经常保持土壤湿润，一般结果前期 7～10 d 左右浇 1 次水，进入结果盛期 5～7 d 浇 1 次水。浇水宜在晴天上午进行，每次浇水量不宜过大。空气相对湿度一般以保持 70%为宜，整个生育期要避免棚内湿度过高。每 1 次水后要追施一次肥，前期以氮肥为主，后期以钾肥为主。

（3）整枝。一般前期不进行整枝，但对生长势强的中晚熟品种，需在门椒开花前后，将门椒以下的叶和侧枝除去，以避免植株生长过旺而影响门椒、对椒正常开花坐果。到中后期，为了防止棚内郁闭、通风不良而造成落花落果和病害发生，可进行整枝，去掉门椒以下的老叶和枝条。如果生长茂密，后期要支架，防止倒伏。

6. 采　收

根据市场需求，一般甜（辣）椒以嫩果为产品，以果实充分肥大、皮色转浓，果皮坚实而有光泽时采收。甜椒也可采收红果。

三、辣椒植株形态诊断和生产中易发生的问题及对策

（一）辣椒植株形态诊断

1. 苗期诊断

（1）适龄壮苗。苗龄 60～90 d，苗高 18～23 cm，茎粗 0.2 cm 以上，展开叶 10～14 片，平均节间长 1.5 cm 左右，子叶完好，叶片大而厚，呈深绿色，阔卵圆形，舒展，下部叶片不黄化或脱落，现小花蕾（20%以下秧苗始花）。根系发达而粗壮，侧根多，根色洁白，营养生长与生殖生长相协调，根系生长与茎叶生长相协调。

（2）老化苗。株高 15 cm 以下，子叶提前黄化、脱落，茎细弱，硬化，缺乏弹性，叶片小而无光泽，暗绿色，节间短，根群小而纤细，少侧根，根系鲜白程度不够，甚至变黄。产生老化苗的主要原因是由于苗床的营养面积偏小和缺水、缺肥造成的。

（3）徒长苗。株高大于25 cm，叶片薄，色浅绿，平均节间长度大于2.0 cm，茎下细上粗，缺乏弹性，根系纤弱，少侧根。

（4）诊断方法。子叶期的幼苗子叶较宽，叶面积大是生育良好的表现。如果子叶瘦小细长，不是因日照不足就是由于夜温偏高而形成的徒长苗。具体情况应结合下胚轴的长度进行分析判断。健壮的苗子下胚轴长3 cm左右，显著大于3 cm则为徒长苗，如果子叶生长不良而下胚轴较短，可能是温度偏底或土壤条件不适所致。

苗床和定植初期的幼苗，如夜温偏高，氮肥偏多，叶柄基部与茎的夹角约成40°而弯曲、下垂；夜温高和氮肥多时还可使叶柄加长。反之，夜温偏底，氮肥缺少，叶柄和茎的夹角可以达70°，叶片基本不下垂。

2. 结果期的诊断

（1）生长发育正常植株。结果部位距顶梢约25 cm，开花处距顶梢10 cm左右，其间并生有1～2个较大的花蕾，开花节距结果节之间有3枚已充分放展的叶片，节间长4～5 cm。

（2）徒长型植株。开花节位距顶端超过15 cm，枝条笔直，节间长，次级分枝粗，花小而且素质差。光照不足、夜温偏高，氮肥和水分充足会形成徒长型植株。

（3）生长受抑制植株。生长迟滞，节间短，节部有弯曲，次级分枝小而短，开花节位距顶梢仅2～3 cm。这种现象除结实过多外，夜温偏低，特别是土壤温度偏低，墒情亏缺，土壤板结，通气性差和含氮量少等也会造成这种现象。另外，出现中、短柱花是环境和营养不良的表现；果实能否正常膨大也会反应出环境和营养条件的优良程度。

（二）生产中易发生的问题及对策

1. 缩　叶

（1）发病症状。青椒的顶芽叶或叶片发生皱缩、扭曲、变形等症状，称为缩叶。

（2）发病原因。①铵态氮过多，顶端嫩叶会出现缩叶状态。②茶黄螨、蓟马和蚜虫为害。③有机肥没腐熟且使用过多产生肥害。④农药、叶面肥浓度过大，产生药害，或者激素中毒、除草剂的危害。

（3）防治对策。合理施用氮肥和鸡粪，正确应用农药。

2. 叶子产生白色斑青椒叶片失绿

（1）发病症状及原因。①热风炉产生的气体危害。一般一氧化碳气体急性中毒产生小白斑，亚硫酸气体急性中毒产生较大白斑。②在低温时通风过猛，造成组织坏死，出现白斑。如果逐步降温，造成低温伤害时，叶片一般先褪绿，变黄叶，进一步变成褐色，甚至死亡，这与冷风的危害是有一定差别的。

（2）预防对策。首先是在补充加温时，要做好排烟工作；其次是通风工作要由小到大，由顶部到下部逐步进行，不可猛揭棚膜，也不能在低温时通底风。

3. 植株萎蔫或枯死

（1）发病症状。辣椒在生长过程中，出现中午打蔫，早晚尚可复原，后期严重时致植株萎蔫或枯死。

（2）发病原因。①涝害：凡是遇到地势底洼，地下水位高，湿度大时，尤其是积水过多，土壤缺乏氧气，造成根系不能正常呼吸时，就会发生委蔫。②烧根：大量施用未充分腐熟的有机肥，再加上水分不足，很容易发生烧根现象。所以，辣椒种植要选择高燥地块或排水良好之地，合理灌水，注意中耕，遇到雨季盖好棚膜，防止雨水进棚室。另外，施用适量充分腐熟有机肥，鸡粪不可过多。如发现烧根现象，要增加灌水，降低土温。③病害：根腐或者疫病均能引起萎蔫。

（3）预防对策。合理施肥灌水，防治根部病害发生。

4. 青椒“三落”现象

（1）发病症状。落花、落果、落叶称为甜（辣）椒三落病，是生产中存在的重要问题。

（2）发生原因。①早春温度太低，尤其气温低于15℃，地温低于18℃，根系停止生长，授粉受精不良，地上部就产生三落现象。②夏季气温超过35℃，地温超过30℃，高温干旱，授粉受精不良，根系发育不良，也容易落花落果。③种植过密，光照不足，营养缺乏，水分过多过少，或者植株细长，茎叶过旺也易引起落花落果。④前期没有封垄，强光照射地面和叶面，根系吸收功能受到阻碍，导致病毒发生，也易引起落花、落果和落叶。⑤缺乏肥料或者施用未腐熟有机肥而产生烧根，根系功能受阻，也易发生“三落”现象。⑥病虫害为害，尤其是白粉病、炭疽病，叶斑病，茶黄螨，蓟马，烟青虫等危害，很容易引起“三落”现象。

（3）预防对策。①早春注意提高土温和气温，保持气温15℃和地温18℃以上，夏季降低温度，气温不宜超过32℃。②冬春季延长光照时间，夏季遮光，尤其让植株早期封垄，防止暴晒。③水分管理要正常，不可过多过少。④合理施肥，施用腐熟有机肥，注意增施磷钾肥。⑤培育壮苗，保持营养生长或生殖生长均衡发展。前期注意控肥水，促进根系生长，后期加强肥水管理，促进果实膨大。⑥防止上述病虫害的发生与蔓延。

5. 石　果

（1）发病症状。果实一直不膨大，参见附图11-1。

（2）发生原因。产生石果的原因有二：一是辣椒短柱花单性结实产生石果；二是授粉受精不良，形成种子少的果实，同化物质少，形成石果。所以石果发生的主要原因是授粉受精不好，果实得不到充足养分，难以膨大。另外，即使是正常果，在土壤干旱或土壤溶液浓度过高时，抑制了水分吸收，果实变短，夜温过低时果实先端变尖。

（3）预防对策。①预防的措施首先应该是在花芽分化期，温度不能低于15℃，保证花芽发育良好，形成正常的长柱花。②其次要保证受精良好。③最后加强管理，创造一个有利于辣椒光合作用的环境，制造足够的碳水化合物，促进果实迅速膨大。

6. 日烧果

（1）发病症状。高温强光会造成辣椒表面发生褐变式凹陷，称之为日烧果，参见附图11-2。

（2）发生原因。在土壤干旱，植株枝叶较少时，更容易发生。在高温条件下，如果土壤干燥，土温升高，多肥，水分及钙素吸收受阻，容易发生顶腐病。在特别干燥条件下，已经发育的果实失去光泽。

（3）预防对策。僻免干燥，遮光降温，促进枝叶发育；叶面补施钙肥。

7. 畸形果

（1）发病症状。主要指表现为不正常的辣椒果实，如果实皱缩、变形、弯曲等。

（2）发生原因。主要原因为授粉受精不良，肥水管理不均用，磷肥不足，养分缺乏，病虫害为害等。

（3）预防对策。①加强温度管理，尤其夜温不能低于15℃，培育长柱花，保证良好的授粉受精。②加强肥水管理，要求均衡、全面，增强光合作用，促进果实发育。③也可用0.1%磷酸二氢钾或者亚硫酸钠光呼吸抑制剂进行叶面喷肥。④做好病虫害防治工作。

8. 无籽果

（1）发病症状。果实发育不正常，果实内无种籽，果实发育受阻，果面无光泽，失去了商品价值。参见附图11-3。

（2）发生原因。形成无籽果的主要原因是开花授粉期间遇到了低温，花粉粒无法萌发或花粉管不伸长，不能正常授粉受精而造成的。

（3）预防对策。在开花期提高大棚温度。

第二节　番茄栽培技术

一、生物学特性

（一）植物学特征

1. 根

番茄的根系比较发达，分布广而深。盛果期主根入土深度达1.5 m以上，根系开展幅度可达2.5 m左右。但在育苗条件下，由于移植时主根被切断，侧根分枝增多，横向发展，大部分根群分布在30～50 cm的土层中。

番茄根系再生能力很强，不仅在主根上易生侧根，在根颈或茎上，特别是茎节上很容易发生不定根。在良好的生长条件下，不定根发生后4～5周即可长达1 m左右，所以番茄移栽和扦插繁殖比较容易成活。番茄根系的发育能力、伸展深度及范围，不仅与土壤结构、肥力、土温和耕作情况有关，而且受移植、整枝、摘心等栽培措施的影响，同时与地上部茎叶及果实生长有一定的相关。

2. 茎

番茄茎为半直立或半蔓性，个别品种为直立性。茎基部木质化。茎的分枝形式为合轴分枝（假轴分枝），茎端形成花芽。无限生长型的番茄在茎端分化第一个花穗后，这穗花芽下的一个侧芽生长成强盛的侧枝，与主茎连续而成为合轴（假轴），第二穗及以后各穗下的一个侧芽也都如此，故假轴无限生长。有限生长型的植株则在发生 3～5 个花穗后，花穗下的侧芽变为花芽，不再长成侧枝，故假轴不再伸长。

番茄茎的分枝能力强，每个叶腋都可发生侧枝，而以花序下第一侧枝生长最快，保留这一侧枝可作为双干整枝，如进行单干整枝就应及早摘除。茎的生长初期为直立生长，随着植株伸长，叶片数增多加厚，果实肥大，植株重心上移，难以支撑地上部的重量而开始倒伏，所以，开花前后应搭架。

3. 叶

番茄叶为单叶，羽状深裂或全裂。每片叶有小裂片 5～9 对，小裂片的大小、形状、对数，因叶的着生部位不同而有很大差别，第一、二片叶小裂片小，数量也少，随着叶位上升裂片数增多。叶片大小、形状、颜色等因品种及环境条件而异，既是鉴别品种的特征，也可作为栽培措施诊断的生态依据。如一般早熟品种叶片较小；晚熟品种叶片较大；露地栽培番茄叶色较深，温室及塑料棚内栽培的番茄往往叶色较浅；低温下叶色发紫，高温下小叶内卷等。番茄叶片及茎均有茸毛和分泌腺，能分泌出具有特殊气味的汁液，很多害虫对这种汁液有忌避性，所以不但番茄受虫害轻，有些蔬菜与番茄间、套作也有减轻虫害的作用。

4. 花

番茄为完全花，总状花序或聚伞花序。花序着生节间，花黄色。每个花序上着生的花数品种间差异很大，一般 5～10 余朵不等，个别品种（樱桃番茄）可达 20～30 朵。雄蕊通常有 5～9 枚或更多，聚合成一个圆锥体，包围在雌蕊周围，药筒成熟后向内纵裂，散出花粉，为自花授粉作物。所以，短花柱花能正常自花授粉，但个别品种，或在异常条件下，长花柱花较多，可以异花授粉，天然杂交率 4%～10%。子房上位，中轴胎座。

番茄开花结果习性，按花序着生规律可分为有限生长型和无限生长型两种类型。有限生长型品种一般主茎生长至 6~7 片真叶时开始着生第一花序，以后每隔 1～2 叶形成一个花序，通常主茎上发生 2～4 层花序后，花序下位的侧芽不再抽枝，而发育为一个花序，使植株封顶。无限生长型品种在主茎生长至 8～10 片叶，有的晚熟品种长至11～13 片叶时出现第一花序，以后每隔 2～3 片叶着生 1 个花序，条件适宜可不断着生花序开花结果。

每一朵花的小花梗中部有一明显的“断带”，它是在花芽分化过程中由若干层离层细胞所构成。在花芽分化期，距生长点部位的表皮约 20 层处开始出现一层二次分生组织，随着花芽的发育逐渐增多，最后达 10～12 层。这时离层细胞不再增加，但离层的上下部位的细胞还不断肥大生长，于是在离层部位形成凹陷环状的“断带”。在环境条件不利于花器官发育时，“断带”处离层细胞分离，导致落花。使用生长调节剂防止落花就是阻止离层细胞的活动。

5. 果实及种子

番茄的果实为多汁浆果，果肉由果皮（中果皮）及胎座组织构成，优良的品种果肉厚，种子腔小。果实的形状、大小、颜色、心室数因品种而不同。栽培品种一般为多室，心室数的多少与萼片数及果形有一定相关。萼片数多，心室数也多。3～4 个心室的果实，果径较小，果实肥大不良；5～7 个心室的果实，发育良好，接近圆球形；心室数再增多，果形大而扁。心室数多少与品种遗传性有关外，还与环境条件有关。

果实的颜色是由果皮颜色与果肉颜色相衬而表现的。果皮可以是无色，也可以是黄色或红色。如果果皮果肉皆为黄色，果实为深黄色；果皮无色，果肉红色，果实为粉红色；果皮为黄色，果肉为红色，果实为橙红色。番茄果实的红色是由于含有番茄红素，黄色是由于含有胡萝卜素、叶黄素所致。番茄胡萝卜素及叶黄素的形成与光照有关，而番茄红素的形成虽与光照有一定关系，但更主要是由温度决定的。番茄果实未成熟时，果肩部、梗洼部呈浓绿色，果面全体淡绿色。成熟后开始呈现本品种的颜色。

番茄果实从子房发育膨大成为果实，经历细胞分裂期与细胞膨大期，分裂期在子房发育初期（开花期）就基本停止。所以，凡是子房发育好的，以后果实也好；子房形状不整的，以后会发育成畸形果。通常果实的发育主要指细胞膨大期。此期也可分为两个阶段：第一阶段为物质的积累期，原生质体积增大，细胞壁加厚，从花谢后 4～30 d 内进行，果实迅速肥大。第二阶段是物质的转化期，如叶绿素分解，果实失去绿色，非水溶性果酸变成可溶性果酸，果实变软，糖的积累增多，酸的比例下降，果实成熟。这两个阶段经历时间的长短，同外界环境有关。如春季早期形成的果实，由于温度较低，经历时间长，果实发育也较小、味淡。盛果期，温度适宜，果实发育快，形状整齐，品质好，经历时间也缩短。

番茄种子比果实成熟早，一般情况下，开花授粉后 35 d 左右的种子即开始具有发芽力，但胚的发育是在授粉后 40 d 左右完成，所以授粉后 40～50 d 的种子完全具备正常的发芽力，种子完全成熟是在授粉后 50～60 d。番茄种子在果实中被一层胶质包围，由于番茄果汁中存在发芽抑制物质及果汁渗透压的影响，在果实内种子不发芽。种子千粒重 2. 7～3. 3g，生产上实用年限为 2～3 年。

（二）生长发育

1. 发芽期

从种子萌发到第一片真叶出现（破心、露心、吐心）为番茄的发芽期。在正常温度条件下，为 7～9 d。番茄种子为有胚乳种子，整个胚（胚根、胚芽、子叶）被胚乳所包围。发芽时，最初胚根开始生长，而子叶仍停留在种子内，从胚乳中吸取贮藏营养物质，进而弯曲的下胚轴开始生长，穿过覆土层把子叶带到地表上。

发芽期能否顺利完成，主要取决于温度、湿度、通气状况及覆土厚度等。番茄种子吸水经过两个阶段：第一阶段吸收速度快，在水温 20～30℃条件下，约 0. 5 h 可吸收种子干重 35%左右的水分，2 h 可吸水 60%～65%；第二阶段吸水缓慢，5～6 h 中能吸收种子干重 25%左右的水分而接近饱和。种子吸足水分后，在 25℃的温度及 10%以上含氧量条件下发芽最快，经 36 h 左右开始生根，随后侧根伸长，弯曲的胚轴伸长，从种子里出来，子叶先端最后从种子里拉出来。幼根生长 2～4 d 后子叶展开，此时幼芽已分化两片真叶，子叶开始光合作用，根系吸收无机养分，转向独立的营养生长，第一片真叶出现，完全过渡到自养阶段。

在同样条件下，个体之间发芽速度的差异主要与种子质量有关，较大而均匀充实的种子，幼苗出土较早而整齐一致。番茄种子较小，内含的营养物质不多，发芽时很快被幼芽所利用，因此，幼苗出土后及时保证必要的营养，这对幼苗生长发育，特别是生殖器官的及早形成有重要的作用。

发芽期的幼芽具有较大的生理可塑性，如将萌动的番茄种子进行低温（-2～0℃）或变温（8～12 h、20℃，12～16 h、0℃）处理，往往能在较低的温度条件下长出一致的幼苗，促进早熟。

2. 幼苗期

由第一片真叶出现至开始现大蕾为幼苗期。番茄从异养生长到自养生长的转变比较快，原因是番茄幼苗根系的迅速生长打下了良好的基础。发芽后 20～30 d，幼苗主根可达 40～50 cm。在直播条件下，发芽后 60 d 左右，根系可入土达 80 cm 以上。幼苗移植时，根系受到损伤，但番茄根系再生能力强，大量侧根的发生促进了幼苗地上部的迅速生长。

番茄幼苗期经历两个阶段。从真叶破心至 2～3 片真叶展开（即花芽分化前）为基本营养生长阶段，这阶段的营养生长为花芽分化及进一步营养生长打下基础。同时，子叶与展开的真叶所形成的成花激素，对番茄花芽分化有明显的促进作用。因此，子叶大小直接影响第一花序分化的早晚，真叶大小直接影响花芽的分化数目及质量。所以，培育肥厚、深绿色的子叶及较大叶面积的真叶是培育壮苗的基础。2～3 片真叶展开后，花芽开始分化，进入第二阶段，即花芽分化及发育阶段。从这时开始，营养生长与花芽发育同时进行。一般播种后 25～30 d 分化第一花序，35～40 d 分化第二花序，再经 10 d 左右分化第三花序。

花芽开始分化的节位，受品种及育苗条件所决定。早熟品种最早可在 6 片真叶出现花芽，但育苗条件差则花芽节位升高。花芽开始分化后，一般 2～3 d 分化一个花芽，与此同时，花芽相邻的上位侧芽开始分化生长，继续分化叶片，当第一花序花芽分化即将结束时，下一花序已开始了初生花的分化，如此不断往上发展。到第一花序呈现大蕾时，第三花序花芽已经完全分化。从花芽分化到开花约经 30 d，即从播种到开花需经 55～60 d。

在幼苗期，花芽分化及发育与幼苗的营养生长同时进行，幼苗的根系发育、叶面积大小都与花芽的分化及发育有关，但茎粗与花芽分化的关系更为密切，第一花序开始分化的茎粗标准为 2.0 mm 左右，第二花序为 4～5 mm，第三花序为 7～8 mm。虽然不同品种及不同育苗条件下，花芽分化的茎粗指标有所变化，但与其他营养生长指标相比，茎粗仍然可以看作是比较可靠的指标，因为它更能说明营养物质的合成与积累。

创造良好条件，防止幼苗徒长或老化，保证幼苗健壮生长及花芽的正常分化及发育，是这阶段栽培管理的主要任务。

3. 开花坐果期

从第一花序出现大蕾至坐果这段时间为开花坐果期。开花坐果期是幼苗期的继续，结果期的开始，是以营养生长为主，过渡到生殖生长与营养生长并进的转折期，直接关系到产品器官的形成和产量，特别是早期产量。

开花期的早晚直接影响番茄的早熟性，开花期决定于品种、苗龄及定植后温度条件。在正常条件下，从花芽分化至开花约经 30 d，但在生产中往往这段时间要长，因为育苗后期的锻炼和定植后的缓苗都会延缓幼苗的生长发育。

此期营养生长与生殖生长的矛盾突出，是协调两者关系的关键时期。无限生长型的中、晚熟品种容易营养生长过旺，甚至徒长，引起开花结果的延迟或落花落果，特别是在过贫偏施氮肥、日照不良、土壤水分过大、高夜温的情况下最容易发生这种现象。反之，有限生长型的早熟品种，在定植后容易出现果坠秧的现象，特别是蹲苗不当的情况下易发生，这样的植株营养体小，果实发育缓慢，产量不高。促进早发根，注意保花保果是这阶段栽培管理的主要任务。

4. 结果期

从第一花序坐果到拉秧为结果期。这一阶段秧营养生长与生殖生长同步生长，矛盾始终存在。如果在开花坐果期调节好营养生长与生殖生长关系，且肥水管理适当，这一时期不会出现果坠秧的现象。相反，整枝、打杈及肥水管理不当，还可能出现疯秧的危险，必须注意控制。

番茄是陆续开花、连续结果的作物。第一花序果实肥大生长时，第二、三、四、五花序也在不同程度上发育。正在发育的果实、特别在开花后 20 d 内，大量的碳水化合物往果实内输送，各层花序之间的养分争夺也比较明显。一般来说，下位叶片制造的养分除供给根系等营养器官外，主要供给第一花序果实生长的需要；中位叶片的养分主要输送到果实中；上位叶片的养分除供给上层果实外，还大量地供给顶端生长的需要。

由于营养物质分配的关系，有时下位果穗发育消耗过多的养分而使茎轴顶部变细，上位花序的花芽发育不良，花器官较小，结实不良。如果植株的营养生长良好，从下至上的茎轴生长比较均匀，即使下位花序的结果量较大，上位花序的花芽也能正常发育、开花和结果。无限生长型品种，只要条件适宜，结果期可延长，保护地内栽培的番茄要比露地番茄的采收期明显延长。在生产中，番茄产量形成的规律有多种类型，如早期产量高，后期产量也高；早期产量高，后期产量低；早期产量低，后期产量高；早期、后期产量都低等等。从产量形成过程和管理技术来看，一般情况下早期产量与总产量间存在一定的矛盾，但这种矛盾是可以在一定的条件下统一的。

（三）对环境条件的要求

番茄具有喜温、喜光、耐肥及半耐旱的生物学特性。在气候温暖、光照充足、阴雨天少的气候条件下生长良好，容易获得高产；高温多雨、光照不足，往往生长衰弱，病害严重。

1. 温　度

番茄是喜温性蔬菜，在正常条件下，光合作用最适宜的温度为 20～25℃，温度低于 15℃，不能开花或授粉受精不良，导致落花等生殖生长障碍。温度降至 10℃时，植株停止生长，长时间5℃以下的低温能引起低温危害。致死的最低温度为-2～-1℃。温度上升至30℃时，同化作用显著降低，升高至35℃以上时，生殖生长受到干扰与破坏，即使是短时间45℃的高温，也会产生生理性干扰，导致落花落果或果实不发育。

不同生育时期对温度要求及反应是有差别的。种子发芽的适温为25～30℃，最低12℃。幼苗期的白天适温为20～25℃，夜间10～15℃。在栽培中往往利用番茄幼苗对温度适应性强的特点进行抗寒锻炼，可使幼苗忍耐较长时间6～7℃的温度，甚至短时间的-3～0℃的低温。开花期对温度反应比较敏感，尤其是开花前5～9 d、开花当日及以后2～3 d要求更为严格。白天适温为20～30℃，夜间15～20℃，过低（15℃以下）或过高（35℃以上）都不利于花器官的正常发育。结果期白天适温为25～28℃，夜温为16～20℃，温度低，果实生长速度慢，日温增高到30～35℃时，果实生长速度较快，但着果较少，夜温过高不利于营养物质积累，果实发育不良。26～28℃以上的高温能抑制番茄红素及其他色素的形成，影响果实正常转色。

番茄根系生长最适土温为20～22℃。提高土温不仅能促进根系发育，同时土壤中硝态氮含量显著增加，生长发育加速，产量增高。因此，只要夜间气温不高，昼夜地温维持在20℃左右不会引起徒长，土温降至5℃时，根系吸收水分和养分能力受阻，9～10℃时根毛停止生长。

适温的高低与其他生活条件，特别是光照、营养及CO_2有密切关系。在弱光照下同化作用的最适温度显著降低，在强光下增加CO_2含量，同化作用的最适温度提高，在CO_2含量增高到1.2%时，同化作用最适温度可提高到35℃。番茄的生育温度，尤其是夜间温度与氮素营养之间的相互作用，对番茄生长与结果有明显影响。一般来说，只要保证夜间温度适宜，在氮的浓度高或稍低时都能正常结果，但在夜温高的情况下，如氮的浓度低则不能结果，即使在一般氮素施肥量时也会出现缺氮症状。

2. 光　照

番茄是喜光作物，在一定范围内，光照越强，光合作用越旺盛，其光饱和点为70 klx，在栽培中一般应保持30～35 klx以上的光照度，才能维持其正常的生长发育。番茄对光周期要求不严格，多数品种属中日性植物，在11～13 h的日照下，植株生长健壮，开花较早。

番茄不同生育期对光照的要求不同。发芽期不需要光照，有光反而抑制种子发芽，降低种子的发芽率，延长种子发芽时间，这种现象称为嫌光性。但是嫌光性随着温度而变化，25℃嫌光性弱，有光也能发芽，20℃以下、30℃以上嫌光性增强。幼苗期既是营养生长期，又是花芽分化和发育期，光照不足，光合作用降低，植株营养生长不良，将使花芽分化延迟，着花节位上升，花数减少，花的质量下降，子房变小，心室数减少，影响果实发育。开花期光照不足，容易落花落果，弱光可使花粉中贮藏淀粉含量减少，花粉发芽率及花粉管的伸长能力降低，造成受精不良而引起落花。结果期在强光下坐果多，单果大，产量高。反之在弱光下坐果率降低，单果重下降，产量低，还容易产生空洞果和筋腐果。

在露地栽培条件下，一般不易看出光照对番茄生育的影响，但在保护地栽培，光照很难满足需要，特别是冬季保护地栽培，光照不足已成为栽培上的主要问题。一般情况下，强光不会造成危害，如果伴随高温干燥条件，会引起卷叶或果面灼伤，影响产量及品质。番茄正常生长发育要求完整的太阳光谱，玻璃覆盖下培育的番茄秧苗有时容易徒长，主要原因是由于缺乏紫外线等短波光。在冬季或温室中生产的番茄果实维生素 C 含量较低也与此有关。

3. 水 分

番茄地上部茎叶繁茂，蒸腾作用比较强烈，蒸腾系数为 800 左右，但番茄根系比较发达，吸水力较强，属于半耐旱蔬菜。番茄既需要较多的水分，又不必经常大水灌溉。空气相对湿度以 45%～50%为宜，空气湿度大，不仅阻碍正常授粉，而且在高温高湿条件下病害严重。

不同生长时期对水分要求不同。幼苗期对水分要求较少，土壤湿度不宜太高，但也不宜过分控水。在温度适宜、光照充足、营养面积充分的情况下，保持适宜的水分能促进幼苗生长发育，缩短育苗期，防止老化，幼苗生长旺盛，花芽分化早，花器官发育好。土壤相对湿度可保持土壤最大持水量的 60%～70%。第一花序着果前，土壤水分过多易引起植株徒长，根系发育不良，造成落花。第一花序果实膨大生长后，枝叶迅速生长，需要增加水分供应。盛果期需要大量水分供给，除果实生长需水外，还要满足花序发育对水分的需要，因此，此时供给充足的水分是丰产关键。这时期供水不足还会引起顶腐病、病毒病。结果期土壤湿度过大，排水不良，会阻碍根系的正常呼吸，严重时烂根死秧。土壤湿度范围以维持土壤最大持水量的 60%～80%为宜。另外结果期土壤忽干忽湿，特别是土壤干旱后又遇大雨，容易发生大量裂果，应注意勤浇匀灌，大雨后排涝。

4. 土壤及矿质营养

番茄适应性较强，对土壤条件要求不太严格，但以土层深厚、排水良好、富含有机质的肥沃壤土为宜。番茄对土壤通气性要求较高，土壤中含氧量降至 2%时，植株枯死，所以低洼易涝、结构不良的土壤不宜栽培。沙壤土通透性好，地温上升快，在低温季节可促进早熟，黏壤土或排水良好的富含有机质粘土，保肥保水能力强，能促进植株旺盛生长，提高产量。番茄适于微酸性土壤，pH 值以 6～7 为宜，过酸或过碱的土壤应进行改良。在微碱性土壤中幼苗生长缓慢，但植株长大后生长良好。

番茄在生育过程中，需从土壤中吸收大量的营养物质，据艾捷里斯坦资料（1962 年），生产 5 000 kg 果实，需从土壤中吸收氧化钾 33 kg，氮 10 kg，磷酸 5 kg。这些元素 73%左右分布在果实中，27%左右分布在根、茎、叶等营养器官中。氮肥对茎叶的生长和果实的发育有重要作用，是与产量关系最为密切的营养元素。在第一花序果实迅速膨大前，植株对氮的吸收量逐渐增加，以后在整个生育过程中，氮素仍基本按同一速度吸收，至结果盛期时达到吸收高峰，所以，氮素营养必须充分供给。只要保证充足的光照，降低夜温并配合其他营养元素的施用，适当增施氮肥并不会引起徒长，而是丰产不可缺少的重要条件。磷酸的吸收量虽不多，但对番茄根系和果实的发育作用显著。吸收的磷酸中大约有 94%存在果实及种子中。幼苗期增施磷肥对花芽分化与发育也有良好的效果。氧化钾吸收量最大，尤其在果实迅速膨大期，对钾的吸收量呈直线上升，钾素对糖的合成、运转及提高细胞液浓度，加大细胞的吸水量都有重要作用。番茄吸钙量也很大，缺钙时番茄的叶尖和叶缘萎蔫，生长点坏死，果实发生顶腐病。

二、栽培技术

作为高原夏菜的番茄，在河西走廊主要栽培形式为钢架大棚一大茬栽培和钢架大棚娃娃菜复种番茄两种类型。露地栽培多为加工番茄，本文不作论述。

（一）钢架大棚一大茬栽培

1. 育　苗

培育适龄壮苗是钢架大棚番茄早熟丰产的重要基础。番茄的适龄壮苗应该是：根系发育好，侧根多呈白色；茎粗壮，节间短，茎高不超过 25 cm；叶呈深绿带紫色，茸毛多，8～9 片叶；第一花序现蕾。壮苗的细胞液浓度大，比较抗风耐寒，表皮组织中角质层发达，水分蒸腾少，耐旱性强。

（1）育苗期的确定。育苗期的长短首先决定于育苗期间的温度。在正常育苗条件下，番茄从出苗到第一花序开始分化约需 600℃ 活动积温，花芽发育整个过程又需 600℃。因此，欲培育出即将开花的大苗，应保证有 1 000～ 1 200 ℃的活动积温。如果出苗后日平均温度保持 25℃，仅需 40～48 d，20℃为 50～60 d，15℃为 66～80 d。提高育苗温度，花芽分化期提前，花芽发育较快，但和同等积温而稍低的温度比较，花芽数较少，花芽质量较差，落花率较高。所以，育苗期间一般以维持日平均温度 20℃左右为适。这样，再考虑到定植前的炼苗，以 60～70 d 的育苗天数为宜。当定植期确定后，提前 60～70 d 播种育苗即可。河西走廊育苗期多为 1 月下旬至 2 月初。

（2）种子处理及播种。品种要选择抗黄花曲叶病毒的品种。为了防止苗期病害和提早出苗，播种前一般进行种子消毒和浸种催芽。因番茄种皮较薄，热力消毒易烫伤种子。种子以药剂消毒为主，在药剂消毒前，先把种子浸水 10 min 左右，漂出瘪种子，再进行消毒处理。药剂消毒可采取粉剂干拌法或药液浸泡法。如：用五氯硝基苯拌种（用药量为种子重量的 0.2%～0.3%）能防治番茄猝倒病；用福尔马林（40%甲醛）100 倍液浸种 10～15 min，可杀死种子表面所带病菌；用 10%磷酸三钠或 2%氢氧化钠水溶液浸种 20 min，有钝化番茄花叶病毒作用。药剂处理后再浸种催芽，胚根突破种皮就可播在穴盘内。如果是包衣种子，则不再处理，直接播在穴盘内。播种方法参见育苗一章。

（3）播种后管理。具体措旋参照育苗一章。

（4）成苗期管理。番茄出苗后，白天保持 25～28℃，夜间 10～13℃。第一片真叶出现后适当提高温度，白天 25～30℃，夜间 13～15℃，遇到寒潮夜间要覆盖小拱棚。当秧苗长至 4～5 片真叶，株间叶片相互遮阴时很易徒长，应及时拉开苗盘的距离并调转穴盘方向，使秧苗充分受光，能有效防徒长。水分不必控制，保持基质表干下湿为宜，秧苗心叶淡绿色标志水分正常。在秧苗迅速生长期应注意追肥，叶面喷施尿素、磷酸二氢钾混合液对番茄有明显壮苗作用，至秧苗锻炼前可每隔 7～10 d 喷 1 次，共喷 2～3 次。对育苗设施的管理：一是及时揭盖保温覆盖物，兼顾抢光和保温；二是逐渐加大白天通风量，降温排湿。定植前的秧苗锻炼程度应依定植后的温度条件而定，大棚早熟栽培定植时气温低，以强锻炼有利，如定植期较晚，或定植后能保证适宜的温度，则以弱锻炼为宜。锻炼秧苗的主要措施是逐渐降低苗床温度，特别是夜温。不能完全靠控水，以保持晴天中午秧苗不明显萎蔫为宜，否则，秧苗易老化。

2. 整地与施基肥

番茄根系较为发达，为促进番茄根系向纵深发展，必须深耕，冬季休闲的地块，可在封冻前深耕 25～30 cm，翻后不耙，以利土壤风化。深耕应结合增施基肥。如果有机肥充足，可于深耕前施用。扣棚后整地应及早进行，尤其土壤黏重地块更应抓住有利墒情浅耕或深耙，使土与肥充分混合，土块细碎。

结合整地每亩施腐熟优质有机肥 5 000～8 000 kg 左右，或生物有机肥 500 kg 左右。重施基肥可使植株败秧期推迟，延长结果期，提高产量。在施基肥的同时，最好将过磷酸钙与有机肥混合施用，每亩施 80～100 kg。增施磷肥对提高番茄产量，尤其是早期产量有显著的效果，并对防止生理性卷叶有一定效果。每亩施磷二铵 50 kg，条施在垄底中央。宽窄行起垄，大行距 80 cm，小行距 50 cm，在垄中央要留暗沟，铺膜后待定。如果有滴管设备，行距同滴管带距。

3. 定植及密度

大棚日平均气温达 15℃以上，地温稳定在 10℃以上时定植，定植前要“烤棚”10 d 左右。定植时间一定要选择寒流刚过，好天气刚开始进行。河西走廊定植期大约在 3 月底至 4 月上旬。番茄比较耐移植，定植成活率较高。

定植深度一般以子叶与地面相平为宜。徒长苗可卧放在定植穴内（卧栽法），将基部数节埋入土中，以促进不定根的发生，长成壮秧。定植密度决定品种、整枝方式、生长期长短等多方面因素，灵活性很大。如果单株果穗数少，必定要增加单位面积株数；反之，密度变稀，单株果穗数也必然增加。由于一大茬栽培每株留 6～7 层果穗，行株距为（60～65）cm×（45～50）cm。番茄对光照条件要求较高，行距与株距对产量的影响以行距影响较大，宽行密植、大垄双行、隔畦间作等都是比较科学的密植措施。

4. 定植后的管理

（1）温光管理。定植后密闭保温，促进缓苗，不超过 30℃不放风。缓苗后进行中耕以利于提高地温。白天保持 25～28℃，超过 28℃时放风，午后降到 20℃左右闭风。如果降温幅度过大，要考虑大棚增加覆盖物。要经常擦洗棚膜表面，保持棚膜的整洁，提高光照时间和光照强度。

（2）肥水管理。番茄定植后根系逐移恢复生长，一般情况下，第一花序开始着果时，根系生长达到第一次高峰。在第一花序果实开始迅速膨大生长时，由于植株同化面积较小，营养物质大量往果实输送，根系生长量逐渐下降，甚至有部分根系死亡。随着植株营养生长的发展，叶面积不断增大，根系又逐渐加快生长，至结果盛期时又达到生长高峰。在番茄田间管理中，特别是前期的管理必须注意根系发展变化的这一特点。

番茄有一定的耐旱能力，在定植水充足的情况下，控制浇水，适当蹲苗，促进根系向纵深发展，防止开始结果后番茄根系生长量的下降，并适当控制地上部营养生长，保证营养积累，加速开花结果。一般第一穗果坐住以前不浇水，促进根系发育，控制地上部徒长。但如果发现有旱相，可在暗沟中进行灌水。第一穗果实达到核桃大小、第三穗坐住后开始追肥灌水，每亩追施尿素 20 kg 或者其他水溶性好的高氮型复合肥。可将肥料溶解在蓄水池或施肥罐中，通过滴管或暗沟结合浇水进行。第二穗果实膨大时结合浇水每亩追施尿素 10～15 kg，磷二铵 5～10 kg；或者 15～20 kg水溶性好的氮、磷、钾复合肥。第三穗果实膨大时，不但要追施 N、P 肥，还要适当补充 K 肥。除了每次结合追肥进行灌水外，要经常保持土壤见干见湿，特别是果实膨大期不能缺水，结果盛期 7～10 d 灌一次水。进入 5 月下旬以后，随着外界气温的升高，通风量的不断增大，还要增加灌水量和灌水次数，灌水时采取明、暗沟交替进行。除土壤追肥外，可在结果盛期辅之以根外追肥，用 0.2%～0.5%的磷酸二氢钾，或 0.2%～0.3%的尿素，或 2%的过磷酸钙水溶液，喷施叶面。或喷多元素复合肥、氨基酸类叶面肥、富含微量元素的叶面肥等。根外追肥有明显的促进早熟和健秧的效果，增强植株的抗病能力，防止衰老。

番茄定植后应及时进行中耕。早中耕、深中耕有利于土温的提高，促进迅速发根与缓苗生长，为第一次根系生长高峰的及早形成创造条件，这时早熟栽培更为重要。中耕应连续进行 3～4 次，中耕深度一次比一次浅，垄作或行距大的畦作可适当培土，促进茎基部发生不定根，扩大根群。

（3）植株调整。番茄具有茎叶繁茂、分枝力强、生长发育快、易落花落果等特点，为调节各器官之间的均衡生长，改善光照、营养条件，在栽培过程中应采取一系列植株调整措施，如搭架、绑蔓、整枝、打杈、摘心、疏花疏果等。

植株长到一定高度要用绳吊蔓或搭架。番茄的整枝方式有多种，各有特点，大棚一大茬栽培常用的整枝方为单干整枝，只保留主干，将叶腋内长出的侧枝全部摘除，当侧枝长度达到 10 cm 时开始打杈、吊蔓，打杈也不能过晚，否则消耗养分过多，影响着果及果实生长。单干整枝根系发展受到一定限制，植株容易早衰，所以番茄生长中后期要注意护根栽培。

当坐住 6～7 穗果后，留两片叶摘心，从这两片叶的叶腋中再发生的侧枝不摘除。摘心不能过早，否则会抑制根系发育，卷叶严重，造成减产。

早期发生的畸形花、畸形果应疏掉，促进果实整齐一致地膨大生长。每穗果保留 4～5 个果，其余疏掉。番茄栽培原则上不摘叶，保持植株较大的同化面积。进入结果盛期以后，第一穗果绿熟后摘除下部叶片，并及时摘除病叶、黄叶，改善通风条件，减少呼吸消耗。

（4）保花保果。番茄落花现象比较普遍，对产量影响很大。造成落花的原因主要有以下两个方面：一是营养不良性落花。由于土壤营养及水分不足，植株损伤过重，根系发育不良，整枝打杈不及时，高夜温下养分消耗过多，植株徒长，各穗果养分供应不平衡等原因引起落花落果。二是生殖发育障碍性落花。温度过低或过高，开花期多雨或过于干旱，都会影响花粉管的伸长，影响花粉发芽，产生畸形花（如长花柱或短花柱花等）等而引起落花。番茄早春早期落花的主要原因是低温或植伤，夏季落花主要原因是高温。

防止落花，必须从根本上加强栽培管理：培育壮苗，适时定植并注意根系保护，加强肥水管理，防止土壤干旱和积水，保证充足的营养，防止过多地偏施氮肥，及时进行植株调整，改善田间通风透光条件等。人为向花器施用植物生长调节剂，可有效地防止落花，促进结实。番茄开花正值低温时期，温度偏低，大棚内光照不足，影响正常授粉受精，所以需要用生长调节剂处理。使用生长调节剂不仅可克服由于受精不良而引起的生殖发育障碍，而且可刺激果实发育，形成与授粉果实同样大小甚至超过其大小的无籽果实。

常用的生长调节剂有：2,4-D（2,4-二氯苯氧乙酸）、PCPA（对氯苯氧乙酸，又称防落素、番茄灵）、2 m-4X（二甲基-四氯苯氧乙酸）、BNOA（A-OK 苯氧乙酸）及其由此产生的一些复合激素等。其中前两种应用最为普遍。近年来由沈阳农业大学研制出的“番茄丰产剂 2 号”，在北方地区应用较多，保花保果效果很显著。2,4-D 使用浓度为 10～20μL/L，用于蘸花或涂抹花萼；PCPA 使用浓度为 25～30μL/L，可作喷花处理；“番茄丰产剂 2 号”使用浓度为 20～30μL/L，用于蘸花或喷花。各种生长调节剂在温度较高时用较低浓度，在较低温度时用较高浓度。

（二）钢架大棚娃娃菜复种番茄栽培技术要点

该种栽培模式基本同钢架大棚，不同之处主要有以下几方面。

首先，育苗期和定植期不同。4 月底至 5 月初育苗，苗龄 30 d 左右。娃娃菜 5 月中下旬收获后要及时定植，定植期越早越好，不能晚于 6 月 5 日。其次，定植及定植后温度较高，注意前期不能徒长。每株留 5～6 层果。

三、番茄形态诊断及其在栽培中出现的疑难问题和对策

（一）形态诊断

1. 苗　期

子叶期子叶完好、平展、绿色，胚轴高度不超过 3 cm；幼苗中期，子叶和真叶均较宽大，叶较厚，绿色，叶脉粗而隆起，叶片先端尖，有光泽；定植时秧苗高度 20 cm 左右，茎粗 0.5 cm 以上，有 8～9 片真叶，带子叶，真叶呈手掌状，大叶背面和茎基部呈紫色，节间短，茎从上到下粗度基本相同，株型长方形，现大花蕾，根系发达，呈白色，生长协调，为适龄壮苗。若子叶期，子叶细窄，淡绿色，胚轴 3 cm 以上则为徒长苗；在幼苗前期，若子叶和第一片真叶间距及真叶间距离较大，真叶窄小而薄，淡绿，茎细且色淡，说明秧苗有徒长趋势；幼苗后期即定植前，茎细高柔弱，下细上粗，节间长，叶片窄而薄，呈长三角形，心叶黄绿色，大叶淡绿色，株型呈倒三角形，为徒长苗。如果定植前上细下粗，有一定程度的硬化，弹性小，节间短，叶小无光泽，叶色暗

绿，根系发育不良，秧苗矮小，则为老化苗。

2. 定植后

植株发育正常，从顶部向下看，呈等边三角形；叶片较大，叶片似长手掌形，中肋及叶片较平，叶色绿，叶片较大，顶部叶正常展开，无斑点，叶脉清晰，叶端较尖；生长过旺的植株叶片呈长三角形，中肋突出，叶色浓绿，叶大。老化株叶小，暗绿或浓绿色，顶部叶小型化。

同一花序内开花整齐，花瓣黄色，花器及子房大小适中，开花位置距顶端 20 cm，开花的花序上部还有现蕾花序，花梗粗，花色鲜黄，花梗节突起，以上为生长发育正常的植株。徒长株花序内开花不整齐，往往花器及子房特大，花瓣浓黄色。老化株开花延迟，花器小，花瓣淡黄色，子房小。

番茄茎的丰产形态：节间较短，茎上下部粗度相似。徒长株（营养生长过旺）节间过长，往往从下至上逐渐变粗；老化株相反，节间过短，从下至上逐渐变细。

定植后同样可以出现徒长苗和老化苗，其症状同苗期。

（二）栽培中常见的问题及其对策

1. 苗期常见的问题及其对策

（1）幼苗徒长

发生原因：造成幼苗徒长的主要原因是光照不足，夜温偏高，湿度过大。从秧苗生长发育的不同时期来看，管理不适当造成苗子徒长主要表现在以下几方面。

第一，播种覆土厚度不均匀，或不适当，出苗时又没有及时再覆土而造成“戴帽”出土，“戴帽”的幼苗由于子叶照不到光，苗体虚弱从而引起徒长；

第二，幼苗前期没有及时分苗，后期苗子叶片相互遮阴造成光照不良而引起徒长；

第三，出苗后没有及时揭去覆盖物而形成高脚苗；

第四，阴雨天没有注意降低床温或夜温过高，呼吸消耗多，光合作用累积干物质少而徒长；

第五，夜温高，N 肥偏多，水分过多的情况下很容易造成徒长苗。

防治措施：苗子徒长或出现徒长迹象后，要具体问题具体对待，找出徒长的原因，采取相应的措施。在生产中常用以下几种措施。

第一，播后覆土厚度均匀，土干湿程度适当，防治幼苗“戴帽”出土。如出现戴帽现象，可在傍晚放帘子前用喷雾器把种壳喷湿，第二天基本上可以自动脱帽，或者喷水后人为帮助摘帽，千万不能干摘帽，以防损坏子叶。

第二，及时撤去覆盖物，加强光照管理。50%的幼苗出土后就要及时撤去苗床上面的所有覆盖物；在保证温度的前提下，育苗温室要早揭帘子晚盖帘子；在连阴天中午也应适当揭去覆盖物，进行散射光照射。

第三，及时分苗，及时放苗，避免苗子过大而相互遮阴。2～3 片真叶时进行分苗；在幼苗生长后期，若相互遮阴严重，要增大苗子间的距离。

第四，注意苗床夜间温度管理。夜温过高是苗子徒长的主要原因之一，因此必须适当控制夜温。苗床一般白天气温保持在25℃左右，夜间10～15℃，凌晨最低温度不低于5℃，苗子就可以正常生长。阴雨天适当揭去草帘或通风，适当降低苗床温度，使阴天床内温度低于晴天。白天保持在20℃左右，夜间在10～15℃。

第五，合理施肥与浇水，苗床适度控制氮肥和保持苗床相对土壤含水量为60%～80%。

第六，对已经徒长的幼苗，在定植时要卧栽。

（2）苗子老化

苗子老化的主要症状是秧苗的茎上细下粗，有一定程度的硬化，弹性小，节间短，叶小无光泽，叶色暗绿，根系发育不良，秧苗矮小。老化苗生理活性弱，定植后缓苗慢、产量低。形成老化苗的主要原因是苗床夜温长时间偏低，缺肥，长期干旱，育苗期过长，多次分苗伤根过重等。在生产中具体表现在以下几个方面。

第一，营养土营养不足。在配制营养土时添加的优质有机肥少，营养土有机质含量低，从而造成营养土营养不足，尤其是N、P、K的不足。所以配制营养土一定要按照标准（育苗部分）执行，一旦发现缺肥，可进行土壤施肥和叶面施肥。

第二，过多的控温、控水，减少N肥的用量。在生产中，有时为了防止幼苗徒长，而过分的控温和控水，虽然能起到防止徒长现象，但很容易造成幼苗的老化。实际上，防止幼苗徒长最有效的办法是降低夜温和增强光照，并不需要过度的控制水分和长时间的低温。在夜温较低，光照充足的情况下，幼苗并不会发生徒长。

第三，长时间低温造成老化。夜间温度过低，而白天又不注意提高床温，易造成幼苗生长缓慢，育苗期加长，苗子老化。所以育苗床必须保证一定的温度。

第四，生理性干旱而造成秧苗缺水老化。这种情况有两种：一是苗床土壤含盐量较大；二是施用化肥浓度过大而又没有及时灌水。防止方法是化肥用量适当，若为盐离子浓度过大应进行大水灌浇，排除盐分影响。

（3）番茄苗期沤根

发生原因：沤根现象各类蔬菜都要能会发生，但茄果类蔬菜发生较为严重。主要原因是由于长时间低温、高湿和光照不足等原因造成的。如定植前或刚定植后，地温较长时间低于12℃，浇水过量，苗床通风不良等均可以引起沤根。沤根主要表现在根部不发新根，根皮发锈腐烂，地上部萎蔫，苗易拨起，叶缘枯焦。

防治措施：防治沤根最有效的措施是提高地温，其次是适当的控制水分。浇水后注意通风排湿或采取降湿措施，如在育苗床上撒草木灰等；定植时如外间气温和室内地温过低，不能大水漫灌，最好用温水稳苗，待缓苗后再浇足缓苗水。定植后发生了沤根，要进行中耕，暂停浇水，提高室内气温，促使地温达到16℃，促进根部发生新根，也可用生根粉灌根。

2. 番茄开花结果期常见问题及其对策

（1）缓苗时间过长，部分苗子不能缓苗而死亡，造成缺苗断垄

发生原因：这种现象主要发生在气温低时的定苗，各种蔬菜都有。主要原因还是定植后沤根和定植时伤根所造成的。如在冬季、早春定苗时，大水漫灌，浇水过多，造成根部缺氧，地温降低，空气湿度增大，育苗时不采取护根措施，移苗时伤根现象严重，

无法缓苗。

防治措施：采取的防治措施应该是改进灌水方式和育苗方式。育苗时最好采用育苗盘（钵）育苗；定植时采用温水暗水定植，即在定植穴中浇足温水后再栽苗、封土。如果定植时土壤墒情较好，可不再浇水；如果墒情较差，定植后再在暗沟中灌水，待幼苗缓苗后，外界气温也升高了，此时再浇一次缓苗水，这次浇水量可大，以后可以控制水分不再浇水。

（2）蹲苗不当，造成徒长或坠秧

发生原因：蔬菜定植缓苗后要进行蹲苗，但是在生产实践中存在蹲苗不能根据品种类型、苗龄、土质等灵活掌握。蹲苗过长或过短，生殖生长与营养生长失调，都会影响蔬菜的产量。这种现象瓜类和茄果类蔬菜中都会发生，但茄果类蔬菜更为严重。

防治措施：合理的蹲苗措施应该是中晚熟品种在结果前要以控为主，一般到第一层果径 3～5 cm，果已坐住时结束蹲苗。对一些有限生长型的早熟品种，营养生长较弱，生殖生长对营养生长抑制作用较大，如蹲苗不当易引起坠秧，影响早熟和丰产。因此对这一类型品种，只进行短期的蹲苗，特别是一些生长势弱的品种，在大苗定植的情况下很快进入结果期，可以不蹲苗，直接进入正常的肥水管理。对苗龄较大的定植苗，因很快进入开花结果期，蹲苗不易过长；对苗龄较小的定植苗，要进行蹲苗。从土质看，粘性土上应拉长蹲苗时间，沙质土壤应缩短蹲苗期。从长势看，长势旺的要加强蹲苗，长势弱的不蹲或适度蹲苗。

（3）番茄卷叶

发生原因：番茄卷叶的原因较多，不能将卷叶一概而论为病毒病所造成的。造成番茄卷叶的原因主要有以下几种。

第一，部分品种在果实开始采收时，出现了卷叶现象，这属正常现象，如“卷叶大红”“荷兰三号”等，以色列的 114 番茄也有轻度卷叶现象，这是正常的卷叶。

第二，氮肥施肥过多，土壤湿度过大过小也会造成叶子卷曲。

第三、微量元素铁和锰的缺乏也会使叶脉变紫叶片上卷。

第四，整枝过重，打杈过早，源大于库时多余碳水化合物积累，也会造成卷叶。

第五，土壤干燥，特别在高温强光下，伤害根系发育而引起叶片上卷。参见附图 11-4。

第六，温室、大棚通风不当，突然大通风或撤出棚膜后出现卷叶。

第七，土质黏重，有机质少，灌水后土壤龟裂，或土壤长期干旱后灌大水，或中耕时伤根。

第八，番茄感染花叶病毒后，下部叶片也易卷曲；参见附图 11-5。

第九，温度过低会引起叶片下卷。参见附图 11-6。

防治措施：培育壮苗；合理施肥灌水，防止高温干旱，保证营养生长正常；整枝不能过早、过重；中耕避免过重伤根；防止病毒病的发生。另外，可用有铁成分的叶面肥和 0. 2%的磷酸二氢钾在结果期进行叶面喷施，均有较好的效果。

（4）顶叶黄化和顶端停止生长

发生原因：顶端叶片黄化甚至顶端停止生长的主要原因是土壤湿度大或夜温太低

(5℃以下)，使植株对硼、钙的吸收不良引起的。感染 TY 病毒也会出现顶叶黄化和顶端停止生长现象。

防治措施：保持适宜温度，灌水适量，避免土壤湿度过大，促进根系对硼钙的吸收。对顶叶发黄的植株可以进行叶面喷硼肥或钙肥。选用抗病品种。

另外要注意，这里的顶叶黄化与徒长苗呈现的叶片大，叶色淡是不同的，在实际操作中要加以区分。

(5) 落花落果

发生原因：番茄落花落果的主要原因有以下几个方面。

第一，营养生长不良引起落花落果。如营养生长不良，造成生殖生长过弱或者植株茎叶徒长，营养生长过旺，或各穗果实生长不平衡，造成营养物质供应的不平衡，导致落花落果。

第二，生殖生长不正常而造成落花落果。如开花期气温过高湿度过低，或由于不良条件的影响产生畸形花，产生生殖生长不正常而引起落花落果，或湿度过大，花粉粒吸水胀裂，不能授粉受精等，引起落花落果。

防治措施：

第一，培育壮苗。

第二，定植后进行合理的温度、水肥管理，具体方法和指标参见温室管理部分。

第三，激素处理。目前广泛使用的植物生长激素有番茄灵、2,4-D 和番茄丰产剂。2,4-D 常用的浓度为 10～20 mg/L；丰产剂 2 号多为 10 ml 瓶装，应用时加水稀释 50～70 倍；番茄灵应用浓度为 25～50 mg/L，低温时用 40～50 mg/L，高温时用 25～30 mg/L。

番茄灵与番茄丰产剂 2 号使用方便，可用微型喷雾器直接向花序上喷，且不易产生畸形果，也不易产生药害。使用 2,4-D 处理必须在几朵花都开放时才能处理，处理早了易产生畸形果，最好是在每朵花开放时用 2,4-D 涂抹花梗。

(6) 顶端部萎缩。顶端部出现大的萎缩，是由于病毒病引起的，如果只是顶端小叶皱缩，则主要是生长激素过多、座果数多、光照不良等原因形成的。另外土壤水分多、铁过剩或者喷农药和其他叶面肥浓度过大，也易造成顶端萎缩，且严重时叶缘有发白的现象。高温也会引起顶端部萎缩或坏死。参见附图 11-7、11-8。

(7) 异常茎。指在第 3～4 个花序附近主茎节间缩短，主茎上有条沟开裂，形成窗缝状，茎内部有褐变，严重时可造成茎裂现象。其原因是保护地番茄施肥多，高温干燥影响硼的吸收。因此，在苗期第三花序分化时做好苗床管理，肥水适当，必要时叶面喷硼肥 1～2 次。

(8) 茎部褐斑症。番茄茎基部出现褐色斑点。其原因是氨态氮肥施用过多引起的氨害，组织和细胞损伤，产生褐斑。所以在土壤中施氮肥要适量，尤其低温期不要施用过多氮肥。

(9) 茎杆空心。切断茎部可见中央有髓部，严重时茎部折断。其原因是根部受到伤害，或遇到干燥、盐类浓度过大、低温等条件下，造成根部吸水困难的缘故。所以要维护根系正常发育，保证水分吸收正常就不易发生茎部空心。

（三）番茄果实常见生理病害发生的原因及对策

1. 畸形果

（1）发病症状：各种畸形果是番茄栽培中常见的果实生理病害。在番茄的生长发育过程中，由于各种原因发生生理障碍，使果实发育不能保持品种特有的果型，即畸形果。常见的畸形果形状有偏圆、尖顶、多棱、椭圆、指形果、露籽果、“双胞胎”等形状，参见附图 11-9、11-10、11-11、11-12、11-13。保护地番茄畸形果发生较重。

（2）发生原因：大型畸形果主要产生于花芽分化及发育时期，即在低温、多肥（特别是氮素过多）、水分及光照充足下，生长点部位营养积累过多，正在发育的花芽细胞分裂过旺，心皮数目过多，开花后由于各心皮发育的不均衡而形成多心室的畸形果。①品种因素。不同品种畸形果发病率差异显著。②在花芽分化和花芽发育期环境温度过低或过高是形成畸形果的主要原因。在 8℃以下低温时，时间越长，畸形果率越高。③氮肥过少，根寇比失调，营养物质形成少，遇低温，日照不足，使花器及果实不能充分发育；④偏氮肥、使养分过剩，生殖生长过旺，都能产生畸形果。⑤在采用生长激素防止落花落果时，由于使用浓度、时期、部位不当也容易形成畸形果。⑥畸形果中的顶裂型或横裂型果实，主要是由于花芽发育时不良条件抑制了钙素向花器的运转所造成的。⑦植株在营养不良条件下发育的果实往往会形成尖顶的畸形果。

（3）防治措施：①选择对温度不敏感且商品性好的高产品种，如 6629、倍盈、齐大利等。②在幼苗 2～3 片真叶开始花芽分化和发育时，在管理上要千方百计提高温度，达到 10℃以上，使花芽分化、发育正常。③夏季育苗时想法降低温度，增加昼夜温差。④加强管理，适当控制水肥；适时播种、定植，为植株生长发育创造一个稳定的好环境。⑤在应用生长激素处理花朵时，要掌握好时间、浓度和使用方法。

2. 空洞果

（1）发病症状：果实的果肉不饱满，胎座组织生长不充实，种子腔成为空洞，严重影响果实的重量和品质。空洞果主要特征是种子少，外形多是方形果或辣椒果。参见附图 11-14。

（2）发生原因：①气温过高或过低引起受精不良，种子退化，胎座组织发育不充实。②温度过高且持续时间较长，果实发育过快。③果实膨大期，偏施氮肥、植株徒长、后期水肥管理不及时、使用植物生长调节剂浓度过高、光照不良等，致使果实膨大后养分供应不足。

（3）防治措施：①加强肥水管理，增施有机肥，注意氮、磷、钾肥的配合施用，避免氮肥过多。②适时摘心。过早摘心易使植株养分分配发生变化，茎叶与果实发育不协调，导致果实各部分膨大不一致，从而出现空洞果。③使用植物生长调节剂浓度要适宜，且下层花序处理后，上层花序也必须进行处理，使养分在上、下层果穗间合理分配。④保护地栽培要注意调节适宜的温度和光照条件。

3. 脐腐果

（1）发病症状：脐腐果又称脐腐病、尻腐病，果实脐部先形成暗绿色水渍状斑，后逐渐变成黑色，严重时病斑扩展至半个果面，果肉组织干腐，向内凹陷，因腐生菌寄生而形成黑色霉状物。接近成熟期的青果易发生此现象，幼果发病后，果实增大而病斑不增大，受害果实提早变色成熟。参见附图 11-15。

（2）发生原因：脐腐病的发生，果实缺钙是主要原因。造成果实内缺钙的原因可归纳为以下几方面：一是土壤中钙的绝对量不够，即土壤缺钙。二是地温高、土壤干燥、土壤溶液浓度过高、特别是钾、镁、铵态氮过多，影响植株对钙的吸收。三是在高温干燥条件下钙在植物体内运转速度缓慢。

（3）防治措施：①保证水分的均衡供应，保持土壤湿润。②多施腐熟有机肥，合理使用氮肥，防止植株徒长和密度过大。③在番茄座果期，每隔 5～10 d 喷施 1%过磷酸钙或硝酸钙等。④尽量避免土温过高及土温的激烈变化。⑤供水要均匀，防止忽干忽湿。

4. 裂　果

（1）发病症状：在果实发育后期容易出现裂果。裂果现象有环状开裂、放射状开裂和纵裂。参见附图 11-16、11-17、11-18。

（2）发生原因：①品种原因。不同的品种抗裂性不同。②果实生长前期土壤干旱，果实生长缓慢，遇到降雨或浇大水，果肉组织迅速膨大生长，果皮不能相适应地增长，引起开裂。③高温、干燥、直射强光使果皮组织硬化，果实在继续彭大时，特别是在土壤水分较多时，果表皮承受不了果肉组织的膨胀压力而开裂。

（3）防治措施：①选用抗裂品种。②精细整地，使土壤疏松，地温、水分适宜，促进根系发育快，植株生长健壮，果实不硬化。③一定要采用地膜栽培。④加强结果期水分管理，切忌忽大忽小，防止土壤过干过湿。⑤增施有机肥，避免果实受强光直射。

5. 粒型果

（1）发病症状：表现为植株生长正常，但果实坐住后不发育，形小如豆粒。参见附图 11-19。

（2）发生原因：产生粒型果的主要原因是温度低，授粉不良，光照不足，夜温过高，营养物质积累少，经过生长激素处理，果实坐住后得到的光合产物少而不能膨大。

（3）防治措施：在栽培中要加强防寒保温，协调秧果矛盾，增加光照强度，适当降低夜温，减少养分消耗，防止产生粒型果。

6. 番茄筋条果

（1）发病症状：有两种现象：一种为果肉组织维管束部位坏死变成黑筋，另一种为果肉维管束变白成为白筋条果。参见附图 11-20、11-21。

（2）发生原因：黑筋条果多发生在光照弱，营养生长过盛，密植过度，氮肥施用过多，果实发育中代谢不正常。白筋条果则是由于缺钾，吸收氨态氮过多所造成的。

（3）防治措施：在栽培上要注意调节好设施的土壤温度，在光照不足时，温度不宜太高，白天应通风良好；不能过多施用氮肥，要合理密植，适量补施钾和硼。氮肥施用以硝态氮为主等。

7. 网纹果

（1）发病症状：从番茄果实表面可以看到果肉呈现网状。参见附图 11-22。

（2）发生原因：这种果皮着生在种子周围的白色胶状物上，果实成熟延缓。主要是由于土壤干旱，根系不能很好地吸收磷、钾肥，或磷、钾在体内移动困难，代谢紊乱产生网纹果。

（3）防治措施：适时灌水，防止土壤干旱。

8. 日烧果

（1）发病症状及原因：在夏季高温季节，由于强光直射，果肩部分温度上升，部分组织烫伤、枯死，产生日烧病。日烧病的危害，品种间差异较大。叶面积较小，果实暴露或果皮薄的品种易发病。日烧果发生的原因是高温、强光抑制了红色素形成的缘故。

（2）防治措施：通风降温和降低光照强度，是日烧果的主要防治措施。适当增施钾肥可增强其抗性。

9. 果实着色不良

（1）发病症状：果实成熟时不呈固有的色泽而呈黄褐色。

（2）发生原因：其主要原因是光照弱、温度低、氮肥施用过多或过少，使钾素缺乏，从而使果实的叶绿素分解酶活性低，果实不能转红。番茄需要1 000～1 100℃的有效积温才能开始着色，红色素在10～25℃下开始出现，20～25℃呈现迅速。白天温度过高而光照较强时也能抑制红色素呈现，使果实着色不匀、色泽不鲜艳。

（3）防治措施：不宜过度密植，少施氮肥，限制营养生长过旺，同时温度不宜太低。

（四）番茄常见的缺素症

1. 缺　氮

（1）症状：幼苗期缺氮，植株生长缓慢，花芽分化少，茎细叶小，叶片薄而叶色淡，开花结果期缺氮，根系发育不良，易落花落果，下部叶片失绿，并逐步向上发展，严重时叶片黄化脱落，植株早衰，结果期缩短。

（2）防治措施：番茄对氮素的吸收以硝态氮为好。发现缺氮时，每亩可随水冲施、追施7～8 kg尿素，也可用0. 3%的尿素进行叶面喷肥。

2. 缺　磷

（1）症状：番茄对磷比较敏感。幼苗缺磷时，生长受阻，茎细小而呈紫红色，叶片小而硬，叶背呈紫红色，花芽分化受阻，严重影响后期产量的形成，造成果实小、成熟晚、产量低。

（2）防治措施：番茄生育初期容易缺磷，育苗时，床土要施足磷肥。每100 kg营养土中加过磷酸钙3～4 kg；定植时每亩施用磷酸二铵20～30 kg。

3. 缺　钾

（1）症状：番茄对钾的吸收主要在果实膨大后。缺钾首先表现在老叶上，叶缘枯黄，逐渐向叶肉扩展，最后褐变枯死，并不断向上部叶发展，导致根系发育不良，果实中空，果味变差。

（2）防治措施：首先应多施有机肥。在化肥施用上，应保证钾肥的用量占氮肥用量的一半以上，也可用磷酸二氢钾、硫酸钾作叶面追肥。

4. 缺　钙

（1）症状：番茄缺钙初期新叶边缘发黄皱缩，后期叶尖和叶缘枯萎，严重时生长点坏死；果实顶部产生水浸状斑，稍凹陷，颜色逐渐加深，形成脐腐果。

（2）防治措施：定植时增施腐熟的鸡粪，避免一次性大量施用铵态氮肥。并要适当灌溉，保证水分充足。出现明显缺钙症状时，及时用0.2%～0.3%的氯化钙进行叶面追肥，也可叶面喷施含钙宝的叶面肥。

5. 缺　镁

（1）症状：番茄缺镁时，植株中、下部叶片发黄，逐渐向上部叶片发展。老叶只有主脉保持绿色，其他部分黄化，而小叶周围常有一窄条绿边。严重时，全株黄化，老叶死亡。参见附图11-23。

（2）防治措施：当发现有缺镁症状时，用2%的硫酸镁叶面喷施，每周2～3次，效果明显。

6. 缺　硼

（1）症状：一般从第2穗花以上出现症状。表现为新叶褪绿，生长缓慢，节间变粗变短，茎上出现纵向凹沟，形成茎裂。果实表皮木栓化，有时胎座变黑。果实畸形。

（2）防治措施：高温期徒长植株最容易缺硼。常用的肥料是硼砂，可以做基肥施用。发现缺硼时，也可叶面喷洒0.3%～0.5%的硼砂。

7. 缺　锌

（1）症状：中上部叶片开始发黄，生长缓慢，形成“小叶病”。光照过强、土壤偏碱时易缺锌。

（2）防治措施：缺锌时可以施用硫酸锌做基肥，也可用0.1%～0.2%的硫酸锌喷洒叶面。

第三节　茄子栽培技术

一、生物学特性

（一）植物学特征

1. 根

茄子根系发达，由主根和侧根构成。主根垂直伸长，并从主根上分生侧根，再分生二级、三级侧根，共同组成以主根为中心的根系。主根发达，垂直生长旺盛，深度可达1.3～1.7 m，横向伸长直径超过1 m，主要根群分布在33 cm内的土层中。茄子根系木质化较早，发生不定根能力较弱，因此，根系再生能力较番茄弱，不宜多次移植，栽培时应注意保护根系，创造肥沃疏松的土壤条件。一般直播的茄子根系比育苗移栽的发达，但育苗移栽的二次根发育比直播的好。茄子有一定的耐旱性，特别是枝条为直立型而发育旺盛的品种，根系入土深，其耐旱性较强。

2. 茎

茎直立、粗壮，分枝习性为假二杈分枝。主茎生长到一定节位时茎端分化为花芽，由花芽下的两个侧芽生成两个第一次分枝，在分枝上的第二叶或第三叶分化后，顶端又形成花芽，下位两个侧芽又以同样方式形成两个侧枝。植株开张或稍开张，茎叶繁茂，枝条生长速度比番茄缓慢，营养生长与生殖生长比较平衡。茄子茎及枝条的木质化程度较高，从幼苗期开始，茎轴的干物质含量逐渐增加，但对结果期起主要负荷作用的主茎来说，木质化的显著加强是发生在苗成龄后至结果初期。茎的外皮甚厚，皮色随品种而不同，常见的有紫色、绿色、绿紫色、黑紫色、暗灰色等。

3. 叶

单叶、互生，有长柄。叶片（包括子叶在内）形状的变化与品种的株型有关。株型紧凑、生长高大的品种一般叶片较窄；而株型开张、生长较矮的品种一般叶片较宽。茎、叶颜色与果实颜色相关，紫茄品种的嫩枝及叶柄带紫色，白茄和青茄品种呈绿色。在氮素充足、温度稍低的条件下叶色深，因茄子嫩叶中含有花青素，在低温多肥条件下花青素浓度大，且顶芽呈钩状卷曲，这种症状可能与硼的吸收障碍有关。叶的正背面均有粗茸毛，大果种叶背中肋有锐刺。

4. 花

完全花，由萼片、花瓣、雄蕊、雌蕊组成。萼片宿存，花瓣5～6片，基部合成筒状，白色或紫色。开花时花药顶孔开裂散出花粉。根据花柱长短可分为长柱花、中柱花和短柱花，长柱花的花柱高出花药，花大色深，为健全花，能正常授粉，易座果。短柱花的花柱低于花药或退化，花小、色淡、花梗细，为不健全花，一般不能正常结果。中柱花的授粉率低于长柱花，但还是较易授粉。茄子花多为单生，个别品种簇生，一般为自花授粉。

5. 果　实

茄子的果实为浆果，以嫩果作为食用，果实肉厚，胎座特别发达，为海绵薄壁组织，是茄子的主要食用部分。果肉比较致密的圆茄品种，细胞排列呈紧密结构，间隙小，甚至无明显间隙，而长茄品种则相反，果肉细胞排列呈松散结构。

6. 种　子

种子发育较晚，待果实快要成熟时才迅速发育，所以采种果实必须待变黄时采收。栽培中要选用充分成熟的种子，以保证苗齐苗壮。从栽培上看，种子发育晚，可提高嫩果的品质，茄子的种子较小，千粒重3.16～5.30 g，每个果实内含500～1 000粒，种子占果实重量的1%左右。

（二）生长发育

1. 幼苗期

第一片真叶至现蕾为幼苗期。在幼苗期同时进行着营养器官和生殖器官的分化和生长，两者的临界点在于四片真叶期，所以如分苗必须在 4 片真叶以前进行。幼苗期主要进行根、茎、叶的营养生长和花芽的分化，所以在生产中要协调好二者的关系。

2. 开花着果期

当花蕾发育成熟，外部条件适宜时就可开花。开花时间取决于温度和天气状况。晴天，茄子花从 4：30 开始，花瓣先端开始活动，大约在 5：30 开放，阴天稍慢些，开花后第二天柱头颜色开始变浓。

花的寿命较长，从开花的 2～3 d 内，柱头都有授粉能力，但从授粉率和结果率来看，开花当天授粉的结果率达 100%，开花后 1 d 和前 1 d 授粉的结果率分别为 96% 和 85%。根据这一特点，激素蘸花应在当天进行。

柱头授粉后，大约在两天后就可以完成受精着果。门茄开花后一周左右，以增加细胞数目为主，所以果实生长缓慢，以后生长加快。

3. 结果期

茄子的果实是由子房发育成的真果。果实发育经历现蕾、露瓣、开花、凋谢、瞪眼、技术成熟期、生理成熟期。门茄瞪眼期后果肉细胞膨大，果实迅速生长，整个植株进入果实生长为主的时期。门茄从开花到瞪眼大约需要 8～12 d，从瞪眼到技术成熟需 13～14 d，也就是说门茄开花到上市大约需 21～26 d，每层果采收相隔 10 d 左右。

4. 生长发育特性

茄子的生育周期与番茄基本相似，但在生长发育上有其特性。

（1）花芽分化。主茎 3～4 片真叶时开始花芽分化，一般 1 个花房分化数个花芽，多数情况下只有 1 个花芽发育，其他花芽退化。花芽着生的节位，早熟品种第一花着生节位较低，如北京的五叶茄、六叶茄；晚熟品种第一花着生节位较高，如北京的九叶茄、天津大民茄。一般播种 60 d 后，在主枝及第一、第二侧枝上，发生了很多二级、三级、四级侧枝，侧枝伸长而花芽也在分化、发育。

在适宜温度范围内，温度稍低，花芽发育稍有延迟，但长柱花多；反之，在高温下，花芽分化期提前，但中柱花及短柱花比率增加，尤其在高夜温影响下更加显著。育苗期间以昼温 25℃左右，夜温 15～20℃为宜。在花芽分化前的营养生长阶段是主轴及其上所附生的叶原茎的建立，这个阶段的生长量很小，但相对生长速度很快；花芽分化开始后是主轴生长锥的突起和分化，以及相继而发生的次生轴器官的突起和分化。这时期生长量剧增，虽然是营养生长与生殖生长并行，但根、蔓、叶营养生长量远远大于生殖生长量，地上部生长明显加快。这阶段应以扩大叶面积为主，茎的增长较番茄平稳，不太易徒长，应给予适当的温度、水分等条件，保证幼苗迅速生长。

（2）结果习性。茄子的结果习性是相当规则的，这与茄子的分枝规律有直接关系。每一次分枝结 1 层果实，按果实出现的先后顺序，习惯上称之为门茄、对茄、四母斗（四门斗）、八面风、满天星。从下至上开花数目的增加，为几何级数的增加。实际上，一般只有 1～3 次分枝比较规律。由于果实及种子的发育，特别是下层果实采收不及时时，上层分枝的生长势减弱，分枝数量减少。茄子分枝结果习性表明，茄子结果的潜力很大，愈到上层果实愈多，但必须采取合理措施培育健壮枝条，为结果打好基础。

在正常情况下，茄子开花时，花的上面已有 4～5 片叶充分展开，枝条及侧芽发育良好。如果开花时，花上只有 1～2 片叶展开，说明由于温度不足、土壤干旱或营养不良等原因而发育不良，应采取措施促进生长。

（3）果实发育。茄子果实发育经历现蕾期、露瓣期、开花期、凋瓣期、瞪眼期、产品食用成熟期、生理成熟期。门茄现蕾标志着幼苗期结束，但在门茄瞪眼以前，还是处在营养生长向生殖生长的过渡阶段，并以营养生长占优势，这时应对营养生长适当控制，促进营养物质分配转到以果实生长为主。进入门茄瞪眼期以后，茎叶和果实同时生长，茎叶中干物质直线下降，花果中干物质直线上升，这说明植株同化物质的分配转到以供给果实为中心。这时应结束对营养生长的控制，加强肥水管理，促进门茄果实膨大及茎叶生长。在对茄与四母斗结果时期，植株处于生长旺盛期，这期间的产量对总产量影响很大，尤其对栽培期较短的茄子，更是构成产量的主要部分，因此，必须保证有足够的叶面积，既要促进果实生长，又要保持植株生长势的旺盛，防止早衰。进入八面风结果期后已属结果中、后期，虽然果实数目增多，但单果重大为减少，如加强中、后期的田间管理，特别是肥水管理，维持株势，还可取得可观的产量。

（三）对环境条件的要求

1. 温　度

茄子喜温，对温度的要求比番茄高，耐热性较强，但在高温多雨季节易产生烂果。种子发芽阶段的最适温度为 30℃，低于 25℃发芽缓慢且不整齐。生长发育的最适温度为 20～30℃，气温降至 20℃以下，授粉受精和果实发育不良；低于 15℃则生长缓慢，易产生落花；低于 13℃则停止生长，遇霜植株冻死。相反，温度超过 35℃，茎叶虽能正常生长，但花器官发育受阻，短柱花比例升高，造成果实畸形或落花落果。

2. 光　照

茄子属喜光性作物，光饱和点为 40k Lx，光补偿点为 2k Lx。日照时间越长，生长越旺盛，花芽分化早，分化后的花芽发育，也表现出日照时间越长，开花越早。光照越强，植株发育越壮。在弱光下，特别是光照时间短的条件下，将降低花芽分化质量，使短柱花增多，从而提高落花率，而且果实着色也会受影响，尤其是紫色品种所受影响更为明显。

3. 水　分

茄子枝叶繁茂、产量高、需水量大，通常土壤最大持水量以 70%～80%为宜。但不同生育阶段对水分的要求有所不同，门茄形成以前需水量相对较小，门茄迅速生长后需水量逐渐增多，直到对茄收获前后需水量最大。栽培上要充分满足茄子对水分的需求，否则就会影响其生长发育，水分不足结果少，果面粗糙，品质差。但是，茄子不耐通气不良、过于潮湿的土壤，因此，要防止土壤过湿，否则易出现沤根。茄子适宜的空气相对湿度为 70%～80%。

4. 土壤及营养

茄子对土壤和肥料要求较高，适宜微酸至微碱性土质，一般 pH 值以 6.8～7.3 为好。要求疏松、富含有机质，肥沃而保水力强的土壤。如果土壤干旱和瘠薄，果实则皮厚肉硬，种子变老，风味不佳，产量低。茄子的需肥规律和番茄相似，但对氮素肥料要求较高。

茄子比较耐肥，氮、磷、钾同时施用效果更好。随着植株的生长，需肥量增多，结果期对养分需要最多；衰老后对养分的吸收也逐渐减少。一般每生产 1 000 kg 茄子，需吸收氮 3～4 kg，磷 0.7～1.0 kg，钾 4.0～6.6 kg。在土壤过湿、土壤溶液浓度过高时茄子容易出现缺镁症状，在叶脉附近，特别是主脉周围变黄失绿。在钙素缺乏或由于多肥而锰素过剩时，叶片的网状叶脉褐变，出现“铁锈”状叶。

二、栽培技术

茄子在河西走廊主要栽培形式为钢架大棚一大茬栽培，露地栽培面积不大。

（一）育　苗

培育适龄壮苗是钢架大棚茄子丰产的重要基础。茄子的适龄壮苗应该是：定植时应有 8～9 片真叶，叶大而厚叶色较浓，子叶完好，苗高 20 cm 左右，茎基粗 0.5 cm 以上，现大蕾，根白色，全株干重 0.2 g 以上。具体育苗方法参见嫁接育苗部分。

（二）整地施肥

茄子适于有机质丰富、土层深厚、保水保肥、排水良好的土壤。对轮作要求严格，最忌连作，要选用 3a 内不重茬的地块，也忌与其他茄科蔬菜如番茄、辣椒、马铃薯等蔬菜连作，嫁接苗可适度连作。茄子喜肥耐肥，生长期长，须深耕重施基肥，促进产量提高，防止早衰。一般在头一年进行秋翻时施一部分基肥，第二年春天进行春耙保墒，耙地要求平整细碎，定植前再施农家肥，总计每亩施腐熟有机肥达到 5 000～7 500 kg，或生物有机肥 500 kg 左右，然后起垄或做畦。地势低洼、排水不良的地区应采用高畦或垄栽，并挖排水沟。地势较高、气候干燥的地区，可采用平畦。在大棚内一般多行垄作，灌溉与排水方便，利于防病、防止倒伏。

在春天施基肥的同时，每亩施磷二铵 50～80 kg，条施在垄底中央。宽窄行起垄，大行距 80 cm，小行距 50 cm，在垄中央要留暗沟，铺膜后待定。如果有滴管设备，行距同滴管带距。

（三）定植及密度

大棚日平均气温达 15℃以上，地温稳定在 10℃以上时定植，定植前要“烤棚”10 d 左右。定植时间一定要选择寒流刚过，好天气刚开始进行。河西走廊定植期大约在 3 月底至 4 月上旬。定植过早易受冻害或寒害，但为争取早熟，在不致受冻害的情况下应尽量适时早栽；定植期过迟，定植后很快进入高温期，对茄子生长不利，易发病、产量低。

茄子是以采收嫩果为栽培目的，结果习性有一定的规律，因此在一定的生长期内依靠增加单株结果数及增加单果重来提高产量受到很大限制，所以，增加单位面积株数是提高单产的主要途径。在一定范围内加大密度，结果数增多，虽然单果重略下降，但仍能大幅度增产。生产中常常采取加大行距、缩小株距的方法，实行宽行（垄）密植可改善通风透光条件，还能降低因绵疫病等病害而造成的烂果现象。

适宜的栽植密度，应根据品种生长期长短灵活掌握。早熟品种每亩栽植 3 000～3 500 株，中、晚熟品种每亩 2 000～3 000 株。但对生长势中等的品种进行早熟生产，而不搞恋秋栽培时，每亩可增至 4 000 株以上。

茄子为半高秧蔬菜，可与矮秧蔬菜间套作。如与甘蓝、小油菜、小白菜、四季萝卜、莴苣等。

（四）田间管理

1. 促进缓苗

茄子定植时浇足定植水后，一般只有定植水浇的少，或土壤保水力差，出现缺水现象时，才需在缓苗期补水。定植初期为促进生根发叶，除保证一定湿度外，主要靠提高土壤温度和土壤的通透性而达到栽培目的。因此定植后应及时中耕，使茄苗周围表土疏松。当茄苗心叶舒展并开始生长时，说明植株已缓苗，缓苗后如土壤干旱，可在培土后浇 1 次缓苗水，但水量不宜过大，地表干后及时中耕 1～2 次，并行培土，进行蹲苗。地膜覆盖的只要保证整地、做畦和铺膜质量，膜下土表的杂草基本上不再萌生，一般不需进行培土。

2. 肥水管理

蹲苗期不宜过长，一般等门茄到瞪眼期时结束蹲苗。瞪眼期旺盛生长时期，应保持土壤达田间最大持水量的 80% 为好。在正常情况下可以通过对一定品种果形变化的观察判断土壤水分的余缺。在对茄和四母斗茄子迅速膨大时，对水肥的要求达到高峰，应每隔 5～6 d 灌 1 次水。

茄子生长期长，枝叶繁茂，需要肥料多，耐肥性强，但追肥要根据各生育阶段的特点进行。成活后至开花前，主要是促进植株健壮生长，为开花结果打好基础，在底肥施足的情况下不再追肥。开花后至坐果前，也应适当控制肥水供应，以利开花坐果，根据植株生长情况，如基肥充足、植株生长良好，可不施肥。如基肥较少、植株生长较差，可追 1 次稀释的人畜粪；门茄坐果后果实开始采收，植株除继续生长枝叶外，不断开花结果，应及时供给肥水，应每隔 4～6 d 灌溉 1 次，并追施速效肥料；第三层果实采收后为盛果期，此时天气已渐炎热，除注意供水外，一般每采收 1 次应追肥 1 次。

对于果重型的大圆茄类型品种的追肥，应把重点放在从门茄瞪眼到四母斗收获这个时期。

3. 温光管理

定植后密闭保温，促进缓苗，不超过 30℃ 不放风。缓苗后进行中耕以利于提高地温。白天保持 28～30℃，超过 30℃ 时放风，午后降到 20℃ 左右闭风。如果降温幅度过大，要考虑大棚增加覆盖物。要经常擦洗棚膜表面，保持棚膜的整洁，提高光照时间和光照强度。

4. 整枝打杈

门茄以下各叶腋的潜伏芽很容易萌发成侧枝，为了减少养分消耗，改善通风条件，应在门茄瞪眼以前分次摘除无用侧枝。对于生长强健的植株，可以在主干第一朵花或花序下留下 1～2 条分枝，以增加同化面积及结果数目，以后采用四杆整枝。

植株封行（垄）以后，为增加群体通风透光程度，减少落花和下部老叶对营养物质的消耗，促进果实着色，可将基部衰老的叶片及病叶分次摘除。但应注意不能盲目或过度摘叶，因为茄子的果实产量与叶面积的大小有着密切的关系，每一果实所供给的叶面积多，果实生长也快。因此要获得丰产，就需要有足够的叶面积指数，但是为了改善田间通风透光状况，除去失去光合功能的衰老叶片，而且这些老叶在生长后期往往下垂与地面接触容易腐烂，在这种情况下，摘叶才有一定的好处。但不能认为摘叶愈多愈好，更不要摘除生长良好的叶片。大棚栽培的茄子一般都不摘顶，任其生长，但在高度密植或生长期较短条件下，适时摘顶可促进体内养分的合理利用，提高光合强度，有利于早熟及丰产。

5. 采　收

茄子早熟品种，一般开花后 20～25 d 就可以采收嫩果。果实采收的早晚，不仅影响品质，同时也会影响产量。门茄应适当早采，以免影响上部生长和结果而出现坠秧。以后茄子要适时采收，其标准是看萼片与果实相连处的环纹带，菜农称为“茄眼睛”，如果环带宽，表示果实的生长快，不宜采收，如环带不明显或消失时，表明果实生长已转慢或停止，这时采收产量和品质都好，但国外有些品种没有“茄眼睛”。采收方法是在露水干后，用剪子剪断果柄，轻轻放入衬有塑料的筐箱内，防止擦伤。

三、茄子形态诊断及其在栽培中出现的疑难问题和对策

（一）形态诊断

1. 幼苗期形态诊断

茄子幼苗叶片展开不久就出现花青素。在苗床氮肥充足，夜温稍低，则叶色较深；氮肥少、夜间温度高、日照不足，则叶色变淡。低温条件下氮肥越多顶芽越弯曲，可能是根系吸收硼受到障碍所致。

植株顶部叶片皱缩，叶背面呈现茶褐色，有光泽，是受茶黄螨危害；如果仅仅是顶芽皱缩，则有可能是蚜虫危害。功能叶片上出现白斑或部分坏死，是有害气体造成的。

2. 结果期的形态诊断

叶片大小适中，叶脉明显，叶色较浓，茎粗壮，节间长 5 cm 左右，则为正常生长植株。如果节间过长属于徒长，节间过短是温度偏低或水分不足，植株生长受到抑制。

长势旺盛，发育正常的植株花大色浓，植株衰弱花小色淡。开花的节位上部有 4～5 片展开叶，枝条伸长和侧枝发生正常，标志生育状况良好。如果开花的节位以上只有

1～2片展开叶，就是营养生长不良的表现。其原因可能是夜间温度低、干燥、肥料不足或地温低、土壤溶液浓度高造成的，或是采收不及时，果实坠秧也会出现这种现象。

有时叶脉特别是主脉附近变黄，是缺镁的症状。一般土壤湿度过大，或钙、钾、氮过多，易诱发缺镁。

果实上有时发生铁锈，除了缺钙和锰过剩外，可能就是亚硝酸气体危害。前者叶片网状叶脉变褐，后者在叶背上面发生褐色有光泽斑点，有时两者并发。

环境条件适宜，果实生长快，形状整齐而有光泽。高温干旱，果面失去光泽，植株徒长，叶片大，影响通风和光照，果实着色不良，特别是紫茄着色，对光强要求严格。

（二）茄子栽培中常见的问题及其对策

1. 徒长苗

正常茄子秧苗大小适中，叶脉明显，茎粗壮叶色较浓，节间长5 cm左右。而徒长苗茎叶生长过旺，顶部浓紫色，果实发育不良，易产生石果。其原因是座果前没很好的进行蹲苗。在苗期要控制好温度和水分，就能很好的预防徒长。

2. 老化苗

老化苗表现的症状同番茄老化苗。解决的办法主要是调节好温度和湿度，促使地上和地下部分协调生长。

3. 铁锈症

一般在下部叶片或侧枝幼叶上产生褐色斑点，类似铁锈，严重时会使叶色黄化或脱落，其主要原因是：

第一，亚硝酸气体为害：表现症状是下部叶片表面和叶背面产生褐色斑点，而且叶背面发生有光泽的褐色斑点，属于慢性气体为害症状。

第二，锰过剩和缺钙：表现症状是叶片网状叶脉变弱。一般土壤pH值低，呈酸性，或多水、多肥、低温条件下，会发生锰过剩。防治对策是合理使用氮肥，水分不宜过多，增施石灰，调整土壤酸碱度；另外注意增施钾肥，加强温度管理。

4. 顶芽弯曲

茄子顶芽发生弯曲，叶片中有很浓的花青素。其原因是低温，多氮肥，硼素吸收受到阻碍造成的，严重时生长点停止生长。防止方法是避免低温，增施硼肥，也可以喷施0.03%~0.2%硼酸，低温下少施氮肥。

5. 叶片黄化

茄子叶片中脉附近的叶脉出现黄化，扩展到全叶，严重时有发生褐色坏死斑。这主要是缺镁症状，一般在低夜温、土壤湿度大、根系发育不良、吸收镁和磷酸少时易发生。另外，盐类浓度大，氮、钙、钾多时，也影响镁吸收，所以要提高地温，减少土壤湿度，合理施肥，促进根系发育，同时防止座果太多，必要时可增施含镁的矿物质肥料来补充。

6. 畸形花和落花

当夜温高、光照弱、碳水化合物少、不良条件持续时间长，氮、磷不足时，茄子的花发育不良，产生短柱花，授粉受精不良，形成畸形花或者落花，将来发展成歪茄，造成产量下降。防止的对策有以下几个方面：

第一，提高光照，合理管理温度。苗期白天28～30℃，夜间18～20℃，地温20℃左右为宜，保持土壤湿润，促进长花柱形成。

第二，采用护根育苗，合理密植，提高个体的光合能力。

第三，开花期进行有效的温度管理，防止高温或低温引起落花，同时在不利于座果的温度条件下，采用激素处理。

7. 茄子着色不良

当温室薄膜透光率差、光线分布不均匀、光照弱、特别是紫外线少的情况下，茄子着色不良，紫色品种表现为淡紫色、紫红色甚至绿色，着色还不均匀，影响商品价值。在生产中可采取如下措施防治：

第一，选择优良的棚膜，最好采用茄子专用膜。

第二，及时清洁棚膜，防止污染遮光，提高室内光照强度。

第三，合理密植，提高株行间光照强度。

第四，在保证温度的前提下，尽量延长光照时间，遇到连续阴雪天，要人工补充。

第五，选择着色好的温室专用品种。

8. 石　果

茄子果实不发育，形成幼小的浆果，称为石果。参见附图11-24。分析其原因主要有以下几个方面：

第一，低温影响花粉的发芽，伸长不良，不能完全授粉受精，易形成石果。另外温度过高，空气湿度过低，也容易形成石果。如原张掖农校在1998年有棚再生茄子，由于平茬过早，开花期正处在8月份，再加基质保水性能差，所结果实全部为石果，失去了商品价值。

第二，土壤干燥，水分不足，肥料浓度过高，光照不足，植株光合产物少，养分不足，就会大量产生石茄。

第三，徒长苗配合施用植物激素后，同化养分输送给茎叶，果实得到较少，膨大受影响也会形成石果。

第四，座果数多，摘叶重，也会引起石果发生。

在防止石果时，首先在开花初期要保证适宜温度，不能低于15℃，同时土壤保持湿润，光照充足，增强光合性能，积累碳水化合物，配合施用植物激素，促进果实膨大。另外，既要防止秧苗徒长，又要避免营养缺乏，合理调节茎叶生长与座果的关系，使果实得到较多营养。

9. 裂　果

茄子在花萼下，果顶部或中腹部发生开裂现象称为裂果。参见附图11-25。主要原因是高温干旱后大量灌水，或者水分供应不均匀，久旱后供水而造成的。另外温室内加热炉燃烧不充分，产生CO，致使果实膨大受抑制，如果灌水过量，果肉生长快，果皮慢，就会裂果。所以，要合理灌水，特别注意久旱后不能猛灌水；高温季节注意遮荫降温，均衡灌水。另外，补充加温时，燃料要彻底，防止 CO 中毒。

10. 日烧果

茄子果实经太阳暴晒，果面发生褐色凹陷，称为日烧果。一般在高温干旱季节，太阳光直射果面，使果温上升，果面先是褪色发白，后扩大转褐色，最后组织坏死，呈革质化干皮。采取的防止对策是：首先要选择耐热品种；其次在高温季节用遮阳网遮光，适量灌水，及时通分降温，防止果实内部升温；再者，加强水肥管理，促进果实正常发育。

参考文献

陈杏禹 . 2010. 蔬菜栽培［M］. 北京：高等教育出版社 .

山东农业大学 . 2000. 蔬菜栽培学各论（北方本）［M］. 第 3 版 . 北京：中国农业出版社 .

王勤礼 . 2011. 设施蔬菜栽培技术［M］. 桂林：广西师范大学出版社 .

张福墁 . 2001. 设施园艺学［M］. 北京：中国农业出版社 .

第十二章

蔬菜主要病虫害防治技术

第一节　病虫害防治基本原则

一、植保方针

“预防为主，综合防治”是我国的植保方针。近年来随着蔬菜产业的快速发展，新的蔬菜病虫和生理障碍不断出现，防治难度越来越大。许多菜农在不了解保护方针政策和防治基本原则的情况下，急于迅速消灭虫害，单纯地、大量地使用化学农药，非但没有达到目的，反而引起了许多病虫产生抗药性、天敌遭杀伤、为害更猖獗、环境被污染、人畜中毒甚至死亡等诸多弊端。因此，在蔬菜病虫害防治时，既要控制有害生物危害，保障作物优质高产稳产，又要避免任何防治措施的副作用，保护生态环境和人畜安全。所以，当前国际上推行的有害生物综合治理（IPM）和国内实施的“预防为主，综合防治”是我国病虫害防治的根本方针和基本原则。

“预防为主”是病虫防治的基本指导思想，基本前提，也是贯穿于自始至终行动的出发点。“综合防治”是行动的准则，通过以农业防治为基础的多领域、多途径综合技术有机配合运用，达到有效地控制病虫发生和危害。

二、病虫害防治的基本原则

（一）实行植物检疫

在引种（种子、幼苗或块根、块茎等）之前，要先了解调出地区有关蔬菜有无检疫对象及其疫情，坚持不从疫区调种。必调时，要加强对调入的种苗进行检疫和消毒处理。虽然蔬菜的检疫对象较少（番茄溃疡病、黄瓜黑星病、白菜根肿病、马铃薯环腐病和癌肿病、马铃薯块茎蛾等为国际、国内或地方的检疫对象），但是，许多病虫草害都可以通过种苗甚至商品菜传播。近年来，白菜和甘蓝黑腐病、蔬菜菌核病、豆类病毒病、白粉虱、斑潜蝇等病虫之所以能够广泛发生和严重为害，都与种苗和商品菜传带有关，因此，科研单位、各推广部门和广大菜农应引以为戒。

（二）选用抗病（虫）品种

选用抗病（虫）品种是防治病虫害最经济有效的方法，如番茄TY病毒病，目前只能依靠抗病品种才能达到防治目的。近几十年来，我国已培育出一大批抗病品种，从国外也引进了一部分抗病性极强，综合性状优良的品种。如国内天津黄瓜所选育的抗霜霉病、白粉病、枯萎病和疫病的黄瓜品种有津杂2号、津杂4号，津春3号等；从以色列引进的番茄品种，荷兰、法国等国的茄子品种等。但选用抗病品种必须因地制宜，同一品种不宜长期、大面积种植，需合理搭配和更新，并要做到良种配良法，才能收到良好的效果。

（三）科学调整栽培措施

病虫的发生与栽培管理是密切相关的，在生产中，通过调整栽培措施，创造有利于蔬菜而不利于病虫生存的环境，可有效地预防病虫害的发生。如轮作换茬或水旱轮作可减少枯萎病、青枯病、菌核病、线虫病等的发生；施用充分腐熟的有机肥可使种蝇和蛴螬的数量减少，一些通过粪肥传播的病害也能减轻；适期播种和播后保持土壤湿润是减轻大白菜等蔬菜病毒病的重要措施；在保护地应用节水栽培、加强通风、调温控湿措施对防治霜霉病、晚疫病、灰霉病收效明显；黄瓜嫁接防治枯萎病、茄子嫁接防治黄萎病、高垄种植大白菜防治软腐病、收获后深翻土地防治菌核病等都能取得良好的效果。

（四）合理使用化学农药

目前使用化学农药防治病虫害仍然是常用的手段之一，但在使用化学农药防治病虫害时要注意以下方面。

第一，按照有关安全使用农药的规定，严格禁止在蔬菜上使用剧毒和高残留的农药，只能使用国家规定的绿色防控使用的高效、低毒、低残留农药。

第二，掌握施药适期，减少施药次数、范围和药量，如保护地防治番茄灰霉病的施药部位是花期和头穗果膨大期，重点施药部位是花和幼果；对菜青虫、蚜虫等一般性害虫，只有当发展数量达到防治指标时才施药，不谋求“全歼”。

第三，具有同种作用的不同药剂需交替轮换使用，以延缓病虫抗药性的产生。

第四，使用新型的第三代农药，如抑太保、灭幼脲等昆虫生长调节剂。

第五，在温室及塑料大棚内推广使用烟雾剂或粉尘剂农药，以免增加湿度。

（五）采用生物防治

采用生物防治的目的是在防治病虫害的同时保护天敌和减少污染。如用微生物农药“农抗 120”防治多种蔬菜霜霉病、BT 防治棉铃虫等。

第二节　蔬菜病害简明诊断及防治技术

病害诊断方法主要有田间诊断和室内诊断两种方法。室内诊断主要以取样返回实验室培养、分离、镜检后再下结论，准确率高，防治方案正确，但时间缓慢，与生产要求不相适应。田间诊断必须在第一时间内初步判断症状产生的原因，即刻给出初步的救治方案，然后再根据实验室分析鉴定结果修正防治方案。田间诊断正确率相对较低，与诊断者的临床经验有极大的相关性，但诊断时间较快，是目前生产中主要的诊断方法。本文主要论述田间诊断方法。

一、病害田间诊断方法

（一）田间病虫害诊断程序

田间诊断时要遵循和考虑以下程序和因素。

1. 观　察

从局部发生症状的叶片到整株，从发病植株到其所在棚室的具体位置，以及当地的栽培方式、栽培习惯等都是应观察的内容。从一个棚室的一种症状或一种现象，到几个乃至十几个棚室的蔬菜生长状况的观察则能发现一种普通规律。症状有自然形成的也有人为造成的。

2. 追　询

土壤环境状态、连作情况、上茬种植的作物种类，以及除草剂使用情况、品种类型、剂量、存放地点、发病植株周围作物种类等都是直接或间接影响病害发生的重要因素。分析一种病症时要考虑菜农的栽培史，调查连作年数，上茬种植作物情况。生产中常常因连年种植同一作物而导致有些病害大发生，或者土壤有机肥严重不足，大量使用化肥而造成土壤盐渍化，使植株生长受到抑制，出现“伪”病害症状。

3. 了　解

了解种植品种特征特性，如耐寒、耐热性，以及对光照的敏感性，是否适合当地季节、气候条件、土壤条件、水质等。随着国内外优良品种不断的引进与推广，各地品种趋于混杂繁多，品种的抗性与适应性不尽相同，每个品种所要求的环境条件、栽培技术、抗性等都不尽相同。了解了品种的特征特性，对判断病害很有帮助。

4. 收　集

通过收集菜农所用药剂与肥料的包装袋，了解菜农施用农药与化肥习惯、施用农药、肥料史以及存放的地方。生产中菜农预防病害时常常将3～5种甚至更多的农药、生长调节剂混配在一起，有些农药是异名同成份品种，用药间隔期短，轻则蔬菜生长受到抑制，重则可产生药害。另外，长时间地大量使用某种元素含量高的肥料，也会导致其他元素的缺素症。因此，诊断时一定要收集、排查菜农施用过的药袋子和化肥包装袋，找出药害、肥害依据。

5. 求　证

求证土壤施用基肥、追肥情况，亩用肥量及氮、磷、钾和微肥的有效含量，生产厂商及施肥习惯等。由于常年种植高产作物，菜农往往是有机肥施用不足，过量施用化肥。有时将未腐熟好的鸡粪干、猪粪或牛粪直接施到温室内造成有害气体熏蒸为害，或冲施肥时不是等量均匀撒在垄中，而是在入水口随水冲进畦里，地势不平的低洼地块会造成烧根黄化及盐渍化死秧现象。

6. 气　候

了解蔬菜生长的气候条件对诊断很重要。了解的内容包括温度、湿度、自然灾害情况等。突发性的病症与气候有直接的关系。如下雪、大雾、连阴天、多雨、霜冻的突然降至及水淹等，在诊断时应充分考虑到近期的天气变化和灾情。

7. 人 为

在诊断中人为破坏也是考虑的因素。现实中曾发生过由于经济利益、嫉妒性或家族矛盾，向对方正常生长的蔬菜上喷施激素甚至除草剂，造成药害的情况。

8. 取 样

田间初步诊断后，要采取病害标本带给高校或科研部门分离、分析鉴定，根据鉴定结果进一步修正防治方案。

在生产中，不同专业的科技人员得出的病症诊断结果不同，一种现象会有许多结论或防治方法。有时受学科限制对病症给予单一方面的解释，但在自然环境中，蔬菜受栽培、管理方式、防病用药手段、气候、肥水及其施用方法等各种因素综合作用的影响。所以病虫害诊断时要综合考虑各种因素后做出正确的判断。

二、病毒病害的简明诊断

病毒是一种非常微小的生物活体，用普通生物显微镜无法看到病毒个体的形态，所以长期以来，人们只能根据蔬菜上出现的不正常表现称其为毒素病，甚至被误诊为生理病害。电子显微镜的问世，人们看到了病毒的个体形态，结合其浸染性的发现，才定为病毒。病毒浸染寄主是属于被动浸染（昆虫传播或摩擦汁传），所以，蔬菜受浸染后，往往出现维管束系统坏死。主输导组织受害后，形成全株症状，微支输导组织受害后，形成坏死斑点或斑块。近二三十年来，几乎所有的蔬菜都出现了病毒病害，其症状如下。

植株矮缩：全株或部分枝节矮缩。

叶片变小：往往伴随着变色、变形。

果实变小：往往伴随着硬果，果实变色、果肉变硬。

根系变弱：侧根、根毛变少、变短。

花叶：叶片失去正常均匀颜色，出现黄绿相间、深浅相间的不规则形斑点或斑块。

斑驳：叶片失去正常均匀颜色，出现过重的绿色斑块，病斑较花叶病斑的大。

条纹：细微输导组织变褐坏死，多发生于叶、枝、茎部，外表能看到。

环斑：组织上出现环状黄化环纹，外表能看到。

明脉：叶脉变为水渍状半透明状。

条斑：在茎枝上出现明显褐色坏死条带。

畸形：果实或叶片失去正常形状。

蕨叶、线叶：叶片变形，叶肉残缺，中脉两侧失去对称；甚至只有叶脉没有叶肉。

丛枝：茎叶失去正常排列，杂乱无章丛生，往往伴随矮化、黄化、褐化。

概括以上症状，病毒病害有以下特征：组织系统变色变形坏死，全株矮化丛生，失色斑块出现，叶脉明脉，不见组织表面产生病征。根据以上症状，可初步确定为病毒病。

三、细菌病害的简明诊断

细菌病害症状主要有腐烂、斑点、枯萎（维管束病变）、溃疡、畸形等。例如，白菜软腐病是叶柄组织脱胶，细胞解体，软瘫、变褐、腐烂；番茄青枯病是茎枝萎蔫、维管束变质、褐化坏死；黄瓜细菌性角斑病是叶片上产生不规则形小型密生黄色病斑，正面灰褐色，背面干枯，最后脱落穿孔；番茄细菌性髓腔坏死是茎杆维管束变褐；辣椒细菌性叶斑病是叶片出现斑点。归纳蔬菜细菌性病害的初诊田间症状，多为碎小的病斑，茎叶萎蔫，维管束变色、变质、腐烂。另外细菌病害的两个最主要症状特征是：病变部位无明显附属物（病征）和发病后期病部往往有菌脓（菌溢）出现。根据以上症状，可初步确定为细菌性病害。

四、真菌病害的简明诊断

真菌是一个很大的类群，现已发现了近四万多个种。很多真菌能浸染为害蔬菜，有时同时有几种真菌病害发生在同一株蔬菜上。在 200 多种蔬菜常见病害中，真菌病害就占 120 多种，占病原的 60%。因此真菌性病害是目前我市最常见的病害，症状表现多种多样，但田间发病时最大的特点是病斑较大，中后期在病斑上形成明显病症，如出现轮纹、白毛、霉层、粉状物、黑点等，根据以上特点可初诊为真菌性病害。

五、线虫病害的简明诊断

线虫属于低等的动物，其个体较大，有时用肉眼就可看到。线虫为害植物后出现的主要症状有营养不良、植株瘦弱、叶片黄化、生长缓慢、叶片变淡、叶片萎蔫等。除此之外，为害蔬菜的线虫，常常根部形成许多瘤状病变。以上症状与病毒病害、生理病害比较相似，因此在判断田间症状时，首先回忆和分析田间管理过程，不存在缺水、缺肥和其他环境危害因素，而且成片植株生长良好，唯有行间的一段或田间的一片出现长势衰弱的小群体，观其根系，发现有瘤状块组织，用手捻捏小瘤膨松，捏碎以后像“糠心萝卜”的晚期遗弃物（干缩后的糠萝卜），与正常根瘤菌形成的根瘤不同（根瘤菌根瘤硬而有弹性，捏碎后有黏液）。

六、生理病害的简明诊断

凡不属于浸染性病害而导致蔬菜品质降低、产量受损的病害都属于蔬菜的生理病害或非当然性病害，其主要类型如下。

（一）栽培管理不当形成的病害

如干旱和水淹造成的萎蔫等生理障碍，土壤元素贫乏造成的缺素型生理障碍，有毒水质浇灌后的生理障碍等很多因素导致的生长发育不良，都属于栽培管理不当型的生理病害。

（二）气候条件骤变形成的病害

如低温霜冻，高温灼烧，干旱萎蔫、卷叶，暴风袭击，酸雨侵袭，内涝黄叶，冰雹打击等自然气候的变化，超过蔬菜植株耐逆的能力而出现的生长发育不良，属于气候骤变型的生理病害。

（三）间接原因导致的生理病害

如激素类药物使用时浓度过高，除草剂使用不当而引起的出苗不齐，生长受抑制，果实变形，叶片黄化，植株皱缩，根系受抑制等生长发育不正常现象，属于间接障碍型生理病害。

（四）肥料、农药施用不当造成的生理病害

化肥施用浓度过高、有机肥未腐熟造成的烧根现象，农药浓度过大造成的药害等。

（五）特殊性生理病害

在生产中有时会发生一些特殊性生理性病害，在诊断中应于密切注意，才能找出真正病因。例如：工厂烟囱落灰的污染，有毒填料类纱罩、农膜等产生有毒气体造成植株的大批黄化白化枯死，高剂量辐射造成植株的畸形，雷击后造成的菜田成片枯死等。这些特殊病源应在当场分析中充分考虑进去，才能有助于准确诊断。

有时非浸染性因素促进浸染性病害的发生和加重，如高温干热的环境往往导致病毒病害明显加重，耕作层的暴干暴湿使根系形成大量伤口，给病原菌创造了浸入的条件，加重了病害的程度。酸度过大的灌溉水浇入菜田，往往加重十字花科蔬菜根肿病的发生程度。

非浸染性病害出现的最大特征是病症成片的同时发生，而不是先出现中心病株再向四周扩散。所以在诊断时要观察症状出现的局部和全部，特别注意有无附着物生存，参照上述要点，结合调查访问，即可初步确定。

第三节 高原夏菜主要病虫害无公害防治技术

一、苗期病害

（一）幼苗猝倒病

1. 症 状

种子发芽到幼苗出土前染病，造成烂种、烂芽。幼苗出土后子叶展开至 2 片真叶最

易发病，茎基部出现水渍状黄褐色病斑，绕茎扩展而变为褐色，收缩成线状称卡脖子，幼苗依然青绿而折倒。由于病势来得极快，故称之为猝倒病。在苗床上发病，最初多是形成零星的发病中心，并向四周迅速扩展，引起成片倒苗。在苗床湿度大时，病苗残体表面及其附近土壤表面有时长出一层白色絮状霉，最后病苗多腐烂或干枯。参见附图12-1。

2. 发病规律

本病主要由瓜果腐霉菌等浸染所致的真菌性土传病害。病菌在土壤中或病残体上越冬，条件适宜时产生芽管，从根部、茎基部浸染幼苗发病。病菌随灌溉水、雨水溅附、带菌的堆肥或农具等传播蔓延。喜温果菜苗床内低温高湿条件不利于菜苗生长，抗病力降低，而有利于病原菌的生长繁殖。土壤温度15～16℃时病菌繁殖很快，超过30℃时病菌受到抑制，土温10℃左右最适发病。最初常在苗床灌水后积水窝或棚顶滴水处，幼苗出现发病中心，然后向四周扩散蔓延。甘蓝、洋葱、芹菜等喜低温菜苗，在床温较高和湿度大时发病较多。一般在苗期阴雨天多，光照不足，播种过密，分苗、间苗不及时，苗床通风差，土壤湿度过大，猝倒病发生为害重。

3. 防治方法

（1）基质消毒。采用新的无病虫基质，或消过毒的基质。基质消毒时可用每平方米基质用40%福尔马林30～50 mL，加水1～3 kg（加水量视基质干湿程度而定）浇湿基质，然后用麻袋或塑料薄膜覆盖4～5 d，再除去覆盖物，耙松基质，约两周后，待药液充分发挥后播种。

（2）穴盘消毒。用新穴盘，也可用消过毒的旧穴盘。穴盘消毒常用0.2%的高锰酸钾溶液浸泡30 min以上，然后用清水冲洗干净后备用。

（3）种子消毒。种子播前要进行消毒，具体方法参见育苗部分。催芽不宜过长，播种要均匀，但不要过密。

（4）加强苗床管理。播前穴盘浇足底水，苗期浇水时一定要选晴天喷洒或小水勤浇，播种后室内温度应控制在20～30℃，地温保持在16℃以上。果菜苗房（床）做好保温，防止冷风吹入，雨雪天谨防漏水。芹菜、甘蓝、洋葱要防止高湿和23℃以上高温。及时通风换气，阴天也要适时适量防风排湿，严防幼苗徒长染病。在低温季节育苗时，如有条件最好采用电热温床育苗。

（5）药剂防治。一旦苗床发病，应及时拔除病苗，尽快提高地温，撒干土或草木灰，降低土壤湿度，然后喷药防治。药剂可选用68%金雷水分散粒剂500～600倍液，或72.5%普力克水剂800倍液，或72%克露可湿性粉剂500倍液，或64%杀毒矾可湿性粉剂500倍液。喷药时应注意喷洒幼苗嫩茎和发病中心附近病土，严重病区可用上述药剂兑水50～60倍，拌适量细土或细砂在苗床内均匀撒施。

（二）菜苗立枯病

1. 症　状

多在出苗后一段时期内发病。发病初期，在病苗茎基部产生暗褐色椭圆病斑，以后病斑逐渐凹陷，并向四周扩展后绕茎一周，病斑扩大后可浇茎一周，有的木质部被暴露在外，最后病部收缩干枯。病期初期白天萎蔫，晚间恢复，病势发展直至病苗逐渐枯死，仍多直立而不倒伏。病部常有不太显著的稀疏褐色蛛丝网状霉。病害蔓延相对较慢。参见附图 12-2。

2. 发病规律

本病由立枯丝核菌浸染所致。病菌在土壤中或病残体上越冬，腐生性较强，一般在土壤中可存活 2～3 年。在适宜环境条件下，病菌从伤口或表皮浸入根部、幼茎引起发病。病菌通过雨水、灌溉水和带菌的农具、堆肥传播。

病菌对环境要求不严格，13～42℃范围内均可生长，发育适温 24℃左右，喜湿但较耐旱。高温、高湿有利于病菌繁殖和生长，易引起幼苗徒长，降低抗病能力。播种过密，床土过湿，床温变化幅度过大，或温度过高、过低，都会加重病害发生和发展蔓延。

3. 防治方法

苗床发现病株应及时拔除。发病初期要立即打药，常用药剂有适乐时、20%甲基立枯磷乳油 1 200 倍液喷雾、甲基托布津等农药。

（三）菜苗灰霉病

1. 症　状

病苗色浅，叶片、叶柄发病呈灰白色、水渍状，组织软化至腐烂，高湿时表面生有灰霉。幼茎多在叶柄基部初生不规则水浸斑，很快变软腐烂、缢缩或折倒，最后病苗腐烂枯死。

2. 发病规律

本病由灰葡萄孢菌浸染所致。病菌在土壤中越冬，适宜条件下产生分生孢子，经气流、浇水和农事作业等传播。室内温度 15～23℃，弱光，相对湿度 90%以上或幼苗表面有水膜时最易发病。另外密度过大，幼苗徒长，分苗时伤根、伤叶都会加重病情。

3. 防治方法

（1）苗床和床土消毒。详见育苗部分。

（2）加强苗床管理，控制发病条件。幼苗密度要适宜；在冬季育苗时要想方设法提高育苗设施温度；经常通风换气，降低床内湿度。

（3）清除病苗。发现病苗应及时拔除，放入塑料袋内携出苗床烧毁，然后喷药保护。

（4）药剂保护。发病初期选用烟剂熏棚，常用烟剂有 10%速克灵烟剂每亩 250g，45%百菌清烟剂每亩 180～200g，密闭育苗设施熏烟一夜，每 7～8 d 熏一次，连续 2 次。或 5%灭克粉尘剂，或用 5%百菌清粉尘剂，每亩每次用药量 1 kg，于傍晚喷粉，每隔 7 d 喷 1 次，也可用 10%速克灵可湿性粉剂 1 200 倍液，或 50%扑海因可湿性粉剂 800 倍液，或 50%多霉灵可湿性粉剂 1 000～1 500 倍液喷雾。喷药后要注意通风换气，避免增加室内湿度。目前，生产上推广应用的丁子香酚、啶酰菌胺等效果也很好。

（四）菜苗根腐病

1. 症　状

幼苗根部和根茎浅褐色至深褐色腐烂，后期多呈糟朽状，其维管束变褐色，但不向上发展，有别于枯萎病。初发病时菜苗中午萎蔫，后因不能恢复而枯死。

2. 发病规律

本病由镰孢霉菌浸染所致。病菌在土壤中越冬或长期营腐生活。在苗床内传播主要靠带菌土壤、肥料、工具及浇水等，从伤口浸入寄主。苗床连茬，床土湿度过大，并有局部积水，施用未腐熟的有机肥，地下害虫或农事操作造成伤根等情况下，病害发生重。

3. 防治方法

（1）苗床管理。适当浇水，注意勤松土，增强床土的通透性，适当缩短蹲苗期，农事操作不要伤根，做好地下害虫防治工作。

（2）苗床施药。发病前期或发病初期，可用10%双效灵水剂200～300倍液，或50%多菌灵可湿性粉剂400倍液，或75%敌克松可湿性粉剂800倍液，或用适乐时+杀毒矾+噁霉灵喷洒苗床或灌根。

二、瓜类主要病害

（一）瓜类枯萎病

1. 症　状

苗期和成株期均能发生，但多在开花结瓜后陆续发生。感病植株生长缓慢，自下而上出现典型的萎蔫状。初期中午下部叶片萎蔫下垂，早晚恢复正常，似缺水状，叶色变淡，逐渐遍及全株而枯死。病株茎基部呈黄褐色水浸状腐烂，病部缢缩，根部变褐色，根毛腐朽脱落。基部常纵裂，表面常有脂状物溢出，潮湿时病部常长有白色或粉红色霉状物。纵切病茎基部可见维管束变淡褐色，是区别其他病害造成死秧的主要特征。参见附图12-3、12-4。

2. 发病规律

本病由黄瓜尖镰孢菌浸染所致。病菌在土壤和未腐熟的粪肥中越冬，成为次年初浸染源。病菌在干燥的土壤中可存活5～10年，病株采收的种子也可带菌。病菌从植株根部伤口和根毛顶端细胞间隙浸入，在维管束内蔓延。枯萎病在土温15℃以上开始发生，20～25℃为发病适温。连作、土质黏重、平畦栽培、施用未腐熟的有机肥、地下害虫为害严重或农事操作造成伤根等情况下均有利于枯萎病的发生与流行。

3. 防治方法

（1）嫁接育苗。嫁接换根是防治黄瓜枯萎病最有效的方法，嫁接后几乎可以达到免疫水平，但嫁接前要注意种子、床土消毒和嫁接后及时断根。具体方法参见育苗部分。

（2）选用抗病品种。如博耐系列、津优系列、山农系列以及冬冠等国外品种。

（3）实行轮作。和非瓜类蔬菜轮作5年以上，但一般不容易做到。

（4）土壤消毒。每亩用50%多菌灵可湿性粉剂1.5～2 kg，与细干土30 kg混匀，在黄瓜定植时沟施或穴施。在夏季高温季节利用太阳能消毒，将稻草或麦草切成4～6 cm长的小段，每亩用量1 000～2 000 kg与石灰氮100 kg掺匀耕翻，作成多个小畦后灌大水使土壤近饱合状态，覆盖白色地膜，并封闭日光温室。保持地下20 cm处地温在45℃20 d以上。

（5）药剂灌根。在发病初期选用70%敌克松粉剂1 000倍液，或50%多菌灵可湿性粉剂500倍液，或40%多菌灵胶悬浮剂或50%甲基托布津可湿性粉剂400倍液。每株灌药0.3～0.5 kg，7～10 d灌1次，连灌2～3次。

（二）黄瓜疫病

1. 症　状

茎、叶和果实均可发病。茎基部和节部发病，初呈水浸状，后软化缢缩，其上部茎蔓萎蔫下垂。叶片染病多在叶缘或与叶柄连接处，初生暗绿色水渍状病斑，后扩展成近圆形大病斑，边缘不明显，室内潮湿时病斑扩展很快，常引起全叶腐烂及叶柄、茎部发病。室内干燥时，病斑边缘明显，中间青白色或淡褐色，干枯易碎。瓜条被害，病部呈水浸状凹陷，并迅速腐烂，表面长出白霉，发出腥臭味。疫病维管束不变色，可与枯萎病相区别。瓜条病部水渍状，明显凹陷，可与腐霉病及菌核病相区别。

2. 发病规律

本病由甜瓜疫霉菌浸染所致。病菌随病残体在土壤和粪肥中越冬，翌年环境适宜时长出孢子囊，经雨水或灌溉水溅到近地面的茎叶上。寄主被浸染后，病菌在有水条件下，经4～5 h便产生大量孢子囊和游动孢子，借气流或灌溉水进行再浸染，使病害传播蔓延。由于发病潜育期很短，在25～30℃时不足24 h。因此疫病在室内湿度高时易发病。

3. 防治方法

（1）改进栽培方式。采用高垄栽培和膜下滴管，沟内铺麦草等措施以降低湿度。

（2）加强栽培管理。施足腐熟基肥，增施磷钾肥。苗期适度浇水，定植后适当控水；结瓜后做到见湿见干，发生疫病后灌水量要减到最低，以控制病情发展；盛果期要及时供给所需水量，但要避免大水漫灌，合理通风，降低湿度。

（3）药剂防治。发现中心病株后，应及时清除并喷药防治。喷药时注意植株下部叶片的正背面和茎基部，同时要喷洒地面，抑制土壤表面的病菌。可选用50%甲霜灵锰锌可湿性粉剂500倍液，或64%杀毒矾可湿性粉剂500倍液，或25%甲霜灵可湿性粉剂800倍液加50%的福美双可湿性粉剂800倍液，或72.2%的普力克水剂500～600倍液。目前生产上推广的银发利、德劲、晶玛、增威赢绿等新药，效果很好，也可选用。

每隔 7～10 d 喷一次，连续 3～4 次。

（三）黄瓜霜霉病

1. 症　状

主要为害叶片，成株期发病多在开花结瓜后。初期染病后叶片上出现水浸状浅绿色斑点，扩大后呈多角形，黄绿色、黄色至黄褐色，病、茎处界限不明显，潮湿条件下背生紫褐色稀疏霉层。严重时病斑连结成片，呈黄褐色干枯，叶缘向上卷曲，瓜秧叶片自下而上枯死。见附图 12-5、12-6。

2. 发病规律

本病由古巴假霜霉菌浸染所致。病菌只能寄生活体寄主，为专性寄生真菌。在我区可全年发生。在适宜条件下，病菌浸入寄主 3～5 d 或出现中心病株。随后病株叶上产生的孢子囊，经气流及雨水传播不断进行再浸染，扩大蔓延为害。成株期发病多在开花结果期，一般盛果期达到高峰。霜霉菌的发生流行与环境温、湿度的密切关系。气温 16～20℃，叶面结露或有水膜是病菌浸染的必要条件。病害流行的气温为 22～24℃，空气相对湿度 85%以上。当气温高于 30℃或低于 15℃时，发病受到抑制。河西地区日光温室在 11—12 月、2 月下旬—4 月中旬、9 月下旬为发病高峰期。不同品种抗性有明显差异。此外，地势低洼、大水漫灌、偏施氮肥、植株过密、湿度过大、通风不良、植株长势衰弱都会加重病情。

3. 防治方法

（1）选用抗病品种。选用抗病品种要和茬口安排结合起来。不同茬口要求的品种特性不同。一般秋冬茬栽培选用前期耐高温后期耐低温性好的抗病品种；冬春茬选用早熟、耐低温性好的抗病品种。新品种在不断推出，生产中要不断引进适应不同茬口的抗病新品种进行试验示范后再推广。

（2）改善栽培条件。棚膜采用无滴膜，实行高垄栽培，合理密植，施足有机肥和磷钾肥，采用膜下滴管或暗管。灌水一般在寒流刚过的晴天上午进行，灌后迅速将室温提高到 28～30℃，保持 1 h 后再放风排湿，温度降低到 25℃时再重复提温一次后放风，放病效果很好。

（3）生态防治。该方法主要在 11 月至次年 3 月下旬采用。黄瓜光合作用最适温度为 28℃左右，夜间温度低于 13℃时不利于呼吸作用。而霜霉病发病的最适温度为 16～20℃，流行的气温为 22～24℃，高于 30℃或低于 15℃时均不利于发病。因此利用二者对温度要求的不同，进行生态防治，效果很好。其具体方法为：早晨先放风 0.5 h 左右，排出湿气后闭棚，迅速将室温提高到 28～30℃，然后放风排湿并保持该温度。中午前后将温度控制在 20～25℃，当温度降到 20℃时闭棚，18℃时覆盖草帘，这样将前半夜温度控制在 15～20℃，后半夜至拉帘时控制在 8～12℃，不能超过 13℃。

（4）高温闷棚。普遍发病后，在晴天中午闷棚 2 h，使植株生长点附近温度升到 45℃，然后放风降温。闷棚时要求棚内湿度高，因此，最好在处理前一天浇一次水。

（5）药剂防治。在容易发病时期，用 45%百菌清烟剂，按温室面积每亩用药量

160～200 g，温室在下午放帘后、大棚在晚上将烟剂均分为 5 份放置，由里向外逐次点燃，次日清晨通风照常作业。一般 7～10 d 熏一次。发现中心病株后，应及时清除叶片并喷药防治。常用药剂有 50%甲霜灵锰锌可湿性粉剂 500 倍液，25%甲霜灵可湿性粉剂 500～600 倍液，64%杀毒矾可湿性粉剂 500 倍液，72. 2%的普力克水剂 500～600 倍液等，但甲霜灵抗药性已很强，要慎重使用。目前生产上推广的银发利、德劲、晶玛、增威赢绿等新药，效果很好，也可选用，每隔 7～10 d 喷一次，连续 3～4 次，但要注意药剂交替使用。

（四）瓜类灰霉病

1. 症　状

主要为害幼瓜、叶、茎。病菌多从开败的雌花浸入，至花瓣腐烂，并长出淡褐色的霉层，进而向幼瓜扩展，使脐部呈水浸状，幼瓜迅速变软、萎缩、腐烂，表面密生霉层。较大的瓜被害时，组织先变黄并生灰霉，后霉层变为淡灰色，被害瓜受害部位停止生长、腐烂或脱落。叶部病部开始为水渍状，逐渐变为淡灰色，病斑中间有时生灰色霉层。蔓上发病为节部腐烂，严重时茎蔓折断，植株枯死。见附图 12-7。

2. 发病规律

本病由灰葡萄孢菌浸染所致，能为害西葫芦、番茄、茄子、甜椒等多种蔬菜。病菌以菌丝体、菌核或分生孢子随病残体在土壤中越冬，是翌年初浸染源。病菌分生孢子随气流、水溅及农事操作传播蔓延。病花落在叶片上、茎蔓和瓜条上，也可重复感染传病。病菌喜较低温度和高湿条件，15～23℃，相对湿度 80%以上和寄主表面有水膜，光照不足，易发病。在结瓜期最容易流行。

3. 防治方法

（1）生态防治。大棚内保持较高的温度和较低的湿度是防治灰霉病最有效的方法。因此在栽培时要采用膜下滴灌或暗灌，发病时适当控制浇水，在保证温度的前提下增加放风量，尽量将温度控制在 25℃以上，可有效防治灰霉病的流行。

（2）加强栽培管理。及时摘除病花、病果和病叶，适时打掉植株下部枯黄老叶，增加通风透光等措施。

（3）药剂防治。发病初期可用 10%速克灵烟剂每亩 250～300g 进行熏烟，方法同霜霉病。也可以喷施下列药剂之一，但要注意交替使用。50%扑海因可湿性粉剂 1 000 倍液，50%速可灵可湿性粉剂 1 500～2 000 倍液，50%农利灵可湿性粉剂 1 000 倍液，50%多霉灵可湿性粉剂 1 000～1 500 倍液，65%甲霜灵可湿性粉剂 1 000～1 500 倍液，65%抗霉威可湿性粉剂 1 500 倍液，2%武夷霉素（BO-10）水剂 150 倍液。每隔7～10 d 喷一次，连续 3～4 次。但近年来河西地区由于长期使用速克灵可湿性粉剂，灰霉菌菌已经对该药产生了抗性，因此在用药时应于注意。目前生产上推广的啶酰菌胺、嘧菌环胺、丁子香酚等对灰霉病具有较好的防效。木霉菌、氟啶胺、咯菌腈等是较好的保护性治疗剂，但氟啶胺在黄瓜上易发生药害，使用时要注意浓度和时间。

（五）瓜类白粉病

1. 症　状

苗期至收获期均可染病，叶片、叶柄、蔓、果实均可发生，但以叶片受害为主。初期叶部出现圆形白色粉斑，以后扩大连片后形成象敷了一层白粉的病症粉斑，在病部出现黑色粒点。受害叶片变黄或者干枯，但不脱落。一般病叶自下而上发展蔓延。叶柄和茎上病斑与叶片相似，但白粉量少。见附图 12-8、附图 12-9。

2. 发病规律

本病由单丝壳白粉菌和瓜单丝壳菌浸染所致，为专性寄主真菌。能为害葫芦科多种蔬菜。

3. 防治方法

（1）选用抗病品种。不同品种对白粉病的抗性差异比较显著，因此在栽培时要选用抗病品种。一般抗霜霉病的品种也兼抗白粉病。

（2）加强栽培管理。施足底肥，增施有机肥和磷钾肥，生长中后期防止徒长和脱肥早衰，同时要降低湿度和保持适宜的温度，防止出现闷热的小气候。

（3）熏蒸消毒。定植前 2～3 d 将温室或大棚密闭，每 100 m^3用硫黄粉 250g、锯末 500g 掺匀，分装在小花盆内并分置 5～10 处（依温室、大棚的大小而定），点燃熏蒸一夜，然后大通风后没有硫黄味时再定植。但在生长期间最好不要采用该方法，因为稍有不慎就会造成药害。

（4）药剂防治　该病菌对硫制品特别敏感，在防治时可选用下列药剂之一。50%多硫胶悬浮剂 500 倍液，50%硫悬浮剂 600 倍液，20%敌硫酮胶悬浮剂 800 倍液等，每隔 7～10 d 喷一次，连续 3～4 次。另外也可采用粉锈宁乳油 1 500～2 000 倍液，但粉锈宁容易引起叶片老化和抑制生长，在使用时应该和上述药剂交替使用。另外，目前生产上推广的腈唑、氟硅唑、氟菌唑、苯嘧甲环唑等唑类农药效果很好，但唑类农药易产生和粉锈宁一样的药害，使用时一定要注意浓度和时间。露娜森、绿妃、翠泽等国外农药虽然价格贵，但防效很好，和成分不同的国产药剂交替使用，有良好的防治效果。

（5）物理防治。发病前或发病初期，喷布 27%高脂膜乳剂 100 倍液，在叶面上形成一层薄膜阻止病菌浸入或阻抑菌丝生长。每隔 6～7 d 喷一次，连续 2～3 次。

（六）瓜类蔓枯病

1. 症　状

主要为害茎蔓和叶片。叶片上病斑半圆形，有的自叶缘向内呈“V”字形病斑，淡褐色至黄褐色，后期病斑易破碎，病斑轮纹不明显，上生许多黑色小点，即病原菌的分生孢子器，叶片上病斑直径 10～35 mm。茎基、茎节和叶柄上的病斑为椭圆形至梭形，灰白色，有时溢出琥珀色的树脂胶状物，后期病茎干缩，纵裂呈乱麻状，但其维管束不变褐色，区别于枯萎病。见附图 12-10。

2. 发病规律

本病由甜瓜球腔菌浸染所致，能为害西瓜、黄瓜等多种葫芦科蔬菜。病菌随病残体在土壤或附着在棚架、架材上越冬。翌年病菌经气流及灌水传播，从伤口、气孔浸入，引起发病。种子也可带菌，引起幼苗子叶发病。田间病株能产生大量的分生孢子扩大病情的蔓延。病菌喜温喜湿，气温 20～25℃，相对湿度 85%以上，土壤含水量大时易发病。多年重茬、种植过密、通风不良、偏施氮肥、植株徒长，发病后病势发展快。

3. 防治方法

（1）种子消毒。参见育苗部分。

（2）加强栽培管理。重病田与非瓜类作物轮作 2～3 a。施足底肥，增施有机肥和磷钾肥，防治中后期脱肥。合理密植，选用无滴膜，采用膜下灌溉，及时清除病残体。

（3）药剂防治。发病初期喷洒 50%甲基托布津可湿性粉剂 500 倍液，或 10%世高水分散粒剂 2 000 倍液，或 50%多菌灵可湿性粉剂 500 倍液，或 75%百菌清可湿性粉剂 600 倍液，或 50%混杀硫悬浮剂 500～600 倍液等。每隔 6～7 d 喷一次，连续 2～3 次。另外病茎部可涂抹托布津或多菌灵可湿性粉剂 20～100 倍液，用面粉调制好后涂抹防效不错。

（七）瓜类炭疽病

1. 症　状

苗期到成株期，植株各部位均能发病。幼苗发病，多在子叶边缘出现半椭圆形淡褐色病斑，上生有黄色点状胶质物，即病原菌的分生孢子盘和分生孢子。重者幼苗近地面茎基部变黄褐色，逐渐细缩，至幼苗折倒。成株期叶部受害，最初出现水浸状圆形或纺锤形斑点，很快发展成边缘黑色、中间灰白色、圆形、具同心轮纹、外围有紫黑色或褪绿晕圈的斑点。叶柄和茎部被病斑环绕后，叶片下垂，病部以上茎蔓死亡。果实上病斑圆形，凹陷，暗褐色至黑褐色，凹陷处常龟裂，其上生粉红色粘胶物，瓜条变形。

2. 发病规律

本病由葫芦科刺盘孢菌浸染所致，能为害西瓜等多种葫芦科蔬菜。病菌随病残体在土壤或种子中越冬，也可在旧木料上营腐生活。越冬后的病菌产生大量分生孢子，成为初浸染源。潜伏在种皮内的菌丝体，种子发芽后直接浸入子叶，引起幼苗发病。寄主发病后形成分生孢子盘，并产生分生孢子随气流、水溅及农事操作传播蔓延。该病在10～30℃范围内均可发生，适宜温度为 24℃，28℃以上病情发展受到抑制。湿度是诱发该病的主要因素，最适宜相对湿度为 87%～95%，低于 54%时则不能发病。一般黄瓜叶面结露、棚膜结大量水珠、重茬、偏施氮肥、植株长势衰弱等易发病。

3. 防治方法

（1）种子消毒。参见育苗部分。

（2）加强栽培管理。重病田与非瓜类作物轮作 3 年。施足底肥，增施有机肥和磷钾肥，选用无滴膜，采用膜下灌溉等方法。

（3）药剂防治。发病初期摘叶后及时喷药，可选用 10%世高水分散粒剂 2 000 倍液，50%多菌灵可湿性粉剂500倍液，75%百菌清可湿性粉剂600倍液，50%苯菌灵可湿性粉剂1 500倍液，50%甲基托布津可湿性粉剂600倍液等，每隔7～10 d喷一次，连续3～4次。

（八）瓜类黑星病

1. 症 状

全生育期和植株各部位均可发病。幼苗发病，子叶可产生黄白色病斑，重则心叶枯萎，生长点腐烂，全株枯死。叶片病斑圆形或不规则形，白色或黄白色，病斑扩展后连片，后期易呈星星状开裂。叶脉受害，病部生长受阻，致使叶片扭曲皱折。叶柄、果柄和茎上病斑为长菱形，大小不等，淡黄褐色，中间开裂、下陷。病部可见琥珀色胶状物，潮湿时长出灰黑色霉层。瓜条被害初呈暗绿色圆形或椭圆形斑，继面溢出白色胶状物，后变成琥珀色，干硬后脱落。病斑直径2～4 mm，凹陷，星状龟裂呈疮痂状，病部组织停止生长，瓜条向病斑内侧弯曲，潮湿时病部产生灰黑色霉层，但一般不造成全瓜软腐。病部有胶状物和长出灰黑色霉层，可作为本病的主要识别特征。

2. 发病规律

该病自1997年在山丹首次发现后，传播很快。本病由瓜疮痂枝孢霉菌浸染所致，能为害多种葫芦科蔬菜。病菌以菌丝体在土壤中和附着在架材上越冬，种子带菌率也很高，均为翌年或下茬的初分染源。在适宜环境条件下，病菌产生的分生孢子主要随气流传播，在寄主上萌发芽管从表皮直接浸入，也可从伤口、气孔浸入。本病流行的气温较低，在17℃左右，最适湿度为90%以上，孢子萌发须有水膜。因此温室低温高湿，植株郁闭结露时间长等，病势发展快。

3. 防治方法

（1）种子消毒。参见育苗部分。

（2）加强栽培管理。与非瓜类作物轮作2～3年。施足底肥，增施有机肥和磷钾肥以提高植株的抗病性。选用无滴膜，采用膜下灌溉，发现病株后应适当控制浇水并及时清除病残体。

（3）药剂防治。发病初期及时喷药，可选用50%甲基托布津可湿性粉剂500倍液，或50%多菌灵可湿性粉剂500～600倍液，或10%世高水分散粒剂2 000倍液，或75%百菌清可湿性粉剂600倍液，或50%苯菌灵可湿性粉剂1 000～1 500倍液等。每隔6～7 d喷一次，连续3～4次。

（九）瓜类菌核病

1. 症 状

此病主要为害果实和茎蔓。果实染病多在残花部，先呈水浸状腐烂，并长出白色菌丝，后菌丝纠结成黑色菌核。茎蔓染病多在近地面的茎部或主侧枝分叉处，产生褐色水浸状斑，后逐渐扩大呈淡褐色，高湿条件下，病茎软腐，长出白色绵絮状菌丝。病茎髓部遭破坏腐烂中空，或纵裂干枯。叶柄、叶、幼果染病初呈水浸状并迅速软腐，后长出大量白色菌丝，菌丝密集形成黑色鼠粪状菌核。见附图 12-11。

2. 发病规律

本病由核盘菌浸染所致，能为害西葫芦、番茄、茄子、辣椒、芹菜、菜豆、莴笋等多种蔬菜。病菌主要以菌核随病残体在土壤中越冬。在适宜环境条件下，病核萌发长出子囊秀盘，散发出子囊孢子随气流传播，主要浸染谢花的花瓣以及寄主下部衰老的叶片。菌核还可生长菌丝，直接浸染茎基部。病株产生的菌丝体和子囊孢子可在温室、大棚内重复浸染。引进病害流行病菌萌发浸染和发病最适的温度为 15～20℃，相对湿度为 85%以上，属低温高湿病害。

3. 防治方法

（1）种子消毒。用 10%盐水漂种 2～3 次，以淘出菌核。50℃温水浸种 10 min，可杀死混杂在种子内的菌核。

（2）土壤消毒。重病温室、大棚黄瓜收获后，深翻 30 cm，将菌核埋入土层，或在夏季利用太阳能进行土壤消毒，或夏季灌水 10 d 以上，促进菌核腐烂。

（3）加强栽培管理。采用膜下灌溉可防止土壤病菌传播。重病温室、大棚可选用紫外线塑料棚膜，有抑制菌核产生子囊盘和子囊孢子的作用。随时摘除病瓜、病叶、雄花和植株下部枯黄老叶。

（4）药剂防治。发病前和初发病时喷药，可选用 50%速克灵可湿性粉剂 1 500～2 000 倍液，或 50%扑海因可湿性粉剂 1 000 倍液，或 50%农利灵可湿性粉剂 1 000 倍液，或 40%菌核净可湿性粉剂 500 倍液等。每隔 6～7 d 喷一次，连续 3～4 次，药液要喷到幼瓜、雄花及植株下部茎、叶上。防治菌核病的药剂同防治灰霉病的药剂。

（十）黄瓜靶斑病

1. 症　状

黄瓜靶斑病又称“黄点子病”，起初为黄色水浸状斑点，直径约 1 mm。发病中期病斑扩大为圆形或不规则形，易穿孔，叶正面病斑粗糙不平，病斑整体褐色，中央灰白色、半透明。后期病斑直径可达 10～15 mm，病斑中央有一明显的眼状靶心，湿度大时病斑上可生有稀疏灰黑色霉状物，呈环状。见附图 12-12。

黄瓜靶斑病与细菌性角斑病相似，二者区别为：靶斑病病斑，叶两面色泽相近，湿度大时上生灰黑色霉状物；而细菌性角斑病，叶背面有白色菌脓形成的白痕，清晰可辨，两面均无霉层。

黄瓜靶斑病与霜霉病也很相似，二者区别为：靶斑病病斑枯死，病健交界处明显，并且病斑粗糙不平；而霜霉病病斑叶片正面褪绿、发黄，病健交界处不清晰，病斑很平，沿叶脉形成多角形病斑。

2. 发病规律

黄瓜靶斑病是由半知菌的棒孢菌引起的。以分生孢子丛或菌丝体在土中的病残体上越冬，菌丝或孢子在病残体上可存活 6 个月。病菌借气流或雨水飞溅传播。病菌浸入后潜育期一般 6～7 d，高湿或通风透气不良等条件下易发病，25～27℃，饱和湿度，昼夜温差大等条件下发病重。该病导致落叶率低于5%时，病情扩展慢，持续约2周，以后一周内发展快，落叶率可由5%发展到90%。

3. 防治方法

（1）选用抗病品种。品种间抗病性差异显著，选择抗病性强的品种。生产中品种更换速度较快，不断的筛选综合性状优良、抗病性好的品种。

（2）轮作。与非瓜类作物实行2～3年以上的轮作。

（3）加强栽培管理。彻底清除前茬作物病残体，及时清除病蔓、病叶、病株，并带出田外烧毁，减少初浸染源。适时中耕除草，浇水追肥，同时放风排湿，控制空气湿度，改善通风透气性能。高垄栽培，膜下沟灌或滴灌，避免大水漫灌。防止瓜打顶，及时摘除大瓜，促进植株迅速生长。

（4）药剂防治。发病初期，可用32.5%阿米秒收悬浮剂1 500倍液、25%的咪鲜胺乳油1 500倍液、43%的戊唑醇悬浮剂3 000倍液、0.5%氨基寡糖素400～600倍液、60%百泰水分散粒剂3 000倍液、40%腈菌唑乳油3 000倍液等喷雾。每7～10 d喷1次，连喷2～3次，在药液中加入适量的叶面肥效果更好。重点喷中、下部叶片，交替用药。另外，酰胺类药剂如露娜森等效果很好，但价格过高，易产生抗药性，在生产中要注意不同成分药剂交替使用。

（十一）黄瓜细菌性角斑病

1. 症　状

张掖市黄瓜细菌性角斑病主要为害叶片，引起叶片干枯，全株死亡。叶面病斑淡褐色，背面受叶脉限制呈多角形，油浸状，黄褐色。过去各地严重发生，近年大力开展综合防治，病害基本控制，一般零星发生为害。

2. 发病规律

病原菌为原核生物界薄壁门丁香假单胞菌黄瓜角斑病变种。细菌生长最适温度25～27℃，最高35℃，最低1℃。该细菌除浸染西瓜、甜瓜、黄瓜外，还浸染冬瓜、节瓜、葫芦、西葫芦、丝瓜等。

病菌在种子内外或随病残体于土壤中越冬，成为翌年初浸染来源。病菌在种子内可存活1 a，在病残体上存活3～4个月。播种带菌种子，子叶上即发病。在潮湿条件下，病部产生菌脓，借植株上的水滴飞溅传播。露地黄瓜在灌水后，叶面开始出现露水时发病，借气流，雨水和昆虫传播，可进行多次浸染。病菌自叶片及果实的气孔、水孔等自然孔口浸入。病果内的细菌可浸染种子，或采种时的病组织污染健壮种子导致带菌。

3. 防治方法

（1）种子处理。70℃干热处理72 h；或50℃恒温水浸种20 min，捞出晾干后催芽；或100万单位硫酸链酶素500倍液浸种2 h、或40%福尔马林150倍液浸种1.5 h、或次氯酸钠溶液浸种30～60 min，浸种后用清水冲洗干净。

（2）药剂防治。发病初期喷施1 000～1 200倍药液的中生菌素、10%脂铜粉尘剂、

10%乙滴粉尘剂、20%噻菌铜悬浮剂，每亩用 1 kg；喷洒 60%百菌通可湿性粉剂 500 倍液、70%波锰锌可湿性粉剂 500 倍液、14%络氨铜水剂 300 倍液、77%可杀得可湿性粉剂 400～500 倍液、27%铜高尚悬浮剂 400 倍液及 72%农用链霉素可溶性粉剂 4 000 倍液。当角斑病和霜霉病合发时。可用 70%乙锰可湿性粉剂 800 倍液或 72%霜脲锰锌可湿性粉剂 800 倍液、50%氯溴异氰脲酸可湿性粉剂 1 200 倍液喷施。

三、番茄主要病害

（一）番茄早疫病

1. 症　状

主要浸染叶、茎、果柄、果实。病害自苗期即在茎秆上发生，下部叶片首先发病，不断向上蔓延，严重时下部叶片全部枯死。叶片受害呈现褐色至黑褐色病斑，圆形或近圆形，中部灰褐色，有同心轮纹，边缘灰褐色，其外缘有黄色晕环，常愈合成不规则大斑。潮湿时病斑上生黑色霉层，即病斑的分生孢子梗和分生孢子。基部多在分杈处产生大型椭圆形、不规则形、黑褐色病斑，稍凹陷，有同心轮纹，上生黑色霉状物。严重时，茎秆上生有大型褐色病斑，并自分杈处折断。果柄上的症状与茎秆上的相同。果实多自蒂部产生圆形、近圆形黑褐色病斑，稍凹陷，有同心轮纹，有时病斑开裂，上生有黑色霉状物。参见附图 12-13。

2. 发病规律

病原菌为真菌界半知门茄链格孢菌。病害主要以菌丝体及分生孢子随病残体或种子越冬，分生孢子在室温下可存活 17 个月。病菌一般从气孔及伤口浸入，也可自表皮直接浸入。在适宜条件下，潜育期 2～3 d，病斑上即可产生大量分生孢子，进行再浸染。病菌借气流、水滴、流水传播。

3. 防治方法

（1）种子处理。详见育苗部分。

（2）加强栽培管理。与非茄科蔬菜进行 3 a 轮作；施足底肥，适时追肥，防止植物早衰；土地平整，勿使田间积水；及时摘除病叶、病果，深埋或烧毁。

（3）药剂防治。发病初期喷洒 5%百菌清粉尘剂，每次每亩用量 1 kg，隔 8～9 d 1 次，连续 3 次；50%扑海因可湿性粉剂 1 000～1 500 倍液、58%甲霜灵锰锌可湿性粉剂 500 倍液、70%代森锰锌可湿性粉剂 500 倍液、80%大生可湿性粉剂 400～800 倍液、10%苯嘧甲环唑 6 000～8 000 倍液、70%百德福可湿性粉剂 500 倍液、70%丙森锌（安泰生）可湿性粉剂 600 倍液、70%百菌清 · 锰锌可湿性粉剂 600 倍液及 25%敌力脱乳油 2 000～3 000 倍液喷施，甲霜灵锰锌防效高于代森锰锌，但增产效果不如代森锰锌。

药剂防效高低与用药时期有关，凡在发病前未出现病斑时预防的，防效达 70%以上，发病后防治，效果不理想。所以要提早防治，压低菌源，减缓病害的发展速度。

对茎秆和分杈的发病部位，可轻轻刮除表皮后，用抗菌剂“401”50 倍液、50%甲基硫菌灵可湿性粉剂 50 倍液、50%扑海因可湿性粉剂 180～200 倍液涂抹病部，若配成油剂效果更好。

(二) 番茄叶霉病

1. 症 状

叶、茎、花、果实、果柄等部位均受害，但以叶片受害为主。叶片背面先产生不规则形、近圆形褪绿斑，后在其上产生白色霉状物，进而变为黑灰色至紫色绒状霉层，即病菌的分生孢子和分生孢子梗。叶正面对应的位置表现为不规则形淡黄色病斑，病健边缘不清晰。严重时病斑布满整个叶面，并生有黑色霉层，叶片变黄卷曲、干枯。果柄、嫩茎上的病斑与叶片上相似。果实受害常在蒂部产生近圆形硬化的凹陷斑。参见附图 12-14、12-15。

2. 发病规律

病原菌为真菌界半知菌亚门褐孢霉菌。病菌主要以菌丝体或菌丝块在病株残体内越冬，也可以分生孢子附着在种子或以菌丝体在种皮内越冬。翌年，自越冬的病残体上产生分生孢子，借气流、雨露、农事操作传播，进行初浸染。带菌种子也是初浸染源。在适宜的环境条件下，再浸染频繁。孢子萌发后，从寄主叶背的叶孔浸入，菌丝在细胞间隙蔓延，产生吸器，吸取营养。病菌也可以自萼片、花梗的气孔浸入，并进入子房，潜伏于种皮上。病菌喜高温、高湿环境，发病最适气候条件为温度 20～25℃，相对湿度 95%以上。多年连作、排水不畅、通风不良、田间过于郁闭、空气湿度大的田块发病较重。年度间早春低温多雨、连续阴雨或梅雨多雨的年份发病重。秋季晚秋温度偏高、多雨的年份发病重。

3. 防治方法

(1) 轮作倒茬。和非茄科作物进行 3 年以上轮作，以降低土壤中菌源基数。

(2) 选用无病种子及种子处理。从无病株上采种、留种；如种子带菌可用 53℃恒温水浸种 30 min，晾干后播种，也可采用其他处理方法，参见育苗部分。

(3) 加强栽培管理。及时通风，适当控制浇水，浇水后及时通风降湿；采用膜下滴灌。根据温室外天气情况，通过合理放风，尽可能降低温室内湿度和叶面结露时间。及时整枝打杈、植株下部的叶片尽可能地摘除，以增加通风。实施配方施肥，避免氮肥过多，适当增加磷、钾肥。

(4) 药剂防治。10%敌托粉尘剂、5%加瑞农粉尘剂、7%叶霉净粉尘剂、6.5%甲硫·霉威粉尘剂，按 1 kg/667 m^2 喷洒；用 2%武夷霉素水剂 100～150 倍液、65%甲霉灵可湿性粉剂 1 000～1 500 倍液、50%多霉灵可湿性粉剂 1 000 倍液、70%代森锰锌可湿性粉剂 5 000 倍液、47%加瑞农可湿性粉剂 700 倍液、2%春雷霉素液剂 20 mg/L、50%敌菌灵可湿性粉剂 500 倍液及 40%福星乳液 8 000 倍液喷雾。也可用苯醚甲环唑+嘧菌酯喷雾有较好的效果。

（三）番茄灰霉病

1. 症　状

为害果实、叶片、茎秆等部位。病菌多先浸染青果上残留的花瓣、花托和柱头，进而浸染青果和果柄，青果多从果脐和萼片处发病，病部呈灰白色水渍状软腐，后表面产生土灰色霉层，及病菌的分生孢子梗和分生孢子；硬皮品种还可产生鬼脸状的病斑（附图 12-17）。叶片受害多在郁闭处叶片的尖端，出现淡黄褐色病斑，呈“V”字形向内扩展，后病斑扩大，成大型水渍状黄褐色至黑褐色病斑，边缘不规则，具深浅相同的轮纹，表面生有少量灰色霉层，叶片下垂干枯。嫩茎受害，初为水渍状小斑，后发展为长椭圆形病斑，潮湿时病斑上产生灰褐色霉状物，严重时表皮脱落。参见附图 12-16、12-17、12-18、12-19。

2. 发病规律

病原菌为真菌界半知菌亚门灰葡萄孢菌。病菌以菌丝、菌核在病残体以及土壤中越冬。第二年春、夏季条件适宜时，菌核萌发产生子囊盘，释放子囊孢子，或在菌丝或菌核上产生分生孢子，借气流传播。此菌发育适温 18～23℃，最高 30～32℃，最低 4℃，高于 23℃菌丝生长量随温度升高而减少，28℃锐减。要求相对湿度在 90%以上的持续高湿。阴天多、气温不高、湿度大、结露时间长则发病重，所以深冬季节日光温室发病非常严重，不易防治。如温度高于 31℃，则孢子萌发速度缓慢，产孢量下降，病情不扩展。分生孢子在 5～30℃均可萌发，较适 13～19℃；孢子在水中萌发较好，相对湿度低于 95%不萌发。潜育期 20℃时 7 d。

3. 防治方法

（1）加强栽培管理。及时摘除残花、病果和病叶，装入袋中集中深埋或烧毁，清除后即可打药，不能超过 4 个 h；摘除下部老叶以利于通风透光；拉秧后彻底清除病残组织，减少初浸染来源。采用膜下滴灌、膜下暗灌等灌溉方式和沟内铺麦草、无防织布等措施，想方设法降低湿度，但要注意沟内不能铺设未腐熟的动物粪便以及带有虫卵、病原的农作物秸秆。

（2）生态防治。1～2 月寒冬时，适当晚放风，提高棚温，因为 32℃高温时病菌不产生孢子，或 36℃～38℃高温闷棚 2 h，可抑制病情发展。

（3）药剂防治。10%灭克粉尘剂、5%百菌清粉尘剂、10%杀霉灵粉尘剂每次 1 kg/667 m^2，于傍晚喷洒；50%速克灵可湿性粉剂 1 500～2 000 倍液、50%扑海因可湿性粉剂 1 000～1 500 倍液、65%甲霉灵可湿性粉剂 1 000～ 1 500 倍液、50%多霉灵可湿性粉剂 1 000 倍液、50%得益可湿性粉剂 600 倍液、36%灰霉特可湿性粉剂 500 倍液、25%咪鲜胺乳油 2 000 倍液及 40%施佳乐可湿性粉剂 800～1 200 倍液喷雾。早春茬，第一穗果开花时气温还低，可在番茄灵或 2,4-D 沾花液中加入 0. 1%的 50%速克灵可湿性粉剂或 50%扑海因可湿性粉剂或咯菌睛沾花或涂果，能有效地抑制对果实的危害。目前生产中推广的丁子香酚、啶酰菌胺、嘧菌环胺等有较好的效果，但用药时要注意每种药剂使用 2～3 次就要换药，交替使用可避免产生抗药性。治疗剂中要加入保护剂，如啶酰菌胺+咯菌睛、啶酰菌胺+嘧菌酯等。

（四）番茄斑枯病

1. 症　状

地上各部分均受害，但以叶片为主。植株受害多自下而上，初在叶背产生水渍状小圆点，后在叶片的正、背面出现圆形、近圆形病斑，边缘暗褐色，中间灰白色，稍凹陷，病斑较小，直径多为 2～6 mm，表面生有小黑点，即病菌的分生孢子器。后期病斑易脱落形成穿孔。严重时病斑愈合形成大型枯斑，叶片逐渐枯黄死亡，植株早衰。茎秆、果实受害，病斑呈椭圆形，稍凹陷，褐色，中央淡褐色，散生许多小黑点，病斑愈合形成大病斑，果实失去实用价值，茎秆韧皮部受害后常造成整株枯死。

2. 发病规律

病原菌为真菌界半知菌亚门番茄壳针孢。病菌以菌丝体及分生孢子器在病残体、多年生茄科杂草上、在土壤中越冬，也可附在种子上越冬，成为第二年病害的初浸染源。分生孢子器吸水后，自孔口处涌出分生孢子，借风雨、灌溉水传播，或在露水未干前进行操作，造成人为传播。在 20～25℃时潜育期 4 d，产生的分生孢子器和分生孢子进行再浸染。高温有利于分生孢子自分生孢子器中涌出，适宜相对湿度为 92%～94%，低于此湿度则不发病。叶面结露是此病发病和传播的重要因素。肥料不足、长势衰弱、连续阴雨、通风不良等条件发病重。品种间抗病性有差异，抗病属显性的。

3. 防治方法

（1）选用无病种子及种子处理。从无病植株上采种，种子处理参见育苗部分。

（2）加强栽培管理。与非茄科蔬菜进行 3 a 轮作；加强肥水管理，增施 P、K 肥，提高抗病力；适当密植，摘除下部老叶，注意通风透光；拉秧后彻底清除病残组织和杂草，深埋或烧毁。

（3）药剂防治。发病初期用 47%加瑞农可湿性粉剂 600 倍液、70%代森锰锌可湿性粉剂 500 倍液、58%甲霜灵锰锌可湿性粉剂 500 倍液、10%世高水分散颗粒剂 1 500 倍液、78%科博可湿性粉剂 600 倍液、50%混杀硫悬浮液 500 倍液喷雾。世高+嘧菌酯等复配农药有较好的效果。

（五）番茄茎基腐病

1. 症　状

（1）立枯型。在苗床上或定植后不久，幼苗即发病。根茎部产生褐色不规则病斑，表面粗糙，少数病斑扩展后可环绕根茎部，且病部缢缩，幼苗迅速萎焉枯死，但不倒伏。

（2）茎基腐型。多数病株根茎部病斑并不迅速环绕根茎，而是缓慢扩展，病株仍继续生长，但长势衰弱。开花坐果后病斑扩展或形成大型褐色下陷斑，或环绕根茎，皮层腐烂，地上部症状明显，叶色灰绿、发黄，叶片变小，微微向上卷曲，似失水状。很少结果，即使结果，因养分供应不足，果实小而质地硬。发病严重时植株逐渐萎焉枯死。参见附图 12-20。

（3）果腐型。植株基部靠地面的成熟果实的脐部或果肩部产生水渍状病斑，稍凹陷，后期病斑中部常开裂，湿度大时，病斑表面产生褐色丝状体，即病菌的菌丝体。

2. 发病规律

病原菌为真菌界半知菌亚门立枯丝核菌、镰饱菌、疫霉属。病菌以菌丝、菌核在土壤或寄主病残体中越冬，病菌腐生性较强，在土壤中一般可存活 2～3 年。在适宜的条件下，菌核萌发产生菌丝浸染幼苗，或菌丝直接浸染幼苗，引起发病。病菌通过流水、农具以及带菌肥料传播。病菌既耐干旱，又喜潮湿。

3. 防治方法

（1）苗床处理。40%拌种双可湿性粉剂或 40%拌种双与 50%福美双可湿性粉剂按 1∶1混合，8 g/m^2、或 30%苗菌敌可湿性粉剂 8 g/m^2 或绿享 1 号精品 1 g 兑细土15～20 kg，将种子上覆下垫，使种子处于药剂保护中。苗床上发病时应将药剂与细土混匀撒于根际，不要喷液以免增加湿度。

（2）定植穴施药。用 30%笨噻氰（倍生）乳液 1 000 倍液、20%乙酸铜（清土）可湿性粉剂 900 倍液、20%甲基立枯灵乳油 1 200 倍液、95%噁霉灵精品 3 000 倍液喷洒定植穴，每穴 100 mL 待土壤稍干后搅拌翻动，使药土混匀后再定植。在定植时也可用适乐时、噁霉灵蘸根。

（3）加强栽培管理。定植时剔除病苗；及时摘除病果，深埋或烧毁。

（4）药剂防治。发病初期在根基部覆盖药土，用 40%拌种双可湿性粉剂 9g 加细土 5 kg 拌匀后，覆盖根基部，或用 78%科博可湿性粉剂 200 倍液涂抹病斑；用 35%福・甲（立枯净）可湿性粉剂 800 倍液、5%井冈霉素 1 500 倍液、60%多福可湿性粉剂 500 倍液、50%利得可湿性粉剂 800 倍液、15%噁霜灵可湿性粉剂 400 倍液、20%乙酸铜（清土）可湿性粉剂 900 倍液、30%笨噻氰（倍生）乳液 1 000 倍液、20%甲基立枯灵乳油 1 000 倍液灌根保护，每株 100～200 mL。也可选用福美双+噁霜灵+霜霉威+笨噻氰灌根，并用面粉将药剂调成糊状物涂抹在发病部位，效果很好。

（六）番茄晚疫病

1. 症　状

叶、茎及果实均受害。叶部受害多自叶缘或叶尖产生大型暗绿色水渍状不规则形病斑，病健交界不明显，后变褐色，高湿条件下病部迅速扩展，几乎至半张叶片。湿度大时叶背病健交接处产生白色霉层。果实染病产生边缘不整齐的大型云纹状油渍状暗绿色病斑，稍凹陷，后变棕褐色，高湿条件下病斑边缘生有少量白色霉层，后期腐烂。茎杆及植株顶部、花萼、花枝上产生黑褐色病斑，稍凹陷，很快腐烂，造成顶部枯死。

2. 发病规律

病原菌为真菌界鞭毛菌亚门致病疫霉。病菌主要以菌丝在马铃薯薯块及棚室栽培的番茄上越冬，有时也可以后垣孢子随病残体在土壤中越冬。借气流、水滴、水流传播，自气孔或表皮直接浸入寄主，菌丝在细胞间或细胞内蔓延。经 3～4 d 潜育后形成病斑和孢子囊，进行再浸染。此病可形成中心病株，再向四周扩展。

3. 防治方法

（1）加强栽培管理。增施 P、K 肥，不可偏施 N 肥；密度不宜过大，早整枝，以利通风透光；采用膜下滴灌、膜下暗灌等灌溉方式和沟内铺麦草、无纺织布等措施，想方设法降低室内湿度，但要注意沟内不能铺设没腐熟的动物粪便以及带有虫卵、病原的农作物秸秆；提高室内温度。

（2）药剂防治。发现中心病株即开始防治。5%百菌清粉尘剂每次 1 kg/667m^2；72%克露可湿性粉剂 600 倍液、72%普力克乳油 600 倍液、77%可杀得可湿性粉剂 500 倍液、64%杀毒矾可湿性粉剂 500 倍液、58%甲霜灵锰锌可湿性粉剂 500 倍液、69%安克锰锌可湿性粉剂 700 倍液。发病严重时，可选用银发利+安泰生（丙森锌）、德劲、晶玛、增威赢绿+代森锰锌等新型杀菌剂效，但一定要注意结合降低湿度，否则会严重影响防效。

（七）番茄白粉病

1. 症　状

白粉菌引起的白粉病，使叶片、叶柄、茎秆受害，病害多自中下部叶片的叶柄发生，逐渐向上蔓延。最初叶柄、叶面产生小型白色粉丝状物，粉层稀疏，在叶柄粉层下面的寄主组织略显水渍状。病斑扩展后相互连接成片，引起叶片变黄发褐，大量脱落仅剩枝干。鞑靼内丝白粉菌引起的白粉病，叶可使叶片、叶柄、茎秆和果实受害。有些病斑生于叶背，不规则，较大，上生白色絮状粉层，较厚。叶正面产生边缘不明显的黄色斑点。有些病斑生于叶正面，初为褪绿小点，后扩展为不规则形病斑，粉层絮状，稠密，严重时覆盖整个叶片。

番茄白粉病可由番茄粉孢和辣椒拟粉孢引起，两种病原引起的发病症状差异较大，尤其是辣椒拟粉孢引起的白粉病症状与我们常见的白粉病完全不同，导致许多植保人员以及技术人员不能准确诊断该病害，无法采取有效防治措施。

辣椒拟粉孢（*Oidiopsis tauria*）引起的番茄白粉病为害叶片，多是下部老叶先发病。发病初期，叶片正面出现褪绿的黄色病斑，边缘常有不明显的黄色斑块，然后扩大为多角形病斑，从中央开始变褐，叶背产生白色霉层，湿度大时叶片正面也会形成少量白色霉层；发病后期，病斑变薄并呈深褐色，病斑扩大连片，覆盖整个叶面，导致全叶变褐干枯死亡，参见附图 12–21。

番茄粉孢（*Oidium lycopersici*）引起的番茄白粉病主要为害叶片，一般下部叶片先发病，逐渐向上部发展。发病初期，叶面出现褪绿小点，然后扩大为近圆形病斑，叶片正面着生白色粉状物，初期粉层稀疏，后逐渐加厚，湿度大时叶背产生白色霉层，参见附图 12–22。

2. 发病规律

番茄白粉病病原菌主要以闭囊壳随病残体在田间越冬，也可以随温室冬作番茄上越冬，待条件适宜时，分生孢子萌发，随气流、风力、雨水等途径传播。在南方地区，病原菌以分生孢子在冬作番茄或其他寄主上存活，无明显越冬现象，分生孢子可不断产生，反复为害。

番茄白粉病侵染需要一定的空气湿度，分生孢子萌发和侵入需要有水滴存在。该病在15～30℃均能发生，较适为25～28℃。在高温干旱和高温高湿交替出现，又有大量菌源的条件下易造成病害的流行。

3. 防治方法

（1）加强栽培管理。采用高垄栽培和膜下灌水，适时通风，控制田间湿度，尽量避免土壤忽干忽湿；发现病株，及时清除，田间收获后，彻底清理田园，将病残体集中销毁或深埋，减少翌年的初侵染源；有条件的地方与非茄科作物轮作2～3年以上，可有效控制田间病原菌的数量。

（2）药剂防治。发病初期喷施50%硫磺悬浮剂250倍液、30%特富灵（氟菌唑）可湿性粉剂1 500～2 000倍液、25%粉锈宁可湿性粉剂1 500倍液、12.5%腈菌唑乳油2 000倍液、2%农抗120水剂200倍液、40%福星乳油4 000倍液、10%世高水分散颗粒剂3 000倍液+75%百菌清可湿性粉剂600倍液。也可选用30%醚菌・啶酰菌悬浮剂2 000倍液、21.5%氟吡菌酰胺+21.5%肟菌酯（露娜森）、11.2%吡唑萘菌胺嘧菌酯+17.8%嘧菌酯（绿妃）喷雾防治。

（八）番茄灰叶斑病

1. 症　状

番茄灰叶斑病在世界范围内均有发生，温暖潮湿地区发生严重。该病的病原为匍柄霉属（*Stemphylium*）真菌，能够引起番茄、甘蓝、大蒜、扁豆、莴苣等蔬菜和其他多种植物病害。近年来，番茄灰叶斑病已经成为中国新流行的一种病害，国内最初报道番茄灰叶斑病大面积爆发是在2002年山东鱼台，病棚率达到43%，随后在贵州贵阳、山东济宁、海南海口、山东寿光、山西、河北、重庆、甘肃等地均有发生，番茄灰叶斑病由一种不常见的病害逐渐发展为常发生病害，严重影响番茄的产量和品质，给种植者带来了巨大的损失。

番茄灰叶斑病一般只为害叶片，发病初期叶面布满暗绿色或暗褐色圆形或近圆形的水渍状小斑点，后沿叶面向四周扩大呈不规则形，中部逐渐褪绿变为灰白色至灰褐色或黄褐色稍凹陷的病斑。病斑极薄，后期易破裂、穿孔，有时病斑会产生轮纹。叶缘也可发病，沿边缘呈不规则形病斑，叶片正、背面颜色几乎一致。病斑常沿叶缘发展，连成片状，深褐色，随叶片变干。为害严重时，导致全部叶片变黄，后变褐，甚至脱落。该病症状几乎受限于叶片，但当环境条件适宜时，也会在茎和叶柄部位发生，参见附图12-23。

2. 发病规律

病原菌以菌丝体在土壤中的病残体上越冬，或以分生孢子、菌丝体在种子上越冬。翌年产生分生孢子，通过气流和雨水进行传播，病原菌可直接穿透植物的表皮，也可从自然孔口或伤口侵染。温度20～25℃、相对湿度85%以上时，较易感病。温暖潮湿的阴雨（雪）天及结露持续时间长是发病的重要条件。土壤肥力不足致使植株生长衰弱或氮肥过多造成植株徒长，大水漫灌、通风不畅也是影响发病的重要因素。

3. 防治方法

（1）选用抗病品种。我国目前尚未见抗番茄灰叶斑病的品种的报道。根据当地情况选择既抗 TY，又对番茄灰叶斑病有良好抗性的品种。

（2）加强栽培管理。施用充分腐熟的有机肥，增施磷钾肥，培育健壮植株，增加植株的抗病能力；采用高畦栽培和膜下灌水，降低田间湿度；合理密植、及时整枝打杈，及时通风透光，控制田间湿度；发现病叶，及时摘除带出田外集中销毁；田间收获后及时清洁田园，消灭侵染源；有条件的地方，与非寄主作物，如谷物等实行 3 年以上的轮作。

（3）药剂防治。在病害发生初期，可用 10%苯醚甲环唑水分散粒剂 1 000～1 500 倍液，或 12. 5%腈菌唑乳油 2 500 倍液，或 25%嘧菌酯悬浮剂 2 000 倍液，或 42. 8%氟菌・肟菌酯（露娜森）悬浮剂 3 000 倍液喷雾防治，以上药剂每隔 7～10 d 喷施一次，喷雾时注意叶片正、背面均要喷到，要注意药剂轮换使用。湿度较大的阴雨天或浇水前后可采用烟雾剂或粉尘剂。烟雾剂可用 45%百菌清烟剂，每亩用 200～250 g，傍晚用暗火点燃，施药后封闭棚室，次日早上通风。

（九）番茄斑疹病

1. 症　状

番茄细菌性斑疹病又叫番茄细菌性微斑病、番茄细菌性斑疹病、番茄细菌性叶斑病、番茄细菌性斑点病，常为害叶片、茎、果实和果柄，以叶缘及未成熟果实最明显。苗期和成株期均可染病。

（1）叶部。开始呈水渍状小点，随后扩大成不规则斑点，深褐色至黑色，直径 2～4 mm，无轮纹，斑点周围有或无黄色晕圈，湿度大时，病斑后期可见发亮的菌脓。

（2）花蕾。在萼片上形成许多黑点，连片时使萼片干枯，不能正常开花。

（3）茎部。先形成米粒状大小的水浸状斑点，病斑周围无黄色晕圈，病斑逐渐增多扩大，颜色由透明到灰色，再到褐色，最后形成黑褐色。形状由斑点扩大为椭圆，最后病斑连片形成不规则形斑块，严重时可使一段茎秆变黑。在潮湿条件下，病斑后期有白色菌脓出现。

（4）果实。幼果染病，初现稍隆起的小斑点，果实近成熟时，病斑周围往往能保持较长时间的绿色，别于其他细菌性斑点病。病斑附近果肉略凹陷，后病斑周围呈黑色，中间色浅并有轻微凹陷。后病斑周围呈黑色，中间色浅并有轻微凹陷。

2. 发病规律

番茄细菌性斑疹病病原菌可在番茄植株、种子、病残体、土壤和杂草上越冬，在干燥种子上可存活 20 年，并可随种子远距离传播。在环境温度 25℃以下，相对湿度 80%以上时，有利发病。早春温度偏低、多雨，地势低洼、排水不良，闭棚时间过长，植株表面有水滴或湿润状态，是导致发病的重要条件。播种带菌种子，幼苗即可发病，幼苗发病后传入大田，并通过雨水、昆虫、农事操作传播，导致流行。田间发病后，病原细菌通过雨水反溅、雨露或棚内浇水等途径多次重复再侵染，加重为害。

3. 防治方法

（1）农业防治。加强检疫，防止带菌种子传入非疫区；选用抗病、耐病品种；建立无病种子田，采用无病种苗；与非茄科蔬菜实行 3 年以上的轮作；整枝、打杈、采收等农事操作中要注意避免病害的传播，并注意工具消毒。

（2）加强栽培管理。及时整枝打杈，摘除病叶、老叶，清除病残体，并带出田外深埋或烧毁；收获后及时清理田间病残体和周围杂草，并在田外进行深埋，深翻土壤；田间湿度大时，尽量避免进行整枝打杈等农事操作；注意通风，控制棚内的温湿度；定植时避免伤根；合理密植，加大田间通透性；采用滴灌和沟灌，尽量避免大水漫灌和喷灌。

（3）药剂防治。发病初期喷 77%可杀得可湿性粉剂 400～500 倍液，或 53.8%可杀得 2 000 水分散剂，或 20%噻菌灵悬浮剂 500 倍液，或 14%络氨铜水剂 300 倍液，或 0.3%～0.5%的氢氧化铜，或 20% 噻菌铜悬浮剂 300～500 倍液，或 5%中生菌素可湿性粉剂 50～70 g/667m^2，或 50% 氯溴异氰尿酸可溶粉剂 45～60 g/667m^2，或 6% 春雷霉素可湿性粉剂 31～37 g/667m^2，或 47% 春雷·王铜可湿性粉剂 470～750 倍液喷雾进行防治。每隔 10 d 喷 1 次，连续 2～3 次。

（十）番茄溃疡病

1. 症　状

番茄溃疡病是一种非常典型的维管束疾病，在全国各地均会发生，并且病原传播速度快，防治工作比较困难。张掖市于 2018 年在甘州区党寨镇、明永镇等地钢架大棚内多次发生。番茄溃疡病在番茄整个生育期都会发生，番茄的叶、茎、果实等都会受到为害。

感染番茄溃疡病菌的植株既可以表现出局部症状，也可表现系统症状。

（1）局部症状。病原菌从叶缘侵入，初期叶边缘会出现褐色的病斑，并伴有黄色晕圈，随后病斑颜色加深逐渐变为黑褐色，病斑逐渐向内扩大，导致整个叶片黄化，似火烧状；成株期发病，一般是下部叶片首先表现症状，并逐渐向顶端蔓延，病害严重发生时引起全株性叶片干枯；果实上的典型症状是形成“鸟眼斑”，病斑中央产生黑色的小斑点并伴有白色的晕圈，较粗糙，直径约为 3 mm。“鸟眼斑”既可以在成熟果实上出现也可以在未成熟果实上出现。但张掖市大棚番茄果实感病不呈现“鸟眼斑”。

（2）系统症状。茎部和叶柄感病会出现褐色的条斑，随着病情扩展病斑呈开裂的溃疡状，剖开茎部会发现维管组织变色并向上下扩展，长度可由一节扩展到几节，后期产生长短不一的空腔，茎略变粗，生出许多不定根，最后茎下陷或开裂，髓部中空，系统感染后的植株首先会表现出萎蔫似缺水，叶片边缘向上卷曲进一步发展，整个番茄病株萎蔫死亡。

2. 发病规律

番茄溃疡病菌可以附着在种子表面造成种子外部带菌，也可以从植株茎部或花柄侵入，经维管束进入果实胚，致使种子内部带菌。当病健果混合采收时，感病果实的种子污染健康的种子也会造成种子外部带菌。带菌的种子是该病的主要初侵染源之一。带菌种苗调运可以使番茄溃疡病菌从有病区域传播到无病区域，造成病害的远距离传播，是该病的主要侵染源之一。番茄溃疡病菌可在土壤表层存活 2 a，当土壤营养不合理，温湿度相对较高时，土壤中残留的溃疡病菌就会大量繁殖，引发病害发生。番茄溃疡病菌可以在秋季番茄病残体上越冬，若将病残体掩埋在土壤中 15 cm 处，可存活 7 个月，病残体上的越冬菌源能造成第二年番茄溃疡病的流行。因此，病残体也是该病的初侵染源之一。

番茄溃疡病菌主要是通过伤口包括损伤的叶片、幼根侵入到寄主内部，也可以从自然孔口包括气孔、水孔、叶片毛状体以及果实的表皮直接侵入到寄主组织内部。近距离传播主要是靠风雨、灌溉水和昆虫，或随分苗移栽、中耕松土、整枝打杈等农事操作进行蔓延。此外，农事操作人员的手、衣物及鞋子、操作工具等也可以造成该病原菌在田间的近距离传播。

番茄溃疡病在温暖潮湿的条件下发病严重，尤其在湿度大、低洼积水、排水不畅、通风不良的田地易发生。温度在 23～34℃，湿度大、结露持续时间长时，利于番茄溃疡病的流行，当温度在 15～28℃，相对湿度为 87%～97%时，被感染的 2～3 周大的番茄幼苗症状的显现明显加快。

3. 防治方法

（1）加强检疫。加强检疫措施，禁止疫区调运种子、种苗或病果，严防带菌种苗进入无病区。

（2）种子处理。播种前采用温汤浸种，在 38℃热水中浸泡 5 min 使种子预热，然后在 53～55℃的条件下浸泡 20～25 min 不断搅拌，要控制好温度，温度过高会影响出芽率，取出种子在 21～24℃下晾干，催芽后播种；也可用 5%稀盐酸浸种 5～10 h 后再放到冷水中冷却，清水冲洗干净后进行催芽、播种；或者 0. 01%的醋酸浸种 24 h，或选用 0. 5%次氯酸钠溶液浸种 20 min

（3）加强栽培管理。高温闷棚。与非茄科作物实行 3 年以上的轮作。中耕除草，平衡水肥，适度控制氮肥用量，增施磷钾肥。适时通风透光，降低湿度，提高番茄抗病性。及时清除病株并烧毁。早上叶片湿度大、露水多时，不要进行整枝、采摘等农事操作，避免病菌粘附在操作人员的身体或操作工具上进行传播。从发病田块转到健康田块进行劳作时，应提前用 10%的次氯酸钠对农具进行消毒，或更换新的农具，接触过病株、病果、病残体的手要用肥皂水清洗。收获后对土壤进行翻耕。

（4）药剂防治。发病初期使用 3%中生菌素可湿性粉剂 600 倍液对植株整体喷雾，每隔 3 d 喷施 1 次，连续 3～4 次；2%春雷霉素水剂 500 倍液，每隔 5～7 d 喷洒 1 次，连续使用 3～4 次。也可选用 20%络氨铜水剂 500 倍液、20%噻菌铜悬浮剂 700 倍液、77%氢氧化铜可湿性粉剂 800 倍液，或 47% 春雷・王铜可湿性粉剂 470～750 倍液，每隔 7 d 喷施 1 次，连续喷施 2～3 次。还可选择 30%琥胶肥酸铜可湿性粉剂 60 倍液灌根，每株约 0. 5 L，对番茄溃疡病的防治也具有较好效果。田间施药时铜制剂与其他药剂尽量轮换使用，既可以提高药剂使用效果，又可以降低抗药性风险。

（十一）番茄黄花曲叶病毒（TYLCV）

1. 症　状

黄化曲叶病毒病为系统性病害。番茄感病初期，上部叶片首先表现黄化型花叶，叶缘呈宽带型黄化，叶缘上卷，变小，变厚，叶片僵硬。感病植株生长缓慢或停滞，节间变短，植株明显矮化，茎秆上部变粗，多分枝，叶片变小变厚，畸形棒状叶质脆硬，叶片有皱褶，向上卷曲，生长点黄化，下部老叶症状不明显。因其系统侵染，上部嫩叶症状明显，下部不明显。后期发病严重时，植株生长停滞、矮化，开花后坐果困难，果实不能正常转色，导致减产或绝收。

2. 发病规律

番茄黄化曲叶病毒病主要通过 B 型和 Q 型烟粉虱传毒，各个龄期的烟粉虱均能传播病毒。病毒可以通过雌雄交配传播，也可以经带毒雌虫的卵传给后代，至少能传播 2 代。寄主在被侵染后 1～2 周可表现出症状。实验室条件下进行机械摩擦接种，成功率不高，表明实际生产可能所谓的机械摩擦、农事操作等对病毒的传播有限。

3. 防治方法

（1）选用抗病品种。选用抗病品种是目前防治番茄黄化曲叶病毒病最有效的手段。目前生产上推广的抗病品种较多，但抗 TYLCV 的品种一般不抗番茄灰叶斑病，在栽培过程中要注意预防番茄灰叶斑病。

（2）培育无病虫苗。选用无病壮苗，消灭传毒媒介烟粉虱，切断传毒途径，是当前防控番茄黄化曲叶病毒病的有效措施。

（3）保持棚室环境清洁。定植前用敌敌畏烟剂熏杀，并闭棚 3 d 以上。彻底清除棚室周边杂草。棚室放风口和门口用 40 目防虫网遮挡，并喷涂杀虫剂。定植后棚内悬挂黄板诱杀烟粉虱。棚室内减少人员流动，防止人为传播。生长期及时除去植株下部密集烟粉虱虫、卵的枝叶，整枝打杈后枝叶带出田外集中销毁。

（4）药剂防治烟粉虱。选用 25%噻虫嗪水分散粒剂 2 000～3 000 倍液，或 25%噻嗪酮可湿性粉剂 1 000～ 1 500 倍液，或 20%啶虫脒可溶性液剂 3 000 倍液，或 2. 5%联苯菊酯乳油 2 000～3 000 倍液，或 1. 8%阿维菌素乳油 1 500 倍液等，对叶片正反面喷雾。注意交替轮换用药，以延缓烟粉虱抗药性产生。

（5）药剂防控病毒病。发病前或发病初期选用 2%宁南霉素水剂 250 倍液，或 20%吗胍・乙酸铜可湿性粉剂 500 倍液等喷雾，以钝化病毒。

四、茄子主要病害

（一）茄子黄萎病

1. 症　状

黄萎病系维管束系统性病害，多在门茄坐果后开始发病，下部叶片先表现症状，后逐渐向上部扩展，或从一侧向全株扩展。初期叶片叶缘及脉间褪绿黄化，形状不规则，晴天中午萎焉，早晚尚可恢复，扩展后变成黄褐色，主脉附近保持绿色，整个叶片变成褐色掌状斑块。叶缘向上卷曲、萎焉，严重时叶片皱缩、干枯、脱落、仅剩茎秆，有些茎秆可见维管束变褐。

2. 发病规律

病原菌为真菌界半知菌亚门大丽花轮枝孢，另一种为变黑轮枝孢。病菌以休眠菌丝、厚垣孢子和拟菌核随病残体在土壤中越冬，一般可存活 6～8 a，成为来年初侵染源。种子是否带菌尚有争议，多数学者认为菌丝及分生孢子附在种子内外科越冬。病菌借风雨、灌溉水、农事操作、人畜及农具传播。主要经根部伤口或直接从幼根表皮几根毛侵入，在薄壁细胞间扩展，并进入导管，直至茎、叶、果实。病害潜育期约 14～25 d。

3. 防治方法

（1）种子处理。详见育苗部分。

（2）嫁接是防治黄萎病最有效的防治措施，嫁接方法详见嫁接育苗部分。

（3）药剂防治。发病初期用 50%苯菌灵可湿性粉剂 1 000 倍液、50%琥胶肥酸铜。（DT）可湿性粉剂 300 倍液、10%治萎灵水剂 300 倍液、50%多菌灵可湿性粉剂 500 倍液、立枯消 600 倍液、50%混杀硫悬浮剂 500 倍液、细菌灵（原粉）5 000～6 000 倍液灌根，每株 150 mL。

美国 NEB 菌根，按每亩 5 袋，每袋兑水 50 kg 灌根有较好效果。

（二）茄子早疫病

1. 症　状

主要为害叶片，病斑初为褪绿小点，后扩展为圆形、近圆形、不规则形病斑，边缘褐色，中央灰白色，具有不太明显的同心轮纹，病斑大小为 2～10 mm。潮湿时病斑上生有稀疏的灰黑色霉状物，后期病斑中部常破裂，发病严重时，病叶提早脱落。果实受害，产生不规则形至圆形病斑，凹陷、褐色。

2. 发病规律

病原菌为真菌界半知菌亚门链格孢。详见番茄早疫病。

3. 防治方法

参考番茄早疫病。

（三）茄子褐纹病

1. 症　状

叶、茎秆、果实均受害。苗期受害，多在茎基部产生褐色至黑褐色不规则形病斑，稍凹陷，常导致猝倒或立枯，病部长有小黑点。成株期感病，叶片上形成白色小点，后扩大成近圆形、不规则形病斑，边缘有褐色，中央浅黄色，且有轮纹，上生有小黑点。茎秆基部及分杈处病斑褐色、梭状、长椭圆形，呈干腐状溃疡，且散生小黑点。严重时病斑愈合成十几厘米的大型病斑，表皮开裂，露出木质部。果实上的病斑圆形、近圆形，褐色，稍凹陷，有些可扩张到半个果面，表面有多层轮纹状排列的小颗粒，最后果实腐烂、脱落，或干腐后挂在枝头上变成僵果。

2. 发病规律

病原菌为真菌界半知菌亚门茄褐纹拟茎点霉。病菌主要以菌丝体或分生孢子器在土表病残体上越冬，也可以分生孢子附在种子表面及菌丝潜伏在种皮内越冬。病菌在种子上可存活 2 a，在病残体上可存活 2 a 以上。借风雨、水滴、昆虫以及农事操作传播，经伤口或直接穿透表皮浸入，再浸染频繁。病菌发育最适温度为 28～30℃，最高 35～40℃，最低 7～11℃。流行需较高的温度和相相对湿度。

3. 防治方法

（1）种子处理。详见育苗部分。

（2）加强栽培管理与非茄科植物实行两年以上的轮作；施足充分腐熟有机肥，增施 P、K 肥，提高抗病力；果实成熟后及时采收；收获后彻底清除病残体，并深翻土壤。

（3）药剂防治发病初期喷施 58%甲霜灵锰锌可湿性粉剂 500 倍液、64%杀毒矾可湿性粉剂 500 倍液、80%新万生可湿性粉剂 600 倍液、50%苯菌灵可湿性粉剂 800 倍液、75%百菌清可湿性粉剂 600 倍液、1∶1∶200 波尔多液、78%科博可湿性粉剂 600 倍液。

（四）茄子灰霉病

1. 症　状

叶、叶柄、茎、花、果实均受害，以果实受害为主。最初多自幼果顶部或花蒂附近产生水渍状褐色病斑，后扩大呈大型褐色病斑。凹陷且腐烂，表面密生不规则轮纹状灰色霉层，有时果实的一半受害。花器受害，花内长满灰色霉层，花瓣萎蔫，引起落花、落果。叶片受害多自叶缘产生水渍状近圆形、椭圆形大型病斑，茶褐色，具轮纹，其上密生灰色霉层。

2. 发病规律

病原菌为真菌界半知菌亚门灰葡萄孢。病菌以菌丝体及分生孢子随病残体在土壤中越冬，也可以菌核在地表及土壤中越冬，或在温室的寄主上繁殖为害。病菌借气流、水滴、农事操作传播。多在开花后浸染花瓣，再浸染果实。此菌发育适温 18～23℃，高于 23℃，菌丝生长量随温度升高而减少，28℃锐减。孢子在水中能很好萌发，相对湿度低于 95%不萌发。低温、高湿、结露时间长发病重。温室一大茬茄子春节前后发病重，引起花器受害，落花落果，3 月多引起果实受害，4 月后温度升高，则很少发病。大棚茄子多在 4 月、5 月引起果实受害。

3. 防治方法

参考番茄灰霉病。

（五）茄子绒菌斑病

1. 症　状

主要是叶片受害，最初叶面产生褪绿黄点，后扩大成近圆形、不规则形灰黑色绒毛状、毛毡状病斑，大小 3～4 mm，中部灰色，边缘灰白色，呈白边状。严重时病斑相互愈合，几乎布满整片面。叶背的病斑初期以茸毛为中心，菌丝相互连接形成蜂巢状，后期变灰褐色绒毛状，近圆形、不规则形。有些菌丝组成的病斑，病缘明显隆起，呈环状，中部无菌丝。有些病斑中部有明显的深灰褐色菌丝，有些菌丝聚成小颗粒状。

2. 发病规律

病原菌为真菌界半知菌亚门灰毛茄菌绒孢。病菌以菌丝体随病残组织在土壤中越冬。来年春季，温、湿度条件适宜时产生分生孢子。借气流、水流、农事操作传播。自病株基部叶片向上扩展。温室中多在元月下旬，低温、高湿时发生，2 月下旬至 3 月中旬高温、高湿时流行，3 月下旬放风时间延长，棚温下降，病情迅速减轻。

3. 防治方法

（1）加强栽培管理。及时摘除下部老叶，以利通风透光；收获时认真清除病残组织，深埋或烧毁，减少初浸染源。

（2）药剂防治。发病初期喷洒 75%百菌清可湿性粉剂 600 倍液、40%新星乳油 800 倍液、70%代森锰锌可湿性粉剂 600 倍液、47%加瑞农可湿性粉剂 700 倍液、2%武夷霉素 100 倍液、3%多氧清水剂 600～800 倍液。

（六）茄子绵疫病

1. 症　状

茎秆、果实，叶片均受害，最初自茎基部产生不规则形水渍状下陷斑、灰褐色、发软，有些病斑可占根茎的大半边，上部枝条特别是分权处亦产生水渍状、椭圆形、不规则形淡褐色下陷病斑。叶部病斑近圆形、淡褐色，轮纹明显。湿度大时，生有白色霉层。果实上初生水渍状圆形病斑，后迅速蔓延，有时达果实的一半，稍凹陷，变褐腐烂，最后呈黑褐色，潮湿时上生有白色霉层。

2. 发病规律

属鞭毛菌亚门烟草疫霉寄生变种。病菌主要以卵孢子随病残组织在土壤中越冬。借风雨、水滴、灌溉水、农事操作传播。在适温并有水膜时，孢子囊迅速萌发产生游动孢子，游动 1～2 h 后，鞭毛脱落形成休止孢，休止孢萌发产生芽管浸染寄主。相对湿度 85%有利于孢子形成，95%以上菌丝生长旺盛，30℃有利于发病。条件适宜时 24 h 即可浸染，64 h 病部扩展并长出白色霉层。因此高温、高湿有利于病害发生和流行。温室一大茬茄子多在 11 月份发病。这时棚内气温、土温均较高，多从茎基部开始发生。12 月上旬，放风时间减少，棚内湿度增加，因此上部枝条发病较多。

3. 防治方法

参考辣椒疫病。

五、辣椒、甜椒主要病害

（一）甜椒、辣椒疫病

1. 症　状

叶片、茎秆及果实均受害，以茎基部受害为主。幼苗茎基部受害产生暗绿色水渍状病斑，后腐烂、倒伏。成株期在茎基部及枝条上产生水渍状棕褐色至黑褐色大型条斑，病部以上枝叶很快枯死，顶端枝条上的叶片脱落。果实上多自蒂部发病，产生灰绿色水渍状不规则形病斑，迅速蔓延扩大，变褐、软腐，严重时果肉和种子亦变褐。潮湿时表面长出稀疏的白色霉层。叶片染病产生暗绿色圆形病斑，边缘不明显，潮湿时病斑扩展很快，使整个叶片软腐。

2. 发病规律

病原菌为真菌界鞭毛菌亚门辣椒疫霉。病菌以卵孢子、厚垣孢子在地表植株及土壤中越冬，种子也可带菌越冬。病菌大多分布在 0～10 cm 土层中，10 cm 以下较少。病菌借水流、风雨传播。再浸染由孢子囊引起，条件适宜时，2～3 d 即可发生一代。

在甘肃省河西地区，温室一大茬辣椒，8 月份育苗时，苗床土发病就很重，造成大量死苗，且病斑发生部位很高，距地面 10 cm 以上。定植后不久，温室中就有发生。中旬发病率较高，主要是这时外界气温高，植株尚小，阳光可直接照射地面，棚内低温、气温均高，所以发病较重。12 月下旬至 2 月，由于低温低而发病少。3 月以后病情又开始上升，3 月上旬至 4 月上旬达发病高峰，4 月中旬以后病情再无大的增加。

3. 防治方法

（1）种子消毒。参见育苗部分。

（2）土壤高温处理或药剂处理。夏季 7—8 月高温时节灌水闷杀，即前茬收获后，将铡碎麦草 400 kg/667m^2，均匀撒于地面并翻入土中，然后灌水覆膜，扣棚后暴晒30～40 d，可防治多种根病，效果十分显著。另外也可药剂处理，即每亩用 70%甲基托布津可湿性粉剂 1 kg 加细土 17 kg 拌匀，施入定植穴中，4%的疫病灵颗粒剂 6 kg/667 m^2 与起垄土均匀消毒，或 58%甲霜灵锰锌可湿性粉剂 600 倍液喷淋地面消毒。

（3）加强栽培管理。与非茄科、非葫芦科作物实行 3 a 以上轮作；用腐熟猪粪与无病土或消毒土混匀育苗，适度蹲苗；定植苗龄，一般一大茬辣椒 7 月育苗时以 60 d 为宜；早春茬需 80 d，即株高 15～20 cm，茎粗 0.4 cm，80%现蕾时定植为宜；及时拔除病株，并用生石灰消毒根穴；喷施植保素液提高植株抗病能力；高垄栽培，灌水时水深达沟深 2/3 即可，不可水漫垄面。

（4）药剂防治。发病初期喷洒植株叶部、茎秆，预防浸染，同时用药液灌根。可使用 64%杀毒矾可湿性粉剂 500 倍液、77%可杀得微粒可湿性粉剂 400 倍液、70%乙锰可湿性粉剂 500 倍液、50%瑞毒铜可湿性粉剂 500 倍液、72.2%普力克水剂 600 倍液、56%靠山水分散颗粒剂 700 倍液，或 25%甲霜灵可湿性粉剂 500 倍液加 40%福美双可湿性粉剂 800 倍液。另外也可于辣椒初果期与盛果期在根际施 4%疫病灵颗粒剂 3 g/株，施药后三天内灌水，有些地方在灌水时将硫酸铜放入水中，按 3 kg/667m^2 使用。苗床土发病时用甲霜灵与细土拌匀，撒施与床面，不要喷液，以免增加湿度，加重发病。有些地方用盐酸小檗碱、百部碱液，苍耳浸出液灌根及喷洒，均有一定的效果。

（二）甜、辣椒白粉病

1. 症　状

仅为害叶片，最初在叶片背面产生稀疏的小白粉团，后扩大成不规则形病斑，其上长满白色霉状物，在叶片正面对应的位置，初为淡黄色小点，后呈边缘不明显、不规则形大型褐色病斑，叶片发黄，并大量脱落，有些仅留茎秆，严重影响产量和品质。

2. 发病规律

病原菌为真菌界子囊菌亚门鞑靼内丝白粉菌。病菌以闭囊壳随病叶在地表越冬，分生孢子在干燥条件下可以长期存活。病菌借气流、雨水、水滴传播。从叶背气孔浸入在表皮下薄壁细胞间为害。分生孢子形成和萌芽的适宜温度为 15～30℃，浸入和发病的适宜温度 15～18℃，病害对温湿度要求不严格，16～20℃，相对湿度 60%～90%适于发病。长势衰弱，苗龄过大的植株易发病。

该病在温室中对于 2—4 月高湿、中温条件下发生和流行。此菌对温湿度要求不严格，较高湿度条件有利于无性孢子产生，较高温度及干旱有利于有性态的产生。

3. 防治方法

（1）加强栽培管理。施足充分腐熟的有机肥，适时追肥，防止植物早衰；合理灌水，防止土壤过湿及干旱收获后彻底清除病叶，烧毁或深埋。

（2）药剂防治。发病初期及时喷施 50%硫磺悬乳剂 300 倍液、47%加瑞农可湿性粉剂 800 倍液、20%粉锈宁乳油 1 500 倍液、12. 5%速包剂可湿性粉剂 2 500 倍液、40%倍生可湿性粉剂 6 000 倍液、30%白粉松乳油 2 000 倍液、40%福星乳油 8 000 倍液、25%敌力脱乳油 3 000 倍液、78%科博可湿性粉剂 600 倍液及 12. 5%腈菌唑乳油 2 000 倍液、或生物农药 2%武夷霉素（BO—10）水剂 200 倍液、2%农抗 120 水剂 200 倍液，以及 27%高脂膜乳油 200 倍液。

（三）辣椒褐斑病

1. 症　状

主要为害叶片，多自下部开始发病。病斑近圆形、圆形、褐色，后变为边缘黑褐色，中部浅灰色，病斑表面稍隆起，外缘又黄色晕圈。严重时病斑愈合成片，叶片枯黄，提早脱落。潮湿时病斑表面生有稀疏灰色霉状物，有时茎秆上也发病，症状与叶部相似。

2. 发病规律

病原菌为真菌界半知菌亚门辣椒尾孢。病菌及菌丝体随病残组织在土壤中越冬，也可在种子上越冬。来年条件适宜时病部产生分生孢子，借气流、水滴、灌溉水、工具传播。20～25℃适宜发病，相对湿度80%开始发病，湿度越大越严重。温室多在3月中旬开始发病，4月份达发病高峰，常引起大量落叶。

3. 防治方法

（1）种子消毒。参见育苗部分。

（2）加强栽培管理。病重地实行与非茄科蔬菜2年以上轮作；收获后清除病残组织，深埋或烧毁。

（3）药剂防治。发病时喷施75%百菌清可湿性粉剂600倍液、50%扑海因可湿性粉剂1 500倍液、77%可杀得可湿性粉剂400倍液、80%代森猛锌可湿性粉剂500倍液、50%混杀硫可湿性粉剂500倍液及1∶1∶200波尔多液。

（四）辣椒灰霉病

1. 症　状

叶片、花器、茎秆、果实均感病。花器感染，花瓣变灰褐色，萎缩，湿腐状，花内密生灰白的霉状物，引起落花；果实受害，过时产生大型不规则灰白色病斑，后软腐，生出灰白色霉状物。成株染病多在茎部及分叉处产生不规则形、大型水渍状、褐色、红褐色病斑，严重时可绕茎一周，病部长出灰白色霉状物，其上端枝叶萎蔫枯死。叶片染病，产生近圆形、不规则形大斑，水渍状，稍显轮纹，病部腐烂，并长出灰白色霉状物，为病原菌的孢囊梗和孢子囊。幼苗染病子叶变黄，幼茎倒伏。

2. 发病规律

病原菌为真菌界半知菌亚门灰葡萄孢。其他详见番茄灰霉病。

3. 防治方法

参考番茄灰霉病。

（五）甜、辣椒白斑病

1. 症　状

叶片受害，生出近圆形、圆形褐色小点，稍隆起，后扩展为小型圆形、近圆形病斑、边缘褐色至深褐色，中部淡黄色至淡黄褐色，潮湿时病斑上产生稀疏霉层。叶背病斑叶色稍浅，但霉层较厚。发病严重时病斑相互愈合形成大型、不规则病斑，叶色发黄，脱落。茎部病斑不规则形、长椭圆形、边缘褐色。

2. 发病规律

病原菌为真菌界半知菌亚门番茄匍柄菌。病菌随病残体在土壤中越冬，也可在种子上越冬。借气流、风雨、水滴传播，以分生孢子进行初浸染和再浸染。温暖潮湿、结露时间较长发病重；植株长势衰弱，肥力不足时发病重。

3. 防治方法

（1）加强栽培管理。增施有机肥及磷钾肥，提高寄主抗病性；收获后彻底清除病残组织，集中烧毁。

（2）药剂防治。发病初期喷施50%百·硫悬乳剂500倍液、50%多霉威可湿性粉剂 800 倍液、10%世高水分散颗粒剂 1 500 倍液，80%新万生可湿性粉剂 800 倍液、77%可杀得可湿性粉剂 400 倍液、75%波・锰锌可湿性粉剂 600 倍液、75%达科宁可湿性粉剂 600 倍液。

(六) 甜、辣椒根腐病

1. 症　状

定植不久后发生，一般表现白天枝叶萎蔫下垂，夜间尚可恢复，如此反复数日后，整株变黄、萎蔫，根茎部皮层变褐色、腐烂、皮层易剥离，露出暗色木质部，外有粉红色霉层。有些根茎部变褐隘缩、弯曲，子叶下垂。

2. 发病规律

病原菌为真菌界半知菌亚门腐皮镰刀孢菌、串珠镰孢菌、尖镰孢菌，蚀镰孢菌等。病菌以厚垣孢子，菌丝体及菌核在土壤里越冬。厚垣孢子在土壤中可存活 5～6 a。病菌经根部伤口浸入，后在病部产生分生孢子。借水滴、灌溉水、农事操作传播。病菌对温度要求不严，但较喜低温，土温 16～20℃时有利于发病。连作地、地势低洼地、黏土地发病重。

3. 防治方法

(1) 种子消毒。详见育苗部分。

(2) 加强栽培管理。施用充分腐熟的有机肥；合理灌水，防止大水漫灌。

(3) 药剂防治。发病初期用国光根腐灵+适乐时，或适乐时+杀毒矾灌根，并用上述涂抹茎基部。也可用 35%福・甲可湿性粉剂 900 倍液、30%噁霉灵水剂 1 000 倍液、30%苯噻氰乳油 1 000 倍液、20%乙酸铜 900 倍液。该病在定植初期采用上述措施效果明显，但到后期防效很差。

(七) 甜、辣椒黑点炭疽病

1. 症　状

叶片、果实、果柄均受害，但以果实受害特征显著。果实受害，初为水渍状圆形、不规则形，灰褐色下陷的病斑，大型，有些直径近 3～4 cm，边缘褐色，中央灰褐色，上有许多褐色小颗粒组成的同心轮纹。潮湿时，病斑表面透出红色粘稠物，即病菌的分生孢子。干燥时病斑干缩，呈膜状而破裂。叶片上产生圆形、椭圆形水渍状褪绿斑点，后变褐色，中央灰褐色，其上产生黑色小颗粒，即病菌的分生孢子盘。果柄上病斑不规则形、下陷、褐色，干燥时常开裂。

2. 发病规律

病原菌为真菌界半知菌亚门辣椒炭疽病。病菌主要以菌丝体和分生孢子盘随病残体在土壤中越冬，也可以菌丝潜伏于种子里或以分生孢子附着在种皮表面越冬，也可在温室辣椒上繁殖为害。来年在适宜条件下产生分生孢子，借雨水、气流、水滴、昆虫、农事操作传播，主要从伤口入侵，也可自表皮直接侵入，再浸染频繁。孢子萌发要求相对湿度在 95%以上，发病温限 12～33℃，而 25～27℃最适。温度适宜，相对湿度在

87%～95%时潜育期 3 d。湿度低、潜育期长，低于 54%则不发病。果实过熟，日烧果易发病重；施肥不当及氮肥过多易发病。

3. 防治方法

（1）种子处理。详见育苗部分。

（2）加强栽培管理。与非茄科蔬菜实行 2 a 以上轮作；施足充分腐熟的有机肥，增施磷酸钾肥，提高寄主抗病力；适时定植，密度不宜过大，及时摘除病果，深埋；收获后彻底清除病残组织，集中烧毁。

（3）药剂防治。发病初期喷洒 50%炭疽福美可湿性粉剂 500 倍液、50%甲基硫菌灵硫磺悬乳剂 900 倍液、40%多福 · 溴菌可湿性粉剂 800 倍液、50%利得可湿性粉剂 800 倍液、80%喷克可湿性粉剂 500 倍液、50%施保功可湿性粉剂 1 000～1 500 倍液、25%咪鲜胺乳油 1 000 倍液。

另外，还有一种红色炭疽病和褐色炭疽病，症状与黑点炭疽病相近，病原菌为胶孢炭疽菌。防治方法参考黑点炭疽病。

六、十字花科蔬菜病害

（一）软腐病

1. 症　状

不同的寄主、不同的器官以及发病时所处的环境条件不同时，所引起的症状略有差异。大白菜软腐病多从莲座期至包心期开始发病，常见症状有 3 种，即基腐型、心腐型和外腐型。基腐型，外叶呈萎蔫状，莲座期可见叶片于晴天中午萎蔫，但早晚恢复，持续几天后，病株外叶平贴地面，心部或叶球外露，叶柄茎或根茎处髓组织溃烂，流出灰褐色黏稠状物，轻碰病株即倒折溃烂。心腐型，病菌由菜帮基部伤口侵入菜心，形成水浸状浸润区，逐渐扩大后变为淡灰褐色，病组织呈黏滑软腐状。菜心部分叶球腐烂，结球外部无病状。外腐型，病菌由叶柄或外部叶片边缘，或叶球顶端伤口侵入，引起腐烂。

上述 3 类症状在干燥条件下，腐烂的病叶经日晒逐渐失水变干，呈薄纸状，紧贴叶球。病烂处均产出硫化氢恶臭味，成为本病重要特征，别于黑腐病。窖藏的白菜带菌种株，定植后也发病，致采种株提前枯死。

结球甘蓝多在包心期以后发病，植株外叶或叶球基部先发病，病部初呈水浸状，后变褐腐烂，散发恶臭。腐烂叶片失水后呈薄纸状，紧贴在叶球上。叶柄和短缩茎基部腐烂后，菜株塌倒溃散或一触即倒。芥蓝多由摘心后的切口发生水浸状腐烂。摘心前发病的，多在茎部出现水浸状斑，后期茎髓部软腐中空，植株软化枯死。花椰菜和青花菜花球变褐腐烂，最初腐烂部分呈分散的斑点状，后迅速扩大和汇合，最后变成一团褐色糊浆状物。球茎甘蓝的球茎上出现黑褐色不定形凹陷斑，病组织腐烂，迅速向周围和内部扩展，以致球茎大部分软腐。

萝卜肉质根变褐软腐，常有汁液渗出。有时肉质根外观完整，髓部腐烂，甚至成为空壳，地上部叶片变黄萎蔫。

各种作物软腐病的共同特点是从植株伤口或自然裂口处首先开始发病，病部初呈浸润状半透明，以后黏滑软腐，有恶臭，出现污白色菌脓。

2. 发病规律

病原细菌随带菌的病残体、土壤，未腐熟有机肥以及越冬病株等越冬，成为重要的初侵染菌源。在生长季节病原细菌可通过雨水、灌溉水、肥料、土壤、昆虫等多种途径传播，由伤口或自然裂口侵入，不断发生再侵染。残留土壤中的病菌还可从幼芽和根毛侵入，通过维管束向地上部转移，或者残留在维管束中，引起生长后期和贮藏期腐烂。病原菌寄主种类很多，可在不同寄主之间辗转为害。

软腐细菌多从植株的自然裂口和伤口侵入。伤口包括虫伤口、机械伤口、病伤口等。自然裂口多在久旱降雨之后出现。不同品种的愈伤能力强弱不同，直立型、青帮型的品种愈伤能力较强，愈伤能力强的品种软腐病发生较轻。另外，白菜苗期愈伤能力强，木栓化作用发生快，而莲座期以后愈伤能力减弱，因而软腐病多在包心期后严重发生。

昆虫取食造成大量伤口，成为软腐细菌侵入的重要通道，同时多种昆虫的虫体内外可以携带病原细菌，能有效传病。因而害虫发生多的田块，软腐病也重。

高温多雨有利于软腐病发生。若白菜包心后久旱遇雨，软腐病往往发病重。高温多雨有利于病原细菌繁殖与传播蔓延，雨水多还能造成叶片基部浸水，使之处于缺氧状态，伤口不易愈合。

十字花科蔬菜连作地发病重，前作为茄科、葫芦科作物以及莴苣、芹菜、胡萝卜和其他感病寄主的发病也重。地势低洼，田间易积水，土壤含水量高的田块发病重。高垄栽培不易积水，土壤中氧气充足，有利于根系和叶柄基部愈伤组织形成，可减少病菌侵染。

3. 防治方法

（1）种植抗病、耐病品种。晚熟品种、青帮品种、抗病毒病和霜霉病的品种一般也抗软腐病。

（2）加强栽培管理。与豆类、麦类等作物轮作；清除田间病残体，精细翻耕整地，暴晒土壤，促进病残体分解；选择排灌良好的沙壤土种植，采用高畦或半高畦栽培，不要大水漫灌，雨后及时排水，降低土壤湿度；及时防治地下害虫、黄条跳甲、菜青虫、小菜蛾以及其他害虫，减少虫伤口；发现病株后及时拔除，病穴撒石灰消毒。

（3）药剂防治。发病初期及时喷药防治，喷药要周到，特别要注意喷到近地表的叶柄和茎基部。可选用3%中生菌素可湿性粉剂600倍液，或2%春雷霉素水剂500倍液，或20%噻菌铜悬浮剂700倍液，或1∶1∶（250～300）倍波尔多液，或47%加瑞农可湿性粉剂800倍液，或45%代森铵水剂900～1 000倍液，或77%可杀得可湿性粉剂800倍液，或20%龙克菌悬浮剂500倍液，或50%琥胶肥酸铜可湿性粉剂1 000倍液，或60%琥·乙磷铝可湿性粉剂1 000倍液，或14%络氨铜水剂400倍液等。药剂宜交替施用，隔7～10 d 1次，喷2～3次。为防止萝卜肉质根发病，可在肉质根大拇指粗时和肉质根“露肩”始期，分别喷淋结合施药。

（二）菌核病

在十字花科蔬菜中，甘蓝和大白菜受害最重。菌核病菌的寄主范围很广，除为害十字花科蔬菜以外，还能侵害豆科、茄科、葫芦科等19科的71种植物。

1. 症　状

十字花科蔬菜从苗期到成熟期均可发生，以生长后期及留种株上发生较重。主要为害茎部、叶片或叶球及种荚。幼苗受害，茎基部出现水渍状病斑，逐渐软腐，造成猝倒。甘蓝、大白菜等成株受害，一般在靠近地表的茎、叶柄或叶片边缘开始发病，最初出现水渍状、淡褐色的病斑，逐渐导致茎基部或叶球软腐，发病部位产生白色或灰白色棉絮状霉层，以后散生黑色鼠粪状菌核。参见附图12-24 甘蓝菌核病。

2. 发病规律

主要以菌核在土壤或混杂在种子、粪肥中越冬。菌核萌发产生子囊盘和子囊孢子，子囊孢子先侵染老叶，病部产生的菌丝体通过病健株的接触进行重复侵染，生长后期在受害部位产生菌核越冬。温度20℃左右、相对湿度在85%以上、连作、地势低洼、密植、偏施氮肥发生较为严重。

3. 防治方法

（1）轮作或深耕。与禾本科作物或百合科等实行2～3 a轮作；收获后深耕，将菌核埋入深土层（12㎝以下）中。

（2）精选种子，汰除菌核。播前用10%盐水或10%～20%硫铵水选种。

（3）加强栽培管理。勿偏施氮肥，增施磷、钾肥，及时摘除植株下部的老叶和病叶，发现病株立即拔除。

（4）药剂防治。发病初期喷雾或行间撒施，重点植株茎基部、老叶及地面。40%菌核净可湿性粉剂800～1 000倍液、50%异菌脲可湿性粉剂600～800倍液。

（三）霜霉病

十字花科蔬菜霜霉病是大白菜、油菜、甘蓝、萝卜等蔬菜上普遍发生的一种病害，尤其大白菜受害更为严重。

1. 症　状

十字花科蔬菜整个生育期都可受害。主要为害叶片，其次为害留种株茎、花梗和果荚。成株期叶片发病，多从下部或外部叶片开始。发病初期叶片正面出现淡绿色小斑，扩大后病斑呈黄色，因其扩展受叶脉限制而呈多角形。空气潮湿时，在叶背相应位置布满白色至灰白色稀疏霉层（孢囊梗和孢子囊）。病斑变成褐色时，整张叶片变黄，随着叶片的衰老，病斑逐渐干枯。大白菜包心期以后，病株叶片由外向内层层干枯，严重时只剩下心叶球。参见附图12-25 莴笋霜霉病。

2. 发病规律

北方病菌主要以卵孢子随病残体在土壤中越冬，或附着在种子表面或随病残体混杂在种子中越冬，也可以菌丝体在留种株上越冬。病菌在田间主要通过风、雨传播。病菌由气孔或表皮直接侵入，病部产生孢子囊进行再侵染，有明显的发病中心。低温（平均气温 16℃左右）高湿有利于病害的发生和流行。与十字花科蔬菜连作或轮作，秋菜播种早，栽培密度大，发病重。品种间抗性差异明显。

3. 防治方法

参见黄瓜霜霉病防治方法。

（四）根肿病

1. 症　状

主要为害根部。发病初期植株生长缓慢、矮小，下部叶片常在中午萎蔫、早晚恢复，后期基部叶片变黄、枯萎，有时整株枯死。病株根部出现肿瘤是此病最明显的特征。感病愈早，症状愈重。白菜、甘蓝、芥菜的根部肿瘤多出现在主根或侧根上，一般为手指形或不规则，大小不等，大如鸡蛋，小如米粒。主根上肿瘤大而少，侧根上小而多。萝卜及芜菁等根菜在侧根上生肿瘤。主根不变形，病根初期光滑，后期龟裂、粗糙，参见附图 12-26。

2. 发病规律

病菌主要来自土壤中的病残体或育苗基质、种子。最适发病的温度为 19～25℃，土壤含水量为 45%～90%。在酸性缺钙土壤中发病重。病菌从根毛侵入根部，引起细胞加剧分裂，体积增大，相互挤压，在根部形成肿瘤。田间主要通过雨水和地下害虫传播，湿度大利于病害发生，低洼地发病较重。

3. 防治方法

（1）轮作。与非十字花科蔬菜实行 3 a 以上轮作，减少土壤含菌量；深耕晒垡，增施腐熟有机肥，酸性土壤增施石灰，每亩 100 kg，调整土壤酸碱度。

（2）高温闷棚。钢架大棚第一茬娃娃菜等十字花科蔬菜收获后，清除病残体并平整土地，灌足水后高温闷棚 30 d 左右。

（3）定植前施药土。可选用 50%多菌灵可湿性粉剂 2 kg 加细土 100 kg 混匀后，每穴用 0. 1 kg。

（4）药剂防治。发病初期用药水灌根，70%甲基托布津可湿性粉剂 800 倍、60%百菌通可湿性粉剂 600 倍、50%多菌灵可湿性粉剂 500 倍，每穴 0. 2 kg。10%科佳悬浮剂 1 500～2 000 倍灌根。

（五）黑斑病

1. 症　状

主要为害十字花科蔬菜植株的叶片、叶柄，有时也为害花梗和种荚。叶片受害，多从外层老叶开始发病，初为近圆形褪绿斑，以后逐渐扩大，发展成灰褐色或暗褐色病斑圆形或近圆形病斑，且有明显的同心轮纹，有的病斑周围有黄色晕圈，在高温高湿条件下病部穿孔。白菜上病斑比花椰菜和甘蓝上的病斑小，直径 2～6 mm，甘蓝和花椰菜上的病斑 5～30 mm。后期病斑上产生黑色霉状物（分生孢子梗及分生孢子）。发病严重时，多个病斑汇合成大斑，导致半叶或整叶变黄枯死，全株叶片自外向内干枯。叶柄和花梗上病斑长梭形，暗褐色，稍凹陷。

2. 发生规律

病菌以菌丝体、分生孢子在田间病株、病残体、种子或冬贮菜上越冬。分生孢子在土壤中一般能生存 3 个月，在水中只存活 1 个月，遗留在土表的孢子经 1 年后才死亡。第二年环境条件适宜时，产生分生孢子，从气孔或直接穿透表皮侵入，潜育期 3～5 d，分生孢子随气流、雨水传播，进行多次再侵染。在生长季节，病菌可连续侵染当地的采种株及油菜、白菜、甘蓝等十字花科蔬菜，使病害不断扩展蔓延。

黑斑病发生的轻重及早晚与连阴雨持续的时间长短有关，多雨高湿有利于黑斑病发生。发病温度范围为 11～24℃，最适温度是 11.8～19.2℃。孢子萌发要有水滴存在，在昼夜温差大，湿度高时，病情发展迅速。因此，雨水多、易结露的条件下，病害发生普遍，为害严重。病情轻重和发生早晚与降雨的迟早、雨量的多少成正相关。此外，品种间抗病性有差异，但未见免疫品种。

3. 防治方法

（1）选用抗（耐）病品种。因地制宜选用适合当地的抗黑斑病品种，以减轻为害。

（2）种子处理。种子如带菌可用 50℃温水浸种 20～25 min，冷却晾干后播种，或用种子重量 0.4%的 40%福美双拌种，也可用种子重量 0.2%～0.3%的 50%扑海因拌种。

（3）加强栽培管理。与非十字花科蔬菜轮作 1～2 a；收获后及时清除病残体，以减少菌源；合理施肥，采用配方施肥，增施磷、钾肥，施用腐熟的有机肥，提高植株抗病力。

（4）药剂防治。发病初期及时喷药。常用的药剂有：50%扑海因、50%菌核净、70%代森锰锌、75%百菌清、64%杀毒矾等，隔 7～10 d 喷 1 次，连续喷 3～4 次。

（六）白斑病

1. 症　状

主要为害叶片，发病初期叶面散生灰白色近圆形小病斑，后呈浅灰色，病斑直径约 6～10 mm，病斑周缘有浅黄色晕圈，病斑上有时有 1～2 个轮纹，潮湿时叶背病斑出现稀疏的灰色白霉。发病后期，病斑呈白色，半透明，易破裂穿孔。严重时连片成不规则形，叶片从外向内一层层干枯，似火烤状，致全田呈现一片枯黄。

2. 发生规律

病菌随病株残体在土表或在种子或种株上越冬，翌春随风雨传播。发病适温为11～23℃，相对湿度为 60%以上，在温度偏低，昼夜温差大，田间结露多，多雾、多雨的天气易发病。连作、地势低洼、浇水过多、播种过早等情况下病害易流行。

3. 防治方法

（1）选用抗病品种。

（2）加强管理。与非十字花科蔬菜实行3年以上轮作。增施有机肥，配合磷、钾肥料，及时清除田间病株，收获后进行深耕。

（3）化学防治。田间有零星发生时开始喷药，可用80%大生600倍或40%世高2 000倍，叶面喷雾，每周一次，连续3～4次。

（七）黑腐病

1. 症　状

主要为害叶片和球茎，子叶染病呈水浸状后迅速枯死或蔓延到真叶上，真叶染病有两种类型，病菌由水孔浸入的，引致叶缘发病，从叶缘开始形成向内扩展的"V"字形枯斑，病菌沿脉向下扩展，形成较大坏死区或不规则黄褐色大斑，病斑边缘叶组织淡黄色。从伤口浸入的，可在叶部任何部位形成不定形的淡褐色病斑，边缘常具黄色晕圈，病斑向两侧或内部扩展，致周围叶肉变黄或枯死。病菌进入茎部维管束后，逐渐蔓延到球茎部或叶脉及叶柄处，引起植株萎蔫，至萎蔫不再复原；剖开球茎，可见维管束全部变为黑色或腐烂，但不臭；干燥条件下球茎黑心，严重的青花菜叶缘多处受浸，造成全叶枯死或外叶局部或大部腐烂。

2. 发生规律

在田间主要通过病株、肥料、风雨或农具传播。一般与十字花科连作，或高温多雨天气及高湿条件，叶面结露、叶缘吐水，利于病菌浸入而发病。此外，肥水管理不当，植株徒长或早衰，寄主处于感病阶段，害虫猖獗易发病。

3. 防治方法

（1）种植抗病品种。

（2）与非十字花科蔬菜进行2～3 a轮作。

（3）从无病田或无病株上采种。

（4）种子消毒。参见育苗部分。

（5）加强栽培管理。适时播种，不宜播种过早，加强肥水管理，适期蹲苗；注意减少伤口收获后及时清洁田园。

（6）发病初期喷洒72%农用硫酸链霉素可溶性粉剂或新植霉素200×10^{-6}或氯霉素100×10^{-6}倍液，采收前5 d停止用药。也可选用中生菌素、噻菌铜等药剂进行防治。

七、葱类紫斑病

1. 症　状

葱紫斑病又称黑斑病、轮斑病。主要为害叶片和花梗，贮藏期为害鳞茎。病斑椭圆形至纺锤形，通常较大，长达1～5 cm或更长，紫褐色，斑面出现明显同心轮纹；湿度大时，病部长出深褐色至黑灰色霉状物。当病斑相互融合和绕叶或花梗扩展时，致全叶

（梗）变黄枯死或倒折。采种株染病，种子皱缩不饱满，发芽率低。本病还可为害大蒜、韭菜、薤头（藠头）等蔬菜。

2. 发生规律

以菌丝体附着在寄主或病残体上越冬，翌年产出分生孢子，借气流或雨水传播，病菌从气孔和伤口，或直接穿透表皮浸入，潜育期1～4 d。分生孢子在高湿条件下形成，孢子萌发和浸入需具露珠或雨水。发病适温25～27℃，低于12℃不发病。一般温暖、多雨或多湿的夏季发病重。

3. 防治方法

（1）实行轮作。与非葱类蔬菜轮作。

（2）选用抗病品种。因地制宜地选用抗病品种。

（3）种子消毒。参见育苗部分。

（4）加强栽培管理。加强肥水管理，注重田间卫生。

（5）化学防治。发病初期喷施75%百菌清+70%托布津（1∶1）1 000～1 500倍液，或30%氧氯化铜+70%代森锰锌（1∶1，即混即喷）1 000倍液，或40%三唑酮多菌灵、或45%三唑酮福美双可湿粉1 000倍液，或30%氧氯化铜+40%大富丹（1∶1，即混即喷）800倍液，或3%农抗120水剂100～200倍液，2～3次或更多，隔7～15 d 1次，交替喷施，前密后疏。也可选用苯甲嘧菌酯等农药效果不错。

八、常见害虫的田间识别与药剂防治技术

（一）蚜　虫

1. 寄主及为害

蚜虫属同翅目蚜科，是昆虫中的一个较大的类群，为害蔬菜的蚜虫主要有桃蚜、萝卜蚜、瓜蚜、甘蓝蚜等。蚜虫主要以成虫、若虫密集分布在蔬菜的嫩叶、茎和近地面的叶背或留种株的嫩稍嫩叶上为害，刺吸汁液，造成蔬菜植株节间变短、弯曲，幼叶向下畸形卷缩，使植株矮小，影响白菜包心或结球，造成减产，严重时引起枝叶枯萎甚至死亡。留种株受害不能正常抽薹、开花和结籽。蚜虫还可以传播病毒病，造成更大的损失。

萝卜蚜虫主要为害萝卜、白菜、甘蓝和花椰菜为主的十字花科蔬菜。萝卜蚜虫全年都以孤雌生殖的方式繁殖，没有明显的越冬现象，有明显的季节性，繁殖高峰期多为每年的春季3—5月，以及秋季的9—10月。桃蚜主要为害茄子、甜椒和花椰菜为主的茄科和十字花科蔬菜。

桃蚜与萝卜蚜较为相似，具有季节变化的特性，在自然环境中，桃蚜1年内可以发生20～25代，繁殖高峰期在早春和晚秋，经常和萝卜蚜混合发生。桃蚜在28℃以上的温度上不利于其繁殖，但是在保护地中，由于设施环境的相对恒温，更加有利于桃蚜的

发生。桃蚜也可以终年以孤雌生殖。

瓜蚜主要为害黄瓜、西瓜、甜瓜、和西葫芦等瓜果类蔬菜。瓜蚜繁殖速度快，在保证其繁殖温度的基础上，瓜蚜 1 周内就可繁殖 1 代，而且在保护地中，只要栽培黄瓜，瓜蚜就可以发生。

甘蓝蚜的寄主植物多达 50 多种，主要为害十字花科植物，尤其是偏嗜叶面光滑无毛多蜡质的甘蓝、花椰菜和甘蓝型油菜。以有翅成蚜迁飞扩散，以有翅成蚜和无翅成蚜孤雌胎生繁殖，以无翅成蚜和若蚜为害。

2. 防治方法

（1）农业防治。①选用抗虫和耐虫品种。选用适合当地市场需求的丰产、优质、抗虫和耐虫品种。②合理安排茬口。避免连作，实行轮作。③清洁田园。清除田间杂物和杂草，及时摘除蔬菜作物老叶和被害叶片。对已收获的蔬菜或因虫毁苗的作物残体要尽早清理，集中堆积后烧毁，减少蚜虫源。④培育无虫苗。育苗前彻底消毒，幼苗上发现虫时，在定植前要清理干净。

（2）物理防治。①黄板诱杀。利用蚜虫趋黄性，悬挂黄板，可有效控制蚜虫的繁殖系数或蔓延速度。每亩张挂 30～40 块，黄板边距作物顶部 15～20 cm，随着作物的增高，不断的调整黄板高度。②银灰膜避蚜。蚜虫对不同颜色的趋性差异很大，银灰色对传毒蚜虫有较好的忌避作用。可用银灰色地膜覆盖蔬菜。③安装防虫网。大棚的放风口、通风口安装 40～50 目的防虫网阻隔蚜虫由外边迁入。

（3）生物防治。保护天敌。选用植物源农药，常用药剂有 50%辟蚜雾可湿性粉剂 2 000～3 000 倍液，该药对甘蓝蚜、萝卜蚜、桃蚜等有效，但对瓜蚜效果差，不伤天敌；10%烟碱乳油杀虫剂 500～1 000 倍液，但药效只有 6 h 左右，低毒、低残留、无污染，不产生抗性，成本低；3.2%葳参菊酸药效高，见效快。

（4）化学防治。加强预测预报，当田间蚜虫发生在点片阶段时，及时选用高效低毒低残留农药。目前防治蔬菜蚜虫的主要药剂有吡蚜酮、吡虫啉、啶虫脒、苦参碱、高效氯氟氰菊酯等。

（二）白粉虱

1. 寄主及为害

白粉虱属同翅目粉虱科，寄主广、食性杂、分布广，常发生在蔬菜、果树、观赏植物上，可为害 121 科近 900 种植物，主要为害番茄、黄瓜、茄子、甘蓝等多种蔬菜作物，是露地栽培和设施栽培蔬菜生产的重要害虫之一。白粉虱虫体微小，繁殖力极强，繁衍速度快，一年发生多代，田间发生世代交叠严重。成、若虫群集作物叶背，吸食汁液，分泌蜜露，造成叶片褪绿、变黄、萎蔫，植株生长衰弱，生产上较难防治，发生严重时造成蔬菜减产。

2. 防治方法

（1）农业防治。①清洁田园。前茬收获后、播种或育苗移栽前，彻底清理干净田间及周边的杂草、残枝败叶，减少虫源。②调整作物布局，合理轮作。在同一地块或周围避免连续种植白粉虱嗜好的寄主作物，尽量避免葫芦科、十字花科、茄科等高度易感作物混栽，抑制其种群数量的发生、发展及生长繁殖。③加强栽培管理。茄果类蔬菜可结合整枝，摘除带虫老叶并烧毁或深埋。

（2）物理防治。①黄板诱杀成虫。黄色对白粉虱成虫有强烈诱集作用，利用其趋黄的特性，大面积统一悬挂黄色生态粘虫板 30～40 块/667m^2，诱杀成虫。放置高度要与作物高度一致，或略高于作物顶部 10～20 cm。②利用银灰膜趋避。利用白粉虱的趋光性，用银灰膜覆盖或将膜剪成 10～15 cm 宽的条带，拉成网眼状，可驱避白粉虱。

（3）生物防治。利用天敌丽蚜小蜂防治，按丽蚜小蜂与白粉虱成虫约 2∶1 的比例，每 2 周释放 1 次丽蚜小蜂寄生的黑蛹，隔行均匀地施放在株间。丽蚜小蜂将卵产于白粉虱若虫体内，其幼虫在白粉虱若虫体内寄生生活，被寄宿的白粉虱在 9～10 d 后变成黑色，继而若虫死亡。但该方法在河西地区尚处于试验阶段，还没大面积推广。

（4）化学防治。白粉虱成虫飞翔能力强，大面积统一防治可提高防治效果。防治适期为白粉虱发生初期，推荐使用 80%烯啶．吡蚜酮水分散粒剂 5 000 倍液、25%噻虫嗪水分散粒剂 2 500 倍液、10%吡虫啉可湿性粉剂 2 000 倍液、25%扑虱灵可湿性粉剂 2 000 倍液、20%灭扫利乳油 2 000 倍液、1.8% 阿维菌素乳油 2 000 倍液、3%啶虫脒乳油 1 500 倍液等药剂，每隔 5～7 d 喷 1 次。白粉虱世代交叠，必须连续用药，交替使用不同类型农药，可提高防治效果，避免白粉虱产生抗药性。打药时尽量在清晨成虫停歇、活动力不强时进行，防治效果最佳。

（三）蓟马

1. 寄主及为害

蓟马为昆虫纲缨翅目的统称。幼虫呈白色、黄色、或橘色，成虫黄色、棕色或黑色，取食植物汁液或真菌。蓟马是园艺作物上常见的害虫，隐蔽性强，难发现、繁殖快、抗性强、易成灾，为害茄子、黄瓜、芸豆、辣椒、西瓜等作物，已成为蔬菜生产上的主要害虫，严重时不仅影响植株正常生长发育，还影响果实的品质，导致商品性下降。同时蓟马是传播病毒病的主要介体之一。蓟马种类比较多，全世界已知约 6 000 种，中国已知约 600 种，但河西走廊为害较为严重的是西花蓟马和葱蓟马。参见附图 12-27。

2. 防治方法

（1）农业防治。及时清除田间杂草、病株虫叶，减少虫口密度。加强肥水管理，培育健壮植株，提高植株抵抗力。

（2）物理防治。①蓝板诱杀。参见蚜虫、白粉虱部分。②杀虫灯诱杀。利用蓟马雌虫趋光的特性，在田间放置 1～2 盏诱虫灯进行诱杀。

（3）药剂防治。蔬菜开花前期是预防蓟马的关键时期，应及时喷药防治。可选择 60g/L 乙基多杀菌素悬浮剂 2 000 倍液，或 25g/L 多杀霉素悬浮剂 1 000～1 500 倍液，或 1.5%苦参碱可溶液剂 1 000～1 500 倍液，或 240 g/L 螺虫乙酯悬浮剂 4 000～5 000 倍液，或 25%噻虫嗪水分散粒剂 5 000～8 000 倍液，或 1.8%阿维菌素乳油 1 500～

2 000 倍液，或 10%吡虫啉可湿性粉剂 1 500～2 000 倍，间隔 7～10 d 喷 1 次，连喷 2～3 次。但效果较好的为乙基多杀菌素，也可选用菜悠乐，效果不错。如有条件，根据农药特性选择性的加入添加有机硅助剂。

发现蓟马尽量及早喷药防治。蓟马阴天、早晨和夜间才在植株表面活动，应尽量适时喷药，将全株喷匀喷到，建议在早晨用药。如果条件允许，建议药剂熏棚和叶面喷雾相结合。

（四）美洲斑潜叶蝇

1. 寄主及为害

美洲斑潜叶蝇属于双翅目，潜叶蝇科。由于其食性杂，寄主范围广，适应性强，扩散蔓延快，为害极为严重。喜食豆科、茄科、葫芦科蔬菜。美洲斑潜叶蝇以幼虫潜入叶内蛀食为害，在叶内边蛀食叶肉边前行，在叶面造成一条条蛇形不规则的虫道，开始时较细，后逐渐变粗，虫道尽头就是幼虫所在处。幼虫在蛀道内蜕二次皮，虫期 3 龄。老熟幼虫钻出叶内化蛹，以落地化蛹为主。参见附图 12-28 美洲斑替叶蝇为害状。

2. 防治方法

（1）加强田间管理。保持田间清洁，尤其在美洲斑潜叶蝇为害严重的大棚内，将打下的侧杈、老叶、虫叶随时带到棚外深埋或烧毁，一定不能放在棚周围，任其扩散。否则，虫叶上面的幼虫、蛹等就会成为下茬作物的虫源。

（2）合理轮作。由于瓜类、豆类、茄果类蔬菜易受其侵害，可与其他不易受害的蔬菜进行轮作。

（3）黄板诱杀。参见白粉虱和蚜虫部分。

（4）人工捕杀。在定苗期发现苗上已有虫道，可在虫叶上用手轻轻捏虫道的末端，可确保定植的苗不带虫源。

（5）药剂防治。药剂防治应掌握在成虫盛发期，或幼虫在 2 龄以前喷药。可用 1. 8%爱福丁乳油 2 000～3 000 倍液、1. 8%阿维菌素乳油 2 000～3 000 倍液、潜蛾必杀 1 000～1 500 倍液、40%斑潜灵乳油 1 000～2 000 倍液、50%灭蝇胺可湿性粉剂 1 500～2 000 倍液。

（五）野蛞蝓

1. 寄主及为害

野蛞蝓，俗称鼻涕虫，属软体动物门腹足纲柄根目魅喻科，主要活动觅食于蔬菜、花卉基地、饲养场、食用菌场房等阴湿场所。野蛞蝓喜欢在阴暗潮湿的环境里生活，5—9 月是其为害盛期，以成虫体或幼体在作物根部湿土下越冬。入夏气温升高，活动减弱，秋季气候凉爽后，又活动为害。参见附图 12-29。

野蛞蝓食性杂，为害白菜、菠菜、茄子等多种蔬菜以及花井、农作物等。它的幼体（虫）成体（虫）都可以用其特殊的口器蛞锉植物的幼嫩组织，使叶片造成缺刻或吃成小孔状，部分叶片形成网状或丝条状，为害果实常造成孔洞或僵果，受害较重的植株，叶片破烂花叶状以及造成僵苗等，取食时所造成的伤口及排泄的黑褐色的分泌物，在高温，高湿条件下，还可诱发软腐病等多种病害，造成叶片或幼苗腐烂，坏死，减低产量造成污染，使其品质下降，经济价值下降。

2. 防治方法

（1）农业防治。①深翻。在初春或秋后，深翻地块，使其卵暴露于土壤表面，降低孵化率，减少野蛞蝓的虫量及隐藏地。②合理密植。合理密植，加大通风透光及时中耕除草，降低土壤湿度，清除杂草，断绝食源，恶化野蛞蝓的栖息场所。③撒石灰带。在菜田周围撒干石灰，形成石灰带，阻止或减少野蛞蝓进田或转移；或撒干草木灰15～20 kg，以减少野蛞蝓的活动，防止其转株为害。④人工捕杀。堆草（菜）诱杀。根据野蛞蝓的生活习性，于晴天傍晚将新鲜的菜叶堆在垄间，早晨集中捉杀野蛞蝓，后期捕捉的野蛞蝓一定要杀死，不能扔在田中。

（2）化学防治。在野蛞蝓盛发期每亩用8%密达杀螺颗粒1.2～2 kg或8%灭蜗灵（四聚乙醛）1.5～2.0 kg/667m^2，或选用一些具有选择性，生物引诱杀虫剂0.8～1.5 kg/667m^{2}集中诱杀。在药剂防治上，一定要根据野蛞蝓的生活习性，活动规律，在傍晚或阴天时将药剂均匀或点片撒在植株周围或菜田中，均能有效地控制野蛞蝓发生与为害。

（六）红蜘蛛

1. 寄主及为害

红蜘蛛又名棉红蜘蛛、大龙、砂龙等。我国菜田的种类以朱砂叶螨为主，属蛛形纲蜱螨目叶螨科。全国广泛分布，食性杂，为害113种植物，棚室蔬菜中以豆类、瓜类、茄果类、人参果、草莓等受害较重。成、幼、若螨在叶背吸食汁液，并结成丝网。初发生时有点片阶段，再向四周扩散，在植株上先为害下部叶片，再向上部叶片转移。初期叶面出现零星褪绿斑点，严重时遍布白色小点，叶面变为灰白色，全叶干枯脱落，结果期缩短，产量降低。若果实被害则果皮粗糙，呈灰色，品质变劣。

2. 防治方法

（1）农业防治。清除田间、路边、渠旁杂草及枯枝落叶，耕整土地，消灭越冬虫源。合理灌溉和增施磷肥，使蔬菜健壮生长，提高抗螨害能力。

（2）药剂防治。加强虫情检查，当点片发生时即进行防治，若已蔓延到整个棚室，则应全田喷药。药剂种类可选用22%阿维·螺螨酯乳油3 000倍液，或15%达螨灵乳油2 500倍液等药剂喷雾防治。这些药剂有卵幼兼杀特点，杀卵效果特别好，持效期长。也可选用20%丁氟螨酯悬浮剂2 000倍液，或43%联苯肼酯悬浮剂1 800～2 500倍液。

（七）小地老虎

1. 寄主及为害

小地老虎，又名土蚕，切根虫。经历卵，幼虫，蛹，属鳞翅目夜蛾科，是一种严重为害茄科、豆科、十字花科、葫芦科等多种农作物的多食性害虫。低龄幼虫昼夜在植株上活动，常爬到幼苗上啃去叶肉，留下表皮或咬成缺刻。3 龄后遇晴朗白天，潜伏在地下，夜间出土为害。大龄幼虫将幼苗从茎基部咬断，有的会将咬断的幼苗连茎带叶拖入穴中。也可钻入茄子、辣椒果实或白菜、甘蓝叶球内食害。为害马铃薯时，能爬至植株上部，咬食叶片，吃成许多洞孔缺刻。严重影响蔬菜产量和质量。

在蔬菜产地，春秋两季均有危害，但以春季发生量多，为害时间长，作物受害重。成虫具有强烈的趋化性，喜欢吸食糖蜜等带有酸甜味的汁液补充营养，以利产卵繁殖。成虫对普通灯光趋性较弱，对黑光灯趋性强。1～2 龄幼虫常栖息在表土或寄主的叶背和心叶里，昼夜活动，并不入土。3 龄以后，白天钻入土下 2 cm 左右处，夜间出土为害，以晚上 9 时、12 时及清晨 5 时最盛。阴雨天或多云的白天，幼虫也会出土为害。3 龄后幼虫具假死性和互相残杀的习性。当幼虫受到惊扰时，即刻蜷缩成环形，装死不动。

2. 防治方法

（1）农业防治。早春铲除菜地及其周围和田埂杂草，春耕细耙，秋翻晒土等措施，均能杀死虫卵、幼虫和部分越冬蛹。

（2）诱杀成虫。①糖醋液诱杀。将糖、醋、酒、水按 3：4：1：2 比例制作糖醋液，并按 1：20 加入 90%敌百虫制成混合液诱捕诱杀成虫。将糖醋液倒入盆内，傍晚时放到田间，盆距地面 1 m 处安放。第 2 天早晨收回或白天盖好，晚上揭开。667 m^2 放 3 个盆。②灯光诱杀。使用黑光灯诱杀成虫。拉线式杀虫灯接虫口距地面 0.8～1.2 m（叶菜类），或 1.2～1.6 m（棚架蔬菜）；太阳能杀虫灯接虫口距地面 1～1.5 m。拉线式杀虫灯 2 灯间 120～160 m，单灯控制面积 1.33～2hm^2。太阳能杀虫灯 2 灯间距150～200 m，单灯控制面积 2～3.33hm^2。4 月底挂灯，每天晚上 7 时至次日早晨 6 时亮灯。

（3）捕捉幼虫。①清晨扒开断苗周围的表土，可捕捉到潜伏的高龄幼虫，或 667 m^2 放杨树叶 60～80 片于畦面诱集，清晨揭叶捉虫，连续几天收效良好。②傍晚对菜地喷 20%甲氰菊酯 300 倍液，次日拂晓能在垄面捉获许多幼虫。

（4）药剂防治。①毒土撒施。每亩用 5%辛硫磷颗粒剂 2.5 kg 加细土 20 kg 制成毒土撒在植株周围。并能驱避田鼠为害。②药液灌根。可选用 50%辛硫磷乳油 1 000 倍液灌根，杀死土中幼虫。③毒饵诱杀。每亩用 5.7%甲维盐可溶性粉剂 30g 或 90%晶体敌百虫 150g，先用适量水将药溶化，再与切碎的鲜草 15～20 kg 拌成毒饵，傍晚时撒在行间苗根附近，每隔一定距离撒一小堆，幼虫取食毒饵后毙命。④叶面喷雾。喷药防治 1～3 龄幼虫。每亩用 2.5%敌百虫粉剂 2～2.5 kg，在叶面有露水时喷粉防治。也可用 90%敌百虫原药 800～1 000倍液，或 50%辛硫磷乳油 800 倍液，或 2.5%溴氰菊 酯乳油 3 000 倍液，或 20%氰戊菊酯乳油 3 000 倍液，或 2.5%高效氟氯氰菊酯（保得）乳油 2 000～4 000 倍液，或 2.5%联苯菊酯（天王星）乳油 2 000～4 000 倍液，或 2.5%氯氟氰菊酯（功夫）乳油 2 000～4 000 倍液，喷雾防治。也可选用氯虫苯甲酰胺，效果很好。

（八）小菜蛾

1. 寄主及为害

小菜蛾属鳞翅目菜蛾科，是一种世界性害虫，具有繁殖力强，发生世代多，世代重叠严重，分布广、杂食性、迁飞能力和环境适应能力强等特点，当地菜农常称之为“吊丝虫”。主要为害甘蓝、紫甘蓝、青花菜、薹菜、芥菜、花椰菜、白菜、油菜、萝卜等十字花科植物。初龄幼虫仅取食叶肉，留下表皮，在菜叶上形成一个个透明的斑，3～4 龄幼虫可将菜叶食成孔洞和缺刻，严重时全叶被吃成网状。在苗期常集中心叶为害，影响包心。在留种株上，为害嫩茎、幼荚和籽粒。为害甘蓝时喜欢在心叶处取食，导致甘蓝不能结球。但当甘蓝结球后小菜蛾一般只在边叶背面取食。参见附图 12-30。

2. 防治方法

（1）农业防治。①选用抗虫品种。②洁净田园。蔬菜收获后，及时清理残叶、枯叶和田埂周围的一切杂草，以及适当深耕，破坏小菜蛾的越冬、越夏场所。③合理布局。尽量避免十字花科蔬菜大面积和周年种植，可与瓜类、豆类、茄果类等轮作或与大蒜、番茄等间作。

（2）物理防治。①灯光诱杀。采用频振式杀虫灯，每盏灯控制面积达 2.7～3.3hm^2。②色板诱杀。绿色诱虫板对小菜蛾诱捕效果最佳。每亩悬挂 25 cm×30 cm 色板 20～25 块，间距 10 m 左右为宜，悬挂的高度为高于蔬菜顶端 20 cm 左右。③性诱剂诱杀。每亩放置性诱剂诱芯 7 个，诱芯距离盆内水面约 2 cm，悬挂高于作物 30～40 cm，并随作物的生长而调节高度，诱集小菜蛾的效果最佳。

（3）生物农药防治。小菜蛾发生初期，用 0.3%印楝素乳油 0.11～0.13 mL，兑水 60 kg，或 1.8%阿维菌素乳油制剂 0.05～0.06 g 兑水 45 kg，叶片正反面要喷透；也可选用细菌类微生物苏云金杆菌，真菌类微生物绿僵菌、白僵菌和玫烟色棒束孢等；也可选用昆虫病毒为小菜蛾颗体病毒。

（4）低毒化学农药防治。2.5%多杀霉素悬浮剂（菜喜）1 500 倍液、10%溴虫腈悬浮剂 1 200～1 500 倍液、5%%氟虫腈悬浮剂（锐劲特）2 500 倍液，均对小菜蛾幼虫有较好的防效。也可选用康宽、福奇等效果很好。

（九）菜粉蝶

1. 寄主及为害

菜粉蝶属鳞翅目粉蝶科，别名菜白蝶，幼虫又称菜青虫。菜粉蝶在世界各地均有分布，国内的分布也十分普遍。寄主植物非常多，有十字花科、菊科、百合科等 9 科 35 种植物，在十字花科植物上发生尤其严重，厚叶片的甘蓝、花椰菜类是菜粉蝶最好的为害对象，其次是白菜、萝卜、芥菜、油菜等。菜粉蝶主要是以幼虫形式为害蔬菜，1～2 龄幼虫只蚕食蔬菜的叶肉，留下一层透明表皮。3 龄以上的幼虫在为害过程中能够把叶片全部吃光只剩下叶脉和叶柄。蔬菜在幼苗期其为害则会导致整株死亡。此外，幼虫为害会给蔬菜植株造成很多伤口，为软腐病菌的侵入和为害提供便利条件。参见附图

12-31。

菜粉蝶以蛹越冬，越冬场所多在受害菜地附近的篱笆、墙缝、树皮下、土缝里或杂草及残株枯叶间。翌年 4 月中、下旬越冬蛹羽化，5 月达到羽化盛期。第一代幼虫于 5 月上、中旬出现，5 月下旬至 6 月上旬是春季为害盛期。菜粉蝶成虫白天活动，尤以晴天中午更活跃。1～2 龄幼虫有吐丝下坠习性，幼虫行动迟缓，大龄幼虫有假死性，当受惊动后可蜷缩身体坠地。幼虫老熟时爬至隐蔽处，先分泌黏液将臀足粘住固定，再吐丝将身体缠住，再化蛹。菜粉蝶发育最适温为 20～25℃，相对湿度 76%左右。

2. 防治方法

（1）农业防治。蔬菜收获后及时清除残株败叶，进行翻耕，以此消灭附着在土壤表面害虫的卵、幼虫及蛹，达到降低下一茬害虫的虫口密度；十字花科蔬菜在春季种植时，最好选择生长期比较短的品种，并结合地膜覆盖等早熟栽培技术，将作物的收获期提前，以此避开害虫为害的高峰期；育苗时在苗床周围设防虫网以对幼苗进行隔离培育，从而防治成虫在幼苗上产卵；在蜜源植物的盛花期进行菜粉蝶成虫的人工捕杀，在十字花科蔬菜捕杀幼虫。

（2）生物防治。在菜粉蝶低龄幼虫发生的最初阶段，可以选择喷施苏芸金杆菌 800～1 000倍液，或菜粉蝶颗粒体病毒，可以对菜青虫有比较好的防治效果，喷施药剂时最好选择在傍晚进行。

（3）化学防治。由于菜粉蝶有比较明显的世代重叠现象，在幼虫长到 3 龄以后由于其食量增加、耐药性加强，因此防治重点应在幼虫的 2 龄之前。药剂可选用 2.5%菜喜悬浮剂 1 000～1 500 倍液，或 5%锐劲特悬浮剂 2 500 倍液，或 10%除尽悬浮剂 2 000～2 500 倍液，或 24%美满悬浮剂 2 000～2 500 倍液，或 40%新农宝乳油 1 000 倍液，或 3.5%锐丹乳油 800～1 500 倍液，或 20%斯代克悬浮剂 2 000 倍液等喷雾，或 2.5%敌杀死乳油 3 000 倍液，或 2.5%保得乳油 2 000 倍液，或 10%歼灭乳油 1 500～2 000 倍液，或 2.5%好乐士乳油 2 000～3 000 倍液，或 2.5%大康乳油 2 000～3 000 倍液，或 3.3%天丁乳油 1 000 倍液等喷雾。但根据我们的试验，在盛发期最好选用康宽或者福奇与菜悠乐等交替施用，连续防治 2～3 次，喷药时一定要配施助剂，效果会更佳。

（十）棉铃虫

1. 寄主及为害

棉铃虫属鳞翅目夜蛾科，棉铃虫食性较杂，寄主种类多。主要为害番茄、茄子、瓜类、白菜、甘蓝等。棉铃虫主要以幼虫蛀食花、果为主，也食害幼嫩茎叶和嫩芽。果实被害后引起脱落和腐烂，造成减产。幼虫食害番茄，部分钻入果实内，受害果发育不良，伤口容易腐烂，降低商品品质。1 头幼虫可为害 3～5 个果。

成虫白天隐藏在叶背等处，黄昏开始活动，取食花蜜，有趋光性。老熟幼虫吐丝下垂，多数入土作土室化蛹，以蛹越冬。幼虫有转株为害的习性，转移时间多在夜间和清晨，这时施药易接触到虫体，防治效果最好。

2. 防治方法

（1）农业防治。结合农事操作，减少虫源。秋收后，冬耕、冬灌，消灭越冬蛹，减少1代虫源；结合整枝打杈，进行人工抹卵。摘除带虫卵的和虫蛀果，深埋不要随意丢弃在田间。

（2）生物防治。在二代棉铃虫卵高峰后3～4 d及6～8 d，各喷洒一次细菌杀虫剂（Bt乳剂、苏云金芽孢杆菌制剂）250～300倍液1次或棉铃虫核型多角体病毒，可使幼虫大量染病死亡。

（3）化学防治。要抓住孵化盛期至2龄盛期，即幼虫尚未蛀入果肉的时期施药，可选用灭杀毙6 000倍液、功夫2.5%乳油 5 000倍液等，也可选用康宽或者福奇与菜悠乐等交替施用，效果更佳。如待3龄后幼虫已蛀入果肉，施药效果则很差。在早晚无露水时，进行喷药，顶部嫩叶须重点喷药。

（十一）跳　甲

1. 寄主及为害

田间常见的为黄曲条跳甲。黄曲条跳甲又名菜蚤子、土跳蚤、黄跳蚤等，属鞘翅目叶甲科害虫，主要为害十字花科蔬菜，也为害茄果类、豆类蔬菜等。成虫啃食叶片，幼虫于土中咬食根皮。黄曲条跳甲成虫常群集在叶背取食，体小，会飞，善跳，性极活泼；啃食叶片，造成被害叶面布满稠密的椭圆形小孔洞，使叶片枯萎。成虫产卵多产于植株根部周围的土缝中或细根上，初孵幼虫沿须根食向主根，剥食根的表皮，形成不规则条状疤痕，也可咬断须根，使植株叶片发黄萎蔫死亡，甚至引起腐烂导致软腐病传播。

成虫活泼善跳，遇惊动即跳跃逃避。成虫多栖息叶背、根部及土缝等处，中午阳光强烈时，成虫大多会潜回土中。成虫有趋光性，对黑光灯敏感，多为害深绿色青菜，对黄色有较强的趋性。喜栖息在湿润环境中，常在两菜叶接触处、菜心内或贴地菜叶背面取食。

2. 防治方法

（1）农业防治。播前耕翻，破坏成虫栖息场所；清洁田园，减少虫源；轮作倒茬，减少食料的延续性，减轻黄曲条跳甲的发生危害。

（2）物理防治。①黄板诱集。芥菜、菜心、萝卜、白菜、上海青、芥蓝、油菜、花椰菜、甘蓝等十字花科蔬菜整个生育期都要使用黄板以诱集黄曲条跳甲、小菜蛾等害虫。每667 m^2 设置黄板20 ～ 30块，每隔7 d更换1次。放置高度为黄板底边低于蔬菜植株顶部5 cm或与蔬菜植株顶部相平。②杀虫灯诱杀。黄曲条跳甲成虫具有趋光性，频振式杀虫灯对黄曲条跳甲有较好的诱杀效果。对寄主作物种植区内1 ～ 1.33hm^2 安装1盏频振式杀虫灯，装灯高度距地面100 ～ 120 cm诱杀效果最好。在离光源约10 m范围内成为聚集虫源的集中区，而形成加重发生为害的小区。因此，在离光源10 m范围内需更加注意做好防控工作，可种植非寄主作物以控制其为害。

（3）化学防治。①成虫防治。化学防治成虫要根据成虫的活动规律，有针对性地进行喷药。跳甲能飞善跳，给喷药防治提出更高要求。成虫处于潜伏或活跃时，一般喷药都较难将其杀死，可于早上成虫刚出土或下午成虫活动处于“疲劳”状态时喷药。药剂可选用40%氯虫·噻虫嗪水分散粒剂 7 500 倍液进行喷雾防治效果较好。②幼虫防治。黄曲条跳甲的幼虫生活在土壤中，防治更难也最关键，防治效果好坏则直接影响下一代成虫的发生量。幼虫的防治适期为成虫发生高峰期后 13～16 d，用 40% 氯虫·噻虫嗪水分散粒剂等内吸性好、易被植株根系吸收的低毒农药灌根，能杀死土壤中的跳甲幼虫，也可杀死土壤中的蛹，持效期长（用40%氯虫·噻虫嗪水分散粒剂灌根，药效期 20 d 左右），对植物安全。使用时，要先把菜畦浇湿，以减少用药量。

（十二）灰地种蝇

1. 寄主及为害

灰地种蝇别名地蛆，属双翅目，花蝇科，寄主植物有十字花科、禾本科、葫芦科等。蝇蛆在土中为害播下的蔬菜种子，取食胚乳或子叶，引起种芽畸形、腐烂而不能出苗。灰地种蝇的成虫以晴天中午前后最活跃，对未腐熟的粪肥及发酵饼肥有很强的趋性。没有灭虫的大棚内，可以各种虫态越冬并连续为害，无滞育现象。

2. 防治方法

（1）农业防治。施用充分腐熟的有机肥，防止成虫产卵。地蛆严重的地块，可不施有机肥。

（2）药剂处理土壤或处理种子。①药剂处理土壤。如用 50%辛硫磷乳油 200～250 g/667m^2，加水 10 倍，喷于25～30 kg 细土上拌匀成毒土，须垄条施，随即浅锄，或以同样用量的毒土撒于种沟或地面，随即耕翻，或混入厩肥中施用，或结合灌水施入。②药剂处理种子。当前用于拌种用的药剂主要有 50%辛硫磷，其用量一般为药剂 1：水（30～40）：种子（400～500）；也可用 25%辛硫磷胶囊剂等。

（3）预测预报。成虫产卵高峰及地蛆孵化盛期及时防治，通常采用诱测成虫法。诱剂配方：糖 1 份、醋 1 份、水 2.5 份，加少量敌百虫拌匀。诱蝇器用大碗，先放少量锯末，然后倒入诱剂加盖，每天在成蝇活动时开盖，及时检查诱杀数量，并注意添补诱杀剂，当诱器内数量突增或雌雄比近 1：1 时，即为成虫盛期立即防治。

（4）化学防治。在成虫发生期，地面喷粉，如 5%杀虫畏粉等，也可喷洒 36%克螨蝇乳油 1 000～1 500 倍液或 2.5%溴氰菊酯 3 000 倍液、20%菊·马乳油或 10%溴·马乳油 2 000 倍液、20%氯·马乳油 2 500 倍液，隔 7 d 1 次，连续防治 2～3 次。当地蛆已钻入幼苗根部时，可用 50%辛硫磷乳油 800 倍液灌根。也可用 50%氟啶脲乳油 6 000～8 000 倍液。

（5）毒谷诱杀。每亩用 25%～50%辛硫磷胶囊剂 150～200 g 拌谷子等饵料5 kg左右，或 50%辛硫磷乳油 50～100 g 拌饵料 3～4 kg，撒于种沟中，兼治蝼蛄、金针虫等地下害虫。

（十三）萝卜地种蝇

1. 寄主及为害

萝卜地种蝇，为双翅目，花蝇科。主要为害油菜、白菜、萝卜等十字花科蔬菜。是秋白菜主要害虫。蝇蛆蛀食菜株根部及周围菜帮，受害株在强日照下，老叶呈萎垂状。受害轻的菜株发育不良，呈畸形或外帮脱落，产量降低，品质变劣，不耐贮藏；受害重的，蝇蛆蛀入菜心，不堪食用，甚至因根部完全被蛀而枯死。此外，蛆害造成的大量伤口，导致软腐病的侵染与流行。蝇蛆蛀食萝卜及甘蓝根部也同样引起腐烂。

2. 防治方法

参考灰地种蝇。

参考文献

陈修蓉 . 2006. 甘肃省对外制种作物病害及防治［M］. 兰州：甘肃科学技术出版社.
吕佩珂 . 1992. 中国蔬菜病虫原色图谱［M］. 北京：中国农业出版社 .
孙茜 . 2006. 番茄疑难杂症图片对照诊断与处方［M］. 北京：中国农业出版社 .
孙茜 . 2006. 黄瓜疑难杂症图片对照诊断与处方［M］. 北京：中国农业出版社 .
孙茜 . 2006. 辣（甜）椒疑难杂症图片对照诊断与处方［M］. 北京：中国农业出版社.
孙茜 . 2006. 茄子疑难杂症图片对照诊断与处方［M］. 北京：中国农业出版社 .
王勤礼 . 2011. 设施蔬菜栽培技术［M］. 桂林：广西师范大学出版社 .

第十三章

高原夏菜栽培技术研究成果与专题综述

第一节　张掖市高原夏菜可持续发展对策研究

张掖蔬菜“向西走出去”的市场竞争力分析

——以哈萨克斯坦为例

张文斌[1]，华　军[1,2*]，李文德[1]，王勤礼[3]，王鼎国[1]，张　荣[1]
（1. 张掖市经济作物技术推广站；2. 张掖市农业科学研究院；
3. 河西学院河西走廊设施蔬菜工程技术研究中心）

2016 年 5 月 20—24 日，笔者在赴哈萨克斯坦阿拉木图市进行商务考察的基础上，从餐桌、市场、价格、季节等方面详细叙述了中亚国家对优质农产品的需求状况以及与中国的贸易情况；深入分析了张掖农产品“向西走出去”的竞争优势及不利因素；并就张掖农产品如何“向西走出去”提出了对策措施。

一、中亚国家农产品需求及与中国贸易情况分析

（一）总体价格比较

由表 13-1 可看出，2016 年 5 月 24 日，在调查的 14 种蔬菜中，阿拉木图蔬菜价格较张掖高的品种有 8 种，低的有 5 种，持平的有一种，均价（7.83 元・kg^{-1}）较张掖（4.38 元・kg^{-1}）高出 3.45 元・kg^{-1}。2016 年 12 月 12 日调查显示，阿拉木图蔬菜价格较张掖高的品种有 11 种，低的仅有 3 种，均价（10.23 元・kg^{-1}）较张掖（4.21 元・kg^{-1}）高出 6.02 元・kg^{-1}；2016 年 12 月 22 日阿拉木图蔬菜价格高于张掖的品种有 10 种，低的有 3 种，基本持平的有一种，均价（12.17 元・kg^{-1}）较张掖（5.01 元・kg^{-1}）高出 7.16 元・kg^{-1}。根据 3 次调查和我市在阿拉木图直销点企业反映，每年的 5—10 月阿拉木图气候温和，适宜蔬菜生长，该地蔬菜基本能满足本地市场需求，进口量不大。11 月以后，阿拉木图冬季蔬菜价格普遍高于张掖蔬菜价格，均价较张掖高出 6.00 元・kg^{-1}以上，向阿拉木图出口蔬菜除洋葱、大葱、胡萝卜没有竞争优势外，其余品种均竞争优势明显。

表 13-1　阿拉木图与张掖蔬菜价格比较

品种	2016-05-24		2016-12-12		2016-12-22	
	阿拉木图	张掖	阿拉木图	张掖	阿拉木图	张掖
	（坚戈・kg^{-1}）（元・kg^{-1}）	（元・kg^{-1}）	（坚戈・kg^{-1}）（元・kg^{-1}）	（元・kg^{-1}）	（坚戈・kg^{-1}）（元・kg^{-1}）	（元・kg^{-1}）
马铃薯	169.00 3.40	5.48	460.00 9.71	2.80	480.00 10.03	3.00

（续表）

品种	2016-05-24		2016-12-12		2016-12-22	
	阿拉木图	张掖	阿拉木图	张掖	阿拉木图	张掖
	（坚戈·kg^{-1}） （元·kg^{-1}）	（元·kg^{-1}）	（坚戈·kg^{-1}） （元·kg^{-1}）	（元·kg^{-1}）	（坚戈·kg^{-1}） （元·kg^{-1}）	（元·kg^{-1}）
白萝卜	175.00 3.50	1.20	150.00 3.17	1.80	195.00 4.08	1.96
胡萝卜	52.00 1.00	9.00	120.00 2.53	3.20	135.00 2.82	3.60
西葫芦	179.00 3.60	2.10	330.00 6.96	2.30	380.00 7.94	2.58
黄瓜	305.00 6.10	2.00	600.00 12.66	2.50	750.00 15.68	3.00
番茄	615.00 12.30	2.80	650.00 13.72	5.10	1 415.00 29.57	5.36
大葱	820.00 16.40	6.00	100.00 2.11	4.20	95.00 1.99	5.00
芹菜	975.00 19.50	4.50	720.00 15.19	2.90	780.00 16.30	3.00
香菜	55.00 1.10	6.50	1 080.00 22.79	16.00	1 175.00 24.56	24.00
菠菜	1 125.00 22.50	1.80	500.00 10.55	5.50	550.00 11.50	5.50
洋葱	99.00 2.00	3.10	80.00 1.69	2.20	85.00 1.78	1.96
大白菜	135.00 2.70	1.10	600.00 12.66	1.80	640.00 13.38	2.20
彩椒	600.00 12.00	12.00	780.00 16.46	6.60	840.00 17.56	7.00
南瓜	175.00 3.50	3.70	620.00 13.08	2.00	635.00 13.27	1.98
平均	391.36 7.83	4.38	485.00 10.23	4.21	582.50 12.17	5.01

注：5月24日，100坚戈≈2.00人民币；12月12日，100坚戈≈2.11人民币；12月22日，100坚戈≈2.09人民币

此外，依据考察掌握的情况，每年9月下旬至次年4月中亚国家某些蔬菜自给能力低、市场缺口大，是进口番茄、马铃薯、彩椒等农产品的高峰期，也是张掖市向中亚国家出口冬季蔬菜的黄金时期；而每年5—10月，中亚国家蔬菜自给和周边供应能力较强，价格也较低，且中亚五国之间货运不收取关税，张掖农产品出口中亚市场缺乏竞争优势。

（二）从餐桌上看蔬菜品种需求

调查的4家中餐厅和4家西餐厅，以经营肉食和面食为主。从消费的蔬菜品种来看，几乎所有的中西餐厅对番茄和彩椒都有需求；其次需求量从大到小的蔬菜依次为洋葱、马铃薯、番茄、黄瓜和茄子；其他蔬菜很少见到。

（三）从批发市场看蔬菜市场需求

八扎果蔬批发市场是阿拉木图市最大、乃至中亚最大的果蔬批发市场，是中国出口及当地周边果蔬运往中亚及俄罗斯的中转站和集散中心，每天的蔬菜交易量为250.00 t，年交易量约为9.10万t，年交易量只有中国广州江南果蔬批发市场的2.5%。

（四）中亚各国农产品需求情况

中亚五国总面积近400万 km^2，总人口约5 700万，普遍重视粮食生产，水果和蔬菜成为中亚国家比较短缺的农产品。五国之中，只有乌兹别克斯坦能够为周边邻国和俄罗斯提供水果和蔬菜。哈萨克斯坦拥有耕地2 941万 hm^2（44 115万亩），是世界上人均占有耕地较多的国家之一（张雅茜等，2015），其有适于农业耕种的气候条件，在20世纪50年代就成为苏联著名的“粮仓”，也是其他加盟共和国（原苏联加盟共和国）果蔬供应基地。但由于种种原因，目前哈萨克斯坦农业发展十分落后，所需的水果和蔬菜40%以上依赖于国外进口，市场摊铺和商店柜台充满了来自从中国到厄瓜多尔等全球各地的水果和蔬菜。塔吉克斯坦属于北温带及亚寒带的山区性气候，冬季漫长寒冷，夏季短暂温暖，无霜期短，不适合蔬菜栽培，水果更是需要长期进口（阳军，2015）。吉尔吉斯斯坦的温室大棚总占地面积达2 000 hm^2（30万亩），但到了冬季，能正常使用的仅为5%，国产蔬菜和水果的自给率只有12%（刘荣茂和何亚峰，2006）。土库曼斯坦面积49.12万 km^2，是仅次于哈萨克斯坦的第二大中亚国家，属于典型的温带大陆性气候，是世界上较为干旱的地区之一。粮食作物和蔬菜的种植面积分别为66.1万 hm^2 和3万 hm^2，分别占农作物种植总面积的49.3%和2.24%。近些年，中国部分农产品价格上涨，导致土库曼斯坦调整从中国进口农产品的品种结构，减少了部分农产品进口。土库曼斯坦自2008年从中国有少量蔬菜进口，2009年中国蔬菜在土库曼斯坦的市场份额仅为1.41%（张宝山，依马木·阿吉，2006）。

（五）中国蔬菜出口中亚贸易情况

第一，中国与中亚五国之间蔬菜产品贸易发展迅速。从总体上看，中国对中亚五国的蔬菜出口总额以年均18.2%的速率增加，但其占中国蔬菜出口世界总额的比重在1%

以下；中国从中亚五国进口的蔬菜总额约占中国蔬菜全球进口总额的0.01%（刘芳等，2011）。

第二，中国蔬菜产品在中亚五国市场上竞争力差距较大。中国蔬菜在哈萨克斯坦市场占有率总体在25%以上，排名稳居第一位；在吉尔吉斯斯坦市场占有率在30%以上，排名也稳居第一位（曹守峰等，2011）；在土库曼斯坦市场上具有一定的市场竞争力，市场占有率波动较大，但是排名逐步上升，2013年为第2位；在乌兹别克斯坦市场占有率总体在2%左右，排名不稳定，2013年居第8位；在塔吉克斯坦市场占有率总体在10%以上，排名稳居第3位。

第三，中国对中亚五国出口的蔬菜品种较为集中，主要以鲜冷和深加工蔬菜为主（马慧兰，刘英杰，2011）。

（六）季节性需求情况

中亚各国农业管理粗放，农业技术落后，日光温室很少，冬季蔬菜基本依赖于进口，但仅限番茄、彩椒、黄瓜、茄子、南瓜、马铃薯、洋葱、大蒜等少数品种。夏季蔬菜基本能够自给，依赖于进口的品种和数量很少。

二、张掖蔬菜“向西走出去”有利条件分析

（一）区位优势

张掖市地处河西走廊中段，拥有“居中四向”的区位优势，在通道经济和战略走廊中的作用尤为突出，属典型的绿洲农业区，处在甘肃省现代农业发展规划的率先发展区和加快推进区。国家提出“一带一路”发展战略，张掖是丝绸之路经济带甘肃黄金段上的重要枢纽城市，兰新铁路，兰新铁路客运专线，连霍高速及国道312、227线，甘新公路，县乡公路四通八达，交通极为便利；民航张掖机场支线业务已开通，立体交通框架已基本形成。

（二）品牌优势

依托良好的生态环境，从标准化种植和产品质量全程可追溯等环节入手，认真把好基地选择、种植技术和生产过程全程检测3道关，不断提升蔬菜标准化水平。目前，全市已累计建成高原夏菜标准园、设施蔬菜标准化小区93个，育苗中心16个，认证有机、绿色和无公害蔬菜类产品86个，“三品一标”蔬菜面积达3.40万 hm^2（51.00万亩）。同时，按照“统一品牌、抱团发展”的理念，发起成立了“张掖市蔬菜产销协会”，统一注册了“金张掖夏菜”商标，采取“统一品牌、统一包装、统一标准、统一监管”的“四统一”模式，张掖市蔬菜产业进入品牌化发展阶段。

（三）规模优势

加强规划引导，使蔬菜生产布局逐步向规模化发展，形成了以近郊乡镇、交通干道

沿线乡镇、沿山冷凉乡镇为主的重点蔬菜乡镇集群，全市已建成万亩蔬菜乡27个，蔬菜播种面积达4.67万hm^2（70.05万亩），其中高原夏菜3.67万hm^2（55.05万亩），设施蔬菜1.00万hm^2（15.00万亩）。呈现出口光温室、钢架大棚、露地生产“三种生产模式并举”，反季节蔬菜、高原夏菜、加工蔬菜“三大优势蔬菜齐抓”的特色产业开发新格局。

（四）现有基础

近年来，张掖市市委、市政府紧紧围绕甘肃省省委、省政府的总体部署，抢抓“一带一路”政策机遇，审时度势，立足区位优势和特色农产品资源优势，积极支持优势特色农产品“走西口”，鼓励企业加大对中西亚、中东欧等新兴市场的开拓力度，目前全市共有18家企业在省进出口检验检疫局备案登记拥有自营出口权。2015年张掖对俄罗斯、中亚等国家的出口额达到了362.00万美元，同比增长452倍，在全省名列前茅；2016年1—6月，在全省外贸出口总体下行的大背景下，张掖外贸出口逆势上扬，实现自营出口总额9 196.00万元，虽然基数比较小，但是同比增长了24%。随着“一带一路”倡议的推进和中亚各国及俄罗斯居民饮食结构的变化及消费水平的提高，其对蔬菜等农产品的需求正在逐年提高。

（五）政策优势

2016年，争取市财政农产品市场开拓对外贸易补助资金30万元，对8家农产品企业进行了额度不等的奖励补助，在一定程度上调动了企业市场开拓和发展对外贸易的积极性。张掖市政府向市农投公司投放“双创”资金4 000万元，对10多家企业采取直接借款、担保贷款、贴息贷款等方式进行了扶持。

三、张掖蔬菜“向西走出去”不利因素分析

（一）关税因素

产品从霍尔果斯口岸出口中亚需缴纳一定的关税，而且一年四季税额不变。以蔬菜为例，2016年缴纳关税额度为3.20元·kg^{-1}，从张掖运到阿拉木图的运费为0.80元·kg^{-1}，合计为4.00元·kg^{-1}。若蔬菜收购价为2.00元·kg^{-1}，则在阿拉木图批发价低于6.00元·kg^{-1}就会亏本。

（二）汇率因素

蔬菜销售完毕后，结算采用坚戈兑换成美元，再用美元兑换成人民币的方式。若坚戈和美元与人民币的汇率发生变化，就会有亏本的可能。

（三）政策因素

中亚国家政策和社会环境还不稳定，在当地投资建设发展农业有一定的风险；在当

地雇用劳动力虽然廉价，但劳动效率很低，每天工作超过 8 h 后即使加价工人也不会加班；而从国内向中亚输送劳动力的劳务签证费每人每年为 2.8 万元，劳务成本较高。

（四）基地规模

张掖市出口中亚的优势农产品主要为冬季蔬菜，主要品种为番茄、彩椒，其次为黄瓜和茄子等，但这些品种在张掖市的种植面积只有 667 hm^2（10 000 亩）左右，不能满足出口需求，需求量较大的番茄和彩椒还需要从山东等地调入。

四、对策措施

充分发挥张掖农业资源和交通运输等方面的优势，积极开展对外贸易合作，推动张掖开放型经济发展，在全省向西开放战略实施中先行一步。

（一）加大政府支持力度，为企业“走出去”创造便利条件

出台扶持农业“向西走出去”的政策措施，为发展外向型农业提供有力支持。充分发挥政府金融平台的担保作用，最大限度地利用张掖的“双创”政策和资金，协调解决企业在农业“向西走出去”过程中融资难、融资贵的问题；动员支持更多的企业办理进出口自营权，壮大农产品出口企业团队；支持农业产业化龙头企业、农民合作社、家庭农场，把“金张掖”绿色有机农产品的品牌和规模做强、做大。

（二）成立行业商会组织引导企业“抱团发展”

农业企业“向西走出去”，涉及生产、运输、报关、清关、资金结算等诸多环节，靠少数企业单打独斗很难形成气候。成立张掖市农产品外贸商会，充分发挥其在组织协调、行业维权、对外协作等方面的优势和作用，加强外贸企业间的联系协作，凝聚各方资源优势，为张掖市农业“向西走出去”提供有效服务。

（三）提高张掖农产品供给能力和市场竞争力

一方面，要紧紧围绕中西亚市场实际需求，积极调整优化蔬菜等农产品的种植结构，重点建设一批出口农产品特别是反季节蔬菜的标准化生产示范基地，增强出口农产品的供给保障能力；同时，鼓励和扶持企业在中亚建立以日光温室蔬菜为主的农产品生产基地，实现就地销售。另一方面，加强农产品质量安全监管力度，制定出口蔬菜生产技术标准和质量标准，全面推广标准化生产，积极推进无公害农产品、绿色食品、有机农产品和农产品地理标志“三品一标”的认证工作，着力打造“金张掖北纬 38 度”等地域品牌，不断提升张掖农产品在中亚市场的产地认可度及产品知名度，抢占更多中西亚市场份额。

（四）围绕中亚各国对优质农产品的需求，加快发展外向型农业

每年 11 月至翌年 4 月是中亚国家对冬季番茄、马铃薯、洋葱等产品的需求高峰期，

哈萨克斯坦等中亚国家蔬菜自给能力低，市场缺口大，这一阶段是张掖出口冬季蔬菜的黄金时机。而每年的5月至10月，中亚国家蔬菜自给和周边供应能力较强且价格较低，张掖农产品出口中亚市场缺乏竞争优势。鉴于此，张掖市农业向西合作发展要立足中亚各国对优质农产品季节性和互补性需求，坚持以市场为导向，在冬季，应以出口农产品走出去为重点开展贸易合作；在夏秋季，应以农业技术、服务走出去为重点，合作建设农产品生产基地。因此，由于哈萨克斯坦等国土地政策的特殊性，民众对外国人购置和长期租赁土地持抵触态度，由我方提供资金、技术、服务，对方提供土地的合作模式比较可行。从长远讲，要鼓励支持我方企业本着积极稳妥的态度投资建设项目，最大限度地规避和化解风险。

（五）购买冷藏运输车解决农产品长途保鲜难题

张掖距霍尔果斯口岸2 100 km，农产品运输距离远，普通货车不利保鲜，开通货运专列收购工作量大、时间长，农产品容易变质。通过财政贴息、农投公司担保、“双创”资金补贴等多种优惠政策，支持企业购买冷藏运输车辆解决农产品长途运输保鲜难题。

参考文献

曹守峰，马惠兰 . 2011. 中国与中亚国家的蔬菜贸易问题［J］. 欧亚经济（2）：18-23.
刘芳，王琛，何忠伟 . 2011. 中国蔬菜产业国际市场竞争力的实证研究［J］. 农业经济问题（7）：91-98.
刘荣茂，何亚峰 . 2006. 加快我国蔬菜出口产业发展的策略［J］. 浙江农业科学（1）：1-5.
马慧兰，刘英杰 . 2011. 新疆与中亚国家蔬菜贸易特征及竞争性分析［J］. 农业经济问题（9）：77-80.
阳军 . 2015. 中国对中亚五国农产品出口潜力的数理解析［J］. 欧亚经济（1）：88-103.

（本文发表于《中国蔬菜》2017年第2期，略有改动）

张掖市蔬菜产业现状及发展对策

华军[1,3]，李文德[1]，张文斌[1]，王勤礼[2]，王鼎国[1]，张荣[1]，李天童[1]
（1. 张掖市经济作物技术推广站；2. 河西学院河西走廊设施蔬菜工程技术研究中心；3. 张掖市农业科学研究院）

摘　要：文章深入分析了张掖市蔬菜产业发展现状及优势，指出了产业发展过程中存在的问题及技术瓶颈，并有针对性的提出了优化产业布局、提升产业档次、保障蔬菜流通、提高科技贡献率及市场竞争力等对策建议。

关键词：张掖；蔬菜产业；现状；发展对策

经过多年不懈的努力，张掖市蔬菜产业进入了快速发展阶段，种植基地稳步扩大，标准化程度逐步提高，市场体系逐步健全，目前产品已远销广东、浙江、上海等全国23个省市168个地区，部分蔬菜出口中亚、东南亚国家和港澳地区。2015年张掖对俄罗斯、中亚等国家的出口额达到了362万美元，同比增长452倍，在全省名列前茅（华军，2015；张文斌，2016）。2015年全市蔬菜种植面积达5.30万 hm^2，占全省种植面积的10%以上，蔬菜总产量289.91万t，占全省总产量的15.9%，蔬菜产业对农民人均纯收入的贡献额达1 530元。张掖已成为全国五大“西菜东运”基地之一，蔬菜产业也成为我市农业增效、农民增收的优势主导产业（屈新平，2010）。

一、发展现状

（一）种植基地稳步扩大，优势产业地位日益凸显

2015年全市蔬菜生产面积达5.30万 hm^2，产量达到289.91万t，同比增长0.43万 hm^2、31.07万t，实现销售收入36.23亿元，同比增长8.23亿元，增幅达29.4%；据市经作站调查统计，2015年5—10月份娃娃菜、甘蓝、菜花、西兰花、莴笋、番茄、辣椒7类蔬菜平均地头收购价格为1.82元/kg，同比增长0.71元，增幅达63.96%。

（二）区域布局初具特色，标准化程度逐步提高

据统计，全市建成万亩以上的蔬菜乡（镇）27个，种植面积2.67万 hm^2，占全市蔬菜面积的八成以上，其中甘州、临泽和高台形成了以近郊乡（镇）、临近交通干道乡（镇）为主的蔬菜重点生产乡（镇）集群，形成万亩以上蔬菜乡（镇）20个；以民乐沿山冷凉区域为代表的冷凉型蔬菜基地也逐步形成。全市建成蔬菜标准化生产基地30个，面积达到3.33万 hm^2，呈现出露地生产、钢架大棚、日光温室“三种生产模式并

举”，“金张掖夏菜”、反季节蔬菜、加工蔬菜“三大优势蔬菜齐抓”的特色产业新格局（包会存，2015）。

（三）市场体系逐步健全，冷藏保鲜能力显著增强

张掖市目前有各类批发市场93处，有2处是农业部定点蔬菜批发市场。占地27.1 hm^2 的张掖绿洲农副产品综合交易市场即将建成投入使用。张掖与全国各地市场建立了通联关系，蔬菜产品远销西北省份、东南沿海及中亚地区，蔬菜年外销量达120万t，外销率达50%以上。全市新建蔬菜冷链设施16家，新增储藏能力7.3万t，全市蔬菜冷库数量达到92家，总储藏能力达到51.57万t。

（四）品牌效应日益凸显，营销渠道日渐拓宽

按照“统一品牌、抱团发展”的理念，发起成立了“张掖市蔬菜产销协会”，统一注册了“金张掖夏菜”商标，采取“四统一”模式，通过统一品牌、统一标准、统一包装、统一监管等措施，使我市蔬菜进入了品牌化发展阶段。2015年10月份，蔬菜产销协会成员单位随赴新疆霍尔果斯考察推介，我市发年、泽源、绿涵、西航、云通、银河集团6家农产品出口贸易企业与中亚客商共签订2016年出口贸易合同12项，涉及鲜食蔬菜、水果以及粉丝等农产品14万t、货值达7.5亿元；东扩西进的格局正在形成。

二、存在问题

（一）产销脱节，市场体系有待完善

一是市场发育缓慢，市场体系有待完善。现有的蔬菜综合市场和专业市场大都规模小、档次低，集散乏力，吞吐能力有限，综合服务能力不强，难以发挥调节蔬菜产品供求和形成价格的功能。二是产销衔接不紧密，受产销市场信息不对称、茬口安排不合理和盲目追求规模效益而不顾自身贮运能力等因素的影响，蔬菜集中扎堆上市。三是小规模、大群体的生产格局和“家家种菜，人人卖菜”的小农经营格局还很普遍，重产不重销，组织化程度不高。四是同业竞争加剧，全省是“西菜东运”主产区，全省各地都在大力发展高原夏菜，规模和产量逐年提高，导致竞争加剧，“买方市场”现象突现。

（二）物质装备水平不高，生产投入不足

一是设施蔬菜持续发展困难，日光温室和钢架大棚建造成本高，修建一座50 m长的高标准日光温室需要6万元，修建一栋50 m长的钢架大棚投资近1万元，加上种植环节中种苗、肥料、水、电等经营成本支出，生产投入高；另外，土地集中连片流转和融资信贷困难重重，制约了设施蔬菜进一步发展。二是高原夏菜基地基础设施配套不完善，尤其在民乐、山丹两县表现突出，受灌溉用水供需矛盾制约，机井、田间滴灌、供配电设施配套不足，影响进一步发展壮大。三是冷链物流设施建设滞后，受资金、建设

用地的影响，冷藏库群建设后期乏力，加上现有冷链物流设施总库容量小、布局不合理等没能方便菜农蔬菜销售，对蔬菜产业发展的支撑能力不强。四是蔬菜生产轻简化设备装备不足，蔬菜种植劳动强度依然高，制约着产业的提质增效。

（三）社会化服务能力不足

一是信息服务能力弱，产销信息不对称、不畅通，不能有效引导科学生产，卖难现象时有发生。二是融资服务与生产经营者的现实需求相脱节，担保难、贷款贵、周期短、额度小等问题，制约着蔬菜产业的发展。三是科技服务能力还不能满足产业发展需求，存在专业技术力量薄弱，科研推广经费不足，服务方式与实践生产脱节等问题。

（四）市场竞争力不强

受多种因素综合影响，全市蔬菜产品市场知名度不高、竞争力不强。一是集体商标的知名度还不高，市场影响力还不强，没有形成整体合力。二是新型经营主体发育重数量、轻质量，组织化程度低，大多从事种植和粗加工，营销组织和精深加工企业数量少，带动能力弱。全市蔬菜农民专业合作社达600多家，但真正发挥示范带动作用的不足三成。

三、发展对策

（一）合理规划，优化产业布局

按照区域化布局的理念，提升改造“老菜地”，合理规划发展“新菜地”。一是发展高原夏菜，壮大产业规模。在全市海拔1 400～1 700 m的区域重点发展花椰菜、甘蓝、莴笋、洋葱、豆类、茄果类、根茎类、鲜食马铃薯等蔬菜；在海拔1 700～2 400 m的灌溉便利地区，主要发展西兰花、娃娃菜、甘蓝、胡萝卜、大蒜等蔬菜；在民乐、山丹蔬菜种植经验缺乏、但适宜发展高原夏菜的区域，制定优惠政策，吸引外地客商建立稳定生产基地和冷链设施，辐射带动高原夏菜产业发展，逐步形成“一乡一业，一村一品”的生产格局。二是发展设施蔬菜，提高反季节蔬菜生产能力。在甘州、临泽、高台等县区城郊大力发展以钢架大棚和日光温室为主的设施蔬菜生产，进行春提早、秋延后和越冬蔬菜生产，延长蔬菜供应时间，提升均衡上市能力。配套建设输水管道或滴灌设施及水肥一体化设施，自动卷帘设备和智能控制设施，提高温室生产的机械化、自动化程度。完善设施蔬菜生产基地田间道路、供水、供电设施，不断提高基地公共设施配套能力。三是发展食用菌，增加产业多样性。紧紧围绕“三园一带”产业布局发展食用菌产业。“三园”即在海拔1 800 m以下的平川灌区建设3个食用菌产业园；在民乐工业园区建设以荣善生物科技有限公司为龙头，以海鲜菇、姬菇、香菇等为主要品种的食用菌产业园；在甘州区绿洲农业示范区建设以善之荣、紫家寨等为龙头，以双孢菇、香菇为品种的食用菌产业园；在山丹旱寒区现代农业产业园建设以爱福公司为龙头，以双孢菇、香菇为品种的食用菌产业园。在食用菌产业园内以工厂化、半工厂化方式进行规模化生产，重点供应国际国内市场。“一带”即沿山贫困地区精准扶贫食用菌产业带。重点在海拔 2 000 m 以上的沿山冷凉区域发展双孢菇、鸡腿菇、姬菇等品种，利用冷凉气候、粪草资源在非耕地上建设全地下式、半地下式菇棚，组织利用春夏秋季的自然温度进行反季节生产，重点供应南方夏季市场。

（二）加大标准化基地建设力度，提升产业档次

通过集中资金、技术、人员，建设一批规模化种植、标准化生产、产业化经营、品牌化发展的蔬菜生产基地，从蔬菜标准园环境选择入手，到标准园功能分区、田间基础设施配套、温室大棚标准化建设、生产技术示范，建立合作社经营管理、科技人员领办的运作模式，建立高标准、高水平的样板工程，树立标杆，引领产业发展，推动产业提档升级。

（三）加快市场及信息网络建设，保障蔬菜流通顺畅

一是完善批发市场体系，畅通蔬菜流通渠道。在现有各县区蔬菜批发市场基础上，加快完善以大中型产地批发市场为中心的蔬菜批发市场体系，保障蔬菜销售渠道畅通、便利。二是强化冷链物流体系建设。重点加强分级、包装、冷藏等设施建设，发展保温、冷藏运输，稳定商品质量、减少损耗，进行“旺吞淡吐”，提高优势产区蔬菜贮存和避峰上市能力。三是在东南沿海城市建立蔬菜直销档口，同时鼓励有实力的农业企业向西走出去开拓国外市场。四是完善信息网络，创新质量监管机制。建立具有信息收集、发布、管理、交易结算功能的蔬菜流通信息服务平台，规范采集标准，健全发布机制，完善蔬菜信息监测、预警和发布制度。建立健全检验检测、质量追溯、风险预警体系，大力发展安全优质产品，进一步提高蔬菜质量安全水平，保障大家餐桌上的安全。

（四）加强科技创新，提高科技贡献率

以服务产业、服务农民为中心，大力推进蔬菜产业科技进步和科技创新，逐步建立蔬菜现代化生产技术支撑体系。加快蔬菜新品种引进推广力度，提高良种覆盖率；加强良种良法集成试验与示范推广，提高新技术应用率；健全蔬菜科技推广体系，提高科技服务能力；加强蔬菜实用技术培训，提高从业人员科技素质；建设蔬菜产业示范区，辐射带动产业升级。

（五）培育新型蔬菜经营主体，提高市场竞争力

一是扶持壮大龙头企业，增强企业带动能力。大力培育竞争优势明显、覆盖农户广、带动能力强的龙头企业，鼓励企业采用多种形式扩大生产规模，带动农民共同发展，加快蔬菜产业化经营步伐。二是搭建金融服务平台。充分发挥政府金融平台的担保作用，切实协调解决企业在蔬菜产销过程中融资难、融资贵的问题，促进蔬菜产业化经营步伐。三是扶持发展冷链设施。积极扶持蔬菜生产企业、专业合作社和种植大户建设蔬菜恒温气调库，充分发挥蔬菜冷藏保鲜库的应急调节作用，缓解蔬菜集中上市的压力，实现蔬菜的均衡供应。四是进一步培育新型主体，发展壮大专业合作社和经纪人队

伍，提高农民组织化程度，逐步解决生产、销售、产品质量方面的难题。五是通过网络、电视等新闻媒体和邀请外地客商考察等形式，加大宣传推介力度，进一步提高“金张掖夏菜”的知名度和影响力，进一步提高我市蔬菜的市场竞争力。

参考文献

华军，李天童 . 2015. 我市蔬菜“产销两旺”促进农民持续增收［J］. 张掖农业动态（21）.
屈新平 . 2010-06-02. 对张掖城市形象定位的思考［N］. 张掖日报.
张文斌 . 2016. 张掖蔬菜向西走出去的市场竞争力分析［J］. 张掖农业动态（6）.

（本文发表于《中国瓜菜》2017 年第 3 期，略有改动）

东南沿海城市蔬菜市场考察报告

李文德[1]，张文斌[1]，张　荣[1]，华　军[2]
（1. 张掖市经济作物技术推广站；2. 张掖市农业科学研究院）

摘　要：通过考察广州江南果菜批发市场、虎门富民农副产品批发市场、等南方蔬菜销售市场和企业，提出了扶持建设冷藏保鲜库、发展冷藏运输车、建立供港蔬菜基地等发展建议。

关键词：东南沿海城市；蔬菜市场；考察

为了进一步推进张掖市优势特色农产品“东进西出”战略步伐，2016 年 12 月 7 日至 13 日，由张掖市农业局有关负责人带队，张掖市蔬菜产销协会和有关蔬菜产销企业负责人组成的考察团，赴广州、深圳、东莞、中山、湖南衡阳等地，重点对大型批发市场、张掖市高原夏菜直销档口、供港蔬菜加工销售企业、蔬菜生产基地等情况进行了考察和交流对接。

一、基本情况

通过考察广州江南果菜批发市场、虎门富民农副产品批发市场、深圳市鸿福农产品有限公司、深圳市昌盛蔬菜批发配送中心、深圳海吉星国际农产品物流园等蔬菜销售市场和企业，目睹了南方城市农产品大市场、大流通的繁荣场面，感受了人流、物流、信息流的快速流动，对张掖蔬菜在南方市场销售情况有了更深刻的了解和认识。

（一）市场需求

东南沿海城市对每年 5—10 月高原夏菜的市场需求空间巨大。江南市场和虎门市场分别有 700 和 500 个档口，其中江南市场有 350 个蔬菜档口，每个档口平均每天销售 4 车蔬菜，每车蔬菜 30～35 t（冷柜货车 30 t，半挂货车 35 t），全年销售。

（二）销售品种

广州、虎门、深圳市场蔬菜销售品种多达 300 多个，甘肃供应的主要有娃娃菜、松花菜、莴笋、西兰花、甘蓝、蒜苗、胡萝卜、番茄、西芹、洋葱、菜用马铃薯、南瓜、香菜、菠菜、四季豆、甜脆豆、甜玉米等，宁夏是全国菜心、芥兰的最大产区，供应量左右着广州、香港等地市场的价格；深圳鸿福农产品有限公司是香港鸿福集团公司的蔬菜产品供应子公司，主要以蔬菜净菜加工销售为主，加工蔬菜种类多、数量大，以其为代表的同类公司在深圳有 200 多家，其中规模较大的有 50 多家。

（三）市场定位

各类市场对蔬菜包装、规格、质量要求都有所区别。香港对蔬菜品质要求最高，经过对内地供应的蔬菜严格把关并精美包装后供应到香港各大酒店，可称之为特级市场或终端市场；深圳海吉星市场作为供港蔬菜的配送中心，专门对来自全国各地的蔬菜进行精选、加工、包装后输送到香港、澳门以及东南亚等地，可称之为一级市场；广州江南市场作为全国蔬菜销量最大的市场，对菜品质量的要求较高，可称之为二级市场；虎门市场日均进出车辆 1 000 多辆，日交易 3 000 多 t，对菜品的质量要求相对较低，主要供应当地及周边众多的工厂，可称之为三级市场。

（四）销售价格

各类市场的蔬菜价格都区别较大，以娃娃菜为例，张掖宏鑫农产品有限公司 2016 年 10 月份生产并在冷库储藏，同年 12 月 9 日通过冷藏运输车运送到江南市场的娃娃菜由于色泽呈金黄色、饱满程度好，售价达到 3 500 元/t，而相邻的云南娃娃菜由于生长周期短、色泽呈绿色、饱满程度底，售价则为 1 500 元/t；质量较差的在虎门市场可以卖到一个较为满意的价格。香港市场的精品蔬菜价格较内地能翻上几番。

（五）上市时间

每年 10 月至翌年 4 月，是南方各省蔬菜生产的高峰期，所产各类蔬菜会源源不断地运送到全国各大市场，而此时张掖市高原夏菜生产基本结束，进入日光温室反季节蔬菜生产阶段，该段时间在南方没有任何竞争优势，只能向青海、新疆、中亚等地销售。

（六）品牌营销

以娃娃菜为主的兰州高原夏菜品牌在广州市场具有绝对的竞争优势，全国大部分地方生产的蔬菜都要打上兰州高原夏菜的标识。原因有二：一是兰州高原夏菜的菜品质量好、宣传力度大、市场认可度高；二是如果打上某地的高原夏菜商标，市场认可度低，一旦质量出现问题，直接影响该地蔬菜声誉，在这个市场很难有立足之地。“金张掖夏菜”是兰州高原夏菜的重要组成部分，在广州江南市场，张掖市有 4 家蔬菜直销档口。截至 2016 年底，张掖市在全国各地已建立了 41 个蔬菜直销窗口，2016 年已成功注册“弱水情”牌金张掖夏菜集体商标并在部分企业使用，逐步在全国各地的市场上打开了局面，菜品质量得到市场的认可。

二、考察启示

（一）把好质量关是提高蔬菜市场竞争力的关键

近几年，随着全国蔬菜种植面积的不断扩大，出现了不同季节、不同品种蔬菜产品的价格波动和滞销，但价格竞争的关键是蔬菜产品的质量，包括口感、色泽、大小、包装等环节。江苏扬州朝晖农业产业发展有限公司经过 12 年的不断摸索，前 8 年基本不赚钱，后 4 年扭亏为盈甚至暴利，建立的 133. 33 hm^2 娃娃菜生产基地所产精品娃娃菜，仅有机肥投入就达 5 000 元/667 m^2 以上，由于产品大小一致、口感色泽好、包装精美，在今年全国蔬菜市场疲软、绝大部分蔬菜经销商亏损严重的情况下，纯收入仍在 5 000 元/667 m^2 以上。

（二）提高冷链物流能力是确保蔬菜畅销的保证

每年 5—9 月高温季节南方无法进行蔬菜生产，但包括甘肃在内的北方高海拔地区由于气候冷凉、病虫害轻，所产蔬菜品质好，是全国高原夏菜的主产区，而高温季节的蔬菜预冷、长途运输、在档口及时销售等问题成为制约蔬菜价格高低的关键因素。每年 6—8 月是一年中温度最高的季节，张掖市蔬菜在常规运输时用冰瓶降温的办法已不足以解决在广州等地 50 h 以上的运输保鲜难题，更不能确保在销售地价格不好时等待几小时甚至 1～2 d 再销售的问题，由于这个环节出了问题每年蔬菜贱卖甚至血本无归的现象时有发生，这就要求在蔬菜产区必须有足够的冷库，长途运输时必须有足够的冷藏运输车辆，如果这个环节做好了，将大幅度提高蔬菜在终端市场的销售价格。

（三）制定政策招商引资是发展蔬菜产业的重点

近两年，邀请的东南沿海城市客商对张掖市蔬菜产业考察后认为，张掖是发展高原夏菜的最佳产区之一，但冷链物流建设滞后、基地规模偏小、品种单一，融资难、贷款贵成为蔬菜产业发展的主要制约因素。蔬菜产业发展前景虽然广阔，但又是高投入、高风险的行业，仅凭张掖市现有的财政扶持力度是远远不够的，这就需要制定土地、项目等优惠政策，在大力扶持张掖本地企业壮大的同时，吸引有实力的客商来张掖在生产基地、冷链物流建设等方面投资兴业，带动张掖蔬菜产业实现可持续、跨越式发展。

三、发展建议

（一）扶持建设冷藏保鲜库

虽然张掖市已建立蔬菜冷库 300 间左右，但只能储存 6 666. 67 hm^2 左右的高原夏菜，且大多建在距蔬菜基地较远的戈壁荒地上，实际利用率较低，不但运输成本高，而且在运输过程中对蔬菜的损伤较大。建议：一是通过异地占补平衡，吸引外地企业、扶持本地企业在地头建设蔬菜冷藏保鲜库；二是对新建的蔬菜冷藏保鲜库通过争取申报省级财政补贴、市级财政贷款贴息、农投担保贷款等方式予以扶持。

（二）扶持发展冷藏运输车

目前张掖市蔬菜产销企业只能从物流公司调用过路的冷藏运输车解决高温和低温季节的蔬菜运输车辆，不但数量没有保障，而且需求高峰期还需从兰州等地调用，成本较高。目前全市已有两家企业计划购买 10～30 辆冷藏运输车辆，但每辆车需 90 万元左右。建议出台优惠政策，对购买冷藏运输车辆的企业通过农投公司担保贷款、财政全额贴息、连续贴息3年的方式予以扶持。

（三）扶持建立供港蔬菜基地

深圳是蔬菜向港澳和东南亚地区出口的门户，经过近两年的宣传推介，张掖市蔬菜种植条件、产品质量等已受到港商的青睐，已有两家客商开始在张掖市落实供港蔬菜种植基地。但张掖市蔬菜种植基地流转费用是南方的3倍左右，劳动力成本是南方的2倍左右，而且节水灌溉设施不配套，投资较大。建议对供港蔬菜基地在土地整理、节水灌溉设施、冷链物流建设等方面予以扶持。同时，对建立的供港基地在新品种、新技术试验示范等方面予以扶持。

（本文发表于《农业科技与信息》2017年第10期，略有改动）

甘肃民乐大蒜产业现状与可持续发展对策初探

李天童，李文德
（甘肃省张掖市经济作物技术推广站）

甘肃民乐县地处河西走廊中段祁连山北麓，土壤肥沃，光照充足，日照时间长，昼夜温差大，得天独厚的自然条件非常适合民乐紫皮大蒜的生长，所产大蒜靠特殊的土质和祁连山冰雪融水的滋养，形成了个大、瓣肥、汁浓、味辣、耐寒和杀菌效力强的独特品质，在紫皮大蒜中独占鳌头，曾在1992年首届全国农业博览会上荣获金奖，登上了“蒜王”宝座，并在1995年被国家贸易部认定为“中华老字号”产品。2013年，民乐紫皮大蒜入选全国名特优新农产品目录。尽管民乐大蒜取得了一系列的荣誉，但大蒜产业未能成为农民增收致富的支柱产业，甚至出现了蒜贱伤农的尴尬局面。为了重振民乐大蒜产业的辉煌，笔者在分析了民乐县大蒜产业现状的基础上，针对存在的问题，结合自身特色优势，提出较为具体的可持续发展对策。

一、民乐大蒜产业发展现状

（一）生产基地初步形成

民乐县属典型的冷凉浇灌农业区，全县耕地总面积6.2万hm^2，人均耕地面积0.3 hm^2，常年农作物播种面积6.0万hm^2以上。适合种植大蒜的耕地面积在1.3万hm^2以上，主要分布在海拔1 800～2 400 m的洪水、顺化、民联、三堡、永固五乡镇。大蒜种植区土层深厚，土质好，有机质含量高，且气候冷凉，昼夜温差大，加上祁连山雪水灌溉，水质无污染，为种植民乐紫皮大蒜提供了良好的土壤、水质和气候等生产环境条件，近三年内种植面积稳定在3 334 hm^2左右。

（二）栽培技术日趋成熟

民乐紫皮大蒜生产历史悠久，已有2000多年的种植历史。近年来，在不断的试验研究中，市、县农技部门技术人员和蒜农总结积累了丰富的种植经验和技术，如大蒜麦草覆盖栽培技术、配方施肥技术、病虫害无公害防治等技术已日趋完善。2003年由民乐县农业局起草、甘肃省质量技术监督局发布实施了《民乐紫皮大蒜无公害农产品生产技术规程》，为民乐大蒜产业健康发展提供了技术保障。

（三）标准化进程稳步推进

2010年以来，通过大力开展“麦草覆盖、地膜覆盖、气生磷茎”等新技术的试验示范，采取“统一技术指导、统一施肥、统一灌溉、统一防病、统一销售”的“五统一”模式进行科学管理和生产，促使大蒜基地良种覆盖率达98%，标准化种植面积达到100%，无公害农产品率达到80%。3 334 hm^2 大蒜通过省农牧厅无公害产地认定，5.5万t蒜头、1.75万t蒜薹通过农业部农产品质量安全中心无公害产品认证，2009年7月民乐紫皮大蒜获得了国家地理标志保护产品。

二、民乐大蒜产业现存问题

（一）生产规模比较小

虽然近年来民乐县的大蒜产业有了较快发展，形成了一定的规模，但从整体来看规模还比较小，只有五个乡镇适宜种植大蒜，而面积较大的只有洪水和民联两个乡镇，其他乡镇没有形成大面积连片种植的局面。在种植形式上，组织化程度还很低，还是千家万户的分散种植，没有种植计划，缺少订单保障，存在一定的盲目性，处于一种“赌命”的状态。从种植规模来看，连片种植面积小，其他都是零星种植，技术不规范，质量不均衡。在销售渠道和方式上，蒜薹的销售仅限于省内销售，无法与外省客商建立稳定的供货关系；蒜头的销售也是坐等外地客商前来收购，没有形成规模较大的大蒜销售组织，基本都是通过本地小商贩收购后再向外地商贩交售，中间环节多，层层压级压价现象严重，导致价格不稳定，严重影响种植规模的进一步扩大。

（二）科技含量不高

由于群众的种植技术还是以传统种植技术为主，管理粗放，生产水平和科技含量低。虽然农技部门加大了技术培训力度，通过建立科技示范点，开展了药剂拌种、机械种植、机械收获、配方施肥、麦草覆盖、增施生物微肥等新技术的试验示范，起到了一定的示范带动作用。但蒜农对新知识和新技术的接受能力较差，导致新技术的普及较慢，大多数蒜农不能按照标准化生产技术规程进行生产，尤其是农业投入品的使用、采收、分级、包装不能按照标准化技术规程操作，收获出售的产品良莠混杂，无法实现优级优价。

（三）大蒜种性退化日趋严重

民乐紫皮大蒜经过多年的种植，已出现品种退化的现象，散瓣、马尾蒜、畸形蒜的比例增加，而提纯复壮和新品种引进所需的时间长，技术性强。不仅需要大量的人力，还需要大量的资金投入，农户不愿在提纯复壮上进行投资，大蒜产业发展缺乏后劲。

（四）商品意识和品牌意识差

长期以来群众在大蒜销售上都是以抛售的方式出售，缺乏商品意识。近年来，虽然农业主管部门为树立民乐县的特色农产品品牌，组织申报了无公害农产品认证，洪水大蒜种植专业合作社注册了“民乐宝”品牌商标，使部分群众的商品意识和品牌意识有所提高。但从整体来看，生产经营者的商品意识和品牌意识仍然较差，不愿在包装上下功夫，不懂得如何提高农产品的商品价值和产业效益，产品附加值较低。

（五）质量安全管理机制还不完善

目前，民乐县成立了县级农产品质量检测站，配备了农残速测仪，但只能进行农药残留定性分析，尚不能进行定量检测，对重金属残留尚不能进行检测。也没有配备专业的检测人员，缺少检测经费，不能对农产品生产基地开展有效监管。

三、民乐大蒜产业可持续发展对策

（一）加强培训宣传力度，为产业发展提供技术支撑

一是进一步加强宣传力度，提高农民的名牌意识、品牌意识和对大蒜标准化生产的认识，使蒜农主动按标准化生产技术规程进行生产，树立质量至上意识，促进大蒜标准化生产的发展；二是向外省市聘请大蒜种植的专家培训农技人员，提高本土农技人员业务水平，提升技术人员的指导服务水平；三是通过编发科技宣传册、开展科技下乡等形式，培训农民，通过对农民进行多形式、高密度的技术培训，提高农民生产技术，生产符合市场要求的优质大蒜产品；四是挖掘整合农民种植能手，组成农民生产技术小组，为区域化建设提供强大技术支撑。

（二）开展安全生产体系建设

从科学发展的眼光看，产业规模越大，市场就越大，而市场越大，所需要的质量安全保障体系就越完善。一是建立农业化学投入品控制运行体系，确保农民施肥用药安全、进而保证农产品质量的关键控制措施。通过市场监管，对生产经营国家明令禁止的农业化学投入品行为进行严打整治，取缔违法经营网点。建立专用配方肥定点生产，农药化肥专店经营，技术跟踪服务，形成全封闭直供式化学投入品管理体系。二是质量标准体系贯穿大蒜生产、加工、销售的全过程。对所有基地，建立管理档案，实行统一生产资料供应、统一技术指导、统一组织生产、统一质量检测、统一收购销售的“五统一”管理模式，保证农产品各个环节全部按标准化要求实施。三是大力推行标准化种植，尽快建立起标准化生产体系，集成、示范和推广一批标准化节本增效配套技术，快速提高产品科技含量。四是加快“三品一标”产品的认证步伐，通过“三品一标”认证，争取民乐县生产的大蒜通过绿色食品认证，体现民乐紫皮大蒜的品牌质量，提高市场地位。五是尽快成立乡镇农产品质量监管机构，配备和完善县、乡两级农产品质量检测设备，把农产品质量安全监管经费纳入到县财政预算，按时拨付经费，保证农产品质量监管体系正常运行。

（三）加快大蒜提纯复壮与新品种培育

成立大蒜提纯复壮繁育技术攻关小组，建立大蒜良种繁育基地，尽快恢复民乐紫皮

大蒜原有优良种性。一是采用异地换种（不同灌区、不同水系、不同海拔）、改善栽培条件建立种子田等措施，对大蒜品种进行提纯复壮，以保持大蒜的产量及品质。二是采用辐射育种、航天育种、化学诱变育种、杂交育种等技术培育大蒜新品种。三是在对本地大蒜进行提纯复壮的同时加强新品种的引进、试验、示范，筛选适应民乐县土壤栽培的大蒜品种，为大蒜产业发展提供后劲。四是研究改进栽培方式。通过采用麦草覆盖等技术，改变生产环境小气候条件等方式，提高大蒜产量，改善大蒜品质。五是重点开展大蒜气生鳞茎繁殖，建立大蒜气生鳞茎采种田、气生鳞茎繁育田、种子扩繁田等，争取通过3～4年时间，恢复民乐紫皮大蒜原有的优良性状。

（四）积极发展订单农业和农产品加工企业

利用民乐县银河集团的真空冻干食品生产线，加大科技投入和研究力度，扩大生产规模，促进产品开发，延伸产业链条。政府要积极与外地客商联系，充分发挥大蒜加工企业和各专业合作社的作用，制定优惠政策，扶持加工企业和专业合作社拓展大蒜种植规模，通过大蒜制种、签订订单农业等形式，在适当集中种植的前提下，扩大种植面积，以协会运作的形式做好大蒜的收购、销售和运输。完善大蒜种子补助政策，在龙头企业、专业合作社生产基地建设、贷款贴息等方面进行资金补贴和重点扶持，支持龙头企业和专业合作社产品创新、品牌创优。

（本文发表于《现代农业科技》2015年第10期，略有改动）

张掖市甘州区设施蔬菜产业发展经验浅谈

李文德[1]，张文斌[1]，华军[2]，张荣[1]
（1. 张掖市经济作物技术推广站；2. 张掖市农业科学研究院）

摘　要：甘州区上秦镇徐赵寨村在蔬菜产业发展过程中，通过采取土地流转、修建温室大棚、延伸产业链条、促进三产融合等措施，探索出了“村党支部+公司+基地+农户”特色农业发展模式，取得了“农业强、农村美、农民富”的显著成果。

关键词：徐赵寨村；蔬菜；经验；做法

近年来，甘州区上秦镇徐赵寨村充分发挥耕种条件优越、灌溉农业发达、水土光热资源相对丰富等优势，按照产业融合发展的思路和目标，积极转变发展方式，不断延伸产业链条，种植业、加工业、服务业相互衔接，一二三产互动融合，以蔬菜产销为主体的产业规模逐步扩大，特色产业经济效益凸显，村容村貌发生可喜变化，社会风气健康向上，经济建设繁荣发展，村民收入稳步增长，生活水平逐步提高。仅仅 3 年多时间，该村从往日的穷村、乱村一跃成为全镇先进村，乃至全区、全市明星村，并连年获得多项殊荣。这一切源于该村积极培育新型经营主体，实施农业内部融合式发展，走出了一条蔬菜种植、加工、物流、销售、休闲观光一体化，具有自身特色的现代农业产业融合发展之路，取得了“农业强、农村美、农民富”的显著成果。

一、基本情况

甘州区上秦镇徐赵寨村位于甘州城区东南 5 km 处，全村 1 800 多口人，耕地面积 200 多 hm^2，2016 年全村经济总收入 6 609 万元，农民人均纯收入 13 800 元。2012 年以来，该村连续三年被镇党委、政府表彰为“先进集体”，2013 年该村成立的甘肃春绿种植农民专业合作社被确定为市级龙头企业，2014 年被张掖市科技局认定为“科技特派员创业培训示范基地”，2016 年被确定为省级“美丽乡村”项目示范村，2016 年 6 月被中共张掖市委和张掖市甘州区委分别授予先进基层党支部荣誉称号，2017 年 4 月该村获选中国美丽乡村百佳范例。

二、主要做法

（一）以农为主，发展富民产业

农业是农村发展的基础，2012 年，该村抢抓甘州区国家现代农业示范区建设机遇，通过组织全村种植能手和致富能人外出学习、考察对比，结合实际制定了《徐赵寨村现代农业示范区规划》，在“农”字上做文章，在特色上打品牌，成立甘肃春绿农产品贸易有限责任公司，引入现代企业管理制度，坚持规模化、标准化、品牌化和市场化发展思路，采取“村党支部+公司+基地+农户”发展模式，流转土地 173.33 hm^2，投资 2 620 万元建成日光温室 512 座，钢架大棚 2 688 座，率先带领群众种植娃娃菜、花椰菜等高原夏菜，由于蔬菜长势好、价格高，专业合作社和农民群众从中获得了可观的经济效益，通过规模化发展和标准化种植，使设施农业和高原夏菜成为了全村群众增收致富的支柱产业。

（二）以工促农，延伸产业链条

在发展壮大高原夏菜种植业的同时，该村积极调整思路，用工业化思维谋划现代农业，探索由单纯农作物种植向农产品加工、流通及休闲服务业等领域交融发展。2014 年，该村以高标准镀锌钢板为原材料，通过压槽机、折弯机等先进设备，投资 310 万元建成轻质钢骨架装配生产线 3 条，并于 2014 年 12 月获得国家实用新型专利证书；投资 1 070 万元建成智能化连栋温室 3.3 万 m^2，工厂化育苗中心 6.67hm^2，引进集配料、点苗、喷水、覆沙等为一体的先进育苗设备，实现了年育苗 4 000 万株；2016 年，该村又投资 500 万元引进蔬菜分拣、韩国泡菜、速冻水饺等蔬菜深加工项目，不仅延伸了产业链，提高了农产品附加值，而且解决了大量尾菜污染环境和有效利用问题，形成了完整的农业产业化发展产业链，实现了农业附加值的增加和农民收入稳步增长。3 年多的时间先后投资 1.51 亿元，建成了集现代高效日光温室、新型钢架拱棚、智能化连栋温室、工厂化育苗中心、冷藏加工贮运、现代物流、温室拱棚钢架制作等为一体的现代农业综合示范园区，并辐射带动周边 5 个乡镇 11 个村建立蔬菜标准化基地 1 200 hm^2，成为甘州区国家现代农业示范区蔬菜产业园核心区，在全区现代农业发展和农业产业链条延伸方面起到了示范带动作用。

（三）三产融合，培育产业航母

该村不断开拓外销市场，努力提升产品质量，以甘肃春绿农产品贸易有限责任公司为依托，紧紧围绕“陇上春绿”金张掖高原夏菜特色品牌，建成农产品质量安全检测室，认证 7 个绿色食品蔬菜，注册“陇上春绿”农产品商标，对所有农产品实行质量追溯条码认证。为占领市场，扩大份额，先后投资 4 200 万元建成 5 万 t 蔬菜恒温库，打造了集冷藏保鲜、产品包装、冷链运输为一体的物流中心，并在广州、深圳、香港、上海、杭州等地建立外销蔬菜窗口 5 处，年销售净菜达 2 万 t，实现销售收入 5 125 万元，利润 1 650 万元，形成了产品分级监管机制和产加销一体化模式，蔬菜销售取得了良好的经济效益和社会效益。在占领国内市场的同时，目前正在积极开拓港澳基地，计划 2017 年实现 40%的农产品出口外销。在健全生产、加工、销售产业链的同时，该村积极补链、延链，大力发展家庭农场，依托产业基地，规划建设了集体验、采摘、休闲、餐饮为一体的农业生态休闲园，目前正在建设中。

（四）产村相融，服务农村发展

该村两委把改善群众生产生活条件、发展村级基础设施建设作为工作的重点，大力实施美丽乡村建设项目，积极改善全村人居环境，硬化村内道路 10 km，配套安装低压管道 10 km、滴管 46 km，修建小康住宅楼 11 栋，使全村 80%的农户搬入新居，配套建成村级活动阵地、老年活动中心、农家书屋、村级综合服务站等场地设施，处处一派美丽乡村景象，真正实现了产村相融。为带动贫困地区经济发展，该村大力实施精准扶贫工程，依托甘肃春绿农产品贸易有限责任公司积极与 2 个祁连山沿山乡镇的 5 个村建立精准扶贫对口帮扶关系，并在甘州区花寨乡柏杨树村投资 1 600 万元建成 2 万 t 恒温库，帮扶建立钢屋架拱棚 1 000 座、发展露地蔬菜 266. 67hm^2，建成高原夏菜生产基地 333. 33hm^2，结合当地高寒气候条件和蔬菜上市较晚的因素，以包产值方式签订销售订单，并全程进行技术指导和培训，带动了高寒地区蔬菜产业发展，增加了农民收入，提升了社会效益。

三、经验启示

（一）基层支部坚强有力是培育特色产业的核心关键

农村基层党组织作为推动农村社会事业发展的核心领导力量，党组织负责人多是由村内威望高、发展意识强、农民普遍认可的同志担任，具有一定的号召力和凝聚力，健全完善、坚强有力的基层组织，将在推动农业结构调整和带动农民增收方面发挥着积极作用。

（二）支委班子思路清晰是带动农户增收的根本前提

支委班子与合作经济组织有机融合，从根本上以农民增收、农村发展为目标，根据本村实际情况，立足当地资源和特色产业，理清思路、科学规划，因地制宜开展农业生产，才能充分发挥支部班子的人才、组织优势和合作经济组织的技术、市场优势，带动老百姓转变观念、发展特色产业，实现增收致富的目标。

（三）多元融合发展是建设美丽乡村的重要方向

在农村休闲旅游业、生态观光农业蓬勃发展的大形势下，应当尽快转变经验理念，按照一二三产业互动发展的路子，有单一生产管理型向综合运用型转变，在蔬菜规模种植的基础上，拓展功能链条，实施综合经营，不断做大国内国外两个市场，打造产业链条完整、功能多样、业态丰富、利益联结紧密、产业更加协调的农业产业化重点龙头企业和群众生活更加和谐的美丽村庄。

（本文发表于《农业科技与信息》2017 年第 11 期，略有改动）

第二节　张掖市高原夏菜新品种筛选

张掖市娃娃菜品种比较试验初报

华　军[1,3]，张文斌[1]，王勤礼[2*]，李文德[1]，王鼎国[1]，李天童[1]，张　荣[1]，王美玉[2]
（1. 张掖市经济作物技术推广站；2. 河西学院河西走廊设施
蔬菜工程技术研究中心；3. 张掖市农业科学研究院）

摘　要：为筛选适应张掖市露地栽培的娃娃菜品种，引进15个品种，以金玉黄为对照，在露地条件下进行品种比较试验。结果表明，参试的品种中，春宝黄、金娃娃、金娃2号、娃娃黄的田间长势、生育期、产量、商品性等综合性状较好；春宝黄亩产量7 765. 15 kg，较对照金玉黄增产1 992. 11 kg，增产幅度34. 51%；金娃娃亩产量7 546. 63 kg，较对照增产1 773. 59 kg，增产幅度30. 72 %。春宝黄、金娃娃可在试验条件下大面积推广。

关键词：娃娃菜；品种比较；试验

娃娃菜是一种小型的结球白菜，属于十字花科芸薹属白菜亚种，其口感鲜甜脆嫩，且富含多种矿物质和膳食纤维，是一种营养健康的蔬菜，因其小巧可食率高、种植经济效益好而受到市场的欢迎[1-2]。近年来，娃娃菜已成为张掖市高原夏菜的主要菜种之一，种植规模逐年扩大，2014年达到16万亩，已成为西北地区娃娃菜种植的主要产区，娃娃菜已成为农民增收致富的又一个重要渠道，现如今产品已远销广东、福建等东南沿海和宁夏、青海、新疆等西北省区以及中亚地区。随着种植面积的扩大，制约娃娃菜规模化发展的问题也逐渐凸显。比如，娃娃菜种植品种落后，不能适销对路；娃娃菜品质下降，商品性差；种植效益不高等[3-4]。所以唯有不断的引进新品种，改进栽培措施，提高品质，才能满足日益增长的市场需求[5]。为此，2015年张掖市经济作物技术推广站开展了娃娃菜新品种比较试验，以期筛选出适宜张掖市种植的高产、优质、商品性好、适销对路的娃娃菜新品种，为当地娃娃菜生产提供理论依据。

一、材料与方法

（一）试验材料

供试品种共16个，名称、编号及来源见表1。

表1 参试品种及来源

编号	品种名称	品种来源	编号	品种名称	品种来源
1	春宝黄	北京中农绿亨种子科技有限公司	9	华耐春玉黄	北京华耐农业发展有限公司
2	金娃娃	兰州永丰种子经营部	10	迷你福娃	福建华闽进出口有限公司
3	金娃2号	北京大森林京研种苗研究所	11	金玉黄（CK）	北京百幕田种苗有限公司
4	娃娃黄	北京中农绿亨种子科技有限公司	12	京宝黄	甘肃大地种苗公司
5	春皇后	北京金种惠农科技发展有限公司	13	韩娃娃	兰州永丰种子经营部
6	德高娃75	德高蔬菜种苗研究所	14	金娃	北京百幕田种苗有限公司
7	靓丽	东部韩农种苗科技有限公司	15	金王子	青岛明山农产种苗有限公司
8	春秋二号	黑龙江全福种苗有限公司	16	迷你上汤	石家庄市腾运种业贸易有限公司

（二）试验方法

试验设在张掖市建涵农产品保鲜农民专业合作社试验基地内，试验地海拔1 550 m，位于东经100.24°、北纬38.96°，前茬作物为玉米，地势平坦，排灌良好，肥力均匀。试验以品种为小区，随机区组排列，重复3次，小区面积6.3 m^2（长9 m×宽0.7 m），小区保苗数72株。重复间走道宽0.5 m，试验地四周设保护行。各品种均采用穴盘育苗移栽，以当地主栽品种‘金玉黄’做对照（CK）。于2015年4月5日育苗，5月8日定植。每亩播前施优质农家肥4 000 kg，过磷酸钙40 kg、硫酸钾20 kg。采用单垄双行种植，垄宽40 cm，沟宽30 cm，株距25 cm，行距30 cm；生长期视墒情浇水，莲座期每亩随水追施尿素15 kg；结球期结合灌水，施尿素15 kg、硫酸钾15 kg[6-7]。其他管理同当地大田。

（三）测定指标

观察记录生育期、植物学性状（植株高度、开展度、紧实度、球径、球形指数等）、经济学性状（单球质量、净菜率等）及产量。

二、结果与分析

（一）不同品种主要物候期

由表2可知，参试品种的生育期在46～56 d，金王子的生育期最短为46 d，较对照金玉黄提前7 d；靓丽、华耐春玉黄、春宝黄、金娃娃的生育期都是50 d，较对照金玉黄提前 3 d；金娃 2 号、韩娃娃、金娃的生育期是 49 d，较对照金玉黄提前 4 d；迷你上汤、娃娃黄、迷你福娃、京宝黄分别较对照提前 5 d、2 d、1 d、1 d；德高娃 75、春秋二号的成熟期分别较对照推迟 1 d、3 d。

表 2　娃娃菜不同品种生育期比较

品种	播种期	定植期	莲座期	结球期	成熟期	生育期（d）
春宝黄	4 月 5 日	5 月 8 日	5 月 19 日	6 月 9 日	6 月 28 日	50
金娃娃	4 月 5 日	5 月 8 日	5 月 21 日	6 月 13 日	6 月 28 日	50
金娃 2 号	4 月 5 日	5 月 8 日	5 月 21 日	6 月 8 日	6 月 27 日	49
娃娃黄	4 月 5 日	5 月 8 日	5 月 20 日	6 月 10 日	6 月 29 日	51
春皇后	4 月 5 日	5 月 8 日	5 月 18 日	6 月 9 日	7 月 1 日	53
德高娃 75	4 月 5 日	5 月 8 日	5 月 19 日	6 月 10 日	7 月 2 日	54
靓丽	4 月 5 日	5 月 8 日	5 月 20 日	6 月 8 日	6 月 28 日	50
春秋二号	4 月 5 日	5 月 8 日	5 月 23 日	6 月 15 日	7 月 4 日	56
华耐春玉黄	4 月 5 日	5 月 8 日	5 月 19 日	6 月 9 日	6 月 28 日	50
迷你福娃	4 月 5 日	5 月 8 日	5 月 21 日	6 月 12 日	6 月 30 日	52
金玉黄（CK）	4 月 5 日	5 月 8 日	5 月 19 日	6 月 7 日	7 月 1 日	53
京宝黄	4 月 5 日	5 月 8 日	5 月 20 日	6 月 11 日	6 月 30 日	52
韩娃娃	4 月 5 日	5 月 8 日	5 月 19 日	6 月 9 日	6 月 27 日	49
金娃	4 月 5 日	5 月 8 日	5 月 19 日	6 月 9 日	6 月 27 日	49
金王子	4 月 5 日	5 月 8 日	5 月 20 日	6 月 11 日	6 月 24 日	46
迷你上汤	4 月 5 日	5 月 8 日	5 月 20 日	6 月 10 日	6 月 26 日	48

（二）不同品种植物学性状

由表 3 可知，在植株高度方面，参试品种中最高的是春秋二号，为 36.3 cm，比对照金玉黄高 1 cm，其次是华耐春玉黄，为 35.7 cm，比对照高 0.4 cm，最矮的是金娃，植株高度为 31.7 cm，比对照矮 3.6 cm。在开展度方面，华耐春玉黄的最大，为 55.6 cm，其次是金娃娃 55.3 cm，最小的是春宝黄，为 44.9 cm。在紧实度方面，除迷你上汤、春皇后、金王子、金娃表现为较紧外，其余品种都表现紧实。在球高度方面，最高的是靓丽，为 24.6 cm，比对照高 3.8 cm；其次是京宝黄，为 23.3 cm，比对照高 2.5 cm。球高度最矮的是迷你上汤 19 cm，比对照矮 1.8 cm。

表 3　娃娃菜不同品种主要植物学性状比较

品种	株高（cm）	开展度（cm）	球高（cm）	球径（cm）	球形指数	紧实度
春宝黄	32.7	44.9	22.2	15.0	1.48	紧
金娃娃	35.1	55.3	19.8	15.1	1.31	紧

（续表）

品种	株高（cm）	开展度（cm）	球高（cm）	球径（cm）	球形指数	紧实度
金娃 2 号	35. 3	51. 5	20. 9	14. 6	1. 43	紧
娃娃黄	35. 8	50. 4	22. 5	15. 0	1. 50	紧
春皇后	34. 9	54. 6	22. 6	16. 1	1. 40	较紧
德高娃 75	35. 3	48. 4	21. 8	15. 1	1. 44	紧
靓丽	35. 2	52. 8	24. 6	14. 8	1. 66	紧
春秋二号	36. 3	48. 6	21. 7	14. 7	1. 48	紧
华耐春玉黄	35. 7	55. 6	22. 6	15. 2	1. 49	紧
迷你福娃	34. 4	48. 5	19. 6	14. 6	1. 02	紧
金玉黄（CK）	35. 3	53. 3	20. 8	13. 7	1. 52	紧
京宝黄	32. 8	49. 5	23. 3	13. 9	1. 68	紧
韩娃娃	33. 2	49. 9	21. 9	14. 3	1. 53	紧
金娃	31. 7	49. 6	21. 9	13. 7	1. 60	较紧
金王子	33. 3	50. 6	22. 0	14. 3	1. 54	较紧
迷你上汤	34. 4	49. 7	19. 0	14. 2	1. 34	较紧

（三）不同品种品质分析

由图 1、图 2 可看出，参试品种的还原糖含量平均值最高的是金王子，含量为 3. 30%，其次是迷你上汤，含量为 3. 10%，第三位的是春秋二号，含量为 3. 00%，含量最低的品种是娃娃黄，含量为 1. 20%。维生素 C 含量最高的为迷你福娃，含量为 8. 05 $mg \cdot kg^{-1}$，其次是金娃娃 7. 63 $mg \cdot kg^{-1}$，第三位的是春皇后，含量为 7. 52 $mg \cdot kg^{-1}$。

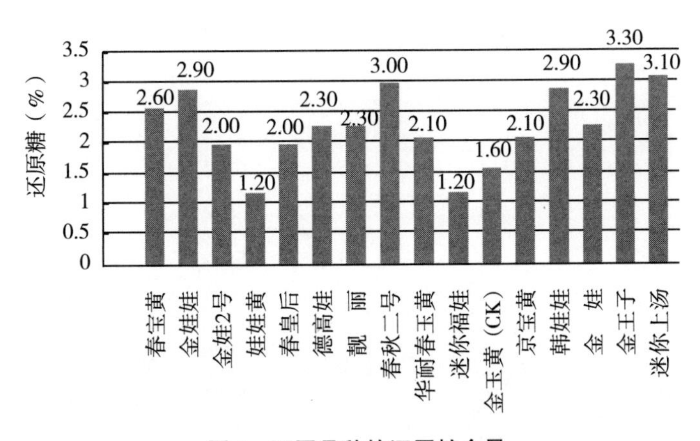

图 1　不同品种的还原糖含量

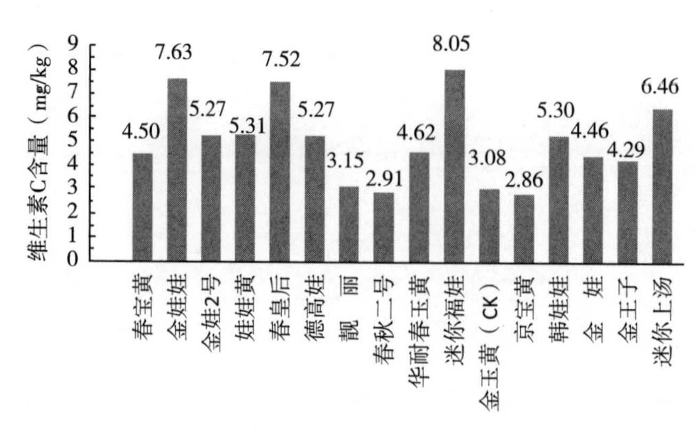

图 2　不同品种的维生素 C 含量

（四）不同品种经济性状

由表 4 可知，参试品种中净菜率最高的是金娃 2 号，净菜率为 67. 30 %，其次是春宝黄，净菜率为 66. 90 % ，第三位的是娃娃黄，净菜率为 61. 80%，净菜率最低的是春秋二号，为 56. 40%。单球重量变化范围为 628～1 019 g，高于对照的品种有 10 个，最高的品种为春宝黄，单球质量 1 019 g，比对照金玉黄重 262 g，其次是金娃娃 990 g，较对照重 233 g，金娃 2 号、娃娃黄名列第三、四位，分别较对照增重 183 g、161 g，单球重量最低的品种是迷你上汤，仅为 628 g。

表 4　娃娃菜不同品种主要经济学性状比较

品种	15 株毛重（kg）	15 株净重（kg）	单球重（g）	净菜率（%）	还原糖（%）	VC 含量（$mg \cdot kg^{-1}$）
春宝黄	22. 83	15. 28	1 019	66. 9	2. 60	4. 50
金娃娃	25. 28	14. 85	990	58. 7	2. 90	7. 63
金娃 2 号	20. 95	14. 10	940	67. 3	2. 00	5. 27
娃娃黄	22. 29	13. 77	918	61. 8	1. 20	5. 31
春皇后	22. 31	13. 72	915	61. 5	2. 00	7. 52
德高娃 75	22. 09	13. 50	900	61. 1	2. 30	5. 27
靓丽	20. 82	13. 14	876	63. 1	2. 30	3. 15
春秋二号	22. 23	12. 53	835	56. 4	3. 00	2. 91
华耐春玉黄	19. 76	11. 62	775	58. 8	2. 10	4. 62
迷你福娃	20. 07	11. 52	768	57. 4	1. 20	8. 05
金玉黄（CK）	19. 25	11. 36	757	59. 0	1. 60	3. 08
京宝黄	19. 07	11. 10	740	58. 2	2. 10	2. 86
韩娃娃	19. 43	11. 00	733	56. 6	2. 90	5. 30
金娃	18. 52	11. 00	733	59. 4	2. 30	4. 46

（续表）

品种	15 株毛重（kg）	15 株净重（kg）	单球重（g）	净菜率（%）	还原糖（%）	VC 含量（$mg\cdot kg^{-1}$）
金王子	19.08	10.80	720	56.6	3.30	4.29
迷你上汤	15.62	9.42	628	60.3	3.10	6.46

（五）不同品种丰产性及抗病性

由表 5 可知，亩产量高于对照的品种有 10 个，分别为春宝黄、金娃娃、金娃 2 号、娃娃黄、春皇后、德高娃 75、靓丽、春秋二号、华耐春玉黄、迷你福娃；产量最高的是春宝黄，为 7 765.15 kg，较对照金玉黄增产 1 992.11 kg，增产率 34.51 %；其次是金娃娃，为 7 546.63 kg，较对照增产 1 773.59 kg，增产率 30.72%；排在第三位的是金娃 2 号，为 7 165.49 kg，增产率 24.12 %。各处理间差异极显著，春宝黄、金娃娃、金娃 2 号、娃娃黄、春皇后、德高娃 75、靓丽与对照差异均达极显著水平。春秋二号与对照差异显著，其余品种与对照差异不显著。抗病性方面，参试各品种病害均较轻，对产量影响不大，经田间试验鉴定，抗病性较强的品种有春宝黄、金娃娃、德高娃 75、金娃 2 号、娃娃黄、华耐春玉黄、金玉黄。

表 5　娃娃菜不同品种产量比较

品种	小区平均产量（kg）	亩产量（kg）	较 CK 增产（kg）	增产率（%）	排名
春宝黄	73.34 aA	7 765.15	1 992.11	34.51	1
金娃娃	71.28 abAB	7 546.63	1 773.59	30.72	2
金娃 2 号	67.68 bcABC	7 165.49	1 392.45	24.12	3
娃娃黄	66.10 cBCD	6 997.78	1 224.74	21.21	4
春皇后	65.86 cBCD	6 972.37	1 199.33	20.77	5
德高娃 75	64.80 cdBCD	6 860.57	1 087.53	18.84	6
靓丽	63.07 cdCD	6 677.62	904.58	15.67	7
春秋二号	60.14 deDE	6 367.63	594.59	10.30	8
华耐春玉黄	55.78 efEF	5 905.17	132.13	2.29	9
迷你福娃	55.30 efEF	5 854.35	81.31	1.41	10
金玉黄（CK）	54.53 fEF	5 773.04	0.00	0.00	11
京宝黄	53.28 fF	5 640.91	−132.13	−2.29	12
韩娃娃	52.80 fF	5 590.10	−182.94	−3.17	13
金娃	52.80 fF	5 590.10	−182.94	−3.17	14

（续表）

品种	小区平均产量（kg）	亩产量（kg）	较 CK 增产（kg）	增产率（%）	排名
金王子	51.84 fF	5 488.46	-284.58	-4.93	15
迷你上汤	45.22 gG	4 787.15	-985.89	-17.08	16

注：表中大小写字母分别表示 0.01 和 0.05 显著水平。

三、小　结

通过从生育期、主要植物学性状、经济性状、丰产性、抗病性方面综合分析，参试的16个品种中，春宝黄、金娃娃表现较好，生育期短，植株开展度较小，适宜密植，产量较高，净菜率较高，抗病性强，品质佳，适宜在张掖市及相似气候地区栽培。金娃2号、娃娃黄生育期适中、商品性好，产量高、抗病性强，可作为搭配品种种植。春皇后、金娃、金王子、迷你上汤 4 个品种的紧实度不及对照品种，商品性欠佳，故应淘汰。春秋二号植株高度最高、生育期长，商品性一般，故没有推广价值。

参考文献

[1] 张晓梅，严湘萍．高寒地区娃娃菜品种引种比较试验初报［J］. 长江蔬菜，2009（2）：46-47.

[2] 陶莲，杨永英，赵大芹，等．娃娃菜引种试验初报［J］. 耕作与栽培，2008（5）：56-57.

[3] 周志龙，代惠芳．西北干旱区高山娃娃菜高效节水周年生产技术［J］. 中国蔬菜，2015（2）：77-79.

[4] 包会存，李亚洲，张潮，等．丝绸之路经济带张掖市绿色蔬菜产业发展规划（2015—2020）［z］.

[5] 彭春梅．娃娃菜新品种引进比较试验初报［J］. 农业科技与信息，2012（7）：21-22.

[6] 邵贵荣，陈文辉，方淑桂，等．娃娃菜品种引进试验初报［J］. 福建农业科技，2008（1）：51-52.

[7] 何道根，何贤彪．娃娃菜无公害标准化生产技术［J］. 浙江农业科学，2007（2）：233-234.

（本文发表于《中国瓜菜》2016 年第 8 期，略有改动）

张掖市娃娃菜品种比较试验

王勤礼[1]，闫芳[1]，朱丽红[1]，华军[2]，张文斌[2]
（1. 河西学院河西走廊设施蔬菜工程技术研究中心；
2. 张掖市经济作物技术推广站）

摘　要：通过品种比较试验，鉴定评价引进的娃娃菜新品种在张掖市的丰产性、稳产性、适应性、抗病性、品质及其他重要特征特性，为新引进的娃娃菜新品种在张掖市推广提供科学依据。试验结果表明，参试的娃娃菜新品种中，帅天金币 2 号与介实玲珑的植物学性状、丰产性、抗病性均优于其他参试品种，可以推广种植。

关键词：娃娃菜；品种；生物量；产量；抗病性；比较

娃娃菜是一种小型结球白菜，属十字花科芸薹属白菜亚种，具有生长周期短、个体小、适宜密植等特点，市场发展潜力巨大。娃娃菜风味独特、个体较小、包装运输及食用方便，并且色泽鲜嫩诱人，含有丰富的蛋白质、维生素及钾、钙、磷等营养成分，深受生产者和消费者的青睐，近年来发展极为迅速。目前，全国各个蔬菜批发市场和超市内均有娃娃菜销售[1-3]。

娃娃菜是甘肃省种植的主要高原夏菜，因产量高、效益好而深受广大菜农喜爱[4]。近年来，娃娃菜已成为张掖市高原夏菜的主要菜种之一，种植规模逐年扩大，唯有不断的引进新品种，改进栽培措施，提高品质，才能满足日益增长的市场需求。但目前市场上娃娃菜品种杂乱，适合当地栽培的娃娃菜品种较少[5]。为了让更多的消费者能吃上优质的娃娃菜，提高菜农的经济效益，在以前研究的基础上[6]，2017 年我们从外地引进 6 个娃娃菜品种，开展了娃娃菜引种品比试验，以期筛选出适宜张掖市种植的高产、优质、商品性好的娃娃菜新品种，为当地娃娃菜生产提供理论依据。

一、材料与方法

（一）试验材料

供试娃娃菜品种 6 个，分别为诺娃、介实玲珑、介实春贝黄、帅天金币 2 号、介实金杯、华耐春玉黄。试验材料全部由甘肃省 2014 年农业技术推广及基地建设项目组提供。

（二）试验方法

试验采用随机区组设计，六个处理，每个品种为一个处理，3 次重复。试验材料于

2016 年 4 月 7 日播种育苗，2016 年 5 月 5 日定植。垄高 20 cm，下底宽为 60 cm，上口宽为 40 cm，沟宽 20 cm，每垄栽植 2 行，行距 35 cm，株距 35 cm，小区面积 20 m^2，试验地周边设 4 行保护行。试验地管理同常规栽培。

（三）测定项目

收获时先计数收获株数，如果 1 个小区缺株 15%以上，作缺区处理；若 3 个小区均缺株 15%以上，试验报废；各试点全小区计产。在生长后期对不同娃娃菜品种的主要植物学性状、抗病性及产量等进行统计和综合评比。

二、试验结果与分析

（一）不同娃娃菜品种植物学性状

由表 1 可以看出，参试的 6 个品种中，毛重以帅天金币 2 号最高，为 2.22 kg；介实玲珑次之，为 1.89 kg；最低的是诺娃，为 1.58 kg；其余品种均在 1.70～1.86 kg。净重以介实玲珑最高，为 1.30 kg；帅天金币 2 号次之，为 1.11 kg；最低的是诺娃，为 0.76 kg；其余品种均在 0.9～1 kg。球高以华耐春玉黄最高，为 20 cm；帅天金币 2 号次之，为 19.96 cm；最低的是介实金杯，为 18.69 cm；其余品种均在 18.73～19.9 cm。株高以介实金杯最高，为 34.8 cm；华耐春玉黄次之，为 33.13 cm；最低的是介实春贝黄，为 29.97 cm；其余品种均在 31.83～32.39 cm。球径以帅天金币 2 号最高，为 12.07 cm；介实玲珑次之，为 11.87 cm；最低的是诺娃，为 11.4 cm；其余品种均在 11.47～11.87 cm。综合植物学性状来看，帅天金币 2 号、介实玲珑表现较好，华耐春玉黄次之，而诺娃则相比之下较为差一点。

表 1　参试娃娃菜品种植物学性状

品种	毛重（kg）	净重（kg）	球高（cm）	株高（cm）	球径（cm）
帅天金币 2 号	2.22	1.11	19.96	32.37	12.07
介实玲珑	1.89	1.30	18.73	32.39	11.87
华耐春玉黄	1.70	0.91	20.00	33.13	11.60
介实金杯	1.79	0.90	18.69	34.80	11.87
介实春贝黄	1.86	1.00	19.90	29.97	11.47
诺娃	1.58	0.76	19.67	31.83	11.40

（二）不同娃娃菜品种发病率比较

由表 2 可以看出，参试的 6 个品种中，干烧心发病率最低的是诺娃，其发病率为 4.36；介实玲珑次之，发病率为 5.79；发病率最高的是帅天金币 2 号，为 16.58。由表

3 可以看出，软腐病发病率最低的是帅天金币 2 号，其发病率为 0；介实玲珑次之，发病率为 0.61；发病率最高的是介实春贝黄，为 2.99。综合其发病率来看，其发病率最低的为介实玲珑，其次是诺娃，发病率最高的是华耐春玉黄和介实春贝黄。

表 2　娃娃菜干烧心发病率

品种	干烧心发病率（%）
帅天金币 2 号	16.58
介实金杯	13.53
华耐春玉黄	7.35
介实春贝黄	5.95
介实玲珑	5.79
诺娃	4.36

表 3　娃娃菜软腐病发病率

品种	软腐病发病率（%）
介实春贝黄	2.99
华耐春玉黄	2.58
诺娃	1.52
介实金杯	1.13
介实玲珑	0.61
帅天金币 2 号	0.00

（三）不同娃娃菜品种产量结果

经方差分析，介实玲珑与诺娃产量差异显著，但与其他品种之间产量差异不显著。由表 4 可以看出，6 个参试品种中，介实玲珑和帅天金币 2 号的小区产量及折合 667 m^2 产量都比较高，其折合产量分别为 8 341.33 kg·$667m^{-2}$、7 125.33 kg·$667m^{-2}$；其次是介实春贝黄和华耐春玉黄，其折合产量分别为 6 400 kg·$667m^{-2}$、5 845.33 kg·$667m^{-2}$；而介实金杯和诺娃则相对来说较低，其折合产量分别为 5 760 kg·$667m^{-2}$、4 842.67 kg·$667m^{-2}$。

表 4　参试娃娃菜品种产量

品种	小区产量（kg）			平均产量（kg）	折合亩产量（kg）
	Ⅰ	Ⅱ	Ⅲ		
介实玲珑	333.91	245.64	170.79	250.11 aA	8 341.33
帅天金币 2 号	203.42	253.31	184.23	213.65 abA	7 125.33

（续表）

品种	小区产量（kg）			平均产量（kg）	折合亩产量（kg）
	Ⅰ	Ⅱ	Ⅲ		
介实春贝黄	142.01	218.77	214.93	191.90 abA	6 400.00
华耐春玉黄	211.10	174.63	140.09	175.27 abA	5 845.33
介实金杯	182.31	209.18	126.66	172.72 abA	5 760.00
诺娃	130.49	157.36	147.77	145.21 bA	4 842.67

注：表中同列不同小写字母表示差异显著，不同大写字母表示差异极显著。

三、小　结

试验结果表明参试的娃娃菜新品种中，综合性状以介实玲珑和帅天金币 2 号表现最好，其二者的农艺性状及抗病性、产量均优于介实春贝黄、华耐春玉黄、介实金杯及诺娃，可以考虑在张掖市推广种植。

参考文献

[1] 范玉忠，姜玉祥，李志惠．不同娃娃菜品种比较试验［J］．蔬菜，2014（11）：21-22.
[2] 赵美华，巫东堂，赵军良，等．晋中地区娃娃菜单位面积栽植量比较试验［J］．蔬菜，2015（7）：10-11.
[3] 张晓梅，严湘萍．高寒地区娃娃菜品种引种比较试验初报［J］．长江蔬菜，2009（1）：46-47.
[4] 赵美华，赵军良，李改珍，等．晋中市娃娃菜引种比较试验［J］．山西农业科学，2015，43（6）：661-663.
[5] 彭建姝，杨晓菊．7 个娃娃菜品种在红古区的引种试验初报［J］．甘肃农业科技，2012（12）：25-26.
[6] 华军，王勤礼，王鼎国，等．张掖市娃娃菜品种比较试验［J］．中国瓜菜，2016（8）：38-41.

张掖市甘蓝品种比较试验初报

华　军[1]，张文斌[2*]，王勤礼[3]，王鼎国[2]，李文德[2]，张　荣[2]，李天童[2]，张　艳[3]
（1. 张掖市农业科学研究院；2. 张掖市经济作物技术推广站；3. 河西学院）

摘　要： 筛选适应张掖市露地栽培的甘蓝品种。引进 20 个品种，以中甘 21 为对照，在露地条件下进行品种比较试验。结果显示，参试的品种中，园丰、美绿的田间长势、生育期、产量、商品性等综合性状较好。园丰折合产量 6 906.23 kg/667m²，较对照中甘 21 增产 1 750.88 kg/667m²，增产幅度 33.96%；美绿，折合产量 6 204.49 kg/667m²，较对照增产 1 049.14 kg/667m²，增产幅度 20.35%。园丰、美绿可在试验条件下大面积推广。

关键词： 甘蓝；品种比较；试验；张掖市

张掖市位于甘肃省河西走廊中段，属温带大陆性干旱气候，光照时间长，昼夜温差大，水资源丰富，工业污染源少，病虫害发生轻，劳动力资源丰富，蔬菜种植历史悠久，是高原夏菜种植的优势区域，加之南方 5—10 月市场需求空间巨大，为我市高原夏菜的发展提供了难得的机遇[1-2]。但近年来市场上甘蓝品种存在产量下降、适应性不强等问题。为此，张掖市经作站开展了新品种比较试验，以期筛选出适宜张掖市露地种植的高产优质甘蓝新品种，为当地甘蓝生产提供理论依据。

一、材料与方法

（一）供试材料

供试品种共 20 个，名称、编号、来源见表 1。

表 1　参试品种及来源

编号	品种名称	品种来源
1	中甘 21（CK）	中国农科院蔬菜花卉研究所
2	秀绿	北京捷利亚种业有限公司
3	园丰	河北省邢台市大力种苗公司
4	太空绿秀	河北省邢台市绿硕种苗中心
5	中甘十一	河北省邢台市绿硕种苗中心
6	中甘 828	中国农科院蔬菜花卉研究所
7	美绿	兰州东平种子有限公司

（续表）

编号	品种名称	品种来源
8	8398	河北省邢台市绿硕种苗中心
9	阳美 50	邢台甘之都种业有限公司
10	先甘 382	寿光先正达种子有限公司
11	先甘 068	寿光先正达种子有限公司
12	世农春宝	北京世农种苗有限公司
13	青衣	河北省邢台市蔬菜种子公司
14	极早 38	河北省邢台市大力种苗公司
15	致和甘蓝	兰州东平种子有限公司
16	莲花包	兰州东平种子有限公司
17	世纪之绿	陕西泰兴种苗有限公司
18	帝王绿	兰州东平种子有限公司
19	美味四季绿	河北省邢台市大力种苗公司
20	金鼎绿球	兰州东平种子有限公司

（二）试验地情况

试验设在张掖市建涵农产品保鲜农民专业合作社试验基地内，试验地海拔 1 550 m，位于东经 100. 24°、北纬 38. 96°，前茬作物为玉米，地势平坦，排灌良好，土壤肥力中等。

（三）试验设计

本试验采用随机区组设计，重复 3 次，小区面积 7. 2 m^2（长 9 m×宽 0. 8 m），小区种植苗数 75 株。重复间走道宽 100 cm，试验地四周设保护行。

（四）田间管理

试验于 4 月 5 日育苗，5 月 8 日定植。播前施优质农家肥 4 000 kg/667m^2，尿素 20 kg、磷酸二铵 15 kg、硫酸钾 20 kg/667m^2。采用单垄双行种植，垄宽 50 cm，沟宽 30 cm，株距 25 cm，行距 30 cm。生长期视墒情浇水，莲座期随水追施尿素 15 kg/667m^2，结球期结合灌水，亩施尿素 15 kg、硫酸钾 15 kg[3-4]。其他管理同当地大田。

二、结果与分析

（一）不同品种主要物候期

由表 2 可知，参试品种的生育期在 48～58 d，极早 38 的生育期最短为 48 d，较对照中甘 21 提前 7 d；太空绿秀、金鼎绿球、世纪之绿的生育期分别较对照提前 4 d、3 d、3 d；园丰的生育期 58 d，较对照推迟 3 d。

表 2　参试品种物候期记载表

品种	播种期（日/月）	定植期（日/月）	莲座期（日/月）	结球期（日/月）	成熟期（日/月）	生育期（d）
秀绿	5/4	8/5	22/5	2/6	2/7	55
太空绿秀	5/4	8/5	22/5	1/6	28/6	51
中甘十一	5/4	8/5	22/5	2/6	29/6	52
帝 王 绿	5/4	8/5	22/5	3/6	30/6	53
世纪之绿	5/4	8/5	23/5	3/6	29/6	52
先甘 382	5/4	8/5	22/5	3/6	28/6	51
极早 38	5/4	8/5	19/5	30/5	25/6	48
金鼎绿球	5/4	8/5	22/5	1/6	29/6	52
中甘 21（CK）	5/4	8/5	23/5	1/6	2/7	55
8398	5/4	8/5	23/5	2/6	2/7	55
美绿	5/4	8/5	23/5	3/6	29/6	52
美味四季绿	5/4	8/5	22/5	7/6	1/7	54
致和甘蓝	5/4	8/5	23/5	5/6	2/7	55
莲花包	5/4	8/5	23/5	4/6	1/7	54
青衣	5/4	8/5	20/5	2/6	2/7	55
世农春宝	5/4	8/5	22/5	3/6	2/7	55
先甘 068	5/4	8/5	22/5	4/6	3/7	56
阳美 50	5/4	8/5	22/5	3/6	30/6	53
园丰	5/4	8/5	22/5	3/6	5/7	58
中甘 828	5/4	8/5	23/5	3/6	1/7	54

（二）不同品种植物学性状

由表 3 可知，在株高方面，参试品种中最高的是园丰，株高为 44. 20 cm，比对照中甘 21 高 12. 5 cm，其次是世农春宝，为 43. 80 cm，比对照高 12. 1 cm，最矮的是 8398，株高为 24. 8 cm，比对照矮 6. 3 cm。在株幅方面，中甘 21 的最大，为 55. 7 cm×48. 9 cm，其次是帝王绿 54. 7 cm×49. 7 cm，最小的是中甘 828，为 43. 0 cm×41. 0 cm。外叶数方面，最多的是先甘 068，外叶数为 15. 7 片，其次是阳美 50，外叶数是 14. 2，外叶数最少的是世农春宝，为 10. 4 片。球形指数变化范围在 0. 98～1. 12，各品种的叶球形状均近圆形，秀绿的形状呈扁圆形。外叶色方面，帝王绿、美味四季绿、莲花包、阳美50的外叶色为绿色；先甘382、8398、园丰的外叶色为浅绿色；极早38、美绿的颜色为黄绿色；其余品种均为深绿色。叶表蜡质，秀绿、金鼎绿球这两个品种少，太空绿秀、极早38、致和甘蓝、青衣、世农春宝、先甘068、阳美50、园丰、中甘828这几个品种叶表蜡质多，其余品种中等。在紧实度方面，秀绿、中甘十一、莲花包、世农春宝、先甘068、阳美50、致和甘蓝的紧实度中等，商品性一般；先甘382、8398的紧实度松，商品性差；其余品种的紧实度紧，商品性好。

表3　参试品种的植物学性状

品种	株高（cm）	株幅（cm）	外叶数（片）	球高（cm）	球径（cm）	球形指数	外叶色	叶表蜡质	叶球形状	紧实度
秀绿	31.50	51.7×48.0	11.8	14.20	12.80	1.11	深绿色	少	扁圆形	中
太空绿秀	27.70	49.2×42.2	12.7	14.50	14.10	1.03	深绿色	多	圆形	紧
中甘十一	27.00	48.1×43.5	11.7	13.70	14.00	0.98	深绿色	中	圆形	中
帝王绿	30.40	54.7×49.7	13.5	14.20	14.30	0.99	绿色	中	圆形	紧
世纪之绿	29.00	49.9×46.2	14.0	13.50	13.90	0.97	深绿色	中	圆形	紧
先甘382	25.10	43.6×40.9	13.9	11.70	11.90	0.98	浅绿色	中	圆形	松
极早38	25.40	48.6×45.8	11.6	14.20	14.30	0.99	黄绿色	多	扁圆形	紧
金鼎绿球	29.50	51.2×46.8	13.9	14.20	14.10	1.01	深绿色	少	圆形	紧
中甘21(CK)	31.70	55.7×48.9	12.5	16.80	15.00	1.12	深绿色	中	扁圆形	中
8398	24.80	45.7×42.2	11.9	13.30	13.30	1.00	浅绿色	中	圆形	松
美绿	23.80	46.4×43.7	13.2	13.40	13.10	1.02	黄绿色	中	圆形	紧
美味四季绿	39.60	47.6×40.0	11.0	13.60	12.20	1.11	绿色	多	圆形	紧
致和甘蓝	36.00	50.2×50.9	12.0	15.20	13.80	1.10	深绿色	多	扁圆形	中
莲花包	36.80	46.9×43.8	13.1	13.20	13.00	1.02	绿色	中	圆形	中
青衣	33.80	45.6×40.0	11.4	13.20	13.00	1.02	深绿色	多	扁圆形	紧
世农春宝	43.80	50.6×41.2	10.4	11.80	12.00	0.98	深绿色	多	圆形	中
先甘068	37.70	51.3×45.7	15.7	13.20	12.40	1.06	深绿色	多	圆形	中
阳美50	36.20	43.2×42.0	14.2	12.80	13.00	0.98	绿色	多	圆形	中
园丰	44.20	50.0×48.0	12.2	14.00	13.80	1.01	浅绿色	多	圆形	紧
中甘828	38.00	43.0×41.0	11.8	13.40	12.80	1.05	深绿色	多	圆形	紧

（三）不同品种品质分析

由表4可看出，参试品种的维生素C含量最高的为中甘828，含量为3.785 mg/100g，其次是帝王绿2.698 mg/100g，第三位的是阳美50，含量为1.982 mg/100g，含量最低的品种是世农春宝，为0.418 mg/100g。还原糖方面，最高的是世纪之绿，含量为0.450%，其次是帝王绿，含量为0.443%，第三位的是秀绿，含量为0.441%，含量最低的品种是美绿，含量为0.313%。

表4　参试品种的经济性状及品质

品种	10株毛重（kg）	10株净重（kg）	净菜率（%）	单球重（g）	较CK±（g）	维C值（mg/100g）	还原糖（%）
园丰	15.46	9.94	64.29	994	252	1.704	0.363
致和甘蓝	15.86	9.80	61.79	980	238	1.793	0.428
美绿	15.89	8.93	56.20	893	151	1.459	0.313
太空绿秀	14.52	8.17	56.27	817	75	1.333	0.413
世纪之绿	14.13	8.12	57.47	812	70	0.721	0.450
金鼎绿球	11.44	7.98	69.76	798	56	1.381	0.331
极早38	12.70	7.90	62.20	790	48	1.165	0.333
莲花包	13.30	7.83	58.87	783	41	1.328	0.413
中甘21（CK）	13.62	7.42	54.48	742	0	1.271	0.428
帝王绿	14.81	7.24	48.89	724	-18	2.698	0.443
世农春宝	11.20	6.84	61.07	684	-58	0.418	0.379
先甘068	12.76	6.68	52.35	668	-74	1.347	0.359
中甘十一	12.25	6.24	50.94	624	-118	1.847	0.366
阳美50	12.38	6.08	49.11	608	-134	1.982	0.353
秀 绿	11.77	6.04	51.32	604	-138	1.211	0.441
8398	9.71	6.02	62.00	602	-140	1.592	0.436
美味四季绿	7.74	4.88	63.05	488	-254	1.775	0.417
青衣	6.78	4.78	70.50	478	-264	1.262	0.338
中甘828	6.72	4.66	69.35	466	-276	3.785	0.437
先甘382	8.93	4.34	48.60	434	-308	1.211	0.320

（四）不同品种经济性状

由表4可知，参试品种中净菜率最高的是青衣，净菜率为70.5%，其次是金鼎绿球，净菜率为69.76%，第三位的是中甘828，净菜率为69.35%，净菜率最低的是先甘382，为48.60%。单球重变化范围为434～994 g，高于对照的品种有8个，最高的品种为园丰，单球重994 g，比对照中甘21重252 g，其次是致和甘蓝980 g，较对照重238 g，美绿、太空绿秀名列第三、四位，分别较对照增重151 g、75 g，单球重最低的是先甘 382，仅为 434 g。

（五）不同品种产量结果

由表 5 可知，园丰的折合产量位居第一位，为 6 906. 23 kg/667m^2，较对照中甘 21 增产 1 750. 88 kg/667m^2，增产率 33. 96%。其次是致和甘蓝，亩产量 6 808. 96 kg，较对照增产 1 653. 61 kg，增产率 32. 08%。排在第三位的是美绿，亩产量 6 204. 49 kg，增产率 20. 35%。经方差分析（表 5），$P<0.01$，处理间差异达极显著，园丰、致和甘蓝和美绿与对照中甘 21 差异极显著；中甘十一、阳美 50、秀绿、8398、美味四季绿、青衣、中甘 828、先甘 382 与对照差异极显著；其余品种与对照差异不显著。

表 5　不同品种产量结果

品种	小区产量（kg/7. 2 m^2）						折合亩产（kg）	较 CK±	较 CK%	名次
	Ⅰ	Ⅱ	Ⅲ	均值	5%	1%				
园丰	68. 32	77. 58	77. 75	74. 55	a	A	6 906. 23	1 750. 88	33. 96	1
致和甘蓝	70. 22	69. 32	80. 96	73. 50	a	A	6 808. 96	1 653. 61	32. 08	2
美绿	62. 12	63. 22	75. 59	66. 98	b	AB	6 204. 49	1 049. 14	20. 35	3
太空绿秀	60. 08	60. 52	63. 23	61. 28	bc	BC	5 676. 45	521. 10	10. 11	4
世纪之绿	58. 33	62. 41	61. 96	60. 90	bc	BC	5 641. 71	486. 36	9. 43	5
金鼎绿球	57. 62	60. 28	61. 65	59. 85	cd	BCD	5 544. 44	389. 09	7. 55	6
极早 38	60. 32	57. 55	59. 88	59. 25	cd	BCD	5 488. 85	333. 50	6. 47	7
莲花包	56. 35	53. 28	66. 55	58. 73	cd	BCDE	5 440. 22	284. 87	5. 53	8
中甘 21（CK）	58. 00	53. 62	55. 33	55. 65	cde	CDE	5 155. 35	0. 00	0. 00	9
帝王绿	52. 21	50. 28	60. 41	54. 30	de	CDEF	5 030. 29	−125. 06	−2. 43	10
世农春宝	50. 21	53. 22	50. 47	51. 30	ef	DEFG	4 752. 38	−402. 98	−7. 82	11
先甘 068	49. 68	52. 32	48. 30	50. 10	ef	EFG	4 641. 21	−514. 14	−9. 97	12
中甘十一	44. 11	47. 65	48. 64	46. 80	f	FG	4 335. 50	−819. 85	−15. 90	13
阳美 50	45. 00	44. 68	47. 12	45. 60	f	FG	4 224. 33	−931. 02	−18. 06	14
秀绿	46. 25	42. 33	47. 32	45. 30	f	GH	4 196. 54	−958. 81	−18. 60	15
8398	47. 32	46. 28	41. 85	45. 15	f	GH	4 182. 65	−972. 70	−18. 87	16
美味四季绿	35. 55	31. 35	42. 90	36. 60	g	HI	3 390. 58	−1 764. 77	−34. 23	17
青衣	33. 68	37. 32	36. 55	35. 85	g	I	3 321. 10	−1 834. 25	−35. 58	18
中甘 828	35. 25	30. 58	39. 02	34. 95	g	I	3 237. 73	−1 917. 62	−37. 20	19
先甘 382	33. 68	30. 55	33. 42	32. 55	g	I	3 015. 40	−2 139. 95	−41. 51	20

注：表中大小写字母分别表示 0. 01 和 0. 05 显著水平。

三、小结

综合分析参试品种的田间长势、生育期、产量、商品性、抗逆性，参试的 20 个品种中，园丰、美绿、太空绿秀、世纪之绿的综合性状较好。园丰、美绿的产量高，商品性好，球型佳，紧实度高，适宜在张掖范围内推广种植。致和甘蓝的产量高，株幅大，但其紧实度不高，商品性一般，不被市场认可。太空绿秀、世纪之绿的产量稳定，商品性好，抗逆性强，可作为搭配品种种植。

参考文献

[1] 董华芳，李栋梁，王琴，等．不同结球甘蓝品种产量和品质分析［J］．现代农业科技，2011（20）：151-152.
[2] 郭惊涛，吴康云，邓英．夏秋甘蓝品种比较试验［J］．贵州农业科学，2007，35（4）：102-103.
[3] 张晶，张国斌，马彦霞，等．不同施肥量对高原夏菜青花菜产量、品质及养分吸收的影响［J］．中国农学通报，2013，29（25）：161-167.
[4] 周亚婷，张国斌，刘华，等．不同水肥供应对结球甘蓝产量、品质及水肥利用效率的影响［J］．中国蔬菜，2015，（4）：54-59.

（本文发表于《中国园艺文摘》2016 年第 1 期，略有改动）

露地栽培西兰花品种比较试验

李文德[1]，张文斌[1]，王勤礼[2]，华军[3]，张荣[1]
（1. 张掖市经济作物技术推广站；2. 河西学院；3. 张掖市农业科学研究院）

摘　要：为了筛选出高产、商品性好的西兰花品种，在张掖市甘州区引入10个西兰花品种，对其植株性状、抗逆性、球型、单球重、产量及品质进行了观察比较。结果表明，‘绿海’、‘领秀’产量高、商品性和经济性状好，可在试验条件下进行大面积推广。

关键词：露地；西兰花；品种；比较试验

西兰花属十字花科芸薹属甘蓝种，其具有营养价值高、种植效益好、适应性广等特点，是目前张掖市种植的主要高原夏菜菜种之一。但目前市场上西兰花品种单一、商品性差、产量下降等因素严重制约着张掖市种植规模的扩大。为此，张掖市经济作物技术推广站引进西兰花品种10个，在张掖市甘州区建涵农产品保鲜农民专业合作社试验基地内开展了新品种比较试验，以期筛选出适宜张掖市露地推广种植的高产优质西兰花新品种。

一、材料与方法

（一）试验材料

共引进西兰花新品种10个，编号、品种名称如下表。

表1　参试品种及来源

编号	品种名称	品种来源
1	绿奇	北京华耐农业发展有限公司
2	中青9号	北京华耐农业发展有限公司
3	领秀	兰州东平种子有限公司
4	耐寒优秀（CK）	富民专业合作社
5	青秀	兰州东平种子有限公司
6	绿珍F1	中国台湾长胜种苗公司
7	绿海	北京华耐农业发展有限公司

（续表）

编号	品种名称	品种来源
8	丹妞布	韩国种苗株式会社
9	耐寒青秀	兰州东平种子有限公司
10	BROCCDLI	丰和绿业蔬菜专业合作社

（二）试验设计

试验设置在张掖市甘州区建涵农产品保鲜农民专业合作社试验基地内，地势平坦，排灌良好，肥力均匀，前茬作物为玉米。试验以品种作为处理，共设 10 个处理，以“耐寒优秀”为对照。采用随机区组排列，重复 3 次，小区面积 9 m^2（长 9 m×宽 1 m），小区苗数 45 株。重复间走道宽 0.8 m，试验地四周设保护行。

（三）田间管理

各品种均采用穴盘育苗移栽，4 月 5 日育苗，5 月 8 日定植，垄宽 60 cm，沟宽 40 cm，“品字型”定植法，株距 40 cm，行距 50 cm。整地时一次性施腐熟的有机肥 4 000 kg/667m^2、磷酸二铵 15 kg/667m^2、硫酸钾 10 kg/667m^2[1]。生长期视墒情浇水，莲座期进行蹲苗，蹲苗结束后，结合灌水每亩追施氮肥（N）5 kg，同时用 0.2%的硼砂溶液叶面喷施 1～2 次。结球期要保持土壤湿润，结合灌水追施氮肥（N）5 kg、钾肥（K_2O）3 kg[2]。同时用 0.2%的磷酸二氢钾溶液叶面喷施 1～2 次。结球后控制灌水次数及水量。整个生育期只防虫不防病，虫害前期以小菜蛾为主[3]，后期以菜青虫蚜虫为主，用药参照无公害蔬菜生产农药使用准则，其他管理同常规。

（四）观测记载项目

观察记载熟性、生物学特性（开展度、叶形、叶色、球高、球径、紧实度、自覆性、单球质量）及产量、抗病性。用 2，6-二氯靛酚滴定法测定维生素 C 含量[4]；用蒽酮比色法测定还原糖含量[5]；用压力硬度计（TG-2 型）测定西兰花的紧实度等。

二、结果与分析

（一）物候期比较

由表 2 可知，参试品种的生育期在 58～67 d，青秀的生育期最短为 56 d，较对照耐寒优秀提前 9 d；绿海、丹妞布的生育期为 58 d，较对照耐寒优秀提前 7 d；绿珍 F1 的生育期为 60 d，较对照提前 5 d。中青 9 号、领秀的生育期分别较对照提前 1 d；BROC-CDLI 的生育期为 65 d，与对照的生育期相同。绿奇的生育期为 67 d，较对照推迟 2 d。

表 2 参试品种物候期记载表

品种	播种期（月/日）	定植期（月/日）	莲座期（月/日）	结球期（月/日）	成熟期（月/日）	生育期（d）
绿奇	4/5	5/8	5/20	6/18	7/13	67
中青 9 号	4/5	5/8	5/20	6/21	7/10	64
领秀	4/5	5/8	5/21	6/19	7/10	64
青秀	4/5	5/8	5/21	6/19	7/2	56
绿珍 F1	4/5	5/8	5/25	6/24	7/6	60
绿海	4/5	5/8	5/21	6/22	7/4	58
BROCCDLI	4/5	5/8	5/21	6/22	7/11	65
耐寒优秀（CK）	4/5	5/8	5/21	6/20	7/11	65
丹妞布	4/5	5/8	5/22	6/3	7/4	58
耐寒青秀	4/5	5/8	5/19	6/20	7/11	65

（二）不同品种植物学性状

由表 3 可知，在球高方面，青秀、绿海最高，为 15.4 cm；丹妞布次之，为 15.2 cm；最低的为 BROCCDLI 是 11.6 cm。球径方面，最大的为青秀和绿奇，为 17.1 cm；其次是中青 9 号 16 cm，最小的是耐寒青秀为 11.4 cm。在株高方面，参试品种中最高的是领秀，株高为 68.2 cm，比对照耐寒优秀高 4.8 cm；其次是绿海，为 66.8 cm，比对照高 3.4 cm，最矮的是耐寒青秀，株高为 55.5 cm，比对照矮 7.9 cm。在株幅方面，丹妞布的最大，为 100.6 cm×94.6 cm，其次是绿珍 F1，为 102.6 cm×89 cm；最小的是绿奇，为 52.0 cm×68.0 cm。外叶数方面，最多的是绿奇，外叶数为 24.1 片；其次是丹妞布，外叶数是 23 片；外叶数最少的是青秀，为 17 片。外叶色方面，绿奇、领秀、中青 9 号、BROCCDLI、青秀、绿珍 F1 为深蓝绿色；耐寒优秀、耐寒青秀、丹妞布为蓝绿色。叶表蜡质，丹妞布较其他几个品种少，其他几个品种叶表蜡质多。在紧实度方面，绿珍 F1、丹妞布紧实度都中等，商品性一般；其余品种的紧实度紧，商品性好。

表 3 参试品种的植物学性状

品种	球高（cm）	球径（cm）	株高（cm）	株幅（cm）	外叶数（片）	外叶色	叶表蜡质	紧实度
青秀	15.4	17.1	59.8	91.6×77.6	17.0	深蓝绿色	多	中
绿海	15.4	15.4	66.8	84.8×75.2	19.8	深蓝绿色	多	紧
丹妞布	15.2	15.2	66.6	100.6×94.6	23.0	蓝绿色	中	中
中青 9 号	14.0	16.0	61.6	62.4×62.7	20.6	深蓝绿色	多	紧
绿珍 F1	14.0	14.0	66.2	102.6×89.0	21.0	深蓝绿色	多	紧
绿奇	13.4	17.1	60.2	52.0×68.0	24.1	深蓝绿色	多	紧

（续表）

品种	球高（cm）	球径（cm）	株高（cm）	株幅（cm）	外叶数（片）	外叶色	叶表蜡质	紧实度
耐寒优秀(CK)	12.6	13.4	63.4	65.6×64.5	20.4	蓝绿色	多	中
领秀	12.4	13.5	68.2	60.8×62.1	20.7	深蓝绿色	多	紧
耐寒青秀	11.8	11.4	55.5	65.9×62.0	21.1	蓝绿色	多	紧
BROCCDLI	11.6	14.8	61.5	63.5×59.9	21.4	深蓝绿色	多	紧

（三）不同品种经济性状

由表4可知，参试品种中净菜率最高的是中青9号，净菜率为40.45%；其次是绿奇，净菜率为40.33%；净菜率最低的是丹妞布，为16.77%。单球重变化范围为320～532 g，高于对照的品种有4个，单球重最高的品种为绿海，单球重为532 g，比对照重104 g；其次是领秀513 g，较对照重85 g；中青9号和绿奇位列第三、四位，分别较对照增重76 g、48 g，单球重最低的是丹妞布，仅为320 g。

表4　参试品种的经济性状

品种	10株毛重（kg）	10株净重（kg）	净菜率（%）	单球重（g）	较CK±（g）	维C值（mg/kg）	还原糖（mg/g）
绿奇	11.80	4.76	40.33	476	48	7.03	26.40
中青9号	12.46	5.04	40.45	504	76	4.76	16.02
领秀	13.79	5.13	37.20	513	85	8.50	25.52
BROCCDLI	11.66	4.15	35.59	416	-12	6.10	25.79
耐寒青秀	12.70	4.02	31.65	402	-26	6.07	24.60
耐寒优秀（CK）	12.58	4.28	34.02	428	0	1.80	25.86
青秀	13.28	4.08	30.72	408	-20	3.12	14.69
绿珍F1	16.68	3.72	22.30	372	-56	1.55	23.33
绿海	19.60	5.32	27.14	532	104	3.79	30.93
丹妞布	19.08	3.20	16.77	320	-108	4.13	20.50

（四）不同品种品质分析

由表4可看出，参试品种的维生素C含量最高的为领秀，含量为8.50 mg·kg^{-1}；其次是绿奇，7.03 mg·kg^{-1}；第三位的是BROCCDLI，含量为6.10 mg·kg^{-1}；含量最低的品种是绿珍F1，为1.55 mg·kg^{-1}。还原糖方面，最高的是绿海，含量为30.93 mg·kg^{-1}；其次是绿奇，含量为26.4 mg·kg^{-1}；第三位的是耐寒优秀，含量为25.86 mg·kg^{-1}；含量最低品种是青秀，含量为 14. 69 mg · kg^{-1}。

（五）不同品种产量结果

由表 5 可知，参试的品种中，高于对照的品种有 4 个，产量最高的是绿海，亩产量为 1 774. 22 kg，较对照增产 346. 84 kg，增产幅度达 24. 30%；其次是领秀，亩产量较对照增产 283. 48 kg，增产幅度 19. 86%；排在第三位的是中青 9 号，亩产量为 1 680. 84 kg，较对照增产 253. 46 kg；增幅达 17. 76%。排在第四位的是绿奇，亩产量为 1 587. 46 kg，较对照增产 160. 08 kg；增幅达 11. 21%。亩产量最低的是丹妞布，为 1 067. 20 kg，较对照减产 360. 18 kg。经方差分析，绿海、领秀、中青 9 号、丹妞布与对照差异极显著；绿奇、绿珍 F1 与对照差异显著，其余品种不显著。

表 5　不同品种产量结果

品种	小区产量（kg/9 m^2）	5%显著水平	1%极显著水平	折合亩产（kg）	较 CK±（kg）	较 CK（%）	名次
绿海	23. 94	a	A	1 774. 22	346. 84	24. 30	1
领秀	23. 09	ab	A	1 710. 86	283. 48	19. 86	2
中青 9 号	22. 68	ab	A	1 680. 84	253. 46	17. 76	3
绿奇	21. 42	b	AB	1 587. 46	160. 08	11. 21	4
耐寒优秀（CK）	19. 26	c	BC	1 427. 38	0. 00	0. 00	5
BROCCDLI	18. 72	c	C	1 387. 36	−40. 02	−2. 80	6
青秀	18. 36	cd	C	1 360. 68	−66. 70	−4. 67	7
耐寒青秀	18. 09	cd	C	1 340. 67	−86. 71	−6. 07	8
绿珍 F1	16. 74	d	CD	1 240. 62	−186. 76	−13. 08	9
丹妞布	14. 40	e	D	1 067. 20	−360. 18	−25. 23	10

三、小　结

综合分析参试品种的田间长势、生育期、亩产量、商品性等，参试的 10 个品种中，绿海、领秀、中青 9 号的综合性状较好。绿海的亩产量为 1 774. 22 kg，较对照增产 346. 84 kg，增产幅度达 24. 30%；生育期 58 d，较对照提前 7 d 上市，球型好，商品性佳；领秀亩产量为 1 710. 86 kg，较对照增产 283. 48 kg，增产幅度 19. 86%，维生素 C 含量最高，为 8. 50 mg · kg^{-1}；以上 2 个品种产量高，商品性好、品质佳，适宜在张掖市范围内推广种植。中青 9 号生育期适中，产量高，净菜率高，株型紧凑，建议搭配种植。丹妞布的生育期短，株幅大，但其紧实度不高，产量低，商品性差，故不被市场认可。

参考文献

[1] 孙明．西宁地区南运蔬菜-西兰花优质丰产栽培技术［J］. 北方园艺，2006（6）：76.
[2] 赵祖世，滕汉伟．高原夏菜栽培技术［M］. 北京：中国农业科学技术出版社，2014：20-21.
[3] 王智琛．古浪县露地蔬菜小菜蛾的发生及防治［J］. 甘肃农业科技，2011（2）：55-56.
[4] 陈光，孙妍．2,6-二氯靛酚滴定法测定蜂胶中维生素 C［J］. 理化检验（化学分册），2014（8）：1 041-1 042.
[5] 文赤夫，董爱文，李国章，等．蒽酮比色法测定紫花地丁中还原糖含量［J］. 现代食品科技，2005，21（3）：122-123.

（本文发表于《甘肃农业科技》2017 年第 3 期，略有改动）

门源县花椰菜品种比较试验

祁建峰[1]，邹刚[2]，张晓枝[2]，王勤礼[3*]，闫芳[3]
(1. 门源县农业技术推广中心；2. 门源县鑫晟达农工贸专业合作社；
3. 河西学院河西走廊设施蔬菜工程技术研究中心)

摘　要：筛选适宜门源县栽培的花椰菜品种，为大面积生产提供依据。从国内外引进 17 个品种，采用随机区组设计，在钢架大棚内进行试验。结果表明，卡迪产量最高，外叶颜色为绿色，球径 15.8 cm 左右，早熟、紧实度等综合性状优良，适合在门源县大面积推广。

关键词：花椰菜；品种比较；门源县

花椰菜为十字花科（*Curciferae*）芸薹属甘蓝种的一个变种（*brassica oleracea L. var . botrytis* L)，原产地中海沿岸，19 世纪传入中国南方，由于其营养丰富，风味鲜美，现已成为国内主要栽培的蔬菜之一[1]。经过多年引种，花椰菜已形成了一批性状稳定的优良地方品种资源[2-3]。目前我国不仅是世界上花椰菜种植面积较大、产量较高的国家，也是增长较快的国家之一。

门源县属高原大陆性气候，地处中纬度西风带区，日照时间长，太阳辐射强，昼夜温差大，具有夏季凉爽多雨，秋季温和暂短的特点，是我国发展高原夏菜的绝佳地区。花椰菜是门源县重点发展的高原夏菜品种之一，为了筛选出适应门源县生态条件的花椰菜品种，我们引进花椰菜品种 17 个，在门源县鑫晟达农工贸专业合作社蔬菜生产基地内开展了品种比较试验，以期筛选出适宜门源县钢架大棚种植的高产优质、适销对路的花椰菜新品种，为当地花椰菜生产提供依据。

一、材料与方法

（一）试验材料

共引进花椰菜新品种 17 个，编号、品种名称见表 1。

表 1　供试品种及来源

编号	品种名称	品种来源	编号	品种名称	品种来源
1	托尼	兰州东平种子有限公司	2	雪莱	北京中农绿亨种子科技有限公司

（续表）

编号	品种名称	品种来源	编号	品种名称	品种来源
3	阿凡达	北京天诺泰隆科技发展有限公司	11	贡献者	山东金种子农业发展有限公司
4	利卡	山东金种子农业发展有限公司	12	卡迪	兰州东平种子有限公司
5	春美娇	兰州东平种子有限公司	13	雪冠	北京华耐农业发展有限公司
6	捷如雪二号	北京捷利亚种业有限公司	14	丽娜 2 号	兰州永丰种子经营部
7	金鼎雪球	兰州东平种子有限公司	15	巴黎圣雪	北京恒青种子有限公司
8	凯越	兰州丰金种苗有限责任公司	16	赛雪	北京恒青种子有限公司
9	雪霸	山东金种子农业发展有限公司	17	曼哈顿	兰州永丰种子经营部
10	春美丽	山东金种子农业发展有限公司	—	—	—

（二）试验地基本情况

试验地设在门源县东川镇门源县鑫晟达农工贸专业合作社蔬菜生产基地钢架大棚内，试验地海拔 2 740 m，位于北纬 37°18′42″，东经 101°52′1″。前茬作物为西葫芦，地势平坦，排灌良好，土壤肥力中等。

（三）试验设计

试验采用随机区组设计，重复 3 次，小区面积 9 m^2（长 5.6 m×宽 1.6 m）。试验地四周设保护行。

（四）田间管理

2 月 20 日播种育苗，4 月 4 日定植，株距 50 cm，行距 40 cm。结合整地一次性每亩施腐熟有机肥 4 000 kg、尿素 7 kg、磷二铵 25 kg，硫酸钾 10 kg。生长期间结合灌水在莲座后期和结球中期每亩追施尿素肥 10 kg 和 15 kg，其他管理同常规。

（五）观测记载项目

观察记载熟性、生物学特性（开展度、叶形、叶色、球高、球径、紧实度）、产量。用压力硬度计（TG-2 型）测定花椰菜的紧实度等。

二、结果与分析

（一）不同品种生育期

由表 2 可知，供试品种在门源的生育期为 106～115 d，极差 9 d。春美丽生育期最短为 106 d，适宜早熟栽培；其次为春美娇、金鼎雪球、卡迪、捷如雪二号、雪冠、赛雪。凯越生育期最长为 115 d，其次为曼哈顿。

表 2　不同品种物候期记载表

品种	播种期（日/月）	定植期（日/月）	莲座期（日/月）	结球期（日/月）	成熟期（日/月）	生育期（d）
托尼	20/2	4/4	24/4	22/5	13/6	113
雪莱	20/2	4/4	24/4	21/5	11/6	111
阿凡达	20/2	4/4	23/4	22/5	13/6	113
利卡	20/2	4/4	23/4	24/5	12/6	112
春美娇	20/2	4/4	22/4	20/5	8/6	108
捷如雪二号	20/2	4/4	22/4	22/5	9/6	109
金鼎雪球	20/2	4/4	23/4	21/5	8/6	108
凯越	20/2	4/4	24/4	28/5	15/6	115
雪霸	20/2	4/4	22/4	22/5	11/6	111
春美丽	20/2	4/4	23/4	19/5	6/6	106
贡献者	20/2	4/4	24/4	22/5	11/6	111
卡迪	20/2	4/4	23/4	22/5	8/6	108
雪冠	20/2	4/4	24/4	24/5	9/6	109
丽娜 2 号	20/2	4/4	23/4	27/5	13/6	113
巴黎圣雪	20/2	4/4	23/4	23/5	12/6	112
赛雪	20/2	4/4	23/4	22/5	10/6	110
曼哈顿	20/2	4/4	23/4	25/5	14/6	114

（二）不同品种植物学性状

表 3 表明，在株高方面，参试品种中最高的是卡迪，株高为 64. 6 cm；最矮的是金鼎雪球，株高为 48. 4 cm。巴黎圣雪株幅最大，为 97. 1 cm×98. 2 cm，其次是曼哈顿，最小的是托尼，为 81. 2 cm×71. 3 cm，表明托尼适合密植。外叶数方面，最多的是卡迪，外叶数为 25 片，其次是捷如雪二号和雪霸，外叶数是 24，外叶数最少的是凯越、

丽娜 2 号和贡献者，为 22 片。球形指数变化范围在 0.53～0.82，各品种的叶球形状均呈扁圆形。利卡、卡迪、丽娜 2 号的外叶色为绿色；捷如雪二号的外叶色为浅绿色；金鼎雪球、贡献者、春美丽的颜色为黄绿色；其余品种均为深绿色。托尼、凯越叶表蜡质少，雪莱、金鼎雪球、卡迪、雪冠、巴黎圣雪、赛雪、曼哈顿叶表蜡质多，其余品种中等。托尼、阿凡达、雪霸、雪冠、丽娜 2 号、赛雪、曼哈顿的紧实度中等；捷如雪二号、贡献者的紧实度松；其余品种的紧实度高。

表 3　不同品种的植物学性状

品种	株高（cm）	株幅（cm）	外叶数（片）	球形指数	外叶色	叶表蜡质	紧实度
托尼	51.5	81.2×71.3	23.0	0.75	深绿色	少	中
雪莱	56.5	80.4×82.3	23.0	0.71	深绿色	多	紧
阿凡达	54.4	81.0×79.1	22.0	0.65	深绿色	中	中
利卡	53.4	82.2×78.5	23.0	0.67	绿色	中	紧
春美娇	53.2	80.0×79.2	23.0	0.58	深绿色	中	紧
捷如雪二号	60.6	89.3×78.0	24.0	0.82	浅绿色	中	松
金鼎雪球	48.4	78.2×82.1	23.0	0.60	黄绿色	多	紧
凯越	55.4	80.0×89.1	22.0	0.77	深绿色	少	紧
雪霸	59.2	70.3×95.2	24.0	0.61	深绿色	中	中
春美丽	51.2	80.0×75.2	23.0	0.61	黄绿色	中	紧
贡献者	61.6	85.2×90.4	22.0	0.65	黄绿色	中	松
卡迪	64.6	85.2×92.3	25.0	0.68	绿色	多	紧
雪冠	58.4	83.2×90.3	23.0	0.53	深绿色	多	中
丽娜 2 号	54.6	86.0×80.3	22.0	0.68	绿色	中	中
巴黎圣雪	59.8	97.1×98.2	23.0	0.61	深绿色	多	紧
赛雪	56.3	99.0×82.3	23.0	0.62	深绿色	多	中
曼哈顿	57.2	98.0×88.1	23.0	0.64	深绿色	多	中

（三）不同品种经济性状

由表 4 可知，供试品种中净菜率最高的是卡迪，净菜率为 72.34%，其次是巴黎圣雪，净菜率为 68.17% ，最低的是捷如雪二号，为 54.75%。单球重变化范围为 588～1 480 g，最高的品种为卡迪，单球重 1 480 g，其次是春美丽 1 408 g；单球重最低的是捷如雪二号，仅为 588 g。球高、球径方面，雪莱球高最高，为 12.6 cm，春美娇最矮，为 10.0 cm；雪莱的球径最大，为 20.8 cm，捷如雪二号的球径最小，为 13.2 cm；从球径来看，卡迪、春美丽、巴黎圣雪、丽娜 2 号表现较好。

表 4 不同品种的经济性状

品种	10 株毛重（kg）	10 株净重（kg）	净菜率（%）	单球重（g）	较 CK±（g）	球高（cm）	球径（cm）
卡迪	20.46	14.80	72.34	1 480	490	11.4	15.8
春美丽	20.86	14.08	67.50	1 408	418	10.6	14.4
巴黎圣雪	19.89	13.56	68.17	1 356	366	12.0	14.6
金鼎雪球	17.52	11.60	66.21	1 160	170	10.7	17.9
赛雪	17.13	11.48	67.02	1 148	158	11.4	18.4
雪霸	16.44	10.98	66.79	1 098	108	11.7	19.1
雪冠	16.70	10.50	62.87	1 050	60	11.0	20.6
雪莱	16.30	10.14	62.21	1 014	24	12.6	20.8
托尼	15.62	9.90	63.38	990	0	12.5	16.7
贡献者	14.81	9.56	64.55	956	-34	10.6	16.4
凯越	14.20	9.32	65.63	932	-58	12.0	13.6
阿凡达	13.76	8.06	58.58	806	-184	11.2	17.2
春美娇	12.25	7.92	64.65	792	-198	10.0	17.2
丽娜 2 号	12.38	7.56	61.07	756	-234	10.4	15.4
曼哈顿	12.71	7.20	56.65	720	-270	11.2	17.4
利卡	11.77	6.86	58.28	686	-304	10.9	16.3
捷如雪二号	10.74	5.88	54.75	588	-402	11.6	13.2

（四）不同品种产量结果

由表 5 可知，供试品种间产量差异达到了显著水平。卡迪亩产量最高，为 4 935.80 kg，和所有供试品种间达到了显著差异，其次是春美丽，亩产量为 4 702.35 kg，除与巴黎圣雪差异不显著外，与其他所有供试品种间达到了显著差异。捷如雪二号产量最低，与其他品种均达到了极显著差异。

表 5 不同品种产量结果

品种	单球重（kg）	小区产量（kg/9 m^2）				折合产量（kg/亩）	差异显著性	
		Ⅰ	Ⅱ	Ⅲ	均值		0.05	0.01
卡迪	1.48	65.23	67.45	67.12	66.60	4 935.80	a	A
春美丽	1.41	64.52	64.33	61.50	63.45	4 702.35	b	AB
巴黎圣雪	1.36	61.43	62.58	59.59	61.20	4 535.60	b	B
金鼎雪球	1.16	51.87	52.31	52.42	52.20	3 868.60	c	C
赛雪	1.15	50.56	51.65	53.04	51.75	3 835.25	c	C

（续表）

品种	单球重（kg）	小区产量（kg/9 m²）				折合产量（kg/亩）	差异显著性	
		Ⅰ	Ⅱ	Ⅲ	均值		0.05	0.01
雪霸	1.10	48.55	49.20	50.75	49.50	3 668.50	cd	CD
雪冠	1.05	48.36	46.21	47.18	47.25	3 501.75	de	DE
雪莱	1.01	45.12	46.33	45.20	45.45	3 368.35	ef	DEF
托尼（CK）	0.99	45.23	44.31	44.11	44.55	3 301.65	efg	EF
贡献者	0.96	42.31	41.95	45.34	43.20	3 201.60	fg	EF
凯越	0.93	42.36	42.22	40.97	41.85	3 101.55	g	F
阿凡达	0.81	34.44	37.52	37.39	36.45	2 701.35	h	G
春美娇	0.79	32.41	36.54	37.70	35.55	2 634.65	h	G
丽娜 2 号	0.76	33.52	31.42	37.66	34.20	2 534.60	hi	GH
曼哈顿	0.72	30.14	33.36	33.70	32.40	2 401.20	ij	GH
利卡	0.69	33.43	29.65	30.07	31.05	2 301.15	j	H
捷如雪二号	0.59	24.58	29.45	25.62	26.55	1 967.65	k	I

三、小　结

由以上试验结果可得出以下结论，春美丽的生育期最短，适宜早熟栽培，球径 14.4 cm 左右，适应南方大部分市场，但外叶为黄绿色，不适应广州等市场。丽娜 2 号的球径为 15.4 cm 左右，但亩产量较低，为 2 534.60 kg，在紧实度方面中等，叶表蜡质中等，不宜大面积推广。巴黎圣雪产量高，外叶颜色深绿色，球径 14.6 cm 左右，紧实度高等优良综合性状，可以大面积推广。卡迪产量最高，其外叶颜色为绿色，球径 15.8 cm 左右，生育期适中，紧实度紧等综合性状优良，适合在门源县大面积推广。

参考文献

[1] 李光庆，谢祝捷，姚雪琴．花椰菜主要经济性状的配合力及遗传效应研究［J］. 植物科学学报，2013，31（2）：143-150.

[2] 王化．上海蔬菜种类及栽培技术研究［M］. 北京：中国农业出版社，1994. 74-89.

[3] 黄聪丽，朱凤林，刘景春，邱煜辉，张春叶．我国花椰菜品种资源的分布与类型［J］. 中国蔬菜，1999（3）：35-38.

（本文发表于《中国园艺文摘》2017 年第 12 期，略有改动）

张掖市加工型甜椒品种引种试验初报

王勤礼，殷学贵，陈修斌，鄂利锋，刘玉环
（河西学院园艺系）

摘　要：从国内外不同地区引入了符合加工要求的6个甜椒品种，以当地主栽品种茄门甜椒为CK，在张掖市生态条件下进行了试验。结果表明，所有参试品种的单果重、果肉厚度均符合加工要求，抗病性明显好于对照品种，但生育期偏晚，红椒产量低，表现仍然不佳；除美国大园椒外，外引品种产量均高于对照；农发产量和出品率最高，但果实颜色不符加工要求；本地品种外观品质好，但产量低下，抗病性差。提出必须加大培育适应本地生态条件和加工要求的新品种力度。

关键词：加工型甜椒；品种；引种

加工型甜椒是指专门用作脱水加工的甜椒品种，其育种目标尤其是果实性状的选育目标不同于普通甜椒品种。一般要求单果重120g以上，果肉厚度大于0.05 cm，果实型状为灯笼型或长灯笼型，出品率高于80%，绿果颜色为深绿或墨绿，红果颜色为深红或紫红，综合性状优良，抗病性及适应性好。

加工型甜椒是西北最主要的脱水加工原料之一，仅甘肃张掖市常年栽培面积达10万亩左右。西北乃至全国最大的脱水加工企业——甘绿集团95%以上的产品为脱水青红甜椒。但由于我国在七五和八五期间甜椒育种目标为：肉薄[1]，育成品种不适应脱水加工要求，而主栽品种种植多年，虽然经过多次提纯复壮，但仍然退化严重，品种已经成为农民增收和企业增效的瓶颈。为此，今年我们从不同地区引进了适合加工要求的品种，通过试验，以期筛选出适应于张掖市生态条件和加工要求的、综合性状优于当前推广的品种，尽快实现加工型甜椒品种的更换。

一、试验地基本情况

试验设在甘州区党寨镇汪家堡村二社。试验地地势平坦，土壤为砂壤土，前茬为制种玉米，肥力中等，四周没有高大的建筑物，采用井水灌溉。

二、材料与方法

（一）供试材料

参试品种7个，分别为：朝研11号、朝研12号、农发、美国大圆椒、特大甜王、沈研 10 号、茄门甜椒，以当地主栽品种茄门甜椒为 CK。

（二）试验设计与田间管理

本试验采用随机区组设计，重复 3 次，小区面积（1.9×6）m^2。每小区种二垄。试验于 3 月 18 日在塑料拱棚内干籽播种，每个品种播 405 穴，播种面积 32.4 m^2。播种时各品种所处的条件基本一致，大棚两头播种保护行所需品种（CK）。育苗采用方格育苗法，株行距为 7 cm×7 cm，每穴播 3 粒种子，盖沙后扣棚烤地 15 d，然后灌足底水，出苗后进入正常管理。

试验于 5 月 12 日定植，每亩保苗 8 000 株。定植之前结合整地起垄每亩施磷二铵 20 kg，庄稼乐 20 kg，尿素 5 kg。垄距 95 cm，穴距 35 cm，每穴双株，每垄双行，垄高 30～35 cm。先定植后覆地膜，覆膜后浇足定植水。定植水后，15 d 时再浇一次缓苗水，以后进行多次中耕，待门椒座住后（6 月 25 日），结合浇水每亩施尿素 20 kg，磷二铵 5 kg，以后每层果实采收后都要结合浇水每亩追施尿素 20 kg，并经常保持沟内土壤湿润。灌水时严禁沟内积水或漫垄，采用小水勤灌的方法。

三、试验结果与分析

（一）产量分析

1. 产量结果

每次收获时，每个小区单独计产，最终求其总产量，其结果见表 1。

表 1　2003 年品种比较试验产量结果表

品种	小区产量（kg）			总和	平均数
	Ⅰ	Ⅱ	Ⅲ		
农发	117.90	126.52	121.48	365.90	121.97 a A
沈研 10 号	124.06	107.91	100.59	332.56	111.52 ab AB
朝研 11 号	125.60	101.56	105.77	332.59	110.86 ab AB
朝研 12 号	111.76	100.03	109.18	320.97	106.99 b AB
特大甜王	108.68	93.87	95.63	298.18	99.39 bc B
茄门甜椒	92.48	89.63	88.32	270.43	90.14 cd BC
美国大圆椒	88.19	86.43	87.52	262.14	87.38 d C

注：大小英文字母分别代表处理间差异显著性 0.01 和 0.05 水平。

从表 1 可看出，农发产量最高，小区产量达到 121.97 kg，朝研 11 号、朝研 12 号、沈研 10 号的产量均超过对照茄门甜椒，且高于 100 kg，美国大圆椒产量最低，为 87.38 kg，低于对照茄门甜椒。

统计结果表明，品种间差异达到了极显著水平。农发的产量最高，其次为沈研 10 号，二者的产量和对照相比差异均达到了极显著水平，同时农发与位居第五的特大甜王之间的差异也达到了极显著水平。朝研 10 号、朝研 11 号的产量与对照之间的差异也达到了显著水平。美国大圆椒的产量最低，除对照外，与所有品种的差异均达到了显著水平。

2. 产量因子分析

由表 2 分析结果表明，所有参试品种，都属于大果型品种，其单果重量都在 100 g 以上，但差异相差很大。朝研 12 号单果重最高，为 192.23g，特大甜王最低，为 101.48g，两者相差达 90.75。对照茄门甜椒的单果重也比较高，比特大甜王高 19.41g。从单株结果数来看，正好和单果重相反，特大甜王最高，为 7，朝研 12 号最小，为 3.8，相差 3.2 个。产量结果分析表明，朝研 12 号和特大甜王的产量均在中间。由此说明，在张掖市的生态条件下，单纯地追求单果重和座果数都不能达到高产的目的，二者应协调。

表 2　2003 年品种比较试验产量因子分析

项目	朝研 11 号	朝研 12 号	农发	美国大圆椒	特大甜王	沈研 10 号	茄门甜椒
单株结果数	5.0	3.8	4.2	5.6	7.0	5.3	5.0
单果重（g）	163.75	192.23	183.49	115.29	101.48	180.59	120.89

3. 外观品质和抗病性分析

由表 3 和表 4 可看出，参试品种均为灯笼型或长灯笼型，品种果肉厚度均在 0.50 mm 以上，符合育种目标要求；出品率只有农发高于对照，但农发的果实颜色不符合加工要求。朝研 11 号的出品率接近对照，但不抗白粉病；沈研 10 号的抗病性最好，果肉厚度、单果重、果型、果实颜色均符合加工要求，但出品率相对较低，与对照相差 5.64。从抗病性来看，对照的抗性最差。由此来看，所有参试品种的外观品质都不十分理想，综合来看，只有沈研 10 号的外观品质和抗病性略好于对照。

表 3　2003 年品种比较试验果实外观品质和抗病性结果

品种	果肉厚度（mm）	单果重（g）	绿椒颜色	红椒颜色	出品率（%）	病毒发病率（%）	白粉病病情指数	单株日灼果数
朝研 11 号	0.50	163.75	深绿	红	80.20	0	10.8	0.67
朝研 12 号	0.51	192.23	深绿	红	77.23	0	3.4	0.17
农发	0.55	183.49	黄绿	黄红	83.33	0	2.5	0.60
美国大圆椒	0.51	115.29	绿色	红	78.93	0	1.8	0.57
特大甜王	0.57	101.48	绿色	红	78.35	0	2.3	0.20

（续表）

品种	果肉厚度（mm）	单果重（g）	绿椒颜色	红椒颜色	出品率（%）	病毒发病率（%）	白粉病病情指数	单株日灼果数
沈研10号	0.50	180.59	绿色	红	75.42	0	0.9	0.20
茄门甜椒	0.50	120.89	墨绿	深红	81.06	2.36	30.00	0.83

表4　2003年品种比较试验部分生物学性状结果表

品种	株高（cm）	株幅（cm）	纵径（cm）	横径（cm）	始花节位	果型
朝研11号	56.80	40.08	7.82	7.71	13～15	灯笼型
朝研12号	60.63	36.85	9.68	7.43	14～16	灯笼型
农发	43.52	35.88	9.70	7.66	12～14	长灯笼型
美国大圆椒	57.13	37.88	6.38	7.38	13～15	灯笼型
特大甜王	57.72	37.96	5.67	7.21	13～15	灯笼型
沈研10号	55.92	36.80	7.88	8.21	14～16	灯笼型
茄门甜椒	62.61	41.40	5.99	7.27	11～13	灯笼型

4. 早熟性分析

由表5可看出，外引品种的显蕾期、开花期、红椒始收期都比对照晚，尤其是红椒始收期，均在9月10日以后，此时张掖市的气温已逐渐下降，不利于果实转色，影响了红椒的产量和质量，造成总产虽高，但红椒产量偏低，从而影响了总的经济收入。

表5　2003年品种比较试验生育期结果表　　（单位：日/月）

品种	播期	出苗期	定植期	显蕾期	开花期	红椒始收期
朝研11号	19/3	8/4	13/5	11/6	20/6	10/9
朝研12号	19/3	8/4	13/5	20/6	28/6	18/9
农发	19/3	6/4	13/5	20/6	27/6	18/9
美国大圆椒	19/3	8/4	13/5	14/6	25/6	12/9
特大甜王	19/3	8/4	13/5	16/6	22/6	11/9
沈研10号	19/3	8/4	13/5	14/6	24/6	15/9
茄门甜椒	19/3	6/4	13/5	8/6	14/6	22/8

四、结　论

通过本试验可得出如下结论：

（1）除美国大园椒外，其他外引品种产量均高于对照，尤其是农发，产量最高，和对照相比，差异达到了极显著水平。但从外观品质来看，除果肉厚度和单果重外，其他外观品质均低于对照品种。

（2）外引品种对病毒病、白粉病、日灼的抗性明显高于对照品种。这主要是由于病毒病过去在张掖市不是主要病害，但近几年已上升为影响张掖市甜椒的第一大病害，白粉病是张掖市近几年发生的新的病害，因此本地品种抗病性表现极差。本试验所引品种，均是近几年育成或从国外引入的杂交种或常规品种，在育种时注重了抗病性的选择，表现出抗病性显著好于对照品种。

（3）外引品种的红椒始收期均显著晚于对照品种，不利于生产红椒。

综上所述，本地品种外观品质好，但产量低下，抗病性差。而外引品种虽然产量和抗病性明显好于本地品种，但生育期晚，出品率低，表现仍然不佳。因此必须加大培育适应本地生态条件和加工要求的新品种的力度。

（本文发表于《北方园艺》2005 年第 3 期，略有改动）

加工型甜椒新品种河西甜椒1号

王勤礼，陈修斌，鄂利锋，殷学贵，陈　叶
（河西学院园艺系）

加工型甜椒是我国最主要的脱水加工原料之一。主要分布在甘肃河西走廊、宁夏、内蒙古等地，仅甘肃省张掖市常年栽培面积达10万亩左右，是张掖市栽培面积最大、效益最好的脱水蔬菜加工原料之一，其加工产品远销欧美、东南亚等许多国家。种植加工型甜椒一般亩收入1 600～2 500元，很受农民和企业的欢迎。

河西甜椒1号是河西学院植物科学技术系采用系统育种选育的适合加工要求的新品种。2000年在茄门甜椒中发现优良变异单株后，经过几年的系统选育，最终选育出一个综合性状优良，适合加工要求的新品系00-37。该品系在2002年的品系鉴定试验中，平均产量为4 979. 57 kg，较对照小叶茄门甜椒增产11. 63% ，和对照大叶茄门甜椒产量差异不显著，居参试品种第2位。在2003—2004年品比试验中，折合亩产5 568. 64～5 593. 59 kg，平均亩产5 581. 12 kg，较对照品种小叶茄门甜椒增产610. 72～623. 59 kg/667 m^2，平均亩增产617. 16 kg；和对照品种大叶茄门甜椒产量差异不显著。2004—2005年分别在永昌县朱王堡镇和甘州区党寨镇、乌江镇等地进行了多点试验，平均亩产5 634. 48 kg，较对照品种小叶茄门甜椒平均亩增产13. 12%，和对照品种大叶茄门甜椒相比，减产仅为1. 08%，但红椒始收期比大叶茄门甜椒早10d左右。2006年通过张掖市科技局鉴定，定名为河西甜椒1号。目前该品种在河西地区累积推广面积达200 hm^2。

一、品种特征特性

该品系植株长势较强，株高65～70 cm，株幅52 cm左右。连续结果性好，始花节位9～11节，果实灯笼形，青椒墨绿色，红椒紫红色，果顶向下，4棱形，纵径8. 3 cm，横径9. 5 cm，果肉厚度0. 53 cm，单果重130～140g，出品率85%以上。可溶性固形物2. 0%～2. 9%，维生素含量116. 3～124. 4 mg/100g。亩产高达5 000～6 000 kg。高抗疫病，中抗白粉病、病毒病。3月中旬育苗，5月初定植，7月中旬青椒上市，8月中旬始收红椒。为脱水加工专用品种。

二、栽培技术要点

甘肃省河西地区塑料大棚内育苗时要在2月15日左右播种；日光温室育苗可在2月20—25日进行。塑料大棚和阳畦育苗时要提前10 d烤地。

晚霜过后定植，一般在5月10日开始定植。采用高垄栽培，垄距95～100 cm，垄高30～40 cm，覆地膜。定植前结合整地亩施优质、腐熟有机肥5 000～6 000 kg，氮肥（N）4 kg，磷肥（P_2O_5）5 kg，钾肥（K_2O）4 kg。

双苗定植，亩保苗3 500～3 800穴。定植后浇一次缓苗水，中耕2～3次。灌水时沟内不能积水。门椒座住后，结合浇水亩追施氮肥（N）3 kg，钾肥（K_2O）2～3 kg；第一次采收后结合浇水再追肥2～3次，每次亩追施氮肥（N）4 kg。门椒座住后要经常保持沟内湿润，但每次浇水时沟内不能积水和漫垄。

生长期间要注意病虫害的防治。疫病发病初期用64%杀毒矾可湿性粉剂800倍液，或70%乙磷锰锌可湿性粉剂500倍液喷雾，并拔除病株。中后期发现中心病株后，用50%甲霜铜可湿性粉剂800倍液，或72.2%普力克水剂600～800倍液灌根，每穴200～250 mL。炭疽病发病初期用50%混杀硫悬浮剂500倍液，或80%炭疽美可湿性粉剂600～800倍液，或75%百菌清可湿性粉剂600倍液喷雾，7～10天喷一次，共喷2～3次。病毒病要早期防治好蚜虫，一般用10%吡虫啉可湿性粉剂1 500倍液，或采用其他生物性杀虫剂喷雾。初发病用20%病毒A400倍液，或1.5%植病灵乳剂400～500倍液喷雾，7 d喷一次，连喷3次。及时拔出病株，带到田外深埋或烧毁，然后在整枝、打杈等农事操作前用肥皂水洗手，防治病毒病传播。甜椒主要虫害有棉铃虫、烟青虫、蚜虫等，蚜虫的防治方法同前；棉铃虫和烟青虫的防治方法为：当百株卵量达20～30粒时开始用药，选用Bt乳油200倍液，或50%辛六磷乳油1 000倍液，或10%联苯菊酯乳油3 000倍液喷雾。

（本文发表于《中国蔬菜》2007年第1期，略有改动）

张掖市加工型番茄品种布局初探

王勤礼，保庭科，鄂利锋，陈　叶，王小明
（河西学院园艺系）

摘　要：通过调查张掖市加工型番茄栽培区划、品种特性、栽培方式与品种布局间的关系，得出如下结论：在热量资源丰富的走廊北部栽培区，选用早熟品种，并采用各种类型的春提早栽培方式，尽量提早上市高峰期；在走廊中部栽培区，以中熟品种为主，以正常直播栽培方式为主，搭配中、晚熟品种和其他栽培方式，持续均衡上市；在走廊南部沿山缓坡区，以中熟品种为主，采用正常直播栽培方式，延期上市高峰期。

关键词：加工型番茄；品种；布局

张掖市位于甘肃省西部，河西走廊中段，地处东经97°20′～102°12′，北纬37°28′～39°57′。区内日照时数2 918～3 289 h，≥10℃积温2 000～3 670℃，年降水量50～500 mm，平均降水量100 mm左右，无霜期130～170d，年平均日较差13～16℃。其自然条件非常适宜加工型番茄种植。区内有三大番茄酱厂——中化河北高台番茄酱厂、临泽天森番茄制品厂、甘州区屯河番茄制品厂，其产品大部销往国外，为加工型番茄销售开辟了广阔的市场。但近几年来，由于栽培面积逐年增大，上市高峰期比较集中，给菜农交售番茄和企业加工带来了很大困难，在一定程度上挫伤了种植户的生产积极性，严重影响着加工型番茄进一步的发展。因此，解决加工型番茄集中上市问题，实现错期、均衡上市和延长加工期，显得特别迫切。

目前张掖市解决加工型番茄错期上市的方法主要有：设施育苗春提早、后期覆盖等栽培技术。虽然取得了一定的效果，但仍然不能满足企业和菜农的需求。因此，我们从2004年起，对张掖市栽培区划、品种特性、栽培方式与品种布局间的关系进行了广泛调查与研究，以期确定张掖市加工型番茄品种布局最佳方案，达到均衡上市的目的。

一、材料与方法

（一）调查地点

高台县、临泽县、甘州区加工型番茄种植区，三大番茄酱厂。

（二）调查方法

采取走访、查阅资料与实地调查相结合的方法进行调查研究。

（三）调查内容

主要调查加工型番茄种植区自然、耕作、栽培制度、品种、基本农事活动、生育期。

二、结果与分析

（一）栽培区划与品种布局

张掖市地域辽阔，山川交错，各地气温、地温差异都比较明显。从空间分布上看，可将种植加工型番茄的区域划分为三大区。第Ⅰ区为南部沿山缓坡温凉区，海拔 1 700 m 左右，主要包括高台县新坝镇、临泽倪家营乡部分村、甘州区安阳和花寨二乡；第Ⅱ区为走廊中部温和区，海拔 1 500 m 左右，包括甘州区、临泽县、高台县大部分乡镇，栽培面积最大；第Ⅲ区为走廊北部温暖区，海拔 1 300 m 左右，包括高台的罗城等乡镇。由表 1 可看出，由于热量条件的差异，早熟品种里格尔 87-5 在不同栽培区上市时期不同，南部沿山缓坡温凉区上市期最晚，和走廊中部温和区相差 10 d，与走廊北部温暖区相差 15 d。但在沿山缓坡温凉区，终收期仍没有达到早霜期。因此，在南部沿山缓坡温凉区，应采用中熟品种，后期采用覆盖技术，尽量延期上市；在走廊中部温和区，以中熟品种为主，适当搭配早、晚熟品种，持续均衡上市；在走廊北部温暖区，以早熟品种为主，搭配中熟品种，尽量提早上市。

表 1　不同栽培区上市期调查

栽培地点	栽培方式	主栽品种	始收期（日/月）	终收期（日/月）	早霜期（日/月）
南部沿山缓坡温凉区	直播	里格尔 87-5	16/8	13/9	25/9
走廊中部温和区	直播	里格尔 87-5	6/8	3/9	30/9
走廊北部温暖区	直播	里格尔 87-5	1/8	28/8	3/10

（二）品种特性与品种布局

张掖市目前栽培品种有早熟、中熟品种。从表 2 可看出，不同品种上市时间不同。里格尔 87-5 始收期最早，和祁连巨峰相差 7 d，但和另外 2 个中熟品种相差仅有 4 d。最晚熟品种终收期为 9 月 3 日，与第Ⅱ区走廊温和区的早霜期相差仍有 17 d，说明目前张掖市缺乏晚熟品种。

表 2　不同品种生育期调查结果　　（单位：日/月，d）

品种	播期	出苗期	现蕾期	开花期	成熟期	播种至成熟天数	始收期	终收期
里格尔 87-5	27/4	7/5	29/5	11/6	3/8	99	6/8	30/8

（续表）

品种	播期	出苗期	现蕾期	开花期	成熟期	播种至成熟天数	始收期	终收期
石红 3 号	27/4	7/5	29/5	11/6	5/8	101	6/8	30/8
石红 14 号	27/4	7/5	30/5	12/6	9/8	105	10/8	3/9
祁连巨峰 198	27/4	7/5	30/5	12/6	12/8	108	13/8	6/9
及时雨 188	27/4	7/5	30/5	12/6	9/8	105	10/8	3/9

（三）栽培方式与品种布局

张掖市加工型番茄栽培的方式有：阳畦育苗春提早栽培、小拱棚育苗春提早栽培、膜下沟播春提早栽培、膜上开穴正常直播栽培、膜上开穴延期直播栽培。不同栽培方式其上市期不同。由表 3 可看出，不同栽培方式成熟期不同。阳畦育苗春提早栽培与膜上开穴正常直播栽培，其成熟期相差达 20 d，与 5 月 17 日膜上开穴延期直播栽培相差高达 38 d，说明通过栽培方式调节上市期效果比较显著。因此，在Ⅱ区走廊温和区，由于栽培面积大，应以中熟品种为主，以正常直播栽培方式为主，搭配早、晚熟品种和其他栽培方式，持续均衡上市；在Ⅲ区走廊北部栽培区，以早熟品种为主，搭配中熟品种，采用各种类型的春提早栽培，尽量提早上市；在Ⅰ区南部沿山缓坡温凉区，选用中、晚熟品种，采用正常直播栽培，尽量延期上市。

表 3　不同播期生育期调查结果表　（单位：日/月，d）

栽培方式	播期	定植期	现蕾期	开花始期	成熟期	采收结束期	播种至成熟天数	上市高峰期
阳畦育苗	12/3	3/5	10/5	20/5	10/7	12/8	121	22/7–3/8
拱棚育苗	20/3	6/5	14/5	24/5	16/7	22/8	119	29/7–15/8
膜下沟播	12/4		2/6	11/6	23/7	2/9	103	5/8–17/8
膜上开穴直播	27/4		30/5	12/6	30/7	4/9	95	7/8–22/8
膜上开穴直播	7/5		6/5	17/6	11/8	6/9	97	17/8–27/8
膜上开穴直播	17/5		16/6	28/6	18/8	8/9	94	25/8–2/9

三、结　论

由以上调查结果我们可以得出以下结论：在热量资源丰富的走廊北部栽培区，以早熟品种为主，适当搭配中熟品种，采用各种类型的春提早栽培方式，尽量提早上市；在走廊中部栽培区，由于栽培面积大，应以中熟品种为主，以正常直播栽培方式为主，搭配中、晚熟品种和其他栽培方式，持续均衡上市；在走廊南部沿山缓坡区，以中熟品种为主，搭配晚熟品种，选用正常直播栽培方式，采用后期覆盖技术，延期上市高峰期。这样可保证全市加工型番茄持续均衡上市，有效地解决农民交售番茄难和延长企业全年加工期的问题。

（本文发表于《中国种业》2005 年第 10 期，略有改动）

加工型甜椒硝酸盐含量变异研究及遗传参数估算

王勤礼，殷学贵，陈修斌，鄂利峰，刘玉环
（河西学院植物科学技术系）

摘　要：对28份加工型甜椒品种（自交系）硝酸盐含量进行了研究，结果表明：不同基因型的加工型甜椒硝酸盐含量存在着明显的差异，变异幅度从10.16 mg·kg^{-1}到91.00 mg·kg^{-1}。经聚类分析将其划分三大类群：高硝酸盐含量类群、中硝酸盐含量类群、低硝酸盐含量类群。进而估算其遗传参数，结果为：GCV：0.49%；广义遗传力：87.23%；遗传进度：43.097%。

关键词：加工型甜椒；硝酸盐含量；遗传参数

蔬菜易富集硝酸盐，人体摄入的硝酸盐有81.2%来自蔬菜[1]。蔬菜中硝酸盐含量因蔬菜种类、品种、生长期和栽培条件等因素的不同而变化，同一种类蔬菜的硝酸盐含量也因器官而异[2]。硝酸盐本身对人体无害或毒害性相对较低。但人体摄入的硝酸盐在细菌作用下可还原成对人体有害的亚硝酸盐。亚硝酸盐可使血液的载氧能力下降，导致高铁血红蛋白症，可与次级胺（仲胺、叔胺、酰胺及氨基酸）结合，形成亚硝胺，从而诱发消化系统癌变，对人类健康构成潜在的威胁[3]。国内外都致力于蔬菜硝酸盐、亚硝酸盐污染及其控制途径的研究，提出了许多降低硝酸盐含量的措施，但在生产上难以取得满意结果。因此，近年来人们寄希望予选育低硝酸盐含量的品种[4]。

加工型甜椒是指专门用作脱水加工的甜椒品种。是目前我国蔬菜加工企业的主要产品之一，产品大都销往国外。作为原料栽培的加工型甜椒面积很大，是许多地方的支柱产业。低硝酸盐含量品种是发展出口创汇和无公害甜椒产业的必然选择。

汪李平等[4]报道了春夏秋不同季节46个白菜基因型的硝酸盐含量存在显著差异；董晓英等[5]报道，白菜不同品种对硝酸盐的吸收积累存在较大差异。但对于加工型甜椒硝酸盐含量变异的研究报道很少。为此，我们从2004年起，对加工型甜椒硝酸盐含量变异和遗传参数进行了研究，以期为选育低硝酸盐含量的加工型品种提供依据。

一、材料与方法

收集了国内外28份加工型甜椒品种、自交系（表1），于2004年3月25日分别播种育苗。4月25日定植。试验设在河西学院园艺系实践教学中心。土壤为灌漠土，质地为沙壤土。试验地地势平坦，前茬为大葱，采用井水灌溉。定植前采集0～20 cm耕层土样分析，结果为：有机质21.3 g·kg^{-1}，全N 0.78 g·kg^{-1}，全P 0.89 g·kg^{-1}，碱解N164.00 mg·kg^{-1}，速效P（P_2O_5）22.60 mg·kg^{-1}，速效K（K_2O）219.00 mg·kg^{-1}。

试验采用随机区组排列，3次重复，小区面积6 m^2，行距0.5 m，株距0.3 m，高垄栽培。每个材料栽植1垄，双苗定植。定植前结合整地起垄每亩施磷二铵40 kg，尿素10 kg，硫酸钾10 kg。定植后田间管理与大田生产相同。

硝酸盐含量由张掖市农产品质量检测中心测定，方法采用磺基水杨酸比色法。2004年9月10日上午8：00—8：30随机取样，每小区取3个样点，每个样点随机取10个果混合取样测定，以每个材料9个测定数据的平均值进行聚类分析（DPS软件）。采用单因素设计估算遗传参数[6]。

二、结果与分析

（一）加工型甜椒不同品种（自交系）硝酸盐含量的变异

不同品种（自交系）硝酸盐含量见表1。由表1可看出，不同品种（自交系）间硝酸盐含量存在广泛变异性，差异达到了极显著水平。28个加工型甜椒品种（自交系）硝酸盐含量的平均值为66.41 $mg \cdot kg^{-1}$，标准差为24.93 $mg \cdot kg^{-1}$，变异系数35.56%。自交系HYZ-1硝酸盐含量最高，达91.00 $mg \cdot kg^{-1}$，自交系HYZ-17硝酸盐含量最低，仅为10.16 $mg \cdot kg^{-1}$，极差达80.84 $mg \cdot kg^{-1}$。其他品种（自交系）硝酸盐含量居两者之间。

表1　加工型甜椒不同品种（自交系）硝酸盐含量

编号	品种（自交系）	硝酸盐含量（$mg \cdot kg^{-1}$）	编号	品种（自交系）	硝酸盐含量（$mg \cdot kg^{-1}$）
1	HYZ-1	91.00 aA	20	朝研11号	17.67 ijkIJK
2	HYZ-2	32.54 ghiFGHIJ			
3	HYZ-3	27.38 hijHIJK	21	朝研12号	10.67 kK
4	HYZ-4	47.00 defgDEFGH			
5	HYZ-5	24.00 hijkIJK	22	农发	46.67 defg DEFGH
6	HYZ-6	70.00 bBC			
7	HYZ-7	90.27 aA	23	美国大园椒	32.67 ghiFGHIJ
8	HYZ-8	32.68 ghiFGHIJ			
9	HYZ-9	67.19 bBCD	24	特大甜王	12.00 jkJK
10	HYZ-10	67.50 bBCD			
11	HYZ-11	84.21 aAB	25	沈研10号	27.00 hijHIJK
12	HYZ-12	46.06 defgDEFGH			
13	HYZ-13	29.67 hiGHIJK	26	茄门甜椒	46.00 defgDEFGH
14	HYZ-14	54.41 bcdeCDEF			

（续表）

编号	品种（自交系）	硝酸盐含量（mg · kg^{-1}）	编号	品种（自交系）	硝酸盐含量（mg · kg^{-1}）
15	HYZ-15	63.79 bcBCD	27	德国6号	39.00 efghEFGHI
16	HYZ-16	59.00 bcdCDE			
17	HYZ-17	10.16 kK	28	宝大甜椒	49.00 cdefgCDEFGH
18	HYZ-18	32.85 fghiFGHIJ			
19	HYZ-19	51.32 cdeCDEFG			

（二）加工型甜椒不同品种（自交系）硝酸盐含量的聚类分析

采用DPS（Data processing system）数据处理系统，选用欧氏距离进行类平均法聚类，得到28个加工型甜椒品种（自交系）硝酸盐含量在不同水平上并类的树状图（图1）。在标示距离D=30.272 5处，28份材料被明显的分为3类。第一类为低硝酸盐含量群，包括朝研11号、特大甜王、朝研12号、HYZ-17、HYZ-5、HYZ-13、沈研10号、HYZ-3、HYZ-18、美国大园椒、HYZ-8和HYZ-212份材料；第二类为中硝酸盐含量群，包括自交系HYZ-15、HYZ-10、HYZ-9、HYZ-6、HYZ-16、HYZ-14、HYZ-19、HYZ-12、HYZ-4，德国6号、宝大甜椒、茄门甜椒、农发13份材料；第三类为高硝酸盐含量群，包括HYZ-11、HYZ-7、HYZ-1 3份材料。三类甜椒的硝酸盐含量范围大体为32 mg · kg^{-1}以下、32-70 mg · kg^{-1}、70 mg · kg^{-1}以上。

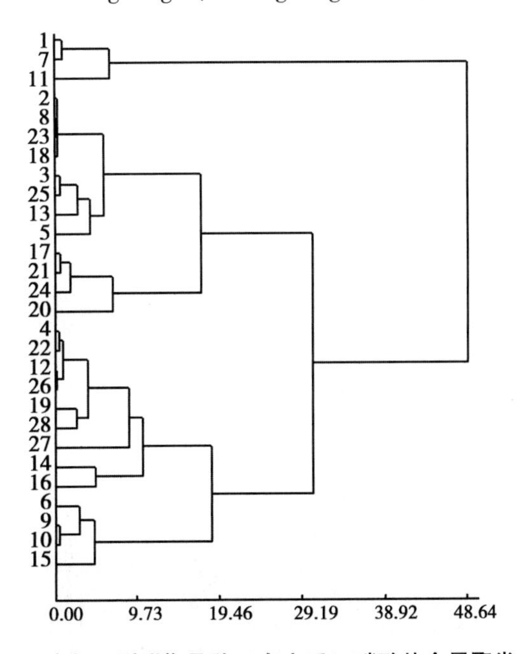

图1　28个加工型甜椒品种（自交系）硝酸盐含量聚类分析图

（三）加工型甜椒硝酸盐含量单因素设计遗传参数

经方差分析（表2），28个加工型甜椒品种（自交系）硝酸盐含量达到了极显著（$F_{0.01}$）差异（表2）。为了进一步了解群体的遗传变异动态，对其估算遗传方差、遗传变异系数、广义遗传力、遗传进度（5%）。其中遗传方差（σ_g）=（$MSt - MSe$）/r；遗传变异系数（GCV）= $\sigma_g/\bar{X} \times 100$；广义遗传力（$h_B^2$）= $\sigma_g^2/(\sigma_e^2 + \sigma_g^2) \times 100$；遗传进度（$GS$）= $k\sigma_g h \times 100$。计算结果见表3。

由表3可看出，GCV较高，达0.49%，说明加工型甜椒硝酸盐含量的遗传变异程度很高。广义遗传力高达87.23%，反映了该性状受遗传影响较高。遗传进度为43.097%，说明对其选择效果较好。

表2　加工型甜椒硝酸盐含量单因素设计试验遗传方差分析

变异来源	DF	MS	F	$F_{0.05}$	$F_{0.01}$	EMS
区组间	2	—				—
品种间	27	1 578.98	21.42**	1.65	2.03	$\sigma_e^2 + r\sigma_g^2$
误　差	54	73.72				σ_e^2
总变异	83	—				—

表3　加工型甜椒硝酸盐含量遗传参数

遗传方差	遗传变异系数	广义遗传力	遗传进度5%
$\sigma_g = (MSt - MSe)/r$	$GCV = \sigma_g/\bar{X} \times 100$	$h_B^2 = \sigma_g^2/(\sigma_e^2 + \sigma_g^2) \times 100$	$GS = k\sigma_g h \times 100$
501.75	16.57	87.23	43.097

三、结　论

本试验采用单因素设计估算遗传参数，结果表明：加工型甜椒硝酸盐含量遗传力、遗传变异系数和遗传进度均较高，说明该性状在一定选择强度下可获得较大的遗传进展，对其选择效果较好。因此，加工型甜椒硝酸盐含量是可遗传的，通过杂交育种可选育出低硝酸盐含量的品种。

参考文献

[1] 沈明珠，翟宝杰，东惠茹．蔬菜硝酸盐累积的研究［J］．园艺学报，1982，9（4）：41-48.

[2] 林冠伯．蔬菜的硝酸盐含量及其变化［J］．中国蔬菜，1981（创）：52-56.
[3] 刘杏认，任建强，甄兰．蔬菜硝酸盐累积及其影响因素的研究［J］．十壤通报，2003，30（4）：356-361.
[4] 汪李平，向长萍，王运华．白菜不同基因型硝酸盐含量差异的研究［J］．园艺学报，2004，31（1）：43-46.
[5] 董晓英，李式军，沈仁芳．白菜不同品种对硝酸盐积累差异原因初探［J］．园艺学报，2003，3（4）：470-472.
[6] 马育华．植物育种的数量遗传学基础［M］．南京：江苏科学技术出版社，280-332.

张掖市松花菜品种比较试验总结

毛涛[1]，王勤礼[2]，闫芳[2]，袁红红[2]，华军[2]，张文斌[2]
（1. 张掖市耕地质量建设管理站；2. 河西学院河西走廊设施蔬菜工程技术研究中心；3. 张掖市经济作物技术推广站）

摘　要：［目的］通过品种比较试验，筛选出高产优质、商品性好的松花菜品种，扩大种植面积，为丰富张掖市甘州区松花菜的市场提供科学依据。［方法］试验采用随机区组排列，以高山宝 70 天、高山宝 85 天、富松 80 天、庆美 85 天、长胜全松 90 天作为 5 个不同的处理，做 3 次重复，对其物候期、主要植物学性状、产量等进行综合评比。［结论］结果表明，在试验条件下，引进的 5 个松花菜品种中，高山宝 70 天的植株生长健壮，花球呈乳白，球形近圆，且折合产量较高，可以考虑在张掖市甘州区进一步示范推广。其余四个品种均需要进一步观察。

关键词：松花菜；品种；比较试验；甘州区

松花菜（松散型花椰菜）学名青梗花椰菜，是白花椰菜的一个变种，属甘蓝类蔬菜。由于蕾枝较长，花层较薄、花球充分膨大时形态不紧实，相对于普通花菜呈松散状，故此得名（何爱珍等，2013；李海燕，2014）。松花菜花球松大雪白，耐煮性好，烹煮后色彩明亮、清新爽口、味道鲜美，各项品质都优于紧实花菜，市场上称为有机花菜的就是松花菜的产品（孙丽娟等，2013）。松花菜具有营养价值高、种植效益好、适应性广等特点，很受消费者欢迎（杨鸯鸯等，2016；顾宏辉等，2012），是目前张掖市种植的主要高原夏菜之一。

高原夏菜是指利用西北高原地区夏季凉爽、光照充足、昼夜温差大等气候特点，在高海拔地区种植、加工的蔬菜（杨佑福，2015）。高原夏菜是甘肃省蔬菜产业发展中涌现出的响亮品牌。目前，甘肃省已经初步形成了沿黄灌区和河西走廊沿祁连山冷凉气候区两个生产相对集中、规模较大的高原夏菜生产优势区域（杨佑福，2015）。

张掖市位于甘肃省河西走廊中段，黑河流域的中上游，属于温带干旱气候类型，全年平均气温 7.6℃，全年无霜期 155 d，最长年份为 179 d，最短 120 d；年平均降水量 129 mm，蒸发量 2 047.9 mm，平均日照时数 3 085.1 h，太阳总辐射量为 620.4 $kJ \cdot cm^{-2}$。该区域光照充足，土壤肥沃、水源充足，昼夜温差大，是高原夏菜种植的理想产区（李文德等，2014）。张掖市高原夏菜生产区域覆盖全市 5 县 1 区，主要产区在甘州区、临泽县、高台县、民乐县，其中以甘州区面积最大，达到 313.5 hm^2，占张掖市高原夏菜生产面积的 37.7%；其次为高台县、民乐县和临泽县（李文德等，2014）。

松花菜在张掖市栽培历史较短，目前张掖市场上松花菜品种单一、商品性差、抗病性等综合性状不良、产量不高，严重制约着张掖市松花菜产业的发展。为此，我们从国内其他地区引进松花菜品种5个，在张掖市嘉宏农牧业发展有限责任公司试验基地内开展了新品种比较试验，以期筛选出适宜在张掖市甘州区推广种植的高产优质松花菜新品种。

一、材料与方法

（一）试验材料

供试品种5个，分别是高山宝70天、高山宝85天、富松80天、庆美85天、长胜全松90天，品种均由甘肃省2014年农业技术推广及基地建设项目“高原夏菜新品种筛选及标准化栽培技术示范推广”课题组提供。

（二）试验方法

试验设在张掖市嘉宏农牧业发展有限责任公司试验基地内，地势平坦，排灌良好，肥力均匀，前茬作物为娃娃菜。试验采用随机区组排列，5个处理，重复3次，小区面积9.6 m^2，小区保苗数48株。试验地两边设保护行。

试验材料于2017年4月5日播种育苗，5月5日定植，垄宽60 cm，沟宽40 cm，“品字型”定植，株距40 cm，行距50 cm。试验地管理同常规栽培。

（三）观测记载项目

（1）物候期记载各品种的播种期、定植期、莲座期、结球期、采收期以及全生育期（播种到终收期的天数）。

生长指标花球盛收期进行调查，每个小区定点随机选10株松花菜，用钢卷尺测量其株高、株幅、梗长，每个品种设3次重复；观测花梗色以及叶表蜡质的情况。

（2）花球性状花球性状的观测记载与生长指标的观测记载同步进行，以测定生长指标时随机选的10株松花菜叶球为对象，测量其球径、单球质量，记录各品种花球的颜色及花球形状和花球松散度。

（3）产量收获时每个小区单独收获，共收获两次，计算累加值为小区产量。

（四）统计分析方法

试验数据均采用DPS6.55软件进行方差分析，差异显著性测验采用Duncan法。

二、结果与分析

（一）物候期比较

由表1可知，5个品种在莲座期时生育期进度已表现出差异。长胜全松90天比高山宝 70 天和高山宝 85 天晚 5 d，比富松 80 天和富松 85 天晚 4 d。结球期差异更大，以高山宝 70 天最早为 6 月 15 日，其次是富松 80 天和庆美 85 天，结球期为 6 月 16 日；高山宝 85 天结球期为 6 月 18 日；长胜全松 90 天的结球期最晚，时间为 6 月 21 日。高山宝 70 天于 7 月 10 日开始采收，庆美 85 天和富松 80 天分别于 7 月 11 日和 7 月 12 日开始采收，长胜全松 90 天于 7 月 13 日开始采收，高山宝 85 天的采收期相对较晚，为 7 月 14 日。5 个品种中生育期以高山宝 85 天最长，为 101 d，长胜全松 90 天次之，为 100 d，高山宝 70 天的生育期最短，为 97 d。由此说明，早熟栽培可选用高山宝 70 天，中晚熟栽培可选用高山宝 85 天。

表 1　参试品种物候期记载表

品种	播种期（日/月）	定植期（日/月）	莲座期（日/月）	结球期（日/月）	采收期（日/月）	生育期（d）
高山宝 70 天	5/4	5/5	17/5	15/6	10/7	97
高山宝 85 天	5/4	5/5	17/5	18/6	14/7	101
富松 80 天	5/4	5/5	18/5	16/6	12/7	99
庆美 85 天	5/4	5/5	18/5	16/6	11/7	98
长胜全松 90 天	5/4	5/5	22/5	21/6	13/7	100

（二）生长指标比较

从表 2 可以看出，在株高方面，5 个品种中高山宝 70 天株高最高为 53. 20 cm，最矮的是富松 80 天为 44. 27 cm。高山宝 70 天与富松 80 天表现为显著差异；其余品种间差异均表现不显著；在株幅方面，高山宝 70 天的最大，为 68. 87 cm×62. 07 cm，其次是长胜全松 90 天为 60. 94 cm×64. 4 cm，最小的是富松 80 天，为 60. 27 cm×58. 67 cm。在梗长方面，最长的是富松 80 天为 7. 68 cm，高山宝 85 天次之，梗长 7. 51 cm，梗长最短的为庆美 85 天，长 6. 07 cm，但参试品种间差异不显著。在梗色方面，高山宝 70 天和高山宝 85 天表现为绿色，其余品种表现为淡绿色。叶表蜡质，庆美 85 天较其他几个品种多，其他几个品种叶表蜡质少。

表 2　不同品种的植物学特性比较

品种	株高（cm）	株幅（cm）	梗长（cm）	梗色	叶表蜡质
高山宝 70 天	53. 20 a A	68. 87×62. 07	6. 57 a A	绿色	多
高山宝 85 天	48. 83 ab A		7. 51 a A	绿色	少
富松 80 天	44. 27 b A	60. 27×58. 67	7. 68 a A	淡绿色	少
庆美 85 天	50. 20 ab A	62. 67×59. 53	6. 07 a A	淡绿色	较多
长胜全松 90 天	50. 93 ab A	60. 94×64. 40	6. 91 a A	淡绿色	少

（三）花球性状比较

从表3可知，在球径方面，最大的为高山宝70天，为26.20 cm；其次为庆美85天是24.67 cm，最小的是高山宝85天为20.79 cm。高山宝70天与高山宝85天表现为显著差异；其他品种间差异均不显著。参试品种中单球重最重的是高山宝70天，重1.05 kg；庆美85天次之，为0.98 kg；单球重最低的是高山宝85天，仅为0.80 kg。品种间差异不显著。在球色方面，高山宝70天、高山宝85天表现为乳白色；富松80天、长胜全松90天为黄色；庆美85天为黄白色。在球形方面5个参试品种均为近圆形。在花球松散度方面，高山宝85天、富松80天中等，庆美85天、长胜全松90天、高山宝70天的紧实度较松。由此表明，高山宝70天商品性优于其他几个品种。

表3　不同品种的花球性状比较

品种	球径（cm）	单球重（kg）	球色	球形	花球松散度
高山宝70天	26.20 a A	1.05 a A	乳白	近圆	较松
高山宝85天	20.79 b A	0.80 a A	乳白	近圆	中等
富松80天	24.50 ab A	0.91 a A	黄色	近圆	中等
庆美85天	24.67 ab A	0.98 a A	黄白	近圆	较松
长胜全松90天	24.54 ab A	0.95 a A	黄色	近圆	较松

（四）产量结果比较

从产量上看，参试品种中小区（9 m^2）产量最高的是高山宝70天为50.40 kg，折合亩产为3 501.75 kg；庆美85天次之，小区产量为46.82 kg，折合亩产为3 252.74 kg；小区产量最低的是高山宝85天仅为38.19 kg，折合亩产为2 653.55 g。对产量进行方差分析的结果表明，参试品种均为差异不显著（表4）。

表4　不同品种的产量比较

品种	小区（9 m^2）产量（kg）	5%显著水平	1%极显著水平	折合亩产（kg）	5%显著水平	1%极显著水平
高山宝70天	50.40	a	A	3 501.75	a	A
庆美85天	46.82	a	A	3 252.74	a	A
长胜全松90天	45.82	a	A	3 183.59	a	A
富松80天	43.90	a	A	3 050.41	a	A
高山宝85天	38.19	a	A	2 653.55	a	A

三、讨 论

随着人们生活水平的提高，对松花菜品种、品质提出了越来越高的要求。松花菜是普通白花菜的一个变种，其花球偏松、柔软、口味独特，营养价值和食用品质高于普通白花菜，适宜宾馆、饭店食堂等消费，市场前景十分可观（陈宗叶等，2009）。本试验试种的5个品种中，高山宝70天在株高、梗色、球径、单球重、球色、花球松散度、产量等各方面都优于其他品种，所以这个品种可以考虑在张掖市及气候相似地区推广种植。而其他品种的个别性状表现较为优越，但从综合表现来看，并不是最佳选择，可作为搭配品种种植，做进一步研究。

从物候期来看，影响植物物候的主要气象因子有温度、水分、光照（蒋菊芳等，2011）。这5个品种在相同时期、同等条件下播种及定植，在莲座期及后期的生育过程中出现了差异，首先与其品种有密切的联系，其次可能存在的影响有人为的田间管理，如施肥或浇水时不均一，导致物候期的提前或推迟。

本试验的不足之处在于，松花菜引种试验的品种有限，品种来源单一，代表性不强。近几年，随着育种技术的不断改进，松花菜的品种资源丰富，可能还有更适合于张掖市甘州区推广种植的品种，因此以后需在引种方面综合考虑，突破品种来源单一的局限性，以期能筛选出更多适合于张掖市甘州区种植的松花菜品种，以便更好地推动张掖市高原夏菜产业的发展。

四、结 论

以上试验结果表明，引进的5个松花菜品种中，高山宝70天的植株生长健壮，花球呈乳白，球形近圆，且折合产量较高，可以考虑在张掖市甘州区进一步示范推广。其余4个品种均需要进一步观察。

参考文献

陈宗叶，陈鹏飞，罗建宇，等 . 2009. 中熟松花菜品种引选试验初报［J］. 上海农业科技.

顾宏辉，金昌林，赵振卿，等 . 2012. 我国松花菜产业现状及前景分析［J］. 中国蔬菜（23）：1-5.

顾宏辉，赵振卿，王建升，等 . 2012. 松花菜花球的主要营养特点分析［J］. 中国蔬菜（20）：37-39.

何爱珍，汪诗华，余景根，等 . 2013. 淳安县松花菜品种比较试验 . 浙江淳安县农业技术推广中心（4）；23-25.

蒋菊芳，王鹤龄，魏育国，等 . 2011. 河西走廊东部不同类型植物物候对气候变化的响应［J］. 中国农业气象，32（4）：543-549.

李海燕 . 2014. 松花菜简介［J］. 天津：天津农林科技（2）.

李文德，张文斌，张荣，等 . 2014. 张掖市高原夏菜产业现状与发展建议［J］. 甘肃农业科技（7）：47-49.

孙丽娟，聂向博，邵英，等 . 2013. 松花型花椰菜引种品比试验初报［J］. 浙江农业科学（7）：806-807.

杨鸯鸯，潘丽卿，郑华章 . 2016. 余姚松花菜品种比较试验［J］. 浙江农业科学，57（6）：849-850.

杨佑福 . 2015. 甘肃高原夏菜生产特点［J］. 农业科技与信息（12）：14-15.

杨佑福 . 2015. 甘肃省高原夏菜产业布局研究［J］. 农业科技与信息（11）：5-7.

张掖市红叶莴笋新品种比较试验

闫芳[1]，华军[2]，王勤礼[1]，张文斌[2]
（1. 河西学院河西走廊设施蔬菜工程技术研究中心；2. 张掖市经济作物技术推广站）

近年来，张掖市蔬菜面积逐年扩大，栽培水平日益提高，品种逐年丰富；张掖产的蔬菜因绿色健康无污染而深受消费者青睐。红叶莴笋因肉质香味浓、绿色无杂丝、不易空心等特点，在南方市场上一度畅销，种植效益高，农户的种植积极性也较高。但目前品种较杂，且栽培技术不当，出现徒长、抽薹等现象，造成莴笋茎较细，从而影响商品性。因此，高原夏菜课题组引进6个红叶莴笋新品种进行品比试验，以期筛选出适合张掖地区种植的优良品种，满足种植户需求，提高经济效益。

一、材料与方法

（一）参试品种

永安飞桥3号（燕丰种业有限责任公司）、红蜻蜓（成都佳禾种苗有限责任公司）、金农香莴笋（燕丰种业有限责任公司）、万紫千红莴笋（四川攀枝花市金土牌种业）、红秀莴苣（四川乐山市稻麦香蔬菜研究所）、红状元（兰州东平种子有限公司）。

（二）试验方法

试验于2016年4月在甘州区三闸镇瓦窑村进行。2016年3月20日采用穴盘育苗；4月28日定植；试验采取完全随机区组设计，小区面积20 m^2，3次重复，起垄覆膜定植，垄高25～30 cm，行距30 cm，株距30 cm。每亩施腐熟优质农家肥3 000 kg以上，磷酸二铵20 kg，硫酸钾15 kg做基肥。播种后及时盖沙、浇水，播种后7 d灌缓苗水，以后控水控肥，加强中耕。莲座期至叶片封垄浇水追肥，每亩施尿素10 kg，硫酸钾10 kg，以后见干见湿。茎部开始肥大时，每亩施三元复合肥25 kg，尿素15 kg。

（三）观测指标

收获期对各参试品种主要农艺性状等进行调查记载。试验数据调查方法：每小区随机连续取样10株进行数据调查，收获时称取每个小区的产量。考察性状：株高、叶片数、抗病性、生育期、单株重、小区产量等。

二、结果与分析

（一）参试品种各主要农艺性状调查

从表1可以看出，引进的6个红叶莴笋中，红状元莴笋的各性状值均高于其他莴笋品种，株高为58.3 cm，较对照永安飞桥3号（CK）高2.6 cm，横经7.1 cm，较对照高1.3 cm；其次是红秀莴笋，株高为57 cm，较对照高1 cm，横经为6.8 cm；较对照高1 cm；在抗抽薹方面，除红秀、金农香莴笋抽薹外，其余品种均未抽薹；在抗病性方面，除红蜻蜓外，其余品种都较强；在口感方面，红状元、红秀莴笋、万紫千红莴笋口感佳，其余品种口感一般。

表1　各参试品种主要农艺性状调查结果分析

品 种	株高（cm）	横径（mm）	生育期（d）	抗抽薹	抗病性	口感
红状元	58	7.1	65	强	强	佳
红秀莴笋	57	6.8	68	弱	强	佳
万紫千红莴笋	53	5.5	70	强	强	佳
永安飞桥3号（CK）	56	5.8	67	强	强	一般
红蜻蜓	52	6.2	65	强	弱	一般
金农香莴笋	51	5.3	67	弱	强	一般

（二）参试品种亩产及新增产值分析

参试的6个品种中，折合亩产量最高的为红状元，3 125.0 kg；较对照永安飞桥3号亩增收1 010.2 kg，亩增产值3 031元。其次是红蜻蜓，折合亩产量2 714.8 kg，较对照亩增收600 kg，亩增产值1 800元。

表2　参试品种亩产及新增产值分析

品种	小区（9 m^2）产量（kg）	亩产量（kg）	亩产值（元）	亩新增产值（元）
红状元	94.7	3 125.0	9 375.0	3 031.0
红秀莴笋	67.7	2 234.4	6 703.3	359.3
万紫千红莴笋	73.8	2 433.8	7 301.4	957.4
永安飞桥3号（CK）	64.1	2 114.8	6 344.3	—
红蜻蜓	82.3	2 714.8	8 144.4	1 800.4
金农香莴笋	68.9	2 273.8	6 821.3	477.3

注：莴笋价格平均按3元/kg计算。

三、结　论

引进的6个红叶莴笋品种中，红状元抗病性、口感、抗抽薹等方面均优于其他参试品种，折合亩产量为3 125 kg，较对照亩增收1 010.2 kg，按3元/kg售价计算，亩新增产值3 031元，可在张掖及同类地区推广种植；万紫千红莴笋在产量、口感、抗病性及抗抽薹性方面也表现不错，可搭配种植。

甜椒新品种比较试验总结

毛　涛[1]，华　军[2]，王勤礼[3]，闫　芳[3]，张文斌[2]
（1. 张掖市耕地质量建设管理站；2. 张掖市经济作物技术推广站；
3. 河西学院河西走廊设施蔬菜工程技术研究中心）

一、材料与方法

（一）试验材料

参试品种共 5 个，杂交甜椒 1 号、常规特大甜椒、常规特大茄门、张甜椒 1 号、DH，其中，以常规特大茄门为对照。

（二）试验设计

试验设在甘州区建涵农产品保鲜合作社基地内，采用随机区组设计，3 次重复。小区长 15 m，宽 2.2 m 双行定植，株行距为 30 cm×40 cm。

（三）田间管理

试验于 3 月 15 日育苗，5 月 10 日移栽。栽植密度：株距 30 cm，双行单株定植。每亩施有机肥 2 000 kg，尿素 20 kg，磷二铵 25 kg 做基肥。追肥：一般两周浇水一次，一水一肥，每次追肥以尿素、磷二铵和尿素、硫酸钾轮流配施，亩施肥量为尿素 15 kg、磷二铵 20 kg、硫酸钾 15 kg。

（四）调查项目

1. 植物学性状

植株（植株类型、生长类型、株高、株幅）、茎（节间长度、茎粗）、叶片（叶形、叶色、叶面性状及附属物）、花（花序、第一花序出现节位）。

2. 生物学性状

物候期（播种期、4 片真叶期、现蕾期、开花期、收获期）、产量（单株产量、单位面积产量）

3. 果实品质

形态商品性状、风味、抗病性、耐贮性。

二、结果与分析

（一）不同品种产量结果分析

由表 1 显示：张甜椒 1 号平均前期亩产量为 2 135.2 kg，比对照 CK 增产 14.5%，平均总亩产量为 6 253.4 kg，比对照 CK 增产 28.9%。杂交甜椒 1 号前期亩产量为 2 051.4 kg，比对照 CK 增产 10.3%，总亩产量为 5 796.5 kg，较对照增产 19.5%。

表 1　不同品种产量结果

品种	前期亩产量（kg）	较 CK±（%）	总亩产量（kg）	比 CK±（%）
张甜椒 1 号	2 135.2**	14.5	6 253.4**	28.9
茄门甜椒（CK）	1 864.4	—	4 852.3	—
DH	1 963.2	5.3	5 453.4	12.4
杂交甜椒 1 号	2 051.4	10.3	5 796.5	19.5
常规特大甜椒	1 755.6	5.8	4 935.3	17.1

注：* * 表示与 CK 间达到了极显著差异。

（二）不同品种抗病性分析

对张甜椒 1 号进行田间抗病性实地调查鉴定，品种田和对照田均随机五点取样调查，每点 25 株，调查发病率，同时每点随机调查 25 片病叶，统计病叶率，评价严重度。张甜椒 1 号白粉病平均发病率为 8.2%，病叶率为 3.3%，较对照茄门 17.5%、11.2%低 9.3 和 7.9 个百分点；病毒病平均发病率为 2.5%，较对照茄门 11.4%低 8.9 个百分点，未发现其他病害。

（三）不同品种品质分析

张甜椒 1 号干物质含量为 10.0%、可溶性固形物 8.6%、还原糖含量为 4.9%、VC 含量 1 274 $mg \cdot kg^{-1}$，对照茄门甜椒干物质含量为 9.5%、可溶性固形物 8.3%、还原糖含量为 4.8%、VC 含量为 1 317 $mg \cdot kg^{-1}$，主要的营养成分与对照茄门甜椒相当。

三、结果

张甜椒 1 号株高 60～70 cm，开展度 45～60 cm，植株健壮、茎杆粗壮、株型紧凑、生长势强，单株结果数 5～8 个，单果重 200～260g，平均折合亩产量最高，为 5 417.1 kg，较对照茄门甜椒（4 280.1 kg）增产 26.6%。

张甜椒 1 号果实呈方灯笼形，纵径 10～11 cm，横径 9～11 cm，果形指数接近 1，果实 3～4 心室，果肉厚 0.7～0.9 cm，耐贮运；果实为绿色，成熟后呈红色，味甜质脆，口感佳，果皮光滑无褶皱，果形匀称美观，商品性优良，适宜于鲜食和脱水加工，可在张掖及同类地区示范推广。

张掖市高淀粉马铃薯新品种比较试验初报

华 军[1]，张文斌[2]，韩顺斌[1]，薛 龙[1]
（1. 甘肃省张掖市农业科学研究院；2. 甘肃省张掖市经济作物技术推广站）

摘 要：为筛选出适宜张掖市种植的高产优质高淀粉马铃薯新品种，2014 年在张掖市甘州区引入 10 个马铃薯品种（系）进行了品种比较试验。结果表明，陇薯 9 号、青薯 10 号田间长势强、商品性好，块茎产量和淀粉产量高，适宜在张掖市推广种植。陇薯 9 号淀粉产量 15 328 kg · hm^2，较对照陇薯 3 号增产 49.78 %；青薯 10 号淀粉产量 15 188 kg · hm^2，较对照陇薯 3 号增产 48.41%。

关键词：马铃薯；高淀粉；品种；比较

马铃薯加工需要特定的加工专用品种，原料品种对产品的质量有直接影响。目前优质加工型马铃薯供应不足，严重制约了张掖市马铃薯产业链延伸和加工业的发展。长期以来，张掖市马铃薯生产在品种选用上对产量要求较高，而忽视了品种的加工品质，尤其是淀粉含量，这导致了具有高附加值的加工专用品种严重缺乏，目前的主栽品种陇薯 3 号在生产中表现出耐贮性差，淀粉含量降低等不足，不能满足目前市场的需求[1,2]。为此，张掖市农科院从青海、甘肃等科研院所引进淀粉加工型马铃薯新品种（系）10 个进行品种比较试验，通过试验以期筛选出适宜张掖市种植的高产优质高淀粉马铃薯新品种。

一、材料与方法

（一）供试材料

参试品种 11 个，品种来源见表 1。

表 1 参试品种（系）来源

品种（系）	品种来源
陇薯 6 号 Longshu 6	甘肃省农科院
陇薯 7 号 Longshu7	甘肃省农科院
陇薯 8 号 Longshu 8	甘肃省农科院
陇薯 9 号 Longshu9	甘肃省农科院

（续表）

品种（系）	品种来源
陇薯 11 号 Longshu11	甘肃省农科院
陇薯 12 号 Longshu12	甘肃省农科院
L0527-2	甘肃省农科院
青薯 2 号 Qingshu 2	青海省农林科学院
青薯 10 号 Qingshu 10	青海省农林科学院
庄薯 3 号 Zhangshu 3	庄浪县农技站
陇薯 3 号（CK）Longshu 3	甘肃省农科院

（二）试验地概况

试验地设在张掖市甘州区新墩镇园艺村，前茬作物为玉米，土质为沙壤土，排灌良好，肥力中上等。

（三）试验设计

采用随机区组设计，重复 3 次，以品种作为处理，共设 11 个处理，陇薯 3 号作对照（CK）。小区面积 18.15 m^2（长 5.5 m × 宽 3.3 m），每小区 3 垄，小区苗数 135 株。重复间走道宽 100 cm，试验地四周设保护行。试验于 2014 年 4 月 9 日切块播种，播前深翻松土，耙耱保墒，结合整地一次性施入腐熟优质农家肥 45 000～75 000 kg · hm^{-2}，尿素 600 kg · hm^{-2}（含 N≥46%，70%作底肥，30%作追肥），磷二铵 750 kg · hm^{-2}（P_2O_5≥46%），硫酸钾 300 kg · hm^{-2}（K_2O≥46%）[3]。采用单垄双行三角形种植，株距 24 cm，行距 30 cm。垄宽 70 cm，沟宽 40 cm。其余管理同大田。

（四）调查项目

观察记载各参试品种的物候期、生物学特性及指标。根据不同品种（系）成熟期分别收获，各小区单收计产，收获时按国家马铃薯品种试验记载标准观察记载薯块性状。用酸水解-旋光法测定淀粉含量[4,5]。

二、结果与分析

（一）生育期

由表 2 可知，参试品种的生育期范围为 110～143 d，在张掖市均能正常成熟。其中青薯 2 号生育期最短，为 110 d，较对照品种陇薯 3 号早 33 d；青薯 10 号、陇薯 12 号均为 128 d，较对照早 15 d；庄薯 3 号为 142 d；L0527-2、陇薯 6 号、陇薯 7 号、陇薯

8 号、陇薯 9 号、陇薯 11 号的生育期分别较对照品种陇薯 3 号提前 13 d，4 d，10 d，17 d，10 d 和 12 d。

表 2　参试品种（系）生育期记载

品种（系）	物候期（日/月）					生育期
	播种期	出苗期	现蕾期	开花期	成熟期	
青薯 10 号	9/4	2/5	16/6	24/6	10/9	128
青薯 2 号	9/4	5/5	16/6	25/6	25/8	110
庄薯 3 号	9/4	5/5	12/6	20/6	27/9	142
L0527-2	9/4	3/5	13/6	25/6	13/9	130
陇薯 6 号	9/4	1/5	14/6	27/6	20/9	139
陇薯 7 号	9/4	7/5	10/6	18/6	18/9	133
陇薯 8 号	9/4	6/5	15/6	23/6	12/9	126
陇薯 9 号	9/4	3/5	1/7	20/7	16/9	133
陇薯 11 号	9/4	6/5	30/6	19/7	17/9	131
陇薯 12 号	9/4	7/5	14/6	24/6	15/9	128
陇薯 3 号（CK）	9/4	3/5	15/6	23/6	26/9	143

（二）农艺性状

由表 3 可知，根据田间记载，薯块形状青薯 2 号、陇薯 11 号、庄薯 3 号、LO527-2 为圆形，陇薯 3 号、陇薯 6 号、陇薯 9 号为扁圆形，陇薯 7 号、陇薯 12 号为长椭圆形，陇薯 8 号、青薯 10 号为椭圆形。花冠色除了青薯 2 号和庄薯 3 号是紫色外，其余都是白色。单株块茎数最多的是陇薯 8 号，平均为 8.4 个，其次是陇薯 6 号 7.6 个，陇薯 7 号、陇薯 11 号分别为 6.7 个和 6.4 个。

表 3　参试品种（系）的生物学特性

品种（系）	薯形	皮色	肉色	薯皮类型	芽眼深浅	茎颜色	叶片颜色	花冠色	结实性	株高（cm）	单株结薯（个）
青薯 2 号	圆形	白色	白肉	光滑	浅	绿色	浓绿色	紫色	弱	105.0	5.6
青薯 10 号	椭圆形	红色	黄肉	网纹	较浅	绿色	深绿色	白色	弱	99.0	4.6
庄薯 3 号	圆形	黄色	黄肉	光滑	浅	茎绿色	深绿色	紫色	差	86.6	5.3
L0527-2	圆形	淡黄	淡黄	网纹	浅	绿色	浅绿色	白色	无	84.6	5.2
陇薯 6 号	扁圆形	淡黄	白肉	略麻	较浅	绿色	浅绿色	白色	无	101.0	7.6
陇薯 7 号	长椭圆	黄色	黄肉	略麻	浅	淡绿色	绿色	白色	弱	110.0	6.7

（续表）

品种（系）	薯形	皮色	肉色	薯皮类型	芽眼深浅	茎颜色	叶片颜色	花冠色	结实性	株高(cm)	单株结薯(个)
陇薯8号	椭圆形	淡黄	淡黄	粗糙	较浅	绿带褐	绿色	白色	强	100.0	8.4
陇薯9号	扁圆形	淡黄	淡黄	粗糙	较浅	绿色	绿色	白色	弱	99.0	5.5
陇薯11号	圆形	黄色	黄肉	微网纹	中等	绿色	浅绿色	白色	无	91.0	6.4
陇薯12号	长椭圆	淡黄	淡黄	略粗	极浅	茎绿色	绿色	白色	无	89.0	4.9
陇薯3号（CK）	扁圆形	黄色	黄肉	光滑	较浅	绿色	深绿色	白色	弱	81.6	4.7

（三）块茎产量及商品薯率

由表4可知，参试的11个品种（系）中，产量变化范围为53 167～84 037 kg · hm^{-2}，高于对照的品种有7个，分别为陇薯9号，青薯10号，陇薯12号，陇薯11号，陇薯8号，庄薯3号，L0527-2。产量最高的是陇薯9号，折合产量是84 037 kg · hm^{-2}，较对照增产17 970 kg · hm^{-2}，增产率为27.20%；排名第二位的是青薯10号，产量达79 434 kg · hm^{-2}，比对照增产13 368 kg · hm^{-2}，增产率达20.23%；陇薯12号和陇薯11号名列第三、第四位。在商品薯率方面，各品种（系）的商品率均在77%以上，其中最高的是陇薯3号（CK），达94.53%；其次是青薯10号，商品薯率为93.27%。对块茎产量进行方差分析（表5），处理间差异达极显著（$P<0.01$），进一步进行新复极差测验，陇薯9号与青薯2号、陇薯7号、陇薯6号差异达极显著水平；与对照陇薯3号差异达显著水平，其余品种与对照均不显著。

表4　参试品种（系）的产量及商品性

品种（系）	小区产量			折合亩产量(kg)	单株薯重(g · 株$^{-1}$)	商品薯率(%)
	商品薯	非商品薯	小计			
陇薯9号	139.35	13.10	152.45	84 037	1 216.00	91.41
青薯10号	134.40	9.70	144.10	79 434	1 093.00	93.27
陇薯12号	121.05	12.20	133.25	73 453	1 200.00	90.84
陇薯11号	119.15	13.65	132.80	73 205	1 060.00	89.72
陇薯8号	110.05	18.85	128.90	71 055	1 113.00	85.38
庄薯3号	113.30	10.30	123.60	68 133	983.30	91.67
L0527-2	110.75	11.35	122.10	67 306	973.30	90.70
陇薯3号(CK)	113.30	6.55	119.85	66 066	1 063.60	94.53
青薯2号	102.75	8.70	111.45	61 436	910.00	92.19
陇薯7号	92.10	17.90	110.00	60 636	853.30	83.73
陇薯6号	74.90	21.55	96.45	53 167	796.60	77.66

表 5　小区块茎产量的方差分析

变异来	SS	DF	MS	F	P
区组间	475.160 3	2	237.580 2	1.156 0	0.334 8
处理间	7 569.067 2	10	756.906 7	3.684 0	0.006 3
误 差	4 108.719 7	20	205.436 0		
总变异	12 152.947 3	32			

表 6　参试品种（系）产量比较

品种（系）	小区(18.15 m^2)产量（kg）	显著性差异		折合亩产量	较 CK 增产（kg · hm^{-2}）	增产率（%）	名次
		5%	1%				
陇薯 9 号	152.45	a	A	84 037	17 970	27.20	1
青薯 10 号	144.10	ab	AB	79 434	13 368	20.23	2
陇薯 12 号	133.25	abc	ABC	73 453	7 387	11.18	3
陇薯 11 号	132.80	abc	ABC	73 205	7 139	10.81	4
陇薯 8 号	128.90	abc	ABCD	71 055	4 989	7.55	5
庄薯 3 号	123.60	bc	ABCD	68 133	2 067	3.13	6
L0527-2	122.10	bc	ABCD	67 306	1 240	1.88	7
陇薯 3 号(CK)	119.85	bcd	ABCD	66 066	0	0.00	8
青薯 2 号	111.45	cd	BCD	61 436	-4 630.35	-7.01	9
陇薯 7 号	110.00	cd	CD	60 636	-5 429.7	-8.22	10
陇薯 6 号	96.45	d	D	53 167	-12 899	-19.52	11

注：表中小写和大写字母分别表示 0.05 和 0.01 显著水平；LSD 法测验，下同。

（四）淀粉含量及产量

参试品种淀粉含量高于对照的品种有 9 个，最高的是 L0527-2，为 21.91%，其次是青薯 10 号，为 19.12%，陇薯 12 号排名第三，淀粉含量为 18.89%。淀粉产量最高的是陇薯 9 号，淀粉产量 15 328 kg · hm^{-2}，较对照陇薯 3 号增产 5 095 kg · hm^{-2}，增产率 49.78 %；其次是青薯 10 号，淀粉产量 15 188 kg · hm^{-2}，较对照增产 4 954 kg · hm^{-2}，增产率 48.41%；第三是 L0527-2，淀粉产量 14 747 kg · hm^{-2}，较对照增产 4 513 kg · hm^{-2}，增产率 44.10%。

经方差分析（表 7），处理间差异达极显著（$P<0.01$），进一步进行新复极差测验，陇薯 9 号、青薯 10 号、L0527-2、陇薯 12 号的淀粉产量与对照陇薯 3 号差异极显著；陇薯 8 号与对照差异显著，其余品种与对照差异不显著。

表 7　方差分析表

变异来源	*SS*	*DF*	*Ms*	*F*	*P*
区组间	14.973 8	2	7.486 9	1.170 0	0.330 9
处理间	582.211 2	10	58.221 1	9.095 0	0.000 1
误差	128.032 5	20	6.401 6		
总变异	725.217 6	32			

表 8　参试品种（系）的淀粉含量及产量

品种（系）	淀粉含量	小区（18.15 m^2）淀粉产量（kg）	显著性差异		折合产量（$kg \cdot hm^{-2}$）	较 CK 增产（$kg \cdot hm^{-2}$）	增产率（%）	名次
			5%	1%				
陇薯 9 号	18.24	27.81	a	A	15 328	5 095	49.78	1
青薯 10 号	19.12	27.56	a	A	15 188	4 954	48.41	2
L0527-2	21.91	26.75	a	AB	14 747	4 513	44.10	3
陇薯 12 号	18.89	25.17	ab	ABC	13 875	3 642	35.58	4
陇薯 8 号	18.77	24.19	abc	ABCD	13 337	3 103	30.33	5
陇薯 11 号	15.88	21.09	bcd	BCDE	11 625	1 391	13.59	6
陇薯 7 号	18.50	20.35	cd	CDEF	11 218	984	9.62	7
庄薯 3 号	15.88	19.63	d	CDEF	10 820	586	5.73	8
陇薯 3 号（CK）	15.49	18.56	de	DEF	10 234	0	0.00	9
青薯 2 号	15.30	17.05	de	EF	9 400	-834	-8.15	10
陇薯 6 号	15.72	15.16	e	F	8 358	-1 876	-18.33	11

三、结　论

综合分析参试马铃薯品种（系）的田间长势、生育期、产量、商品性和抗逆性，各品种均能在张掖市甘州区范围内正常成熟。陇薯 9 号、青薯 10 和 L0527-2 的综合性状表现较好。陇薯 9 号和青薯 10 号生育期适中，生长势强，芽眼较浅，单株结薯数多，商品率高，淀粉含量和块茎产量高，亩淀粉产量高，适宜在张掖市范围内推广应用。L0527-2 和陇薯 8 号淀粉含量高，适宜在高产区域推广种植。陇薯 3 号的块茎产量和商品率较高，但淀粉含量有所下降，若要继续种植，需进一步采取措施，提高淀粉含量。

参考文献

[1] 程红玉，刘小花，张俐，等．张掖市淀粉加工型马铃薯品种比较试验［J］．中国马铃薯，2014，28（1）：10-13.

[2] 华军，韩顺斌．关于张掖市马铃薯产业发展的思考［J］．甘肃农业，2011（2）：59-60.

[3] 张东昱，成军花，夏叶，等．河西走廊加工型马铃薯水肥耦合效应量化管理指标研究［J］．土壤，2012，44（6）：987-990.

[4] 童丹．旋光法测定马铃薯淀粉含量最佳水解时间的确定［J］．喀什师范学院学报，2014（3）：17-19.

[5] 陈鹰，乐俊明，丁映．酸水解-DNS 法测定马铃薯中淀粉含量［J］．种子，2009（9）：109-110.

（本文发表于《中国马铃薯》2016 年第 2 期，略有改动）

第三节　张掖市高原夏菜标准化栽培技术研究

不同定植期对‘金玉黄’娃娃菜产量及品质的影响

华　军[1,2]，王勤礼[3]，王鼎国[1*]，张文斌[1]，张　荣[1]，李文德[1]，焦　阳[1]
（1. 张掖市经济作物技术推广站；2. 张掖市农业科学研究院；
3. 河西学院河西走廊设施蔬菜工程技术研究中心）

摘　要：为确定金玉黄娃娃菜的最佳定植时期，在张掖市建涵农产品保鲜农民专业合作社试验基地内测定了钢架大棚不同定植期下金玉黄娃娃菜生长发育、干烧心发病率及产量指标。试验结果表明，在3月5日—4月9日定植，随着定植期的推迟，金玉黄娃娃菜生育期缩短，球高、球径、外叶数、紧实度指标均下降，而干烧心发病率明显上升。其中定植期为3月19日的娃娃菜包心紧实、净菜率和产量高，干烧心发病率低，综合性状好，所以钢架大棚金玉黄娃娃菜的最佳定植期应选择在3月19日左右。

关键词：定植期；娃娃菜；金玉黄；产量

娃娃菜属于十字花科芸薹属白菜亚种，是一种袖珍型速生结球白菜，其口感鲜甜脆嫩，且富含多种矿物质和膳食纤维，因其小巧，可食率高而受到市场的青睐。近年来，随着栽培效益的增加，张掖市娃娃菜种植面积逐年扩大，2016年已达到1.5万hm^2，现已成为西北地区娃娃菜种植的主要产区，产品已远销广东、福建等东南沿海和宁夏、青海、新疆等西北省份（自治区）以及中亚地区[1]。

早春茬娃娃菜是张掖市最主要的栽培茬口，但春提早娃娃菜不仅对品种要求严格，而且对播期、定植期要求也极其严格，否则，会出现未熟抽薹、不包心或包心不实、干烧心以及病虫害发病严重等问题。为此，我们针对当地主栽品种金玉黄开展了娃娃菜不同定植期试验研究，以期筛选出最佳的定植期，为当地娃娃菜生产提供理论依据。

一、试验材料与方法

（一）参试品种

参试品种：金玉黄，由北京百幕田种苗有限公司提供。

（二）试验地概况

试验设在张掖市建涵农产品保鲜农民专业合作社试验基地内，试验地海拔1 550 m，位于东经100.24°、北纬38.96°。前茬作物为玉米，播前将前茬作物植株残体清理干净，深翻松土，耙耱保墒，结合整地施优质农家肥4 000 kg/667m²，过磷酸钙40 kg/667m²、硫酸钾20 kg/667m²。

（三）试验设计

试验采用完全随机设计，共设6个处理：3月5日、3月12日、3月19日、3月26日、4月2日、4月9日定植，苗龄30 d。采用单垄双行种植，垄宽40 cm，沟宽30 cm，株距25 cm，行距30 cm。生长期视墒情浇水，莲座期随水追施尿素15 kg/667 m²，结球期结合灌水，施尿素15 kg/667m²、硫酸钾15 kg/667m²。其他管理同当地大田。

（四）调查记载项目

调查记载各处理的生育期、主要植物学性状、经济性状、干烧心发病率及产量指标。

（五）数据统计分析

数据分析采用SPSS 17.0软件进行处理间差异显著性分析，采用Excel 2007软件作图。方差分析采用新复极差法检验。

二、结果与分析

（一）不同定植期对娃娃菜生育期的影响

由图1可知，随着定植期的推迟，娃娃菜生育期逐渐缩短，定植期从3月5日—4月9日，全生育期由61 d缩短到52 d，极差9 d。每推迟1天定植，生育期相应缩短0.25 d。这是由于娃娃菜生育期受温光条件影响，4月9日定植的娃娃菜由于定植初期温度较高，生长过程中相对平均温度高，相应的有效积温较其他处理高，因此生育期缩短了9 d。

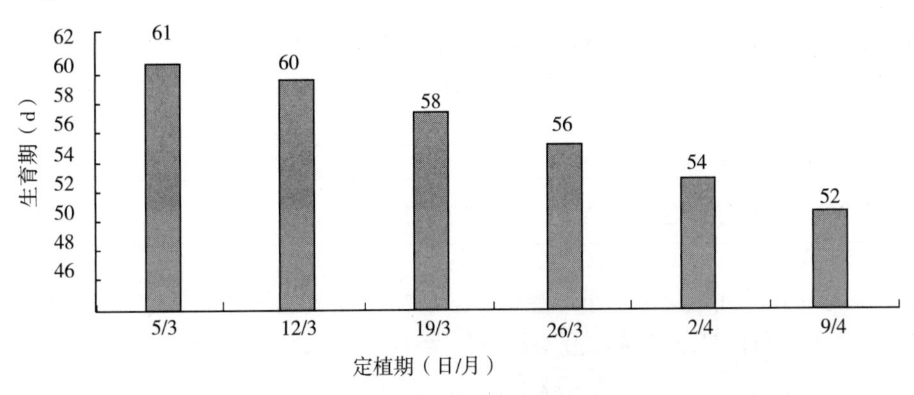

图1　不同定植期对生育期的影响

（二）不同定植期对娃娃菜植物学性状的影响

由表 1 可知，不同处理的金玉黄娃娃菜植物学性状也有所不同。从株高看，最高的是 4 月 2 日定植的为 39.4 cm，比 3 月 5 日定植的高出 1.9 cm；其次是 4 月 9 日定植的为 39.0 cm，比 3 月 5 日定植的高出 1.5 cm。在株幅方面最大的是 4 月 2 日定植的，为 47.4 cm×36.8 cm，其次是 4 月 9 日定植的为 41.0 cm×36.2 cm。从球高看，整体呈下降趋势，4 月 9 日定植的较 3 月 5 日低 2.8 cm。外叶数在不同定植期下存在差异，随着定植期推迟其外叶数减少，4 月 9 日定植的娃娃菜外叶数较 3 月 5 日减少 4.8 片。球形指数变化的范围为 1.60～1.88，其叶球均为长筒形。外叶色除 4 月 9 日定植的为绿色，其余处理均为深绿色。随着定植期的推迟，叶球紧实度有所下降，由于外界气温升高，娃娃菜生长迅速，株高、株幅迅速增大，导致结球松散甚至不包心，严重影响产量。

表 1　不同定植期下娃娃菜的植物学性状

播期（月/日）	株高（cm）	株幅（cm×cm）	外叶数（片）	球高（cm）	球径（cm）	球形指数	净菜率（%）	外叶色	叶球形状	紧实度
3月5日	37.5	33.4×29.6	24.2	23.6	12.6	1.87	69.41	深绿色	长筒形	紧
3月12日	37.6	33.6×29.8	23.8	23.4	13.8	1.69	65.41	深绿色	长筒形	紧
3月19日	37.8	33.8×29.4	22.6	22.6	12.0	1.88	67.89	深绿色	长筒形	紧
3月26日	37.8	32.0×28.6	21.7	21.4	12.2	1.75	62.48	深绿色	长筒形	紧
4月2日	39.4	47.4×36.8	20.3	20.2	12.6	1.60	61.70	深绿色	长筒形	中
4月9日	39.0	41.0×36.2	19.4	20.8	12.2	1.70	59.94	绿 色	长筒形	松

（三）不同定植期对娃娃菜经济学性状的影响

1. 不同定植期对娃娃菜净菜率的影响

由图 2 可知，金玉黄娃娃菜随着定植期推后，净菜率逐渐降低，除 3 月 5 日定植的净菜率 69.41%比 3 月 19 日 67.89%高外，其余处理的净菜率均低于 3 月 19 日的，其中 4 月 9 日处理的净菜率最低，为 59.94%。3 月 26 日定植的和 4 月 2 日定植的娃娃菜净菜率相差不大。由于定植期不同，其光照、水分以及群体内部小环境的温度和湿度等环境因素不同，植株的光合面积（叶片面积）和光合强度不同，因而，植株生长速度和生长量不同，致使单株叶数，净菜率也不同，娃娃菜净菜率高则产值高，经济效益好。

2. 不同定植期对娃娃菜单球重、全株重的影响

由表 2 可以看出，定植期为 3 月 19 日的娃娃菜单球重与 3 月 12 日、3 月 5 日、4 月 2 日、4 月 9 日的娃娃菜单球重极显著，3 月 26 日定植的娃娃菜单球重与 3 月 5 日和 4 月 2 日、4 月 9 日的娃娃菜单球重差异极显著；4 月 2 日的娃娃菜单球重与 4 月 9 日的差异极显著。3 月 12 日的娃娃菜单球重与 4 月 2 日、4 月 9 日的单球重极显著。3 月 19 日和 3 月 26 日的娃娃菜单球重差异不显著。

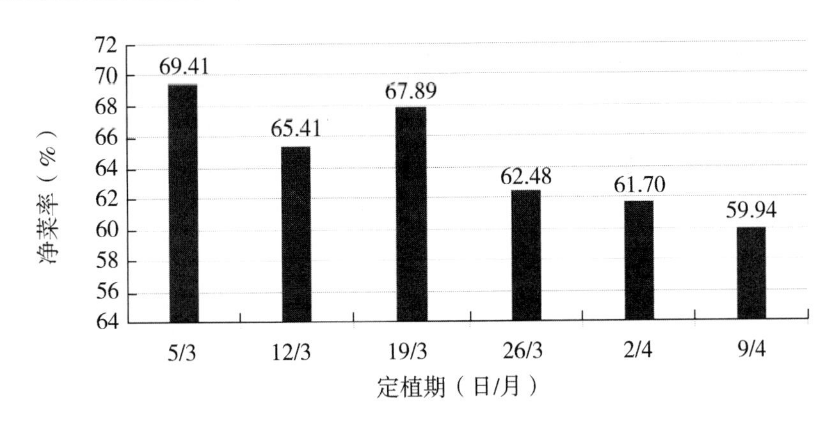

图 2　播期对娃娃菜净菜率的影响

表 2　不同定植期对单球重、全株重影响的分析

处理	单球重（g）			平均值（g）	全株重（g）			平均值（g）
	Ⅰ	Ⅱ	Ⅲ		Ⅰ	Ⅱ	Ⅲ	
3月19日	1 192	1 176	1 193	1 187 a A	1 822	1 765	1 658	1 748
3月26日	1 171	1 164	1 172	1 169 ab AB	1 899	1 845	1 869	1 871
3月12日	1 149	1 162	1 151	1 154 b BC	1 785	1 695	1 813	1 764
3月5日	1 158	1 110	1 128	1 132 c CD	1 588	1 559	1 746	1 631
4月2日	1 109	1 120	1 101	1 110 d D	1 876	1 735	1 786	1 799
4月9日	1 050	1 066	1 052	1 056 e E	1 712	1 822	1 751	1 762

注：表中大小写字母分别表示 0.01 和 0.05 显著水平。

（四）不同定植期对娃娃菜产量的影响

由图 3 可知，随定植期的推迟，娃娃菜产量先上升后下降，在 3 月 26 日以后定植的娃娃菜产量下降明显。其中 3 月 19 日的娃娃菜产量最高，3 月 26 日的娃娃菜产量排第二，3 月 12 日的产量排列第三，4 月 9 日的产量结果最低；综合单球重、全株重的结果可知，定植期为 3 月 19 日的娃娃菜单球重大、产量高，是最佳的定植时间。

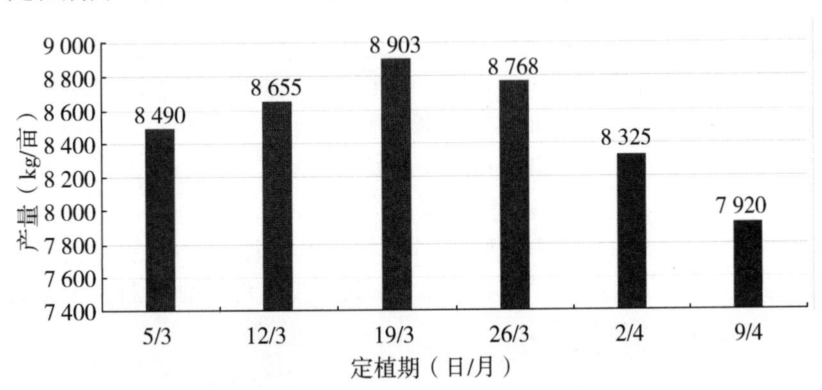

图 3　定植期对娃娃菜产量的影响

（五）不同定植期对娃娃菜干烧心发病率的影响

以娃娃菜定植期为 X，干烧心发病率 Y，建立回归方程为：$Y=1.0298X-44076$，$R^2=0.9917$，表明娃娃菜定植期与干烧心发病率呈直线回归关系。由图 4 可知，随着定植期的推迟，干烧心发病率呈上升趋势。由此说明，适度早定植，可防治娃娃菜干烧心的发生。

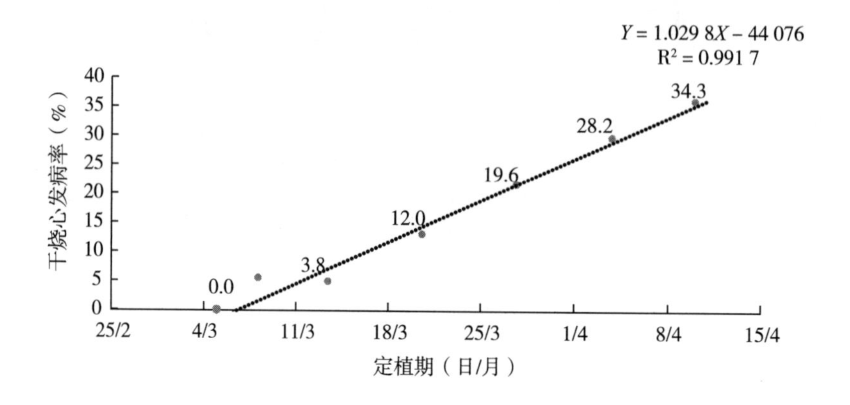

图 4　定植期对娃娃菜干烧心发病率的影响

三、结论与讨论

不同定植期对娃娃菜产量、干烧心率、植物学性状、经济学性状都有不同影响，本试验结果表明，定植期推迟后，其生育期会缩短，3 月 5 日定植和 4 月 9 日定植的娃娃菜生育期相差 9 天，二者产量差异达极显著水平；3 月 19 日与 3 月 26 日的生育期相差 2 d，二者产量差异不显著，这可能是由于该品种娃娃菜产量受温度影响较大，低于 10℃停止生长，高于 25℃生长不良。由于 3 月 5 日定植的娃娃菜易受低温波及，其产量显著低于 3 月 19 日定植的，而 4 月 9 日定植的娃娃菜由于生长后期受到高温危害，病虫害加剧，导致其产量下降明显。

定植期对娃娃菜叶球形状无影响，对外叶色略有影响，对叶球紧实度有影响，娃娃菜喜温和气候，温度过高生长过旺，会使包心不实甚至推迟包心，这会导致结球松散有时还会导致不包心，严重影响产量，使农民效益亏损[2]。而夏季气温较高，娃娃菜生长迅速，需水量较大，若不及时供应水分极易导致娃娃菜包心不紧，这与前人的研究结果一致。

综上所述，娃娃菜产量和采收上市的时间均是生产者需考虑的重要因素。在 3 月 19 日左右定植的娃娃菜产量高、净菜率高、发病率低、综合性状好，上市时间适宜，是金玉黄娃娃菜最佳的定植时期。

参考文献

［1］华军，王勤礼，王鼎国 . 2016. 张掖市娃娃菜品种比较试验［J］. 中国瓜菜，29（8）：38-41.

［2］王化 . 2009. 播期对大白菜产量形成的影响［J］. 上海蔬菜（5）：37-38.

（本文发表于《甘肃农业科技》2018 年第 1 期，略有改动）

河西走廊甘蓝不同栽植量对其经济性状及产量的影响

安　梅[1]，王勤礼[2]，华　军[3]，张文斌[4]，王鼎国[4]，李天童[4]
（1. 瓜州县农业科技服务中心；2. 河西学院河西走廊设施蔬菜工程
技术研究中心；3. 张掖市农业科学研究院；4. 张掖市经济作物技术推广站）

摘　要：通过试验，筛选出河西走廊甘蓝最佳单位面积栽植量，为甘蓝在河西走廊大面积推广提供科学依据。试验以中甘21为材料，设5个不同栽植量处理进行比较试验。结果表明：在不同的处理中，T3（0.20 m×0.35 m，9 523株/667m^2）在植物学性状、经济性状、甘蓝品质等综合表现优越于其他4个不同处理。T3（0.20 m×0.35 m，9 523株/667m^2）密度适合河西走廊供南方小球型产品的生产基地栽培露地甘蓝。

关键词：甘蓝；单位面积；栽植量；河西走廊

河西走廊地处甘肃中部，属温带大陆性气候，四季分明、光照充足、夏季气候冷凉、冬季气候干燥，水资源清洁、灌溉条件便利，独特的、多样性的地形地貌为发展蔬菜造就了绝好的生态条件，是优质无公害蔬菜的理想产地，现已成为我国“西菜东调”“北菜南运”的蔬菜基地之一。

结球甘蓝的适应性及抗逆性较强，易栽培，产量高，耐运输。其产品营养丰富，在世界各地普遍种植，是中国的主要蔬菜作物之一，也是河西走廊高原夏菜主栽蔬菜作物。但国内市场不同对甘蓝球径要求不同。球径大小除品种原因处，主要由栽培密度决定[1]。为此，今年我们开展了甘蓝不同栽培密度试验，以期筛选适应不同市场要求的最佳栽培密度。

一、材料和方法

（一）试验材料

供试品种：中甘21号，中国农业科学院蔬菜花卉研究所提供。

（二）试验方法

试验采用单因素随机区组设计，3次重复，5个处理：T1（0.16 m×0.35 m，11 904株/667m^2）、T2（0.18 m×0.35 m，10 582株/667m^2）、T3（0.20 m×0.35 m，9 523株/667m^2）、T4（0.22 m×0.35 m，8 658株/667m^2）、T5（0.24 m×0.35 m，7 936株/667m^2）。小区面积16.8 m^2（3垄×0.70 m×8 m）；试验地周边设4行保护行。试验地管

理同常规。

（三）试验地情况

试验设在张掖市建涵农产品保鲜农民专业合作社试验基地内，试验地海拔 1 550 m，位于东经 100.24°、北纬 38.96°，前茬作物为玉米，地势平坦，排灌良好，土壤肥力中等。

（四）田间管理

试验于 4 月 5 日育苗，5 月 8 日定植。播前施优质农家肥 4 000 kg/667m^2，过磷酸钙 40 kg/667m^2、硫酸钾 10 kg/667m^2。采用单垄双行种植，垄宽 40 cm，沟宽 30 cm，行距 35 cm。生长期视墒情浇水，莲座期随水追施尿素 15 kg/667m^2，结球期结合灌水，追施尿素 15 kg/667m^2、硫酸钾 15 kg/667m^2。其他管理同当地大田管理。

（五）测定项目

在甘蓝成熟期，每个小区随机选取 20 株，测定株高、球高、球径、外叶数、单球重，并计算球形指数，球形指数=叶球高度/球径。

（六）统计分析方法

用 DPS12.5 统计软件进行方差分析，差异显著性测验采用 Duncan 法。

二、结果与分析

（一）不同处理对甘蓝植物学性状的影响

由表 1 可知，不同处理间株高变化差异不显著。球高随着密度增加呈降低趋势，处理 5 最高，为 15.9 cm，与处理 1、处理 2 间达到了显著差异，与其他处理间差异不显著；处理 1 最低，为 14.5 cm，与处理 5 间差异显著。球径也是随着密度增加呈降低趋势，球径最大的是处理 5，为 15.9 cm，与处理 1、处理 2 间达到了显著差异；最小的是处理 1，为 13.8 cm，与处理 3、处理 5 间达到了显著差异，但与处理 2 间差异不显著。外叶数变化小，变幅在 13～14。球形指数变化范围不大，在 1.00～1.05，均表现为圆球形。

表 1　不同处理对植物学性状的影响

处理	株高（cm）	球高（cm）	球径（cm）	外叶数	球形指数
1	31.5 aA	14.5 bA	13.8 bA	13	1.03
2	32.7 aA	14.7 bA	14.0 abA	13	1.05
3	32.8 aA	15.4 abA	14.9 aA	14	1.04

（续表）

处理	株高（cm）	球高（cm）	球径（cm）	外叶数	球形指数
4	32.5 aA	15.0 abA	14.6 abA	13	1.03
5	31.5 aA	15.9 aA	15.9 aA	13	1.00

注：表中同列不同小写字母表示显著差异（$P<0.05$），不同大写字母表示极显著差异表（$P<0.01$）。表2～表3同。

（二）不同处理对甘蓝单球重的影响

由表2可以看出，随着密度增加，单球重呈下降趋势。处理5单球重最高，为859 g，与处理1、处理2间差异显著，与处理3、处理4间无显著差异。处理1单球重最低，单球重为485 g，与所有处理间均达到了显著差异。

表2　不同处理对甘蓝单球重的影响

处理	单球重平均值（g）	差异显著性	
		0.05	0.01
1	585	c	C
2	610	b	BC
3	753	a	AB
4	750	a	AB
5	859	a	A

（三）不同处理对甘蓝产量的影响

由表3可知，处理3产量最高，小区产量为147.8 kg，但与处理3、处理4、处理5间均没达到显著差异。处理1产量最低，小区产量为103.5 kg，与所有处理间达到了显著水平。由此说明，甘蓝产量随着密度的增加有增加的趋势，但增加到一定程度后反而会降低。

表3　不同处理对甘蓝产量的影响

处理	小区产量平均值（kg）	差异显著性	
		0.05	0.01
1	103.5	b	B
2	144.5	a	A
3	147.8	a	A

（续表）

处理	小区产量平均值（kg）	差异显著性	
		0.05	0.01
4	130.9	a	AB
5	137.4	a	AB

三、讨论与结论

合理密植的目的是培养高光效的群体结构，提高单位面积产量，从而获得高产[2]。本试验结果表明，随着栽培密度增加，产量呈上升趋势，但增加到一定程度，产量又呈下降趋势，其中处理3（0.20 m×0.35 m，9 523 株/667m^2）产量最高。这与前人研究结果相似[3]。

随着对外出口的增加和城市小家庭的增多，小球型产品越来越受到市场欢迎[4]。一般南方大部分市场要求甘蓝球径为14～15 cm。本试验结果表明，不同处理的球形指数变化不大，且接近圆球型，说明不同密度对品种的球形影响不大。但不同密度对球径有一定的影响。本试验结果表明，处理3（0.20 m×0.35 m，9 523 株/667 m^2）和处理4（0.22 m×0.35 m，8 658 株/667 m^2）的球径在14～15 cm，且为圆球型，较为适合南方大部分市场。

综合上所述，处理3的产量最高，球径在14～15 cm，为圆球型，可在需求小球型品种市场的生产基地推广应用。

参考文献

[1] 王夫同．早熟甘蓝品种的密度对产量的影响［J］．上海蔬菜，1998（4）：23-24.

[2] 李强，顾元国，林萍，等．新疆冬油菜不同密度水平生育特性及经济性状比较研究［J］．干旱地区农业研究，2011，29（2）：59-64.

[3] 陈艳萍，孔令杰，赵文明，等．种植密度对玉米光合特性和产量的影响［J］．作物杂志，2016（3）：68-72.

[4] 高富欣，刘佳，闫书鹏，等．我国甘蓝品种市场需求的变化趋势［J］．中国蔬菜，2005（2）：41-42.

（本文发表于《蔬菜》2017年第5期，略有改动）

张掖市钢架大棚娃娃菜一年三茬高效栽培模式

华　军[1,3]，张文斌*[1]，王勤礼[2]，王鼎国[1]，李文德[1]，闫　芳[2]
（1. 张掖市经济作物技术推广站；2. 河西学院河西走廊设施蔬菜工程技术研究中心；3. 张掖市农业科学研究院）

摘　要：为了提高娃娃菜栽培效益，探索了娃娃菜高效栽培模式，利用钢架大棚开展春提前、越夏、秋延后等娃娃菜栽培技术研究及示范推广，取得了较好的经济效益。2013—2015 年“钢架大棚娃娃菜一年三茬”栽培模式平均单棚（60 m×8 m）收益可达 14 875 元，较露地两茬栽培模式增收 10 158 元，经济效益极为可观。

关键词：张掖；钢架大棚；娃娃菜；一年三茬；高效栽培

娃娃菜是一种小型的结球白菜，属十字花科芸薹属大白菜亚种，口感鲜甜脆嫩，富含多种矿物质和膳食纤维，是一种营养健康的蔬菜，因其小巧可食率高，种植经济效益好，而受到市场的欢迎[1-2]。近年来，随着娃娃菜栽培效益的提高，张掖市娃娃菜种植面积逐年扩大，现已成为西北地区娃娃菜种植的主要产区，且本地产的蔬菜绿色、健康、品质佳而受到消费者的青睐，目前产品已远销广东、福建等东南沿海和宁夏、青海、新疆等西北省份（自治区）。

为了提高娃娃菜栽培效益，近年来我们探索了娃娃菜高效栽培模式，利用钢架大棚开展春提前、越夏、秋延后等娃娃菜栽培技术研究、示范与推广，取得了较好的经济效益[3]。据调查，2013—2015 年“钢架大棚娃娃菜一年三茬”栽培模式的单棚（60 m×8 m）收益平均可达 14 875 元，较露地两茬栽培模式增收 10 158 元，经济效益极为可观。

一、种植模式及茬口安排

第一茬 2 月上旬穴盘育苗，3 月上旬定植，5 月上中旬收获；第二茬 5 月上旬穴盘育苗，6 月上旬定植，8 月上旬收获；第三茬 7 月上旬穴盘育苗，8 月上旬定植，10 月上旬收获。茬口安排是农户获得高效益的关键，通过钢架大棚进行错期种植、均衡上市，避免与露地蔬菜扎堆，从而实现高产高效。

二、品种选择

选用优质丰产、抗病、抗逆性强、商品性好的娃娃菜品种。第一茬选择冬性强、耐抽薹、早熟品种，如宝娃、介实春贝黄。第二茬选用耐高温、抗病性强的品种，如金娃娃。第三茬选用耐储运、商品性好的品种，如华耐春工黄。

三、穴盘育苗

（一）种　子

种子选择正规厂家生产的优质包衣种子。

（二）穴盘和基质

选用 72 孔穴盘。基质购买商品基质，如宁夏天缘、山东鲁青等品牌的基质。育苗时原则上选用新基质，并在播种前用多菌灵或百菌清消毒，然后用棚膜盖严，温室温度在 35℃左右保持 3 d。

（三）播　种

早春当日平均温度稳定在 10℃时育苗。穴盘盛好基质，抹平，压盘，播种，每穴 1 粒，播后覆基质，用刮板刮平。也可采用机械播种。穴盘最好上育苗架，如没育苗架可在地面覆盖一层旧薄膜或地膜，在地膜上摆放穴盘，以防杂草及苗子根下扎。夏季育苗根据温度变化情况，早晨 9 点左右用遮阳网遮阳，下午 5 点左右去掉遮阳网。穴盘摆好后，喷透水，然后盖一层地膜，利于保水、出苗整齐。每天检查出苗情况，如果穴盘湿度过大或出苗率达 30%时，在下午撤掉穴盘上面覆盖的地膜。

（四）苗期管理

温度一般控制在 10～25℃，白天温度控制在 20～22℃，夜温应在 10～16℃。并注意棚内的通风、透光、降温。夜间在许可的温度范围内尽量降温，加大昼夜温差。

四、定　植

（一）整地施肥

前茬收获后，以最快的速度平整土地，每 667 m^2施优质农家肥 4 000 kg、过磷酸钙 40 kg、硫酸钾 20 kg、硅钾十三金 10 kg。

（二）起垄覆膜

按 75 cm 划线起垄，垄宽 45 cm，沟宽 30 cm，垄高 20 cm，覆 70 cm 宽的地膜。每垄双行，品字形定植法，株行距 22 cm×35 cm。

五、田间管理

(一) 灌 水

定植后浇透定植水，莲座期生长速度加快，对水分的吸收量增加，要充分浇水保证莲座叶健壮生长，但也要注意防止莲座叶徒长而延迟结球；包心前中期浇透水，以土壤不见干为原则，尤其是第二茬，该期浇水一定要及时，否则会引起干浇心；后期适度控制浇水，促进包心紧实，提高商品性，但第二茬不能控水。

(二) 追 肥

娃娃菜追肥前期以 N 肥为主，后期以 K 肥为主，施肥结合浇水进行，一般追 2～3 次。定苗后根据底肥情况，结合浇水追一次提苗肥，这次肥如果底肥充足可不追，底肥少则追尿素 5 kg/667 m^2。莲座期每亩追尿素 10 kg、硫酸钾 5 kg；结球期是需肥最多的时期，一般每亩追尿素 15 kg、硫酸钾 10 kg。在莲座后期开始叶面喷施钙锰叶面肥，每 7 d 一次，连续喷 3～4 次，防治干烧心。

(三) 中耕除草

生长期中耕 2～3 次，结合中耕除去田间杂草。

六、病虫害防治

(一) 虫害

悬挂黄篮板、放置性诱剂、杀虫灯防治虫害。化学防治方面，蚜虫防治是早期防治的重点，药剂防治选用内吸性的农药 10%吡虫啉可湿性粉剂 2 000 倍液，或 20%的粉虱特粉剂 2 000 倍液喷雾防治，应交替用药，也可用烟雾剂防治。菜青虫：幼虫 2 龄前用苏云金杆菌（BT 乳剂）500～1 000 倍液或 2. 5%功夫乳油 2 000 倍液喷雾防治。小菜蛾：幼虫三龄前用 BT 乳剂 500～1 000 倍液，或 1. 8%阿维菌素乳油 3 000 倍液喷雾防治；虫害严重时可用低毒、高效杀虫剂 20% 的氯虫苯甲酰胺防治。

(二) 病害

苗期主要有猝倒病和立枯病。猝倒病用 72%普力克 400～600 倍液，或 64%杀毒矾 500 倍液喷雾防治。立枯病选用福美双等药剂防治。

生长期主要有病毒病、霜霉病、软腐病等。病毒病在定植前后喷一次 20%病毒 A 可湿性粉剂 600 倍液，或 1. 5%植病灵乳油 1 000～1 500 倍液，应注意交替用药；霜霉病发病初期，用烯酰马啉+代森锰锌可湿性粉剂 500～600 倍液防治效果好，或 50%甲霜灵可湿性粉剂 800～1 000 倍液防治。病害严重时用 72. 2%普力克水剂 600～800 倍液，或用银发利可湿性粉剂600～800倍液喷雾，每隔7～10 d一次，连防2～3次。软腐病用72%农用硫酸链霉素可溶性粉剂4 000倍液或新植霉素4 000～5 000倍液喷雾。

生理性病害主要有干烧心，是由于某些不良环境条件造成植株体内生理性缺钙而引起的病害。空气湿度与降水量与干烧心发病率关系密切；土壤盐分含量与发病率程正相关关系，当土壤中氯、钾或钠离子的含量偏高，对植株吸收钙离子是不利的。所以合理施肥，底肥以有机肥为主，化肥为辅，增施微生物菌肥，改善土壤结构，促进植株健壮生长；加强田间管理，及时中耕，促进根系发育；在莲座期开始叶面喷施钙锰叶面肥，每7 d一次，连续喷3～4次等措施可显著降低干烧心的发病率[4,5]。

七、采收

当全株高30～35 cm，包球紧实后，便可采收。采收时应全株拔掉，去除多余外叶，削平基部，用保鲜膜打包后即可上市。上市时间控制在农药安全间隔期后。包装、运输、贮存按NY 5003—2001的规定执行。

八、经济效益分析

通过娃娃菜3年（2013—2015）效益分析：第一茬，平均每棚可收获成品菜5 500颗，平均收购价1.75元/颗，单棚产值达9 625元；第二茬，可收获成品菜5 000颗，按0.45元/颗计算，单棚产值2 250元；第三茬，平均可收获成品菜5 000颗，按平均收购价0.60元/颗计算，单棚产值3 000元；三茬总产值14 875元/棚。在张掖地区，露地可种植两茬，同面积下（480 m^2），两茬可收入4 717元。钢架大棚一年三茬栽培模式可较露地两茬多收入10 158元。

参考文献

[1]　张晓梅，严湘萍．高寒地区娃娃菜品种引种比较试验初报［J］．长江蔬菜，2009（2）：46-47.

[2]　陶莲，杨永英，赵大芹，等．娃娃菜引种试验初报［J］．耕作与栽培，2008（5）：56-57.

[3]　周志龙，代惠芳．西北干旱区高山娃娃菜高效节水周年生产技术［J］．中国蔬菜，2015（2）：77-79.

[4]　何道根，何贤彪．娃娃菜无公害标准化生产技术［J］．浙江农业科学，2007（2）：233-234.

[5]　赵祖世，滕汉伟．高原夏菜栽培技术［M］．中国农业科学技术出版社，2014.30-31.

（本文发表于《中国瓜菜》2017年第6期，略有改动）

不同栽培密度对娃娃菜产量及品质的影响

毛　涛[1]，华　军[2]，王勤礼[3]，闫　芳[3]，张文斌[2]
（1. 张掖市耕地质量建设管理站；2. 张掖市经济作物技术推广站；
3. 河西学院河西走廊设施蔬菜工程技术研究中心）

摘　要：通过试验，筛选出娃娃菜种植的最佳栽培密度，为娃娃菜在张掖市的大面积推广提供科学依据。试验以‘金玉黄’娃娃菜为试验材料，设五个不同的密度处理，测定各处理的植物学性状、经济学性状及产量指标。结果表明：在露地条件下，T3 处理（株行距 0. 20 m×0. 35 m），种植密度为 9 523 株/667m^2 时，综合性状最好，建议生产上采用这一种植密度。

关键词：娃娃菜；栽培密度；产量；品质

娃娃菜是一种袖珍型白菜，属十字花科芸薹属白菜亚种，因其结球紧实，质量上乘而深受消费者青睐。河西走廊是甘肃省高原夏菜主栽区域之一，娃娃菜是该区域高原夏菜主栽种类。因其口感鲜甜脆嫩，且富含多种矿物质和膳食纤维，是一种营养健康的蔬菜[1]。

张掖市位于甘肃省河西走廊中段，属温带干旱气候类型，全年平均气温 7. 6℃，无霜期 155 d；年平均降水量 129 mm，蒸发量 2 047 mm，平均日照时数 3 085 h。该区域光照充足，土壤肥沃、水源充足，昼夜温差大，生产的娃娃菜干物质含量高，营养丰富，是高原夏菜种植的理想产区[2]。

近年来，娃娃菜已成为我市高原夏菜的主要菜种，为此，张掖市甘州区经作站开展了娃娃菜最佳栽培密度的试验，以期筛选出适宜张掖市娃娃菜种植的最佳密度，为当地娃娃菜生产提供理论依据[3-4]。在耕地面积不变的前提下，娃娃菜高密度栽培技术能提高单位面积栽培株数，大幅度提高单位面积的产出，提高农民的经济效益。

一、材料与方法

（一）试验材料

供试品种为金玉黄，由北京百幕田种苗有限公司提供。

（二）试验地情况

试验设在张掖市建涵农产品保鲜农民专业合作社试验基地内，试验地海拔 1 550 m，位于东经 100. 24°、北纬 38. 96°，前茬作物为玉米，地势平坦，排灌良好，土壤肥力中等。

（三）试验设计

试验采用单因素随机区组设计，3 次重复，5 个处理：T1（0. 16 m×0. 35 m，11 904株/667m^2）、T2（0. 18 m×0. 35 m，10 582株/667m^2）、T3（0. 20 m×0. 35 m，9 523株/667m^2）、T4（0. 22 m×0. 35 m，8 658株/667m^2）、T5（0. 24 m×0. 35 m，7 936株/667m^2）。小区面积为 16. 8 m^2（3 垄×0. 70 m×8 m）；试验地周边设 4 行保护行。试验地管理同常规。

（四）田间管理

试验于 4 月 5 日育苗，5 月 8 日定植。播前施优质农家肥 4 000 kg/667 m^2，过磷酸钙 40 kg/667 m^2、硫酸钾 20 kg/667 m^2。采用单垄双行种植，垄宽 40 cm，沟宽 30 cm，行距 35 cm。生长期视墒情浇水，莲座期随水追施尿素 15 kg/667 m^2，结球期结合灌水，施尿素、硫酸钾各 15 kg/667 m^2[5]。其他管理同当地大田。

（五）测定项目

1. 娃娃菜生理指标的测定

维生素 C 含量测定采用 2，6-二氯靛酚滴定法[6]。

可溶性糖含量测定采用蒽酮比色法[7]。

2. 娃娃菜植物学性状的测定

在娃娃菜的成熟期，每个品种随机选取 10 株，测定它们的株高、株幅、球高、球径、球形指数、毛重、净重、单球重及其净菜率。

（六）统计分析方法

用 Excel 2003 数据进行整理并作图，用 DPS 进行数据统计与方差分析，图中不同小写字母表示差异显著（$P<0.05$），不同大写字母表示差异极显著（$P<0.01$）。

二、数据结果与分析

（一）不同处理的植物学性状分析

由表 1 可知，在株高方面，T5 的平均株高值最大，为 38. 9 cm，最小的是 T1，为 36. 3 cm，株高值由大到小依次为 T5、T4、T3、T2、T1。在株幅方面，处理 T5 的平均株幅最大，达到 55. 58 cm，最小的是 T1，仅为 52. 67 cm，五个处理平均株幅由大到小依次排列为 T5、T4、T3、T2、T1。在球高方面，最大的依然是 T5，为 23. 8 cm，最小的是 T1，为 21. 9 cm ，T3 的球高大小适中。在球径方面，最大的是 T5，为 17. 2 cm，最小的是 T1，为 15. 7 cm，T3 的球径大小最适中；在球形指数方面，T2、T3、T4 较适中。

表 1　不同处理的植物学性状

理处	株高 (cm)	株幅 (cm×cm)	平均株幅	球高 (cm)	球径 (cm)	球形指数
T1	36. 3 abA	54. 72×50. 62	52. 67	21. 9 bA	15. 7 abB	1. 395
T2	37. 2 bA	55. 32×50. 84	53. 58	22. 7 cB	15. 9 bB	1. 428
T3	37. 8 aA	57. 51×50. 03	54. 27	22. 9 abA	16. 1 aAB	1. 422
T4	38. 2 abA	52. 12×55. 92	54. 52	23. 4 abA	16. 7 abB	1. 401
T5	38. 9 abA	56. 63×53. 53	55. 58	23. 8 aA	17. 2 aA	1. 384

（二）不同处理的经济性状分析

由表 2 可知，在净重方面，最大的是 T5，单株净重 1. 287 kg，最小的是 T1，单株净重 1. 009 kg，T3、T4 的单株净重最适中，分别为 1. 207 kg、1. 213 kg。净菜率最高的是 T5，净菜率达到 66. 17%，其次是 T3，净菜率 64. 96%，T1、T4 的净菜率相对较低，分别为 62. 36%、62. 49%。

表 2　不同处理的经济性状分析

处理	单株毛重 (kg)	单株净重 (kg)	净菜率 (%)	还原糖 (%)	维生素 C 值 (mg/kg)
T1	1. 618	1. 009	62. 36	2. 3	5. 31
T2	1. 834	1. 162	63. 05	3. 0	6. 74
T3	1. 858	1. 207	64. 96	3. 4	7. 46
T4	1. 941	1. 213	62. 49	3. 3	6. 34
T5	1. 945	1. 287	66. 17	2. 9	6. 28

（三）不同处理对娃娃菜品质的影响

由图 1 和图 2 可知，5 个处理中，还原糖平均含量最高的是 T3，平均含量为 3. 4%，还原糖平均含量最低的是 T1，含量为 2. 3%。维生素 C 含量最高的是 T3，平均含量为 7. 46 mg/kg，最低的是 T1，平均含量为 5. 31 mg/kg。

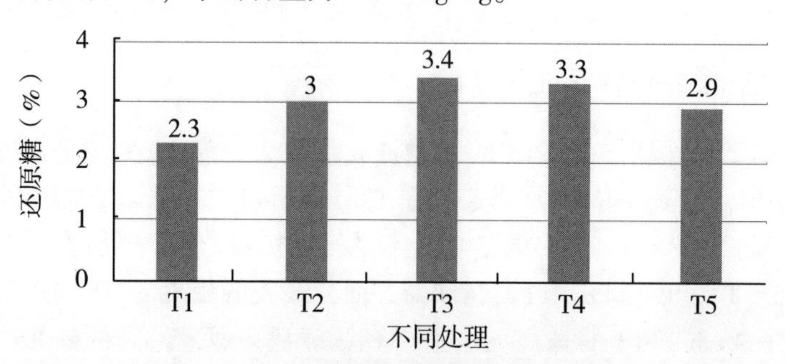

图 1　不同处理对娃娃菜还原糖含量的影响

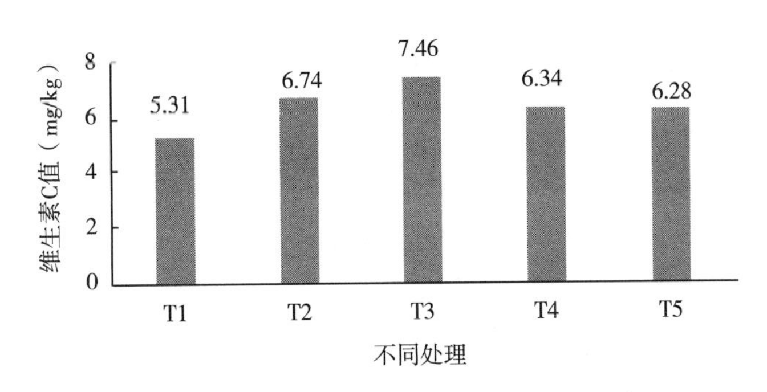

图 2　不同处理对娃娃菜维生素 C 含量的影响

（四）不同处理对娃娃菜小区产量及单球重的影响

由表 3 可以看出，在单球重方面，单球重最大的是处理 T5，单球重为 1 287 g，其次是处理 T4，单球重为 1 213 g，单球重最小的是处理 T1，单球重为 1 009 g。处理 T1 与 T3、T4、T5 差异达极显著水平，与 T2 间差异达显著水平；T2 与 T3、T4 达显著水平，与 T5 呈极显著水平；处理 T3、T4、T5 间差异不显著。

5 个处理的小区产量都不显著，表明在试验范围内，5 个不同密度对娃娃菜产量的影响并不明显。但随着种植密度越大，单位面积所用娃娃菜苗数越多，种苗成本越高。综合种植成本和小区产量，可以得知处理 T3 的经济效益最好。

表 3　不同处理小区产量分析

处理	单球重平均值（g）	小区平均产量值（kg/16. 8 m^2）
T1	1 009 c C	263. 9 aA
T2	1 162 b BC	258. 9 aA
T3	1 207 aAB	258. 2 aA
T4	1 213 aAB	243. 5 aA
T5	1 287 aA	258. 9 aA

三、讨论与结论

娃娃菜虽然大部分市场收购按棵计算，总收入随密度增大而增加。但随着种植密度的加大，商品率降低，种苗成本过高。徐学军等[8]认为，海拔低的川水区，虽然自然条件较好，但温度高，发病率严重，密度不宜过大，而高寒二阴地区虽然气温较低，生长缓慢，但发病轻，可适当加大密度。本试验结果表明，随着密度的增加，产量有一定的增幅，但差异不显著。说明密度不易过大，否则种苗成本过高，商品性不好。

张文军等[9]研究结果表明，每亩保苗增加 5 630 株，每亩增收净菜 5 500 kg，每亩增加收入 4 400 元。也有报道，每亩种植 8 337～11 116 株为最佳栽培密度[10]。本试验结果表明，种植密度为 9 523 株/667m^2 时，VC 含量及还原糖、产量等综合性状最好，所以在试验地条件下，露地栽培最适密度为 9 523 株/667m^2。

参考文献

[1] 杨永岗，张化生，李亚丽，等. 甘肃高原夏菜优化栽培模式 [J]. 中国蔬菜，2009 (1).

[2] 李文德，张文斌，张荣，等. 张掖市高原夏菜产业现状与发展建议 [J]. 甘肃农业科技，2014 (7).

[3] 张立. 张掖市甘州区发展蔬菜特色产业的现状及对策 [J]. 甘肃农业，2014 (5) .

[4] 周志龙，代惠芳. 西北干旱区高山娃娃菜高效节水周年生产技术 [J]. 中国蔬菜，2015 (2).

[5] 路翠玲，刘卫红，张鹤. 春播娃娃菜栽培与管理 [J]. 西北园艺（蔬菜），2014 (1) .

[6] 于晓萍. 分光光度法快速测定蔬菜水果中维生素的含量 [J]. 工程技术应用，2009，6 (2) .

[7] 张胜珍，马艳芝. 苹果总糖含量测定方法比较 [J]. 江苏农业科学，2009 (2)：252-253.

[8] 徐学军，魏桂琴，贠文俊，等. 高寒二阴地区娃娃菜种植密度研究 [J]. 甘肃科技纵横，2015 (5) .

[9] 张文军. 河西走廊娃娃菜高密度丰产栽培技术 [J]. 中国园艺文摘，2016 (3) .

[10] 胡相莉，徐学军. 雨养农业区高原夏菜娃娃菜栽培密度试验 [J]. 中国农业信息，2014 (7) .

钾肥在加工型甜椒中应用效果研究初报

王勤礼，殷学贵，鄂利峰，刘玉环，陈修斌
（河西学院园艺系）

摘　要：通过不同用量的钾肥在加工型甜椒上进行了试验，结果表明，钾肥能显著的提高产量，增加单果重、果肉厚度，但对坐果数、出品率的影响不大，能降低硝酸盐含量。提出张掖市加工型甜椒 K_2O 最佳用量为 15 kg/667m^2

关键词：钾肥；加工型甜椒；效果

钾是作物生长必需的三大要素之一。过去一直认为河西地区土壤富含钾[1]，能够满足作物生长发育的需求。但近几年来，随着生产水平的不断提高和有机肥使用量的不足，造成土壤 K 素消耗过度，从而影响了农作物的产量和品质，钾肥已逐渐成为该区农业生产的主要限制因子之一。苏永中等人已经在啤酒大麦上得到了验证[2]。

张掖市位于河西走廊中部，北纬 37°28′-39°57′，东经 97°20′。区内日照充足，昼夜温差大，土质肥沃，有良好的灌溉条件。加工型甜椒是该市栽培面积最大的蔬菜加工原料，是喜钾作物之一，但在加工型甜椒中增施钾肥效果如何，目前报到的还很少。为此，今年我们进行了不同用量钾肥对加工型甜椒产量、品质等方面影响的研究，以期为加工型甜椒高产、优质栽培提供依据。

一、试验地基本情况

试验在甘州区党寨镇汪家堡村灌漠土上进行，土质为沙壤土。试验地地势平坦，四周没有高大建筑物，前茬为制种玉米，采用井水灌溉。试验前采集 0～20 cm 耕层土样分析，结果为：有机质 21.3g·kg^{-1}，全 N 0.78 g·kg^{-1}，全 P 0.89 g·kg^{-1}，碱解 N 164 mg·kg^{-1}，速效 P（P_2O_5）22.6 mg·kg^{-1}，速效 K（K_2O）219 mg·kg^{-1}。

二、材料与方法

（一）供试材料

指示品种：茄门甜椒。供试肥料：德国产硫酸钾。

（二）试验设计与方法

本试验采用随机区组设计，5 个处理，重复 3 次，小区面积（1.9×6）m^2。处理分

别为每亩施 K_2O：0 kg、5 kg、10 kg、15 kg、20 kg，代码分别为 K_0、K_5、K_{10}、K_{15}、K_{20}。每小区种二垄，小区之间做永久性地埂。

试验于 2003 年 3 月 18 日在塑料大棚内干籽播种，大棚两头播种保护行。育苗时采用方格育苗法，株行距为 7 cm×7 cm，每穴播 3 粒种子，盖沙后扣棚烤地 15 d，然后灌足底水，出苗后进入正常管理。

试验于 5 月 12 日定植，亩保苗 8 000 株。定植之前结合整地起垄亩施 N14. 6 kg，$P_2O_5$18 kg。K 肥采用硫酸钾，不同处理的钾肥结合起垄条施在垄底中央。垄距 95 cm，穴距 35 cm，每穴双株定植，每垄双行，垄高 30～35 cm。先定植后覆地膜，覆膜后浇足定植水。

9 月 12 日早晨在每个小区中随机取 10 个果实，测定其硝酸盐含量。硝酸盐含量测定采用盐酸 α-萘胺比色法（GB/T 15401-94）。

（三）试验地栽培管理

定植后栽培管理同大田管理。定植水后，15 d 时再浇一次缓苗水，以后进行多次中耕。门椒座住后（6 月 25 日），结合浇水每亩追施尿素 20 kg，磷二铵 5 kg，以后每层果实采收后结合浇水每亩追施尿素 20 kg，并经常保持沟内土壤湿润。灌水时严禁沟内积水或漫垄，采用小水勤灌。生长中后期进行了病毒病和蚜虫的预防工作。

三、试验结果与分析

（一）钾肥不同用量对甜椒产量的影响

1. 产量结果

每次收获时，每小区单独计产，最终求其总产量，其结果如表 1 所示。

表 1　钾肥不同用量试验甜椒产量结果

处理	小区产量（kg）			总和	平均数
	Ⅰ	Ⅱ	Ⅲ		
K_5	113. 4	103. 3	115. 9	332. 6	110. 9 bc B
K_{10}	117. 7	109. 4	118. 1	345. 1	115. 0 b AB
K_{15}	121. 1	124. 6	128. 5	374. 1	124. 7 a A
K_{20}	125. 8	116. 5	132. 0	374. 2	124. 7 a A
K_0	110. 4	105. 1	101. 8	317. 3	105. 8 c B

注：大小英文字母分别代表处理间差异显著性 0. 01 和 0. 05 水平。

由表 1 可看出，处理 K_{20}产量最高，小区平均产量达到 124. 74 kg，和对照相比高 18. 98 kg，但和处理 K_{15}的产量相差仅有 0. 03 kg。处理 K_{15}仅次于处理 K_{20}，差异微小。

处理 K_5、处理 K_{10} 的产量也超过了对照，分别高于对照 5.10 kg、9.27 kg。对照的产量最低，仅为 105.76 kg。说明试验区钾已经成为加工型甜椒生产的限制因子，增施钾肥能显著的增加产量。

统计结果表明，处理间差异达到了极显著水平。处理 K_{20} 的产量最高，其次为处理 K_{15}，二者的产量差异不显著，但和对照相比差异均达到了极显著水平，同时与处理 K_5 之间的差异也达到了极显著水平。处理 K_{10} 的产量与对照之间的差异达到了显著水平，但与处理 K_5 的差异不显著。处理 K_5 与对照的差异不显著。由此说明，增施钾肥可显著提高加工型甜椒的产量，且随着钾肥用量的增加产量也随之增加。

2. 产量因子分析

产量因子分析结果表明（表 2），所有处理的结果数量相差不大，但单果重量差异很大。处理 K_{20} 最高，其次为处理 K_{15}、处理 K_{10}、处理 K_5，对照最低，因此增施钾肥对加工型甜椒的坐果数影响不大，但可明显增加单果重。由此说明，增施钾肥提高加工型甜椒产量的主要途径是提高单果重。

表 2　钾肥不同用量试验甜椒产量因子分析

处理	K_5	K_{10}	K_{15}	K_{20}	K_0
单株结果数	4.6	4.6	4.6	4.6	4.6
单果重（g）	134.5	136.1	138.2	139.1	130.0

（二）品质分析

由表 3 可看出，钾肥能显著的提高果重，增加果肉厚度，且随着用量的增加而增大。单果重最大值处理 K_{20}（139.06g）和最小值对照（130.03g）相差 9.03g，果肉厚度最大值处理 K_{20}（0.56 cm）与最小值对照（0.50 cm）相差 0.06 cm。另外果实中硝酸盐含量随着钾肥用量的增加而明显降低，最大值处理 K_0（69.67 $mg \cdot kg^{-1}$）与最小值处理 K_{20}（33.30 $mg \cdot kg^{-1}$）相差达 36.37 $mg \cdot kg^{-1}$，但钾肥对果品的出品率几乎没有影响。

表 3　钾肥不同用量试验甜椒果实品质分析结果

处理	果肉厚度（mm）	单果重（g）	出品率（%）	硝酸盐含量（$mg \cdot kg^{-1}$）
K_5	0.53	134.47	83.24	58.25
K_{10}	0.54	136.14	83.22	44.00
K_{15}	0.54	138.19	83.25	37.30
K_{20}	0.56	139.06	83.23	33.30
K_0	0.50	130.03	83.24	69.67

（三）经济效益分析

由表4可看出，增施钾肥后均能获得一定的经济效益，且随着钾肥用量的增加，收入也在增加，增效最大的为处理 K_{20}（1 686.74元），最小的为处理 K_5（1 539.94 元）。但从产投比来看，最大值为处理 K_{15}（4.54），比处理 K_{20} 高 1.38。因此从经济效益来看，试验区加工型甜椒最佳增施钾肥量为处理 K_{15}。

表4　甜椒不同钾肥用量试验效益分析　　（单位：元/亩）

处理	收入	肥料成本	增效	产投比
K_5	1 555.94	16	1 539.94	3.47
K_{10}	1 614.46	32	1 582.46	3.07
K_{15}	1 750.32	48	1 702.32	4.54
K_{20}	1 750.74	64	1 686.74	3.16
K_0	1 484.36	—	—	

注：K_2O 按每千克 3.2 元计。

四、结论

由以上试验结果我们可以得出以下几点结论。

（1）钾肥能显著增加加工型甜椒的产量，且随着用量的增加产量也随之增加。但每亩 K_2O 用量增加到 15 kg 时增产幅度不大，而生产成本增加幅度过大，导致经济效益不再增加。因此加工型甜椒钾肥最佳用量为：每亩使用 K_2O 15 kg。

（2）钾肥主要是通过增加单果重来增加加工型甜椒产量的，对坐果数影响不大。

（3）钾肥对加工型甜椒的品质影响主要表现在增加果肉厚度上，但对果实出品率几乎没有影响。这主要是由于钾不但能够增加果肉厚度，而且也会增加种子等非可食部分的重量，因此增施钾肥后，只能增加单果重和果肉厚度，但不增加果品出品率。

（4）增施钾肥后能有效的降低果实中的硝酸盐含量，从而提高了果品的品质。

参考文献

[1]　秦加海，吕彪．河西土壤［M］．兰州：兰州大学出版社，2001.122.

[2]　苏永中．甘肃河西灌区啤酒大麦施钾效应研究［J］．土壤肥料，2001（2）：39-40.

（本文发表于《土壤通报》2005 年第 5 期，略有改动）

张掖市加工型甜椒无公害栽培技术

王勤礼，殷学贵，陈修斌，鄂利锋，刘玉环
（河西学院园艺系）

摘　要：加工型甜椒是指专门用作脱水加工的甜椒。本文根据张掖的实际情况，结合自己多年的试验结果和经验，总结了张掖市加工型甜椒无公害栽培技术。

关键词：加工型甜椒；无公害；栽培技术

加工型甜椒是张掖市栽培面积最大、效益最好的脱水蔬菜加工原料之一，其加工产品远销欧美、东南亚等许多国家。种植无公害加工型甜椒一般亩收入 1 600～2 500 元，很受农民和企业的欢迎。现将其无公害栽培技术总结如下。

一、种植基地条件

基地必须符合无公害蔬菜的生态环境标准，即无公害蔬菜的生产区域内没有工业企业直接污染以及水域上游、上风口均没有污染源对基地区域构成威胁。基地大气、土壤、水质质量均要符合 GB 3095—1996 所列的二级大气标准、GB/T 18407. 1—2001 土壤环境质量标准和 GB 5084—92 所列的二级水质标准。地块要根层深厚，土质肥沃，有机质含量在 1%以上。

二、品种选择

无公害加工型甜椒要选用抗病、高产、优质、适合加工要求的品种。如张掖市多年栽培的茄门甜椒、和河西学院园艺系新育成的品系 00-37 等。

三、育　苗

（一）育苗方式

露地栽培甜椒一般在阳畦、塑料拱棚和日光温室内进行，如有条件可采用工厂化育苗。

（二）种子处理

根据本地甜椒主要病害采用药济浸种。先将种子用清水预浸 4～5 h，再用 1%的硫酸铜溶液浸种 5 min，取出后用清水将种子冲洗干净后直播或催芽；或将清水浸过的种子用 10%的磷酸三钠水溶液浸种 20～30 min，然后用清水将种子冲洗干净后再播种或催芽；或用 300 倍液的福尔马林和 1%的高锰酸钾溶液浸种 20～30 min，再用清水冲洗干净后播种或催芽。

（三）催　芽

把浸好的种子用湿布包好，放在 25～30℃的条件下催芽。每天用温水冲洗 1 次，每隔 4～8 h 翻动一次，当 50%以上的种子萌芽时即可播种。

（四）育苗床准备

1. 床土配制

选用多年未种过茄科类蔬菜和瓜类的肥沃园土 60%，腐熟有机肥 30%，草木灰 10%，如采用鸡粪，有机肥用量要降低。土肥要充分混合、过筛。

2. 床土消毒

用 50%多菌灵可湿性粉剂与 50%福美双可湿性粉剂按 1∶1 混合，或 25%甲霜灵可湿性粉济与 70%代森锰锌可湿性粉剂按 9∶1 混合，按每平方米用药 8～10g 与 15～30g 细土混合。播种时 2/3 铺在床面，播种后 1/3 覆在种子上面。也可在播前床土浇透水后，用 72. 7%普力克水剂 400～600 倍液喷洒在苗床，每平方米用 2～4L；也可用 50%多菌灵水剂 800 倍液喷洒苗床。

3. 育苗器具消毒

对育苗器具用 300 倍液福尔马林或 0. 1%高锰酸钾溶液喷淋或浸泡，然后用清水冲洗干净后使用。

（五）播种

1. 播种时期

塑料大棚育苗时要在 3 月 15 日左右播种；日光温室育苗可在 2 月 20—25 日进行；阳畦育苗时可在 2 月 25 日播种。

2. 播种方法

塑料大棚和阳畦育苗时要提前 10 d 烤地。播种前浇足底墒水，水渗后覆一层细土（或药土），将种子按 3 cm×3 cm 均匀点播于床面，覆细土（或药土）；如不催芽，可先播种，盖沙后再浇足水。覆土厚度为 1～1. 2 cm。小拱棚内育苗时可按 8 cm×8 cm 均匀点播。

（六）苗期管理

1. 温度管理

甜椒苗期温度管理相当重要，具体管理指标见表 1。如采用日光温室育苗，易在高温、高湿下形成徒长苗；如采用塑料大棚和阳畦育苗时有可能会遭受早春低温的危害。因此日光温室育苗时要想方设法降温排湿，塑料大棚和阳畦育苗时要采用各种方法提高温度。具体温度管理指标见表 1。

表 1　甜椒苗期温度管理表

时期	适宜日温（℃）	适宜夜温（℃）
播种至齐苗	25～32	20～22
齐苗至分苗	23～28	18～20
分苗至缓苗	25～30	18～20
缓苗至定植前 7 天	23～28	15～17
定植前 7 天至定植	18～20	10～12

2. 间　苗

分苗前间苗 1～2 次，间掉病苗、弱苗、小苗及杂苗。间苗后覆细土一次。

3. 分　苗

幼苗 3 叶一心时分苗。将双苗直接分栽在 8 cm×8 cm 的营养钵内；也可按 8 cm 的行距在分苗床上开沟，座水栽双苗。如在塑料大棚内育苗，只进行间苗不分苗。

4. 分苗后管理

分苗后温度管理见表 1。分苗后一般不旱不浇水，也不施肥，若需浇水，可用洒壶洒浇。定植前 2 周加大通风量和延长通风时间，定植前 7 天应进行炼苗。苗期病虫害防治时要坚决禁止使用有机磷类、氨基甲酸酯类、砷、锡、汞、氟等国家禁止使用的剧毒、高毒、高残留化学农药。

5. 壮苗标准

株高 18 cm，茎粗 0.4 cm，10～12 片叶，叶色浓绿，现蕾，根系发达。

四、定植前准备

采用高垄栽培，垄距 95～100 cm，垄高 30～40 cm，覆地膜。结合整地亩施优质、腐熟有机肥 5 000～6 000 kg，氮肥（N）4 kg，磷肥（P_2O_5）5 kg，钾肥（K_2O）4 kg。严格控制施用硝态氮肥和土法生产的不合格磷肥。

五、定　植

（一）定植期

晚霜过后定植，一般在 5 月 10 日开始定植。双苗定植，亩保苗 3 500～3 800 穴。

（二）定植后管理

定植后浇一次缓苗水，中耕 2～3 次。灌水时沟内不能积水。门椒座住后，结合浇水亩追施氮肥（N）3 kg，钾肥（K_2O）2～3 kg；第一次采收后结合浇水再追肥 2～3 次，每次亩追施氮肥（N）4 kg，但要严格控制施用硝态氮肥和土法生产的不合格磷肥。门椒座住后要经常保持沟内湿润，但每次浇水时沟内不能积水和漫垄。

及时打掉病叶、老叶，如出现徒长，可打掉门椒以下的侧枝。出现倒伏时要及时插杆支撑或培土支撑。

六、病虫害防治

（一）药剂防治病害

1. 疫　病

发病初期用64%杀毒矾可湿性粉剂800倍液，或70%乙磷锰锌可湿性粉剂500倍液喷雾，并拔除病株。中后期发现中心病株后，用50%甲霜铜可湿性粉剂800倍液，或72. 2%普力克水剂600～800倍液灌根，每穴200～250 mL。

2. 炭疽病

发病初期用50%混杀硫悬浮剂500倍液，或80%炭疽美可湿性粉剂600～800倍液，或75%百菌清可湿性粉剂600倍液喷雾，7～10 d喷一次，共喷2～3次。

3. 病毒病

早期防治好蚜虫，一般用10%吡虫啉可湿性粉剂1 500倍液，或采用其他生物性杀虫剂喷雾。初发病用20%病毒A400倍液，或1. 5%植病灵乳剂400～500倍液喷雾，7 d喷一次，连喷3次。及时拔出病株，带到田外深埋或烧毁，然后在整枝、打杈等农事操作前用肥皂水洗手，防止病毒病传播。

（二）药剂防治虫害

甜椒主要虫害有棉铃虫、烟青虫、蚜虫等，蚜虫的防治方法同前；棉铃虫和烟青虫的防治方法为：当百株卵量达20～30粒时开始用药，选用Bt乳油200倍液，或50%辛六磷乳油1 000倍液，或10%联苯菊酯乳油3 000倍液喷雾。

七、采　收

青椒和红椒达到商品成熟时均可采收，但要根据市场行情和脱水厂的需求进行。采收时要剔除病、虫、畸形果，采收过程中所用工具要清洁、卫生、无污染。

（本文发表于《农业环境与发展》2005年第2期，略有改动）

张掖市加工型番茄灌溉制度研究初探

王勤礼[1]，赵春辉[2]，保庭科[1]，鄂利锋[1]
（1. 河西学院园艺系；2. 张掖市水务局）

摘　要：加工型番茄是张掖市栽培面积较大的加工蔬菜之一，常年播种面积 150 万 hm^2 左右。本文采用 5 个不同灌溉定额，研究其对产量的影响，从而寻求最佳的节水灌溉制度。结果表明，随着灌水次数增加，产量随之增加，但灌水次数加到 4 次后，产量差异已不显著。建议试验区加工型番茄灌溉制度为：灌 4～5 次水，灌溉定额为 2 700～3 300 m^3/hm^2，依河源来水量的多少加以增减。

关键词：加工型番茄；灌溉制度；研究

番茄需水量较大，但根系发达，吸水能力强，具有半耐旱的特点，即需水量大，但不须经常灌水[1]，其需水规律和灌溉制度前人已作过多次研究[2-3]。加工型番茄是指专门用作加工番茄酱的专用番茄品种，其需水规律和灌溉制度与普通鲜食番茄尚有一定的差异。

张掖市位于河西走廊中部，区内昼夜温差大，光照资源丰富，有良好的灌溉条件；区内三大番茄酱厂——中化河北高台番茄酱厂、临泽天森番茄制品厂、甘州区屯河番茄制品厂，其产品大部销往国外，为加工型番茄的销售开辟了广阔的市场。因此栽培加工型番茄有着得天独厚的自然、劳力、社会条件，常年栽培面积达 150 万 hm^2 左右。但在张掖市生态条件下，加工型番茄的需水规律、灌溉制度目前报到的还很少。为此，我们在 2003 年开始对加工型番茄的需水规律、灌溉制度进行了研究，以期为加工型番茄高产、节水栽培提供依据。

一、材料与方法

（一）供试品种

里格尔 87-5。

（二）试验设计与方法

本试验采用随机区组设计，5 个处理，重复 3 次，小区面积（12×4）m^2，除灌水沟外，小区四周均设 4 米宽的保护行，同时小区之间做永久性地埂。各处理见表 1。

试验设在河西学院园艺系实践教学中心内。试验地地势平坦，土壤质地为沙壤土，

pH 值 7.8，前茬为大葱，采用井水漫灌。试验于 4 月 6 日育苗，5 月 15 日定植。定植前结合整地起垄每亩施 N 10.6 kg，P_2O_5 14 kg，K_2O 10 kg。肥料结合起垄条施在垄底中央，垄距 1.2 m，垄高 30 cm，地膜覆盖。株距 35 cm，每垄二行，亩保苗 3 870 株。

量水工具为三角形量水堰，固定设在试区上端。土壤水分测定采用烘干法，每小区设二点，取土深度为 1 m，十天测定一次（结合每旬的第一天测一次）。

表 1　加工型番茄灌溉制度试验不同处理设计

处理	灌水次数	阶段灌水定额（m^3/hm^2）				全生育期灌水量（m^3/hm^2）
		定植期	开花期	结果期	盛果期	
1	1	600	—	—	—	600
2	2	600	750	—	—	1 350
3	3	600	750	900	—	2 250
4	4	600	750	750	900	3 000
5	5	600	750	750	750　750	3 600

二、结果与分析

（一）不同灌溉定额对加工型番茄产量的影响

由表 2 可看出，不同处理间产量差异比较明显，主要表现在灌三次水以下的产量较低，同时产量随着灌溉定额的增大、次数的增加而逐渐增高。经统计分析表明，处理间产量差异达到了极显著水平。CK、处理 4 之间差异不显著，但二者和处理 1、处理 2 之间差异达到了极显著水平，和处理 3 达到了显著水平。说明在试验区加工型番茄仅在结果前期灌二次水对产量影响特别大，无法获得较高的产量。

表 2　2003 年不同灌溉定额产量结果

处理	灌水次数	实际灌水定额（$m^3/667m^2$）	灌溉定额（$m^3/667m^2$）	降水量（$m^3/667m^2$）	产量（$kg/667m^2$）
1	1	37.4	37.4	26.18	4 044.4 c C
2	2	42.05	84.1	26.18	4 340.3 b B
3	3	46.73	140.2	26.18	5 856.9 b AB
4	4	46.73	186.9	26.18	6 356.9 a AB
5（CK）	5	44.84	224.2	26.18	6 819.4 a A

注：大小写英文字母分别代表处理间差异显著性 0.01 和 0.05 水平。

（二）不同灌溉定额对耗水量的影响

1. 耗水量

由表 3 可看出，不同灌溉定额下耗水量是不同的。随着灌水量的增加，耗水量也随之增加。经统计分析表明，各处理之间差异达到了极显著水平，对照耗水量最大，与处理 4 之间达到了显著差异，与其他处理之间达到了极显著差异，其他处理之间差异均达到了显著水平。这主要是由于随着灌水量的增加，产量随之增加，相应的造成耗水量也在增加。

表 3　加工型番茄不同灌溉定额耗水量结果

处理	耗水量（$m^3/667m^2$）			总和	平均数
	Ⅰ	Ⅱ	Ⅲ		
1	149.47	155.07	136.07	440.61	146.87 e D
2	202.17	189.27	191.07	582.51	194.17 d C
3	246.57	242.87	242.07	731.51	243.84 c B
4	297.87	289.47	253.17	840.51	280.17 b A
5（CK）	325.77	309.07	297.47	932.31	310.77 a A

注：大小英文字母分别代表处理间差异显著性 0.01 和 0.05 水平。

2. 耗水规律

由表 4 和下图可看出，加工型番茄的耗水规律和其他作物一样，花前期小（5 月），花果期大（6—7 月），采收期小（8—9 月）。花前期（定植—开花）耗水强度为 1.73～2.25 $m^3/667m^2 \cdot d$，高于生育后期阶段，阶段耗水量为 27.67～36.0 $m^3/667m^2$，占生长期耗水量的 9.61%～22.13%。花果期（开花—始收期）耗水强度为 1.64～3.14 $m^3/667m^2$，阶段耗水量为 96.63～185.0 $m^3/667m^2$，占生长期耗水量的 59.53%～75.87%。采收期（始收期—终收期）耗水强度为 0.3～1.63 $m^3/667m^2 \cdot d$，阶段耗水量为 17.7～95.9 $m^3/667m^2$，占生长期耗水量的 9.6%～12.05%。这主要是由于花前期植株虽小，本身需水量小，但棵间蒸发量大，因此耗强高于生育后期；花果期为营养生长与生殖生长并进期，此期正是高温阶段，生长加快，要积累大量的干物质，因此耗水量大；采收期随着气温的降低，蒸发量降低，生长量逐渐减缓，因此耗水量最低。

表 4　各生育阶段耗水量统计表

（单位：$m^3/667m^2$，$m^3/667m^2 \cdot d$，$m^3/667m^2$）

处理	花前期（5 月）			花果期（6—7 月）			采收期（8—9 月）			合计
	耗水量	耗强	模系数（%）	耗水量	耗强	模系数（%）	耗水量	耗强	模系数（%）	需水量
1	32.50	2.03	22.13	96.63	1.64	65.80	17.70	0.30	12.05	146.87

（续表）

处理	花前期（5月）			花果期（6—7月）			采收期（8—9月）			合计
	耗水量	耗强	模系数（%）	耗水量	耗强	模系数（%）	耗水量	耗强	模系数（%）	需水量
2	34.57	2.16	17.80	140.97	2.39	72.60	18.64	0.32	9.60	194.17
3	27.67	1.73	11.35	185.00	3.14	75.87	31.17	0.53	12.78	243.84
4	36.00	2.25	12.85	180.50	3.06	64.43	63.67	1.08	22.73	280.17
5	29.87	1.87	9.61	185.00	3.14	59.53	95.90	1.63	30.06	310.77

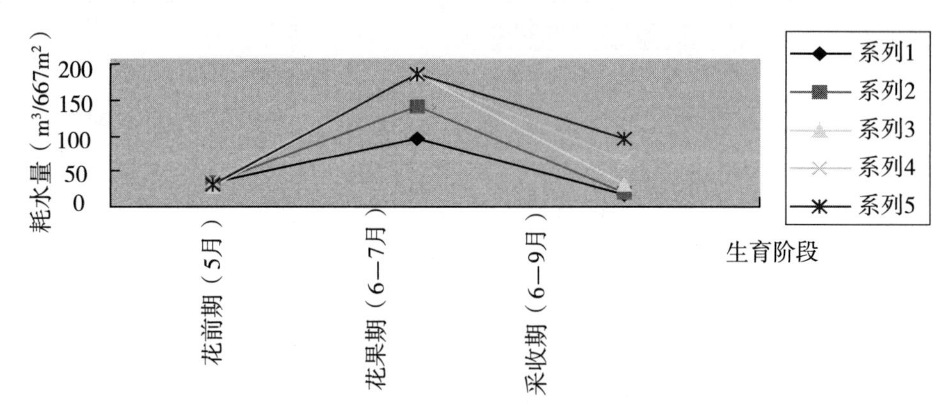

图　不同处理在不同生育阶段的耗水量

三、结　论

根据以上试验结果我们可以得出以下结论。

①目前采用的5次灌水虽能获得最高产量，但和4次灌水的产量差异已不显著，因此从节水的角度出发，试验区加工型番茄灌溉制度为：灌4～5次水，灌溉定额为180～220 $m^3/667m^2$，依河源来水量的多少加以增减。

②花前期本身消耗水量少，但棵间蒸发量大，因此该期主要措施是减少棵间蒸发，促进根系发育，适度控制灌水；花果期耗水量大，此期正值高温阶段，植株生长发育旺盛，新陈代谢快，是产量形成的关键时期，宜增加灌水量；采收期气温下降，生长缓慢，耗水量小，但为增加产量可酌情灌水。

参考文献

[1]　胡繁荣．蔬菜栽培学［M］．上海：上海交通大学出版社，2003.123.

[2]　原保忠，康跃虎．番茄滴灌在日光温室内耗水规律的初步研究［J］．节水灌溉，2000，3：

25-27.

[3] 徐淑贞，张双宝．日光温室滴灌番茄需水规律及水分生产函数的研究与应用［J］．节水灌溉，2001，4：26-28.

（本文发表于《节水灌溉》2005 年第 2 期，略有改动）

不同播期对加工型番茄上市期与产量影响的调查

王勤礼[1]，王　红[2]，保庭科[1]，王小明[1]，鄂利锋[1]，陈　叶[1]

（1. 河西学院园艺系；2. 临泽县蓼泉镇）

摘　要：本文调查了6种不同播种期，结果表明：3月12日阳畦育苗上市期最早，上市高峰期与其他栽培方式基本没有重叠，但育苗成本较高，产量低；3月20日拱棚育苗，成本相对较低，产量最高，但上市高峰期与4月12日膜下沟播、4月27日膜上开穴直播、5月7日直播相错天数不多；5月17日直播，产量最低，但成熟期最晚，上市高峰期基本与其他栽培方式不重叠。建议加工企业，根据当地农业生产情况，采用价格手段，合理安排整个生产区域的播种期，最大限度延长企业加工期。

关键词：加工型番茄；播种期；调查

张掖市地处河西走廊中部，位于北纬37°28′～39°57′，东经97°20′。区内交通方便，日照充足，昼夜温差大，土质肥沃，有良好的灌溉条件，非常适宜加工型番茄的生长发育。区内有三大番茄酱厂——临泽天森番茄酱厂、甘州区屯河番茄酱厂、河北中化高台番茄酱厂，为加工型番茄的销售提供了有利保障。但近几年来，随着栽培面积不断扩大和加工能力的不断提高，原料供需矛盾不断增大。在原料淡季时，企业没有原料加工，而到了原料上市旺季，农民却遇到卖菜难的问题。为了解决这一矛盾，实现番茄均衡上市，延长企业加工期，今年我们对临泽县蓼泉镇湾子村不同播种期对加工型番茄的上市期、产量等方面进行了调查，以期为全市进一步合理安排播期提供依据。

一、材料与方法

（一）调查地点

临泽县蓼泉镇湾子村九社。

（二）调查方法

采取走访与实地调查相结合。对六个不同播种期地块进行全生育期定点调查。

（三）调查内容

主要调查地力状况、施肥水平、基本农事活动、生育期、产量构成因素。

二、结果与分析

（一）调查地块概况及栽培管理技术

调查地块土壤均为壤土，地力中上，前茬为小麦黄豆带田。每亩施腐熟有机肥5 000 kg、磷二铵20 kg、尿素15 kg、过磷酸钙40 kg、硫酸钾15 kg做基肥。全生育期灌水四次，追肥二次。

（二）不同播种期对生育期的影响

由表1可看出，随着播期推迟，生育期逐渐缩短。这主要是由于随着播期后延，温度逐渐回升，生长发育速度相对加快。但随着播种期提早，成熟期和上市高峰期明显提前。阳畦育苗移栽上市期最早，和拱棚育苗移栽的上市高峰期只重叠4 d，与其他直播栽培的上市高峰期完全错开。拱棚育苗上市期位于第二，但其上市高峰期只能与5月7日有以后膜上开穴直播栽培方式完全错开。5月17日直播上市期最晚，但其上市高峰期仅和5月7日直播重叠2天，与其他栽培方式的上市高峰期完全相错。因此，我们可以根据上市高峰期将播种期归为四组：早熟组（3月12日阳畦育苗移栽）、中熟组（3月20日—4月27日各类栽培方式）、中晚熟组（5月7日直播）、晚熟组（5月17日以后直播）。

表1　不同播期生育期调查结果表　　（单位：日/月，d）

栽培方式	播期	定植期	现蕾期	开花始期	成熟期	采收结束期	播种至成熟天数	上市高峰期
阳畦育苗	12/3	3/5	10/5	20/5	10/7	12/8	121	22/7-3/8
拱棚育苗	20/3	6/5	14/5	24/5	16/7	22/8	119	29/7-15/8
膜下沟播	12/4	—	2/6	11/6	23/7	2/9	103	5/8-17/8
膜上开穴直播	27/4	—	30/5	12/6	30/7	4/9	95	7/8-22/8
膜上开穴直播	7/5	—	6/5	17/6	11/8	6/9	97	17/8-27/8
膜上开穴直播	17/5	—	16/6	28/6	18/8	8/9	94	25/8-2/9

（三）不同播种期对产量的影响

1. 不同播种期对经济性状的影响

由表2可看出，播期变化对株高影响不大，第一果穗着生部位随着播期推迟而下降。育苗移栽和延迟直播栽培对主茎果穗数都有不利的影响。单株结果数和单果重以4月12日膜下沟播最高，播期过晚，单果重和单株结果数下降。

表 2　不同播种期部分经济性状调查结果表　（单位：cm，个，g）

栽培方式	播期	株高	第一穗果穗着生节位	主茎果穗数	单株结果数	单果重
阳畦育苗	12/3	36.4	6.7	2.9	46.2	58.6
拱棚育苗	20/3	37.2	5.8	2.9	67.3	65.6
膜下沟播	12/4	37.6	5.4	3.0	54.1	69.1
膜上开穴直播	27/4	37.8	5.4	3.1	49.6	56.3
膜上开穴直播	7/5	36.8	5.0	3.0	44.2	51.6
膜上开穴直播	17/5	36.2	5.1	2.8	27.3	50.2

2. 不同播种期对产量的影响

由表 3 可看出，中熟组产量普遍都高，其中 3 月 20 日拱棚育苗栽培产量最高，每亩产量高达 9 742.6 kg，比位居第二的膜下沟播增产 16.43%，早熟级阳畦育苗栽培产量第五，这主要是由于开花期温度较低，影响了坐果数。中晚熟组和晚熟组产量较低，其中晚熟组产量最低。另外还发现 5 月 7 日及以后播种的栽培方式，出苗期易遇高温不利于保苗。

表 3　不同播种期对产量影响调查表　（单位：m^2，kg）

栽培方式	播期	地块面积	总产量	平均产量（667 m^2）
阳畦育苗	12/3	733.34	5 679	5 163
拱棚育苗	20/3	1 200.00	17 050	9 473
膜下沟播	12/4	600.00	7 124	7 916
膜上开穴直播	27/4	1 600.00	18 674	7 781
膜上开穴直播	7/5	1 066.67	8 713	5 446
膜上开穴直播	17/5	600.00	3 862	4 291

三、讨　论

由以上结果可以看出，早熟组 3 月 12 日阳畦育苗栽培方式上市期最早，上市高峰期与其他栽培方式基本没有重叠，但育苗成本较高，前期座果差，产量低，要增加收购价格扩大栽培面积；中熟组产量最高，成本较低，也是目前普遍采用的栽培方式，要相对维持或适度降低收购价格，以期压缩面积；中晚熟组 5 月 7 日直播，由于产量较低，延迟上市高峰期幅度不大，在生产中不易扩大面积；晚熟组 5 月 17 日直播，出苗期遇高温不利保苗，而且花期短、坐果率差，造成产量低，但成熟期最晚，上市高峰期基本与其他栽培方式不重叠，因此，也要增加收购价格，以扩大栽培面积。因此，加工企业根据加工能力，要合理的安排原料生产计划，根据当地农业生产情况，应用价格手段，合理安排整个生产区域的播种期，较大限度延长加工期。

（本文发表于《北方园艺》2005 年第 5 期，略有改动）

施肥对加工型胡萝卜硝酸盐含量的影响

张文斌[1]，张红菊[2]，陈修斌[2]，赵怀勇[3]，王勤礼[2]，张爱霞[3]
（1. 甘肃省张掖市农产品质量监测检验中心；2. 河西学院园艺系；
3. 甘肃省张掖市农业技术推广站）

摘　要：通过不同肥料品种对胡萝卜中硝酸盐含全影响试验表明，有机肥对降低胡萝卜中硝酸盐含量有良好的作用，有机与无机合理搭配，既可提高产量，又可降低胡萝卜中硝酸盐的含量，合理使用优质生物肥、叶面肥能明显降低胡萝卜中硝酸盐含量；化学氮肥的用量与胡萝卜中硝酸盐含量密切相关，随着氮肥用量的增加，胡萝卜中硝酸盐含量增加。

关键词：施肥；胡萝卜；硝酸盐；影响

蔬菜是一种容易富集硝酸盐的作物。据研究，人体摄入的硝酸盐的 81.2%来自蔬菜。蔬菜富集硝酸盐是一种自然现象，虽无害于植物本身，但过量却危害人体健康。大量的研究表明，蔬菜中通常以叶菜类蔬菜、根菜类蔬菜硝酸盐含量较高（陈振德等，1988）。胡萝卜是一种营养成分含量丰富，各种维生素和矿物质含量高的营养性蔬菜，耐贮藏，又适于深加工，随着人们生活水平的不断提高，人们的饮食结构发生了很大的变化，对胡萝卜需求最越来越大。特别是随着西部大开发战略的实施及农村产业结构的调整，河西走廊的武威、金昌、张掖、酒泉等地每年种植胡萝卜面积达 1.12×10^4 hm^2，年加工胡萝卜 3.20×10^5 t，胡萝卜已成为农民增收和农业增效的支柱产业之一。由于肥料施用不当或化学肥料的过量施用，胡萝卜中硝酸盐含量普遍较高。为研究不同肥料种类、不同氮肥用量、生物肥、叶面肥的应用等措施对胡萝卜中硝酸盐含量的影响，特进行了相关试验，以期通过改进施肥技术来降低胡萝卜硝酸盐含量，提高胡萝卜品质。

一、材料与方法

试验于 2005 年 6—10 月在河西学院试验基地进行。供试土壤为灌漠土，有机质含量 13.50 g/kg，碱解 N 60.00 mg/kg，速效 P 9.00 mg/kg，速效 K 140.10 mg/kg，pH 值 8.20，全盐 1.2g/ kg，CEC 19.02 cmol/ kg，容重 1.35 g/cm^3，总孔隙度 49.06%。供试品种为日本三红金笋胡萝卜。复合肥由山东淄博博丰复合肥有限公司生产（有机质含量未标注，含 N 量≥15%），海藻肥由山东青岛明月有限责任公司生产（有机质含量 45%，含 N 量≥1%），生物肥由北京农丰收有机生物肥销售有限公司生产（有机质含量≥30%，含 N 量≥4%）。小区面积 12 m^2（1.2 m×10 m），株距 15 cm，行距 20 cm，每小区点播 6 行（400 株），3 次重复，保苗数 2.22×10^4株/667 m^2，用种量 0.5 kg/亩。

试验Ⅰ：不同肥料配比对胡萝卜中硝酸盐含量的影响，设5个处理。处理A：化肥（45%的复合肥750 kg/hm^2；处理B：有机肥（商品干鸡粪3 750 kg/hm^2）；处理C：有机肥（干鸡粪1 875 kg kg/hm^2）+化肥（45%复合肥375 kg/hm^2）；处理D：化肥（45%复合肥450 kg/hm^2）+叶面肥（海藻肥喷施2次，每次3 000 mL kg/hm^2）；处理E：空白（对照）。试验Ⅱ：生物肥对胡萝卜中硝酸盐含量的影响，设4个处理。处理A：常规（45%复合肥720 kg/hm^2）；处理B：常规（45%复合肥720 kg/hm^2）+生物肥（神农牌生物有机肥750 kg/hm^2）；处理C：常规（45%复合肥720 kg/hm^2）+叶面肥（喷施海藻肥2次，每次3 000 mL/hm^2）；处理D：空白（对照）。试验Ⅲ：氮肥不同用量对胡萝卜中硝酸盐含量的影响，设5个处理。处理A：45%复合肥450 kg/hm^2；处理B：45%的复合肥675 kg/hm^2；处理C：45%复合肥900 kg/hm^2，处理D：45%复合肥1 125 kg/hm^2，处理E：空白（对照）。试验各处理折纯氮分别为67.5 kg/hm^2、101.25 kg/hm^2、135.0 kg/hm^2、168.75 kg/hm^{2}和0 kg/hm^2。胡萝卜中硝态氮测定方法：GB/T 15401—94（国家标准，水果、蔬菜及其制品亚硝酸盐和硝酸盐含量的测定）。

二、结果与分析

（一）不同肥料配比对胡萝卜中硝酸盐含量的影响

试验1的结果（表1）表明：A（化肥）、B（有机肥）、C（有机肥+化肥）、D（化肥+叶面肥）以及E（对照）各处理的产量分别为61 836.4 kg/hm^2、68 652.5 kg/hm^2、81 365.2 kg/hm^2、64 955.8 kg/hm^{2}和47 600.7 kg/hm^2。其中处理C产量最高，其次是处理B。经测定，5个处理胡萝卜中硝酸盐含量（以硝酸钠计）依次为1 661.5 mg/ kg、503.2mg/ kg、1 014.3 mg/ kg、1 030.4 mg/ kg和532.1 mg/ kg。

中国农科院蔬菜花卉所沈明珠等，根据世界卫生组织和联合国粮农组织（WHO/FAO）规定的ADI值，提出蔬菜可食部分硝酸盐含量的分级评价标准（沈明珠，1982）（表2），根据标准，全部施用有机肥的处理B和对照E达一级；施用有机肥+化肥的处理C、化肥+叶面肥的处理D达二级，污染程度达中度，允许熟食；全部施用化肥的处理A达三级，污染程度高。其中，处理C、D降低化肥用量，分别增施有机肥、喷施海藻肥，硝酸盐含量比处理A均明显降低，分别降低21.9%、24.1%。

表1 不同肥料配比对胡萝卜中硝酸盐含量的影响

处理	产量（kg/hm^2）	产量比CK增长（%）	硝酸盐含量（mg/ kg）	含量比CK增长（%）
A	61 836.4 dD	29.7	1 661.5 aA	99.7
B	68 625.5 bBC	44.1	503.2 cC	-5.4
C	81 365.2 aA	70.6	1 014.3 bB	21.9

（续表）

处理	产量（kg/hm²）	产量比 CK 增长（%）	硝酸盐含量（mg/ kg）	含量比 CK 增长（%）
D	64 955. 8 cCD	36. 2	1 030. 4 bB	24. 1
E	47 660. 7 eE		532. 1 cC	

表 2　蔬菜中硝酸盐含量分级评价标准

级别	NO_3^-含量（mg/ kg）	污染程度	参考卫生建议
一级	≤432	轻度	允许食用
二级	≤785	中度	不宜生食，可以盐渍，可以熟食
三级	≤1 440	高重	不宜生食，不宜盐渍，可以熟食
四级	≤3 100	严重	不允许食用

（二）生物肥对胡萝卜中硝酸盐含量的影响

从表 3 可以看出，试验Ⅱ中胡萝卜中硝酸盐含量，A（常规复合肥）、B（常规复合肥+生物肥）、C（常规复合肥十叶面肥）和对照各处理依次为 1 687. 1 mg/ kg、1 276. 9 mg/ kg、894. 9 mg/ kg 和 512. 2 mg/ kg，其中处理 A 和处理 B 高于无公害标准，但增施生物肥、喷施海藻肥后胡萝卜中硝酸盐含量明显下降，比常规施肥分别降低 32. 1%、88. 5%。

表 3　生物肥料对胡萝卜中硝酸盐含量的影响

处理	产量（kg/hm²）	产量比 CK 增长（%）	硝酸盐含量（mg/ kg）	含量比 CK 增长（%）
A	58 753. 0 cB	29. 1	1 687. 1 aA	299. 3
B	73 503. 7 aA	61. 5	1 276. 9 bB	149. 2
C	67 753. 4 AB	48. 9	894. 9 cC	74. 7
D	45 502. 3 dC	—	512. 2 dcD	—

（三）不同氮肥用量对胡萝卜中硝酸盐含量的影响

表 4 显示，试验Ⅲ中 5 个不同施氮量处理胡萝卜中硝酸盐含量依次为 1 029. 3 mg/ kg、1 271. 5 mg/ kg、1 557. 4 mg/ kg、1 728. 6 mg/ kg 和 698. 0 mg/ kg。施用化学氮肥的各处理硝酸盐含里均明显高于对照，并随着氮肥用量的增加，胡萝卜中硝酸盐含量增加。与不施肥的对照相比，其余处理胡萝卜中硝酸盐含量依次增加 47. 5%、82. 2%、127. 4%和 147. 7%。

表 4　氮肥不同用量对胡萝卜中硝酸盐含量的影响

处理	N（kg/hm²）	产量（kg/hm²）	产量比 CK 增长（%）	硝酸盐含量（mg/kg）	含量比 CK 增长（%）
A	67. 5	54 420. 0 cB	30. 3	1 029. 3 dC	47. 5
B	101. 25	57 586. 2 cAB	37. 9	1 271. 8 cB	82. 2
C	135. 0	63 086. 5 abA	50. 1	1 587. 4 bAB	127. 4
D	168. 75	65 170. 0 aA	56. 1	1 728. 6 aA	147. 7
E	0	41 752. 1 dC	—	698. 0 eD	—

三、结　论

不同肥料品种对胡萝卜中硝酸盐含量影响不同，有机肥对降低胡萝卜中硝酸盐含量有良好的作用。有机与无机合理搭配，既可提高产量，又可降低胡萝卜中硝酸盐的含量。

合理使用优质生物肥、叶面肥能明显降低胡萝卜中硝酸盐含量。

化学氮肥的用量与胡萝卜中硝酸盐含量密切相关，随着氮肥用量的增加，胡萝卜中硝酸盐含量增加，在该试验条件下，施 N 量超过 101. 25 kg/hm²，各处理的胡萝卜中硝酸盐含量均达高度或严重污染。

参考文献

陈振德，程炳满．蕊菜中的确酸盐及其人体健康［J］．中国蔬菜，1988（1）：40-42.
刘风杖．农业环境监侧实用手册［M］，北京：中国标准出版社，2001. 541-44.
沈明珠．蕊菜中的硝酸盐［J］．农业环境保护．1982（2）：23-27.

（本文发表于《北方园艺》2007 年第 4 期，略有改动）

张掖市加工型马铃薯高效栽培技术

毛 涛[1]，杨 鹏[2]
（1. 甘肃省张掖市农业节水与土壤肥料管理站；2. 甘肃省张掖市玉米原种场）

马铃薯是张掖市沿山冷凉灌区主要农作物之一，近年来随着马铃薯栽培技术水平提高，经济效益明显提高，马铃薯产业已成为沿山冷凉灌区农业增效、农民增收的支柱产业之一。在多年的生产实践中，我们通过试验研究和大面积推广，总结出加工型马铃薯优质高效栽培技术，并在生产实践中应用获得了良好的效果，现介绍如下。

一、选地选茬

选择土层深厚、结构疏松、土质肥沃、有排灌条件的地块，并要求前茬未施绿黄隆等对马铃薯生长有严重影响的农药。采用 3 a 轮作制，前茬为豆类、禾谷类等作物，忌与甜菜、胡萝卜等块根类作物和茄科作物连作。

二、整地施肥

前茬作物收获后深耕晒垡，播前耕翻整平，耙耱保墒。根据土壤肥力，施腐熟有机肥 45～ 75t/hm^2、磷酸二铵 525～600 kg/hm^2、尿素 225～300 kg/hm^2、硫酸钾 300 kg/hm^2。可用机械或人工均匀施入土壤，杜绝化肥与种薯直接接触。

三、起垄覆膜

机械化播种采用播后机械覆膜覆土或人工覆膜覆土的方式；人工播种采用先覆膜后开穴播种或播种后覆膜覆土的方式。覆膜后在膜面上每隔 2 米压一土腰带，以防大风揭膜。起垄时，沟宽 50～60 cm、垄高 25～30 cm，垄距和垄宽根据品种和用途确定。用于淀粉加工的品种，要求垄距 120～130 cm、垄宽 70～80 cm；用于薯片、薯条及全粉加工的品种需要适当密植，一般要求垄距 110～120 cm、垄宽 60～70 cm。

四、品种选择

用于淀粉加工的品种选用抗病性强、淀粉含量在 20% 以上、大中薯率在 85% 以上的高产品种，如陇薯 3 号、陇薯 5 号、陇薯 6 号、庄薯 3 号、青薯 2 号等；用于全粉加工的品种应选用芽眼较浅、干物质含量在 20% 以上、还原糖小于 3 g/kg 的品种，如新大坪、克新 4 号、克新 6 号、陇薯 6 号、D-1533、大西洋、LK99 等；用于油炸薯片、薯条加工的品种应选用呈椭圆或长椭圆薯形、芽眼浅而少、淀粉含量 18%以上、干物质含量 20%以上、还原糖小于 3 g/kg、白皮白肉型品种，如大西洋、夏波蒂、LK99 等。

五、种薯处理

可根据种薯质量将种薯分成大、中、小 3 类。30～50 g 为小种薯、50～80 g 为中种薯、100 g 以上为大种薯。

小种薯可直接整薯播种；中种薯破顶芽竖切一分为二即可。大种薯破顶芽竖切一分为二后，根据薯块大小及芽眼位置切为 4 块或 4 块以上。切块时注意不能切成薄片，每个切块保证有 1～2 个芽眼，应尽量使每个切块大小一致。切块应放置在避光通风处 1～2 d，以利于伤口愈合。切块要对切刀消毒，当切到病烂薯时，要将病烂薯剔除，同时将切刀在 5%高锰酸钾溶液中充分浸泡后再用，以免感染其他种薯，最好备两把刀交替使用。

六、适期播种，合理密植

根据张掖市气候特点，依海拔高度确定播种期。海拔在 1 800 m 左右及以下的区域，适宜播种期在 4 月上旬；海拔 1 800 m 以上的区域，一般海拔每升高 100 m，推迟播种 5～7 d。海拔在 2 300 m 以上的区域，适宜播种期为 5 月上中旬。

一般采用先播种后覆膜的方式，播后 15～20 d 应在膜面均匀覆细土 3～5 cm，覆土要尽量将整个膜面覆严，以防种薯幼芽趋光串苗。如果播种后地温回升快，气温较高，可提前 3～5 d 覆土。海拔较高、地温回升慢的区域，可采取先覆膜后开穴播种的方式，以防覆膜后因地温较低、土壤湿度大而致使种薯萌芽迟缓，造成切块缺氧腐烂，影响出苗率。播种时每垄种两行，种穴相错呈等边三角形，播深 15 cm 左右，确保芽眼朝上。

株距和密度可根据品种和用途而定，用于淀粉加工的品种株距为 22～25 cm，保苗 6.75 万～7.50 万株/hm^2 为宜，用于薯片、薯条及全粉加工的品种株距为 18～20 cm，保苗 8.25 万～9.00 万株/hm^2 为宜。播后将播种穴用细绵土盖实，并形成小丘，将播种穴周围地膜压严实，防止进风揭膜。

七、田间管理

（一）查苗补苗

采用先播种后覆膜方式者，出苗期间要仔细查苗、放苗；采用先覆膜后开穴播种方式者，苗出齐后要认真检查，发现因漏种或“盲眼”薯块所致的缺苗，应及时补种，对病烂薯块所致的缺苗，则要将病烂种薯连同周围土壤挖出，再补苗（播种时应将多余的种薯密植田头，以备补苗之用）。

（二）合理灌溉

生育期间要视墒情及时灌溉，确保马铃薯发棵期和盛花期水分供应，使土壤水分保持在田间最大持水量的60%～80%。

（三）科学追肥

现蕾前结合降水或浇水，追施尿素180 kg/hm^2，并视生长情况用磷酸二氢钾500倍液进行茎叶喷雾。用于薯片、薯条及加工全粉的品种，植株个体较小，发棵期应追施尿素200～300 kg/hm^2，以促进茎、叶的生长发育，增加匍匐茎数量，提高单株结薯能力；用于淀粉加工的品种可根据长势确定是否追肥，如发棵期生长旺盛，则不需追肥，以防茎、叶徒长。

（四）中耕除草

要及时清除垄沟内的杂草，疏松沟内土壤，以调节地温，保持垄内水分和改善土壤透气性，促进增产。同时应及时培土，整个生育期要求至少培土2次。

八、病虫害防治

病害主要是病毒病、环腐病、晚疫病；虫害主要是蚜虫、黑绒金龟甲及潜叶蝇。

（一）农业防治

一是提倡采用脱毒种薯；二是严格选种，播种前室内晾种时要严格检查，剔除带病种薯；三是切刀和薯块要消毒。切刀使用前可用53.7%可杀得2 000倍干悬浮剂400倍液浸洗灭菌，种薯选用72%百思特可湿性粉剂600倍液，或80%云生可湿性粉剂600倍液浸泡10～15 min后晾干再播种；四是现蕾前结合中耕培土，及时拔出病株带出田外集中处理，并喷洒1 g/kg的硫酸铜溶液消毒。

（二）药剂防治

种薯出苗后适期用1.5%植病灵乳油1 000倍液，或20%病毒A可湿性粉剂500倍液喷雾防治病毒病；现蕾期用25%甲霜灵可湿性粉剂400～500倍液喷雾防治晚疫病。蚜虫可用50%抗蚜威可湿性粉剂2 500倍液喷雾防治；黑绒金龟甲可用80%敌百虫可湿性粉剂1 000倍液喷雾防治；潜叶蝇可用10%吡虫啉可湿性粉剂300倍液喷雾防治。

九、适时收获

9月下旬马铃薯茎叶枯黄后，先采用机械打秧或人工割除茎秆、清除地膜，然后收获马铃薯。收获时尽量避免损伤，剔除病烂薯后按质量要求包装待售。

（本文发表于《甘肃农业科技》2008年第12期，略有改动）

河西地区优势蔬菜实施农业标准化模式

王勤礼[1]，杨斌[2]，罗　磊[3]，陈新来[4]
（1. 河西学院园艺系；2. 甘肃省永昌县种子管理站；
3. 嘉峪关乡农技站；4. 武威市农科所）

摘　要：河西地区是西部欠发达地区，蔬菜又是河西地区一大优势产业。现通过调查总结了河西地区优势蔬菜实施农业标准化的模式：以龙头企业为核心组织实施农业标准化；政府推动，龙头企业带动，专业协会自律实施农业标准化；科技示范园带动农业标准化实施；行业协会自律实现农业标准化。

关键词：河西地区；优势蔬菜；农业标准化

农业标准化是指运用“统一、简化、协调、优选”的标准化原则，对农业生产产前、产中、产后全过程，通过制定标准和实施标准，促进先进的农业成果和经验迅速推广，确保农产品的质量和安全，促进农产品流通，规范农产品市场秩序，指导生产，引导消费，从而取得良好的经济、社会和生态效益，以达到提高农业竞争力的目的。农业标准化实施是指有组织、有计划、有措施地贯彻执行标准的活动，是农业标准按规定部门、使用部门或农业企业，将标准规定的内容贯彻到生产、流通、使用等领域中的过程。它是农业标准制定部门和农业标准应用单位的共同任务，是标准化的目的。

河西地区位于甘肃省黄河以西，东起黄河，西至甘新交界，南与祁连山接壤青海，北有马鬃山、合黎山、龙首山邻接内蒙古，南北宽70～200 km，东西长约1 200 km。辖武威、金昌、张掖、酒泉、嘉峪关5市。该区昼夜温差大，日照充足，具有良好的灌溉条件，发展农业有着得天独厚的自然、气候、劳力条件。区内有西北最大的脱水蔬菜加工企业——甘绿集团，年产量达2 000 t以上，公司拥有自营进出口权，其产品全部出口销往欧美及东南亚地区；区内3大番茄酱厂——中化河北高台番茄酱厂、临泽天森番茄制品厂、甘州区屯河番茄制品厂等著名蔬菜加工企业的产品大部出口销往国外；天祝、古浪、永昌、民乐等高海拔地区，由于气候凉爽，种植的农产品不易遭受病虫害为害，很容易生产无公害蔬菜。这些有利的自然、生态和社会条件为该区优势蔬菜实施农业标准化提供了保障。近年来，河西地区广大农业工作者在实践中不断探索、勇于创新，把农业标准化的要求与本地和本行业的实践情况相结合，探索出了优势蔬菜实施农业标准化的多种有效经验。为此，我们自2004年起，对河西地区主要优势蔬菜实施农业标准化。

一、河西地区优势蔬菜

（一）农产品加工原料蔬菜

洋葱、加工型甜椒、加工型番茄是河西五市最著名的农产品加工原料蔬菜。因该地区昼夜温差大，降雨量少，蒸发量大，生产的洋葱个大、干物质含量高，含水量低，其加工产品和原材料畅销国内外，仅酒泉市常年播种面积150万 hm^2 左右；生产的加工型甜椒由于果肉厚、出品率高、病虫害少，很受国内外客商的青睐；而加工型番茄则是近几年发展起来的又一优势农产品加工原料蔬菜。

（二）高原无公害蔬菜

河西五市的沿山地区，由于海拔高，气候凉爽，无工业污染，很容易生产无公害蔬菜，同时在独特的自然条件下，形成了具有地方特色的蔬菜。如：永昌县的胡萝卜、民乐紫皮大蒜、天祝荷兰豆、古浪芹菜等。其中永昌县的93万 hm^2 高原无公害蔬菜基地，已被国家绿色食品发展中心认证为绿色食品生产基地，胡萝卜、西芹、花椰菜3个品种获国家A级绿色食品认证。

（三）设施蔬菜

河西地区光照资源充足，特别是冬春季节，很少出现阴雪天，非常适合于设施蔬菜的发展。近年来，生产的反季节蔬菜远销兰州、青海、新疆、内蒙古、北京等地区，现已成为河西地区一大优势产业。

二、实施农业标准化模式

由于作物不同，生态条件不同，其实施农业标准化模式不同。河西地区优势蔬菜实施农业标准化的模式主要为以下几种。

（一）以龙头企业为核心组织实施农业标准化模式

以龙头企业为核心组织实施农业标准化模式，是以龙头企业为核，组织广大农业生产者、经营者在农业产业化生产中实施农业标准化。它是加工型蔬菜实施农业标准化的有效措施。

西部地区农村自实行家庭联产承包责任制，在生产积极性大幅度提高的同时，却因为缺乏组织管理而显得自由涣散，从而使组织纪律性要求较高的产业化生产推行起来比较麻烦。此外，现阶段西部欠发达地区普遍存在的分散规模小的农户经，既难以迅速准确及时地满足全国社会对农产品的有效需求，更难以抵御来自各种垄断势力以及超经济力量的盘剥，农民利益流失已成普遍，而这又在更大程度上抑制了农业的进一步发展。这个时候，龙头企业以其不可替代的作用应运而生，龙头企业按着市场化的要求，以农业标准体系为基础，与农民签订生产收购合同，对农产品生产在选址、栽培、化肥农药使用、包装收购检验等方面制定出统一管理模式，建立生产基地和社会化服务。

1. 确立优势主导产业，选定龙头企业，通过标准化生产推进农业产业化

在实施农业标准化过程中，各市根据自身的优势特色，按照“扶优、扶强、扶大”的原则，重点支持，发展大型龙头企业集团，以大型龙头企业为核心组织实施农业标准化。各市以基地为依托，围绕资源市场上项目，依靠招商引资办特色企业。如张掖市一

方面积极引进国内知名企业，先后引进新疆中基、新疆天森、河北中化等番茄加工企业。另一方面新建或扶持壮大本地龙头企业，如甘州区的甘绿脱水蔬菜和金龙马铃薯全粉厂、民乐银河真空冻干食品等市内较大的农产品加工企业。酒泉市则组建了甘肃省酒泉地区番茄酱厂、酒泉地区现代农业有限责任公司、巨龙供销（集团）股份有限公司等著名农产品加工龙头企业。

2. 建立健全农业标准体系

各龙头企业根据国家标准，结合本地、本行业实际情况，制定了行业标准和生产技术规程，用合同把龙头企业和农户的共同利益有机结合起来，用标准规范农户的种植生产行为和公司产品的收购与加工，保证了产品生产过程的统一性，从而显著提高了产品质量和企业效益。如张掖市甘州区甘绿集团，是目前西北规模最大、设备最先进的脱水加工企业，其大部产品销往国外。该公司在建立标准化体系过程中，主要采取了以下几项措施：首先根据出口国标准，参照国家标准，结合当地生态条件，制定了企业标准和生产技术规程；其次在原料基地建设方面，公司除自己直接建设生产基地外，还选择产地环境符合出口国要求的村社为基地，公司选派具有中级职称的技术人员常驻基地，指导和监管基地的生产。在整个生产过程中，基地实行统一供种、统一施肥、统一防病虫害，每次施用的肥料和农药，都由技术人员亲自配好后，督促农户使用，年底在农户销售额中按市场价扣除，保证了基地农户按照标准和规范进行生产。另外，公司对基地符合要求的原料，按高于市场价 20%的价格予以收购，确保基地农户的利益。而酒泉巨龙供销（集团）股份有限公司则将农户的土地以 500 元/667 m^2 租金承包过来，公司雇用“失地”农户在公司技术人员的指导和监督下进行日常管理，确保了标准化的实施和农民的利益。各龙头企业还组建了自己的中心化验室，监督和检查基地原料蔬菜按农业标准化的要求生产。

（二）政府推动，龙头企业带动，专业协会自律实施农业标准化

目前，西部地区农业生产仍然处于一家一户小生产格局，依靠某个人或某一单位在整个行业中实施标准化是很难的，同时农业生产具有区域分散性和过程分散性，集中控制产品质量非常困难。因此，河西五市在借助政府力量的前提下，通过行业协会、龙头企业组织实施农业标准化。如韭菜是张掖市甘州区新墩镇一大优势蔬菜，为了实施农业标准化和做强、做大韭菜产业，该镇政府组织本镇农民协会注册了“金丰源”商标，委托市农业局农产品检测中心对产地环境进行了检测并制定了无公害韭菜生产标准，聘请有关专家和本镇农技人员对产地环境、生产过程进行全过程指导和监督。镇政府出资修建了金源蔬菜批发市场，并在金源蔬菜批发市场成立韭菜运销管理办公室，由市场管理办公室全面负责韭菜市场的管理。镇政府对本镇韭菜的生产和交易制定了相关规定：韭菜种植农户要严格按照“无公害”韭菜生产技术规程进行生产，按照镇政府宏观指导性计划，适时盖棚，分期确定扣棚规模，最大限度适应外地市场的时段需求；充分发挥韭菜协会的作用，由协会理事会协调组织各韭菜运销商根据各地市场的需求，有计划外调韭菜，稳定菜价，防止一哄而上、菜贱伤农；镇政府委托韭菜协会全面负责韭菜销售，各韭菜经销商必须服从韭菜协会的协调调派，由韭菜协会统一向市场管理办公室缴

纳风险抵押金 10 万元，拒绝交纳者不得运销韭菜，并保证在韭菜生产季节进入市场的韭菜做到应收尽收，不得拒收（劣质韭菜除外），冬季韭菜生产季节最低保护价每千克 1 元（含二刀韭菜）；凡是新墩镇各农民协会种植的韭菜，都统一到“金源”蔬菜批发市场进行交易，严禁地头交易，一经查处，将全部没收地头交易的韭菜，并给予 500～1 000元的经济处罚；在交易时要严格把关、统一包装，由市场管理办公室监督，金源蔬菜批发市场统一印制注有“金丰源”商标的韭菜专用包装袋，按照日收购量统一领取，仅限本市场使用，严禁外地韭菜进入批发市场，冒充新墩韭菜，使用“金丰源”商标的包装袋。

（三）科技示范园带动农业标准化实施

科技示范园带动农业标准化实施是张掖市实施农业标准化效果较好的途径之一。张掖市现有石岗墩农业高科技示范园、临泽银光绿色示范园、金池庄园、山丹县节水农业高新技术示范区等科技示范园区。各示范区集科研培训、试验示范、规模生产为一体，以一类或一种优势农产品为龙头，实行产前、产中、产后综合标准化管理，从而达到提高优势农产品产量、质量和效益的目的。由于各示范区生产属于高度集约性生产，很容易实行标准化管理，因此也是农业标准化实施效果较好的途径之一。如山丹县节水农业高新技术示范区是在原县良种场基础上建成的，现已按统一标准修建西北型日光温室 60 座（计划完成 200 座），均由良种场职工经营。示范区内以日光温室生产的无公害蔬菜为优势产品。县政府派一名农业局副局长主持示范区管理工作，从瓜菜站分别抽调一名专职技术员和行政人员负责、监督园区内标准化的实施。示范区实行统一供种、统一防病虫、统一购买生产资料，并在示范区内设有无公害蔬菜交易厅和农残检测站，保证了产前、产中、产后按无公害蔬菜的标准进行。

（四）行业协会自律实现农业标准化

设施蔬菜是河西地区优势蔬菜。过去，由于各菜农种植技术无统一标准，生产的蔬菜质量良莠不齐，产量不高，缺乏市场竞争力，一度造成部分日光温室闲置。为了进一步做大做强设施蔬菜产业，2001 年在政府倡导下，在能人带动和市场拉动下，各市县成立了各种类型的农民协会，协会对会员实行统一环境质量，统一规程标准，统一产品质量标准，聘请有关专业技术人员对设施蔬菜的生产过程进行全程指导和控制，同时协会内部也建立监督机制。如张掖市临泽县蓼泉镇设施无公害蔬菜生产协会，在协会内部实行联户联保制度。制度规定：凡设施无公害蔬菜生产区域内的协会会员，以村、社为单位，每 10 户组成一个生产联保小组，每个联保小组推荐一名管理者，负责本小组生产、销售全过程中的质量安全管理工作，并对无公害蔬菜生产的各项措施落实情况进行监督检查；各小组户与户之间实行生产全过程相互监督、销售担保的办法，若有一户的产品在销售后出现质量问题，责任追溯到生产者，所负责任应由 10 户共同承担。该办法在没有实行市场准入制的地区效果非常好。

（本文发表于《北方园艺》2006 年第 4 期，略有改动）

张掖市高原夏菜主要病虫害调查及绿色防控技术

闫　芳[2]，华　军[1]，张文斌[1]，王勤礼[2]
（1. 张掖市经济作物技术推广站；2. 河西学院河
西走廊设施蔬菜工程技术研究中心）

近年来，随着农业产业结构的调整，张掖市高原夏菜种植面积不断扩大，种植结构和模式不断改变，但由于蔬菜种植年限的增加、连作重茬、栽培管理不当及防治不得力等，造成土壤带菌量逐年增加，病虫害种类逐渐增多，给菜农带来一定的经济损失。同时，农药超剂量和超次数的使用，导致防治成本增加、防治效果下降。因此，高原夏菜课题组对张掖市各县区主要蔬菜种植区病虫害种类进行调查，并就其发生特点和发生原因进行分析，在此基础上构建蔬菜病虫害综合防治技术体系，对促进张掖市蔬菜产业的健康和稳定发展具有重要的意义。

一、研究内容与方法

（一）调查内容

通过走访当地菜农、实地察看、查阅资料等方式对张掖市各高原夏菜种植区的蔬菜种类、品种及病虫害发生情况进行了调查。在了解全局及掌握主要病虫害发生情况的基础上，分析张掖市高原夏菜病虫害发生特点与发生原因。同时，通过农业、物理、生物和化学防治，结合生产实际，构建张掖市高原夏菜病虫害综合防治技术体系。

（二）调查方法

蔬菜病虫害调查采用多点调查、点面结合的方式，每种作物在每个调查点随机抽查连作 3 a 以上的菜地 4～5 个，间隔 5～7 d 调查 1 次，采用目测法、5 点取样法和“Z”形取样法设置样点调查，每样点 25 株或 1 m^2。对病虫害的发生特点，特别针对害虫食叶、蛀茎、花和果实以及根部的为害进行详查，记录病虫害发生种类、病虫株数，调查其发病率和虫口密度；对部分发生严重的病害进行分级，计算其病情指数及害虫为害程度。

二、结果与分析

（一）蔬菜种类及品种

通过对张掖市主要高原夏菜产区的调查得知，目前张掖市栽培的主要蔬菜有 4 大类，12 种。它们主要属于十字花科、葫芦科、茄科、豆科等。其中以娃娃菜、甘蓝、菜花、西葫芦、黄瓜、茄子、辣椒、番茄、韭菜、菜豆、芹菜等种植面积较大。娃娃菜主要品种为金娃娃、介实金杯、宝娃等；甘蓝主栽品种为中甘 21 等中甘系列、铁头、超越等；西兰花主要以耐旱优秀为主，白菜主要以珍宝为主，茄子主栽品种为紫金冠茄、黑阳长茄、天圆紫茄、天紫 1 号等；辣椒主栽品种为陇椒系列、板椒、椒霸 863、美国红、线三、七寸红等；番茄主栽品种为 6629、9060、红瑞 7 号、911、倍盈等；西葫芦主栽品种为法国冬玉、绿先锋、冬丽、碧玉等；芹菜主栽品种为文图拉、百利、四季西芹等；黄瓜主栽品种为博耐系列、津优系列等。

（二）主要病虫害种类

通过对张掖市主要蔬菜产区的田间调查、病虫害样品采集与分析及资料鉴定结果，共查出 55 种病害（表 1），包括 50 种侵染性病害、5 种非侵染性病害，其中白粉病、霜霉病、灰霉病及疫病发生最为普遍。影响张掖市蔬菜的主要病害有 17 种，其中真菌性病害 11 种（白粉病、霜霉病、灰霉病、晚疫病、叶斑病、菌核病、炭疽病、锈病等），细菌性病害 4 种（细菌性叶斑病、软腐病、溃疡病、髓腔坏死），病毒性病害 1 种，生理性病害 2 种（缺素症、高低温障碍），主要为害植株的叶片、果实和根部。

表 1　张掖市蔬菜主要病害名称

蔬菜种类	主要病害名称
甘蓝	甘蓝软腐病、甘蓝霜霉病、甘蓝黑腐病、甘蓝菌核病
菜花	菜花霜霉病、菜花细菌性黑斑病、菜花软腐病
白菜	白菜软腐病、白菜烧心病、白菜霜霉病、白菜细菌性叶斑病、白菜病毒病
莴笋	莴笋菌核病、莴笋霜霉病
芹菜	芹菜叶斑病、芹菜菌核病、芹菜斑枯病、芹菜细菌性叶斑病
茄子	茄子灰霉病、茄子根腐病、茄子黄萎病、茄子裂果
辣椒	辣椒白粉病、辣椒疫病、辣椒灰霉病、辣椒病毒病、辣椒炭疽病、辣椒脐腐病、辣椒根腐
番茄	番茄早疫病、番茄晚疫病、番茄灰叶斑病、番茄叶霉病、番茄茎基腐、髓腔坏死、番茄灰霉病、番茄白粉病、番茄黄花曲叶病毒病、番茄脐腐病
西葫芦	西葫芦白粉病、细菌性叶斑病、西葫芦灰霉病、西葫芦枯萎病、西葫芦根腐病
黄瓜	黄瓜霜霉病、白粉病、灰霉病、黄瓜病毒病、黄瓜细菌性角斑病、黄瓜枯萎病
菜豆	菜豆灰霉病、菜豆疫病、菜豆炭疽病、菜豆锈病、菜豆枯萎病

影响张掖市蔬菜的主要害虫（螨）有 4 大类 13 种（表 2），其中咀嚼式害虫 3 种（棉铃虫、小菜蛾、菜青虫），刺吸式害虫（螨）5 种（蚜虫、白粉虱、蓟马、红蜘蛛、叶蝉），潜叶性害虫 1 种（斑潜蝇），地下害虫 4 种（地老虎、金针虫、蝼蛄、金龟子）。其中，同翅目和鳞翅目害虫居多，其次为鞘翅目害虫（螨）。为害最严重的是蚜

虫、白粉虱、蓟马、菜青虫、小菜蛾，其次为潜叶蝇类，主要为害部位为叶片、果实和根系。

表 2　张掖市蔬菜主要害虫（螨）名称

害虫（螨）类型	害虫（螨）名称	目别
咀嚼式害虫	棉铃虫	鳞翅目
	小菜蛾	鳞翅目
	菜青虫	鳞翅目
刺吸式害虫	蚜虫	同翅目
	白粉虱	同翅目
	蓟马	缨翅目
	红蜘蛛	真螨目
	叶蝉	同翅目
潜叶性害虫	美洲斑潜叶蝇	双翅目
地下害虫	地老虎	鳞翅目
	金针虫	鞘翅目
	蝼蛄	直翅目
	金龟子	鞘翅目

（三）病虫害发生特点

由于空气湿度大、温度高以及农药化肥的大量使用，加之种植年限的增加和连作障碍的加剧，更有利于多种病虫的滋生、传播、蔓延和周年发生，为害程度明显加重。病害发生重于虫害，防治难度大，呈现病虫种类多样性、发生演替规律复杂性、为害损失严重性、化学防治高风险性等特点。

1. 小型害虫发生较重

由于钢架大棚等相对封闭，受外界天气变化影响较小，更有利于白粉虱、蚜虫、潜叶蝇、蓟马等小型害虫的发生。这些害虫的种群数量比较稳定、繁殖速度快，因而为害严重。

2. 新病虫害不断发生

茄果类根结线虫、美洲斑潜叶蝇、辣椒根腐病、番茄灰叶斑病、黄瓜靶斑病、大白菜立枯病、十字花科根肿病等都是近几年发生，其共同特点是传播速度快且为害严重，防治难度较大，现已成为张掖市蔬菜生产中面临的新的突出问题。

3. 病害呈混合发生态势

钢架大棚蔬菜主要受高温高湿与低温高湿双重为害，如白粉病、灰霉病、霜霉病、菌核病是设施蔬菜栽培中寄生最广、为害最重的病害，在早春茬蔬菜生产中，经常与黄瓜霜霉病、枯萎病及番茄早晚疫病等高湿病害同时发生。调查结果发现，细菌性病害与真菌性病害混合发生呈上升态势，分析得出在不同环境下发生的病害混合发生有逐年加重的趋势。

4. 土传病害日趋加重

据统计，张掖市蔬菜基地种植年限长，加之蔬菜种植品种单一、连作现象严重、轮作倒茬困难等，致使菜地内土壤病原物数量不断积累，多种土传病害如根腐病、枯萎病、番茄茎基腐等不断加重。西葫芦、番茄和辣椒等作物的病毒病发病概率高，损失严重，也呈逐年加重态势。

5. 病虫抗药性不断增强

由于大量不合理地使用农药，致使病虫害的抗药性急剧增加，且对环境和蔬菜品质影响较大，个别种植区部分药剂对其防治对象防效甚微或已失去防治效果。蔬菜病害病原菌抗药性问题，已成为制约张掖市设施蔬菜生产的又一重大难题。

（四）病虫害发生原因

1. 引种时检疫力度不足

张掖市大部分菜农通过菜种小贩购买蔬菜种子，种子来源不正规；同时菜种销售部门引进蔬菜种子时检疫力度不够，种子带病毒传播的病害传入各蔬菜种植区，是张掖市发生番茄黄化曲叶病毒病、黄瓜黑星病等种传病害的重要原因之一。

2. 种植结构不合理

随着张掖市设施蔬菜面积的不断扩大，蔬菜作物种类及品种繁多，生育期极不统一，从苗期到收获期均同时存在于蔬菜种植区。种植结构不合理，不能满足不同用途、不同消费层次、不同地区对蔬菜产品数量和质量的需求，应尽快淘汰劣质、一般性品种，努力扩大优质、专用、适销对路的蔬菜品种比例。

3. 科学用药意识淡薄

菜农在蔬菜病虫害防治过程中，盲目加大剂量、频繁使用化学农药，导致药害残留、病虫抗药性增强等问题，同时造成天敌数量锐减，相对增加防治难度和防治成本。

4. 统防统治意识不强

菜农对蔬菜病虫害专业化统防统治和绿色防控技术应用认识不到位，重产出、轻投入的现象普遍存在，防治依然沿袭对大宗农作物病虫害“见虫打虫，见病防病”的传统防治方法，已不再适应当前蔬菜生产的要求。

（五）综防体系构建

1. 农业防治

农业防治是无公害蔬菜病虫害综合防治的基础。采用合理的农业技术措施，创造有利于蔬菜生长，不利于病虫发生为害的生态环境条件，增强蔬菜植株的抗逆性，减轻病虫为害。主要内容有：选用抗性品种或无病虫种苗、培育壮苗、合理轮作倒茬、间作、套种、深耕晒垡、清洁田园、土壤消毒、肥水管理、合理调控温湿度、应用膜下暗灌和滴灌、增加棚温和光照、改善作物生长条件等。

2. 物理防治

利用生物的趋光、趋食、趋色性和性诱剂等绿色防控技术，可有效控制蔬菜病虫害的发生，且使蔬菜不受污染，保证其产量和品质。主要内容有：采用杀虫灯诱杀、性诱剂诱杀、黄蓝板粘虫、色膜驱避诱杀、防虫网隔离、熊蜂授粉、超声波干扰、土壤消毒、高温闷棚技术等。

3. 生物防治

生物防治是无公害蔬菜病虫害综合防治技术的重要组成部分，有利于保持生态平衡。主要内容有：保护利用天敌，利用细菌、病毒、抗生素等生物制剂，推广应用植物源杀虫剂、昆虫生长调节剂和特异性生物农药等。目前，以虫治虫、以菌治菌、以菌治虫、以病毒治虫、以抗生素治虫等生物防治技术正被广泛应用于无公害蔬菜生产中。

4. 化学防治

化学防治是当前蔬菜病虫害综合防治体系中不可或缺的一部分。大力推进蔬菜病虫害专业化统防统治，提高病虫的防治效率及先进实用技术的覆盖面十分重要。主要内容有：正确选择农药品种、适时对症下药、严格控制施药安全间隔期、科学合理使用化学农药等。

三、结论与讨论

通过以上分析，可得出如下结论。

（1）张掖市种植的蔬菜主要有 4 大类 12 种，其中以娃娃菜、甘蓝、莴笋、西蓝花、芹菜、茄子、辣椒、番茄、西葫芦、黄瓜、菜豆等种植面积较大。

（2）影响张掖市高原夏菜种植的病害 55 种，其中侵染性病害 50 种、非侵染性病害 5 种，以霜霉病、白粉病、灰霉病及番茄晚疫病、辣椒根腐病发生最为普遍；虫害 4 大类 13 种，主要有蚜虫、白粉虱、小菜蛾、斑潜蝇、蓟马、菜青虫、小菜蛾、红蜘蛛、地下害虫等。

（3）张掖市高原夏菜蔬菜病虫害综合防治体系构建中，传统的防治方法已不能较好地控制病虫害的发生，尤其是化学防治，使病虫抗药性增强，且对环境和蔬菜品质影响较大，应用生物防治可行性高。因此，建议加强生物防治研究，迅速推动生物制剂、授粉昆虫和生物制剂的产业化进程，为蔬菜生产提供大量质优、高效，且能被群众接受的生防产品。

第四节　高原夏菜栽培生理研究

低温弱光盐胁迫对辣椒幼苗生长和生理特性的影响

王勤礼[1,2]，许耀照[1,2]，闫　芳[1,2]，杨虹天[3]，侯梁宇[1,2]，张文斌[4]
（1. 甘肃省高校河西走廊特色资源利用省级重点实验室；
2. 河西学院河西生态与绿洲农业研究院；
3. 河西学院农业与生物技术学院；4. 张掖市经济作物技术推广站）

摘　要：探讨低温、弱光及盐胁迫三重逆境胁迫下不同辣椒品种生长和生理特性，为日光温室品种选择提供理论依据。以陇椒2号、陇椒5号、享椒新冠龙7叶1心幼苗为试材，采用昼/夜温度为25℃/5℃，光照为8 000 lx，昼/夜光周期为8 h/16 h和200 μmol/L NaCl溶液同时处理幼苗15 d后，测定了不同品种辣椒幼苗株高、根长、茎粗等生长指标和幼苗SOD活性和MDA含量等生理指标，采用平均隶数函数值法对参试辣椒品种的抗性进行了综合评定。结果表明，处理和对照相比，辣椒株高、根长、茎粗、SOD活性均有不同程度的下降，MDA含量增加；陇椒5号平均隶数函数值最大，其次为陇椒2号，享椒新冠龙最小。低温、弱光及盐胁迫三重逆境胁迫下，辣椒生长和生理指标都有不同程度的变化。陇椒5号和陇椒3号适宜河西地区日光温室长季节栽培，享椒新冠龙适宜早春栽培。

关键词：辣椒；三重逆境胁迫；MDA；SOD；生长指标

辣椒原产中南美洲热带地区，是南北方人们广为喜爱的喜温蔬菜，其生长最适温度为24～28℃，低于10℃时生长发育缓慢，5℃时生长完全停止；辣椒要求最适土壤pH值为6.5，较耐弱光。辣椒是北方地区日光温室栽培的主要蔬菜作物，但日光温室内形成的低温、弱光及土壤盐渍化（施肥量大且偏施化肥、蒸发旺盛、无雨水冲淋等）逆境，严重影响植株正常的光合作用[1]，最终造成产量低下，商品性不好，制约着日光温室辣椒栽培的经济效益。

有关逆境胁迫下辣椒生长与生理特性变化，前人多有报道。王丽萍等[2]研究表明，低温弱光对辣椒株高、茎粗、叶面积、根系都有减少作用。徐冉等[3]研究表明，低温减小了辣椒叶面积，且低温时间越长，减小幅度越大。白青华等[4]研究表明，辣椒幼苗叶片在低温条件下叶绿素含量和氮素含量变化趋势相同，且二者含量存在相关性。有关辣椒椒叶片中Pro、可溶性糖、可溶性蛋白含量的变化及其与耐低温弱光性之间的相关性已有报道[5]。颉建明等[6]研究表明，弱光或低温弱光下辣椒叶片类胡萝卜含量可以作物品种耐弱光性及耐低温弱光性的鉴定指标。上述研究大多集中在单一逆境或低温弱光双重逆境胁迫。对低温、弱光及盐胁迫三重逆境下辣椒幼苗叶片光合特性影响也有报道[7]，但在三重逆境下辣椒植株生长及生理特性的影响报道不多。为此，笔者模拟甘肃省河西地区低温、弱光及盐胁迫三重逆境，研究其对甘肃省河西地区日光温室主栽辣椒品种幼苗的生长及生理特性影响，为日光温室辣椒品种选择与种质资源鉴定提供理论依据。

一、材料与方法

（一）试验材料

供试品种分别为陇椒 2 号、陇椒 5 号、亨椒新冠龙。陇椒 2 号、陇椒 5 号由甘肃省农业科学研究院蔬菜所提供，亨椒新冠龙由北京中农绿享种子科技有限公司提供。育苗基质为天缘育苗基质，由宁夏天缘种业有限公司提供。

（二）试验方法

试验于 2013 年 9 月 18 日—2013 年 12 月 11 日在甘肃省高校河西走廊特色资源利用省级重点实验室内进行。采用 50 孔穴盘育苗，常规管理。植株 7 叶 1 心时，将每个品种取半盘（25 穴）浇灌一次 200 μmol/L NaCl 盐溶液，并移入 RXZ-300D 型人工气候箱内培养作为处理组，处理组条件模拟甘肃河西地区日光温室 1 月的条件，光照 8 000 lx，光周期 8 h/16 h（昼/夜），温度 25℃/5℃（昼/夜），空气相对湿度保持在 70%～80%。另外 25 穴作为对照组在气候箱内培养，培养条件为光照 14 000 lx，光周期 16 h/8 h（昼/夜），温度 30℃/12℃（昼/夜），空气相对湿度保持在 70%～80%。处理期为 15 d，15 d 后测定植物学性状和生理指标，试验采用完全随机设计。

（三）测定项目及方法

1. 生长指标测定方法

株高用直尺测量从根茎基部到植株生长点的长度；茎粗用游标卡尺测量子叶下部 2/3 处的直径；根长用直尺测量从根茎基部到最长须根处的长度。

2. 生理指标测定方法

取植株相同部位（上数第 3～4 叶）的功能叶进行生理指标的测定。SOD 活性采用氮蓝四唑法[8]测定，MDA 含量采用硫代巴比妥酸法[8]测定。

（四）数据处理方法

利用 Excel 和 DPS 12.3 统计软件进行数据分析，差异显著性测验采用 Duncan 法。

方差分析数据采用处理与对照的各项试验指标的差值。隶属函数值计算参照刘向蕊[9]等所介绍的方法。具体计算方法如下。

试验指标胁迫指数=胁迫下指标值/对照指标值。

试验指标隶属函数值：

$$\widehat{x}_{ij}=\frac{x_{ij}-x_{j\min}}{x_{j\max}-x_{j\min}}$$

$\widehat{x}_{ij}$为第i个品种第j个试验指标隶属函数值，x_{ij}为第i个品种第j个试验指标胁迫指数，$x_{j\min}$为第i个品种第j个试验指标胁迫指数的最小值，$x_{j\max}$为第i个品种第j个试验指标胁迫指数最大值。

若某一指标与耐性呈负相关，可通过反隶属函数计算其胁迫隶属函数值。

$$\widehat{x}_{ij}=1-\frac{x_{ij}-x_{j\min}}{x_{j\max}-x_{j\min}}$$

将各个品种各指标的具体胁迫隶属值进行累加，并求取平均数，平均数越大，其耐性越好。

二、结果与分析

（一）三重逆境胁迫对不同辣椒品种生长特性的影响

表1表明，低温、弱光和盐胁迫三重逆境胁迫后辣椒的株高、根长和CK相比，表现一定程度的差异，株高达到了极显著差异，根长达到了显著差异，茎粗差异不显著，由此说明，三重逆境胁迫对辣椒株高抑制作用最大，其次为根长，对茎粗抑制作用较小。

表1　三重逆境胁迫对不同辣椒品种生长特性的影响

品种	根长（cm）	株高（cm）	茎粗（mm）
陇椒2号	1.17 b A	1.70 b A	0.01 a A
陇椒5号	1.14 b A	0.74 b B	0.04 a A
亨椒新冠龙	1.32 a A	1.94 a A	0.11 a A

注：所有数据均是对照与处理之差。小写字母为0.05水平的差异显著性，大写字母为0.01水平的差异显著性。

（二）三重逆境胁迫对不同辣椒品种SOD活性和MDA含量的影响

由图1可以看出，经低温、弱光、及盐胁迫三重逆境胁迫处理后，3个品种SOD活性和对照相比，有下降趋势，但不同品种下降幅度不同，陇椒2号变化最小，亨椒新冠龙下降幅度最大；3个品种对照的SOD活性也不同，陇椒2号和陇椒5号的SOD活性相近，含量较高，亨椒新冠龙的SOD活性较低。

由图2可以看出，经低温、弱光、盐胁迫三重逆境胁迫处理后，3个品种MDA含量和对照相比，明显升高，陇椒2号变化最大，其次为亨椒新冠龙，变化最小的为陇椒5号；3个品种对照的MDA含量也不同，陇椒5号最高，其次为陇椒2号，亨椒新冠龙

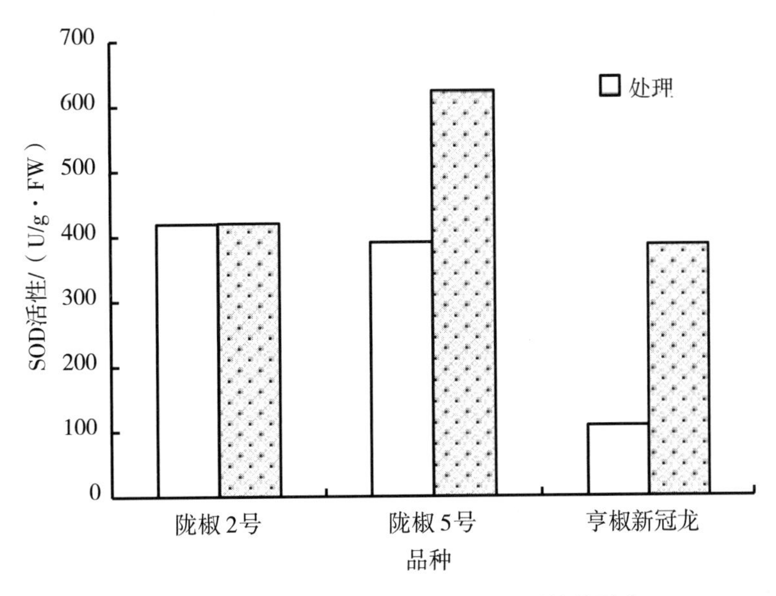

图 1　三重逆境胁迫对辣椒苗期 SOD 活性的影响

的 MDA 含量最小。

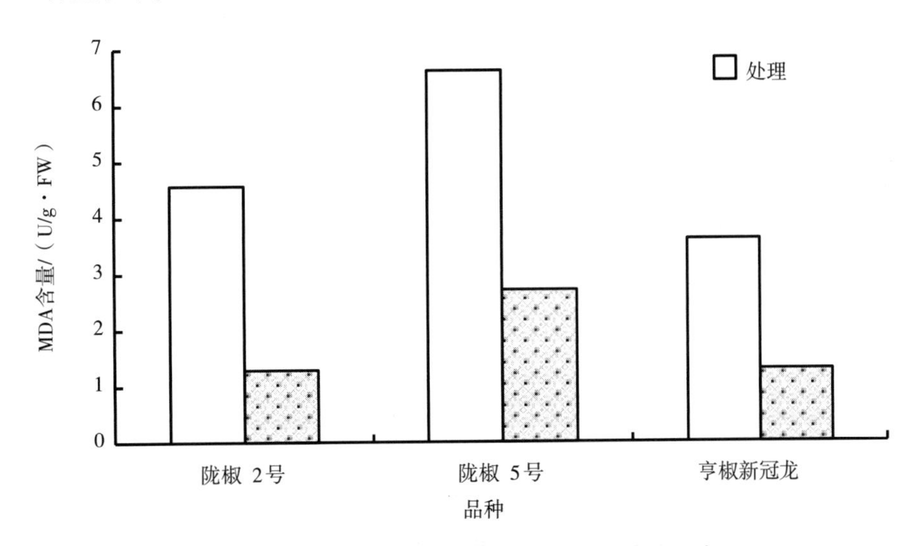

图 2　三重逆境胁迫对辣椒苗期 MDA 含量的影响

（三）三重逆境胁迫对指标性状隶属函数值的的影响

依据选择的 5 个性状胁迫指数，采用隶属函数方法，对 3 个辣椒品种进行抗性评定。结果表明（表 2）：陇椒 5 号对三重逆境抗性最好，位居第一，陇椒 2 号次之，但二者差异不大。亨椒新冠龙抗性最差。说明在河西地区长季节栽培辣椒，只能选择陇椒系列的品种，亨椒新冠龙只能进行早春栽培。

表 2　三重逆境胁迫对指标性状隶属函数值的变化

品种	胁迫指数					隶数函数值					平均隶属函数值	耐性位次
	A	B	C	D	E	A	B	C	D	E		
陇椒 2 号	0.905	0.850	0.993	0.998	3.539	1	0.169	1	1	0	0.634	2
陇椒 5 号	0.905	0.941	0.976	0.627	2.439	0.980	1	0.814	0.482	1	0.855	1
亨椒新冠龙	0.895	0.832	0.899	0.281	2.786	0	0	0	0	0.685 2	0.137	3

注：A 为根长；B 为株高；C 为茎粗；D 为 SOD 活性；E 为 MDA 含量。

三、结论与讨论

低温、弱光及盐胁迫三重逆境下，辣椒株高、根长、SOD 与 MDA 活性变化与单一或双重逆境胁迫下变化相似，茎粗变化差异小。采用平均隶数函数值法对 3 个品种在三重逆境胁迫下的抗性进行综合评定，陇椒 5 号抗性最强，其次为陇椒 2 号，但差异不大，适宜日光温室长季节栽培。亨椒新冠龙抗性最差，不适宜日光温室长季节栽培。

低温、弱光及土壤盐渍化是西北地区日光温室蔬菜生产的重要限制因子，且常常相伴出现，筛选耐低温、弱光及盐胁迫品种已成为国内外的主要育种目标。耐低温、弱光及盐胁迫鉴定是筛选耐低温、弱光及盐胁迫材料的基础，而所采用鉴定指标的合理性及准确性是对育种材料耐性进行客观评价的关键。形态学指标是植株的外在表现型指标，植株在受到逆境胁迫时，大多数植株生长减慢或停止，影响程度取决于品种和逆境的强度。柴文臣等[10]研究表明，随着温度的降低，各参试辣椒品种的各项生长指标及干物质逐渐减小。李海涛等[11]研究表明，低温、弱光处理后，所有供试辣椒品种的植株生长指标均有所下降。王丽萍等[2]以 4 个对低温弱光耐性不同的辣椒品种为试材，分别给予不同条件的处理，结果表明，低温、弱光对所有试材的株高、茎粗、叶面积、根系都有减少作用，耐低温弱光与不耐低温弱材料的株高、茎粗、叶面积及根系重量 4 个指标的变化差异显著，茎粗的变化指标稳定且便于测量。本试验结果显示，低温、弱光、盐胁迫三重逆境处理后，3 个品种的株高、根长和对照相比都有不同程度的下降，且差异达到了极显著水平；茎粗虽有下降，但差异不显著（$P > 0.05$），这和低温、弱光二重胁迫下的变化的有所不同[2,12]，原因有待于进一步的研究。形态学指标受外界环境条件的影响较大，应综合其他生理生化指标一起分析，鉴定耐低温、弱光、盐胁迫的品种。

SOD、MDA 含量是衡量植物抗性最常用的 2 个指标，当作物遭遇逆境胁迫时，往往 SOD 活性会下降，MDA 含量增加，变化幅度越大，抗性越小[10,11,13]。本研究结果表明，低温、弱光及盐胁迫三重逆境胁迫下，3 个品种与其相应的对照相比，SOD 活性下降，MDA 含量提高，但不同品种差异有所不同，变化趋势与耐低温、弱光、盐胁迫综合隶数函数值的结果相一致，表明 SOD 活性与 MDA 含量作为鉴定辣椒耐低温、弱光、盐胁迫的生理指标较为理想。

本试验表明，在低温、弱光及盐胁迫三重逆境胁迫下，不同抗性指标在 3 个品种中变化趋势不一样，这给用单一性状判断品种抗性带来了困难。采用隶数函数方法，能综合评价作物对逆境条件的抗性[9,14,15]。本试验利用平均隶数函数值对低温、弱光及盐胁迫三重逆境胁迫后的抗性进行综合评定，可消除不同指标之间的差异，更加科学、直观地反映出不同品种对三重逆境胁迫的抗性强弱。

参考文献

[1] 张国斌，郁继华．低温弱光对辣椒幼苗光合特性与光合作用启动时间的影响［J］．西北植物学报，2006，26（9）：1 770-1 775.

[2] 王丽萍，王鑫，邹春蕾．低温弱光胁迫下辣椒植株生长特性的研究［J］．辽宁农业科学，2007（6）：7-9.

[3] 徐冉，任旭琴．低温对辣椒叶面积及生理指标的影响［J］．安徽农业科学，2007，35（31）：86-87.

[4] 白青华，郭晓冬，王萍，等．低温对辣椒幼苗叶片氮及叶绿素含量的影响［J］．甘肃农业大学学报，2009，44（6）：48-51.

[5] 颉建明，郁继华，颉敏华，等．低温弱光下辣椒 3 种渗透调节物质含量变化及其与品种耐性的关系［J］．西北植物学报，2009，29（1）：0 105-0 110.

[6] 颉建明，郁继华，黄高宝，等．弱光或低温弱光下辣椒叶片类胡萝卜素含量与品种耐性的关系［J］．中国农业科学，2010，43（19）：4 036-4 044.

[7] 张志刚，尚庆茂．辣椒幼苗叶片光合特性对低温、弱光及盐胁迫三重逆境的响应［J］．中国生态农业学报，2010，18（1）：77-82.

[8] 高俊凤．植物生理生化实验指导［M］．北京：高等教育出版社，2011.

[9] 刘向蕊，陈小荣，杨军，等．冷害隶属函数在水稻耐低温性状的评价［J］．江西农业大学学报，2013，35（4）：675-681.

[10] 柴文臣，马蓉丽，焦彦生，等．低温胁迫对不同辣椒品种生长及生理指标的影响［J］．华北农学报，2010，25（2）：168-171.

[11] 李海涛，孟浩．低温弱光对辣椒苗期生长发育及生理特性的影响［J］．农业科技与装备，2007（6）：6-9.

[12] 孟浩，王丽萍，王鑫，等．辣椒耐低温弱光的研究进展［J］．北方园艺，2007（5）：55- 57.

[13] 马艳青，戴雄泽．低温胁迫对辣椒抗寒性相关生理指标的影响［J］．湖南农业大学学报：自然科学版，2000，26（6）：461-462.

[14] 任旭琴，曹碚生，缪珉，等．辣椒不同生育期耐低温性鉴定及要相关分析［J］．安徽农业大学学报，2010，37（1）：141-144.

[15] 严明建，黄文章，胡景涛，等．隶属函数法在水稻氮高效材料鉴定中的应用［J］．湖南农业科学，2012（5）：5-8.

（本文发表于《中国农学通报》2015 年第 22 期，略有改动）

不同茬口无土栽培基质水浸液对西葫芦幼苗生长及光合特性的影响

张文斌[1]，许耀照[2*]，陈修斌[2]
（1. 张掖市经济作物推广站；2. 河西学院）

摘　要：研究不同茬口的无土栽培基质水浸液对作物生长的影响，可为无土栽培基质循环利用提供依据。通过分析无土栽培迎茬基质水浸液（Y1）、连茬2 a基质水浸液（Y2）、连茬3 a基质水浸液（Y3）和蒸馏水（CK）处理下西葫芦幼苗生长和生理参数的变化特征，探讨不同茬口无土栽培基质水浸液对西葫芦幼苗生长和光合特性的影响。结果表明：无土栽培迎茬基质水浸液（Y1）处理的西葫芦幼苗株高、地上部鲜/干重、地下部鲜/干重、根冠干重比、叶绿素*a*、叶绿素*b*、叶绿素（*a*+*b*）、叶绿素*a*/*b*、气孔导度（Gs）、净光合速率（Pn）、瞬时水分利用效率（WUE）、瞬时羧化效率（CE）和瞬时光能利用率（LUE）较蒸馏水（CK）处理都明显增加；连茬2年基质水浸液（Y2）和连茬3年基质水浸液（Y3）的处理明显降低西葫芦幼苗地上部鲜/干重、地下部干重、叶绿素*a*/*b*，蒸腾速率（Tr），Gs和细胞间隙CO_2浓度（Ci），而连茬3年基质水浸液（Y3）处理的根冠干重比，Pn，CE和LUE较蒸馏水（CK）处里的依次降低33.3%、20.9%、11.1%和16.6%，且不同茬口间处理差异达显著水平（$P<0.05$）。因此，连茬3年后无土栽培基质抑制西葫芦幼苗生长，降低其叶片的光合生理特性。

关键词：不同茬口；基质；水浸液；西葫芦；幼苗生长；叶绿素含量；光合特性

有机生态型无土栽培是不用天然土壤和传统营养液灌溉植物根系，而以有机废弃物为基质原料，使用有机固态肥并直接用清水灌溉作物的一种无土栽培技术[1]，进行其栽培需具备如日光温室和大棚等保护设施，在保护设施内主要采用基质槽栽培的形式，适宜采用的基质如草炭、蛭石、珍珠岩、炭化稻壳、椰子壳、棉籽壳、树皮、锯末、刨花、葵花秆、砂、砾石、陶粒、甘蔗渣、炉渣和酒糟等，可以选择当地丰富的工农业废弃基质，可以如珍珠岩单独使用的基质，也可以选择不同体积比的混合基质，以满足作物生长对基质理化特性的需求。无土栽培已有的研究结论：如14种不同基质的配比筛选对设施番茄生长的最佳配方[2]；6种基质配比选择适宜黄瓜生长的最佳比例[3]；不同配比基肥和追肥配施对番茄无公害化的生产[4]；专用肥配施对6种蔬菜适宜的需肥特性[5]；芦苇末和工农业废弃物作为栽培基质的理化特性[6,7]；堆沤和增施氮肥使甘蔗渣与泥炭相当的生物处理基质方法[8]；田间持水量为70%的灌水下限，设计“U”形栽培槽，秸秆为基质发酵和栽培技术，大棚结构、中药渣和河沙的栽培基质、供水系统和有机营养的配制，株行距为 45 cm×60 cm 和四秆整枝的辣椒等栽培技术[9-12]。沙漠、戈壁滩等荒地面积占我国陆地总面积的七分之一，主要分布在西北地区，其中甘肃省非耕地面积达 1 934.78 万 hm^2，集中在河西走廊地区[13]。为缓解粮菜争地的矛盾[14]，近年来，日光温室生产逐步向非耕地发展，结合有机生态型无土栽培技术，在非耕地区域生产蔬菜。河西走廊每年可产生3 470.10×10^4 t 有机废弃物，其中 78.8%为畜禽粪便、18.6%为作物秸秆、2.3%为各种废渣和 0.3%为饼肥，其有机质含量依次为饼肥>作物秸秆>畜禽粪便废渣[15]。能充分有效的利用河西走廊丰富的工农业废弃物，不但实现有机生态无土栽培，生产满足市场需求的优质蔬菜，也能调节当地农业产业结构，改善有机废弃物对环境的污染，实现农业增效和农民增收，对促进当地循环农业可持续发展具有重要的意义。

西葫芦，又名美洲南瓜（*Cucurbita pepo* L.），在我国是总产量仅次于黄瓜的主要商品蔬菜，也是冬春设施栽培的主要蔬菜之一。但关于不同茬口无土栽培基质水浸液对西葫芦幼苗生长和光合特性的影响报道较少。为了可持续利用河西走廊丰富的有机废弃物资源，本试验以不同茬口的有机生态型无土栽培基质为材料，研究其水浸液对西葫芦幼苗生长和光合特性的影响，旨在为有机生态型无土栽培基质的循环利用提供试验依据。

一、材料与方法

（一）试验材料

供试西葫芦品种为中葫 4 号，由中国农业科学院蔬菜花卉研究所选育。有机生态型无土栽培基质采自张掖市临泽县平川镇荒漠区现代农业示范园区，迎茬（2013 年定植）、连茬 2 a（2012 年定植）和连茬 3 a（2011 年定植），无土栽培基质（玉米秸秆（*V*）：炉渣（*V*）：菇渣（*V*）：牛粪（*V*）= 3.5：2：1.5：1）为当地生产中广泛应用，无土栽培基质采自地下式栽培槽中距栽培面 20 cm 处，栽培槽南北延长，其上内径 60 cm、其下内径 58 cm，槽深 25 cm，分别取 3 个不同茬口栽培槽中 3 处混匀的基质 10 L，将基质带回实验室风干，混匀备用。

（二）试验方法

基质水浸液制备：分别将迎茬、连茬 2 年和连茬 3 年基质风干混匀后，与蒸馏水按 1：5（*V*：*V*）比例混合，在 5 L 烧杯中浸泡 48 h，将基质中能溶于蒸馏水的物质全部充分溶解后过滤，制备成迎茬基质水浸液（Y1）、连茬 2 年基质水浸液（Y2）、连茬 3 年基质水浸液（Y3），并以蒸馏水为对照（CK），水浸液置于棕色细口瓶中备用。迎茬基质水浸液（Y1）、连茬 2 年基质水浸液（Y2）和连茬 3 年基质水浸液（Y3）的 pH 值分别为 7.43、7.45 和 7.55，其电导率（EC）值依次为 1.14 $mS \cdot cm^{-1}$，1.47 $mS \cdot cm^{-1}$ 和 1.97 $mS \cdot cm^{-1}$。

西葫芦幼苗培养：于农业与生物技术学院教学与科研示范基地选取相对含水量一致的田园土，装入发芽盒（口径13 cm×19 cm×12 cm）；中葫4号种子先后经1%次氯酸钠浸泡10 min、蒸馏水吸胀4 h、恒温箱（温度为25±1℃）催芽2 d后，于每一发芽盒中播种4粒。之后将发芽盒置于节能二代日光温室中，每隔2 d向发芽盒中加入200 mL不同茬口基质的水浸液，对照加入200 mL蒸馏水，重复3次，连续处理3次后西葫芦幼苗进行田间常规管理。

（三）测定项目

幼苗生长指标测定：不同茬口基质的水浸液处理西葫芦幼苗后在日光温室内常规管理30 d测定其幼苗株高、地上部鲜/干重、地下部鲜/干重并计算根冠干重比。同时，采用乙醇浸提法[16]测定幼苗第2片完全展开叶片叶绿素含量，取新鲜幼苗叶片，洗净擦干水分，去叶脉并剪碎，称取0.2 g混匀的叶片放入试管（15 cm×150 mm）中，加入10 mL 95 %乙醇，用封口膜将试管口密封，避光浸提24 h，待植物组织变白后，吸取浸提上清液4 mL，分别测定665 nm和649 nm的吸光度值（722S型分光光度计，上海习仁科学仪器有限公司，中国），参考高俊凤等[16]的公式计算鲜重叶绿体色素含量。

$$C_a = 13.95\ A_{665} - 6.88\ A_{649} \quad (1)$$

$$C_b = 24.96\ A_{649} - 7.32\ A_{665} \quad (2)$$

$$\text{叶绿体色素的含量}\ (mg \cdot g^{-1}\ FW) = (C \times V \times n)/W \quad (3)$$

式中：C为色素含量（mg/L）；V为提取液体积（mL）；n为稀释倍数；W为叶片鲜重（g）。

幼苗光合特性测定：当西葫芦幼苗长到三叶一心时，选取第2片完全展开的真叶，于上午11：00测定，叶片的光合特性指标（CIRAS-2便携式光合作用测定系统，汉莎科学仪器有限公司，美国），包括蒸腾速率（Tr，mmol $H_2O \cdot m^{-2} \cdot s^{-1}$）、气孔导度（Gs，mol $H_2O\ m^{-2} \cdot s^{-1}$）、净光合速率（Pn，μmol $CO_2 \cdot m^{-2} \cdot s^{-1}$）和细胞间隙$CO_2$浓度（Ci，μmol·$mol^{-1}$）等参数，之后分别计算瞬时水分利用效率（WUE/μmol CO_2 $mmol^{-1} H_2O$=Pn/Tr[17]）、瞬时羧化效率（CE/mol $CO_2 m^{-2} \cdot s^{-1}$=Pn/Ci[18]）及瞬时光能利用率（LUE/μmol $CO_2 mmol^{-1}$= Pn/PAR[19]）。每个处理测6株同一叶位的光合指标，取其平均值。

（四）数据处理

利用Excel 2003和天PS 13.5软件对数据进行统计分析，采用新复极差法进行多重比较。

二、结果与分析

（一）不同茬口无土栽培基质水浸液对西葫芦幼苗生长的影响

由表1可以看出，不同茬口无土栽培基质的水浸液对西葫芦幼苗生长有不同的影响。迎茬基质水浸液（Y1）处理的西葫芦幼苗株高、地上部鲜重、地下部鲜重、地上部干重、地下部干重和根冠干重比分别较对照增加 15.6%、72.5%、100.5%、68.3%、80.5%和 58.3%，差异达显著水平（$P<0.05$）。连茬 2 年基质水浸液（Y2）处理的西葫芦幼苗株高、地下部鲜重和根冠干重比较对照分别增加 3.6%、33.0%和 20.8%；地上部鲜重、地上部干重和地下部干重较对照分别降低 32.8%、19.0%和 1.2%，差异达显著水平（$P<0.05$）。连茬 3 年基质水浸液（Y3）处理的西葫芦幼苗株高、地上部鲜重、地下部鲜重、地上部干重、地下部干重和根冠干重比分别较对照分别降低 25.1%、28.6%、0.7%、17.8%、47.6%和 33.3%，差异达显著水平（$P<0.05$）。

表 1　基质水浸液对西葫芦幼苗生长的影响

处理	株高（cm）	地上部鲜重（mg）	地下部鲜重（mg）	地上部干重（mg）	地下部干重（mg）	根冠干重比（R/T）
CK	7.25±0.09 b	3 212±21 b	427±24 c	337±28 b	82±8 b	0.24±0.01 a
Y1	8.38±0.15 a	5 541±111 a	856±25 a	567±26 a	148±9 a	0.38±0.01 a
Y2	7.51±0.32 b	2 160±261 c	568±36 b	273±28 c	81±5 b	0.29±0.01 a
Y3	5.43±0.22 c	2 294±161 c	430±30 c	277±24 c	43±11 c	0.16±0.07 b

注：同列数据不同小写字母表示差异显著（$\alpha=0.05$），下表同。根冠比=地下部干重/地上部干重。

迎茬基质水浸液（Y1）、连茬 2 年基质水浸液（Y2）和连茬 3 年基质水浸液（Y3）处理的西葫芦幼苗株高和地下部鲜/干重依次明显降低，不同茬口间差异达显著水平（$P<0.05$），连茬 2 年基质水浸液（Y2）和连茬 3 a 基质水浸液（Y3）处理的西葫芦幼苗地上部鲜/干重无明显差异，但明显低于迎茬基质水浸液（Y1）的处理，差异达显著水平（$P<0.05$）。迎茬基质水浸液（Y1）和连茬 2 年基质水浸液（Y2）处理的西葫芦幼苗根冠干重比无明显差异，但明显高于连茬 3 年基质水浸液（Y3）处理，差异达显著水平（$P<0.05$）。

（二）不同茬口无土栽培基质水浸液对西葫芦幼苗叶绿素含量的影响

由表 2 可以看出，无土栽培的基质水浸液对西葫芦幼苗叶绿素含量有明显的影响。迎茬基质水浸液（Y1）处理的西葫芦幼苗叶绿素 *a* 、叶绿素 *b* 、叶绿素 *(a+b)* 和叶绿素 *a/b* 分别较对照分别增加 44.4%、38.7%、41.3%和 5.4%，差异达显著水平（$P<0.05$）。连茬 2 年基质水浸液（Y2）处理的西葫芦幼苗叶绿素 *b* 和叶绿素 *(a+b)* 分别较对照分别增加 23.8%和 17.8%，对叶绿素 *a* 无明显影响；而叶绿素 *a/b* 较对照降低 18.9%，差异达显著水平（$P<0.05$）。连茬 3 年基质水浸液（Y3）处理的西葫芦幼苗叶绿素 *b* 和叶绿素 *(a+b)* 较对照分别增加 17.9%和 0.87%，而叶绿素 *a* 和叶绿素 *a/b* 较对照分别降低 46.0%和 54.1%；差异达显著水平（$P<0.05$）。

迎茬基质水浸液（Y1）、连茬 2 年基质水浸液（Y2）和连茬 3 年基质水浸液（Y3）处理的西葫芦幼苗叶绿素 *a* 、叶绿素 *b* 、叶绿素 *(a+b)* 和叶绿素 *a/b* 依次明显降低，不同茬口间差异达显著水平（$P<0.05$）。

表 2　基质水浸液处理对西葫芦幼苗叶绿素含量的影响

处理	叶绿素 *a*（mg/g·FW）	叶绿素 *b*（mg/g·FW）	叶绿素（*a+b*）（mg/g·FW）	叶绿素 *a/b*
CK	0.63±0.08 b	1.68±0.02 d	2.30±0.04 c	0.37±0.02 ab
Y1	0.91±0.10 a	2.33±0.03 a	3.25±0.10 a	0.39±0.04 a
Y2	0.63±0.08 b	2.08±0.04 b	2.71±0.09 b	0.30±0.03 b
Y3	0.34±0.09 c	1.98±0.01 c	2.32±0.03 c	0.17±0.02 c

（三）不同茬口无土栽培基质水浸液对西葫芦幼苗叶片 Tr，Gs，Ci 和 Pn 的影响

由表 3 可以看出，不同茬口无土栽培基质的水浸液对西葫芦幼苗叶片光合特性有明显的影响。迎茬基质水浸液（Y1）处理的西葫芦幼苗叶片 Gs 和 Pn 较对照分别增加 10.7%和 172.5%；而 Tr 和 Ci 较对照分别降低 1.04%和 18.16%，差异达显著水平（$P<0.05$）。连茬 2 a 基质水浸液（Y2）处理的西葫芦幼苗叶片 Pn 较对照增加 21.7%；而 Tr，Gs 和 Ci 较对照分别降低 15.1%、18.4%和 9.3%，差异达显著水平（$P<0.05$）。连茬 3 年基质水浸液（Y3）处理的西葫芦幼苗叶片 Tr，Gs，Ci 和 Pn 较对照分别降低 28.7%、35.9%、6.7%和 20.9%；差异达显著水平（$P<0.05$）。

迎茬基质水浸液（Y1）和连茬 2 年基质水浸液（Y2）处理的西葫芦幼苗蒸腾速率无明显差异，但明显高于连茬 3 年基质水浸液（Y3）处理，差异达显著水平（$P<0.05$）。迎茬基质水浸液（Y1）、连茬 2 年基质水浸液（Y2）和连茬 3 年基质水浸液（Y3）处理的西葫芦幼苗气孔导度和光合速率依次明显降低，不同茬口间差异达显著水平（$P<0.05$），但不同茬口基质水浸液处理西葫芦幼苗胞间 CO_2 浓度无明显差异。

表 3　基质水浸液处理对西葫芦幼苗叶片 Tr、Gs、Ci 和 Pn 的影响

处理	蒸腾速率 Tr（mmol H_2O $m^{-2}\cdot s^{-1}$）	气孔导度 Gs（mol $H_2O m^{-2}\cdot s^{-1}$）	胞间 CO_2 浓度 Ci（μmol·mol^{-1}）	光合速率 Pn（μmol·$CO_2 m^{-2}\cdot s^{-1}$）
CK	3.83±1.01 a	330.50±52.43 a	368.00±16.97 a	3.45±0.49 b
Y1	3.79±1.68 a	366.00±12.46 a	301.17±35.27 a	9.40±1.45 a
Y2	3.25±1.64 a	269.75±38.94 b	333.63±21.21 a	4.20±0.72 b
Y3	2.73±1.25 b	212.00±26.88 c	343.40±29.77 a	2.73±0.62 c

（四）不同茬口无土栽培基质水浸液对西葫芦幼苗叶片 WUE，CE 和 LUE 的影响

由表 4 可以看出，无土栽培迎茬基质水浸液（Y1）处理的西葫芦幼苗叶片 WUE，

CE 和 LUE 分别较对照分别增加 175.6%、244.4%和 112.6%；差异达显著水平（$P<0.05$）。连茬 2 年基质水浸液（Y2）处理的西葫芦幼苗叶片 WUE、CE 和 LUE 分别较对照增加 43.3%、44.4%和 108.0%；差异达显著水平（$P<0.05$）。连茬 3 年基质水浸液（Y3）处理的西葫芦幼苗叶片 WUE 较对照增加 11.1%，而 CE 和 LUE 较对照分别降低 11.1%和 16.6%，差异达显著水平（$P<0.05$）。

迎茬基质水浸液（Y1）、连茬 2 年基质水浸液（Y2）和连茬 3 年基质水浸液（Y3）处理的西葫芦幼苗瞬时水分利用效率依次明显降低，不同茬口间差异达显著水平（$P<0.05$），连茬 2 年基质水浸液（Y2）和连茬 3 年基质水浸液（Y3）处理的西葫芦幼苗瞬时羧化效率无明显差异，但明显低于迎茬基质水浸液（Y1）的处理，差异达显著水平（$P<0.05$）。迎茬基质水浸液（Y1）和连茬 2 年基质水浸液（Y2）处理的西葫芦幼苗瞬时光能利用率无明显差异，但明显高于连茬 3 年基质水浸液（Y3）处理，差异达显著水平（$P<0.05$）。

表 4　基质水浸液对西葫芦幼苗叶片 WUE、CE 和 LUE 的影响

处理	瞬时水分利用效率 WUE（$\mu mol\ CO_2\ mmol^{-1} H_2O$）	瞬时羧化效率 CE（$mol\ CO_2\ m^{-2} \cdot s^{-1}$）	瞬时光能利用率 LUE（$\mu mol\ CO_2 mmol^{-1}$）
CK	0.90±0.05 c	0.009±0.002 b	3.49±0.34b
Y1	2.48±0.55 a	0.031±0.028 a	7.42±0.69 a
Y2	1.29±0.77 b	0.013±0.007 b	7.26±0.42 a
Y3	1.00±0.31 c	0.008±0.006 b	2.91±0.72 c

三、讨论与结论

有机生态型无土基质栽培是实现设施农业可持续发展的途径之一，基质是作物的生长介质，也是作物水、气和肥等物质的来源。有机生态型无土栽培基质在种植作物后会积累大量盐分和作物根系分泌物，不利于下茬作物生长和发育。郭世荣等[20]认为基质栽培后存在二次污染，并在灌溉和植物根系分泌物作用下基质的结构和理化性质都会改变，严重时影响后茬作物的生长，连作年限越久，越不利作物生长。理想基质的 pH 值通常在 6.0～7.5[21]，基质的 EC 值超过 1.25 $mS \cdot cm^{-1}$会对植物构成渗透逆境[22]。本试验发现，无土栽培基质迎茬、连茬 2 年和连茬 3 年后，其基质水浸液的 pH 值依次逐渐升高，连茬 3 年后基质水浸液的 pH 值为 7.55；无土栽培基质迎茬、连茬 2 年和连茬 3 年后，其基质水浸液的 EC 值明显升高，连茬 3 年后基质水浸液 EC 值为 1.97 $mS \cdot cm^{-1}$，都高于理想基质的 pH 值[21]和 EC 值[22]，这说明连茬 3 年后无土栽培基质水浸液的酸度和基质内可溶性盐分都不适宜作物正常生长。

幼苗质量是蔬菜秧苗对环境的适应性以及所具备的潜在生产能力[23]。根冠比的大小反映了植物地下部分与地上部分的相关性，在作物的苗期要增大根冠比。本试验发现，迎茬后基质的水浸液明显促进西葫芦幼苗的生长，幼苗株高、地上部鲜/干重、地下部鲜/干重和根冠干重比较对照明显增加，但连茬 2 年和连茬 3 年的基质水浸液处理西葫芦幼苗地上部鲜/干重和地下部干重比均明显低于对照，连茬 3 年后无土栽培基质的水浸液抑制西葫芦幼苗的生长，明显降低根冠干重比，这表明连茬 3 年后已明显影响西葫芦幼苗地下部分与地上部分的相关性。

作物壮苗应有好的形态指标和强的生理特性，植物叶绿素含量直接影响其叶片的光合能力[24]。叶绿素可反映植物的生长发育状况、其含量以及叶绿素 *a* 、叶绿素 *b* 的相对比值常常用作研究植物生长发育的生理指标[25]。本研究发现迎茬后基质水浸液明显增加西葫芦幼苗的叶绿素含量，能保证叶片有高的光合能力；连茬 2 年后基质水浸液能促进叶绿素的合成，但降低了叶绿素 *a/b* 的比值，连茬 3 年后基质水浸液明显降低西葫芦幼苗的叶绿素含量和叶绿素 *a/b* 的比值，减弱叶片的光合能力。叶绿素 *a/b* 的比值低，表明光合单位较大，收集光的能力强，光补偿点低；高的叶绿素 *a/b* 值有利于其保持更高的光合速率、光合能力和更稳定的光合结构[26]，结果显示，连茬 3 年的无土栽培基质影响了西葫芦幼苗的光合机构，增大了光合单位。

光合作用是分析环境因素影响植物生长发育和代谢能力的重要手段[27]。本试验发现迎茬后基质水浸液处理能增加西葫芦幼苗叶片的气孔导度和增强叶片的光合速率；连茬 2 年后基质水浸液处理可降低其叶片的蒸腾速率、气孔导度和细胞间隙 CO_2浓度，但能维持高的光合速率，连茬 3 年后基质水浸液处理明显降低了西葫芦幼苗叶片的光合特性。

植物水分利用效率是反映植物生长中能量转化效率的重要指标[28]。瞬时羧化效率越高，其对 CO_2同化能力越强[29]，光能利用效是植物固定太阳能效率的指标[30]。本试验发现迎茬和连茬 2 年后基质水浸液处理能增加西葫芦幼苗叶片的瞬时水分利用效率、瞬时羧化效率和瞬时光能利用率；连茬 3 年后基质水浸液处理能降低了西葫芦幼苗叶片的羧化效率和瞬时光能利用率，结果显示，连茬 3 年栽培的基质降低了西葫芦幼苗叶片对能量转化效率、CO_2同化能力和固定太阳能的效率。但不同茬口的无土栽培基质内含物的营养成分的变化和其含量的高低需要进一步研究。

综上所述，有机生态型无土基质栽培中，迎茬明显促进西葫芦幼苗生长、增加叶绿素含量和增强其叶片光合特性；连茬 2 年和连茬 3 年时基质的 pH 值和 EC 值都高于作物适宜生长的范围，连茬 3 年栽培的基质明显抑制西葫芦幼苗生长和降低其叶片光合生理特性。无土栽培基质连茬 3 年后不利于作物正常的生长发育。

参考文献

[1] 蒋卫杰 . 有机生态型无土栽培技术 [J]. 中国蔬菜，1997 (3)：53-54.

[2] 杜中平，聂书明 . 不同配方基质对番茄生长特性、光合特性及产量的影响 [J]. 江苏农业科学，2013，41 (5)：138-139.

[3] 刘淑娴，张金云，高正辉，等 . 黄瓜有机生态型无土栽培基质的筛选 [J]. 安徽农业科学，2003，31 (4)：549-550，552.

[4] 张军民．番茄有机生态型无土栽培与配方施肥综合栽培技术研究［J］．北方园艺，2005（1）：41-43.
[5] 鄂利锋，秦嘉海，刘瑞生，等．蔬菜有机生态型无土栽培专用肥适宜用量的研究［J］．中国种业，2011（9）：49-51.
[6] 程斐，孙朝晖，赵玉国，等．芦苇末有机栽培基质的基本理化性能分析［J］．南京农业大学学报，2001，24（3）：19-22.
[7] 李谦盛，郭世荣，李式军．利用工农业有机废弃物生产优质无土栽培基质［J］．自然资源学报，2002，17（4）：515-519.
[8] 刘士哲，连兆煌．蔗渣做蔬菜工厂化育苗基质的生物处理与施肥措施研究［J］．华南农业大学学报，1994，15（3）：1-7.
[9] 李琨，郁继华，颉建明，等．不同灌水下限对日光温室有机生态型无土栽培辣椒生长指标的影响［J］．甘肃农业大学学报，2011，46（2）：41-44.
[10] 张国森，赵文怀，殷学云，等．非耕地节本型日光温室蔬菜有机生态型无土栽培技术［J］．中国蔬菜，2010（13）：46-48.
[11] 覃志平．有机生态型无土栽培蔬菜周年生产技术［J］．广西农学报，2001（3）：54-55.
[12] 许耀照，吕彪，王勤礼，等．密度和整枝方式对有机生态型无土栽培辣椒商品性及产量的影响［J］．北方园艺，2013（5）：1-3.
[13] 左可贵．西北六省非耕地农业开发制约因素及市场战略研究［D］．武汉：华中农业大学，2014.
[14] 蒋卫杰，余宏军，刘伟．有机生态型无土栽培技术在我国迅猛发展［J］．中国蔬菜，2000（增刊），35-39.
[15] 闫治斌，秦嘉海，陈修斌，等．几种有机废弃物组合基质对黄瓜产量和经济效益的影响［J］．长江蔬菜，2011（2）：59-62.
[16] 高俊凤．植物生理学实验指导［M］．北京：高等教育出版社，2006. 75.
[17] Fiseher RA，TumerNeil C. Plant Produetivity in the arid and semi－arid Zones［J］. *Annual Review of Plant Physiology*，1978，29：277-317.
[18] 周小玲，田大伦，许忠坤，等．中亚热带四川桤木与台湾桤木幼林的光合生态特性［J］．中南林业科技大学学报（自然科学版）. 2007，27（1）：40-49.
[19] 陈彤，柯世省，张阿英．木荷夏季气体交换、光能和水分利用效率的日变化［J］．天津师范大学学报（自然科学学报），2005，25（4）：28-31.
[20] 郭世荣．固体栽培基质研究、开发现状及发展趋势［J］．农业工程学报，2005，21（增刊）：1-4.
[21] 马彦霞．日光温室番茄栽培基质的根际环境及化感作用研究［D］．兰州：甘肃农业大学. 2013.
[22] 康红梅，张启翔，唐菁．栽培基质的研究进展［J］．土壤通报，2005，36（1）：124-127.
[23] 王广龙，夏冬，杨泽恩，等．幼苗质量对番茄植株生长发育和产量品质的影响［J］．江苏农业科学，2014，42（5）：140-144.
[24] 孙治强，赵永英，倪相娟．花生壳发酵基质对番茄幼苗质量的影响［J］．华北农学报，2003，18（4）：86-90.
[25] 袁方，李鑫，余君萍，等．分光光度法测定叶绿素含量及其比值问题的探讨［J］．植物生理学通讯，2009，45（1）：63-66.
[26] 周璇，宋凤斌．不同种植方式下玉米叶片叶绿素和可溶性蛋白含量变化［J］．土壤与作

物，2012，1（1）：41- 48.
［27］ 冯建灿，张玉洁．喜树光合速率日变化及其影响因子的研究［J］. 林业科学，2002，38（4）：34-39.
［28］ 张岁岐，山仑．植物水分利用效率及其研究进展［J］. 干旱地区农业研究，2002，20（4）：1-5.
［29］ 肖晓梅．ALA 和 $MgSO_4$处理对红掌光合特性及干物质积累的影响［J］. 热带农业科学，2014，34（12）：9-13.
［30］ 赵育民，牛树奎，王军邦，等．植被光能利用率研究进展［J］. 生态学杂志，2007，26（9）：1 471-1 477.

（本文发表于《土壤与作物》2016 年第 5 期，略有改动）

NaCl 胁迫对不同辣椒自交系种子萌发的影响及其耐盐性评价

王勤礼[1,2]，闫　芳[1,2]，侯梁宇[1,2]，张文斌[3]，华　军[3]
（1. 河西学院 河西走廊设施蔬菜工程技术研究中心；2. 甘肃省高校河西走廊特色资源利用省级重点实验室；3. 张掖市经济作物技术推广站）

摘　要：以 HXUY0912、HXUX1160 和 HXUX1123 三个辣椒自交系为材料，研究低、中、高（0.2%、0.4%、0.6%、0.8%、1.0%）NaCl 盐胁迫对辣椒种子萌发和幼苗生长的影响，采用隶属函数法对其耐盐性进行综合评价，研究 NaCl 盐胁迫对辣椒自交系萌发的影响，评价各参试自交系的耐盐性。结果表明：低浓度盐胁迫对种子萌发及幼苗生长无显著抑制作用，随着盐分浓度的升高，盐胁迫对 3 个辣椒自交系的种子萌发造成不同程度的抑制，各自交系间在种子萌发期存在着明显的耐盐性差异。综合评价其耐盐性结果为，自交系 hxuy0912 在低盐条件下耐性最好，自交系 hxux1160 对中浓度的盐胁迫反应迟钝，自交系 hxux1123 在各种盐浓度胁迫下表现了较好的适应性。

关键词：辣椒自交系；NaCl 胁迫；种子萌发；耐盐性

土壤盐渍化是影响世界农业生产最主要的非生物胁迫之一[1]。由于化肥大量施用以及设施农业生产迅猛发展，土壤次生盐渍化已成为国内外设施栽培中普遍存在而难以解决的问题[2]。选育抗盐或耐盐的农作物品种是提高产量最佳的可行途径[3]。种子萌发期是作物生育期中对盐胁迫最为敏感的时期之一，许多研究都表明种子萌发期耐盐性可以反映出该品种其他时期的耐盐性[4]。因此，种子萌发期耐盐性是早期鉴定并筛选耐盐植物的主要依据之一。

土壤中的致害盐类以中性盐 NaCl 为主。盐分中的 Na^+ 和 Cl^- 对植物极易造成单盐毒害，同时对 K^+ 和 Ca^{2+} 等离子的吸收也会产生拮抗作用。有关 NaCl 盐胁迫对植物种子影响的研究在一些蔬菜[5]和其他植物上已有不少报道[6-7]。有研究者探讨了 NaCl 胁迫对不同辣椒品种幼苗生理生化特性的影响，结果表明，高浓度 NaCl 处理会使辣椒植株逐渐表现出盐害症状，在相同浓度 NaCl 处理下，不同品种的盐害程度不同[8]。但有关辣椒自交系对盐胁迫反应及耐盐评价方面的研究报道还比较少。

辣椒是河西走廊设施栽培面积较大的蔬菜之一，由于设施土壤次生盐渍化而引起的连作障碍较为严重。为了筛选耐盐碱设施辣椒专用品种，试验选用不同浓度的 NaCl 溶液处理 3 个自选或引进的辣椒自交系种子，分析盐胁迫条件下不同辣椒自交系种子萌发的响应，鉴定和评价该试验各自交系耐盐性强弱，进一步筛选耐盐力高的种质材料，为河西走廊选育耐盐碱设施辣椒专用品种提供数据支撑。

一、材料与方法

（一）试验材料

供试辣椒自交系3个，hxux1123、hxux1160为自选自交系，hxuy0912由张掖市富兴现代农业有限责任公司提供。

（二）试验方法

试验采用二因素完全随机设计，设置A因素6个水平，为NaCl不同浓度：0、0.2%、0.4%、0.6%、0.8%、1.0%；B因素3个水平，为不同自交系：hxuy0912、hxux1160、hxux1123。试验共18个处理组合，3次重复。

将供试辣椒种子用0.2%高锰酸钾溶液浸泡消毒20 min，再用去离子水反复冲洗多次后待用。选用直径9 cm的培养皿用去离子水冲洗干净并放入2张滤纸，播消毒种子50粒后用不同浓度的NaCl溶液浸种，以辣椒种子湿润为度。将培养皿置于25℃的光照培养箱中进行发芽试验，每天称重，并用去离子水补充培养皿中因蒸发失去的水分，以保持盐溶液浓度相对稳定。

（三）项目测定

1. 发芽势与发芽率

7 d后调查发芽势，第14 d开始统计发芽率，每天相同时间观测种子萌发数。以胚根突出种皮，且长度达种子1/2时记为发芽。发芽势（GE）$= n1/N1 \times 100\%$，其中$n1$为规定时间内发芽种子数，$N1$为种子总数；发芽率（GP）$= n/N \times 100\%$，其中n为规定时间内发芽种子数，N为种子总数。

2. 鲜质量与干质量

21 d后取植株用蒸馏水冲洗干净并用吸水纸吸干后，用感量为0.000 1 g的电子分析天平称其鲜质量。称完鲜质量后的植物组织于105℃下杀青15 min，70℃烘至恒重，测植株干质量。3次重复。总鲜质量以每皿总鲜质量计；总干质量以每皿总干质量计。

3. 根　长

21 d后，每皿随机测定20株根长。

4. 侧根数

21 d后，每皿随机统计20株侧根数。

（四）数据分析

利用Excel和DPS 12.3统计软件进行数据分析，差异显著性测验采用Duncan法。隶属函数值计算参照刘向蕊等[9]方法。试验指标胁迫指数=胁迫下指标值/对照指标值。

试验指标隶属函数值：

$$\widehat{x}_{ij}=\frac{x_{ij}-x_{j\min}}{x_{j\max}-x_{j\min}}$$ 式（1）

$\widehat{x}_{ij}$为第 i 个自交系第 j 个试验指标隶属函数值，x_{ij}为第 i 个自交系第 j 个试验指标胁迫指数，$x_{j\min}$为第 i 个自交系第 j 个试验指标胁迫指数的最小值，$x_{j\max}$为第 i 个自交系第 j 个试验指标胁迫指数最大值。

若某一指标与耐性呈负相关，可通过反隶属函数计算其胁迫隶属函数值。

$$\widehat{x}_{ij}=1-\frac{x_{ij}-x_{j\min}}{x_{j\max}-x_{j\min}}$$ 式（2）

二、结果与分析

（一）盐胁迫对不同辣椒自交系种子发芽势、发芽率的影响

由表 1 可以看出，不同浓度 NaCl 盐胁迫对不同辣椒自交系的发芽势、发芽率影响不同。在 0. 2%和 0. 4% NaCl 盐浓度胁迫下，3 个自交系对 NaCl 盐胁迫的敏感性较低，与各自对照相比，发芽势与发芽率均没达到显著差异。但在 0. 4% NaCl 盐浓度胁迫下，HXUX1123 发芽势、发芽率高于对照 7. 03%和 3. 52%。由此表明，0. 4% NaCl 盐浓度胁迫对自交系 HXUX1123 的发芽有一定的促进作用，但与对照区无显著性差异。

表 1　不同盐浓度胁迫下辣椒自交系种子的发芽势、发芽率

自交系	浓度（%）	发芽势（%）	发芽率（%）
HXUY0912	0. 0	39. 20 a A	94. 70 ab AB
	0. 2	35. 22 a A	96. 89a A
	0. 4	23. 80 a ABC	92. 89 abc ABC
	0. 6	5. 30 bc DE	94. 81 ab AB
	0. 8	9. 63 b BCD	84. 37 bcd ABCD
	1. 0	0. 22 cd DE	49. 01 f E
HXUX1160	0. 0	7. 11 b CDE	94. 81 ab AB
	0. 2	4. 35 bcd DE	93. 55 ab ABC
	0. 4	1. 30 bcd DE	90. 09 abcd ABC
	0. 6	2. 59 bcd DE	96 ab AB
	0. 8	0. 22 ef cd DE	94. 70 ab AB
	1. 0	0. 00 d E	75. 43 de CD

（续表）

自交系	浓度（%）	发芽势（%）	发芽率（%）
HXUX1123	0.0	30.23 a AB	88.68 abcd ABC
	0.2	25.63 a ABC	84.81 bcd ABCD
	0.4	41.99 a A	92.28 abc ABC
	0.6	25.29 a ABC	87.35 abcd ABC
	0.8	3.26 bcd DE	79.44 cde BCD
	1.0	1.30 bcd DE	65.61 ef DE

注：同列英文小写字母表示在5%水平的差异显著性，大写字母表示在1%水平的差异显著性。下同。

NaCl盐胁迫浓度为0.6%时，所有参试自交系发芽势均有所降低，HXUY0912与对照间达到了显著差异，表明自交系HXUY0912对中浓度NaCl盐胁迫已开始敏感；各自交系发芽率与对照间虽有差异，但差异均不显著。当NaCl盐胁迫浓度达到0.8%以上时，3个自交系发芽势均急剧下降，显著低于对照；发芽率也下降，但与各自对照差异不显著。表明辣椒自交系在中高浓度NaCl盐胁迫下，发芽势较发芽率更为敏感，各参试自交系种子萌发已受到影响。在1% NaCl盐浓度胁迫下，所有参试自交系发芽势、发芽率均显著低于对照，表明该浓度NaCl盐胁迫已严重阻碍了辣椒种子的萌发。

不同萌发阶段，不同NaCl盐浓度胁迫对3个自交系种子的萌发影响也各不相同。图1所示为萌发过程中3个自交系种子萌发情况。第8天时，自交系HXUY0912和HXUX1123在低浓度（≤0.6%）NaCl盐胁迫下，已表现出较高的萌发率，自交系hxux1160的萌发率仍然较低；在高浓度（≥0.8%）NaCl盐胁迫下，所有参试自交系的萌发率很低。由此表明，自交系HXUY0912和HXUX1123对低浓度NaCl盐胁迫具有较好的适应性，自交系HXUX1160对低浓度NaCl盐胁迫反应较为敏感。第11天时，自交系HXUX1123、HXUX1160在各种浓度NaCl盐胁迫下，萌发率显著提高，第14天达到了较高的萌发率，但自交系HXUY0912在0.1% NaCl盐浓度胁迫下，第11天、第14天萌发率仍然很低。由此说明，自交系HXUY0912和HXUX1123在低浓度NaCl盐胁迫下有较好的萌发率，自交系HXUX1123、HXUX1160在较高NaCl浓度（≥0.8%）胁迫下仍有较好的萌发率，自交系HXUX1123对各种浓度的NaCl盐胁迫均有较好的适应性。

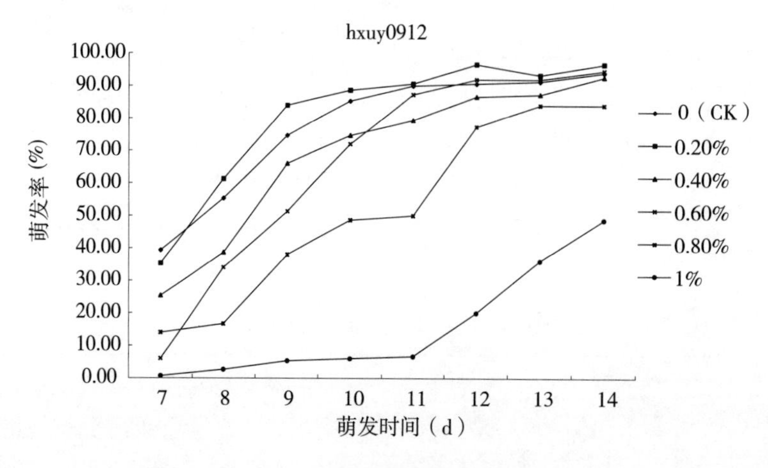

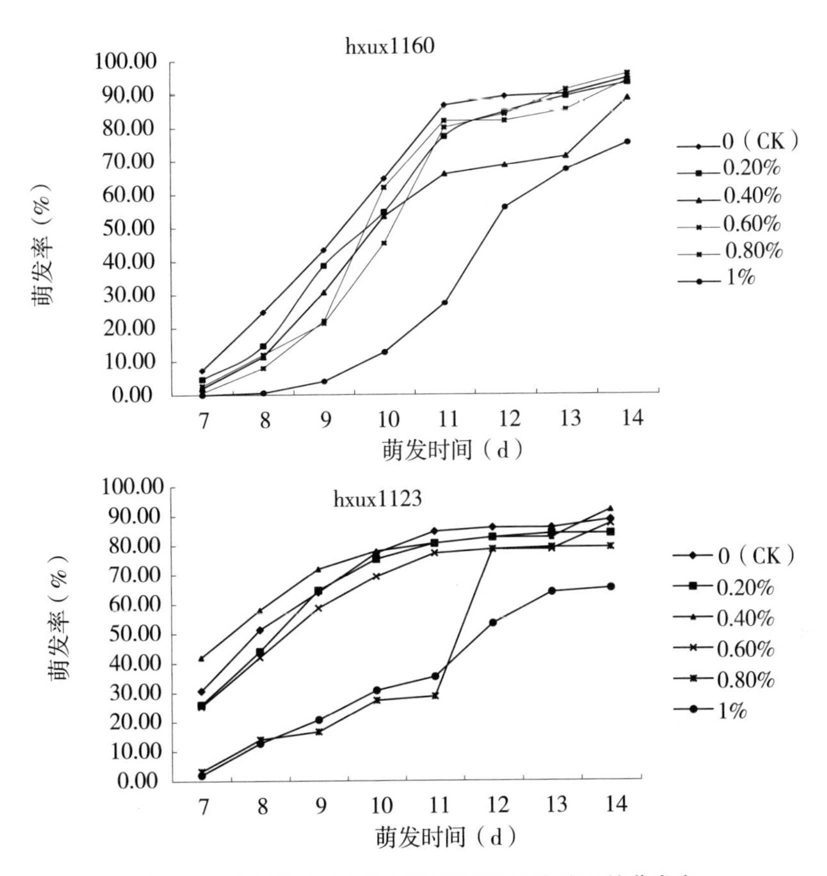

图1 3个辣椒自交系不同萌发期在盐胁迫下的萌发率

（二）盐胁迫对不同辣椒自交系幼苗生长量的影响

1. 盐胁迫对不同辣椒自交系幼苗总干质量、总鲜质量的影响

表2表明，自交系 HXUX1123 在 0.4% NaCl 盐浓度胁迫下，总鲜质量最高，除与 0.6% NaCl 盐浓度胁迫外，与对照及其他处理间均达到了显著差异，表明低浓度的 NaCl 盐胁迫对自交系 HXUX1123 总鲜质量具有一定的促进作用；自交系 HXUY0912 在 0.2%NaCl 盐浓度胁迫下，总鲜质量最高，但与 0.4%、0.6%盐浓度胁迫、对照间差异不显著，表明低浓度 NaCl 盐胁迫对自交系 HXUX0912 总鲜质量影响不大；自交系 hxux1160 在 0.6% NaCl 盐浓度胁迫下，总鲜质量最高，但与其他处理间均没达到显著差异，表明自交系 HXUX1160 总鲜质量对此盐浓度胁迫反应较为迟钝。在较高 NaCl 盐浓度（≥0.8%）胁迫下，自交系 HXUY0912、自交系 HXUX1123 总鲜质量除与 1.0%盐浓度胁迫外，与其他处理间达到了显著差异，自交系 HXUX1160 总鲜质量与所有处理间差异仍不显著，由此表明，较高浓度 NaCl 盐胁迫对自交系 HXUX1160 总鲜质量影响不明显。

从表2还可看出，低浓度（≤0.6%）NaCl 盐胁迫下，各自交系总干质量的各处理间差异不显著；在较高浓度（≥0.8%）NaCl 盐胁迫下，各自交系总干质量的各处理间差异也不显著，但与较低浓度胁迫间差异达到了显著水平。由此表明，低浓度 NaCl 胁迫对各自系干物质积累没有明显的影响。

表 2　不同盐浓度胁迫下辣椒自交系的总干质量、总鲜质量

自交系 Inbred line	浓度	总干质量	总鲜质量
HXUY0912	0.0	0.157 6 abc ABCD	1.350 7 cdef BCDEF
	0.2	0.176 3 abc ABC	1.850 7 abc ABC
	0.4	0.146 9 bcd ABCD	1.761 6 bc ABCD
	0.6	0.154 9 abcd ABCD	1.374 6 cde BCDEF
	0.8	0.069 4 ef DE	0.576 5 fghi EFGH
	1.0	0.030 0 f E	0.064 8 i H
HXUX1160	0.0	0.117 8 cde BCDE	0.980 0 defgh CDEFGH
	0.2	0.119 7 cde BCDE	0.807 6 efghi DEFGH
	0.4	0.084 8 def CDE	0.667 2 efghi EFGH
	0.6	0.126 9 cde BCDE	1.139 4 cdefg CDEFG
	0.8	0.046 4 f E	0.588 0 fghi EFGH
	1.0	0.084 5 def CDE	0.528 4 ghi FGH
HXUX1123	0.0	0.161 9 abc ABCD	1.432 4 cde BCDEF
	0.2	0.160 1 abc ABCD	1.601 1 bcd ABCDE
	0.4	0.224 6 a A	2.497 6 a A
	0.6	0.207 1 ab AB	2.302 3 ab AB
	0.8	0.040 2 f E	0.254 0 hi GH
	1.0	0.064 8 ef DE	0.596 3 fghi EFGH

2. 盐胁迫对不同辣椒自交系幼苗根长、测根数的影响

由图 2 可看出，不同浓度 NaCl 盐胁迫下，辣椒自交系 HXUY0912、HXUY1123 幼苗根长均随着盐浓度的升高呈下降趋势，并且盐浓度越高，根长受抑程度越大；自交系 HXUX1160 表现出先减少后增加最后不断减少的趋势。当胁迫浓度达到 0.6%时，自交系 HXUY0912 幼苗根长开始显著降低，自交系 HXUX1160 幼苗根长有上升趋势，自交系 HXUY1123 根长变化不明显；胁迫浓度增加到 0.8%时，自交系 HXUY1123、自交系 HXUY0912 幼苗根长开始显著降低，自交系 HXUX1160 根长变化仍不明显。当胁迫浓度达到 1.0%时，3 个自交系根长显著降低，自交系 HXUY0912 根长最短。由此表明，自交系 HXUY0912 根系生长在中盐胁迫下受到了抑制，自交系 HXUY1123 在低浓度 NaCl 盐胁迫下表现出较好的耐性，自交系 HXUX1160 根系生长在低浓度 NaCl 盐胁迫下反应敏感，中浓度 NaCl 盐胁迫下反应迟钝。高浓度 NaCl 盐胁迫对辣椒种子根的生长具有明显的抑制作用。

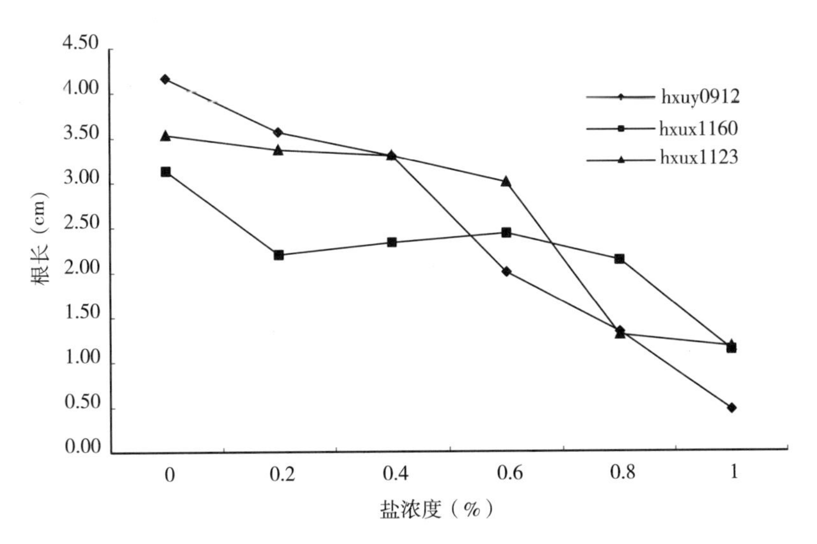

图 2　不同浓度盐胁迫对 3 个自交系幼苗根长的影响

图 3 表明，各浓度 NaCl 盐胁迫处理对根数的影响与根长影响表现相似的趋势，但低浓度 NaCl 盐胁迫即显著抑制侧根的形成，随着 NaCl 盐浓度的升高，侧根生长受到强烈抑制或完全没有侧根形成。表明 NaCl 盐胁迫主要影响侧根的发育。

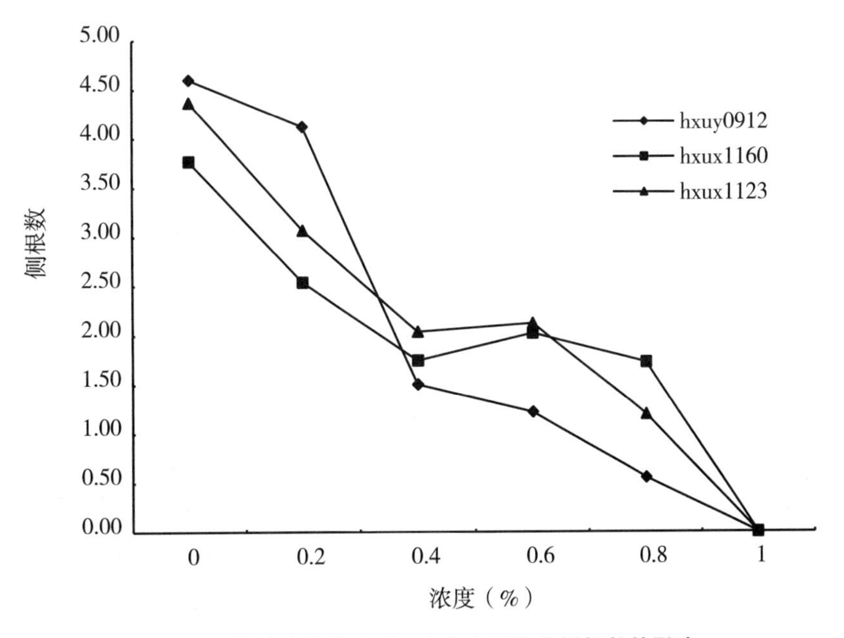

图 3　不同浓度盐胁迫对 3 个自交系幼苗侧根数的影响

（三）不同辣椒自交系耐盐性评价

1. 各单项指标的耐盐系数及其相关分析

试验指标胁迫指数能够消除自交系间固有差异，较绝对值更能准确反映辣椒耐盐能力的大小。由表3可知，各自交系经NaCl盐胁迫处理后，侧根数和根长的胁迫指数均小于1；0.2% NaCl盐胁迫下，自交系HXUY0912的发芽率、总干鲜质量的胁迫指数大于1；0.4% NaCl盐胁迫下，自交系HXUY1123的发芽势、发芽率、总干鲜质量的胁迫指数大于1；0.6% NaCl盐胁迫下，自交系HXUY1160的发芽率、总干鲜质量的胁迫指数大于1；说明低浓度NaCl盐胁迫可促进部分辣椒自交系发芽率和地上部生长，但影响根系的生长发育。另外，各单项指标的胁迫指数变化也不同，因此，用不同单项指标胁迫指数来评价辣椒自交系的耐盐性，其结果均不相同。

表3　盐胁迫条件下辣椒幼苗各单项指标的耐盐系数

盐浓度	自交系	发芽势	发芽率	总干质量	总鲜质量	侧根数	根长
0.2	HXUY0912	0.90	1.03	1.12	1.37	0.90	0.86
	HXUX1160	0.64	0.99	1.02	0.82	0.67	0.70
	HXUX1123	0.85	0.95	0.99	1.12	0.70	0.95
0.4	HXUY0912	0.64	0.99	0.93	1.30	0.33	0.79
	HXUX1160	0.27	0.94	0.72	0.68	0.46	0.75
	HXUX1123	1.37	1.04	1.39	1.74	0.47	0.93
0.6	HXUY0912	0.15	1.01	0.98	1.02	0.26	0.48
	HXUX1160	0.36	1.01	1.08	1.16	0.53	0.78
	HXUX1123	0.83	0.98	1.28	1.61	0.48	0.85
0.8	HXUY0912	0.36	0.89	0.44	0.43	0.12	0.32
	HXUX1160	0.09	0.99	0.39	0.60	0.46	0.68
	HXUX1123	0.11	0.89	0.25	0.18	0.27	0.37
1.0	HXUY0912	0.02	0.52	0.19	0.05	0.00	0.11
	HXUX1160	0.00	0.80	0.72	0.54	0.00	0.36
	HXUX1123	0.07	0.74	0.40	0.42	0.00	0.33

通过指标间相关性分析，可揭示指标间是否存在相关关系。表4表明，各指标间均存在不同程度的相关性，说明各指标提供的信息发生相互重叠。表3表明，各指标在不同自交系耐盐性中所表现的大小也不同，表明辣椒自交系耐盐性是一个复杂的综合性状，对辣椒自交系种子发芽阶段的抗盐性评价时，不仅要考虑材料在盐胁迫下的发芽能力，还要考虑种子发芽后其种子苗能否正常生长。因此直接利用各单项指标不能准确、客观地进行辣椒自交系耐盐性评价。

表 4　不同盐浓度胁迫下辣椒自交系耐盐指数相关系数

盐浓度	指标	发芽势	发芽率	总干质量	总鲜质量	侧根数	根长
0.2	Gt	1.00					
	Gp	0.18	1.00				
	Tw	0.46	0.95*	1.00			
	Tf	0.96*	0.45	0.70	1.00		
	Ln	0.74	0.80	0.94	0.90	1.00	
	Rl	0.85	-0.36	-0.06	0.67	0.28	1.00
0.4	Gt	1.00					
	Gp	0.98*	1.00				
	Tw	1.00**	0.98*	1.00			
	Tf	0.96*	1.00**	0.95*	1.00		
	Ln	0.25	0.06	0.27	-0.03	1.00	
	Rl	0.99**	0.95*	1.00**	0.92	0.37	1.00
0.6	Gt	1.00					
	Gp	-0.95*	1.00				
	Tw	1.00**	-0.94	1.00			
	Tf	1.00**	-0.97*	0.99**	1.00		
	Ln	0.61	-0.34	0.63	0.55	1.00	
	Rl	0.85	-0.65	0.86	0.80	0.94	1.00
0.8	Gt	1.00					
	Gp	-0.56	1.00				
	Tw	0.65	0.26	1.00			
	Tf	0.04	0.81	0.78	1.00		
	Ln	-0.87	0.90	-0.19	0.46	1.00	
	Rl	-0.66	0.99**	0.14	0.72	0.95	1.00
1.0	Gt	1.00					
	Gp	0.04	1.00				
	Tw	-0.39	0.91	1.00			
	Tf	0.01	1.00**	0.92	1.00		
	Ln	0.00	0.00	0.00	0.00	1.00	
	Rl	0.13	1.00**	0.86	0.99**	0.00	1.00

注：* 表示相关系数达到了显著水平。

2. 隶属函数分析

采用隶属函数方法，对3个辣椒自交系进行耐盐性评定。表5表明，不同自交系在不同NaCl盐浓度胁迫下其耐性是不同的。自交系HXUY0912在0.2% NaCl盐浓度胁迫下，平均隶数函数值最高，耐性最好。自交系HXUX1160在高浓度（0.8%）NaCl盐胁迫下，平均隶数函数值最高，但在低浓度（≤0.4%）NaCl盐胁迫下，平均隶数函数值最低，其耐性最差。自交系hxux1123在各浓度NaCl盐胁迫下，均表现出了较好的耐性，但在NaCl盐胁迫浓度为0.4%、0.6%时，平均隶数函数值最高，耐性最好。

表5　不同盐浓度胁迫下辣椒幼苗各单项指标的隶属函数值

盐浓度（%）	自交系	发芽势	发芽率	总干质量	总鲜质量	侧根数	根长	平均隶属函值
0.2	HXUY0912	1.00	1.00	1.00	1.00	1.00	0.64	0.94
	HXUX1160	0	0.50	0.23	0	0	0	0.12
	HXUX1123	0.81	0	0	0.55	0.13	1	0.42
0.4	HXUY0912	0.34	0.5	0.31	0.59	0	0.22	0.33
	HXUX1160	0	0	0	0	0.93	0	0.16
	HXUX1123	1.00	1.00	1.00	1.00	1.00	1.00	1.00
0.6	HXUY0912	0	1.00	0	0	0	0	0.17
	HXUX1160	0.31	1.00	0.33	0.24	1.00	0.81	0.62
	HXUX1123	1.00	0	1.00	1.00	0.83	1.00	0.81
0.8	HXUY0912	1.00	0	1.00	0.60	0	0	0.43
	HXUX1160	0	1.00	0.74	1.00	1.00	1.00	0.79
	HXUX1123	0.07	0	0	0	0.44	0.14	0.11
1.0	HXUY0912	0.29	0	0	0	0	0	0.05
	HXUX1160	0	1.00	1.00	1.00	0	1.00	0.67
	HXUX1123	1.00	0.79	0.4	0.78	0	0.88	0.64

三、讨论与结论

多数研究认为盐胁迫对种子萌发有显著的抑制作用[10-11]。有关低浓度盐胁迫促进种子萌发也有报道，如张淑艳等[12]研究发现，在盐胁迫下，草地早熟禾种子的活力指数总体呈下降趋势，但低浓度下个别品种活力指数超过了对照，可见低浓度盐处理可以促进种子萌发；绿云娟等[13]研究发现，随着盐浓度的升高，苜蓿种子发芽指数有的品种一直下降，有的品种先上升后下降，而有的品种则出现不同程度的波动。该研究结果表明，不同辣椒自交系对NaCl盐胁迫反应是不同的，低浓度NaCl盐胁迫对自交系HX-UY0912的发芽率、总干质量、总鲜质量具有一定的促进作用，但对高浓度的NaCl盐胁迫反应较为敏感；自交系 HXUX1123 在各浓度 NaCl 盐胁迫下，均表现出了较好的耐性，尤其在 0.6% NaCl 盐浓度胁迫下，对种子的发芽势、发芽率、总干质量、总鲜质量具有较好的促进作用；自交系 HXUX1160 对低浓度 NaCl 盐胁迫较为敏感，但对中浓度 NaCl 盐胁迫相对反应迟钝。这与前人[10-13]研究的结果相似。

根系是吸收水分、无机营养和少量有机营养的器官，并合成生长必需的调节物质，根系发育的好坏直接影响植物的生长发育。该研究发现，盐胁迫对辣椒自交系根系生长较地上部茎叶生长更为敏感。在低浓度 NaCl 盐胁迫下，各辣椒自交系部分地上指标优于对照，但根系长度与侧根数均低于对照。随着盐浓度的升高，各辣椒自交系根长与侧根数呈明显下降趋势，但材料不同变幅不同。当 NaCl 盐浓度达到 1.0%时，根系生长受到了强烈的抑制，完全没有侧根形成，这与前人在不同作物上的研究结果相似[14]。

大量研究结果表明，不同植物或植物不同品种间耐盐性存在差异[3]。如祖艳侠等[15]研究了盐胁迫对紫色荚豇豆品种盐紫豇 2 号和绿色荚豇豆品种 P001 种子萌发的影响，结果表明后者耐盐能力高于前者。顾闽峰等[16]用不同浓度的 NaCl 处理了 8 个辣椒品种，结果表明，在不同 NaCl 浓度胁迫下，辣椒品种间种子萌发差异显著。该试验通过隶数函数法分析了 3 个辣椒自交系在不同浓度 NaCl 盐胁迫下的耐盐性，发现自交系 HXUY0912 在低盐胁迫下耐性最好，自交系 HXUX1123 在各浓度盐胁迫下，均表现出了较好的适应性，自交系 HXUX1160 对低浓度的盐胁迫较为敏感，但对中浓度的盐胁迫相对反应迟钝。

根据以上结果可以看出，不同辣椒自交系对不同浓度 NaCl 盐胁迫的反应不同，在一定范围内，低浓度 NaCl 盐胁迫能够促进部分自交系种子萌发，但随着 NaCl 盐浓度升高，种子萌发受到抑制，但抑制成度不同。辣椒自交系地上部比根部对 NaCl 盐胁迫更为敏感；通过隶数函数综合评价，自交系 HXUY0912 在低盐条件下耐性最好，自交系 HXUX1160 对中浓度的盐胁迫反应迟钝，自交系 HXUX1123 在各种盐浓度胁迫下表现了较好的适应性。

参考文献

[1] 张永锋，梁正伟，隋丽，等．盐碱胁迫对苗期紫花苜蓿生理特性的影响［J］．草业学报，2009，18（4）：230-235.

[2] 魏国强，朱祝军，方学智，等．NaCl 胁迫对不同品种黄瓜幼苗生长叶绿素荧光特性和活性氧代谢的影响［J］．中国农业科学，2004，37（11）：1 754-1 759.

[3] 陈复，郝吉明，唐华俊．中国人口资源环境与可持续发展战略研究（第 3 卷）［M］．北京：中国环境科学出版社，2000：123-125.

[4] 姜景彬，魏民，张贺，等．蔬菜耐盐性鉴定方法研究进展［J］．中国瓜菜，2009，22（3）：39-41.

[5] 韩志平，张海霞，刘渊，等．NaCl 胁迫对不同品种黄瓜种子萌发特性的影响［J］．北方园艺，2014（1）：1-5.

[6] 刘凤岐，刘杰淋，朱瑞芳．4 种燕麦对 NaCl 胁迫的生理响应及耐盐性评价［J］．草业学报，

2015，24（1）：183-189.

［7］ 张舟，邬忠康，陈志成，等．盐胁迫对4个品种豇豆种子萌发的影响［J］．种子，2014，33（3）：19-24.

［8］ 周静，徐强，张婷．NaCl胁迫对不同品种辣椒幼苗生理生化特性的影响［J］．杨凌：西北农林科技大学学报（自然科学版），2015，43（2）：120-125.

［9］ 刘向蕊，陈小荣，杨军，等．冷害隶属函数在水稻耐低温性状的评价［J］．江西农业大学学报，2013，35（4）：675-681.

［10］ 郑铖，易自力，肖亮，等．NaCl胁迫对芒属种子萌发及幼苗生长的影响［J］．中国草地学报，2015，37（3）：37-42.

［11］ 慈敦伟，张智猛，丁红，等．花生苗期耐盐性评价及耐盐指标筛选［J］．生态学报，2015，35（3）：805-814.

［12］ 张淑艳，包桂荣，白长寿，等．几种草地早熟禾种子萌发期耐盐性的比较研究［J］．内蒙古民族大学学报（自然科学版），2002，17（2）：123-126.

［13］ 绿云媚，李燕．不同盐胁迫对苜蓿种子萌发的影响［J］．草业科学，1998，15（6）：21-25.

［14］ 韩朝红，孙谷畴，林植芳．NaCl对吸胀后水稻的种子发芽和幼苗生长的影响［J］．植物生理学通讯，1998，34（5）：339-342.

［15］ 祖艳侠，郭军，梅燚，等．盐胁迫对不同荚色豇豆种子萌发的影响［J］．江苏农业科学，2012，40（2）：149-151.

［16］ 顾闽峰，郑佳秋，郭军，等．盐胁迫对8个辣椒品种种子萌发的影响［J］．江苏农业科学，2010（6）：259-261.

（本文发表于《北方园艺》2018年第4期，略有改动）

辣椒根腐病发病因素与发病程度的相关性分析

王勤礼[1,2]，闫　芳[1,2]，侯梁宇[1,2]，张文斌[3]，华　军[4]
(1. 河西学院　河西走廊设施蔬菜工程技术研究中心；
2. 甘肃省高校河西走廊特色资源利用省级重点实验室；
3. 张掖市经济作物技术推广站；4. 张掖市农业科学研究院)

摘　要：为了明确河西走廊辣椒根腐病发病因素与发病程度的相关性，研究了不同品种、不同药剂蘸根、不同药剂灌根、不同连作方式以及不同定植时间等因素对辣椒根腐病发生的影响。结果表明，各因素与辣椒根腐病发病程度具有极显著相关性（$P<0.01$）。陇椒5号抗病性最强，恶霉灵+适乐时（70%恶霉灵WP+适乐时2.5%咯菌喑FS）混合蘸根防治效果较好，世高+恶霉灵（10%苯醚甲环唑WDG+70%恶霉灵WP）混合灌根效果最明显，新建温室发病率大幅度降低，9月20日及以后定植的辣椒发病率较低。

关键词：辣椒根腐病；发病因素；相关分析

辣椒根腐病是一种重要的土传病害，现已成为影响辣椒生产重要的病害之一。辣椒根腐病在国内自20世纪50年代俞大绂[1]首次报道以来，现已几乎遍及全国。国内现有报道表明[2]，镰刀菌属（*Fusarium*）真菌是导致辣椒根部腐烂的重要原因，该病致病菌已报道的有茄病镰刀菌（*F. solani*）、尖孢镰刀菌（*F. Oxysporum*）等。但不同地区辣椒根腐病的主要病原种类及影响发病因素不尽相同。

辣椒是河西走廊乃至甘肃省日光温室主栽蔬菜之一。近年来，随着保护地辣椒栽培面积不断增加，致使日光温室轮作倒茬困难，造成辣椒根腐病发生逐年加重，导致辣椒产量降低，品质下降，轻者减产20%～30%，重者减产达70%以上，甚至绝产，给菜农造成了巨大的经济损失。因此，辣椒根腐病现已成为河西走廊乃至甘肃省辣椒生产可持续发展的主要限制性因素之一。但目前尚未有关关于河西走廊辣椒根腐病发病因素与发病程度相关性研究的报道。本研究从品种抗病性、药剂蘸根、药剂灌根、连作方式及定植时间等方面研究了辣椒根腐病发病因素，以期为河西走廊辣椒根腐病的防治供科学依据。

一、材料与方法

（一）试验地点

试验均设在民乐县六坝镇现代农业示范区日光温室内。

（二）试验材料与方法

1. 标本的采集与分离

在民乐县六坝镇现代农业示范区日光温室内采集典型病株带回实验室，采用常规组织分离法进行病菌的分离、培养[3]，在显微镜下镜检，记载其形态特点，并拍照。

2. 品种与发病的关系

（1）供试品种

供试品种37-98，由荷兰瑞克斯旺公司（中国）提供；陇椒3号和陇椒5号，由甘肃省农业科学研究院蔬菜花卉研究所提供；佳美3号，由河西学院河西生态与绿洲农业研究院提供。

（2）试验方法

每个品种种一棚，前茬均为连作3年的辣椒。7月15日播种，8月20日定植，10月20日调查发病率。田间进行常规管理。

3. 不同药剂蘸根与发病的影响

（1）供试材料

供试品种：陇椒3号。供试药剂：适乐时（2.5%咯菌啨FS）、恶霉灵（70%恶霉灵WP）+适乐时（2.5%咯菌啨FS）、亮盾（62.5%精甲咯菌啨WP）。

（2）试验方法

试验于7月15日播种，8月20日定植，定植时用不同处理的药剂蘸根，10月20日调查发病株数。田间管理同常规管理。

4. 不同药剂灌根与药剂种类与发病的关系

（1）供试材料

供试品种：陇椒3号。供试药剂：恶霉灵（70%恶霉灵WP），世高+恶霉灵（10%苯醚甲环唑WDG+70%恶霉灵WP），亮盾（62.5%精甲咯菌啨WP），亮盾+恶霉灵（62.5%精甲咯菌啨WP+70%恶霉灵WP）。

（2）试验方法

试验于7月15日播种，8月20日定植，8月27日灌第一次根，9月20日灌第二次根，10月20日调查发病株数。田间管理同常规管理。

5. 茬口种类与发病的关系

（1）供试材料

供试品种：陇椒3号。

（2）试验方法

试验设4个处理：前茬分别为新棚、白菜、番茄、连作3年。试验于7月15日播种，8月20日定植，10月20日调查发病株数。田间管理同常规管理。

6. 定植时间与发病的关系

（1）供试材料

供试品种：陇椒3号。

（2）试验方法

试验设 3 个处理：定植时间：8 月 20 日、9 月 20 日、10 月 20 日。定植 50 天后调查发病率。

二、结果与分析

（一）病原菌的形态特征

镜检结果表明（图 1），大型分生孢子镰刀型，一端稍尖，具隔膜 3～4 个；小型分生孢子椭圆形、长椭圆形，两端圆，单胞，个别双胞。依据参考文献[4,5]，根据形态特征初步鉴定其为尖镰孢菌（*F. oxysporum*）。

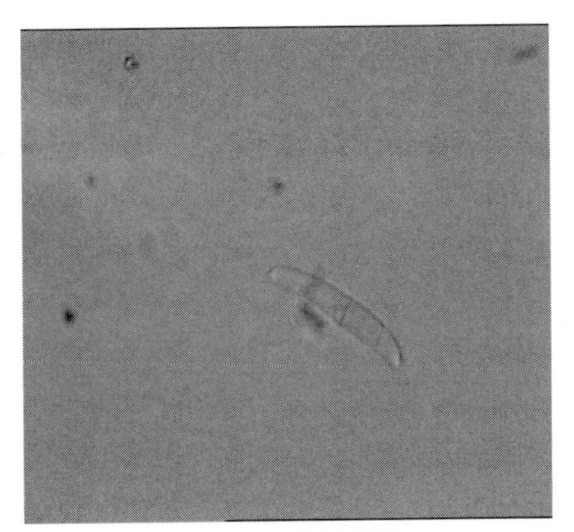

大孢子形态特征

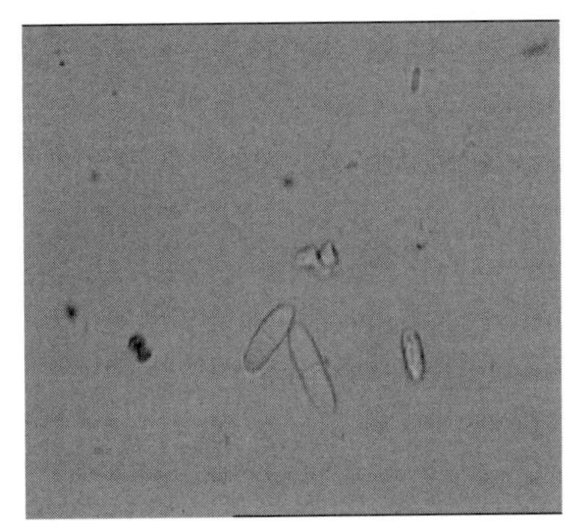

小孢子形态特征

图 1　辣椒根腐病菌

（二）不同品种根腐病的发生病关系

对表 1 进行独立性测验，结果表明，$\chi^2 = 776.42 > \chi^2_{0.01,\ 3} = 11.34$，达到了极显著水平，表明不同品种与辣椒根腐病发病程度呈极显著相关。陇椒 5 号抗病性最强，37-98 抗病性最差。

表 1　不同品种根腐病发病情况

品种	发病株数	未发病株数	总数	发病率
37-98	710	2 290	3 000	23.7%
陇椒 3 号	150	1 850	2 000	7.5%
佳美 3 号	50	950	1 000	5.0%
陇椒 5 号	0	2 000	2 000	0

注：$\chi^2 = 776.42 > \chi^2_{0.01,\ 3} = 11.34$。

（三）不同药剂蘸根对根腐病发病的影响

独立性测验结果（表2）表明，蘸根药剂种类与辣椒根腐病发病程度间达到了极显著水平，表明不同药剂蘸根后，辣椒根腐病的发病程度是不同的。恶霉灵+适乐时效果最好，亮盾防治效果较差，单一的适乐时效果最差，但均好于对照。

表2　不同药剂蘸根后根腐病发病情况

蘸根药剂	发病株数	未发病株数	总 数	发病率
对照	500	1 500	2 000	25.0%
恶霉灵+适乐时	10	2 990	3 000	0.3%
适乐时	350	1 650	2 000	17.5%
亮　盾	50	950	1 000	5.0%

注：$\chi^2 = 845.85 > \chi^2_{0.01,\ 3} = 11.34$。

（四）不同药剂灌根对根腐病发病的影响

对表3进行独立性测验，结果表明，采用不同药剂灌根与辣椒根腐病发病程度间呈极显著相关。世高和恶霉灵混合灌根防治效果最好，亮盾+恶霉灵次之，其余两种单剂防治效果较差。

表3　不同药剂灌根后根腐病发病情况

灌根药剂	发病株数	未发病株数	总 数	发病率
亮盾	550	2 450	3 000	18.3%
世高+恶霉灵	10	2 990	3 000	0.3%
恶霉灵	350	1 650	2 000	17.5%
亮盾+恶霉灵	50	950	1 000	5.0%

注：$\chi^2 = 653 > \chi^2_{0.01,\ 3} = 11.34$。

（五）茬口对辣椒根腐病发病的影响

对表4进行独立性测验，结果表明，$\chi^2 = 1188.89 > \chi^2_{0.01,\ 3} = 11.34$，达到了极显著水平。表明不同茬口与辣椒根腐病发病高低呈极显著相关。新棚发病率最低，为0.3%，白菜茬其次，连作发病率最高，达40%。

表4　不同茬口根腐病发病情况

连作处理	发病株数	未发病株数	总数	发病率
新棚	10	2 990	3 000	0.3%

（续表）

连作处理	发病株数	未发病株数	总数	发病率
前茬白菜	100	900	1 000	10.0%
连作	400	600	1 000	40.0%
前茬番茄	400	2 600	3 000	13.3%

注：$\chi^2 = 1188.89 > \chi^2_{0.01,\ 3} = 11.34$。

（六）定植时间对根腐病发病的影响

表5表明，辣椒根腐病发程度与定植时间间达到了极显著水平，说明不同定植时间与辣椒根腐病发病高低呈极显著相关（$\chi^2 = 1\ 794.49 > \chi^2_{0.01,\ 2} = 9.21$），且随着定植期的延后，辣椒根腐病发病率呈降低趋势，9月20及以后定植的发病率最低，8月20日定植的发病率最高。

表5　不同定植时间对辣椒根腐病的影响

定植时间	发病株数	未发病株数	总数	发病率
8.20	710	2 290	3 000	23.7%
9.20	100	1 900	2 000	5.0%
10.20	110	2 890	3 000	3.7%

注：$\chi^2 = 1794.49 > \chi^2_{0.01,\ 2} = 9.21$。

三、讨　论

选用抗病品种是控制辣椒镰刀菌根腐病害最有效、安全、经济的途径。有关抗病品种筛选，国内外多有报道。李林等对山东省27个辣椒品种苗期做了根部腐烂病抗性鉴定，结果发现，不同品种间病株发病率均为100%，但病情指数存在一定差异[6]。刘丽云认为，不同辣椒品种抗性差异不显著[7]。本试验结果表明，不同品种间的抗病性达到了显著差异，表明利用抗病品种可以达到控制辣椒根腐病的目的，这与刘丽云[7]研究结果不同，原因有待于进一步的研究。

化学防治是目前最常用的病害防治方法。有关化学农药防治辣椒根腐病的方法前人多有研究，筛选出了不少防效较好的药剂[8-9]。本试验不论是采用药剂蘸根还是灌根，不同药剂之间防治效果都达到了极显著差异。表明化学防治仍然是行之有效的防治方法，但要不断筛选防效较好的新药剂。

对土传病，轮作是有效的防治方法之一[10]。本试验结果表明，新建温室发病率最低，其次为白菜茬，表明与非茄科作物轮作，可有效预防辣椒根腐病。

本试验结果表明，随着定植时间的推迟，辣椒根腐病发病率大幅度降低，8月20

日定植的辣椒根腐病发病率最高，此时，试验所在地区地温在22～28℃。9月20日以后，地温已降至20℃左右，根腐病发病率已开始降低。这与辣椒根腐病病原菌生长最适合的温度在22～26℃[2]的观点是相一致的。

四、结　论

由以上试验我们可以得出以下结论：辣椒根腐病发病程度与品种抗性、化防农药、茬口、定植时期间呈极显著的相关，选用抗病品种、轮作倒茬、适时定定植、穴盘蘸根、定植后连续灌根2次等措施，可以有效地防治辣椒根腐病的发生。

参考文献

[1] 俞大绂．中国镰刀菌属（*Fusarium*）菌种的初步名录［J］．植物病理学报，1955，1（1）：1-17.

[2] 刘丹．甘肃省设施辣椒镰刀菌根腐病病原鉴定及抗病种质资源筛选［D］．兰州：甘肃农业大学，2016.

[3] 方中达．植病研究方法［M］．第3版．北京：中国农业出版社，1998.

[4] 魏景超．真菌鉴定手册［M］．上海：上海科学技术出版社，1979.

[5] 布斯．镰刀菌［M］．北京：中国农业出版社，1988.

[6] 李林，齐军山，李长松，等．主要辣椒品种对疫病、根腐病的抗性鉴定［J］．山东农业科学，2001（2）：29-30.

[7] 刘丽云．辣椒根腐病发病影响因素研究［J］．北方园艺，2008（5）：213-214.

[8] 陈彦，刘长远，王晓红，等．辣椒根腐病化学防治田间试验［J］．植物保护，2008，34（6）：150-152.

[9] 刘丽云．不同杀菌剂防治辣椒根腐病的效果研究［J］．辽宁农业科学，2008（1）：5-7.

[10] 徐秉良，曹克强．植物病理学［M］．北京：中国林业出版社，2012. 133.

（本文发表于《北方园艺》2018年第4期，略有改动）

不同钙源肥料对娃娃菜产量及干烧心影响的研究

闫　芳[1]，张文斌[2]，王勤礼[1]，华　军[2]
（1. 河西学院　河西走廊设施蔬菜工程技术研究中心；
2. 张掖市经济作物技术推广站；4. 张掖市农业科学研究院）

娃娃菜属于十字花科芸薹属白菜亚种，是一种袖珍型速生结球白菜，口感鲜甜脆嫩，且富含多种矿物质和膳食纤维，因其小巧、可食率高而受到市场的青睐。但近年来由于施肥不当或管理不当，因缺钙引起的娃娃菜干烧心现象普遍发生。为了有效防治娃娃菜干烧心，张掖市高原夏菜课题组选用了不同钙源肥料，研究其对娃娃菜产量及干烧心发病情况的影响，以期为防治娃娃菜干烧心提供理论依据。

一、材料与方法

（一）试验材料

供试品种：娃娃菜品种为春玉黄。

供试肥料：脉素特由世多乐（青岛）农业科技有限公司生产；硅甲十三金，由北京世纪阿姆斯生物技术有限公司提供。

（二）试验设计

试验采用完全随机设计，3 个处理，重复 5 次，每一种肥料为一个处理，对照为不施钙肥。所有处理 N、P、K 施用量相同。小区面积 24 m^2（长 7. 8 m×宽 3. 1 m），试验小区设置 3 行保护行。试验材料于 4 月 7 日播种育苗，5 月 5 日定植，垄高 20 cm，下底宽 60 cm，上口宽为 40 cm，沟宽 20 cm，每垄栽植 2 行，行距 35 cm，株距为 25 cm，试验地管理同常规栽培。

（三）测定指标与方法

1. 植物学性状

收获前每个小区随机选取 10 株，测量植物学性状（株高、球高、球径）。

2. 经济性状

收获时每个小区随机选取 10 株，测定经济性状（毛重、净重）。

3. 产　量

按小区实收，统计产量。

4. 发病率

收获时统计每个小区干烧病、软腐病发病率。

5. Ca、Mn 含量

成熟后采用火焰原子吸收光谱法测定叶片中钙、锰元素的含量。

(四) 统计分析方法

试验数据均采用 DPS6.55 软件进行方差分析，差异显著性测验采用 Duncan 法。

二、结果与分析

(一) 不同处理对娃娃菜生育期以及植物学性状的影响

由表 1 可以看出，不同钙源肥料对娃娃菜生育期影响不大。从植物学性状来看，不同钙源肥料处理后的娃娃菜植物学性状也有所不同。球高以脉素特处理后的最高，为 18.8 cm，较常规施肥球高高出 0.8 cm，其次是硅甲十三金，为 18.6 cm，较常规施肥球高高出 0.6 cm；球径以脉素特处理后的最高，为 12.2 cm，较常规施肥球高高出 0.8 cm，其次是硅甲十三金，为 11.6 cm，较常规施肥球高高出 0.2 cm；株高也以脉素特处理后的最高，为 31.4 cm，较常规施肥球高高出 1.98 cm，其次是硅甲十三金，为 31.2 cm，较常规施肥球高高出 1.78 cm。但方差分析结果表明，不同钙源肥料对娃娃菜植物学性状影响均表现为不显著。

表 1　不同处理对娃娃菜生育期以及植物学性状的影响

处理	播种期（日/月）	出苗期（日/月）	成熟期（日/月）	球高（cm）	球径（cm）	株高（cm）
脉素特	25/4	1/5	3/7	18.8 a A	12.2 a A	31.4 a A
硅甲十三金	25/4	3/5	8/7	18.6 a A	11.6 a A	31.2 a A
对照	25/4	8/5	11/7	18 a A	11.4 a A	29.42 a A

(二) 不同处理对娃娃菜经济性状的影响

由表 2 可知，不同钙源肥料对娃娃菜经济性状影响不同。从娃娃菜毛球重来看，施用脉素特后，娃娃菜毛球重最重，为 1.84 kg，较常规施肥重 0.38 kg，硅甲十三金次之，为 1.57 kg，较常规施肥重 0.11 kg；从娃娃菜净球重来看，施用脉素特后，娃娃菜净球重最重，为 1.04 kg，较常规施肥重 0.21 kg，硅甲十三金次之，为 0.9 kg，较常规施肥重 0.07 kg。但处理间差异均表现为不显著。

表 2　不同处理对娃娃菜经济性状的影响

处理	毛球重（kg）	净球重（kg）
脉素特	1.84 a A	1.04 a A
硅甲十三金	1.57 a A	0.9 a A
对照	1.46 a A	0.83 a A

（三）不同处理对娃娃菜产量的影响

由表 3 可以看出，施用脉素特后，娃娃菜毛重折合亩产量最高，为 11 040.05 kg/亩，较常规施肥毛重折合产量增加了 2 280 kg/亩，硅甲十三金次之，为 9 420.08 kg/亩，较常规施肥产量增加了 660.03 kg/亩。方差分析表明，各处理毛重产量差异不显著。

表 3　不同处理对娃娃菜毛重产量的影响

处理	小区产量（kg）					小区产量（kg）	折合产量（kg/亩）
	Ⅰ	Ⅱ	Ⅲ	Ⅳ	Ⅴ		
脉素特	539.98	302.39	377.98	388.78	377.98	397.42 a A	11 040.05
硅甲十三金	399.58	431.98	291.59	291.59	280.79	339.11 a A	9 420.08
对照	399.58	388.78	280.79	183.59	323.99	315.35 a A	8 760.05

由表 4 可以看出，施用脉素特后，娃娃菜净球重折合每亩产量最高，为 6 240.03 kg/亩，较常规施肥净球重折合产量增加了 1 260 kg/亩，硅甲十三金次之，为 5 399.99 kg/亩，较常规施肥产量增加了 419.963 kg/亩。但各处理净球重产量差异均表现为不显著。

表 4　不同处理对娃娃菜净球重产量的影响

处理	小区产量（kg）					小区产量（kg）	折合产量（kg/亩）
	Ⅰ	Ⅱ	Ⅲ	Ⅳ	Ⅴ		
脉素特	259.19	172.79	226.79	237.59	226.79	224.63 a A	6 240.03
硅甲十三金	248.39	248.39	151.19	161.99	161.99	194.39 a A	5 399.99
对照	237.59	237.59	129.59	86.4	205.19	179.272 a A	4 980.03

（四）不同处理对娃娃菜干烧心发病率的影响

由图 1 可以看出，施用脉素特后，娃娃菜干烧心发病率最低，为 1.141 1%，较常规施肥降低了 2.575 2%，与施用硅甲十三金间达到了显著差异，与常规施肥间达到了极显著差异；其次是硅甲十三金，干烧心发病率为 3.001 9%，较常规施肥降低了 0.714 3%，但与对照间差异不显著。由此表明，增施钙肥可有效降低娃娃菜干烧心的发病率。

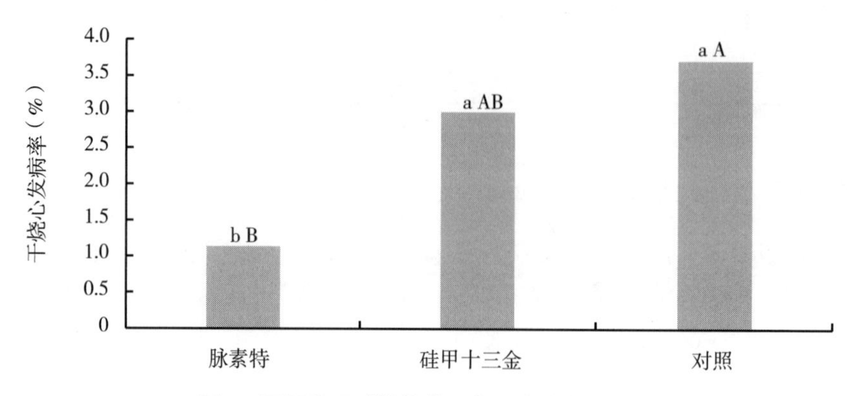

图 1　不同处理对娃娃菜干烧心发病率的影响

（五）不同处理对娃娃菜软腐病发病率的影响

由图 2 可以看出，施用脉素特后，娃娃菜软腐病发病率最低，为 0.378 5%，较常规施肥降低了 0.989 1%；其次是硅甲十三金，软腐病发病率为 0.915 3%，较常规施肥降低了 0.452 3%，但三个处理间差异不显著。

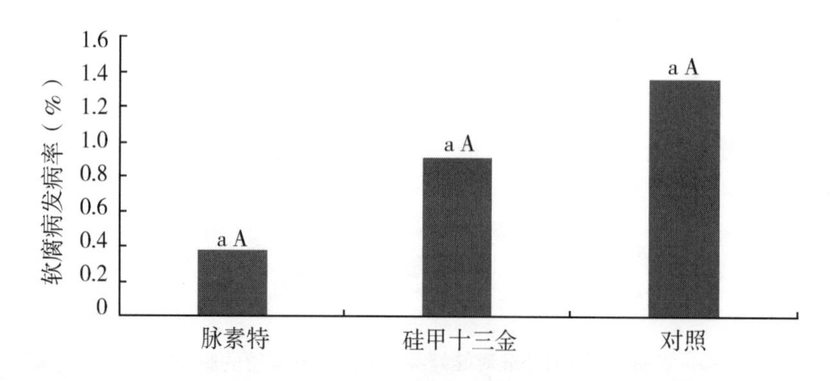

图 2　不同处理对娃娃菜软腐病发病率的影响

（六）不同处理对娃娃菜叶片中 Ca、Mn 含量的影响

由图 3 可知，不同处理娃娃菜成熟时叶片所含钙的含量不同。与对照相比，在娃娃菜生育期间施用脉素特和硅甲十三金后，钙的含量均有提高。其中，脉素特的含量最高，硅甲十三金次之。

由图 4 可知，在娃娃菜生育期间施用不同钙源肥料后，娃娃菜中锰的含量也不同。从对照到脉素特，随着施用不同钙源肥料后，娃娃菜中锰的含量在逐渐增加，特别是施用脉素特后，其锰的含量最高，明显高于常规施肥锰的含量。

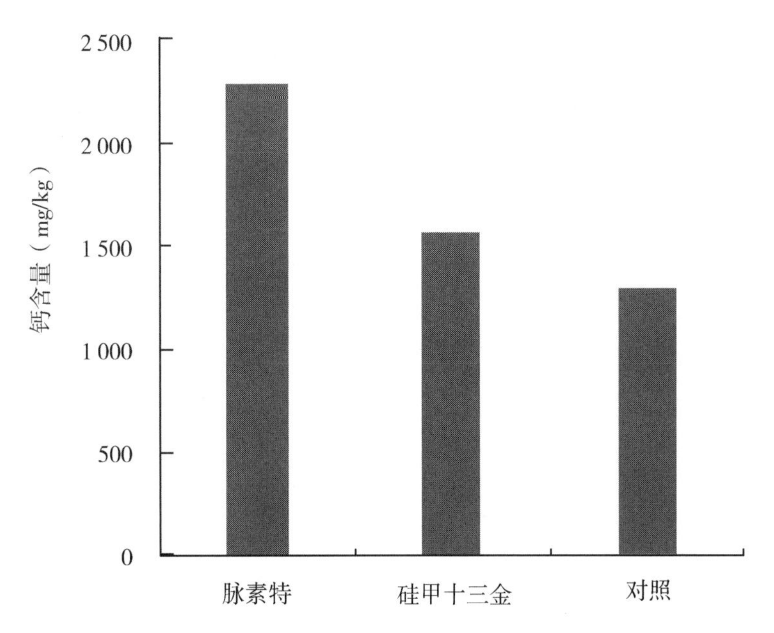

图 3 不同处理对娃娃菜叶片中 Ca 含量的影响

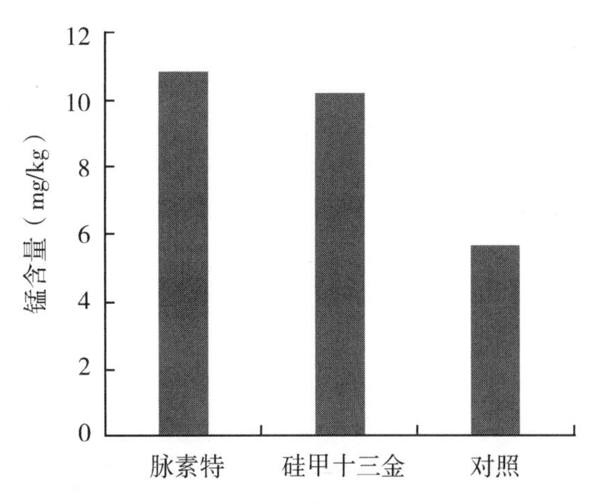

图 4 不同处理对娃娃菜叶片中 Mn 含量的影响

三、讨 论

娃娃菜干烧心病害的发生，是由于土壤中缺少水溶性钙、营养失调引起的。施用钙肥，不仅能够改善娃娃菜经济产量，而且能够有效防控干烧心的发生。本试验结果表明，施用脉素特和硅甲十三金后，娃娃菜干烧心的发病率都降低。其中，施用脉素特后，干烧心发病率最低。这与前人研究结果相似。本试验还表明，增施脉素特后，有效地增加了钙的含量。

现有报道认为土壤中缺少活性锰也可引起大白菜干烧心病害的发生，因此土壤中可溶性锰严重缺乏是造成钙质土壤大白菜干烧心的主要原因。本试验常规施肥的娃娃菜体内锰的含量最低，硅甲十三金次之，脉素特最高。而且，施用常规肥料后，娃娃菜干烧心发病率最高，硅甲十三金次之，脉素特最低。因此，就本试验的三个不同处理中，施用常规肥料后娃娃菜体内锰的含量最低，并且发病率最高。由此可以看出，缺乏微量元素 Mn，会引起娃娃菜干烧心病害的发生，这与前人研究结果一致。

脉素特—高效中微量元素缓释肥料，富含钙、镁、硫、锌、硼、铜、铁、锰等多种中微量元素，能有效补充作物所需的各种中微量元素，有利于作物根部对各种中微量元素的吸收与利用，显著提高作物的产量与质量。施用脉素特后，有明显的增产效果。本试验结果表明，增施脉素特后，娃娃菜毛重和净重亩产量与常规施肥产量差异不显著，这与前人研究结果有一定差异，原因有待于进一步研究，但施脉素特后，可有效的提高娃娃菜叶片中钙和锰的含量。

施用不同肥料对软腐病发病率影响较低，主要是由于不同肥料中没有杀菌剂，硅甲十三金中所含的菌对细菌没有抑制作用。

四、结　论

综上所述，增施脉素特可有效地预防娃娃菜干烧心的发生。

增施生物菌肥对娃娃菜产量及叶片钾、锌、铁含量的影响

毛　涛[1]，华　军[2]，王勤礼[3]，闫　芳[3]，张文斌[2]
（1. 张掖市耕地质量建设管理站；2. 张掖市经济作物技术推广站；
3. 河西学院河西走廊设施蔬菜工程技术研究中心）

娃娃菜是一种袖珍型小株型白菜，属十字花科，芸薹属白菜亚种，为半耐寒性蔬菜。其内叶嫩黄、口感嫩翠、生长期短，具有高产、优质、抗病、适应性广、耐贮运的优良特性（湛长菊，2008）。近年来，随着国内市场对娃娃菜需求的不断扩大和农业结构调整的逐步深入，特别是随着人们对娃娃菜营养价值的逐步认识，娃娃菜已受到广大消费者的青睐，成为农民增收的一个优良品种，种植面积逐年增加，已成为甘肃省高原夏菜的主要栽培蔬菜。

我国作物栽培普遍存在施肥量过多的问题，因此，化肥减施技术，特别是氮、磷肥减施成为包括蔬菜栽培在内的作物栽培研究热点（谢静静，2008）。生物菌肥是一种新型绿色肥料，可以改善土壤根际环境，持续供给作物养分，间接培肥地力的微生物肥料，不含作物发育过程中直接所需的各种矿质养分，而是依靠生物在土壤中的生命活动和分泌的代谢产物来协助释放土壤中的潜在养分使之转化为易被作物吸收的有效养分（曹丹等，2010），缓解常年大量施肥造成的环境污染和农产品品质下降的问题，并且增加产量（夏光利等，2007）。本试验通过研究不同化肥水平配施生物菌肥对高原夏菜娃娃菜产量、钾和锌、铁含量的影响，旨在探索试区娃娃菜生长和高产的化肥与生物菌肥的最佳施肥组合，为当地娃娃菜的优质、绿色、高产、可持续生产提供合理的施肥方案。

一、材料与方法

（一）试验材料

1. 供试品种

金黄玉，由北京百慕田种苗有限公司提供。

2. 供试药剂

沃补十三金，含菌 8 000 万；阿姆放斯冲施肥，含菌 8 000 万。均由北京世纪阿姆斯生物技术有限公司提供。

（二）试验设计

试验采用随机区组设计，5 处理：CK（不施肥（T1））、常规施肥（T2）、100%

常规施肥+生物肥（T3）、80%常规施肥+生物肥（T4）、60%常规施肥+生物肥（T5），3次重复。小区面积15.53 m（6.9 m×2.25 m），小区四周设梗（30 cm×30 cm）；试验地周边设两行保护行。试验地管理同常规。

表1　不同处理组合施肥水平

处理	肥料用量（kg/亩）					
	生物菌肥		化肥			
	底肥 十三金+有机肥	追肥 冲施肥	化肥施用量	磷二铵	底肥 过磷酸钙	追肥 尿素
T1	0	0	0	0	0	0
T2	0	0	100%	30	50	15+40
T3	5 kg+80 kg	8×2	100%	30	50	15+40
T4	5 kg+80 kg	8×2	80%	24	40	12+32
T5	5 kg+80 kg	8×2	60%	18	30	9+24

化肥：磷二铵、过磷酸钙全部为底肥；冲施肥和尿素均为追肥，分2次追施。

（三）测定项目与方法

1. 娃娃菜产量的测定

娃娃菜产量按小区分批收获累计计产。

2. 娃娃菜中钾含量及其微量元素的测定

娃娃菜收获时，每个小区随机选取10株，将植株叶片在105～110℃杀青30 min，70～80℃烘至恒质量，粉碎测定植株中的钾及微量元素铁和锌的含量。用火焰分光光度法测定全钾（贾豪语，2013），原子吸收分光光度法测定微量元素锌、铁含量（白雪松，2012）。

3. 土壤中有效态铁的测定

土壤中有效态铁的测定采用原子吸光分光光度法NY/T 890—2004。

（四）数据处理

用Microsoft Excel 2010ch处理数据和作图，采用DPS 12.3统计软件进行数据分析，差异显著性检测采用Duncan法。

二、结果与分析

（一）不同处理对娃娃菜产量的影响

由表1可以看出，不同处理产量存在极显著差异。T4（80%常规施肥+生物肥）产量最高，除与T3（100%常规施肥+生物肥）差异不显著外，与其他处理间达到了极显著差异。T5（60%常规肥+生物肥）和T2（常规施肥）间产量差异不显著。由此说明，化肥减施增施生物菌肥，有一定的增产作用，但化肥减施40%后，产量已不再增加。T1（不施肥）产量最低，与所有处理间均达到了极显著水平。

表2　不同处理对娃娃菜净产量的影响

试验处理	小区实收产量（kg/15.53 m²）			小区均产（kg/15.53 m²）
	Ⅰ	Ⅱ	Ⅲ	
T1（CK）	123.9	105.6	130.2	119.9±7.377 7 cC
T2	132.0	128.7	143.7	134.8±4.550 8 bB
T3	152.4	147.9	170.4	156.9±6.873 9 aA
T4	168.9	154.5	171.9	165.1±5.370 3 aA
T5	136.2	128.4	160.8	141.8±9.762 3 bB

注：不同大小写字母代表不同的差异性，小写字母代表差异显著性，大写字母代表极显著性差异。

（二）不同处理对娃娃菜叶片钾含量的影响

钾是植物中的大量元素之一，它是许多酶的活化剂，能促进植物光合作用、碳水化合物和蛋白质的合成。由图1可以看出，T4（80%常规肥+生物菌肥）处理中娃娃娃菜

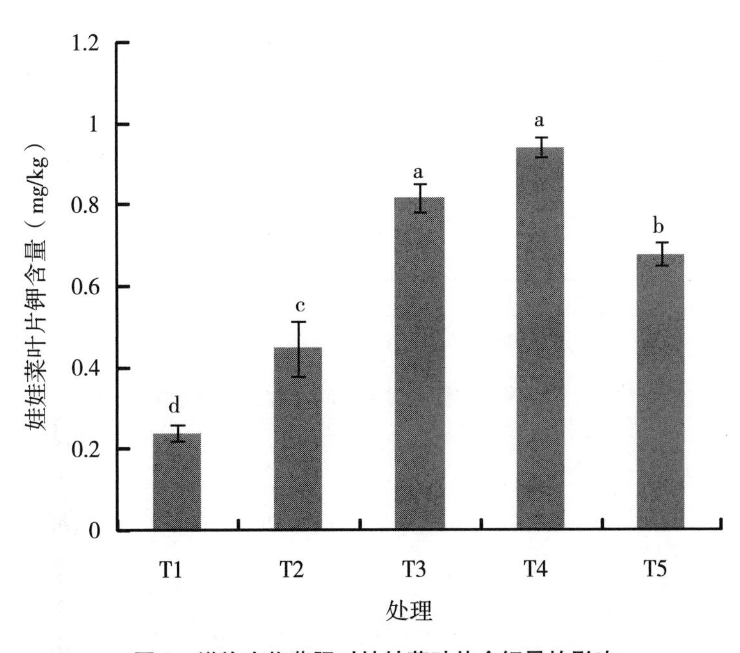

图1　增施生物菌肥对娃娃菜叶片含钾量的影响

钾含量最高为0.943 3%，其次是T3（100%常规肥+生物菌肥），T5（60%常规肥+生物菌肥）、T2（常规施肥）、TI（CK）。T4（80%常规肥+生物菌肥）与T1（CK）之间存

在显著差异性，T5（60%常规肥+生物菌肥）与T1（CK）、T2（常规施肥）均存在显著差异性。说明增施生物菌肥的各处理中娃娃菜钾含量明显高于不施肥和常规施肥的处理，由此说明，不同化肥施用水平配施生物菌肥能够提高娃娃菜叶片钾的含量，其中，以化肥减少20%增施生物菌肥效果最为显著。

（三）不同处理对娃娃菜叶片锌含量的影响

由图2可以看出，T4（80%常规肥+生物菌肥）娃娃菜的含锌量最高为7.716 7 mg/kg，其次为T3（100%常规肥+生物菌肥）、T5（60%常规肥+生物菌肥）、T2（常规施肥）、T1（CK）。依次高出1.69 mg/kg、1.99 mg/kg、2.327 mg/kg、3.068 mg/kg。T4（80%常规肥+生物菌肥）与T1（CK）、T2（常规施肥）、T5（60%常规肥+生物菌肥）均达到了显著性差异，但与T3（100%常规肥+生物菌肥）间差异不显著性；T3（100%常规肥+生物菌肥）、T5（60%常规肥+生物菌肥）、T2（常规施肥）、T1（CK）间差异不显著。由此可以看出，不同化肥施用水平配施生物菌肥能够提高娃娃菜锌含量，其中以T4（80%常规肥+生物菌肥）效果最为显著，其次是T3（100%常规肥+生物菌肥）、T5（60%常规肥+生物菌肥）。

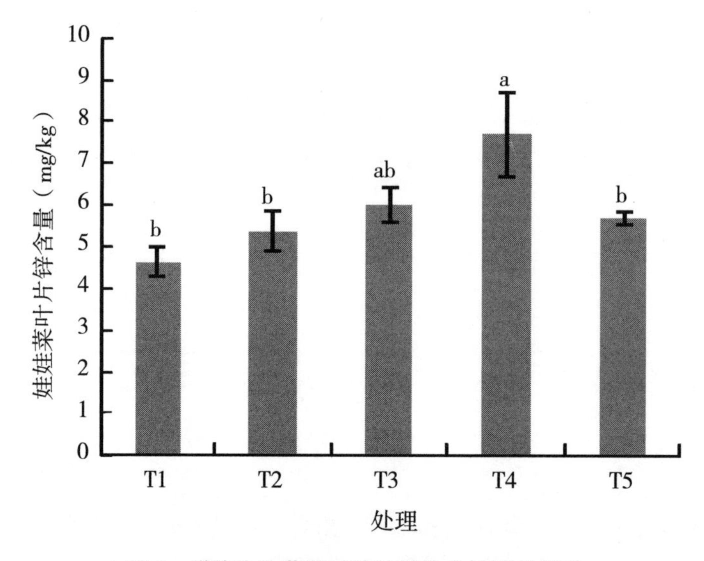

图2 增施生物菌肥对娃娃叶片含锌量的影响

（四）不同处理对娃娃菜铁含量及土壤有效铁含量的影响

由图3和图4可以看出，不同化肥施肥水平下，增施生物菌肥后娃娃菜叶片含铁量和土壤有效铁含量均高于单一化肥处理。就娃娃菜含钾量来说，80%常规肥+生物肥处理最高为334.67 mg/kg，接下来依次为100%常规肥+生物肥、80%常规肥+生物肥、60%常规肥+生物肥、常规肥和T1（CK），较对照分别高出187.303 3 mg/kg、99.723 mg/kg、57.34 mg/kg、45.337 mg/kg。但是80%常规肥+生物肥除处理T1（CK）外，和其他处理均不存在显著性差异。由此说明，增施生物菌肥能提高娃娃菜叶片的含铁量。就土壤有效铁含量来看，以80%常规肥+生物肥含量最高为19.726 mg/kg，依次为100%常规肥+生物肥、60%常规肥+生物肥、常规肥、T1（CK），较对照分别高出6.232 7 mg/kg、5.143 4 mg/kg、4.483 4 mg/kg、2.196 7 mg/kg。并且80%常规肥+生物肥处理与其他处理均存在显著性差异，其他各处理之间也均存在显著性差异。由此可以看出，增施生物菌肥能够提高土壤有效铁的含量。其中，以80%常规肥配施生物肥效果最为显著。对比图3和图4，可以看出，娃娃菜中铁的含量远远高出土壤中有效铁的含量，并且增施生物肥的处理娃娃菜含铁量和土壤有效铁含量均高于常规肥和T1（CK），其中，都以80%常规肥+生物肥含量最高，依次为100%常规肥+生物肥、60%常规肥+生物肥、常规肥和T1（CK）。综合分析，化肥配施生物肥可以显著提高娃娃菜中铁含量和土壤有效铁含量，而且都以80%常规肥+生物肥方案最佳。

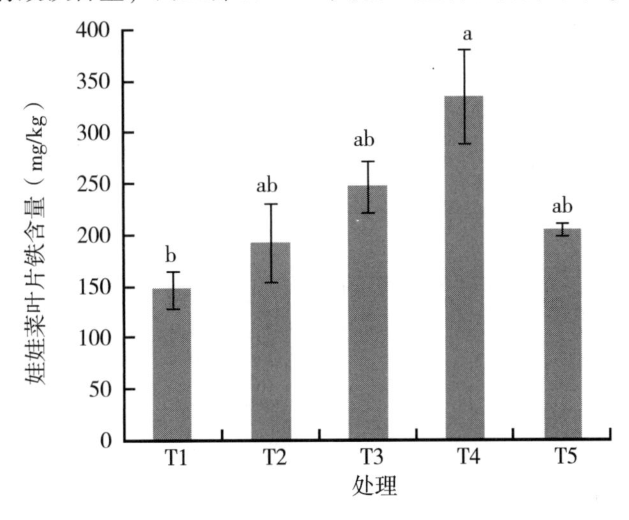

图3　增施生物菌肥对娃娃菜叶片含铁量的影响

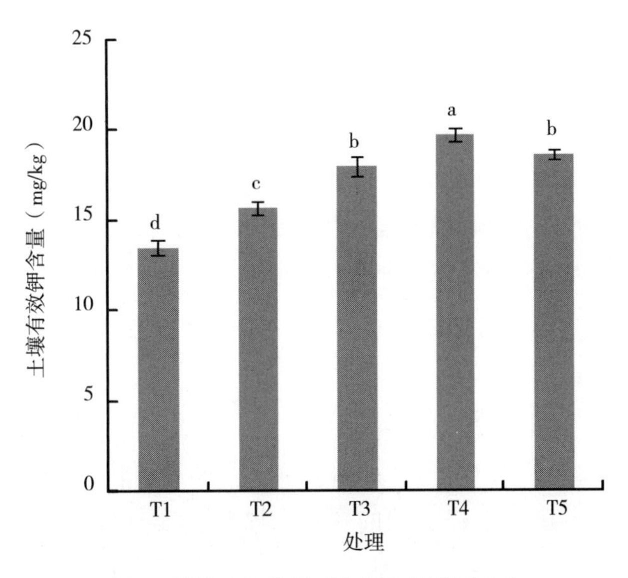

图4　增施生物菌肥对土壤有效铁的影响

三、讨论

生物菌肥是一种新型肥料、亦称细菌性肥料，不仅富含氮、磷、钾、有机质等营养成分，还含有大量的有益微生物，以及抗氧化物质、氨基酸和消化酶，能够起到改良土壤、防治病害、保证高产优质等作用（黄敦元等，2013）。前人研究表明，生物菌肥本身不仅具有改良土壤和抗板结作用，而且能够提高养分利用率、提高作物产量、改善品质（曹丹，2010）。钱咏梅等在“意大利生菜333”上施用不同量的生物菌肥，与不施肥和常规施肥相比，产量提高明显（钱咏梅等，2012）。本试验中，80%常规肥+生物肥处理、100%常规肥+生物肥处理、60%常规肥+生物肥处理的娃娃菜净产量和总产量明显高于T1（CK）和常规肥处理，表明增施生物肥对娃娃菜能起到增产作用，与前面曹丹和钱咏梅等人的研究相符。

植物对养分的吸收具有高度的选择性和积累性，植物内钾离子浓度往往比其他离子高，而且远远高于外界环境中的有效钾浓度（张建国，2004）。钾在植物体内无有机化合物，主要以离子形态和可溶性盐存在，或者吸附在原生质表面。曹洪志和 Aekhurst 研究表明，钾可以改善烟草的外观品质。张建国研究表明，钾能提高酶活性，可以促进烟草的光合，同化产物的合成和运输，在盆栽条件下，施用生物肥的各处理烟叶含钾量均比单施化肥的处理有较大提高，并且，较高含量的钾能提高所有烟草的品质。本试验结果表明，化肥配施生物菌肥的各处理娃娃菜含钾量均高于常规肥和对照，并且最佳处理与对照相比，形成明显的差异性。其他增施生物肥的各处理娃娃菜钾含量相对对照来说，也均有不同程度的提升。说明增施生物菌肥能够提高娃娃菜钾含量。

微量元素中大多数是辅酶的组成部分，在植物体内非常活跃，其生理功能具有很强的专一性，所以含量数虽微，但起的作用却很大（陈高海，1989）。锌是谷氨酸脱氢酶，乙醇脱氢酶，锌可促进蛋白质和核酸的合成、并参与碳水化合物的转化。铁是许多酶的主要组成部分，是合成叶绿素的催化剂，铁是植物中氧的载体，对核酸的新陈代谢极重要。本试验中，增施生物菌肥对娃娃菜中铁和锌的含量均有提高，其中，以80%常规肥+生物肥效果最为显著，与对照相比分别提高了3.068 mg/kg 和 187.303 3 mg/kg，而100%常规肥+生物肥和60%常规肥+生物肥较对照而言，也均有不同程度的提高。其次，就土壤中的有效铁而言，增施生物肥处理的有效铁含量高于单一化肥的处理。由此可以得出结论，增施生物肥不仅可以提高娃娃菜中锌和铁的含量，而且可以提高土壤中有效铁的含量。

四、结 论

通过本试验可以得出结论如下：不同化肥水平配施生物肥可以提高娃娃菜产量，提高娃娃菜钾含量以及微量元素锌和铁的含量，提高土壤有效铁的含量。其中，均以80%常规肥+生物肥效果最为显著，由此可以说明，80%常规肥+生物肥方案最佳。

参考文献

白雪松，宋春梅，杜鹃，等 . 2012. 火焰原子吸收光谱法测定黄花菜中微量元素含量［J］. 安徽农业科学（8）.

曹丹，宗良纲，肖峻，等 . 2010. 生物肥对有机黄瓜生长及土壤生物学特性的影响［J］. 应用生态学报（10）：2 587-2 592.

陈高海 . 1989. 微量营养元素对植物生理功能及其增产的作用［J］. 化肥工业（3）.

黄敦元，彭飞，余江帆，等 . 2013. 生物菌肥的研究现状及其在油茶种植上的应用前景［J］. 安徽农业科学（3）：1 076-1 078.

黄鹏，何甜，杜娟 . 2011. 配施生物菌肥及化肥减量对玉米水肥及光能利用效率的影响［J］. 中国农学通报（3）：76-79.

贾豪语，张国斌，郁继华，等 . 2013. 化肥与生物肥配施对花椰菜产量和养分吸收利用的影响［J］. 甘肃农业大学学报（5）：36-42，49.

贾豪语 . 2013. 肥料配施对花椰菜生长、品质及养分吸收利用的影响［D］. 甘肃农业大学 .

金亚波，夏衍，陈泽鹏，等 . 2015. 根施生物肥和叶面喷施植物生长调节剂对烤烟烟叶烟碱和钾含量的影响［J］. 石河子大学学报（自然科学版）（4）：417-420.

李杰，贾豪语，颉建明，等 . 2015. 生物肥部分替代化肥对花椰菜产量、品质、光合特性及肥料利用率的影响［J］. 草业学报（1）：47-55.

李元万，王晓巍，张玉鑫，等 . 2010. 农大哥和 AM 生物菌肥对花椰菜产量和效益的影响［J］. 北方园艺（9）：36-37.

刘桂兰 . 2009. 微量元素对植物生长发育的作用［J］. 现代农村科技（3）：55.

刘忠德，夏光利，毕军，等 . 2006. 新型生物有机肥对番茄生长、产量及品质的影响［J］. 安徽农学通报（5）：142-144.

钱咏梅，王洪泉 . 2012. “丰禾”复合生物菌肥在意大利生菜上的试验研究［J］. 中国园艺文摘（4）.

沈瑞芝 . 1982. 钾对植物的生理作用［J］. 上海农业科技（5）：32-34.

陶占辉，褚怀庚，刘亚青，等 . 2012. 火焰原子吸收光谱法测定野生蕨菜中的微量元素含量［J］. 长春工业大学学报（自然科学版）（6）：724-727.

王爱英 . 2005. 钾素对水稻生理功能的影响浅析［J］. 山西化工（1）：35-36，39.

谢静静 . 2015. 化肥减量配施生物菌肥对不结球白菜生长及产量和品质的影响［D］. 南京农业大学 .

徐志斌，钱琳，陈建泉，等 . 2006. 水稻施用生物菌肥试验简报［J］. 上海农业科技（1）：51.

杨泽元，吕德国 . 2014. 我国微生物肥料在果树上的应用研究进展［J］. 北方果树（1）：1.

湛长菊 . 2008. 娃娃菜的特征特性及高产栽培技术［J］. 现代农业科技（19）：63，65.

张改荣，向志文 . 2007. 原子吸收光谱法测定龙须菜中 7 种微量元素含量［J］. 光谱实验室（6）：1 005-1 008.

张建国 . 2004. 复合生物有机肥对烤烟含钾量及生长发育、产质效应的影响［D］. 山东农业大学.

张玉鑫，王晓巍，王志伟，等 . 2014. 化肥减量配施生物菌肥对 4 种高原夏菜的影响［J］. 甘肃农业科技（2）：26-29.

朱小梅，洪立洲，刘兴华，等 . 2012. 秸秆灰、生物菌肥与化肥配施对土壤养分和设施碱蓬产量及品质的影响［J］. 水土保持学报（6）：102-105，110.

第五节　高原夏菜优质种苗培育技术研究

蒜苗种子生物学特性研究

闫　芳[1]，王勤礼[1]，张文斌[2]，华　军[2]
(1. 河西学院　河西走廊设施蔬菜工程技术研究中心；
2. 张掖市经济作物技术推广站)

蒜苗（*Allium sativum*），又叫蒜毫、青蒜，是大蒜幼苗发育到一定时期的青苗（施桂仙等，2012），是一种四季生长又廉价易得的绿色蔬菜。它含有丰富的可溶性蛋白质、游离氨基酸、多糖、大蒜素等营养成分并能增进食欲，具有杀菌、抑制细菌生长等医疗和保健功能，对高血脂、糖尿病、心脏病及胃肠等病症有减轻症状及治疗作用（杨晓建，刘世琦，2010）。

栽培大蒜通常是不育的，因而限制了利用种子生产蒜苗和大蒜品种改良。前人研究结果表明，大蒜不育的原因主要有以下几方面的观点：大蒜花序中的花芽不能与快速生长的气生鳞茎竞争营养（刘冰江等，2008），这种竞争导致了花的败育（Pooled MR，Simon PW，1994；Jenderek MM，1998）；Etoh（Etoh T，1985）认为不育最根本的原因是存在着染色体异常；Simon（Simon PW，Jenderek MM，2003）认为长期的栽培和选择，带来遗传变化的累积，限制大蒜开花结籽的能力，长期无性繁殖使染色体结构和数目异常累积，影响基因表达和基因组的变化，最终导致大蒜不育。目前国内种植蒜苗采用的方法主要是用蒜瓣播种（冯桂秀，2014），这种种植方法比较简单粗放，主要靠人工进行种植，劳动强度大，生产效率低（金诚谦等，2008；Kampanart Wisetudomsak，*et al.*，2000）。因此，利用蒜瓣生产蒜苗，种植成本高，种植水平低下，且费时费力。

蒜苗种子指大蒜无性繁殖产生的气生鳞茎，俗称蒜珠、天蒜、空中鳞茎（缑建民等，2014）。利用蒜苗种子可提纯复壮大蒜（陆帼一，1999），显著提高大蒜产量和品质，是解决生产上大蒜品种退化、恢复优良品种原有生产能力的有效途径（蒲建刚等，2008）。有试验结果（杨吉福等，1999）表明，用实生种繁殖出的第3代大蒜与始终以蒜瓣进行无性繁殖的大蒜相比，具有生长势强、蒜薹产量高、蒜头增产等优点。但有关蒜苗种子生物学特性研究，目前国内报道的还比较少。为此，我们开展了对蒜苗种子生物学特性的研究，以期为蒜苗种子生产蒜苗和大蒜提纯复状提供依据。

一、材料与方法

（一）供试材料

1. 供试种子

蒜苗种子由张掖市宏顺通现代农业科学院提供。

2. 供试试剂

0.2%高锰酸钾，蒸馏水。

3. 供试仪器

万分之一电子分析天平，RXZ 智能型人工气候箱，烘箱。

（二）试验方法

1. 种子形态观察

随机取蒜苗种子 100 粒，分为 10 组，每组 10 粒，除去附属物，仔细观察种子形状、色泽、光滑度等总结共同特征。

2. 粒径测定

随机抽取 100 粒蒜苗种子，分为 10 组，每组 10 粒，用游标卡尺测量种子的粒径，计算其平均值。

3. 种子千粒重测定

将种子充分混合均匀，采用“四分法”随机取出 1 000 粒种子，用万分之一电子分析天平精密称其重量，重复 8 次，计算其平均值（叶碧颜，2014）。

4. 种子含水量的测定

采用恒温烘箱干燥法测定蒜苗种子的含水量（陈雪梅等，2014），3 次重复，计算其平均值。种子含水量（%）=（烘干前重量-烘干后重量）/烘干前重量×100。

5. 种子吸水率的测定

取种子 100 粒（去除干瘪种子），置于有蒸馏水的烧杯中，在 25℃恒温下使其吸水，每隔 4 h 将种子从烧杯中取出用吸水纸吸干表面水分后称重（钟登慧等，2014），如此反复，直至种子吸水至恒重，重复 3 次。吸水完毕后，以时间为横坐标，吸水率为纵坐标，绘制吸水曲线。吸水率（%）=（吸水后重量-吸水前重量）/吸水前重量×100。

6. 种子萌发试验

先用 0.2%的高锰酸钾溶液消毒种子 20 min，清除药水后用蒸馏水冲洗至无色，再将种子均匀地点播于垫有 2 层滤纸的培养皿中，每天喷 2 次水，保持滤纸湿润。培养皿置于人工气候箱内培养（温度为 25℃、湿度为 85%、光照、黑暗各 12 h），4 次重复，每个重复 100 粒种子。

胚根突破种皮视为发芽，连续 3 d 发芽种子数无增加视为发芽结束。发芽率

(%) = 正常发芽种子粒数/供检种子总粒数×100%。

7. 温度对种子萌发的影响

设恒温和变温两个处理。恒温处理为白天、夜间均为25℃;变温处理为白天温度为28℃、夜间温度为20℃,各为12 h。以上二个处理均在人工气候箱(湿度为85%、光照12 h)内进行发芽试验,每天定时观察发芽情况并保持滤纸湿润。

(三) 数据分析

利用DPS 6.0软件进行方差分析,运用Duncan's检验法进行多重比较。

二、结果与分析

(一) 种子形态

由图1可以清晰的观察到蒜苗种子颜色为黑色,形状呈盾状,稍扁平,表面皱纹稍多而不规则,脐部凹洼很深。

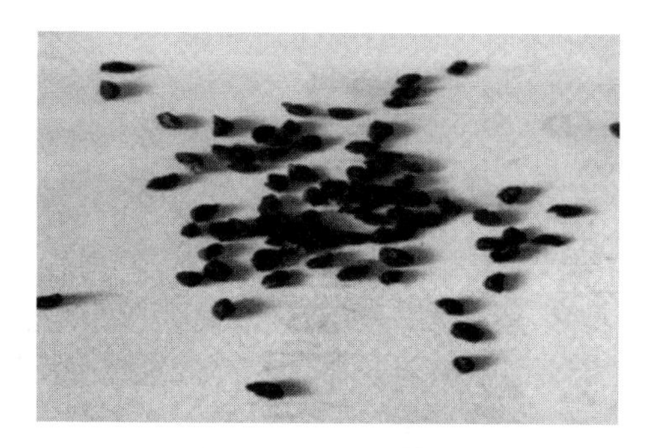

图1 蒜苗种子的形态

(二) 种子粒径

由表1可知,蒜苗种子粒径平均值为1.576 mm,标准差为0.378 mm,极差为1.00 mm,变异系数为24%,变异程度低,表明种子大小比较均匀。

表1 蒜苗种子粒径测定结果

种子粒径(mm)	标准差(mm)	变异系数CV(%)	极差(mm)
1.576	0.378	24	1.00

(三) 种子千粒重

由表2可知,蒜苗种子千粒重平均值为2.711 6 g,种子小而均匀,属于小粒种子。

表 2　蒜苗种子千粒重测定结果

次数	1	2	3	4	5	6	7	8	平均值
单位（g）	2.559 6	2.696 7	2.625 0	3.124 3	2.586 0	2.738 4	2.755 7	2.606 7	2.711 6

(四) 种子含水量

由表 3 可知，蒜苗种子含水量较少，仅为 8.493%，由此可知，在采收后易贮藏。

表 3　蒜苗种子含水量测定结果

次数	1	2	3	平均值
含水量（%）	8.315	8.826	8.337	8.493

(五) 种子吸水率

由图 2 可知，浸种后，在前 4 h 蒜苗种子的吸水量急剧加快，其吸水率达到了 63.93%，随着时间的延长，吸水率缓慢增长，12 h 时其吸水率达到 92.37%，16 h 以后基本上达到饱和状态，即种子吸水过程分为急剧吸水期，稳定吸水期和饱和吸水期 3 个阶段。由此可见，蒜苗种子种皮透水性较好，吸水强度较大。

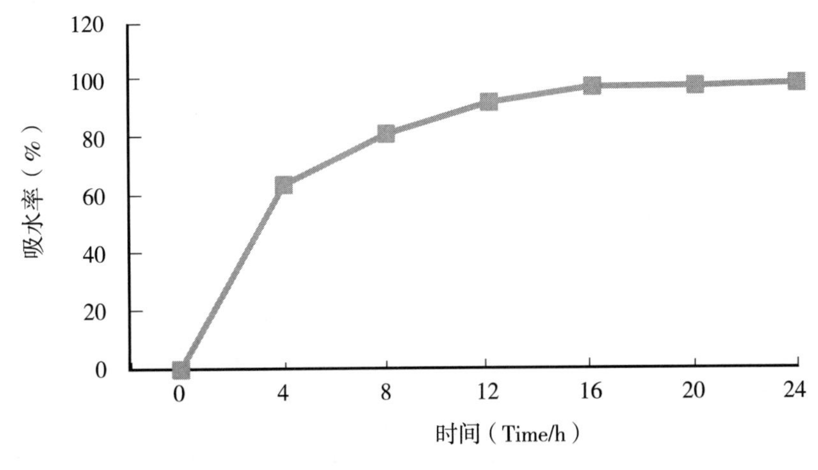

图 2　蒜苗种子的吸水率曲线

(六) 种子萌发

由图 3 可知，蒜苗种子在 2 d 之内开始发芽，随着时间的延长，在第 2~4 d 发芽速度较快，达到发芽的高峰期，4 d 以后发芽率呈缓慢增长的趋势，整个发芽趋势大致呈“S”形。

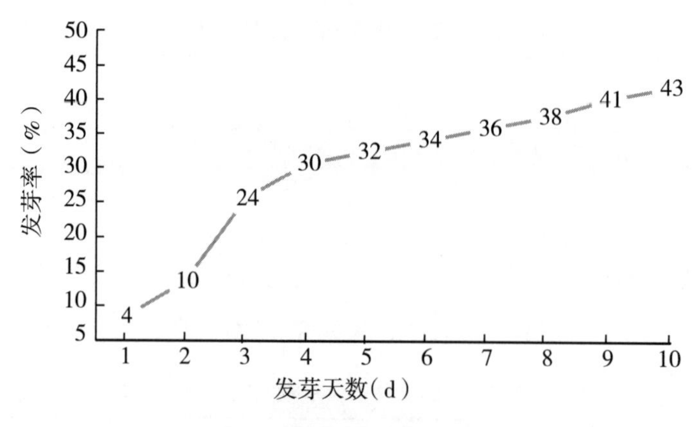

图3　蒜苗种子的萌发曲线

（七）不同培养温度处理对蒜苗种子萌发的影响

由图4可知，恒温处理下的发芽率优于变温处理，而由表4可知，在25℃恒温培养条件下，发芽率为43.33%，发芽势为29.33%；变温处理下，发芽率为32%，发芽势为21.33%，恒温处理下的发芽率和发芽势均高于变温处理，但方差分析表明，二者差异不显著。

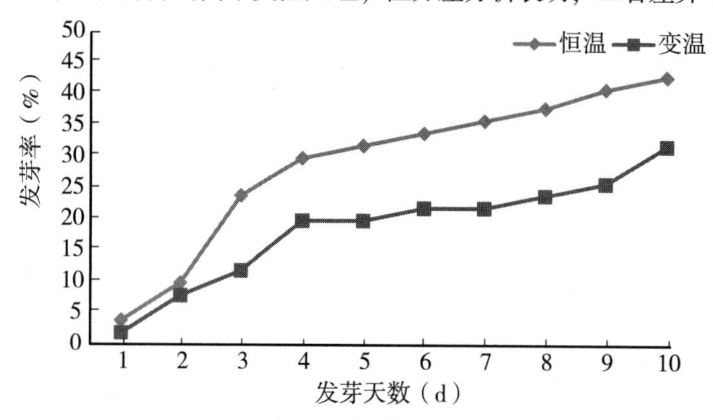

图4　不同温度下蒜苗种子的萌发动态

表4　不同培养温度对蒜苗种子萌发的影响

处理	发芽势（%）	发芽率（%）
恒温	29.33 a	43.33 a
变温	21.33 a	32.00 a

注：同列小写字母表示在0.05水平上无差异显著，下同。

三、讨论与结论

（一）讨　论

有研究结果（刘冰江等，2008）表明，蒜苗种子约是洋葱种子的一半大小，形状、颜色非常相似。本试验研究结果表明，蒜苗种子颜色为黑色，形状为盾状，表皮不光滑多皱纹，脐部凹洼很深。总体来看，本试验研究结果与刘冰江的研究结果基本一致。

根据陈景长的分类方法（陈景长等，2008），蔬菜种子千粒重的分级标准为：千粒重为 1 kg 的为较大粒种子；千粒重在 100～1 000 g 的为大粒种子；千粒重在 10～99.9 g 的为中粒种子；千粒重在 1～9.9 g 的为小粒种子；千粒重小于 1 g 的为很小粒种子。本试验结果表明，蒜苗种子千粒重为 2.711 6 g，属于小粒种子。

根据陈景长（陈景长等，2008）对种子贮藏安全含水量范围的划分标准，葱蒜类种子贮藏的安全含水量范围在 7%～11%，本试验结果表明，蒜苗种子含水量较少，仅为 8.493%，在安全贮藏的范围之内，易贮藏。

种子的吸水一般可以划分为 3 个阶段：开始吸水阶段、滞缓阶段和重新大量吸水阶段，呈快—慢—快的“S”形吸水曲线（胡晋等，2006）。本试验结果表明，种子在 4 h 内吸水迅速，吸水率达 63.93%，随着时间的延长，吸水率缓慢增长，在 16 h 左右达到饱和，种子吸水过程分急剧吸水期、稳定吸水期和饱和吸水期三个阶段，不符合“S”形吸水规律，这与红芪种子吸水规律（蔺海民等，2010）相似。

种子发芽曲线表示种子在整个发芽过程中发芽率的动态变化趋势，从发芽曲线能了解种子发芽的进程和持续时间，为生产中出苗阶段田间管理提供科学依据（王忠，2000）。本试验结果表明，蒜苗种子在 2 d 之内开始萌发，在第 2～4 d 发芽速度较快，达到发芽的高峰期，4 d 以后缓慢增长，整个生长发芽历程大致呈“S”形，即种子萌动期、发芽高峰期和发芽缓增期 3 个历程，这与红芪种子发芽规律（孙云波等，2015）相似。

一般作物种子可在较宽的温度范围内发芽，大多数作物在 13～30℃ 范围内均能良好发芽（胡晋等，2006），但有些植物种子在昼夜温度交替变化的生态条件下发芽最好，表现出对变温的敏感性，如水稻、茄科类蔬菜和许多牧草、林木种子在变温下萌发最佳（胡晋等，2006）。本试验结果表明，蒜苗种子在恒温条件下，发芽率为 43.33%，发芽势为 29.33%，在变温条件下，发芽率为 32%，发芽势为 21.33%，恒温处理下的发芽率和发芽势均高于变温处理，但方差分析表明，二者无差异显著。由此可见，变温处理对蒜苗种子萌发没有促进作用。在恒温和变温两种不同温度处理下，种子的发芽率均较低，其较低的原因还有待研究。

（二）结　论

以上试验结果可以得出如下结论，蒜苗种子颜色为黑色，形状为盾状，表皮不光滑多皱纹，脐部凹洼很深；粒径为 1.576 mm；千粒重为 2.711 6 g；种子的含水量为 8.493%；种子吸水过程分急剧吸水期、稳定吸水期和饱和吸水期三个阶段；种子发芽呈“S”形曲线；变温处理对蒜苗种子萌发没有促进作用。

不同育苗基质对番茄幼苗生长发育的影响

毛 涛[1]，华 军[2]，王勤礼[3]，闫 芳[3]，张文斌[2]，冯月琴[3]
（1. 张掖市耕地质量建设管理站；2. 张掖市经济作物技术推广站；
3. 河西学院河西走廊设施蔬菜工程技术研究中心）

摘 要：［目的］以番茄品种“绿宝石”为试验材料，研究不同育苗基质对番茄幼苗生长发育的影响。［方法］试验以草炭、菌糠、珍珠岩、蛭石为原材料配置4种育苗基质，采用随机区组设计，重复3次，进行穴盘育苗试验。［结果］处理T4、T3、T2的育苗效果较好，对番茄幼苗生长有明显促进作用，各项指标较优于对照且差异显著。其中，T4在茎粗、地上鲜重、地上干重、地下鲜重、地下干重、根冠比、壮苗指数上表现与CK基本相同，且在根长上明显大于CK，除CK外与其他各处理存在显著差异；T3在茎粗、地上鲜重上表现最优，T4、T2次之；T2在根长、根冠比上表现较优，T4次之；T4、T2的散坨率低于CK。［结论］T4在番茄幼苗生长的各方面表现较优，可以作为河西地区秋季番茄育苗的基质配方。

关键词：育苗基质；番茄；幼苗生长；影响

穴盘育苗技术起源于20世纪60年代后期，适合工厂化、规模化生产，因其可缩短作物生长时间、提高种子发芽率和整齐度、提升种苗品质、节省大量劳动力，已经在番茄、黄瓜等蔬菜上广泛应用（陈阳等，2015；孙世海等，2006）。近几十年来，国内外开发以农作物秸秆、锯末、醋糟、蚯蚓粪、菇渣等工农业废弃物为原料替代草炭基质方面也作了大量研究，并均取得了一定的效果（Tzortzakis 等，2007；马国良等，2015；吴清等，2015；聂小凤等，2016；郑剑超等，2018）。

有关番茄育苗基质配方研究前人多有报道，如陈世昌等研究了以菌糠与草炭、蛭石、炉渣以不同比例（V/V）混合后基质的理化性质，并以复合基质进行了番茄育苗试验，结果表明，以T3（菌糠：蛭石=7：3）表现最好，T4（菌糠：草炭：蛭石=5：2：3）、T5（菌糠：草炭：蛭石=3：4：3）育苗效果均优于CK（草炭：蛭石=7：3）（陈世昌，2011）。董秀霞等试验以玉米秸秆发酵物为原料，加入不同体积比的添加材料组成复合育苗基质，研究不同混配基质对番茄幼苗生长和生理特性的影响，结果表明，秸秆发酵物50%+草炭25%+蛭石25%作为配方基质处理效果最好（董秀霞等，2015）。刘国丽等研究金针菇菌糠复合基质在番茄育苗上的应用效果，结果表明处理3育苗效果最好，菌糠：草炭土：蛭石比例为50：30：20，菌糠可以以一定比例替代草炭土和蛭石作为番茄育苗的基质（刘国丽，2017）。由此可知，蔬菜育苗基质并不是以固定配比最好，针对不同品种、不同季节及管理条件等，要因地制宜开发适宜的育苗基质

（张彦良等，2015）。

根据国家发改委蔬菜产业规划，张掖市位于我国黄土高原夏秋蔬菜优势区域，也是甘肃省五大蔬菜优势产区之一，是我国重要的蔬菜东调基地。番茄作为主要的蔬菜品种，产量高，效益好，在生产中，培育壮苗是番茄生产的重要环节（李德翠等，2017）。但张掖市目前所运用的育苗基质均来自山东、宁夏和国外进口基质，其成本高，带有检疫对象的病原菌风险很高。因此，研究以本地农业废弃物为主的低廉的育苗基质目前显得尤为迫切。本试验以玉米秸秆、菌糠、珍珠岩、蛭石为原材料，按照不同比例配成4种育苗基质进行番茄育苗试验，研究不同配方育苗基质对番茄幼苗生长的影响，以期筛选出适合张掖市生态条件的番茄育苗最优基质配方，降低育苗成本，提高幼苗质量，为当地番茄工厂化育苗提供理论依据。

一、材料与方法

（一）试验材料

1. 供试品种

番茄品种为绿宝石，由甘肃省2014年农业技术推广及基地建设项目“高原夏菜新品种筛选及标准化栽培技术示范推广”课题组提供。

2. 供试基质原材料

菌糠为姬菇菌糠，由甘肃占鑫生物科技有限公司提供；草炭、珍珠岩与蛭石由张掖市绿之源农业发展有限公司提供。

（二）试验设计

选用草炭、菌糠、珍珠岩、蛭石按不同比例混合配成4种育苗基质配方（表1），以进口基质作为对照（CK），采用随机区组设计，重复3次，每个穴盘为一个处理。

表1　基质配方

处理	菌糠	草炭	珍珠岩	蛭石
T1	8	0	1	1
T2	7	1	1	1
T3	6	2	1	1
T4	5	3	1	1
CK	—	—	—	—

注：上表中“0”“1”“2”“3”等表示体积比例。

（三）试验方法

试验与2017年9月13日—10月27日在张掖市绿之源农业发展有限公司蔬菜育苗

中心和河西学院河西走廊设施蔬菜工程技术中心进行。采用 72 孔育苗穴盘，每个穴孔中播 2 粒种子，记录其出苗时间；待番茄长出第一片真叶时，进行间苗、定苗，每个穴孔中保留 1 株幼苗；待番茄幼苗生长到 4 叶期时取样测定试验指标。

（四）测定项目及测定方法

1. 不同育苗基质理化性质的测定

基质容重、孔隙度采用环刀法测定（NY/T 2118—2012）。

基质 pH 值采用 METTLER TOLEDO 320 型 pH 计测定（宋笑笑，2013），全氮含量采用半微量凯氏法测定（赵振宇，2017），速效氮含量采用氯化钠浸提—Zn-$FeSO_4$还原蒸馏法测定（宋笑笑，2013），速效磷含量采用碳酸氢钠浸提—钼锑抗比色法测定，速效钾含量采用中性醋酸铵浸提—火焰光度法测定，有机质含量采用重铬酸钾—硫酸消化法测定（赵振宇，2017）。

2. 番茄幼苗生长指标的测定

4 叶 1 心时每个穴盘随机选取 10 株测定生长指标取其平均值。

株高：为茎基部到植株生长点的高度，用卷尺测量，精度为 0.01 cm。

茎粗：在子叶下部 2/3 处用游标卡尺测量，精度为 0.001 cm。

地上部和地下部干、鲜重：在电子天平（感量 0.0001 g）上测得，干重用烘干法，105℃杀青 15 min，75℃烘干至恒重（NY/T 2118—2012）。

根系长度：用卷尺测量，精度为 0.01 cm。

壮苗指数：壮苗指数=［茎粗（cm）/株高（cm）］×单株干重（g）。

根冠比：根冠比=地下干重/地上干重。

散坨率：为苗坨从 1 m 高处自由落下后散坨数占试验苗坨的总数。

（五）统计分析方法

试验数据均采用 DPS 6.55 软件进行方差分析和 Excel 软件进行有关数据的计算统计，差异显著性测验采用 Duncan 法。

二、结果与分析

（一）不同育苗基质的物理性质

由表 2 可知，各处理的容重均高于 CK，其中 T1 最高，为 0.274 1 g/cm^3，与 T3、T4、CK 之间达到了极显著差异，与 T2 之间没有显著差异；T4 最低，为 2 045 g/cm^3，与 T2、CK 间达到了极显著差异，与 T3 之间没有显著差异。总孔隙度中 T4 最高，为 68.17%，与其他各处理间差异显著；T2 最低，为 54.39%，与 T3、T4 之间达到了显著差异，与 T1、CK 之间没有显著差异。通气孔隙度中 T1 最高，为 18.01%，与 T3、T4、CK 之间达到了显著差异，与 T2 之间没有显著差异；T3 最低，为 6.37%，与 T1 之间达到了显著差异，与其他各处理之间均无显著差异。持水孔隙度中 T4 最高，为 61.51%，与 T1、T2、CK 之间达到了显著差异，与 T3 之间没有显著差异；T2 最低，为 39.42%，与 T3 之间达到了显著差异，与 T4 之间达到了极显著差异，与 T1、CK 之间没有显著差异。

表 2　不同育苗基质的物理性质

处理	容重（g/cm^3）	总孔隙度 TP（%）	通气孔隙度 AP（%）	持水孔隙度 WHP（%）	气水比
T1	0.274 1 a A	57.555 7 bc B	18.010 8 a	46.211 6 bc AB	0.389 7
T2	0.272 4 a A	54.391 4 c B	14.976 6 ab	39.414 8 c B	0.380 0
T3	0.204 6 b B	60.656 6 b AB	6.369 0 b	54.287 7 ab AB	0.117 3
T4	0.204 5 b B	68.169 9 a A	6.659 8 b	61.510 1 a A	0.108 3
CK	0.163 0 c C	57.061 1 bc B	7.038 1 b	50.023 0 bc AB	0.140 7

注：同列中不同大、小写字母分别表示差异达 0.01、0.05 显著水平，相同字母表示差异不显著。下同。

（二）不同育苗基质的化学性质

1. 不同育苗基质 pH 值

由表 3 可知，各处理的 pH 值显著高于 CK，为中性偏碱，其中 T2 的 pH 值最高，为 7.94，T4 的最低，为 7.61。

表 3　不同育苗基质的化学性质

配比	全氮（g/kg）	速效氮（mg/kg）	速效磷（mg/kg）	速效钾（g/kg）	有机质（g/kg）	pH 值
T1	19.34	743.40	357.00	18.53	394.02	7.93
T2	19.17	722.40	353.00	18.41	406.86	7.94
T3	17.07	753.20	359.00	17.25	448.11	7.72
T4	16.10	821.80	353.00	16.11	477.92	7.61
CK	6.17	215.60	87.00	0.816	559.64	6.13

2. 不同育苗基质全氮和有机质含量

由表 3 可知，各处理全氮含量均高于 CK，其中 T1 最高，为 19.34 g/kg，T4 最低，为 16.10 g/kg。各处理有机质含量均低于 CK，其中 T4 最高，为 477.92 g/kg，T1 最低，为 394.02 g/kg。由此表明，4 种基质均具有一定的肥力，可满足番茄幼苗正常生长的基本需求。

3. 不同育苗基质速效氮、磷、钾含量

由表 3 可知，各处理速效氮、磷、钾含量均高于 CK，其中 T4 速效氮的含量最高，

为 821.80 mg/kg，T2 最低，为 722.40 mg/kg；T3 速效磷的含量最高，为 359.00 mg/kg，T2 和 T4 最低，为 353.00 mg/kg；T1 速效钾的含量最高，为 18.53 g/kg，T4 最低，为 16.11 g/kg。因此，各处理基质的肥力都能充分满足番茄幼苗生长时养分的需求。

（三）不同育苗基质对番茄幼苗生长指标的影响

1. 不同育苗基质对番茄幼苗生育期的影响

由表 4 可知，从播种出苗到 4 叶期，不同育苗基质处理对番茄幼苗的生长速度基本一致，幼苗生育期没有差异，且幼苗生长期间植株生长整齐、健壮，未发病。由此说明，不同育苗基质处理配方对番茄幼苗生育期的影响没有差异。

表 4　不同育苗基质番茄幼苗生育期的比较

处理	播种期（日/月）	出苗期（日/月）	真叶期（日/月）	4 叶期（日/月）
T1	13/9	20/9	29/9	4/10
T2	13/9	20/9	29/9	4/10
T3	13/9	20/9	29/9	4/10
T4	13/9	20/9	29/9	4/10
CK	13/9	20/9	29/9	4/10

2. 不同育苗基质对番茄幼苗形态指标的影响

由图 1 可知，各处理根长均高于 CK，其中 T2 最高，为 15.51 cm，T4 次之，为 14.61 cm，但各处理间差异不显著；由图 2 可知，茎粗 T3 最高，为 2.143 cm，T4 次之，为 2.044 cm，但各处理与 CK 之间均无显著差异；由图 3 可知，CK 的株高最高，为 3.28 cm，与 T1 间达到了显著差异，与其他处理间差异不显著；T2 次之，为 3.20 cm，除 T1 外，与其他各处理之间均无显著差异。由此表明，4 个配方对番茄幼苗的形态指标影响不大。

3. 不同育苗基质对番茄幼苗地上、地下部干鲜重的影响

由表 5 可知，地上鲜重表现为 T3>CK>T4>T2>T1，但各处理与 CK 之间均无显著差异；地下鲜重表现 CK>T4>T1>T3>T2，其中 T1、T2、T3 与 CK 之间差异显著，T4 与 CK 之间无显著差异；地上干重表现为 CK>T4>T3>T2>T1，其中 T1、T2、T3 与 CK 之间差异显著，T4 与 CK 之间无显著差异；地下干重表现为 CK>T4>T2>T3>T1，其中 T1 与 CK 之间差异显著，其他处理与 CK 之间均无显著差异。根冠比 T1 和 T2 高于 CK；植株的壮苗指数是衡量穴盘苗质量的一个重要复合指标，从壮苗指数来看，各处理的壮苗指数均低于 CK，但 T4 与 CK 的壮苗指数基本相同。由此表明，处理 T4 对番茄幼苗地上、地下部干鲜重的影响与 CK 基本相同，表现较好。

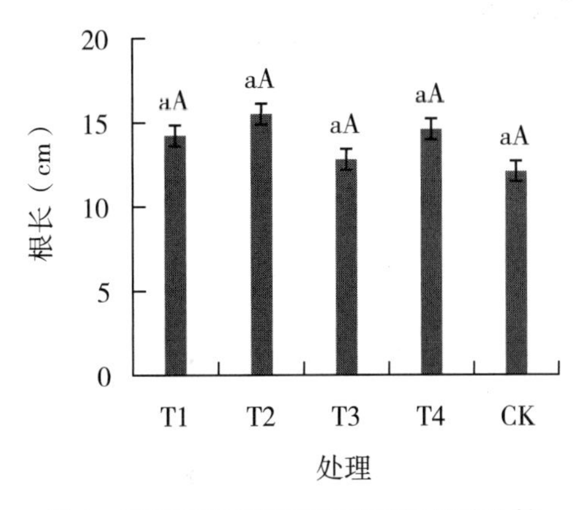

图 1　不同育苗基质番茄幼苗根长的比较

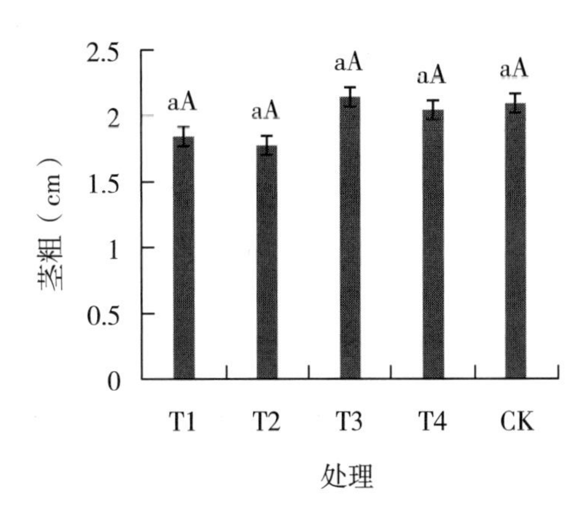

图 2　不同育苗基质番茄幼苗茎粗的比较

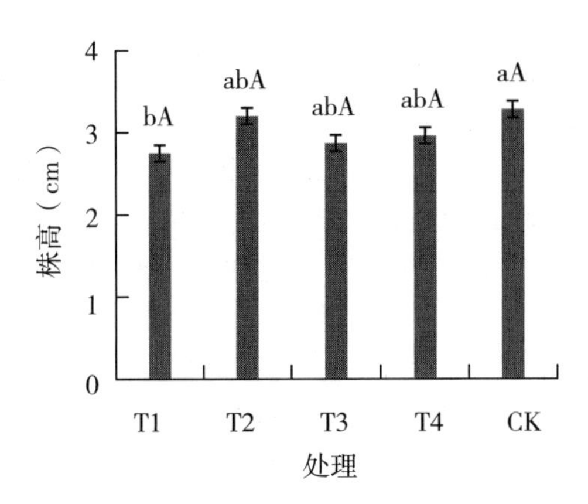

图 3　不同育苗基质番茄幼苗株高的比较

表 5　不同育苗基质番茄幼苗干鲜重的比较

处理	鲜重（g/株）		干重（g/株）		根冠比	壮苗指数
	地上	地下	地上	地下		
T1	19. 807 6 b A	2. 929 9 bc A	2. 562 6 d C	0. 816 5 b A	0. 318 6	2. 263 5
T2	20. 228 7 ab A	2. 537 0 c A	2. 864 1 cd BC	0. 892 4 ab A	0. 311 6	2. 084 5
T3	23. 832 4 a A	2. 786 5 bc A	2. 864 1 bc AB	0. 858 4 ab A	0. 299 7	2. 776 0
T4	22. 891 3 ab A	3. 827 2 ab A	3. 336 4 ab AB	0. 912 4 ab A	0. 273 5	2. 936 8
CK	23. 382 6 ab A	4. 083 0 a A	3. 622 2 a A	1. 017 3 a A	0. 280 9	2. 962 3

4. 不同育苗基质对番茄幼苗散坨率的影响

散坨率是衡量幼苗根系发育的一个理想形态指标。由表 6 可知，T2 和 T4 的散坨率最小，T3 与 CK 相同，T1 最高，且 T1 与 CK 达极显著差异。

表 6　不同育苗基质番茄幼苗散坨率的比较

处理	散坨率（%）	差异显著性	
		5%	1%
T1	31.140 3	a	A
T2	0	b	B
T3	1.224	b	B
T4	0	b	B
CK	1.224	b	B

三、讨　论

优质无土育苗基质能为植物生长提供稳定、协调的水、气、肥及根际环境条件，具有支持固定植物、保持水分和透气的作用（王勤礼等，2014）。宋志刚认为适宜番茄栽培基质的容重为 0.1～0.8 g/cm^3、总孔隙度为 64%～96%、气水比为 0.25～0.5（宋志刚，2013）。本试验中各处理的容重均在此范围之内；除 T4 外，其他各处理的总孔隙度相对较低；T1、T2 的气水比也在此范围之内。由此表明，T4 配方可以在生产中推广。

基质为作物提供营养，其养分含量直接关系到作物能否正常生长，速效养分能够直接被作物吸收利用，其含量的高低反映基质供应养分的能力（宋笑笑，2013）。中国农业部蔬菜育苗基质标准规定，蔬菜育苗基质的 pH 值 5.5～7.5、有机质≥35%、速效磷 10～100 mg/kg、速效钾 50～600 mg/kg。本试验中各处理的速效磷、速效钾含量高于标准，有机质的含量低于标准，有机质含量有待于改进。番茄幼苗生长喜中性偏酸性的基质，但试验中各处理 pH 稍微偏高，主要是由于各处理基质都是由含碱量高的菌糠按不同比例混配而成的，在使用以上配方时要注意调碱。

本试验结果表明，不同育苗基质对番茄幼苗生长有着明显的促进作用。但是，处理 T4 对番茄幼苗地上、地下部干鲜重的影响与 CK 基本相同，其他处理表现较差，这主要是由于孔隙度比例不协调所造成的，还需进一步的研究。散坨率也是衡量育苗质量的一个重要指标。散坨率越低，定植成活率越高，缓苗快，为植株生长打下良好基础。本试验结果表明，散坨率 T4、T2 低于 CK，T3 和 CK 相同，T1 极显著高于 CK。

董传迁等利用腐熟玉米秸秆、棉籽壳菇渣与草炭和蛭石按照不同的比例组配成复合基质，进行番茄和甜椒穴盘育苗试验，结果表明，番茄穴盘苗培育以等体积的棉籽壳菇渣、草炭、蛭石混配基质的效果最好（董传迁等，2014）。李伟明等以腐熟中药渣、腐熟菇渣、泥炭、蛭石、珍珠岩以及 45%的缓释肥以不同比例复配的基质，进行番茄苗育苗试验，发现不同处理对番茄幼苗生长状况有差异，以腐熟中药渣：泥炭：腐熟菇渣：蛭石：珍珠岩以 5：1：1.5：2：1（体积比）并添加 2 kg/m^{3}45%缓释肥的基质表现最好（李伟明等，2017）。李宇等以菇渣和珍珠岩、蛭石按照不同体积比（5：1：4，

5：1.5：3.5，5：2：3）复配的基质与对照草炭基质进行番茄育苗试验，最优处理为菇渣：珍珠岩：蛭石=5：1：4（李宇等，2018）。本试验结果表明，处理T4、T3、T2番茄幼苗各项指标优于以草炭为主的商品基质，这与前人研究的结果相似，但不同研究者所得最佳配方不同。因此，不同地区应根据当地生态条件和资源状况，选择不同配方的育苗基质。

不同季节光温等自然条件不同，对育苗基质配方要求也不同，本试验是在秋季温室条件下进行的，筛选的基质配方仅适用于番茄秋季育苗，其他季节尤其是在夏季高温及冬季寒冷条件下育苗基质配方还有待于进一步研究。

四、结　论

根据以上试验结果可得出如下结论，处理T4在番茄幼苗生长的各项指标表现较优，可以作为河西地区秋季番茄育苗的基质配方。

参考文献

陈世昌，常介田，张变莉 . 2011. 菌糠复合基质在番茄育苗上的效果［J］. 中国土壤与肥料（1）：73-76.

陈阳，林永胜，周先治，张玉灿 . 2015. 不同育苗基质对番茄幼苗生长的影响［J］. 热带作物学报，36（12）：2149-2154.

董传迁，尹程程，魏珉，等 . 2014. 玉米秸秆、棉籽壳菇渣替代草炭作为番茄和甜椒育苗基质研究［J］. 中国蔬菜（8）：33-37.

董秀霞，吴金娟，刘瑞岭，等 . 2015. 玉米秸秆发酵物在番茄育苗中的应用研究［J］. 山东农业科学，47（8）：71-73.

李德翠，高文瑞，徐刚，等 . 2017. 育苗质量对番茄植株生长的影响［J］. 安徽农学通报，23（12）：45-48.

李宇，任毛飞，王吉庆，等 . 2018. 香菇渣发酵基质番茄育苗效果研究［J］. 安徽农学通报，24（1）：46-50.

李伟明，黄忠阳，杜鹃，等 . 2017. 不同配方栽培基质对番茄苗期生长的影响［J］. 土壤，49（2）：283-288.

刘国丽，李超，李学龙，等 . 2017. 不同菌糠配比基质对番茄幼苗生长的影响［J］. 辽宁农业科学，21（5）：82-84.

马国良，蔡智春 . 2015. 不同作物秸秆对青海柴达木盆地野生大肥菇菌丝生长的影响［J］. 江苏农业科学，43（9）：273-275.

聂小凤，陶启威，钱春桃 . 2016. 蚯蚓粪珍珠岩复合基质在黄瓜穴盘育苗中的应用［J］. 安徽农业科学，44（9）：54-56.

孙世海，王学利，王丽娟，等 . 2006. 不同育苗基质对韭菜幼苗生长发育的影响//中国园艺学会第七届青年学术讨论会论文集［C］. 山东：中国园艺学会 .

宋志刚 . 2013. 不同作物秸秆用作番茄无土栽培基质的研究［D］. 北京：中国农业科学院 .

宋笑笑 . 2013. 不同配比有基质对生菜生长、产量及品质的影响［D］. 陕西：西北农林科技大学.
王勤礼，许耀照，闫芳，等 . 2014. 以牛粪、食用菌废料为主的辣椒育苗基质配方研究［J］. 中国农学通报，30（4）：179-184.
吴清，朱咏莉，李萍萍 . 2015. 醋糟和锯末基质对温室黄瓜生长的影响［J］. 北方园艺（24）：28-31.
赵振宇 . 2017. 不同配比基质对黄瓜穴盘育苗生长的影响［D］. 呼和浩特：内蒙古农业大学 .
张彦良，张建国 . 2015. 不同育苗基质对番茄和辣椒幼苗生长的影响［J］. 种子科技（3）：33-34.
郑剑超，董飞，智雪萍 . 2018. 菇渣基质配比对设施基质袋培黄瓜生长特性的影响［J］. 浙江农业科学，59（1）：16-18.
NY/T 2118—2012. 蔬菜育苗基质［S］.
Tzortzakis N G，Economakis C D. 2007. Shredded maize stems as an alternative substrate medium：Effect on water and nutrient uptake by tomato in soilless culture［J］. International Journal of Vegetable Science，13（2）：103-122.

不同育苗基质对西葫芦幼苗生长发育的影响

闫　芳[1]，华　军[2]，王勤礼[1]，毛　涛[3]，张文斌[2]，马喜红[1]
（1. 河西学院河西走廊设施蔬菜工程技术研究中心；2. 张掖市经济作物技术推广站；3. 张掖市耕地质量建设管理站）

随着我国设施农业的发展，我国设施蔬菜产业也开始迅猛发展，2010 年我国设施蔬菜面积已达到 344.33 万 hm^2，是 1978 年的近 650 倍，总产量达 2.5 亿 t，产值近 7 000亿元，占蔬菜产业的 63.8%，设施蔬菜产业已成为我国农民增收致富的重要途径（马艳青等，2011）。同时在蔬菜高效生产过程中穴盘育苗技术作为一项配套的技术得到了迅速的发展。穴盘育苗具有生产效率高、秧苗质量好、移栽缓苗快和操作简便等优点，适用于规模化和标准化育苗（张毅等，2011），是现代化农业生产的关键技术之一。育苗基质的选择是蔬菜穴盘育苗的关键，所用的基质要求质量轻、营养丰富、保水保肥性能强（陈阳等，2015）。目前国内穴盘育苗基质多采用草炭与蛭石或珍珠岩混合配制的轻基质（张毅等，2011），而草炭和蛭石又为不可再生资源，已不能满足蔬菜规模化生产的需求（韩春阳等，2010）。因此，寻求廉价的、本地化的草炭替代品已成为目前育苗基质配方研发的热点（郑子松等，2016）。

西葫芦是我国北方地区日光温室栽培的主要蔬菜之一，也是河西走廊日光温室中广泛种植的一种蔬菜。目前河西走廊西葫芦育苗基质多是从国外和山东、宁夏、内蒙古等外省（自治区）调运的以草炭为主的育苗基质，成本高，且在使用的过程中发现部分外地基质带有蔬菜根肿病病原，因此，研究以本地工农业废弃物为主的、低廉的蔬菜育苗基质，已显得非常迫切。

一、材料与方法

（一）供试材料

1. 供试品种

西葫芦品种为“冬越”，由张掖市绿之源农业发展有限公司提供。

2. 供试基质材料

菌糠为姬菇菌糠，由甘肃占鑫生物科技有限公司提供；草炭、蛭石与珍珠岩由张掖市绿之源农业发展有限公司提供。

（二）试验方法

选用草炭、菌糠、珍珠岩、蛭石按不同比例混合配成 4 种育苗基质配方（表 1），以进口基质作为对照（CK），采用随机区组设计，重复3次，每个穴盘为一个处理。试验于2017年9月22日至2017年10月15日在张掖市绿之源农业发展有限公司蔬菜育苗中心日光温室和河西学院河西走廊设施蔬菜工程技术研究中心试验室内进行。将T1、T2、T3、T4、CK育苗基质加水充分拌匀，基质含水量60%，分装50孔穴盘，干籽播种，每穴1粒，播种后使用原基质覆盖，然后浇透水。

表1　基质配方

处理号	菌糠	草炭	珍珠岩	蛭石
T1	8	0	1	1
T2	7	1	1	1
T3	6	2	1	1
T4	5	3	1	1
CK	—	—	—	—

（三）测定指标

1. 基质理化性质的测定

理化性质主要包括容重、总孔隙度、通气孔隙度、持水孔隙度、相对含水量、pH值、速效氮、磷、钾含量、有机质、全氮。

基质容重的测定采用环刀采集基质用于容重分析（袁久坤等，2014）；基质总孔隙度、通气孔隙度、持水孔隙度的测定参照龚小强（龚小强等，2013）的方法；基质pH值的测定采用pH计测定（李春燕等，2006）；基质全氮的测定采用半微量凯氏法（时艾旻等，2008）；基质速效磷含量的测定采用碳酸氢钠法（秦怀英等，1989）；基质速效钾的测定采用火焰光度计法（孙兰香等，2008）；基质有机质含量的测定采用重铬酸钾容量法（卢双等，2008）。

相对含水量（%）$W=(W_2-W_3)/(W_2-W_1)\times100\%$

容重（g/cm^3）$r=(M-m)\times(1-W)/V$

总孔隙度（%）$TP=W_2-W_1$

通气孔隙度（%）$AP=W_2-W_3$

持水孔隙度（%）$WHP=TP-AP$

2. 出苗情况调查

在出苗第六天调查发现还有少部分的空穴。其中重复I中，T1、T3均有两个空穴，CK中有1个空穴，T2、T4中都无空穴；在重复II中，T1、T4、CK均有2个空穴，T2、T3均有3个空穴；在重复III中，T2、CK均有2个空穴，T3有1个空穴，T4有5个空穴，而T1无空穴。

3. 幼苗生长指标测定

播种后第4天开始调查不同育苗基质配比的出苗率，分别于两片真叶展开后的2

周、3 周用游标卡尺开始测量幼苗的茎长、根长、茎粗，从穴盘中拿出幼苗距离地面一米以上时使其落下来，观察其散坨情况。用电子天平测定植株地上部分和地下部分鲜重，每次测完鲜重后将其在 105℃杀青 15 min，在 75℃烘干至恒重，称量地上部分和地下部分的干重。

（四）数据处理

试验数据均采用 DPS 6.55 软件进行方差分析，差异显著性测验采用 Duncan 法。

二、结果与分析

（一）不同配比的育苗基质理化性质

1. 不同配比的育苗基质物理性质

育苗基质物理特性对西葫芦幼苗的生长影响很大，一般育苗基质的容重在0.20～0.60，总孔隙度>60%，通气孔隙度>15%，持水孔隙度>45%，pH 值在 5.5～7.5。由表 1 可知，这 5 种基质的容重在 0.10～0.20 g/cm^3，对照（CK）和 T1、T2、T3 各处理的容重均大于 T4，而其中对照（CK）的容重最高；5 种基质的总孔隙度在 54%～68%，CK、T1、T4 的总孔隙度均偏低，T3 的总孔隙度最高，T1 总孔隙度最低；5 种基质的通气孔隙度在 6%～18%，CK 的通气孔隙度最高为 18%，明显高于其他基质，处于适合作物生长的通气孔隙范围内（>15%），T1 的通气孔隙度相比对照（CK）次之，而 T2、T3、T4 的通气孔隙度均偏低；5 种基质的持水孔隙度在 39%～61%，除了对照（CK）和 T1 偏低之外，T2、T3、T4 均处于适合作物生长的范围之类，其中 T3 的持水孔隙度最高；5 种基质的 pH 值在 6.1～8.0，T1>CK>T2>T3>T4，除了 T4 偏弱酸性之外，其他基质都偏碱性，其中 CK、T1 的碱性程度较强，T2、T3 的碱性程度较弱；在 5 种基质种，除了 T3 的散坨率较差之外，其他几种基质的散坨都很好。

表 1　不同基质的物理性质

处理	容重（g/cm^3）	总孔隙度（%）	通气孔隙度（%）	持水孔隙度（%）	pH 值	散坨率
CK	0.274 2 C c	57.555 7 B bc	18.010 8 b	39.545 0 AB bc	7.93	0 A b
T1	0.272 4 A a	54.391 4 B bc	14.976 6 a	39.424 8 AB bc	7.94	0 A b
T2	0.204 6 A a	60.656 6 B c	6.369 0 ab	54.287 7 B c	7.72	0 A b
T3	0.204 5 B b	68.169 9 AB b	6.659 8 b	61.510 1 AB ab	7.61	6.67 A a
T4	0.163 0 B b	57.061 1 A a	7.038 1 b	50.023 0 A a	6.13	0 A b

注：表中同列大写字母、小写字母分别表示极显著差异（F<0.01）、显著差异（F<0.05）表 3 同。

2. 不同配比的育苗基质化学特性

由表 2 可知，5 种基质中对照（CK）的全氮含量最高为 19.34 g/kg，T1 的全氮含量次之，T4 的含量最低；T3 的速效氮含量最高，T4 的速效氮含量最低，而 CK、T1、T2 的速效氮含量较接近，但这 5 种基质的速效氮含量均能满足西葫芦幼苗生长的需要；除了 T4 的速效磷含量较低之外，其他几种基质的速效磷含量都较高，其中 T2 的速效磷含量最高；CK 的速效钾含量最高，T1 的速效钾含量次之，而 T4 的速效钾含量最低，仅为 0.816 g/kg；T4 的有机质含量最高，CK 的有机质含量最低，但几种基质均有利于西葫芦幼苗后期对养分的需求。

表 2　不同基质的化学特性

处理	全氮 (g/kg)	速效氮 (mg/kg)	速效磷 (mg/kg)	速效钾 (g/kg)	有机质 (g/kg)
CK	19.34	743.40	357.00	18.53	394.02
T1	19.17	722.40	353.00	18.41	406.86
T2	17.07	753.20	359.00	17.25	448.11
T3	16.10	821.80	353.00	16.11	477.92
T4	6.17	215.60	87.00	0.816	559.64

（二）不同育苗基质对西葫芦幼苗生长的影响

由图 1 可以看出，各处理株高表现为：T2>T1>T4>T3>CK，T3 与 CK 的株高基本相同，T1、T2 和 T4 的株高差异不明显；不同基质之间的幼苗茎粗无明显差异，相比之下，T1 的幼苗茎粗最低，CK 次之，T2 的幼苗茎粗最高。株高和茎粗是植株长势强弱的重要指标，尤其是茎粗在一定程度上还可反映幼苗的健壮程度（陆帼等，1984）（葛晓光等，1995）。在各处理中，T4 的根长最高，CK 的幼苗根长次之，T3 的幼苗根长最低，T1 和 T2 的幼苗根长差异不明显；总体来看，T2 的株高和茎粗都优于其他处理。因此，不同基质中 T2 较能满足西葫芦幼苗生长的需要。

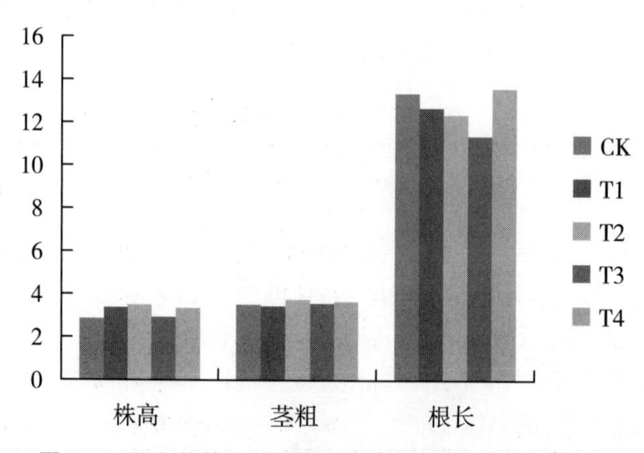

图 1　不同育苗基质对西葫芦株高、茎粗、根长的影响

（三）不同育苗基质对西葫芦幼苗质量的影响

由表 3 可知，不同处理的西葫芦幼苗地上、地下部鲜质量间有较大的差异，而对于幼苗地上、地下部干质量的影响基本一致。其中 T4 的地上部鲜质量、干质量最高；而 CK 的地下部鲜质量、干质量最低；T2 的地下部鲜质量、干质量最高，但 CK、T1、T2、T3、T4 的地下部干质量均无显著差异；CK 的地上、地下部的鲜质量均最低；T2 的地下部鲜质量最高，T3 的地下部鲜质量次之；T1 的地上部干质量最低，但 CK、T1、T2 地上部干质量之间均无极显著差异，T3 和 T4 的地上部干质量间存在显著差异；T1、T2 之间无极显著差异，但与其他各基质间均与显著差异；T1、T3 的地下部鲜质量之间无显著差异，而与其他基质均有显著差异，CK、T2、T4 的地下部鲜质量间存在显著差异。

表 3　不同基质对西葫芦幼苗干质量、鲜质量的影响

处理	鲜质量（g）		干质量（g）	
	地上部	地下部	地上部	地下部
CK	46. 100 1 B c	8. 020 7 B b	3. 807 A b	0. 659 7 A a
T1	54. 677 7 A ab	10. 908 9 AB a	3. 736 6 A b	0. 817 6 A a
T2	57. 801 4 A ab	11. 416 6 A a	3. 783 6 A b	0. 832 4 A a
T3	53. 464 7 AB b	11. 085 8 AB a	3. 938 4 A ab	0. 813 A a
T4	59. 562 9 A a	9. 959 5 AB ab	4. 320 6 A a	0. 828 3 A a

三、讨　论

（一）不同基质理化性质对西葫芦幼苗生长的影响

用 4 种原料混合而成的育苗基质具有不同的理化性状，其理化性状的好坏直接影响幼苗的生长发育。其中，容重、总孔隙度、通气孔隙度、持水孔隙度、有机质含量、pH 值等性状是影响穴盘西葫芦幼苗质量的主要因素。育苗基质的理化特性要达到一定的要求才能满足幼苗优良的生长发育，但到目前为止对于基质理化性状适宜的范围并没有统一的规范，吴志行认为基质适宜的容重范围为 0. 2～0. 8 g/cm^3，总孔隙度为 65%～95%，通气孔隙度大于 15%，持水孔隙度大于 45%（吴志行等，1988）。而一般蔬菜育苗基质的理化性状指标适宜范围为：容重为 0. 20～0. 60 g/cm^3，总孔隙度大于 60%，通气孔隙度大于 15%，持水孔隙度大于 45%，有机质含量大于等于 35%。本试验研究结果表明，除 T4 的容重偏小之外，CK、T1、T2、T3 的容重均在适宜的范围之类，由于 T4 配方中草炭土含量偏多，而菌糠含量偏低造成基质容重的偏低；T2、T3 的总孔隙度在一般蔬菜育苗基质总孔隙度的范围之类，而 T3 的总孔隙同时也在吴志行认为的总孔隙度范围之内，而 CK、T1、T4 的总孔隙度与一般蔬菜适宜的大于 60%范围的总孔隙度相比稍低于适宜范围；除了 CK 的通气孔隙度在适宜的范围之内，T1、T2、T3、T4 的通气孔隙度均低于适宜的范围；T2、T3、T4 的持水孔隙度均在适宜的范围之内，而 CK、T1 的通气孔隙度相比于适宜的范围还有一定的差距，主要原因是 T2、T3、T4 的草炭土含量逐渐增加，由此说明基质中草炭土的含量对于持水孔隙度具有主要的影响作用；除T3之外，其他各组合基质的散坨率都较好，基质的散坨率越小对于植株幼苗的生长发育越有利，同时对于植株根系的生长具有较好的促进和稳固作用。

西葫芦幼苗对于pH值的反应也比较敏感，不同作物的幼苗对pH值的要求也不同，一般蔬菜育苗基质的pH值为5.5～7.5，而育苗基质以5.8～7.0为好（岳天敬等，2005）。除T4的pH值在育苗基质的范围之内，而其他几种基质的pH值都偏碱性，其中CK、T1的碱性程度较强，这可能与灌溉水的pH过高有关。西葫芦不耐盐碱，一般适宜的基质酸碱度范围为pH值为5.5～6.8，强酸或盐碱性基质均不利于西葫芦的发芽生长，CK、T1、T2、T3的pH值均较高，在适用时应该注意调碱。基质中的养分含量对西葫芦幼苗的健壮程度具有较大的影响，几种原料配比的有机质含量均有利于西葫芦幼苗后期对养分的需求；速效N、速效P、速效K的含量对于西葫芦幼苗的生长质量也有至关重要的影响作用，虽然T4的速效N含量最低为215.6 mg/kg，T3的速效N含量最高，但5种基质的速效N含量均能满足幼苗生长的需要；T2的速效P含量最高，T4的速效P含量最低；CK的速效K含量最高，T4的速效K含量最低；西葫芦在幼苗生长期需生长健壮而不徒长，需氮、磷、钾均衡供应。

（二）不同育苗基质对西葫芦幼苗生长的影响

不同基质对西葫芦幼苗的株高、茎粗和根长都有一定的影响，尤其对于根长的影响尤为明显，T4基质对幼苗根长的影响最为显著，CK的影响作用次之，T3对幼苗基质的影响最为小；而5种基质对于西葫芦幼苗株高、茎粗的影响不是很大，影响效果基本一致。

（三）不同育苗基质对西葫芦幼苗质量的影响

通过不同基质中西葫芦幼苗的地上部、地下部鲜质量和地上部、地下部干质量的重量指标来看，T4基质的地上部鲜质量、干质量最高，相比其他基质地上部的鲜质量、干质量而言，T4基质对于西葫芦幼苗生长质量最为显著，而T2的地下部鲜质量、干质量最高，对西葫芦幼苗质量的影响较大。总体而言，T2和T4对于西葫芦幼苗的地上部、地下部的鲜干重影响明显，有利于西葫芦幼苗的生长，应进一步提升。

四、结　论

试验结果表明：不同育苗基质对西葫芦幼苗生长质量的影响较大。总体来看，不同基质配比中的T2、T4能够较好的满足西葫芦幼苗的生长，而其他基质基质对于西葫芦幼苗生长的影响还存在差异，需进一步开展相关研究。

参考文献

陈阳，林永胜，周先治，2015. 辣椒穴盘育苗基质对辣椒幼苗生长的影响［J］. 福建农业学报，

30（2）：150-156.
葛晓光 . 1995. 蔬菜育苗大全［M］. 北京：中国农业出版社 . 15-20.
龚小强 . 2013. 园林绿化废弃物堆肥产品改良及用作花卉栽培代用基质研究［D］. 北京：北京林业大学 . 1-16.
韩春梅，李春龙，叶少平，等 . 2010. 小麦秸秆与菇渣混合基质对辣椒秧苗质量的影响［J］. 北方园艺（21）：30-31.
李春燕，赖陆锋 . 2006. pH 计的使用及维护［J］. 教学仪器与实验（3）：52-53.
卢双，张胜业，孙书武 . 2008. 重铬酸钾容量法测定素土中有机质含量［J］. 河南建材（4）：7-8.
陆帼一 . 1984. 番茄壮苗指标的初步研究［J］. 中国蔬菜（1）：13-175.
马艳青 . 2011. 我国辣椒产业形势分析［J］. 辣椒杂志，（1）：1-5.
秦怀英，李友钦 . 1989. 碳酸氢钠法测定土壤有效磷几个问题的探讨［J］. 土壤通报，73（1）：40-42.
时艾旻 . 2008. 土壤全氮不同检测方法的技术要点和注意事项［J］. 临沧科技（4）：41-42.
孙兰香 . 2008. 乙酸铵浸提——火焰光度计法测定土壤速效钾［J］. 现代农业科技（17）：199-199.
吴志行，凌丽娟，张义平 . 1988. 蔬菜育苗基质的理论与技术的研究［J］. 农业工程学报（3）：20-27.
袁久坤，周英 . 2014. 利用取土钻改进环刀法准确测定土壤容重和孔隙度［J］. 中国园艺文摘（3）：25-26.
岳天敬 . 2005. 茄子穴盘育苗基质及其育苗效果的研究［D］. 长春：吉林农业大学.
张毅，张洁，赵九州，等 . 2011. 不同基质配比对辣椒穴盘育苗效果的影响［J］. 北方园艺（21）：9-12.
郑子松，王林闯，李纲，等 . 2016. 不同穴盘育苗基质对辣椒幼苗生长的影响［J］. 江苏农业科学，44（2）：190-192.

基于食用菌菌糠为主的辣椒育苗基质配方研究

闫　芳[1]，华　军[2]，王勤礼[1]，毛　涛[3]，张文斌[2]，王治娟[1]
（1. 河西学院河西走廊设施蔬菜工程技术研究中心；2. 张掖市经济作物技术推广站；3. 张掖市耕地质量建设管理站）

摘　要：筛选以食用菌菌糠为主的辣椒育苗基质配方。以辣椒品种“37—94”为试验材料，选用食用菌菌糠、草炭、珍珠岩、蛭石等为物料，按不同比例混合配制成4种育苗基质配方，以进口基质为对照（CK），采用随机区组设计，进行穴盘育苗试验。结果表明，T3（菌糠：草炭：珍珠岩：蛭石＝6：2：1：1）、T4（菌糠：草炭：珍珠岩：蛭石＝5：3：1：1）复合基质幼苗各项生长指标均显著高于对照。T3出苗率、株高、茎长度、根冠比均大于CK；T4出苗率、株高、茎长、茎粗、根系长度、地上部分鲜重、干重、地下部分干重、壮苗指数、散陀率表现最优，与其他各处理存在显著差异；CK地下部分鲜重最优，但和T4差异不显著。综合各项指标T4表现最优，可以作为张掖市辣椒育苗的基质配方。

关键词：食用菌菌糠；辣椒；基质配方

育苗基质是工厂化育苗的重要部分，是由有机、无机及微生物材料配制而成的适合植物萌发成苗的人工土壤。目前国内外蔬菜工厂化穴盘育苗多采用草炭类复合基质，但草炭资源分布不均，常需长途运输，由此增加了工业化育苗成本。同时，它又是一种不可再生资源，不能满足可持续发展需要（肖昌华等，2016）。有研究证明，只要物理特性、化学特性达到一定标准，很多地方性轻基质资源配成的复合基质，完全可以代替草炭用于蔬菜穴盘育苗，可以降低育苗成本，加快工厂化育苗技术的推广（李海辉，何瑞泳，2008）。

我国是世界上食用菌产量最大的国家，伴随着食用菌产业的发展，采收食用菌子实体后废弃固体培养基即菌糠数量越来越多。菌糠性能稳定，残留着大量的菌丝体，富含蛋白质、粗纤维、脂肪、氨基酸、酶类、多种维生素以及钙、铁等丰富的微量元素（陈君琛等，2006）。调查显示，每生产1 kg食用菌约产生菌糠数量为3.25 kg，据此推算，每年菌渣产生量数量巨大，且有逐年上升趋势。然而如何对菌糠进行环保有效处理，却一直没有得到很好的解决。每年大量的菌糠被当作农业垃圾随意丢弃或者焚烧。因此及时科学地处理食用菌菌糠，实现废物再利用，变废为宝，促进农业经济循环刻不容缓。

有关辣椒育苗基质配方研究前人多有报道，2010年程智慧等进行了辣椒穴盘育苗有机质配方的筛选，试验以粉碎的玉米秸秆、玉米芯、稻壳、菇渣、麦糠分别进行发酵腐熟，按不同比例混合组成4种基质配方 结果表明栽培基质A的效果最好出苗快（程智慧等，2010）。王小明等以糠醛废渣代替草炭制备辣椒穴盘育苗基质进行了研究，筛选出了出苗率大于95%的辣椒育苗基质（王小明等，2015）。杨光等人以菇渣：草炭：珍珠岩为物料，研究了不同基质配方对辣椒育苗效果的影响，筛选出适宜的辣椒育苗基质配方（杨光等，2014）。但不同地区生态条件不同，农业有机废弃物也不同，育苗基质配方也应不同。

张掖市是甘肃省食用菌主要栽培地区，具有丰富的食用菌菌糠可再生利用资源。为了充分利用本地丰富的菌糠农业废弃物资源，我们以菌糠为主要原料，筛选开发出一种适合张掖市生态条件、育苗基质成本低，秧苗质量高的辣椒育苗基质配方，为当地辣椒工厂化育苗提供理论依据。

一、材料与方法

（一）试验材料

1. 供试样品种

供试品种为“37—94”，由甘肃省2014年农业技术推广及基地建设项目“高原夏菜新品种筛选及标准化栽培技术示范推广”课题组提供。

2. 供试基质原材料

菌糠为姬菇菌糠，由甘肃占鑫生物科技有限公司提供，珍珠岩（经过筛选处理）与蛭石（经过高温膨胀处理）由张掖市绿之源农业发展有限公司提供。

（二）试验设计

用姬菇菌糠、草炭、珍珠岩、蛭石按不同比例混合配成4种育苗基质配方（表1）为处理，以张掖市绿之源农业发展有限公司提供的进口基质为对照（CK），采用随机区组设计，重复3次，每一个穴盘为一个处理，共5个处理。

表1　基质配方

处理	菌糠	草炭	珍珠岩	蛭石
T1	8	0	1	1
T2	7	1	1	1
T3	6	2	1	1
T4	5	3	1	1
CK	—	—	—	—

注：上表中“0”“1”“2”“3”等表示体积比例。

（三）试验方法

试验于2017年9月13日—10月28日在张掖市张掖市绿之源农业发展有限公司蔬

菜育苗中心日光温室和河西学院河西走廊设施蔬菜工程技术研究中心实验室进行。采用72孔育苗穴盘，每孔播2粒种子，每个处理播一盘，记录其出苗时间，2叶1心进行间苗，每穴留1棵苗，待辣椒幼苗生长到4叶1心时取样测定实验指标。

（四）测定项目及方法

1. 基质容重、孔隙度测定

用体积100 cm^3（V）的环刀（环刀质量为M_0），装满自然风干基质，称重W_1；浸泡水中达到饱和状态时称重W_2；水自然沥干后，称重W_3：按式（1）～（4）计算。

容重＝（W_1-M_0）/V　　式（1）

总孔隙度（TP）＝［（W_2-W_1）/V］×100%　　式（2）

通气孔隙度（AP）＝［（W_2-W_3）/V］×100%　　式（3）

持水孔隙度（WHP）＝总孔隙度-通气孔隙度　　式（4）

2. 基质pH值测定

将风干基质（质量）与去离子水体积以1∶5比例相混合，2 h后取滤液，用PH-3E型pH计测定pH值。

3. 基质全氮、速效氮、速效磷、速效钾含量、有机质含量测定

全氮含量测定采用半微量凯氏法测定（赵振宇，2017）。

速效氮含量采用氯化钠浸提—Zn-$FeSO_4$还原蒸馏法测定（宋笑笑，2013）。

速效磷含量采用碳酸氢钠浸提—钼锑抗比色法测定；速效钾含量采用中性醋酸铵浸提—火焰光度法测定；有机质含量采用重铬酸钾—硫酸消化（赵振宇，2017）。

4. 辣椒幼苗生长指标的测定

4叶1心时每个穴盘随机选取10株测定生长指标取其平均值。

株高：茎基部到植株生长点的高度，用卷尺测量（0.01 cm）。

茎粗：幼苗茎与基质接触面上部1 cm处茎粗（mm）用电子数显卡尺测量（0.001 cm）。

茎长度：茎基部到主茎分节处，用卷尺测量（0.01 cm）。

地上部分和地下部分干、鲜重：在电子天平（感量0.000 1 g）上测得，干重用烘干法，110℃杀青4 h，（101型电热鼓风干燥箱）。

根系长度：用卷尺测量，精度为0.01 cm。

散坨率：辣椒苗坨从1 m高处自由落下后散坨数占试验苗坨的总数。每处理测10株，重复3次，取平均值。

出苗率：播种两周后，出苗个数占试验总苗数。

根冠比：根冠比＝地下干重/地上干重。

壮苗指数：壮苗植株＝［茎粗（cm）/株高（cm）］×单株干重（g）。

（五）统计分析方法

试验数据均采用DPS 12.3软件进行方差分析，差异显著性测验采用Duncan法。采

用 Excel 软件绘图。

二、结果与分析

(一) 不同育苗基质物理性质

由表 2 可知，T1 的容重最大，为 0.274 1 g/cm³，T2、T3 次之，对照最小，0.163 0 g/cm³，其次为 T4，为 0.204 5 g/cm³；总孔隙度中 T1、T3、T4 均大于对照，其中 T4 最大为 68.17%，T3 次之为 60.66%，T2 最低为 54.39%；通气孔隙度 T1 最大 18.01%，T2 次之 14.98%，T3 最小 6.37%；持水孔隙度 T4 最大 61.51%，T3 次之 54.29%，T2 最小 39.41%；气水比 T1 最大为 0.389 7，T2 次之 0.380 0，T4 最小 0.108 3。

表 2　不同育苗基质的物理性质

处理	容重 (g/cm³)	总孔隙度 TP (%)	通气孔隙度 AP (%)	持水孔隙度 WHP (%)	气水比
T1	0.274 1	57.555 7	18.010 8	46.211 6	0.389 7
T2	0.272 4	54.391 4	14.976 6	39.414 8	0.380 0
T3	0.204 6	60.656 6	6.369 0	54.287 7	0.117 3
T4	0.204 5	68.169 9	6.659 8	61.510 1	0.108 3
CK	0.163 0	57.061 1	7.038 1	50.023 0	0.140 7

(二) 不同育苗基质化学性质

1. 不同育苗基质的 pH 值

由表 3 可知，不同处理的 pH 值均不同，均呈中性偏碱，均高于对照，其中 T2 的 pH 值最高为 7.94，T4 的 pH 值最小为 7.61。

2. 不同育苗基质速效氮、速效磷、速效钾、全氮、有机质含量

由表 3 可知，4 个处理的速效氮、速效磷、速效钾含量均高于对照，其中 T4 速效氮含量最高为 821.80 mg/kg，T3 次之，T2 速效氮含量最低为 722.40 mg/kg；T3 的速效磷含量最高为 359.00 mg/kg，T1 次之，T2 和 T4 速效磷含量最低均为 353.00 mg/kg；其中 T1 的速效钾含量最高为 18.53 g/kg，T2 次之，T4 最小为 16.11 g/kg。因此各处理的速效氮、磷、钾含量均能满足辣椒幼苗生长时的养分需求。

由表 3 可知，各处理的全氮含量均高于对照，其中 T1 全氮含量最高为 19.34 g/kg，T2 次之，T4 最小为 16.10 g/kg；其中各处理的有机质含量均低于对照，T4 的有机质含量最高为 477.92 g/kg，T3 次之，T1 的有机质含量最低为 394.02 g/kg。因此，各处理均有一定的肥力，来满足辣椒幼苗正常生长的需求。

表 3　不同育苗基质的化学性质

配比	全氮（g/kg）	速效氮（mg/kg）	速效磷（mg/kg）	速效钾（g/kg）	有机质（g/kg）	pH 值
T1	19.34	743.40	357.00	18.53	394.02	7.93
T2	19.17	722.40	353.00	18.41	406.86	7.94
T3	17.07	753.20	359.00	17.25	448.11	7.72
T4	16.10	821.80	353.00	16.11	477.92	7.61
CK	6.17	215.60	87.00	0.816	559.64	6.13

（三）不同育苗基质对辣椒生长指标的影响

1. 不同育苗基质对辣椒幼苗生育期的影响

由图 1 和表 4 可知，不同育苗基质出苗率不同，各处理的出苗率均高于对照，为 T1>T4>T2>T3>CK，其中 T1 最高，为 87.67%，与 T3 和 CK 之间存在极显著差异，与 T4 之间没有显著差异；T3 最低为 77.67%，与其他各处理间差异显著。由此表明除 CK 外其他各处理均适合做辣椒育苗基质，以 T1 和 T4 对辣椒幼苗出苗率最有效。幼苗的出苗率直接影响生产成本，关系到工厂化育苗的效益。一般穴盘育苗的出苗率要求为大于 85%。

表 4　不同育苗基质辣椒出苗率的比较

处理	出苗（%）	差异显著性	
		5%	1%
T1	51.667	d	A
T2	84.666 7	b	A
T3	77.666 7	c	B
T4	87.333 3	ab	A
CK	87.666 7	a	C

由表 5 可知，辣椒幼苗从播种期到 4 叶期不同育苗基质配方对辣椒幼苗整齐度、色泽、健壮度基本一致，表明不同育苗基质处理配方对辣椒幼苗生育期均没有影响。

表 5　不同育苗基质辣椒幼苗生育期的比较

处理	播种期（日/月）	出苗期（日/月）	真叶期（日/月）	4 叶期（日/月）
T1	13/9	20/9	27/9	21/10
T2	13/9	20/9	27/9	21/10
T3	13/9	20/9	27/9	21/10
T4	13/9	20/9	27/9	21/10
CK	13/9	20/9	27/9	21/10

2. 不同育苗基质对辣椒形态指标的影响

由图 2 可，T2、T3、T4 的株高均高于对照，其中 T4 最高为 21.603 3 cm，与 T1、T2、T3 及 CK 之间差异显著；T3 次之，为 18.646 7 cm，与 T1 和 T4 之间差异显著，与 T2 和 CK 之间没有显著差异。由图 3 可知各处理茎长度均高于 CK，T4 最高为 2.853 3 cm，与 T1 和 CK 之间达到了极显著差异，与 T3 之间没有差异；T3 次之，为 2.643 3 cm，与其他处理之间均无显著差异。由图 4 可知，T4 茎粗最高为 2.295 7 mm，与 T1、T2 间差异显著，与 CK 间差异不显著；CK 次之，为 2.200 3 mm，与 T1、CK 间差异显著，与 T3、T4 无差异。由图 5 可知 T4 的根系长度最高为 9.31 cm，与 T1 间差异显著，与其余各处理之间均无差异；CK 次之为 8.23 cm，除 T1 外与其他各处理间无差异。由此表明除 T1 外，其余各处理对辣椒幼苗形态指标影响不大。

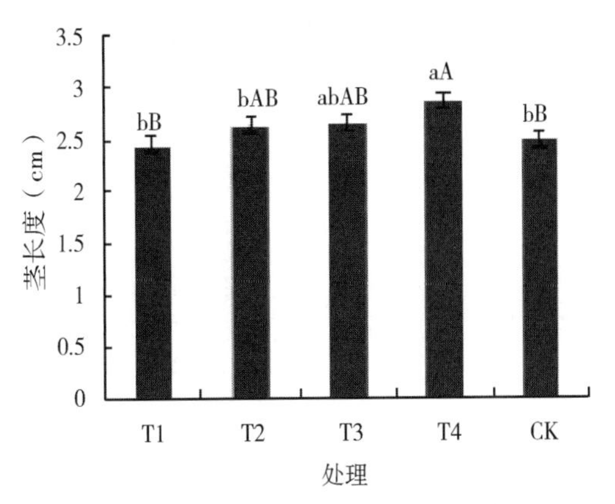

图 2　不同育苗基质辣椒幼苗株高

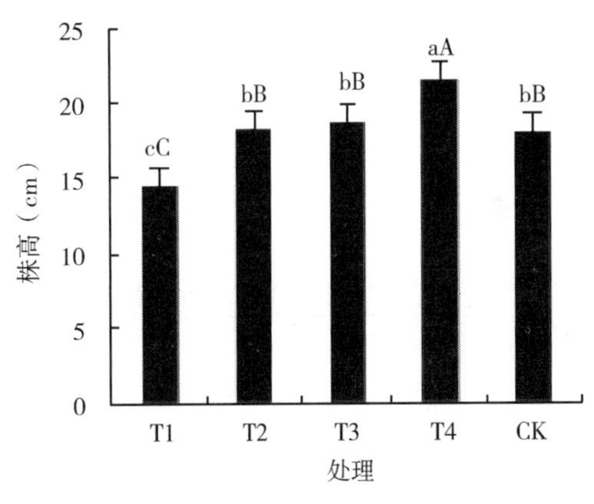

图 3　不同育苗基质辣椒幼苗茎长

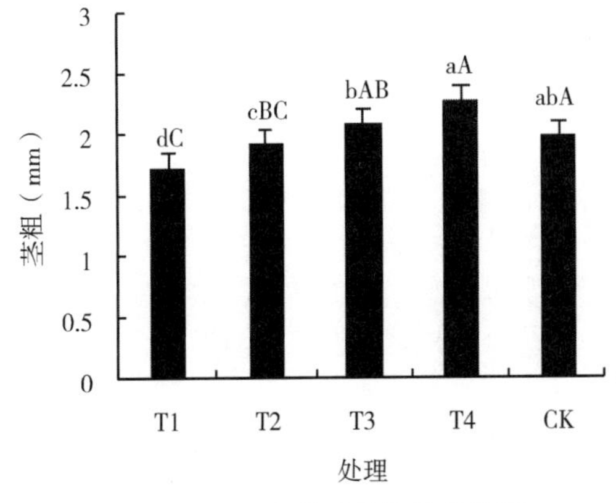

图 4　不同育苗基质辣椒幼苗茎粗

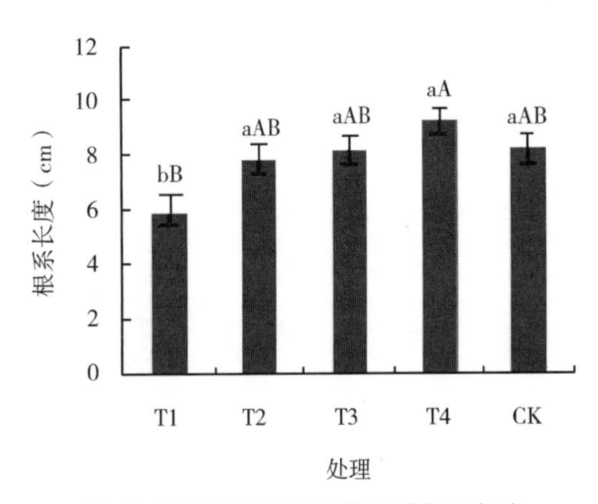

图 5　不同育苗基质辣椒幼苗根系长度

3. 不同育苗基质对辣椒幼苗地上、地下部干鲜重的影响

由表 6 可知，地上部分鲜重为 T4>CK>T3>T2. T1，其中 T4 最高，为 11.401 g，与其他处理间差异达极显著水平。地下部分鲜重为 CK>T4>T3>T2>T1，其中 CK 最高，T4 次之，分别为 1.817 2 g和 1.761 7 g，达极显著水平。地上部分干重为 T4>CK>T3>T2>

T1，其中 T4 最高为 1.761 7 g 与其他处理差异显著。地下部分干重为 T4>CK>T3>T2>T1，其中 T4 最高为 0.387 8 g，与 T2、T3、CK 间无差异，与 T1 差异显著。根冠比反应地下部分与地上部分的相关性，T1 和 T3 高于 CK。壮苗指数是衡量秧苗素质的一个重要数据，壮苗指数从大到小依次为 T4>CK>T3>T2>T1，其中 T4 最高，CK 次之，分别为 0.022 8和 0.021 5。由此表明 T4 为最理想的辣椒育苗基质，对辣椒幼苗鲜重最有效，对辣椒幼苗干重效果好有利于干物质的积累，还对提高辣椒壮苗指数最有效。

表 6　不同育苗基质对辣椒干鲜重的影响

处理	鲜重（g/株）		干重（g/株）		根冠比	壮苗指数
	地上	地下	地上	地下		
T1	6.628 8 e D	0.529 7 c C	0.901 2 c B	0.247 6 b A	0.275 0	0.013 7
T2	8.670 8 d C	1.073 5 b BC	1.129 2 bc AB	0.311 9 ab A	0.241 4	0.015 2
T3	9.481 0 c BC	1.107 4 b B	1.291 9 bc AB	0.35 a A	0.270 9	0.018 6
T4	11.401 a A	1.715 7 a A	1.761 7 a A	0.387 8 a A	0.220 1	0.022 8
CK	10.419 2 b AB	1.817 2 a A	1.418 3 ab AB	0.359 4 a A	0.253 4	0.021 5

4. 不同育苗基质对辣椒散坨率的影响

散坨率也是衡量育苗质量的一个重要指标。散坨率越低，定植成活率越高，缓苗快，为生产打下良好基础（王勤礼等，2014）。由表 7 可知，T4 散坨率最低，与 CK 没有显著性，和 T1、T2、T3 差异显著。

表 7　不同处理辣椒育苗基质散坨率

处理	散陀率（%）	差异显著性	
		5%	1%
T1	100	a	A
T2	73.3	b	A
T3	83.3	ab	A
T4	40	c	B
CK	43.3	c	B

三、讨　论

育苗基质能否提供给种苗足够的水分、良好的通气环境和支撑作用，主要取决于基质物理性状，这包括通气孔隙度、持水孔隙度、总孔隙度和容重。通气孔隙度大，基质能给种苗提供大量空气，有利于根系的有氧呼吸，并减少无氧呼吸，防止无氧呼吸过多造成伤害，从而促进根系的生长发育；持水孔隙度高，基质才能给种苗提供足够的水分，容重要适中，过小会引起种苗倒伏，过大会造成操作困难（张殿宇等，2009）。相关研究表明，当栽培基质的容重在 0.1～0.8 g·cm^3，总空隙度在 54%～96%时栽培效果较好（郭世荣，2003），本试验中各处理基质的容重、总孔隙度均在此范围内。理想基质的持水孔隙是在 40%～75%（张殿宇等，2009），本试验各处理持水孔隙除 T2 外，均在标准范围内。但不同处理辣椒幼苗长势仍存在显著差异，这主要是不同处理基质配比不同，养分含量各不相同，理化性质差异较大。辣椒幼苗生长喜中性偏酸性的基质（王勤礼等，2014），但各处理 pH 均偏高，主要由于基质都由含碱量高的菌糠按不同比例混配而成，在使用时注意调减。

散坨率也是衡量育苗质量的一个重要指标。散坨率越低，定植成活率越高，缓苗快，为生产打下良好基础（王勤礼等，2014）。本试验结果表明，T4 散坨率最低，T1、T2、T3 均高于 CK 且差异显著。主要由于各处理菌糠含量比较多，发酵不彻底腐殖质含量较少所引起。因此 T1、T2、T3 配方有待进一步完善。

胡青青等人以药渣炭、木屑炭和猪粪炭、蛭石、珍珠岩为试验对象，配比一定量的醋糟，按照不同的比例组配成复合基质，进行辣椒穴盘育苗试验，结果表明（药渣炭：醋糟：蛭石：珍珠岩=4：2：3：1）和（药渣炭：醋糟：蛭石：珍珠岩=4：2：3：1）基质表现最好（胡青青等，2017）。任兰天等人将腐熟的小麦秸秆、珍珠岩和蛭石按不同比例混配成小麦秸秆育苗基质，研究其在辣椒穴盘育苗上的效果，结果表明 70%小麦秸秆复合育苗基质更适合于辣椒幼苗生长发育，育苗可以达到壮苗标准，其可作为辣椒育苗基质使用（任兰天等，2017）；沈力等人以双孢蘑菇菌糠为试材，探索应用蘑菇菌糠制备辣椒育苗基质的效果，育苗基质配方处理按粉碎消毒的双孢蘑菇菌糠、细红土、细干猪粪、珍珠岩所占的体积，按 4 因素 3 水平正交试验设计，结果表明，双孢蘑菇菌糠 40%、红土 30%、干猪粪 20%、珍珠岩 20%，为辣椒最佳育苗基质配方（沈力等，2015）。本试验结果表明，T4 辣椒幼苗各项指标优于对照商品基质，这与前人研究的结果相似。但不同种类的食用菌菌糠及作物的不同生长需求各异，不同研究者所得最佳配方不同。因此，如何确定菌糠与其他基质的混配比例，以达到满足植物正常生长所需有待进一步研究，不同地区应根据当地生态条件和资源状况，选择不同配方的育苗基质。

不同季节光温等自然条件不同，对育苗基质配方要求也不同，本试验是在秋季温室条件下进行的，筛选的基质配方仅适用于辣椒秋季育苗，其他季节尤其是在夏季高温及冬季寒冷条件下育苗基质配方还有待于进一步研究。

四　结　论

本次试验结果表明，用菌糠：草炭：珍珠岩：蛭石=5：3：1：1 比例配制的基质，辣椒苗生长发育良好，且此基质成本较低，可在生产中推广应用。

参考文献

高芳华，陈春桦，邓长智．等．2011. 不同基质配比对辣椒幼苗生长的影响［J］. 长江菜（18）：58-63.

巩芳娥．2011. 玉米秸秆与牛粪用作辣椒育苗基质的研究［D］. 兰州：甘肃农业大学.

何仕涛．2017. 以污泥为主料的育苗基质研究［D］. 杨凌：西北农林科技大学.

胡青青，李恋卿，潘根兴．2017. 生物质炭醋糟复配物代替草炭对辣椒幼苗生长的影响［J］. 土壤，49（2）：273-282.

牛爱书，杜丽，周延伟．2007. 玉米秸秆发酵基质对辣椒育苗效果的影响［J］. 中国农技推广（7）：39-40.

任兰天，刘庆，唐飞，等．2017. 腐熟小麦秸秆复合育苗基质对辣椒穴盘育苗的影响［J］. 安徽农业科学，45（23）：37-39，79.

尚庆茂，张志刚．2006. 蚯蚓粪基质在辣椒穴盘育苗中的应用［J］. 北方园艺（1）：8-10.

沈力，杨舒惠，高寿梅，等．2014. 双孢蘑菇菌糠配制辣椒育苗基质的研究［J］. 南方园艺，25（6）：12-16.

宋晓晓．2013. 不同配比有机基质对生菜生长、产量及品质的影响［D］. 杨凌：西北农林科技大学.

苏丽影．2013. 玉米秸秆混合基质在蔬菜穴盘育苗中的应用研究［D］. 吉林农业大学.

孙凤建．2017. 不同育苗基质对辣椒苗生长发育的影响［J］. 上海蔬菜（6）：76-77.

覃晓娟，吴圣进，韦仕岩．等．2010. 木薯渣复合基质在辣椒穴盘育苗上的应用效果［J］. 基因组学与应用生物学，29（6）：1 200-1 205.

王东升，陈欢，唐懋华．等．2011. 不同基质配方对辣椒苗期生长的影响［J］. 江苏农业科学，39（5）：181-183.

王勤礼，许耀照，王佩堂，等．2012. 以有机废弃物为主的辣椒无土育苗基质配方研究［J］. 土壤通报，43（1）：182-185.

王勤礼，许耀照，闫芳，等．2014. 以牛粪、食用菌废料为主的辣椒育苗基质配方研究［J］. 中国农学通报，30（4）：179-184.

王小明，刘洁，赵睿．2015. 以糠醛废渣代替草炭制备辣椒穴盘育苗基质的技术研究［J］. 福建农业（5）：101-102.

熊维全，万群，曾先富．2011. 食用菌菌渣对辣椒种子萌发及幼苗生长的影响［J］. 中国园艺文摘，27（10）：15-16.

张殿宇．2009. 蘑菇渣、酱渣在育苗复合基质上的应用研究［D］. 乌鲁木齐：新疆农业大学.

张彦良，张建国．2015. 不同育苗基质对番茄和辣椒幼苗生长的影响［J］. 种子科技，33（3）：33-34.

张毅，张浩，赵九州，等．2011. 不同基质配比对辣椒穴盘育苗效果的影响［J］. 北方园艺（21）：9-12.

赵振宇．2017. 不同配比基质对黄瓜穴盘育苗生长的影响［D］. 呼和浩特：内蒙古农业大学．

不同育苗基质对娃娃菜生长发育的影响

闫　芳[1]，华　军[2]，王勤礼[1]，毛　涛[3]，张文斌[2]，王治娟[1]
（1. 河西学院河西走廊设施蔬菜工程技术研究中心；2. 张掖市经济作物技术推广站；3. 张掖市耕地质量建设管理站）

摘　要：［目的］以娃娃菜品种“春玉黄”为试验材料，研究不同育苗基质对娃娃菜生长发育的影响。［方法］试验以菌糠、草炭、蛭石、珍珠岩为原材料配制4种育苗基质，采用随机区组设计，每组3次重复，进行穴盘育苗试验。［结果］T2、T3、T4与对照组差异显著，对娃娃菜幼苗的生长发育有明显促进作用。其中，T4茎粗、株高、根长、地上部鲜重上表现优于其他各组，且在株高上明显大于CK，T2、T3次之；T2地下部鲜重、壮苗指数上表现最优，T4、T3次之；T1、T2、T3、T4在地上部干重表现基本相同，各处理均与CK存在显著差异；T3地下部干重表现较优，T2、T4次之；根冠比方面，从小到大依次为T1、T4、T2、T3、CK；T4的散坨率略高于CK，T1、T2则显著高于CK。［结论］T4在娃娃菜幼苗生长期间，各方面表现较优，可以作为河西地区秋季娃娃菜育苗的基质配方。

关键词：育苗基质；菌糠；娃娃菜

蔬菜工厂化育苗技术，是以穴盘无土基质为载体的集约化蔬菜商品秧苗的培育方式。蔬菜育苗基质是固定支撑幼苗、种子萌发、幼苗生长所需水肥养分的来源，国际上通常采用草炭和蛭石各半的混合基质进行工厂化育苗。目前白菜的栽培基质主要是从市场上购买的以草炭为主要成分的商品育苗基质，存在成本偏高、产出低等问题（蒋卫杰等，2000；刘伟等，2006）。而草炭是一种非再生资源，长期采用会造成资源枯竭和自然环境的破坏（任爱梅等，2013）。另外，不同地区可用于白菜育苗的材料存在性质差异大等问题，不同配比组合会直接影响基质的理化性质，从而影响幼苗的根系生长和植株整体素质（李静等，2000）。蔬菜育苗基质并不是以固定配比最好，针对不同品种、不同季节及管理条件等，要因地制宜开发适宜的育苗基质（张彦良等，2015）。

有关娃娃菜育苗基质配方研究前人多有报道。如张强等利用粉煤灰、菇渣、蛭石为主要试材，采用三因素三水平正交试验方法，进行娃娃菜育苗试验，结果表明，V（粉煤灰）：V（菇渣）：V（蛭石）＝4：3：2为最佳娃娃菜育苗基质配方，且优于对照组的市售商品育苗基质（张强等，2018）。郑明强以有机基质、腐殖土、泥土为原料，配制出8个穴盘育苗基质在白菜上实施育苗试验，结果表明，以2：1：1的配比为较理想的配方，白菜苗期成苗率、经济性状表现最优（郑明强，2008）。梁金凤等将菇渣发酵产物生产的有机物料与草炭、蛭石进行混合调配，研究了不同配比复合基质的理化性质。研究结果表明，菇渣复合型育苗基质理化性质完全符合工厂化育苗基质要求，不同菇渣配比基质中，以20%菇渣用量配合10%蛭石和70%草炭为最佳基质配方（梁金凤等，2010）。因此，因地制宜地设定基质的配比，在生产上具有十分重要的意义。

张掖市位于河西走廊中段，是典型的绿洲农业区。近年来，娃娃菜已成为张掖市高原夏菜的主要菜种之一，种植规模逐年扩大，2014 年达到 1.07 hm^2，已成为西北地区娃娃菜种植的主要产区（华军等，2016）。张掖市目前所运用的育苗基质多依赖于山东、宁夏和国外进口基质，其成本高，带有检疫对象的病原菌风险很高。因此，研究以本地农业废弃物为主的低廉的育苗基质目前显得尤为迫切。

张掖市食用菌产业发展迅猛，3 县区已建设各类菇棚 3 963座，以双孢菇和杏鲍菇为主的食用菌产业，正在快速成长为种植业中的新兴优势产业（许宏林等，2014），每年产有大量的菇糠。本试验以草炭、菌糠、珍珠岩、蛭石为原材料，按照不同比例配成4 种育苗基质进行育苗试验，研究不同配方育苗基质对娃娃菜幼苗生长的影响，以期筛选出适合张掖市生态条件的娃娃菜育苗最优基质配方，降低育苗成本，提高幼苗质量，为本地娃娃菜工厂化育苗提供理论依据。

一、材料与方法

（一）供试材料

1. 供试品种

品种为“春玉黄”，由甘肃省 2014 年农业技术推广及基地建设项目“高原夏菜新品种筛选及标准化栽培技术示范推广”课题组提供。

2. 供试物料

菌糠为姬菇菌糠，由甘肃省占鑫生物科技有限公司提供；草炭、珍珠岩与蛭石由张掖市绿之源农业发展有限公司提供。

（二）试验设计

选用草炭、菌糠、珍珠岩、蛭石按不同体积比例混合配成 4 种育苗基质，分别为T1、T2、T3、T4，以进口基质（由荷兰瑞克斯旺公司生产）作为对照（CK），采用随机区组设计，重复 3 次，每个穴盘为一个处理。

（三）试验方法

试验于 2017 年 9 月 13 日—10 月 28 日在张掖市绿之源农业发展有限公司蔬菜育苗中心和河西学院河西走廊设施蔬菜工程技术中心进行。采用 72 孔育苗穴盘，每个穴孔中播 2 粒种子，记录其出苗时间；待娃娃菜长出第一片真叶时，进行间苗、定苗，每个穴孔中保留 1 株幼苗；待娃娃菜幼苗生长到 4 叶期时取样测定试验指标。

（四）测定项目及测定方法

1. 不同育苗基质理化性质的测定

（1）物理性质。基质容重、孔隙度采用环刀法测定（NY/T 2118—2012）。

（2）化学性质。基质 pH 值采用 METTLER TOLEDO 320 型 PH 计测定（宋笑笑，2013）；全氮含量采用半微量凯氏法测定，速效氮含量采用氯化钠浸提—Zn-$FeSO_4$ 还原蒸馏法测定，速效磷含量采用碳酸氢钠浸提—钼锑抗比色法测定（NY/T 2118—2012），速效钾含量采用中性醋酸铵浸提—火焰光度法测定（NY/T 2118—2012）。

（3）有机质含量。采用重铬酸钾—硫酸消化法测定（赵振宇，2017）。

2. 娃娃菜幼苗生长指标的测定

4 叶 1 心时每个穴盘随机选取 10 株，测定生长指标，取其平均值。

株高：为茎基部到植株生长点的高度，用卷尺测量，精度为 0. 01 cm。

茎粗：在子叶下部 2/3 处用游标卡尺测量，精度为 0. 001 cm。

地上部和地下部干、鲜重：在电子天平（感量 0. 000 1 g）上测得，干重用烘干法，105℃杀青 15 min，75℃烘干至恒重（NY/T 2118—2012）。

根系长度：用卷尺测量，精度为 0. 01 cm。

壮苗指数：壮苗指数=［茎粗（cm）/株高（cm）］×单株干重（g）。

根冠比：根冠比=地下干重/地上干重。

散坨率：将苗坨从 1 m 高处自由落下后，散坨数占试验苗坨的总数。

（五）统计分析方法

试验数据均采用 DPS 6. 55 软件进行方差分析和 Excel 软件进行有关数据的统计，差异显著性测验采用 Duncan 法。

二、结果与分析

（一）不同育苗基质的物理性质

由表 1 可知，各处理的容重均高于 CK，其中 T1 最高，为 0. 274 1 g/cm^3，与 T3、T4、CK 之间达到了极显著差异，与 T2 之间差异不显著；CK 最低，为 0. 163 0 g/cm^3，与所有处理间达到了极显著差异。总孔隙度中 T4 最高，为 68. 17%，与其他各处理间均差异显著；T2 最低，为 54. 39%，与 T3、T4 之间存在显著差异，与 T1、CK 之间无显著差异。通气孔隙度中 T1 最高，为 18. 01%，与 T3、T4、CK 之间达到了显著差异，与 T2 之间没有显著差异；T3 最低，为 6. 37%，与 T1 之间达到了显著差异，与其他各处理之间均无显著差异。持水孔隙度中 T4 最高，为 61. 51%，与 T1、T2、CK 之间存在显著差异，与 T3 之间没有显著差异；T2 最低，为 39. 42%，与 T3 之间达到了显著差异，与 T4 之间达到了极显著差异，与 T1、CK 之间没有显著差异。

表1　不同育苗基质的物理性质

处理	容重 (g/cm³)	总孔隙度 TP (%)	通气孔隙度 AP (%)	持水孔隙度 WHP (%)	气水比
T1	0.274 1 a A	57.555 7 bc B	18.010 8 a	46.211 6 bc AB	0.389 7
T2	0.272 4 a A	54.391 4 c B	14.976 6 ab	39.414 8 c B	0.380 0
T3	0.204 6 b B	60.656 6 b AB	6.369 0 b	54.287 7 ab AB	0.117 3
T4	0.204 5 b B	68.169 9 a A	6.659 8 b	61.510 1 aA	0.108 3
CK	0.163 0 c C	57.061 1 bc B	7.038 1 b	50.023 0 bc AB	0.140 7

注：同列中不同大、小写字母分别表示差异达 0.01、0.05 显著水平，相同字母表示差异不显著。下同。

（二）不同育苗基质的化学性质

1. 不同育苗基质 pH 值

由表 2 可知，各处理的 pH 值显著高于 CK，为中性偏碱。其中 T2 的 pH 最高，为 7.94，T4 的最低，为 7.61。pH 决定矿质养分的有效性和微生物多样性。根据中国农业部蔬菜育苗基质标准（NY/Y 2118—2012），pH 的推荐范围是 5.5～6.8，除对照组 pH 处于该范围内，各处理组 pH 均超出该推荐范围。

2. 不同育苗基质全氮和有机质含量

由表 2 可知，各处理全氮含量均高于 CK，其中 T1 最高，为 19.34 g/kg，T4 最低，为 16.10 g/kg。各处理有机质含量均低于 CK，其中 T4 最高，为 477.92 g/kg，T1 最低，为 394.02 g/kg。有机质含量越高，其阳离子交换量就越大，基质的缓冲能力就越强，保水与保肥能力亦越强。由此数据表明，4 种基质均具有一定的肥力，可满足娃娃菜幼苗正常生长的基本需求。

3. 不同育苗基质速效氮、磷、钾含量

由表 2 可知，各处理速效氮、磷、钾含量均高于 CK，其中 T4 速效氮的含量最高，为 821.80 mg/kg，T2 最低，为 722.40 mg/kg；T3 速效磷的含量最高，为 359.00 mg/kg，T2 和 T4 最低，为 353.00 mg/kg；T1 速效钾的含量最高，为 18.53 g/kg，T4 最低，为 16.11 g/kg。因此，各处理基质的肥力都能满足娃娃菜幼苗生长时对养分的基本需求。

表2　不同育苗基质的化学性质

处理	全氮 (g/kg)	速效氮 (mg/kg)	速效磷 (mg/kg)	速效钾 (g/kg)	有机质 (g/kg)	pH
T1	19.34	743.40	357.00	18.53	394.02	7.93
T2	19.17	722.40	353.00	18.41	406.86	7.94
T3	17.07	753.20	359.00	17.25	448.11	7.72
T4	16.10	821.80	353.00	16.11	477.92	7.61
CK	6.17	215.60	87.00	0.816	559.64	6.13

（三）不同育苗基质对娃娃菜幼苗生长指标的影响

1. 不同育苗基质对娃娃菜幼苗生育期的影响

由表 3 可知，从播种出苗至 4 叶期，不同育苗基质处理对娃娃菜幼苗的生长速度基本一致，幼苗生育期没有差异，且幼苗生长期间植株生长整齐、健壮，未发病，仅有少数生理性萎蔫。由此说明，不同育苗基质处理配方对娃娃菜幼苗生育期的影响没有差异。

表 3　不同育苗基质对娃娃菜幼苗生育期的影响

处理	播种期（日/月）	出苗期（日/月）	第一真叶期（日/月）	4 叶期
T1	29/9	1/10	8/10	21/10
T2	29/9	1/10	8/10	21/10
T3	29/9	1/10	8/10	21/10
T4	29/9	1/10	8/10	21/10
CK	29/9	1/10	8/10	21/10

2. 不同育苗基质对娃娃菜幼苗形态指标的影响

由图 1 可知，除 T4 根长与对照组差异显著外，其他各组处理之间差异不显著。其中，T4 最高，为 12.653 3 cm，T1 次之，为 11.903 3 cm；由图 2 可知，T4 茎粗最高，为 1.943 3 cm，T1 最低，为 1.703 3 cm。各处理下娃娃菜幼苗的茎粗差异不显著；由图 3 可知，在株高方面，T4 最高，为 21.74 cm，CK 最低，为 18.626 7 cm。T4 与对照组均达到了极显著差异，且 T1、T2、T3 与对照组有显著差异。综上所述，T4 的基质配方明显有利于娃娃菜幼苗形态指标的建成。

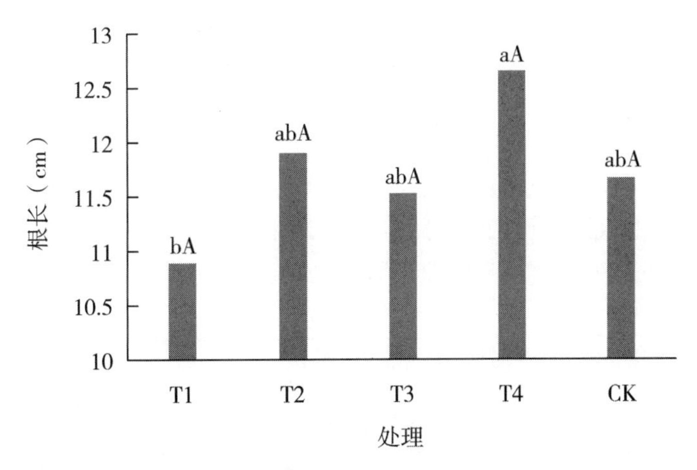

图 1　不同育苗基质娃娃菜幼苗根长

3. 不同育苗基质对娃娃菜幼苗地上、地下部干、鲜重的影响

由表 4 可知，不同处理下，T1、T2、T3、T4 均与对照组地上部分的鲜重有显著差

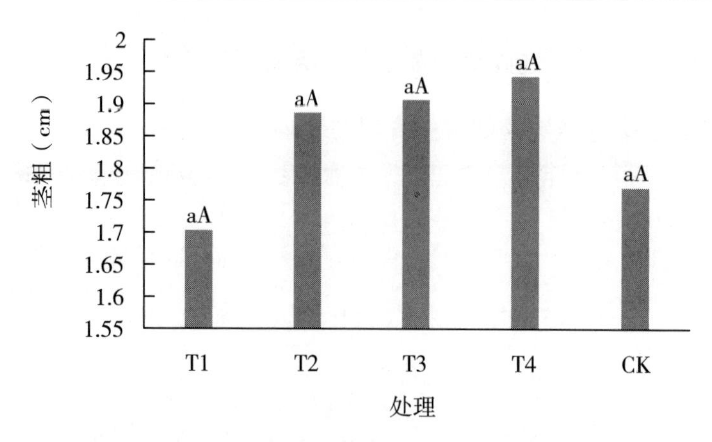

图 2　不同育苗基质娃娃菜幼苗茎粗

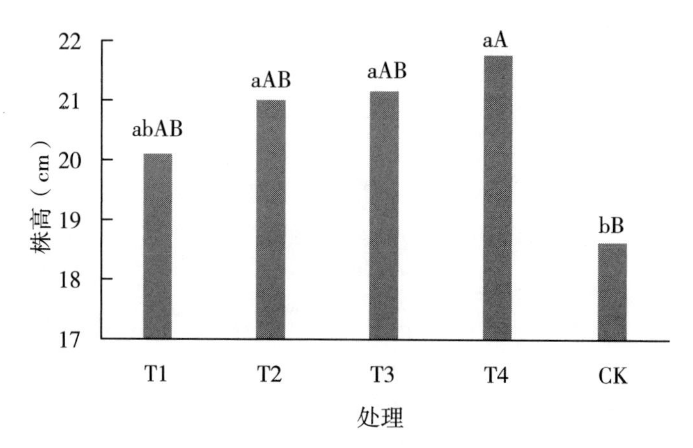

图 3　不同育苗基质娃娃菜幼苗株高的比较

异，且 T2、T3、T4 与对照组存在极显著差异，各处理组间无差异，具体表现为 T4>T2>T3>T1>CK；各组间地下部分的鲜重均无显著差异，但处理组整体还是优于对照组。地下部分的干重，T1 与 T2、T3，T1 与对照组以及 T4 与对照组有显著差异，T1、T2、T3、T4 与对照组存在极显著差异，且处理组整体上均优于对照组；地上部分的干重无显著差异。处理组的根冠比均低于对照组，T1 最小，T4 略大于 T1。壮苗指数是衡量秧苗数据的一个复合指标，从壮苗指数来看，处理组的壮苗指数均高于对照组，其中，T2 最高，为 0. 963 8，T4 次之，为 0. 932 1。综上所述，处理组对于娃娃菜幼苗地上、地下部分干、鲜重的影响优于对照组，且 T4 最优。

表 4　不同育苗基质娃娃菜幼苗干、鲜重

处理	鲜重（g/株）		干重（g/株）		根冠比	壮苗指数
	地上	地下	地上	地下		
T1	16. 516 6 a AB	1. 875 6 a A	3. 927 6 a A	0. 341 5 b A	0. 109 9	0. 876 2
T2	17. 920 7 a A	2. 99 a A	3. 911 6 a A	0. 408 5 a A	0. 128 9	0. 963 8

（续表）

处理	鲜重（g/株）		干重（g/株）		根冠比	壮苗指数
	地上	地下	地上	地下		
T3	17.736 a A	2.795 5 a A	3.636 1 a A	0.416 1 a A	0.139 0	0.921 3
T4	18.318 2 a A	2.963 2 a A	3.897 5 a A	0.359 5 ab A	0.115 2	0.932 1
CK	11.810 4 b B	1.760 6 a A	1.17 a A	0.240 5 c B	0.204 6	0.403 7

4. 不同育苗基质对娃娃菜幼苗散坨率的影响

散坨率是衡量幼苗根系发育的一个理想形态指标。由表 5 可知，各组间无显著差异，CK 最小，T4 略大于 CK，T1、T2、T3 相同。

表 5　不同育苗基质娃娃菜幼苗散坨率的比较

处理	散坨率（%）	差异显著性	
		5%	1%
T1	23.333 3	a	A
T2	23.333 3	a	A
T3	23.333 3	a	A
T4	6.666 7	a	A
CK	3.333 3	a	A

三、讨　论

穴盘育苗对基质的要求是尽可能使幼苗对水分、养分、氧气、温度等条件的需求得到满足。优质无土育苗基质能为植物生长提供稳定、协调的水、气、肥及根际环境条件，具有支持固定植物、保持水分和透气的作用（王勤礼等，2014）。有机基质的分解程度直接关系到基质的容重、总孔隙度以及吸附性与缓冲性，分解程度越高，容重越大，总孔隙度越小，一般以中等分解程度的基质为好。基质的 pH 值各不相同，多数蔬菜、花卉幼苗要求的 pH 值为微酸至中性。宋志刚认为有利于作物生长的基质容重一般在 0.1～0.8 g/cm^3，在这个范围内作物生长的状况较好；理想的大小孔隙比（气水比）在 1∶(2.0～4.0) 的植物生长状况较为良好（宋志刚，2013），李天林等认为总孔隙度在 60%～90%的基质有利于植物的生长。本试验结果表明，各处理 pH 为中性偏碱，主要原因是各处理基质主要由含碱量高的菌糠按照不同比例混配而成，另外，蛭石是微碱性，珍珠岩为中性。因此，在使用以上配方时应注意调碱，可添加少量有机肥混配基质改变 pH。各处理容重均在适宜范围内。除 T3、T4 外，其他各处理的总孔隙度较低；T1、T2 的气水比范围合理，其他偏低。主要原因是采后加工较粗，过筛不完善，使得混配基质整体粒径不均匀。

根据中国农业部蔬菜育苗基质推荐标准，蔬菜育苗基质的pH推荐范围为5.5～6.8、有机质≥20%、速效磷10～100 mg/kg、速效钾50～600 mg/kg。本试验中各处理的速效磷、速效钾含量高于标准，有机质的含量低于标准，有机质含量尚有待改进。

散坨率是衡量幼苗质量的一个重要指标。散坨率越低，定植成活率越高，缓苗快，为植株生长打下良好基础。在本试验中，处理组散坨率均高于对照组，这主要是由于各处理中的菌糠纤维较短。在其他各个方面，添加了菌糠的处理组培育的娃娃菜幼苗均优于对照组。处理组中又以T4为最优。

张景云等选用丹麦进口泥炭、珍珠岩、蛭石为原料，按照三种原料的不同配比配制出6种穴盘育苗基质，调查不同基质对小白菜类蔬菜的影响，研究得出，泥炭：珍珠岩：蛭石的比例为7：2：1时，栽培效果较为理想（张景云等，2012）。本试验结果表明，处理T4、T3、T2娃娃菜幼苗各项指标均优于以草炭为主的进口商品基质，这与前人研究的结果相似，但是，不同研究者所得最佳配方比例不同。因此，不同地区应根据当地生态条件和资源状况，选择不同配方的育苗基质，以达到最佳效果。

不同季节光温等自然条件不同，对育苗基质配方要求也不同。高温季节与低温季节的配方有着明显差异。本试验是在秋季温室条件下进行的，筛选的基质配方仅适用于娃娃菜秋季育苗，其他季节尤其是在夏季高温及冬季寒冷条件下育苗基质配方还有待于进一步研究。

四、结　论

根据以上试验结果可得出如下结论：处理T4在娃娃菜幼苗生长的各项指标表现较优，可以作为河西地区秋季娃娃菜育苗的参考基质配方。

参考文献

华军，王勤礼，王鼎国，等.2016. 张掖市娃娃菜品种比较试验［J］. 中国瓜菜，29（8）：38-41.

蒋卫杰，刘伟，余宏军，等.2000. 我国有机生态型无土栽培技术研究生态农业研究［J］. 中国生态农业学报，8（3）：17-21.

李静，赵秀兰，魏世强，等.2000. 无公害蔬菜无土栽培基质理化特性研究［J］. 西南农业大学学报，22（2）：112-115.

任爱梅，李建宏，谢放，等.2013. 用食用菌渣等废料配制新型蔬菜育苗基质［J］. 吉林农业科学，38（1）：67-69.

王勤礼，许耀照，闫芳，等.2014. 以牛粪、食用菌废料为主的辣椒育苗基质配方研究［J］. 中国农学通报，30（4）：179-184.

许宏林，王学文.2014. 甘肃张掖市食用菌产业发展现状与对策［J］. 中国园艺文摘：78-117.

张强，朱益赫，赵永志，等.2018. 利用粉煤灰配制筛选黄瓜和娃娃菜的育苗基质［J］. 北京农学院学报，33（2）：38-42.
张彦良，张建国．2015．不同育苗基质对番茄和辣椒幼苗生长的影响［J］．种子科技，3（3）：33-34.
郑明强．2008．基质不同配比对白菜育苗性状的影响［J］．贵州农业科学，36（2）：144-145.

附录

张掖市高原夏菜栽培技术规程

附录一　戈壁蔬菜　大棚番茄绿色生产技术规程[①]

本标准按照 GB/T 1. 1—2009 给出的规则起草。

本标准由张掖市农业农村局提出。

本标准由甘肃省农业农村厅归口。

本标准起草单位：河西学院、张掖市经济作物技术推广站。

本标准主要起草人：王勤礼、张文斌、华军、闫芳、李文德、魏开军、李天童、张荣。

一、范围

本标准规定了戈壁大棚番茄绿色生产的术语和定义、产地环境条件、生产技术管理、病虫害防治、采收及建立生产档案。

本标准适用于戈壁大棚绿色食品番茄生产。

二、规范性引用文件

下列文件对于本文件的应用是必不可少的。凡是注日期的引用文件，仅注日期的版本适用于本文件。凡是不注日期的引用文件，其最新版本（包括所有的修改单）适用于本文件。

GB 4285 农药安全使用标准

GB/T 8321（所有部分）农药合理使用准则

GB 16715. 3 瓜菜作物种子　第 3 部分：茄果类

NY/T 391 绿色食品 产地环境质量

NY/T 393 绿色食品 农药使用准则

NY/T 394 绿色食品 肥料使用准则

NY/T 655 绿色食品 茄果类蔬菜

NY/T 658 绿色食品 包装通用准则

NY/T 1056 绿色食品 贮藏运输准则

三、术语和定义

下列术语和定义适用于本标准。

（一）戈壁蔬菜　在戈壁滩、砂石地、盐碱地、沙化地、滩涂地等不适宜耕作的闲

---

① 注：以下规程尚未正式发布，如本附录与正式发文有细节差异，以正式发文为准。

置土地上，在符合国家有关生态保护法律法规政策的前提下，以高效节能日光温室、大棚为载体，生产的设施瓜果蔬菜。

（二）大棚 完全用薄膜作为覆盖材料的大型拱棚。以下若不特别指明，简称大棚。

（三）绿色食品 是指产自优良生态环境、按照绿色食品标准生产、实行全程质量控制并获得绿色食品标志使用权的安全、优质食用农产品及相关产品。

（四）客土栽培 挖走原来不适宜蔬菜生长的原土，回填满足蔬菜栽培标准种植土而进行的蔬菜栽培。

（五）有机生态型无土栽培 指不用天然土壤，而使用基质，不用传统的营养液灌溉植物根系，而使用有机固态肥并直接用清水灌溉作物的一种无土栽培技术。

四、产地环境条件

（一）产地环境 环境条件应符合 NY/T 391 的规定，要选择地势平坦，交通便利的地区。

（二）客土 用没种过蔬菜、富含有机质的肥沃壤土为宜，厚 60～80 cm，忌连作。

五、生产技术

（一）茬口安排

1. 一大茬栽培 2 月中下旬播种育苗，4 月上旬左右定植，7 月中下旬～9 月下旬采收。

2. 复种栽培 4 月中旬播种育苗，5 月中下旬前茬作物收获后定植，8 月上旬～10 月采收。

（二）品种选择 根据市场需求，选择适应当地生态条件的优质、高产、抗病、抗逆性强、商品性好、耐贮运、无限生长型的抗黄化曲叶病毒病（TY）的优良品种。不得使用转基因品种。

（三）育苗

1. 育苗设施 采用穴盘育苗或工厂化育苗技术，在育苗专用连体温室、日光温室内育苗。夏季育苗温室育苗前采用高温闷棚消毒，冬春季节硫黄粉烟剂或基他绿色食品允许使用的烟雾剂消毒。

2. 苗床准备

（1）床架、穴盘消毒 用 0.2%的高锰酸钾溶液喷洒床架消毒；旧穴盘先用清水冲洗干净后，在 0.2%的高锰酸钾溶液中浸泡 30 min 后用清水冲洗后待用。

（2）育苗基质制备 穴盘育苗用的育苗基质按 NY/T 2118—2012 制备，待用。

3. 种子质量 符合 GB 16715.3—2010 中 2 级以上要求。

4. 用种量 根据种子大小及定植密度，每亩栽培面积用种量 10g～30g。

5. 种子处理 播种机播种，采用精选种子或包衣种子直接播种。人工点播，针对当地的主要病害选用下述消毒方法。

（1）温汤浸种　把种子放入55℃热水，维持水温均匀浸泡15 min。

（2）药剂浸种　先用清水浸种3～4 h，再放入0.1%高锰酸钾或10%磷酸三钠溶液中浸泡20 min，捞出后清水冲洗干净待用。

6. 催芽　消毒后的种子在清水中浸泡4～6 h后捞出洗净，搓去种子表面黏液，置于25℃～28℃条件下催芽，约2～3 d后，50%～70%的种子露白时播种。催芽期间每天早晚检查出芽情况，同时每天用清水掏洗种子一次。

7. 播种

（1）装盘　装盘前先将基质拌潮湿，用手攥成团松开不散为好，然后将基质装入穴盘后用刮板从穴盘一边刮向另一边。装盘后每个格室清晰可见，不要用力压基质。穴盘装好后每8～12个摞在一起，上放一块小木板，用手轻轻压一遍，使深度达到播种要求。

工厂化穴盘育苗时，采用自动精量播种生产线，实现自动装盘自动播种。

（2）播种　当催芽种子50%～70%以上破嘴（露白）即可人工播种。机械播种或夏秋育苗直接用精选或消毒后的种子播种。播种后用育苗基质或潮湿的蛭石盖籽，刮平盘面，喷透水，以底部渗出水为宜。

（3）分苗　幼苗二叶一心时将每穴多余的幼苗移入穴盘的空穴中，分苗后要浇透水。

8. 苗期管理

（1）温湿度管理　播种至出苗期间，白天保持25～30℃，夜温不低于12℃。50%以上幼苗出土应及时揭去覆盖物；70%以上幼苗出土后，应进行通风，通风量由小变大，中午达到最大。子叶展开后，白天保持20～25℃，夜间10～15℃为宜。真叶出现后晴天棚温超过25℃应通风，低于10℃应停止通风。空气相对湿度一般保持在45～50%。移苗前7 d开始炼苗。

（2）光照管理　冬春季在保证足够温度条件下，尽量早揭晚盖帘子，随时清除覆盖物上的灰尘，改善光照条件；遇连续雨雪天也可采用农用荧光灯、生物效应灯等补充光照。夏秋季晴天上午10时至下午17时间根据天气状况覆盖遮阳网。

（3）水肥管理　以见干见湿的原则补充水分，确保出苗整齐。冬春育苗每1~2 d浇水一次，每次须浇透；夏秋育苗每天浇水1～2次。秧苗2～3叶时，根据幼苗长势，浇灌一次0.2%磷酸二氢钾和0.2%尿素溶液，以后根据苗情每7～10 d浇灌一次0.2%磷酸二氢钾和0.2%尿素溶液。

9. 壮苗标准

冬春季育苗40～50 d，株高25 cm，茎粗0.6 cm以上，现大蕾。夏秋育苗25～30 d，4叶1心，株高15 cm左右，茎粗0.4 cm左右。幼苗叶片肥大，子叶完整，色浓绿，节短，无病虫害。

（四）定植前准备

1. 有机生态型无土栽培

（1）制作栽培槽　在上钢屋架之前，将大棚整平，按间距1.3～1.4 m东西向开沟制作栽培槽，槽的上部内径48～65 cm，下部内径60 cm，槽深25 cm。槽底及四壁铺

0.1 mm 厚的薄膜与土壤隔离，在槽底薄膜上每隔 20～30 cm 打孔，孔径 1.5 cm 左右。打孔后铺一层 5 cm 厚的卵石或粗炉渣。槽的两边也可压一层红砖。

（2）填充基质 在卵石或粗炉渣上面铺一层无纺织布或编织袋，然后将发酵好的料装满栽培槽，刮平、压实并用水浇透。

（3）灌水系统 采用薄壁微喷滴灌带灌溉，也可采用普通滴管系统。灌溉系统为每棚设一根主管，长度为棚宽。在主管上对应栽培槽位置铺设 2 根滴灌带。

2. 客土栽培

（1）换土 在安装钢屋架之前挖走的原土，回填没栽培过蔬菜的肥沃种植土，厚度为 60～80 cm。

（2）施肥起垄 结合整地，亩施腐熟优质有机肥 5 000～6 000 kg，生物有机肥 200 kg，磷酸二铵 40～50 kg，硫酸钾（K_2O 含量 46%）10～15 kg。

施肥后作垄，垄沟总宽 1.3～1.4 m，垄顶宽 75～80 cm，垄高 25～30 cm，沟顶宽 55～60 cm。

（五）定植

1. 定植时间 一大茬栽培提前 10 d 扣棚烤地。当 10 cm 土温稳定通过 10℃后定植，大约在 4 月上旬左右定植，7 月中下旬～9 月下旬采收。复种栽培在 5 月 15 左右前茬作物收获后定植，8 月上旬～9 月下旬采收。

2. 定植方法 选择根系良好、整齐一致的健康壮苗定植。客土栽培在定植前用打孔器以三角型打深与苗坨等高、直径略大于苗坨的定植穴。地膜覆盖，定植后浇透定根水。基质栽培在定植前将槽内基质翻匀整平，浇透水，水渗后按每槽两行三角型定植，基质略高于苗坨，栽后轻浇一次水。株距 50 cm 左右，亩保苗 2 000株左右。定植前穴盘苗用适乐时+恶霉灵溶液蘸根。

（六）定植后的管理

1. 温度管理 定植后白天室温保持 28～30℃，超过 30℃时通风降温；夜间保持 15～20℃。缓苗后（7 d 左右），早晨最高温度 28℃，夜间最低气温不低于 12℃，地温 18～25℃。开花结果初期白天 25～28℃，夜间 13～18℃；结果期白天 25～30℃，夜间 12～18℃。夏季高温季节要注意降低温度，尤其是地温，不得超过 28℃。

2. 水肥管理 肥料施用应符合 NY/T 394 的有关规定。

（1）客土栽培 灌足定植水后不旱不浇水不施肥，第一穗果乒乓球大、第二穗果开始膨大、第三穗果坐住后结合浇水施肥，采收开始后加大水肥量。施肥和灌水指标为：滴灌每 3～7 天浇水一次，浇水量 2～4 m^3/667 m^2，并配施 N、K 为主的速溶性三元复合肥（$N+P_2O_5+K_2O \geq 45$）5～8 kg、菌肥 0.5～1 kg，每 1～2 次肥水再间隔一次清水；没有安装滴灌的每 10～15 d 浇水一次，浇水量 10～30 m^3/667 m^2，每次配施 N、K 为主的速溶性三元复合肥（$N+P_2O_5+K_2O \geq 45$）15～20 kg、菌肥 0.5～1 kg，每 1 次肥水再间隔一次清水。前期施高 N 型三元复合肥，中后期施用高 K 型三元复合肥，根据长势随时调整施肥方案。土壤微量元素缺乏的地区，还应针对缺素状况，确定追肥微肥的种类和数量。开花期叶面喷施 2～3 次钙、硼肥，后期根据长势，叶面补施微肥。灌水时禁止大水漫灌及阴天傍晚浇水，提倡膜下灌溉。

（2）有机生态型无土栽培　根据植株的不同形态，外界的不同气候影响，基质自身的情况决定浇水量。定植后栽培基质经常保持60~70%的湿度。定植初期一般晴天5～7 d浇一次水，6月气温高时加大灌水量，每3～5 d一次水。每次灌水量约2～4 m^3/667 m^2。定植前亩施磷二铵30 kg、复合肥（$N+P_2O_5+K_2O \geqslant 45$）30 kg、生物菌肥300 kg为基肥。追肥要根据长势而定。定植后20 d左右根据长势决定是否追肥，如需追肥，可亩施优质N、P、K水溶性复合肥3～5 kg。第一穗果实达到核桃大小时开始追肥，以N肥为主，亩追施N 5～8 kg。以后每浇一次清水施一次肥，以N肥为主，待第4层果坐住后，追肥以高钾型复合肥为主。第一层花序开花后，每7～10 d喷施钙、镁、硼、锌肥一次。

3. 光照管理　春季经常清洁棚膜，保证透光良好。及时打杈，摘除老病叶，保证株间透光良好。

4. 植株调整　定植垄上方拉2道东西向的铁丝。铁丝高度一般为1.7～2.0 m，铁丝下每间隔3～5 m用木棒做一支柱。吊秧用绳子一端系于植株基部或吊秧夹上，另一端系到铁丝上，牵引主枝生长。单杆整枝，当侧枝长到10 cm时开始整枝打杈，打杈应在晴天中下午进行。当顶部目标果穗开花时，留二片叶掐心，保留其上的侧枝。第一穗果绿熟期后，摘除其下全部叶片，及时摘除病叶、黄叶，带出田外无害化处理。

5. 保果疏果

（1）保果　在不适宜番茄坐果的季节，使用符合NY/T 393绿色食品规定的植物生长调节剂处理花穗。或采用雄蜂授粉，或使用振动授粉器震动花穗完成授粉。

（2）疏果　除樱桃番茄外，大果型品种每穗选留4～5果，中果型品种每穗留5～6果。疏掉畸形果、病果。

六、病虫害防治

（一）防治原则　按照“预防为主，综合防治”的植保方针，坚持以“农业防治、物理防治和生物防治为主，化学防治为辅”的无害化治理原则。

（二）主要病虫害　主要害虫有蓟马、蚜虫、温室白粉虱、美洲斑潜蝇等；主要病害有早疫病、晚疫病、叶霉病、白粉病、茎基腐病、黄化曲叶病毒病、灰霉病、细菌性溃疡病等。

（三）农业防治　选用抗病品种。实行与非茄科作物轮作3年以上。培育适龄、无病虫壮苗；适温管理，合理放风；深沟高畦，严防积水；清洁田园，避免侵染性病害发生。采用高垄定植，膜下灌溉，降低棚内湿度。提倡测土平衡施肥，增施充分腐熟的有机肥和生物菌肥，控制氮肥，适当增施磷、钾肥。

（四）物理防治　设施的放风口用防虫网封闭。棚内覆盖银灰色地膜驱避蚜虫；采用黄板诱杀蚜虫、蓝板诱杀蓟马，黄（蓝）蓝板规格为40 cm×25 cm，棚内每亩悬挂30块～40块。

（五）药剂防治　按GB 4285和NY/T 393的规定执行。农药的混配剂执行其中残留性最大有效成分的安全间隔期。改进喷药方法，优先使用（超）低容量喷雾法、常温烟雾法、烟熏法施药。

主要病虫害化学防治

（1）黄化曲叶病毒（TY） 10%吡虫啉2 000～3 000倍液、25%噻虫嗪（阿克泰）2 500～5 000倍液、40%啶虫脒20 000～25 000倍液等杀虫剂防治白粉虱；发病初期用用盐酸吗啉胍·铜500倍液、2%宁南霉素水剂200倍液、20%病毒A可湿性粉剂500倍液等药剂防治。

（2）早疫病 80%代森锰锌可湿性粉剂400～600倍液、32.5%苯甲嘧菌酯悬浮剂1 500倍液等药剂，每隔7～10 d喷药1次，共喷2～3次。

（3）晚疫病 发病初期用72%的克露600～750倍液每隔7～10 d喷药1次，共喷2～3次；发病后期，选用银发利60～75毫升/亩、德劲1 000～2 000倍液等农药交替喷雾，并用药剂涂抹茎杆发病部位。

（4）叶霉病 80%代森锰锌可湿性粉剂400~600倍液、32.5%苯甲嘧菌酯悬浮剂1 500倍液等药剂，每隔7～10 d喷药1次，共喷2～3次。

（5）茎基腐病 定植时用2.5%咯菌腈2 000倍液淋根或蘸根。发病初期，用普力克+福美双+恶霉灵等药剂，每隔5～7 d灌根。共灌2～3次。

（6）白粉病 12.5%腈菌唑乳油2 000倍液、32.5%苯甲嘧菌酯悬浮剂1 500倍液、40%杜邦福星乳油8 000倍液等药剂，每隔7～10 d喷药1次，共喷2～3次。

（7）灰霉病 50%啶酰菌胺水分散粒剂1 000～1 250倍液、2.1%丁子·香芹酚600倍液等药剂喷雾。

（8）细菌性溃疡病 47%加瑞农可湿性粉剂800～1 000液倍液、3%中生菌素1 000～1 200倍药、20%噻菌铜600倍液等药剂喷雾。每隔7～10 d喷药1次，共喷2～3次。

（9）白粉虱 10%吡虫啉可湿性粉剂2 000～3 000倍液喷雾、25%噻虫嗪水分散粒剂8 000～10 000倍液等药剂喷雾，也可用异丙威等烟雾剂蒸。每隔7～10 d喷药1次，共喷2～3次。

（10）斑潜蝇 75%灭蝇胺可湿性粉剂2 500～3 000倍液喷雾。

（11）蚜虫 10%吡虫啉可湿性粉剂2 000～3 000倍液喷雾、25%噻虫嗪水分散粒剂8 000～10 000倍液等药剂喷雾，也可用异丙威等烟雾剂蒸。每隔7～10 d喷药1次，共喷2～3次。

（12）蓟马 乙基多杀菌素1 000～1 500倍液喷雾，每隔7～10 d喷药1次，共喷2～3次。

七、采收

长距离运输或需暂时贮藏的可在转色期进行采收；当地上市的可在果实自然成熟、商品性最佳时采收。产品质量符合NY/T 655的要求，包装符合NY/T 658的要求。

八、贮藏运输

贮藏运输应 NY/T 1056 的规定。长期贮藏，温度以 11～13℃为宜，温度宜保持在 90%左右。

九、建立生产档案

建立生产档案，详细记录生产技术、病虫害防治和采收中各环节所采取的具体措施。档案保存 2 年以上。

附录二　荒漠区蔬菜　设施辣椒无公害生产技术规程

本标准按照 GB/T 1. 1—2009 给出的规则起草。

本标准由张掖市农业农村局提出。

本标准由甘肃省农业农村厅归口。

本标准起草单位：河西学院、张掖市经济作物技术推广站。

本标准主要起草人：闫芳、王勤礼、张文斌、华军、李文德、毛涛、魏开军、李天童、张荣。

一、范围

本标准规定了荒漠区设施辣椒生产的术语和定义、产地环境、生产技术、病虫害防治、采收及建立生产档案。

本标准适用于张掖市荒漠区设施辣椒的无公害生产。

二、规范性引用文件

下列文件对于本文件的应用是必不可少的。凡是注日期的引用文件，仅注日期的版本适用于本文件。凡是不注日期的引用文件，其最新版本（包括所有的修改单）适用于本文件。

GB 4285　农药安全使用标准

GB/T 8321（所有部分）农药合理使用准则 1-5

GB 16715. 3　瓜菜作物种子　茄果类

NY/T 496　肥料合理使用准则　通则

NY/T 2118—2012　蔬菜育苗基质

NY 5005　无公害食品 茄果类蔬菜

NY 5294　无公害蔬菜产地环境条件

《张掖市人民政府关于禁止销售使用部分高毒高残留农药的通告》

三、术语和定义

下列术语和定义适用于本标准。

（一）荒漠区　指气候干燥、降水稀少、蒸发量大、植被贫乏的地区，主要包括沙漠、戈壁、盐碱地等地区。

（二）设施蔬菜　具有一定的设施，能在局部范围改善或创造出适宜的气象环境因素，为蔬菜生长发育提供良好的环境条件而进行的有效生产。

（三）日光温室　以太阳能为主要能源，特殊情况可适当补充能量，南（前）面为采（透）光屋面，东、西、北（后）三面为保温围护墙体，并有保温后屋面和活动保温被的单坡面塑料薄膜温室。以下若不特别指明，日光温室简称为温室。

（四）塑料大棚　完全用塑料薄膜作为覆盖材料的大型拱棚。以下若不特别指明，塑料大棚简称大棚。

（五）连栋温室　以塑料、玻璃等为透明覆盖材料，以钢材为骨架，二连栋以上的大型保护设施。

（六）客土栽培　挖走原来不适宜蔬菜生长的原土，回填满足蔬菜栽培标准种植土，从而进行的蔬菜栽培。

四、产地环境条件

（一）产地环境　条件应符合 NY 5294 的规定，要选择地势平坦，排灌方便，地下水位较低，交通便利的地区。

（二）客土　用没种过蔬菜的富含有机质的肥沃壤土为宜，厚 60 cm，忌连作。

五、生产技术

（一）栽培类型

1. 日光温室栽培

（1）一大茬栽培　6 月中旬～7 月中旬播种育苗，8 月中旬～9 月中旬定植，11 月上中旬～次年 6 月中下旬采收。

（2）早春茬栽培　11 月初播种育苗，1 月底至 2 月初定植，5 月中旬～8 月下旬采收。

2. 塑料大棚栽培　2 月上旬播种育苗，4 月中旬定植，7 月中旬～9 月下旬采收。

（二）品种选择　选择耐低温寡照，抗病、抗逆性强，连续结果力强，适应市场需求，耐贮运，无限生长型的优良品种。

（三）育苗

1. 育苗设施　采用穴盘育苗或工厂化育苗技术，在育苗专用连体温室、日光温室内育苗。冬末春初育苗温室应配有加温、保温设施，夏秋季育苗温室应配有避雨、防虫、遮阳设施。育苗前需对育苗设施及用具进行消毒。

2. 苗床准备

（1）床面消毒　每平方米播种床用福尔马林 30～50 mL，加水 3 L，喷洒床架，密闭设施闷棚 3 d 后通风，待气体散尽后播种。

（2）育苗基质制备　穴盘育苗用的育苗基质按 NY/T 2118—2012 制备或购买蔬菜专用育苗基质，待用。

3. 种子质量　符合 GB 16715. 3—2010 中 2 级以上要求。

4. 用种量　根据种子大小及定植密度，每亩栽培面积用种量 30～80 g。

5. 种子处理 播种机播种，采用精选种子或包衣种子直接播种。人工点播，针对当地的主要病害选用下述消毒方法。

（1）温汤浸种 把种子放入55℃热水，维持水温均匀浸泡15 min。

（2）药剂浸种 先用清水浸种3～4 h，再放入0.1%高锰酸钾或10%磷酸三钠溶液中浸泡20 min，捞出洗净。

6. 催芽 消毒后的种子浸泡6～8 h后捞出洗净，置于25℃条件下保温催芽。催芽期间每天早晚检查出芽情况，同时每天用清水淘洗种子一次，待70%的种子胚根露出即可播种。

7. 播种

（1）穴盘消毒 选用72孔及以下穴盘。旧穴盘，先用清水冲洗干净后再消毒。消毒时将穴盘放入1 000倍液的高锰酸钾溶液中浸泡30 min，然后用清水冲洗后待用。

（2）装盘 装盘前先将基质拌潮湿，用手攥成团松开不散为好，然后将基质装入穴盘后用刮板从穴盘一边刮向另一边。装盘后每个格室清晰可见，不要用力压基质。穴盘装好后每8～12个摞在一起，上放一块同穴盘大的小木板，用手轻轻压一遍，使深度达到播种要求。

工厂化穴盘育苗时，采用自动精量播种生产线，实现自动播种。

（3）播种 当催芽种子70%以上破嘴（露白）即可人工播种。机械播种或夏秋育苗直接用精选或消毒后的种子播种。播种后用育苗基质或潮湿的蛭石盖籽，刮平盘面，喷透水，以底部渗出水为宜。

8. 分苗 幼苗二叶一心时将每穴多余的幼苗移入穴盘的空穴中，分苗后要浇透水。

9. 苗期管理

（1）温湿度管理 播种至出苗期间，白天保持25～32℃，夜温不低于15℃。50%以上幼苗出土应及时揭去覆盖物；70%以上幼苗出土后，应进行通风，通风量由小变大，中午达到最大。子叶展开后，白天保持25～30℃，夜间10～15℃为宜。真叶出现后晴天室温超过28℃应通风，低于20℃应停止通风。空气相对湿度一般保持在60%～80%。移苗前7 d开始炼苗。

（2）光照管理 冬春季在保证足够温度条件下，尽量早揭晚盖帘子，随时清除覆盖物上的灰尘和水珠，改善光照条件；遇连续雨雪天也可采用农用荧光灯、生物效应灯等补充光照。夏秋季晴天上午10时至下午17时，根据天气状况覆盖遮阳网。

（3）水肥管理 以见干见湿的原则补充水分，确保出苗整齐。冬春育苗每1～2 d浇水一次，每次须浇透；夏秋育苗每天浇水1～2次。秧苗3叶时，浇灌一次0.2%磷酸二氢钾和0.2%尿素营养液，以后根据苗情每7～10 d浇灌一次0.2%磷酸二氢钾和0.2%尿素营养液。

10. 壮苗标准 苗龄夏秋季50～60 d，冬春季80～90 d。株高15 cm左右，叶片肥大、色浓绿，节短，茎基部粗0.2～0.3 cm，无病虫害。

（四）定植

1. 定植前准备 采用客土栽培。前茬作物收获后及时拉秧、破垄、平地、清扫温室，大水漫灌后高温闷棚35～45 d。

2. 整地起垄　闷棚后结合施肥深翻一次，使肥土掺匀。作垄，垄沟总宽 1.3 m，垄顶宽 75 cm，垄高 25～30 cm，沟顶宽 55 cm。

3. 施足基肥　结合整地，亩施腐熟优质有机肥 5 000～6 000 kg，生物有机肥 200 kg，磷酸二铵 40～50 kg，硫酸钾（K_2O 含量 46%）10～15 kg。

4. 定植时间　钢架大棚 10 cm 土温稳定通过 10℃后定植。日光温室秋冬茬 8 月上中旬至 9 月中旬定植；早春茬 1 月下旬至 2 月初定植。

5. 定植方法　选择根系良好、整齐一致的健康壮苗定植，同穴定植的两苗必须长势一致。定植前用薄皮铁筒或栽苗器以三角形打深与苗坨等高、直径略大于苗坨的定植穴。穴盘苗用适乐时药剂蘸根。日光温室一大茬按 50cm 穴距双苗定植，单苗按 35 cm 株距定植；日光温室春茬和钢架大棚按 35～40cm 穴距双苗定植。地膜覆盖，定植后浇透定植水。

（五）定植后的管理

1. 温度管理　定植后 3～5 d 不进行大通风，白天室温保持 28～32℃，超过 32℃时通风降温；夜间保持 15℃～20℃。缓苗后（7 d 左右），早晨最高温度 30℃，30℃左右的温度在一天当中不超过 3 h；夜间气温 15～18℃，地温 18～25℃。开花结果初期白天 25～28℃，夜间 13～18℃；结果期白天 25～30℃，夜间 12～18℃；深冬季节尽量保持长时间处于 20～30℃，夜间 12～18℃，当棚温升到 28℃时，开始通顶风，下午室温降至 23℃时关闭风口，夜温低于 10℃时，应多层覆盖保温或加温；春夏季节辣椒结果盛期，白天 25～28℃，夜间 13～20℃，当室内夜温稳定在 15℃以上时，可不用放苫。

2. 肥水管理　灌足定植水，门椒膨大前不旱不浇水不施肥，门椒膨大时可结合浇水施肥，采收开始后加大水肥量。施肥和灌水指标为：滴灌每 2～5 d 浇水一次，浇水量 1～2 m^3/667 m^2，并配施 N、K 为主的速溶性三元复合肥 2～3 kg、菌肥 0.5～1 kg，每二次肥水再间隔一次清水；没有安装滴灌的每 10～15d 浇水一次，浇水量 10～30 m^3/667 m^2，每次配施 N、K 为主的速溶性三元复合肥 15～25 kg、菌肥 0.5～1 kg，每二次肥水再间隔一次清水。灌水时禁止大水漫灌及阴天傍晚浇水，提倡膜下灌溉。遇阴雪天可延长浇水间隔期，配合追施叶面肥或 CO_2 气肥，灌溉水温度应在 12℃以上。

3. 光照管理　夏秋定植后前 3～4 d，中午光照强时适当遮阴，以苗不萎蔫为准。4 天后不再遮阴，以后各阶段要经常清洁棚膜，保证透光良好，在温度允许的情况下尽量早揭晚盖苫，在阴、雨、雪天只要温度不降，也要揭帘延长光照时间。及时打杈，摘除细弱枝、老病叶，保证株间透光良好。

4. 植株调整　门椒开花前后，在定植垄上方拉 2 道南北向的铁丝。铁丝高度一般为 1.7～2.0 m。用绳子一端系于两主枝的分枝点处，另一端系到铁丝上。每株用吊线 2～3 根，牵引主枝生长。在门椒以下主茎各叶间发生的腋芽，要及时抹去，采用三杆或四杆整枝。打杈应在晴天进行，及时摘除病叶、黄叶，带出田外无害化处理。第一次打杈以侧枝长到 5～7cm 为宜，以后见杈及时去掉。遇有田间通风不良时应适当摘除已采收完果穗以下的老叶、架内侧叶片。

六、病虫害防治

（一）防治原则 按照“预防为主，综合防治”的植保方针，坚持以“农业防治、物理防治和生物防治为主，化学防治为辅”的无害化防治原则。

（二）主要病虫害 主要害虫有蓟马、蚜虫、温室白粉虱、美洲斑潜蝇等；主要病害有白粉病、根腐病、病毒病、灰霉病、细菌性疮痂病等。

（三）防治方法

1. 农业防治

选用抗病品种。实行与非茄科作物轮作3年以上，夏季高温闷棚。培育适龄、无病虫壮苗；适温管理，合理放风；深沟高畦，严防积水；清洁田园，避免侵染性病害发生。采用高垄定植，膜下灌溉，沟内铺麦草，降低棚内湿度。提倡测土平衡施肥，增施充分腐熟有机肥和生物菌肥，控制氮肥，适当增施磷、钾肥和CO_2气肥。

2. 物理防治 设施的放风口用防虫网封闭。棚内覆盖银灰色地膜驱避蚜虫；采用黄板诱杀蚜虫、蓝板诱杀蓟马，黄蓝板规格为40 cm×25 cm，棚内每667 m^2悬挂30块～40块。夏季土壤覆膜高温消毒或高温闷棚消毒。

3. 药剂防治 按GB 4285和GB/T 8321（所有部分）的规定执行。农药的混配剂执行其中残留性最大有效成分的安全间隔期。改进喷药方法，优先使用（超）低容量喷雾法、常温烟雾法、烟熏法施药。

主要病虫害防治技术见表1。所有药剂在采收前10天禁止使用。

表1 主要病虫害药剂防治一览表

主要防治对象	农药名称	使用方法	安全间隔期（d）
病毒病	20%病毒A可湿性粉剂	500倍液喷雾	7
	2%宁南霉素水剂	200倍液，2～3次喷雾	8
	20%盐酸吗啉呱·铜	500倍喷雾	3
猝倒病	72.2%普力克水剂	800倍液喷雾	5
立枯病	50%立枯净可湿性粉剂	800～1 000倍液喷雾	10
	70%甲基托布津可湿性粉剂	500倍液喷雾	10
白粉病	40%杜邦福星乳油	8 000倍液喷雾	7
	12.5%腈菌唑乳油	2 000倍液喷雾	7
	32.5%苯甲嘧菌酯悬浮剂	1 500倍液喷雾	7
灰霉病	50%啶酰菌胺水分散粒剂	1 000～1 250倍液喷雾	2
	10%速克灵烟剂	3.0～4.5 kg/hm^2 熏蒸	10
疫病	47%加瑞农可湿性粉剂	600～800倍液喷雾	7
蚜虫	10%吡虫啉可湿性粉剂	2 000～3 000倍液喷雾	7
白粉虱	10%吡虫啉可湿性粉剂	2 000～3 000倍液喷雾	7
斑潜蝇	1.8%阿维菌素乳油	2 000～3 000倍液喷雾	7
蓟马	乙基多杀菌素	1 000～1 500倍液喷雾	7

七、及时采收

采收过程中所用工具要清洁、卫生、无污染。门椒要适当早收，以防坠秧。以后采收果实长度长到最大限度，果肉增厚变硬，果色变深时采收。辣椒枝条很脆，采收时要注意防止折断枝条。因低温或结果过多而出现的僵果、无籽果、尖果、红果要及时采收。

八、建立生产档案

建立生产档案，详细记录生产技术、病虫害防治和采收中各环节所采取的具体措施。

附录三　荒漠区蔬菜　设施西葫芦无公害生产技术规程

本标准按照 GB/T 1. 1—2009 给出的规则起草。

本标准由张掖市农业农村局提出。

本标准由甘肃省农业农村厅归口。

本标准起草单位：河西学院、张掖市经济作物技术推广站。

本标准主要起草人：毛涛、张文斌、闫芳、王勤礼、华军、李文德、魏开军、李天童、张荣。

一、范围

本标准规定了荒漠区设施西葫芦生产的术语和定义、产地环境、生产技术、病虫害防治、采收及建立生产档案。

本标准适用于张掖市荒漠区设施西葫芦的无公害生产。

二、规范性引用文件

下列文件对于本文件的应用是必不可少的。凡是注日期的引用文件，仅注日期的版本适用于本文件。凡是不注日期的引用文件，其最新版本（包括所有的修改单）适用于本文件。

GB 4285　农药安全使用标准

GB/T 8321（所有部分）农药合理使用准则 1-5

GB 16715. 1　瓜菜作物种子　瓜类

NY/T 496　肥料合理使用准则　通则

NY/T 2118—2012　蔬菜育苗基质

NY 5005　无公害食品　茄果类蔬菜

NY 5294　无公害蔬菜产地环境条件

《张掖市人民政府关于禁止销售使用部分高毒高残留农药的通告》

三、术语和定义

下列术语和定义适用于本标准。

（一）荒漠区　指气候干燥、降水稀少、蒸发量大、植被贫乏的地区，主要包括沙漠、戈壁、盐碱地等地区。

（二）设施蔬菜　具有一定的设施，能在局部范围改善或创造出适宜的气象环境因素，为蔬菜生长发育提供良好的环境条件而进行的有效生产。

（三）日光温室　以太阳能为主要能源，特殊情况可适当补充能量，南（前）面为采（透）光屋面，东、西、北（后）三面为保温围护墙体，并有保温后屋面和活动保温被的单坡面塑料薄膜温室。以下若不特别指明，日光温室简称温室。

（四）塑料大棚　完全用塑料薄膜作为覆盖材料的大型拱棚。以下若不特别指明，塑料大棚简称大棚。

（五）连栋温室　以塑料、玻璃等为透明覆盖材料，以钢材为骨架，二连栋以上的大型保护设施。

（六）客土栽培　挖走原来不适宜蔬菜生长的原土，回填满足蔬菜栽培标准种植土，从而进行的蔬菜栽培。

四、产地环境条件

产地环境条件应符合 NY 5294 的规定，要选择地势平坦，排灌方便，地下水位较低，交通便利的地区。客土用没种过蔬菜的富含有机质的肥沃壤土为宜，厚 60 cm 以上，忌连作。

五、生产技术

（一）栽培类型

1. 日光温室栽培

（1）秋冬茬栽培　8 月中旬～9 月上旬播种育苗，苗龄 15～20 d，10 月下旬～11 月中旬始收，次年 1 月底至 2 月初拉秧。

（2）冬春茬栽培　12 月中旬左右播种育苗，1 月底定植，3 月上中旬～6 月上旬采收。

（3）一大茬栽培　10 月上旬育苗，10 月底至 11 月初定植，12 月下旬始收，次年 5 月下旬～6 月上旬拉秧。

2. 塑料大棚栽培　3 月中旬播种育苗，4 月上旬定植，5 月下旬始收，9 月中下旬拉秧。

（二）品种选择　选择耐低温寡照，抗病、抗逆性强，连续结果力强，适应市场需求，耐贮运，矮生型的优良品种。

（三）育苗

1. 育苗设施　采用 50 孔穴盘育苗或工厂化育苗技术，在育苗专用连体温室、日光温室内育苗。冬末春初育苗温室应配有加温、保温设施；夏秋季育苗温室应配有避雨、防虫、遮阳设施。育苗前需对育苗设施及用具进行消毒。

2. 苗床准备

（1）床面消毒　每平方米播种床用福尔马林 30～50 ml，加水 3L，喷洒床架，密闭设施闷棚 3 天后通风，待气体散尽后播种。

（2）育苗基质制备　穴盘育苗用的育苗基质按 NY/T 2118—2012 制备，待用。

3. 种子质量 符合 GB 16715.3—2010 中 2 级以上要求。

4. 用种量 根据种子大小及定植密度，每亩栽培面积用种量 200～300 g。

5. 种子处理 包衣种子直接人工播种。没包衣种子，针对当地的主要病害选用下述消毒方法。

（1）温汤浸种 把种子放入 55℃热水中，维持水温均匀浸泡 15 min。

（2）药剂浸种 先用清水浸种 3～4 h，再放入 0.1%高锰酸钾或 10%磷酸三钠溶液中浸泡 20 min，捞出洗净。

6. 催芽

消毒后的种子浸泡 6～8 h 后捞出洗净，置于 25℃条件下保温催芽。催芽期间每天早晚检查出芽情况，同时每天用清水掏洗种子一次，待 70%的种子胚根露出即可播种。

7. 播种

（1）穴盘消毒 选用 50 孔及以下穴盘。旧穴盘，先用清水冲洗干净后再消毒。消毒时将穴盘放入 1 000倍液的高锰酸钾溶液中浸泡 30 min，然后用清水冲洗后待用。

（2）装盘 装盘前先将基质拌潮湿，用手攥成团松开不散为好，然后将基质装入穴盘后用刮板从穴盘一边刮向另一边。如有条件也可采用装盘机装盘。装盘后每个格室清晰可见，不要用力压基质。穴盘装好后每 8～12 个摞在一起，上放一块小木板，用手轻轻压一遍，使深度达到播种要求。

工厂化穴盘育苗时，采用自动精量播种生产线，实现自动播种。

（3）播种 当催芽种子 70%以上破嘴（露白）即可人工播种，种子要平放。夏秋育苗直接用精选或消毒后的种子播种。播种后用育苗基质或潮湿的蛭石盖籽，刮平盘面，喷透水，以底部渗出水为宜。

8. 苗期管理

（1）温湿度管理 播种至出苗期间，室温白天保持 25～30℃，夜温不低于 12℃。50%以上幼苗出土应及时揭去覆盖物，70%以上幼苗出土后，应进行通风，通风量由小变大，中午达到最大。子叶展开后，室温白天保持 20～25℃，夜间 10～15℃为宜。真叶出现后晴天室温超过 25℃应通风，低于 20℃应停止通风。空气相对湿度一般保持在 60%～70%。移苗前 7 天开始炼苗，夜温可降低到 8℃～10℃。

（2）光照管理 冬春季在保证足够温度条件下，尽量早揭晚盖帘子，随时清除覆盖物上的灰尘和水珠，改善光照条件；遇连续雨雪天也可采用农用荧光灯、生物效应灯等补充光照。夏秋季晴天上午 10 时至下午 17 时，根据天气状况覆盖遮阳网。

（3）水肥管理 以见干见湿的原则补充水分，确保出苗整齐。冬春育苗每 1～2 d 浇水一次，每次须浇透；夏秋育苗每天浇水 1～2 次。真叶出现后，浇灌一次 0.2%磷酸二氢钾和 0.2%尿素营养液。

9. 壮苗标准 苗龄夏秋季 15～20 d，冬春季 20～30 d。子叶肥厚，且保存完好，1～2 片真叶，叶色深绿，根系发达，无病虫害，无机械损伤。

（四）定植

1. 定植前准备 采用客土栽培。前茬作物收获后及时拉秧、破垄、平地、清扫温室，大水漫灌后高温闷棚 35～45 d。

2. 整地起垄　闷棚后结合施肥深翻一次，使肥土掺匀。作垄，安装滴管的垄沟总宽 1.3 m，不用滴管的垄沟总宽 1.8 m。

3. 施足基肥　结合整地，亩施腐熟优质有机肥 5 000～6 000 kg，生物有机肥 200 kg，磷酸二铵 40～50 kg，硫酸钾（K_2O 含量 46%）10～15 kg。

4. 定植时间　钢架大棚 10 cm 土温稳定通过 10℃后定植。日光温室秋冬茬 8 月上中旬至 9 月中旬定植；早春茬 1 月下旬至 2 月初定植。

5. 定植方法　选择根系良好、整齐一致的健康壮苗定植。定植前用移栽器以三角型打深与苗坨等高、直径略大于苗坨的定植穴。穴盘苗用适乐时药剂蘸根。按 90×65cm 株行距定植，地膜覆盖，定植后浇透定植水。

（五）定植后的管理

1. 温度管理　定植后白天室温保持 25～30℃，超过 30℃时通风降温；夜间保持 15～20℃。缓苗后（7 天左右），早晨最高温度 26℃，夜间气温 12～15℃，地温 18～23℃。开花结果期白天 25～28℃，夜间 12～18℃。深冬季节尽量保持长时间处于 20～28℃，夜间 12～18℃，当棚温升到 28℃时，开始通顶风；下午室温降至 23℃时关闭风口，夜温低于 10℃时，应多层覆盖保温或加温。当室内夜温稳定在 15℃以上时，可不用放苫。

2. 肥水管理　灌足定植水，根瓜膨大前不旱不浇水不施肥，待根瓜长至 10 cm 时，结合浇水追施氮、磷、钾复合肥，结瓜盛期加大水肥量。施肥和灌水指标为：滴灌每 2～5 d 浇水一次，浇水量 1～2 m^3/667 m^2，并配施 N、K 为主的速溶性三元复合肥 3～5 kg、微生物复合菌剂 0.5～1 kg，每二次肥水再间隔一次清水；没有安装滴灌的每 10～15 d 浇水一次，浇水量 10～30 m^3/667 m^2，每次配施 N、K 为主的速溶性三元复合肥 10～20 kg、微生物复合菌剂 1～2 kg，每二次肥水再间隔一次清水。灌水时禁止大水漫灌及阴天傍晚浇水，提倡膜下灌溉。遇阴雪天可延长浇水间隔期。配合追施叶面肥或 CO_2 气肥。灌溉水温度应在 12℃以上。

3. 光照管理　夏秋定植后前 2～4 d，中午光照强时适当遮荫，以苗不萎蔫为准。以后不再遮荫，并要经常清洁棚膜，保证透光良好，在温度允许的情况下尽量早揭晚盖苫，在阴、雨、雪天只要温度不降，也要揭帘延长光照时间，同时要及时打杈，摘除细弱枝、老病叶，保证株间透光良好。

4. 植株调整　植株长至 7～8 片叶时开始吊蔓，及时去除侧枝和卷须，摘除病叶、老叶、黄叶，带出田外无害化处理，每次摘老叶时不要超过 5 片叶。

5. 授粉　花期进行人工辅助授粉或用 100 mg/kg 防落素涂抹在花柱基部与花瓣之间，以保证其正常座果。

六、病虫害防治

（一）防治原则　按照“预防为主，综合防治”的植保方针，坚持以“农业防治、物理防治和生物防治为主，化学防治为辅”的无害化防治原则。使用药剂防治应符合 GB 4285、GB/T 8321（所有部分）的要求。严禁使用国家明令禁止使用的高毒高残留农药及其混配农药。

（二）病虫害防治

1. 主要病虫害

灰霉病、白粉病、病毒病；蚜虫、白粉虱、斑潜蝇、蓟马等。

2. 农业防治

①清洁田园　将残枝败叶和杂草清理干净，集中进行无害化处理，保持田间清洁。

②抗病品种　针对主要病虫控制对象，选用高抗、多抗品种。

③创造适宜的生长发育环境条件　培育适龄壮苗，提高抗逆性；控制好温度和空气湿度，适宜的肥水，充足的光照和二氧化碳，通过放风和辅助加温，调节不同生育时期的适宜温度，避免低温和高温障害；采用高垄定植，膜下灌溉，沟内铺麦草，降低棚内湿度。实行与非瓜类作物轮作 3 年以上，夏季高温闷棚。

④科学施肥　测土平衡施肥，增施充分腐熟的有机肥和生物菌肥，控制氮肥，适度减施化肥。

3. 物理防治

通风口设置防虫网，夏季土壤覆膜、高温消毒或高温闷棚消毒。黄板诱杀蚜虫，蓝板诱杀蓟马，每亩悬挂 30～40 块。

4. 化学防治

严格控制农药用量和安全间隔期，主要病虫害防治的选药用药技术见表 1。

七、采收

根据生长情况，适期分批采收，根瓜长到 15 cm 左右即可采收，其他瓜长到 20 cm 左右时采摘。采收过程中所用工具要清洁、卫生、无污染，符合市场要求的标准。

八、生产档案

建立生产、农药使用、田间管理等生产档案。对生产技术、病虫害防治及采收中各环节所采取的措施进行详细记录。

表 1　主要病虫害药剂防治一览表

主要防治对象	农药名称	使用方法	安全间隔期（天）
病毒病	20%病毒 A 可湿性粉剂	500 倍液喷雾	7
	2%宁南霉素水剂	200 倍液，2～3 次喷雾	8
	20%盐酸吗啉胍．铜	500 倍喷雾	3
白粉病	40%杜邦福星乳油	8 000 倍液喷雾	7
	12. 5%腈菌唑乳油	2 000 倍液喷雾	7

（续表）

主要防治对象	农药名称	使用方法	安全间隔期（天）
灰霉病	32.5%苯甲嘧菌酯悬浮剂	1 500倍液喷雾	7
	50%啶酰菌胺水分散粒剂	1 000～1 250倍液喷雾	2
	10%速克灵烟剂	3.0～4.5 kg/hm^2 熏蒸	10
蚜虫	10%吡虫啉可湿性粉剂	2 000～3 000倍液喷雾	7
白粉虱	10%吡虫啉可湿性粉剂	2 000～3 000倍液喷雾	7
斑潜蝇	40%绿菜宝乳油	1 500倍液喷雾	7
蓟马	乙基多杀菌素	1 000～1 500倍液喷雾	7

附录四　钢架大棚甘蓝生产技术规程

本标准按照 GB/T 1. 1—2009 给出的规则起草。

本标准由张掖市农业农村局提出。

本标准由甘肃省农业农村厅归口。

本标准起草单位：河西学院、张掖市经济作物技术推广站。

本标准主要起草人：张文斌、毛涛、闫芳、王勤礼、华军、李文德、魏开军、李天童、张荣。

一、范围

本规程规定了张掖市甘蓝生产的产地环境、栽培管理措施及采收等。

本规程适用于甘肃省张掖市钢架大棚甘蓝的生产。

二、规范性引用文件

下列文件中的条款通过本标准的引用而成为本标准的条款。凡是注日期的引用文件，仅注日期的版本适用于本文件。凡是不注日期的引用文件，其最新版本适用于本标准。

GB 4285　农药安全使用标准

GB/T 8321　农药合理使用准则

GB 16715. 2—2010　瓜菜作物种子　甘蓝类

NY 5010—2001　无公害食品　蔬菜产地环境条件

DB 62/797—2002　无公害农产品质量

《张掖市人民政府关于禁止销售使用部分高毒高残留农药的通告》

三、术语和定义

下列术语和定义适用于本标准。

（一）钢架大棚

采用塑料薄膜覆盖的拱圆形棚，其骨架常用钢材或复合材料建造而成。

（二）安全间隔期

最后一次施药至作物收获时允许的间隔天数。

（三）莲座期

是指在甘蓝长出八片真叶到开始包心期。

（四）结球期

从莲座期时心叶开始内卷结球到采收叶球期。

（五）未熟抽薹

结球甘蓝因播种过早，受低温长日照影响，在叶球尚未形成或形成不充分时就抽薹开花的现象，又叫先期抽薹。

四、产地环境

（一）环境条件

产地应选择排灌方便、无污染、海拔 1 350 m～2 800 m、生态环境良好的区域种植。

（二）环境质量

应符合 NY 5010—2001 的规定要求。

（三）土壤条件

耕层深厚、地势平坦、土壤结构适宜、理化性状良好的沙壤土或壤土地块种植。有机质含量 15g/kg、碱解氮含量 40 mg/kg、速效磷含量 5 mg/kg、速效钾含量 110 mg/kg 以上，土壤 pH 值低于 8. 5，土壤全盐含量低于 3. 0g/kg。

（四）灌水条件

用符合灌溉标准的河水或井水。

（五）肥料要求

以有机肥为主，无机肥为辅，选择使用铵态氮肥。

（六）危险物管理

有毒、有害的农药，除草剂、调节剂、激素等危险物应严格管理，并按规定使用，不得在田间存放。

五、栽培管理措施

（一）茬口安排

1. 春甘蓝

春季育苗，夏季收获。

2. 夏秋甘蓝

春夏育苗，夏定植，秋收获。

（二）种子

1. 品种选择

选择抗病虫、优质、高产、商品性好、适合目标市场需求的品种。春甘蓝要特别注重选择冬性强、耐抽薹的早熟品种；夏秋甘蓝要选择前期耐热、抗软腐病的品种。

2. 种子质量

应符合 GB 16715. 2—2010 标准。

3. 种子处理

为了防止出苗不整齐，通常要对种子进行预处理，即精选、温烫浸种、药剂浸（拌）种、搓洗、催芽等，种子经过处理后再播种。

（三）育苗

1. 穴盘和基质

选用 105 或 72 孔穴盘，使用过的穴盘要进行清洗、消毒。基质配比为草炭：蛭石：珍珠岩=3：1：1，每方基质中加入磷二铵 2 kg、鸡粪 2 kg，或加入氮磷钾（15：15：15）三元复合肥 2～2.5 kg。育苗时原则上应用新基质，并在播种前用多菌灵或百菌清消毒，然后用棚膜盖严，温室温度在 35℃左右保持 3 天。

2. 播种

穴盘盛好基质，抹平，5～8 盘一组进行压盘，将种子点在压好穴的盘中，每穴 1 粒，播后覆基质，用刮板刮平。地面覆盖一层旧薄膜或地膜，在地膜上摆放穴盘，以防杂草及苗子根下扎。夏季苗床要求用银色遮阳网遮阳挡雨。穴盘摆好后，喷透水，然后盖一层地膜，利于保水、出苗整齐，但每 1～2 d 揭开地膜通风并查看出苗情况。

3. 苗期管理

温度一般控制在 20～25℃，当种子有 60%露头时，应及时揭去地膜，以防烧伤芽。白天温度控制在 20～22℃，夜温应在 13～16℃。并注意棚内的通风、透光、降温，一般见绿就通风。夜间在许可的温度范围内尽量降温，加大昼夜温差，以利壮苗。

（四）定植

1. 整地施肥

平整土地，每亩施优质有机肥 2 000 kg，生物菌肥 2～4 kg，施尿素 10 kg，磷二铵 15 kg～20 kg，硫酸钾 10 kg。起垄前用旋耕机进行 25 cm 的旋耕处理，采用起垄覆膜栽培。在钢架大棚内东西方向按垄距 75～80 cm 开沟起垄，垄高 15～20 cm，垄宽 50 cm，沟宽 30 cm，覆地膜。

2. 定植

当苗龄 30～35 d，叶片肥厚、腊粉多，根系发达时定植，采用“品”字形定植法，株距 22 cm。

（五）田间管理

1. 缓苗期

定植后及时灌足定植水，随后结合中耕培土 1～2 次。以后根据天气情况，适当灌水，以保持土壤湿润。适宜的温度白天 20～22℃，夜间 10～12℃，通过加盖草苫，内设小拱棚等措施保温。

2. 莲座期

莲座初期应通过控制灌水而适度蹲苗，促进根系发育，增强抗逆性。一般蹲苗 5～9 d，结束蹲苗后要灌一次透水，结合灌水每亩追施氮肥 10～15 kg，莲座中后期要加强肥水管理，及时追肥灌水，以氮肥为主，适当配合磷钾肥，防止干旱。棚室温度控制在白天 15 ～20℃，夜间 8～10℃。

3. 结球期

要保持土壤湿润，适时灌水，结球初期结合灌水亩施氮肥 15 kg，钾 10 kg。还可叶面喷施 0.2%的磷酸二氢钾溶液 1～2 次。结球后期控制浇水次数和水量，浇水后要放风排湿，室温不宜超过 25℃ ，当外界气温稳定在 15℃时可撤膜。

（六）病虫害防治

1. 病虫害防治原则

预防为主、综合防治。优先采用农业防治、物理防治、生物防治，科学合理地使用化学防治，达到生产安全、优质甘蓝的目的。农药施用严格执行 GB 4285 和 GB/T 8321 的规定。

2. 农业防治

实行 3～4 年与非十字花科植物年轮作；选用抗病品种；创造适宜的生育环境条件，培育适龄壮苗，提高抗逆性；控制好温度和空气湿度；测土平衡施肥，施用经无害化处理的有机肥，适度减施化肥；深沟高畦，严防积水；在采收后将残枝败叶和杂草及时清理干净，集中进行无害化处理，保持田间清洁。

3. 物理防治

（1）防虫网　选用 22～30 目、孔径 0.18 cm 的银灰色防虫网，直接罩在大棚骨架上，或搭水平棚架覆盖，或罩在防风口处，阻止蚜虫、粉虱、潜叶蝇等害虫进入棚室危害。

（2）张挂黄板　棚室内设置涂有粘着剂的黄板诱杀蚜虫、粉虱、潜叶蝇等。黄板规格 30×20 cm 为宜，悬挂于植株上方 10～15 cm 处，30～40 块/667 m^2。

（3）银灰膜　棚内悬挂银灰膜，选用银灰色地膜覆盖，驱避蚜虫、粉虱等害虫。

（4）太阳能频振式杀虫灯　每 2～3 hm^2 悬挂 1 盏太阳能频振式杀虫灯，离地高度 1.2～1.5 m，可诱杀甜菜夜蛾、小菜蛾、菜螟等害虫。

4. 生物防治

利用性信息素技术控制甜菜夜蛾、斜纹夜蛾等，每 300 m^2 放置 1 只专用诱捕器，每只诱捕器安装诱芯 1 枚，每 15 d 更换 1 次诱芯，诱捕器的诱虫孔离地 1.0 m。保护天敌，创造有利于天敌生存的环境条件，选择对天敌杀伤力低的农药；释放天敌，如捕食螨、寄生蜂等。

5. 化学防治

（1）蚜虫　选用 10%吡虫啉可湿性粉剂 2 000倍液，或 20%的粉虱特粉剂 2 000倍液喷雾防治，应交替用药。

（2）菜青虫　幼虫 2 龄前用苏云金杆菌（BT 乳剂）500～1 000倍液，或 0.5%蔬果净 700～800 倍液，或 25%灭幼脲 3 号悬浮剂 1 000倍液，或 2.5%功夫乳油 2 000倍液喷雾防治，或 20%美国杜邦—康宽悬浮剂 10 ml/667 m^2 喷雾防治。

（3）小菜蛾　幼虫三龄前用 5%农梦特 1 000～2 000倍液，BT 乳剂 500～1 000倍液，1.8%阿维菌素乳油 3 000倍液喷雾防治，或 20%美国杜邦—康宽悬浮剂 10 ml/667 m^2 喷雾防治。应交替用药，根据使用说明正确使用剂量。

（4）病毒病　发病初期开始喷 20%病毒 A 可湿性粉剂 600 倍液，或 1.5%植病灵乳油 1 000～1 500倍液 2～3 次，交替用药，注意防治蚜虫。

（5）霜霉病 发病初期，用 40%乙磷铝锰锌可湿性粉剂 500～600 倍液，或 50%甲霜灵可湿性粉剂 800～1 000倍液防治。病害严重时用 72. 2%普力克水剂 600～800 倍液，或 70%克露可湿性粉剂 600～800 倍液喷雾，47%德劲 1 000～800 倍液喷雾，每隔 7～10 d 一次，连防 2～3 次。

（6）软腐病 用 72%农用硫酸链霉素可溶性粉剂 4 000倍液喷雾，或新植霉素 4 000～5 000倍液喷雾，或 20%噻菌铜悬浮剂 75～100 g/667 m^2 喷雾。

（7）黑斑病 发病初期用 32. 5%苯甲嘧菌酯悬浮剂 1 500倍液喷雾，7～10 d 喷一次，连喷 2～3 次。

六、采收

（一）采收标准

叶球紧实后及时采收，并剥去外层叶片后装筐。采收过程中所用工具要清洁、卫生、无污染。在运输和销售过程中避免受损伤和污染，尽快运输到冷库预冷保鲜、加工、包装、外销。上市时间控制在农药安全间隔期后。

（二）包装、运输、贮存

按 NY 5003—2001 的规定执行。

七、清洁田园

将残枝败叶和杂草清理干净，集中进行无害化处理，保持田间清洁。

附录五　钢架大棚娃娃菜生产技术规程

本标准按照 GB/T 1. 1—2009 给出的规则起草。

本标准由张掖市农业农村局提出。

本标准由甘肃省农业农村厅归口。

本标准起草单位：河西学院、张掖市经济作物技术推广站。

本标准主要起草人：华 军、张文斌、毛涛、王勤礼、闫芳、李文德、魏开军、李天童、张荣。

一、范围

本规程规定了娃娃菜生产的产地环境、产量指标、栽培管理措施等。

本规程适用于张掖市钢架大棚娃娃菜的生产。

二、规范性引用文件

下列文件中的条款通过本标准引用而成为本标准的条款。凡是注日期的引用文件，其随后所有的修改单（不包括勘误的内容）或修订版均不适用于本标准，凡是不注日期的引用文件，其最新版本适用于本标准。

GB 4285　农药安全使用标准

GB/T 8321　农药合理使用准则

GB 16715. 2—2010　瓜菜作物种子　白菜类

NY 5010—2001　无公害食品　蔬菜产地环境条件

DB 62/797—2002　无公害农产品质量

《张掖市人民政府关于禁止销售使用部分高毒高残留农药的通告》

三、术语和定义

下列术语和定义适用于本标准。

（一）钢架大棚

采用塑料薄膜覆盖的拱圆形棚，其骨架常用钢材或复合材料建造而成。

（二）安全间隔期

最后一次施药至作物收获时允许的间隔天数。

（三）莲座期

是指在娃娃菜长出八片真叶到开始包心期。

（四）结球期

从莲座期时心叶开始内卷结球到采收叶球期。

四、产地环境

（一）环境条件

产地应选择排灌方便、无污染、海拔 1 350 m～2 800 m、生态环境良好的区域种植。

（二）环境质量

应符合 NY 5010—2001 的规定要求。

（三）土壤条件

耕层深厚、地势平坦、土壤结构适宜、理化性状良好的沙壤土或壤土地块种植。有机质含量 15g/kg、碱解氮含量 40 mg/kg、速效磷含量 5 mg/kg、速效钾含量 110 mg/kg 以上，土壤 pH 值低于 8.5，土壤全盐含量低于 3.0g/kg。

（四）灌水条件

用符合灌溉标准的河水或井水。

（五）肥料要求

以有机肥为主，无机肥为辅，选择使用铵态氮肥。

（六）危险物管理

有毒、有害的农药、除草剂、调节剂、激素等危险物应严格管理，并按规定使用，不得在田间存放。

五、栽培管理措施

（一）茬口安排

1. 早春茬 2 月中旬育苗，3 月中下旬定植，5 月中旬收获。

2. 夏茬 5 月上旬育苗，6 月上旬定植，7 月下旬收获。

3. 秋茬 7 月中下旬育苗，8 月中下旬定植，10 月上中旬收获。

（二）种子

1. 品种选择 选用外叶深绿，内叶嫩黄，单球重 1.8 kg 左右，叠包紧实，口味极佳、抗病力强、极早熟、耐贮运、可以密植娃娃菜品种。春季栽培应选择冬性强、耐抽薹、生育期短、前期耐低温、后期耐热的品种，如春玉黄、宝娃等。秋茬选用春贝黄等。

2. 种子质量 应符合 GB 16715.2—2010 标准。

3. 种子处理 为了防止出苗不整齐，通常要对种子进行预处理，即精选、温烫浸种、药剂浸（拌）种、搓洗、催芽等，种子经过处理后再播种。

（三）育苗

1. 穴盘和基质 选用 72 孔或 105 孔穴盘，使用过的旧穴盘要进行清洗、消毒。育苗基质按 NY/T 2118—2012 制备，也可购买商品育苗基质。育苗时原则上应用新基质，并在播种前用多菌灵或百菌清消毒，然后用棚膜盖严，在 35℃左右温度条件下保持 3 d。

2. 播种　穴盘盛好基质，抹平，5～8 盘一组进行压盘，将种子点在压好穴的盘中，每穴 1 粒，播后覆基质，用刮板刮平。地面覆盖一层旧薄膜或地膜，在地膜上摆放穴盘，以防杂草及苗子根下扎。夏季苗床要求用银色遮阳网遮阳挡雨。穴盘摆好后，喷透水，然后盖一层地膜，利于保水、出苗整齐，但每 1～2 d 揭开地膜通风并查看出苗情况。

3. 苗期管理　温度一般控制在 20～25℃，当种子有 60%露头时，在下午揭去地膜，以防烧伤芽。白天温度应控制在 20～22℃，夜温应在 13～16℃。并注意棚内的通风、透光、降温，一般是见绿就通风。夜间在许可的温度范围内尽量降温，加大昼夜温差，以利壮苗。

（四）定植

1. 整地施肥　平整土地，每亩施优质有机肥 3 000 kg，施氮肥（N）12 kg～14 kg，磷肥（P_2O_5）10～12 kg，钾肥（K_2O）6 kg。

2. 起垄覆膜　按 75 cm 划线起垄，垄宽 40 cm，沟宽 35，垄高 15 cm，覆 70 cm 宽的地膜。每垄双行，品字形定植，株行距 35＊20 cm。定植后及时浇水。

（五）田间管理

1. 灌水　定植后及时浇水，莲座初期浇水见干见湿，促进发根；包心前中期浇透水，以土壤不见干为原则；后期控制浇水，促进包心紧实，提高商品性。

2. 追肥　追肥以速效氮肥为主，生育期共追施化肥 2～3 次，每次每亩追施氮肥（N）5 kg～7 kg，生育中后期增施钾肥。

3. 中耕除草　生长期中耕 2～3 次，结合中耕除去田间杂草。

4. 温度管理　缓苗期适宜的温度白天 20～22℃，夜间 10～12℃，通过加盖草苫，内设小拱棚等措施保温。莲座期棚室温度控制在白天 12～22℃，夜间 8～10℃。结球期室温不宜超过 25℃，当外界气温稳定在 15℃时可撤膜。

（六）病虫害防治

1. 病虫害防治原则　预防为主、综合防治。优先采用农业防治、物理防治、生物防治，科学合理地使用化学防治，达到生产安全、优质的无公害娃娃菜的目的。农药施用严格执行 GB 4285 和 GB/T 8321 的规定。

2. 农业防治　因地制宜选用抗（耐）病优良品种。合理布局，实行轮作倒茬，加强中耕除草，清洁田园，降低病虫源数量，培育无病虫害壮苗。

3. 物理防治

（1）防虫网　选用 22～30 目、孔径 0.18 cm 的银灰色防虫网，直接罩在大棚骨架上，或搭水平棚架覆盖，或罩在防风口处，阻止蚜虫、粉虱、潜叶蝇等害虫进入棚室危害。

（2）张挂黄板　棚室内设置涂有粘着剂的黄板诱杀蚜虫、粉虱、潜叶蝇等。黄板规格 30×20 cm 为宜，悬挂于植株上方 10～15 cm 处，30～40 块/667 m^2。

(3)银灰膜 棚内悬挂银灰膜，选用银灰色地膜覆盖，驱避蚜虫、粉虱等害虫。

(4)太阳能频振式杀虫灯 每2～3 hm^2 悬挂1盏太阳能频振式杀虫灯，离地高度1.2～1.5 m，可诱杀甜菜夜蛾、小菜蛾、菜螟等害虫。

4. 生物防治 利用性信息素技术控制甜菜夜蛾、斜纹夜蛾等，每300 m^2 放置1只专用诱捕器，每只诱捕器安装诱芯1枚，每15 d更换1次诱芯，诱捕器的诱虫孔离地1.0 m。保护天敌，创造有利于天敌生存的环境条件，选择对天敌杀伤力低的农药；释放天敌，如捕食螨、寄生蜂等。

5. 化学防治

(1)蚜虫 选用10%吡虫啉可湿性粉剂2 000倍液，或20%的粉虱特粉剂2 000倍液喷雾防治，应交替用药。

(2)菜青虫 幼虫2龄前用苏云金杆菌（BT乳剂）500～1 000倍液，或0.5%蔬果净700～800倍液，或25%灭幼脲3号悬浮剂1 000倍液，或2.5%功夫乳油2 000倍液喷雾防治，或20%美国杜邦—康宽悬浮剂10 ml/667 m^2 喷雾防治。

(3)小菜蛾 幼虫三龄前用5%农梦特1 000～2 000倍液，BT乳剂500～1 000倍液，1.8%阿维菌素乳油3 000倍液喷雾防治，或20%美国杜邦—康宽悬浮剂10 ml/667m^2 喷雾防治。应交替用药，根据使用说明正确使用剂量。

(4)病毒病 发病初期开始喷20%病毒A可湿性粉剂600倍液，或1.5%植病灵乳油1 000～1 500倍液2～3次，交替用药，注意防治蚜虫。

(5)霜霉病 发病初期，用40%乙磷铝锰锌可湿性粉剂500～600倍液，或50%甲霜灵可湿性粉剂800～1 000倍液防治。病害严重时用72.2%普力克水剂600～800倍液，或70%克露可湿性粉剂600～800倍液喷雾，47%德劲1 000～800倍液喷雾，每隔7～10 d一次，连防2～3次。

(6)软腐病 用72%农用硫酸链霉素可溶性粉剂4 000倍液喷雾，或新植霉素4 000～5 000倍液喷雾，或20%噻菌铜悬浮剂75～100 g/667m^2 喷雾。

六、采收

(一)采收过程中所用工具要清洁、卫生、无污染 当全株高30～35厘米，包球紧实后，便可采收。采收时应全株拔掉，去除多余外叶，削平基部，用保鲜膜打包后即可上市。

(二)上市时间 控制在农药安全间隔期后。

(三)包装、运输、贮存 按NY 5003—2001的规定执行。

七、清洁田园

将残枝败叶和杂草清理干净，集中进行无害化处理，保持田间清洁。

附录六　钢架大棚西兰花生产技术规程

本标准按照 GB/T 1.1—2009 给出的规则起草。

本标准由张掖市农业农村局提出。

本标准由甘肃省农业农村厅归口。

本标准起草单位：河西学院、张掖市经济作物技术推广站。

本标准主要起草人：李文德、张文斌、毛涛、闫芳、王勤礼、华军、魏开军、李天童、张荣。

一、范围

本标准规定了钢架大棚西兰花的产地环境、产量指标、栽培管理和收获。

本标准适用于甘肃省张掖市钢架大棚西兰花标准化生产。

二、规范性引用文件

下列文件对本文件应用必不可少。凡是注日期的引用文件，仅注日期的版本适用于本文件。凡是不注日期的引用文件，其最新版本适用于本标准。

GB 4285　农药安全使用标准

GB/T 8321　农药合理使用准则

GB 16715. 2—2010　瓜菜作物种子　白菜类

NY 5010—2001　无公害食品　蔬菜产地环境条件

DB 62/797—2002　无公害农产品质量

《张掖市人民政府关于禁止销售使用部分高毒高残留农药的通告》

三、术语和定义

下列术语和定义适用于本标准。

（一）钢架大棚　采用塑料棚膜覆盖的拱圆形棚，其骨架常用钢材或复合材料建造而成。

（二）土壤肥力　土壤为植物生长发育所提供的协调营养与环境条件的能力。

（三）安全间隔期　最后一次施药至作物收获时允许的间隔天数。

四、产地环境

（一）环境条件　西兰花产地应选择在生态条件良好，远离污染源，排灌方便，地下水位较低，日照充足，并具有可持续生产能力的农业生产区域。生产基地环境条件应符合 NY 5010—2001 的要求。

（二）环境质量 应符合 NY 5010—2001 的规定要求。

（三）茬口要求 以麦茬作生产田最好，其次为玉米、亚麻、大豆茬，无农药残留的茬口，尽量不用蔬菜茬口。春茬：2 月上旬育苗，3 月中旬定植；秋茬：6 月中下旬育苗，7 月中下旬定植。

（四）土壤条件 土壤肥力较强，透气良好，土层深厚，pH 值 5.5～8.0，腐殖质充足的壤土或砂壤土种植，黏重或养分易于流失的沙性土壤不宜种植西兰花。

（五）灌水条件 使用符合灌溉标准的河水或井水。

（六）肥料要求 肥料以有机肥为主，无机肥为辅，控制氮肥使用量，增加磷、钾肥的使用量。

（七）农药使用要求 有毒、有害农药、除草剂、调节剂、激素等危险物，应严格管理，并按规定使用，不得在田间存放。

五、产量指标

每亩产量达 1 500～2 500 kg。

六、栽培技术要点

（一）品种选择 应选择抗病虫、抗逆性强、适应性广、商品性好、产量高、抽薹迟的中、早熟品种，按其栽培目的和上市时间的不同而定，一般选择生育期 80～100 d 的品种，如领秀、丹纽布、耐寒青秀、耐寒优秀等。

（二）育苗

1. 育苗方式 采用 72 孔穴盘育苗，在育苗专用连体温室、日光温室内育苗。夏秋季育苗温室应配有避雨、防虫、遮阳设施。育苗前需对育苗设施及用具进行消毒。

2. 基质消毒 每 m^3基质加入 50%甲基托布津 100g 拌匀或 50%多菌灵 100g 拌匀。

3. 播种方法 播种前用基质将穴盘填满，用木板刮平并压盘，每穴点播 1 粒种子，播后覆盖基质，厚度不能超过 1 cm。浇透水后穴盘上覆盖地膜，待 70%幼苗出苗后撤除地膜。每亩需种 15～20g。工厂化穴盘育苗时，采用自动精量播种生产线，实现自动播种。

4. 温度管理 出苗前要加强保温措施，促使幼苗迅速出土，白天控制在 20～25℃，夜间 10℃左右为宜。当苗全部出齐后，白天控制在 15～20℃，夜间 5℃左右。苗出齐后注意通风降温，否则高温高湿环境易造成幼苗徒长。

5. 炼苗 定植前一周注意通风降温，当苗龄 25～30 d 左右，5～6 片真叶时即可定植。栽培要选用根系发达完整、无病虫害和严重的机械损伤、生长健壮的优质壮苗。

6. 苗期水分管理 以见干见湿的原则补充水分，确保出苗整齐。冬春育苗每 1～2 d浇水一次，每次需浇透；夏秋育苗每天浇水 1～2 次。真叶出现后，浇灌一次 0.2%

磷酸二氢钾和0.1%尿素营养液。

7. 苗期病虫害防治　主要病害为猝倒病，出苗后要及时喷药防猝倒病，用72.2%普力克或64%杀毒矾预防。每隔5～7 d喷一次，连喷2～3次。

（三）定植和田间管理

1. 起垄覆膜　每亩施腐熟优质农家肥5 000 kg以上，磷酸二铵20～25 kg，硫酸钾15 kg，生物有机肥100 kg作基肥。起垄前用旋耕机进行25 cm的旋耕处理，采用起垄覆膜栽培。在钢架大棚内东西方向按垄距80 cm开沟起垄，垄高15～20 cm，垄宽45 cm，沟宽35 cm，覆地膜。

2. 定植　苗龄25～30 d，真叶5～6片时定植。在垄上定植双行，按35～45 cm的株距"品"字型定植，每亩保苗3 500～4 500株。定植后要及时浇透水。

3. 定植后的管理

（1）中耕除草　缓苗后中耕一次，以后每次浇水后要及时中耕，以利于根系生长。

（2）肥水管理　莲座期前期每亩追施尿素10 kg，磷酸二氢钾5 kg；茎叶大量生长期每亩追施尿素15 kg，硫酸钾10 kg；花蕾1 cm左右时根据植株长势每亩追施尿素15 kg。发棵期至现蕾期每7～10 d叶面交替喷施0.2%硼砂或0.15%钼肥。

缓苗后，可根据天气情况进行浇水，保持田间适墒（黑茎病多发地块注意控制土壤湿度，禁止大水漫灌）；发棵期需保持土壤中等含水量促进发棵，而又不致于营养生长过盛，采用沟灌，水不上畦面；结球期要保证水分均匀、充足促进花球膨大，采收前可适当控制水分增强花球品质。西兰花生育期内要防止田间积水，沟灌及降雨后及时排干积水。

（3）温度管理　定植前至定植后闭棚升温，提高地温和促进缓苗。缓苗后至发棵期保持棚温13～25℃，适时通风和保温。缓苗后（7天左右），早晨最高温度25℃，夜间气温10℃左右；莲座期白天15～20℃，夜间10℃左右；花球期白天以15～20℃为宜，夜间10℃左右。

3. 去除侧枝　及时去除所有侧枝，部分需继续采收侧球的可根据实际情况选留一两个侧枝，其余侧枝及早摘除。

七、病虫害防治

（一）主要病虫害　西兰花主要病虫害有黑胫病、猝倒病、立枯病、霜霉病、小菜蛾、菜青虫、夜蛾类、蚜虫、白粉虱、蝼蛄、蛴螬、地老虎等。

（二）防治原则　坚持预防为主，综合防治的原则。优先选用农业防治、生物防治和物理防治的方法，最大限度地减少化学农药的用量。化学农药采用高效、低毒、低残留的农药，并注意轮换用药、合理混用，严禁使用禁用农药，不在安全间隔期内采收。

（三）农业防治　实行轮作制度，与非十字花科蔬菜轮作；深沟高垄，覆盖地膜；培育适龄壮苗，提高抗逆性；测土平衡施肥，增加充分腐熟的有机肥，少施化学肥料，防止土壤富营养化；将残枝败叶和杂草清理干净，集中进行无害化处理，保持田间清洁。

（四）生物防治 性诱剂等诱杀斜纹夜蛾、甜菜夜蛾、菜粉蝶、小菜蛾等害虫，用糖醋毒液诱杀地下害虫。

（五）物理防治 杀虫灯诱杀夜蛾类、蝼蛄、蛴螬、地老虎等成虫；杀虫板诱杀蚜虫、白粉虱。

（六）化学防治 严格控制农药用量，严格执行农药安全间隔期的规定。主要病虫害防治的选药用药技术见表1，每亩喷施配制好的农药溶液25～30 kg。

表1 西兰花病虫害防治一览表

主要防治对象	农药名称	剂量及方法	安全间隔期（天）
猝倒病 立枯病	76.2%霜霉威水剂 98%恶霉灵可溶性粉剂	800倍液喷雾、 3 000倍液喷雾	≥5 ≥3
霜霉病	50%安克可湿性粉剂 75%百菌清可湿性粉剂	2 000倍液喷雾 500倍液喷雾	≥5 ≥3
黑胫病	甲霜灵可湿性粉剂 速克灵可湿性粉剂	600倍液喷雾 1 500倍液喷雾	≥5 ≥3
菜青虫	20%康宽悬浮剂 24%美满悬浮剂	10 ml/667 m^2 喷雾 3 000倍液喷雾	≥1 ≥10
小菜蛾	20%康宽悬浮剂 苏云金杆菌可湿性粉剂	10 ml/667 m^2 喷雾 1 000倍液喷雾	≥1 ≥6
夜蛾科	1%甲氨基阿维菌素乳油 10%除尽悬浮剂	2 000倍液喷雾 1 500倍液喷雾	≥11 ≥10
蚜虫 白粉虱	10%吡虫啉可湿性粉剂	1 500倍液喷雾	≥11 ≥10
地下害虫	辛硫磷颗粒剂 5%清源保	3～4 kg基施 1 500倍液根部喷雾	≥6 ≥7

八、适时采收

待花球长至0.4～0.7 kg时，直径12～15 cm以上，应及时采收。在采收时可带2～3片外叶，用于保护花球不受损伤，采收过程中所用工具要清洁卫生、无污染。运输过程中保护花球免受损伤，以保持花球的新鲜柔嫩，采收的西兰花分级，套网套后立即送往蔬菜保鲜库进行预冷处理。

附　图

附图 4-1　西葫芦叶片烟为害状

附图 4-2　番茄果实高温为害状

附图 4-3　番茄顶叶高温为害状

附图 4-4　辣椒果实高温为害状

附图 4-5　西葫芦叶片高温为害状

附图 4-6　茄子叶片高温为害状

附图 4-7　高温引起的番茄卷叶

附图 4-8　高温引起的番茄缩头

附图 4-9　低温引起的番茄卷叶

附图 4-10　低温引起的茄子心叶发黄

附图 4-11　低温引起的辣椒花打顶

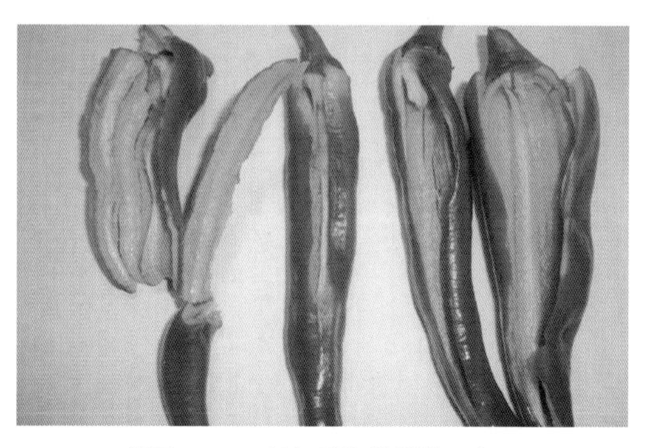

附图 4-12　低温引起的辣椒无籽果

附图 4-13　低温引起的辣椒叶片失绿斑

附图 4-14　低温引起的黄瓜叶肉坏死

附图 4-15　低温引起的黄瓜花打顶

附图 4-16　低温引起的番茄生长点坏死

附图 4-17　低温引起的西兰花叶片失绿斑

附图 4-18　药害引起的番茄叶缘焦枯

附图 4-19　药害引起的网斑

附图 4-20　药害造成哈密瓜边缘黄化

附图 4-21　2,4-D 药害引起的番茄桃形果

附图 4-22　细肥分裂素引起的辣椒畸形果

附图 4-23　细肥分裂素引起的辣椒丛生叶

附图 4-24　细肥分裂素引起的辣椒柳树叶

附图 4-25　矮壮素引起的西葫芦蕨叶

附图 4-26　壁护过量引起的番茄蕨叶

附图 4-27　除草剂漂移引起的辣椒蕨叶

附图 4-28　拉瓜灵引起的西葫芦蕨叶

附图 4-29　2,4-D 造成的莴笋药害

附图 4-30　2,4-D 造成的西葫芦蕨叶

附图 4-31　霜霉威使用次数过多造成的番茄叶片发脆

附图 4-32　唑类农药过量抑制辣椒生长点生长

附图 4-33　唑类农药引起的西瓜生点药害状

附图 4-34　多种药剂混配造成的辣椒药害

附图 4-35　追施尿素浓度过高肥害状

附图 4-36　追肥浓度过大形成的泡状叶

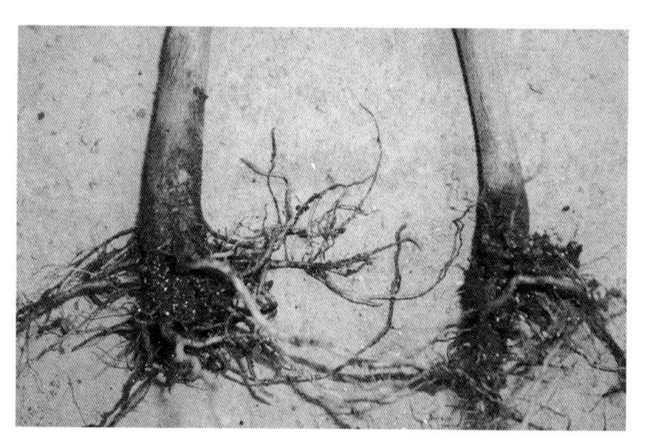
附图 4-37　追肥浓度过大引起的烧根

附图 4-38　叶面喷施尿素浓度过大为害状

附图 4-39　钾肥过量引起的辣椒泡状叶

附图 4-40　高温、高氮引起的番茄徒长

附图 5-1　壮苗

附图 5-2　出苗不整齐

附图 5-3　戴帽出苗

附图 5-4　闪苗

附图 5-5　徒长苗

附图 5-6　肥害

附图 5-7　基质发酵不良不缓苗（西瓜）

附图 5-8　基质发酵不良不缓苗（辣椒）

附图 5-9　沤根

附图 5-10　幼苗营养不良

附图 6-1　娃娃菜莲座后期干烧心

附图 6-2　娃娃菜结球初期干烧心

附图 6-3　娃娃菜结球中期干烧心

附图 6-4　娃娃菜结球后期干烧心

附图 6-5　早春大棚大白菜抽薹

附图 7-1　甘蓝干烧心

附图 7-2　甘蓝抽薹

附图 7-3　甘蓝顶裂

附图 7-4　甘蓝侧裂

附图 7-5　花椰菜花球散花

附图 7-6　花椰菜花球毛花

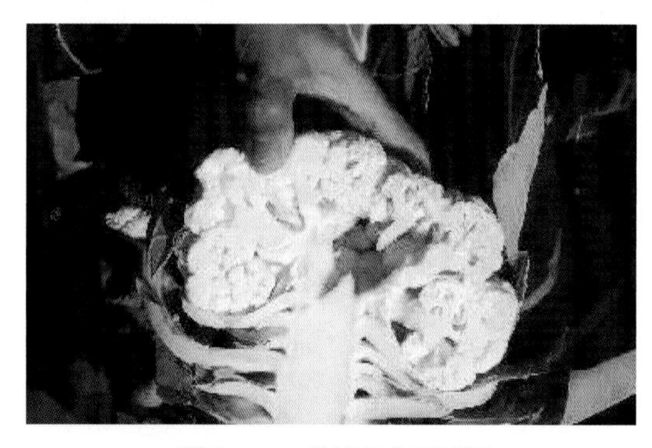

附图 7-7　花椰菜花柱开洞

附图 7-8　花椰菜花球腐败

附图 7-9　花椰菜花球异常

附图 7-10　花椰菜先期抽薹

附图 7-11　花椰菜早花

附图 7-12　花椰菜花球紫色

附图 7-13　花椰菜无花球

附图 7-14　花椰菜黄花球

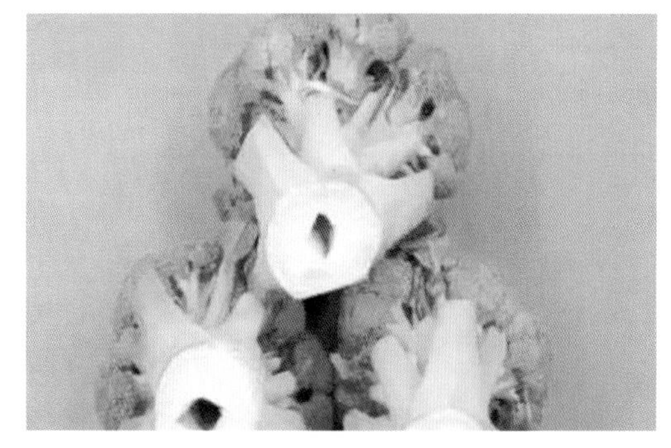

附图 7-15　青花菜空心

附图 7-16　青花菜先期抽薹

附图 7-17　青花菜黄色花球

附图 7-18　青花菜花球小叶

附图 7-19　青花菜猫眼

附图 7-20　青花菜花粒发紫

附图 7-21　青花菜棕黄色花粒

附图 7-22　青花菜缺硼

附图 7-23　青花菜缺镁

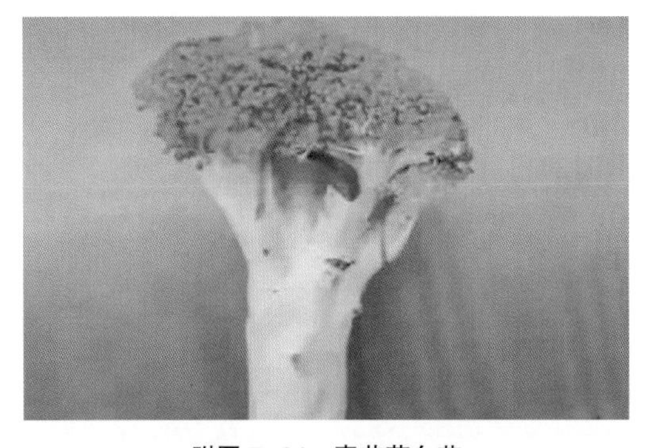

附图 7-24　青花菜白茎

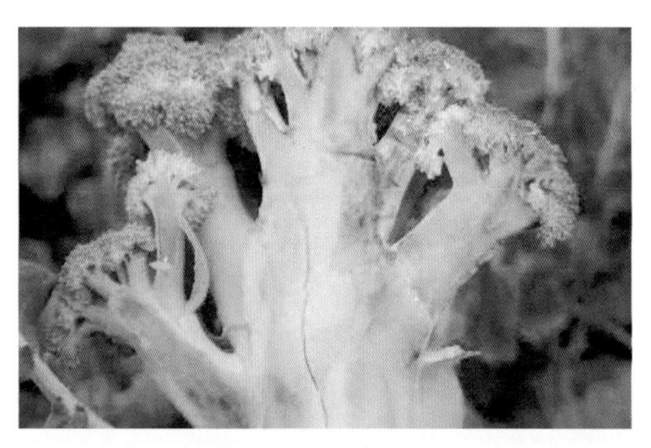

附图 7-25　青花菜黑心病

附图 8-1　莴笋裂茎

附图 8-2　莴笋抽薹

附图 8-3　红笋抽薹

附图 8-4　芹菜干烧心

附图 9-1　洋葱抽薹

附图 10-1　萝卜抽薹开花

附图 10-2　萝卜叉根

附图 11-1　辣椒石果

附图 11-2　辣椒日灼

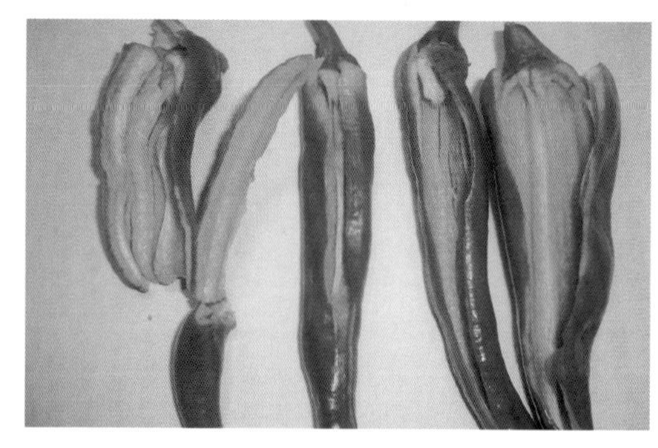

附图 11-3　辣椒无籽果

附图 11-4　高温引起的番茄上部叶片上卷

附图 11-5　病毒引起的番茄卷叶

附图 11-6　低温引起的叶片下卷

附图 11-7　高温引起的顶部萎缩

附图 11-8　高温引起的番茄顶部坏死

附图 11-9　激素浓度过大引起的桃形果

附图 11-10　番茄多棱果

附图 11-11　番茄指形果

附图 11-12　番茄露籽果

附图 11-13　番茄“双胞胎”果

附图 11-14　番茄空洞果

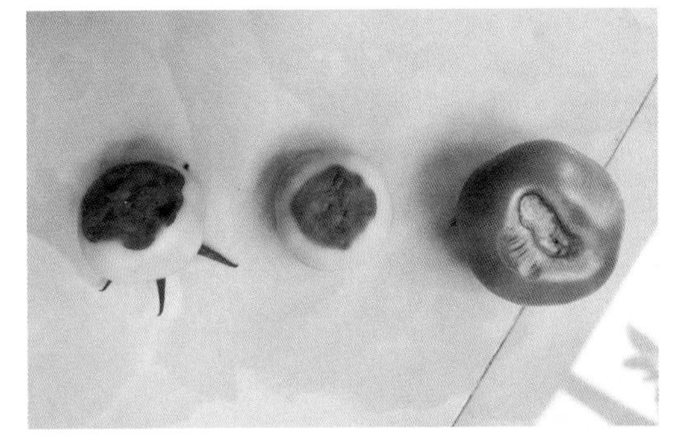

附图 11-15　番茄脐腐果

附图 11-16　番茄辐射状裂

附图 11-17　番茄环裂

附图 11-18　番茄纵裂

附图 11-19　番茄豆果

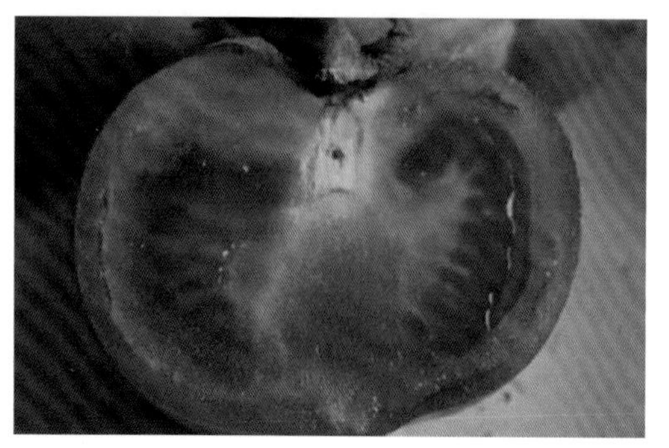

附图 11-20　番茄筋腐果

附图 11-21　番茄筋腐果

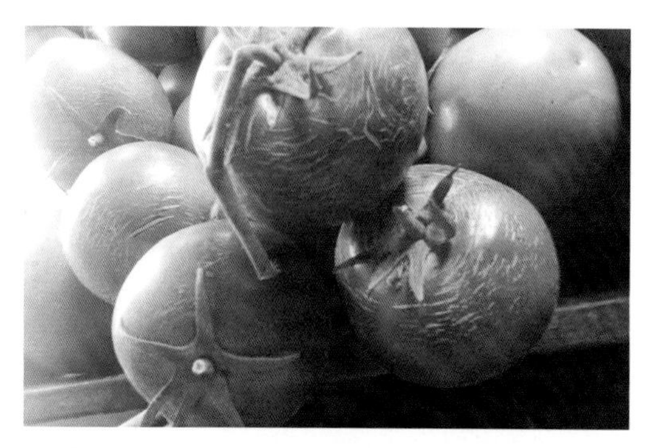

附图 11-22　番茄网纹（皱皮）果

附图 11-23　番茄缺镁

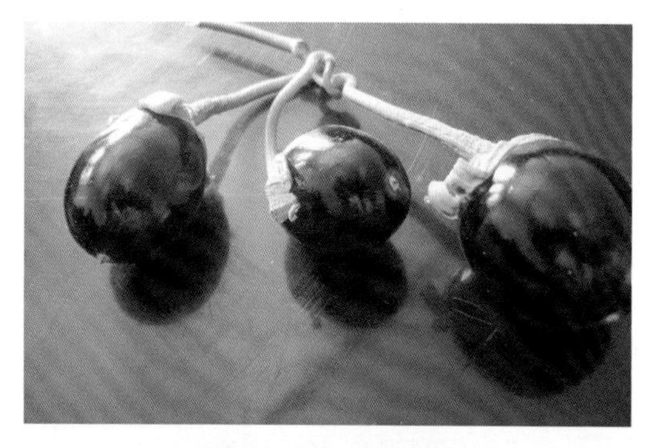

附图 11-24　茄子僵果

附图 11-25　茄子裂果

附图 12-1　猝倒病

附图 12-2　立枯病

附图 12-3　黄瓜枯萎病萎蔫状

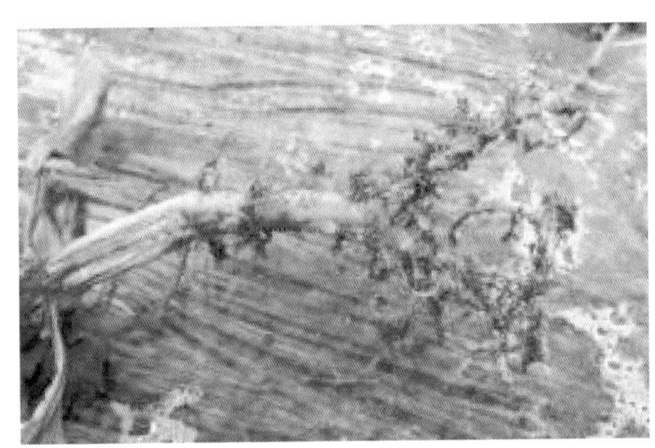

附图 12-4　黄瓜枯萎病

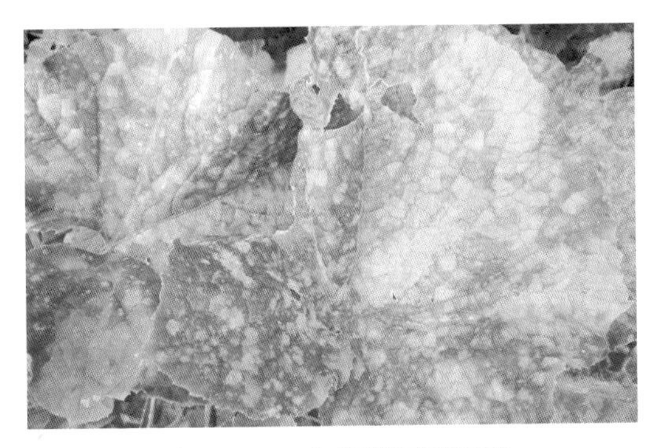

附图 12-5　黄瓜霜霉病叶正面

附图 12-6　黄瓜霜霉病叶背面

附图 12-7　西葫芦灰霉病

附图 12-8　黄瓜白粉病病叶

附图 12-9　西瓜白粉病病蔓

附图 12-10　黄瓜蔓枯病

附图 12-11　西葫芦菌核病

附图 12-12　黄瓜靶斑病

附图 12-13　番茄早疫病

附图 12-14　番茄叶霉病病叶正面

附图 12-15　番茄叶霉病病叶背面

附图 12-16　番茄灰霉病病果

附图 12-17　番茄灰霉病鬼脸状病果

附图 12-18　番茄灰霉病 V 字形病斑

附图 12-19　番茄茎部表皮脱落

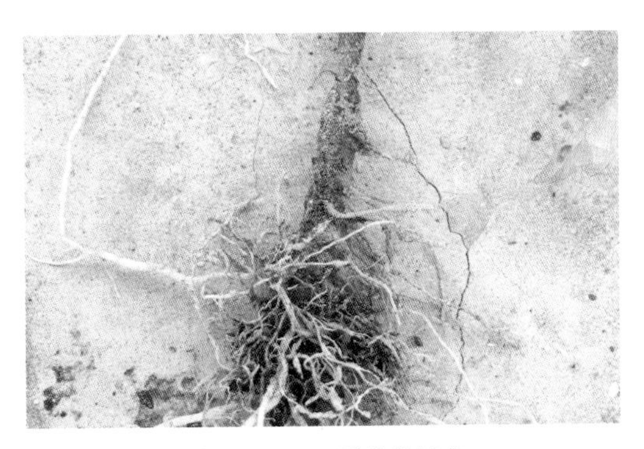

附图 12-20　番茄茎基腐

附图 12-21　辣椒拟粉孢番茄白粉病

附图 12-22　番茄粉孢番茄白粉病

附图 12-23　番茄灰叶斑病

附图 12-24　甘蓝菌核病

附图 12-25　莴笋霜霉病

附图 12-26　白菜根肿病

附图 12-27　西花蓟马

附图 12-28　美洲斑潜叶蝇为害状

附图 12-29　野蛞蝓

附图 12-30　小菜蛾

附图 12-31　菜青虫

附图 12-32　棉铃虫为害状